動物臨床繁殖学

小笠　晃
金田義宏
百目鬼郁男
[監修]

朝倉書店

監 修 者

小笠　晃	前日本獣医生命科学大学獣医学部
金田義宏	前東京農工大学大学院農学研究院
百目鬼郁男	前東京農業大学農学部

執 筆 者

堀　達也*	日本獣医生命科学大学獣医学部
河上栄一*	日本獣医生命科学大学獣医学部
平子　誠	畜産草地研究所 家畜育種繁殖研究領域
加茂前秀夫	東京農工大学大学院農学研究院
田中知己	東京農工大学大学院農学研究院
伊東正吾	麻布大学獣医学部
筒井敏彦*	AHB・国際小動物医学研究所
竹之内直樹	九州沖縄農業研究センター 畜産草地研究領域
吉岡耕治	動物衛生研究所 病態研究領域
髙橋　透	岩手大学農学部
金子一幸	麻布大学獣医学部

*は編集幹事，執筆順．

序

　本書の源流である『臨床家畜繁殖学』が，わが国の家畜繁殖学の理論的，技術的開拓者であり，指導者であった佐藤繁雄博士（1886～1960）の執筆により刊行されたのは昭和14（1939）年であった．昭和27（1952）年に全面的に改訂して『家畜臨床繁殖学』が出版され，それ以来，佐藤繁雄博士の指導を受けた星　修三先生，山内　亮先生により，数回にわたる改訂，増補が行われ，大学の獣医学と畜産学系の学生の教育および両分野の現場における技術者の参考書として利用されてきた．

　1991年に星先生が逝去され，1998年に山内先生監修の下で，私達教え子7名が分担執筆してお手伝いさせて頂き，『最新家畜臨床繁殖学』が出版された．その後16年が経過し，その間に家畜繁殖学に関する研究，技術は一層進展し，本書にも追加，補正を必要とする箇所が多く生じてきた．従って，全国の獣医学と畜産学系の大学で行われている実際の教育内容に即し，学習のテキスト，コア・カリキュラム，獣医師国家試験や資格試験に対応したものに改訂することが必要になった．

　しかし，山内先生が逝去され，分担執筆者の中原達夫先生，大地隆温先生も逝去された今，これまでの他の分担執筆者も高齢となったことから，本書は山内先生ならびに分担執筆者にご縁が深く，現在，大学および研究機関で家畜臨床繁殖学分野の教育，研究に当たっておられる先生方に，新たに執筆を依頼することにした．筒井敏彦，河上栄一，堀　達也の各先生に編集幹事，小笠　晃，金田義宏，百目鬼郁男は，監修の任に当らせて頂くこととして，朝倉書店に御了解を頂いた．

　なお，本書の書名は，臨床繁殖学分野の将来の発展性を考慮して，家畜から範囲を広げて動物の繁殖に携わる多くの学習者の座右の書になって欲しいという願いを込めて，新たに『動物臨床繁殖学』とすることとした．

　終わりに，本書の企画に賛同し執筆して下さった11名の先生方の御協力に深く感謝するとともに，本書の企画，出版に御協力いただいた朝倉書店編集部の方々に心より謝意を表する．

　2014年3月

監修者代表　小笠　晃

目　　次

1. 生殖器の構造・機能および生殖子 ……… 1
   1.1 生殖器の発生と分化 ……〔堀　達也〕… 1
      (1) 生殖巣の発生 ……………………… 1
      (2) 副生殖器の発生 …………………… 2
   1.2 雄性生殖器 ……………〔河上栄一〕… 3
      (1) 精　巣 ……………………………… 3
      (2) 精巣上体 …………………………… 5
      (3) 陰　嚢 ……………………………… 6
      (4) 精　管 ……………………………… 6
      (5) 副生殖腺 …………………………… 7
      (6) 尿道，陰茎および包皮 …………… 8
   1.3 精子および精液 ………〔河上栄一〕… 9
      (1) 精子形成 …………………………… 9
      (2) 精子の構造 ………………………… 11
      (3) 精子の生理 ………………………… 13
      (4) 精液の性状と成分 ………………… 18
   1.4 雌性生殖器 ……………〔堀　達也〕… 23
      (1) 卵　巣 ……………………………… 23
      (2) 卵　管 ……………………………… 26
      (3) 子　宮 ……………………………… 28
      (4) 腟および外部生殖器 ……………… 31
      (5) 乳　腺 ……………………………… 32
   1.5 卵　子 …………………〔堀　達也〕… 33
      (1) 卵子形成と卵胞の発育 …………… 33
      (2) 卵子の構造 ………………………… 34

2. 生殖機能のホルモン支配 ……〔平子　誠〕… 36
   2.1 視床下部ホルモン ………………………… 38
      (1) 視床下部と下垂体系 ……………… 38
      (2) 性腺刺激ホルモン放出ホルモン …… 39
      (3) キスペプチン ……………………… 39
      (4) 副腎皮質ホルモン放出ホルモン …… 40
      (5) プロラクチン放出抑制因子，
          プロラクチン放出因子 …………… 40
      (6) オキシトシン ……………………… 40
   2.2 下垂体ホルモン …………………………… 41
      (1) 前葉性性腺刺激ホルモン ………… 41
      (2) プロラクチン ……………………… 42
   2.3 生殖腺ホルモン …………………………… 42
      (1) アンドロジェン：雄性ホルモン …… 43
      (2) エストロジェン：発情ホルモン
          または卵胞ホルモン ……………… 44
      (3) ジェスタージェン：黄体ホルモン …… 46
      (4) リラキシン ………………………… 46
      (5) FSH 分泌調節因子：インヒビン，
          アクチビン，フォリスタチン …… 47
   2.4 子宮および胎盤ホルモン ………………… 48
      (1) 人絨毛性性腺刺激ホルモン ……… 48
      (2) 馬絨毛性性腺刺激ホルモン ……… 48
      (3) 胎盤性ラクトジェン ……………… 49
      (4) プロスタグランディン …………… 49
   2.5 メラトニン ………………………………… 50
   2.6 ホルモンの測定法 ………………………… 51
      (1) 生物学的測定法 …………………… 51
      (2) 物理・化学的測定法 ……………… 51
      (3) 免疫学的測定法 …………………… 51
      (4) その他の測定法 …………………… 52

3. 性成熟と発情周期 …………〔平子　誠〕… 53
   3.1 性成熟 ……………………………………… 53
      (1) 性成熟の機序 ……………………… 53
      (2) 性成熟に影響する要因 …………… 53
      (3) 各種動物の性成熟期と
          繁殖供用適齢期 …………………… 54
   3.2 生殖周期 …………………………………… 54
      (1) ライフサイクル …………………… 54
      (2) 季節周期 …………………………… 55
      (3) 完全生殖周期 ……………………… 56

（4）	不妊生殖周期，発情周期 …………	56
（5）	日周期 ……………………………	58
（6）	各種動物の生殖型 ………………	58
3.3	発情周期とホルモン ……………………	58
（1）	発情周期のホルモン支配 ………	58
（2）	交尾排卵 …………………………	60
（3）	排卵の機序 ………………………	60
3.4	発情周期に伴う生殖器の変化 ………	61
（1）	卵巣の周期的変化 ………………	61
（2）	副生殖器の周期的変化 …………	62
（3）	実験動物の発情周期と腟垢 ……	63
3.5	性行動 …………………………………	64
（1）	雌動物における性行動—発情徴候—	64
（2）	雄動物における性行動 …………	66
3.6	交配適期 ………………………………	69
3.7	老化と繁殖機能 ………………………	69

4. 各種動物の発情周期 ……………………… 70

4.1	牛の発情周期 ………〔平子　誠〕…	70
（1）	性成熟 ……………………………	70
（2）	発情周期の長さ …………………	70
（3）	発情徴候 …………………………	70
（4）	発情持続時間 ……………………	71
（5）	発情周期に伴う卵巣の変化（卵巣周期） …………………………	71
（6）	発情周期に伴う副生殖器の変化 ……	73
（7）	分娩後の発情回帰 ………………	75
（8）	発情周期における性ホルモンの動態 ‥	76
（9）	交配適期 …………………………	76
4.2	馬の発情周期 ……〔加茂前秀夫〕…	77
（1）	性成熟 ……………………………	77
（2）	繁殖季節 …………………………	77
（3）	発情周期の長さ …………………	77
（4）	発情徴候および発情持続日数 ……	77
（5）	発情周期に伴う卵巣の変化（卵巣周期） …………………………	79
（6）	発情周期における性ホルモンの動態	79
（7）	交配適期 …………………………	80
（8）	分娩後の発情回帰と第1回発情における交配 ………………………	81

4.3	めん羊，山羊の発情周期 ………〔田中知己〕…	81
（1）	性成熟 ……………………………	81
（2）	繁殖季節 …………………………	82
（3）	発情周期の長さ …………………	82
（4）	発情徴候および発情持続時間 ……	82
（5）	発情周期における性ホルモンの動態 ‥	82
（6）	排卵と交配適期 …………………	82
4.4	豚の発情周期 ………〔伊東正吾〕…	83
（1）	性成熟（春機発動） ……………	83
（2）	発情周期の長さ …………………	83
（3）	発情徴候 …………………………	83
（4）	発情周期に伴う卵巣の変化 ……	83
（5）	発情周期における性ホルモンの動態 ‥	84
（6）	交配適期 …………………………	86
（7）	分娩後の発情回帰 ………………	87
4.5	犬の発情周期 ………〔筒井敏彦〕…	87
（1）	性成熟 ……………………………	87
（2）	発情周期の長さ …………………	87
（3）	無発情期 …………………………	89
（4）	発情周期に伴う腟垢の変化 ……	89
（5）	発情周期ならびに妊娠期における性ホルモンの動態 ………………	90
（6）	排卵と交配適期 …………………	90
（7）	偽妊娠 ……………………………	92
4.6	猫の発情周期 ………〔筒井敏彦〕…	92
（1）	性成熟 ……………………………	92
（2）	繁殖季節 …………………………	93
（3）	発情周期 …………………………	93
（4）	発情徴候 …………………………	93
（5）	交尾排卵 …………………………	93
（6）	自然排卵 …………………………	94
（7）	偽妊娠 ……………………………	95
（8）	発情周期ならびに妊娠期における性ホルモンの動態 ………………	95

5. 人工授精 ……………………………… 96

5.1	人工授精の歴史 ………〔筒井敏彦〕…	96
（1）	第Ⅰ期：人工授精の発見とそれに続く120年 ………………………	96

(2) 第Ⅱ期：人工授精技術の確立と畜産
　　　への導入 …………………………… 96
(3) 第Ⅲ期：牛およびめん羊における
　　　人工授精の積極的導入 …………… 96
(4) 第Ⅳ期：大戦後における人工授精の
　　　世界的発展 …………………………… 97
(5) 日本における人工授精の歴史 ……… 97
(6) 人工授精の運営組織および
　　　人工授精技術者 …………………… 97
5.2　人工授精の利害得失 ……〔筒井敏彦〕… 98
(1) 人工授精の利点 …………………… 98
(2) 人工授精の欠点 …………………… 99
5.3　精液の採取 ………………〔伊東正吾〕… 100
(1) 人工腟法 ……………………………… 101
(2) 精管マッサージ法 ………………… 103
(3) 用手法（陰茎マッサージ法） ……… 104
(4) 電気刺激法（電気射精法） ………… 104
(5) 精液の採取頻度 …………………… 105
(6) 器具の消毒 ………………………… 105
5.4　精液および精子の検査 …〔伊東正吾〕… 105
(1) 肉眼的検査 ………………………… 105
(2) 顕微鏡的検査 ……………………… 106
(3) コンピュータを用いる方法 ……… 109
(4) その他の検査法 …………………… 109
5.5　精液の希釈 ………………〔伊東正吾〕… 110
(1) 精液希釈液（保存液） ……………… 110
(2) 精液希釈の方法 …………………… 111
5.6　精液の保存 ………………〔伊東正吾〕… 111
(1) 液状精液の保存 …………………… 111
(2) 精液の凍結保存 …………………… 112
5.7　精液の注入（授精） ………〔伊東正吾〕… 116
(1) 精液注入器具 ……………………… 116
(2) 精液の注入方法 …………………… 117
(3) 精液注入量と注入精子数 ………… 119

6. 動物繁殖の人為的支配 ………………………… 120
6.1　季節外繁殖 ………………〔竹之内直樹〕… 120
(1) 光の調節による方法 ……………… 120
(2) ホルモン処理による方法 ………… 120
6.2　発情同期化（発情周期同調）および
　　排卵同期化 ………………〔竹之内直樹〕… 121

(1) 卵胞成熟・排卵抑制による
　　　発情同期化の方法 ………………… 121
(2) 黄体機能の調節による
　　　発情同期化の方法 ………………… 122
(3) 排卵同期化の方法 ………………… 123
6.3　分娩誘起 ……………………〔竹之内直樹〕… 123
(1) 副腎皮質ホルモンによる方法 …… 123
(2) $PGF_{2\alpha}$による方法 ………………… 124
(3) オキシトシンによる方法 ………… 124
6.4　避　妊 ………………………〔竹之内直樹〕… 124
6.5　受胎阻止および人工流産
　　　………………………………〔田中知己〕… 125
(1) 牛 …………………………………… 125
(2) 馬 …………………………………… 125
(3) 豚 …………………………………… 126
(4) めん羊，山羊 ……………………… 126
(5) 犬 …………………………………… 126
(6) 猫 …………………………………… 126

7. 胚移植および関連技術 ………〔吉岡耕治〕… 127
7.1　胚移植 ………………………………… 127
(1) 胚移植の意義 ……………………… 127
(2) 胚移植の歴史 ……………………… 127
(3) 胚移植の概要 ……………………… 129
(4) 牛の胚移植 ………………………… 130
(5) 豚の胚移植 ………………………… 134
(6) その他の動物の胚移植 …………… 135
7.2　胚の凍結保存 ………………………… 136
(1) 凍結保存の意義と歴史 …………… 136
(2) 凍結保存の概要 …………………… 137
(3) 牛胚の凍結保存法 ………………… 138
7.3　体外受精 ……………………………… 139
(1) 体外受精の意義と歴史 …………… 139
(2) 体外受精の概要 …………………… 140
(3) 牛の体外受精 ……………………… 142
(4) 豚の体外受精 ……………………… 144
7.4　胚操作を伴うその他の技術 ………… 145
(1) 顕微授精 …………………………… 145
(2) 性判別技術 ………………………… 146
(3) クローニング ……………………… 148
(4) キメラ ……………………………… 153

(5) 胚性幹細胞（ES細胞）……………153

8. 受精，着床，妊娠および分娩……………155
　8.1 受　精……………………〔髙橋　透〕…155
　　(1) 卵子と精子の会合………………155
　　(2) 卵子と精子の受精能……………156
　　(3) 受精の過程………………………158
　　(4) 性の決定…………………………160
　　(5) 胚の発生…………………………161
　　(6) 胚の生殖道内移動………………162
　8.2 着　床……………………〔髙橋　透〕…163
　　(1) 胚の定位…………………………164
　　(2) 着床の様式………………………164
　　(3) 子宮の変化………………………164
　　(4) 着床過程…………………………164
　8.3 胎子および受胎産物……〔髙橋　透〕…165
　　(1) 胎　膜…………………………165
　　(2) 胎　水…………………………167
　　(3) 胎　盤…………………………167
　　(4) 臍　帯…………………………170
　　(5) 胎子の栄養と代謝………………170
　　(6) 胎子の機能………………………171
　　(7) 胎子の発育………………………172
　　(8) 子宮内における胎子の位置……173
　8.4 妊娠の生理………………〔吉岡耕治〕…174
　　(1) 妊娠の認識と維持………………174
　　(2) 妊娠による母体の変化…………177
　　(3) 多胎妊娠…………………………179
　　(4) 妊娠期間…………………………180
　　(5) 母体の衛生………………………181
　8.5 早期妊娠診断……………………………181
　　(1) 牛の妊娠診断法……〔竹之内直樹〕…181
　　(2) 馬の妊娠診断法……〔加茂前秀夫〕…185
　　(3) めん羊，山羊の妊娠診断法
　　　　　　　　　　　　　〔田中知己〕…189
　　(4) 豚の妊娠診断法………〔伊東正吾〕…191
　　(5) 犬・猫の妊娠診断法…〔筒井敏彦〕…192
　8.6 分　娩…………………〔金子一幸〕…195
　　(1) 分娩発来の機序…………………195
　　(2) 分娩発来の徴候…………………196
　　(3) 産　道…………………………196
　　(4) 娩出力…………………………198
　　(5) 正規分娩の経過…………………199
　　(6) 分娩時の注意……………………201
　　(7) 分娩の調整………………………202
　　(8) 産褥の生理………………………202
　　(9) 新生子の生理……………………202

9. 繁殖障害……………………………………204
　9.1 繁殖障害総論………〔加茂前秀夫〕…204
　　(1) 繁殖障害の種類…………………204
　　(2) 繁殖障害の原因…………………204
　　(3) 繁殖障害の発生状況……………212
　　(4) 繁殖障害の診断…………………219
　　(5) 繁殖障害の治療処置……………220
　9.2 雄の繁殖障害……………………………221
　　(1) 臨床診断…………〔加茂前秀夫〕…221
　　(2) 産業動物…………〔加茂前秀夫〕…226
　　(3) 犬および猫………〔河上栄一〕…241
　9.3 雌の繁殖障害……………………………249
　　(1) 産業動物
　　　　　………〔加茂前秀夫/伊東正吾〕…249
　　(2) 犬および猫………〔堀　達也〕…301

10. 妊娠期における異常………〔田中知己〕…309
　10.1 流　産…………………………………309
　　(1) 感染性流産………………………309
　　(2) 非感染性流産……………………317
　10.2 母体における異常……………………318
　　(1) 腟　脱…………………………318
　　(2) 子宮捻転…………………………320
　　(3) 子宮ヘルニア……………………323
　　(4) 子宮外妊娠………………………324
　10.3 胎子における異常……………………324
　　(1) 胎子の死…………………………324
　　(2) 胎膜水腫…………………………326
　　(3) 長期在胎…………………………326
　　(4) 胎子の奇形・先天異常…………327

11. 分娩時における異常………〔金子一幸〕…330
　11.1 陣痛の異常……………………………330
　　(1) 陣痛微弱…………………………330

| (2) 強陣痛·····························330
| 11.2 難　産·····························330
| (1) 難産の型と処置·····················331
| (2) 産科用器械器具······················341
| (3) 産科処置および産科手術···········344
| 11.3 産道の損傷··························345
| 11.4 胎盤停滞·····························346

12. 分娩終了後の異常 ··········〔金子一幸〕··· 348
| 12.1 子宮脱································348
| 12.2 悪露停滞症·····························349
| 12.3 産褥麻痺（乳熱）······················349
| 12.4 ダウナー牛症候群（産後起立不能症）··349
| 12.5 産後急癇（産褥性強直症）·············350
| 12.6 産褥性創傷感染 ························350
| (1) 産褥性子宮炎，腟炎，陰門炎······350
| (2) 産褥熱·····························351
| (3) 豚乳房炎-子宮炎-無乳症症候群·····351

文　献··································352

索　引··································361

1. 生殖器の構造・機能および生殖子

生殖器 (genital organ / reproductive organ) は，生殖巣または生殖腺 (gonad / sex gland) と副生殖器 (accessory reproductive organ) によって構成される．生殖巣は雌雄の生殖子 (sex cell / germ cell)，すなわち卵子 (ovum, 複 ova) と精子 (sperm / spermatozoon, 複 spermatozoa) を生産する器官であるとともに，それぞれの副生殖器の形態，機能を支配するホルモンを分泌する内分泌腺でもある．副生殖器は，生殖子の排出または進入の通路であるとともに，受精，胚～胎子の発育および分娩に直接あずかる器官であるほか，交尾器としての機能をはたす器官でもある．また，副生殖器のうち精液 (semen) の液状成分の大部分を分泌する付属腺や，子宮 (uterus, 複 uteri)，腟前庭 (vestibule of vagina) にみられる腺などは，副生殖腺 (accessory genital / reproductive gland) と呼ばれる．

1.1 生殖器の発生と分化
development of reproductive organ

(1) 生殖巣の発生

生殖巣の発生は雌雄の別なく，胎生初期に形成される一対の生殖隆起 (genital ridge) から始まる．雌雄の生殖巣の分化は，胚体外の内胚板に現れる原始生殖細胞 (primordial germ cell) が，腸間膜の組織内を移動して生殖隆起に到達した後に始まる．牛では，妊娠 26 日の胚の生殖隆起に原始生殖細胞が初めて認められる (Gier and Marion, 1970)．生殖隆起の表面には，原始生殖細胞が並び胚上皮または生殖上皮 (germinal epithelium) を形成する．図 1.1 に示すように，遺伝的性が雄である場合，胚上皮が内部に向かって索状突起 (性索; sex cord) を伸ばし，髄質索または一次性索 (primary sex cord) を形成する．ついで一次性索は複雑に分岐して精巣索となり，やがて上皮から分離して中空の管，すなわち精細管 (seminiferous

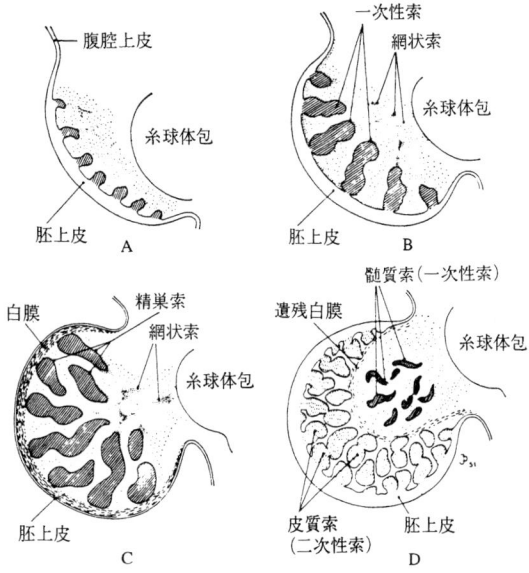

図 1.1 高等脊椎動物における未分化生殖腺の精巣および卵巣への分化（Burns, 1961 を改変）
A：一次性索が胚上皮から形成される．B：一次性索は発達しているが，生殖腺は未分化のままである．C：精巣の分化が起こっている．すなわち，一次性索は増殖し続けるが，生殖上皮は小さくなる．白膜も発達する．D：卵巣への分化を示す．すなわち，皮質から二次性索が発達し，一次性索と白膜が減少する．

tubule) に発達する．しかし，精細管内の原始生殖細胞は胎生期を通じて未分化の状態を維持し，有糸分裂による増殖はほとんど行われない．体腔上皮由来の細胞は，精細管内で生殖細胞 (gonocyte) を保護する支持細胞であるセルトリ細胞 (Sertoli cell) に分化し，精細管周囲の髄質の間葉組織成分は間質組織となり，やがて間質細胞（ライディッヒ細胞；Leydig cell）に分化する．また，精巣索は結合組織によって体腔上皮から分離され，これが白膜 (tunica albuginea) として発達し，精巣 (testis, 複 testes) へと分化していく．

一方，雌の生殖巣の分化は雄に比較して遅い．雌の性分化は，精巣への分化が起こらない場合に，最初の形態学的特徴がみられる．遺伝的性が雌である場合，

1

雄で述べられた一次性索は退行して髄質索となり，髄質の深部に位置するようになる．そして，原始生殖細胞は卵祖細胞（oogonium）へ分化し，有糸分裂を繰り返して増殖するとともに，胚上皮は生殖隆起の表層でも増殖を続け，皮質索または二次性索（secondary sex cord）を形成する．皮質索は，将来卵胞（ovarian follicle）になるべき細胞（原始卵胞；primordial follicle）と卵祖細胞から構成される．これら原始卵胞が集まっているところが皮質となり，卵巣（ovary）へと分化する．卵祖細胞の増殖は，通常胎生期の間に完了する．

生殖巣における性分化が明らかになる時期は，牛でおよそ40日，豚30日，めん羊35日，犬38日，猫30日，兎16日である．

(2) 副生殖器の発生

哺乳動物の未分化の生殖器系は，図1.2に示すように，2つの未分化の生殖巣，それぞれ一対の中腎管（ウォルフ管；Wolffian duct）と中腎傍管（ミューラー管；Müllerian duct），1つの尿生殖洞（urogenital sinus），生殖結節（genital tubercle）および前庭ヒダ（vestibular fold）より構成されている．雄と雌の胎子における生殖巣，副生殖器の発生をそれぞれの起源と対比して示すと表1.1のとおりである．

生殖巣の起源となる生殖隆起は，何も干渉が起こらなければ自動的に卵巣に発育するが，雄胎子の場合，性染色体であるY染色体をもっており，Y染色体上にあるSRY（sex-determining region on Y chromosome）遺伝子が働き，生殖隆起を精巣に発育するように導く．すなわち，Y染色体をもつ精子によって受精が起こり雄胎子になることが決定されると，生殖巣は精巣となるように発育する．雄胎子の精巣が発育し，精巣内の未分化セルトリ細胞がミューラー管抑制物質（Müllerian inhibiting substance）を産生し，この物質の作用によってミューラー管が退行する（Vigier et al., 1983）．また，精巣内のライディッヒ細胞から雄性ホルモンであるアンドロジェンが分泌され，このホルモンの作用によりウォルフ管が発達し，精巣上体（epididymis，複 epididymides），精管（ductus deferens / deferent duct），精嚢腺（seminal vesicle / vesicular gland）などの雄の生殖器がつくられる．ま

た，このホルモンの作用によって，陰茎（penis），陰嚢（scrotum，複 scrota）および包皮（prepuce）などの外部生殖器も雄として発達する．一方，雌では雄性ホルモンが分泌されないためウォルフ管は退行し，卵巣の発育とともにミューラー管が卵管（oviduct / Fallopian tube / uterine tube / salpinx），子宮，腟（vagina，複 vaginae）へと発達する．また，外部生殖器も雌型に発達する．

〔堀 達也〕

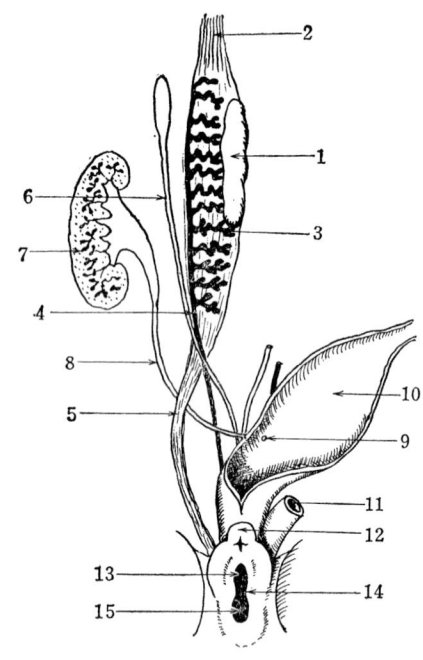

図1.2 未分化生殖器系（Hertwig 原図；Patten, 1948）
1：未分化生殖巣，2：中腎横隔膜靱帯，3：中腎細管，4：中腎管（ウォルフ管），5：中腎鼠径靱帯，6：中腎傍管（ミューラー管），7：腎，8：後腎管，9：尿管開口部，10：膀胱，11：直腸，12：生殖結節，13：尿生殖洞，14：前庭ヒダ，15：肛門．

表1.1 生殖巣，副生殖器の発生（Frye, 1967を改変）

起　源	雄	雌
未分化生殖巣　　皮　質　　髄　質	退　化　　精　巣	卵　巣　　退　化
中腎傍管（ミューラー管）	痕　跡	卵管，子宮，腟
中腎管（ウォルフ管）	精巣上体，精管，精嚢腺	痕　跡
尿生殖洞	尿道，前立腺，尿道球腺	腟前庭，尿道
生殖結節	陰　茎	陰　核
前庭ヒダ	陰　嚢	陰　唇

1.2 雄性生殖器
male reproductive organ

(1) 精巣 testis（複 testes）

a. 精巣下降

腹腔内の左右の腎臓直下に形成された哺乳動物の精巣は，鯨，象などを除き，胎生期から出生時にかけて腹腔から鼠径管および鼠径部皮下を通って，陰嚢内に下降する．これを精巣下降という．これに先立って，腹膜が鼠径部から陰嚢に向かって突出し，鞘状の膨らみを形成するが，これを腹膜鞘状突起（vaginal process）と呼ぶ．また，精巣を覆う腹膜ヒダである生殖鼠径靱帯のうち，精巣の後端から鼠径管までの部分は太く発達して精巣導帯（gubernaculum testis）となり，腹膜鞘状突起の中を陰嚢に向かって伸びていく．この鞘状突起と精巣導帯の伸長およびその後の精巣導帯の収縮によって，左右の精巣は陰嚢内に下降する（図1.3）．精巣下降に関与している因子としては，アンドロジェン，ミューラー管抑制物質および腹圧などが考えられている．

精巣下降完了の時期は動物種によって差があり，反芻動物は最も早く，犬では最も遅い．牛および山羊では胎生期の半ばに精巣が陰嚢内に下降し，豚では胎生末期から生後間もなく，馬では出生直後から生後1週間までにそれぞれ下降が完了する．犬および猫の精巣は，出生時にはいまだ腹腔内の内鼠径輪付近に存在しており，精巣が陰嚢内に達するのは，ビーグルほどの大きさの犬では生後約30日（Kawakami et al., 1993）であるが，大型犬ではそれよりも遅い．猫では生後約20日である．

しかし，精巣が陰嚢内に下降しない場合があり，これを潜在精巣（陰睾；cryptorchidism）という．潜在精巣であると高い温度条件下にあるために精子形成（spermatogenesis）は不可能であり，精巣のアンドロジェン分泌機能も害される傾向にある（Kawakami et al., 1987）．したがって，両側とも潜在精巣である雄動物は生殖能力がない．

b. 精巣の位置と構造

精巣は，精子を生産（造精機能）するとともにアンドロジェンを分泌（内分泌機能）して副生殖器を発育させ，その機能を維持し，交尾欲や二次性徴を発現させる．多くの哺乳動物の精巣は陰嚢内に存在するが，精巣の位置や大きさは動物種によって異なる（図1.4, 1.5，表1.2）．牛，めん羊，山羊の精巣は体軸に対して垂直に位置し，体壁から下垂しており，特にめん羊，山羊の精巣はその体格に比べて大きい．馬および犬の精巣は牛よりやや後方に存在し，体軸に対してほぼ水平に陰嚢内にあって，走行に支障の少ないように位置している．豚の陰嚢は馬よりもさらに尾方に存在し，精巣の長軸は体軸に対して斜めとなり，精巣上体の頭部側が下方に向いている．豚の精巣もかなりの大きさをもつ．猫の精巣は，さらに肛門付近に位置している．

精巣の表面を覆う被膜は，表層に光沢ある固有鞘膜（tunica vaginalis）と，内層の白色の強靱な白膜に分けられる．白膜内あるいはその内層には血管や神経

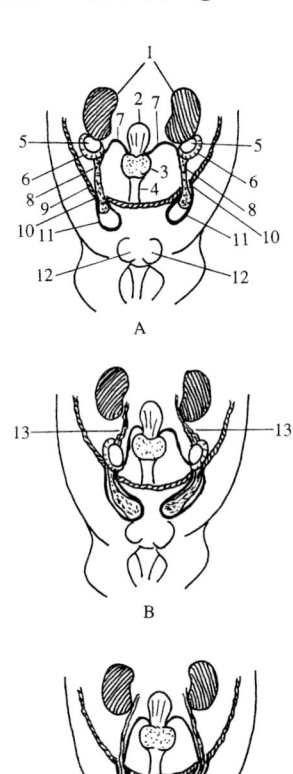

図 1.3 犬の精巣下降（河上原図）
A：胎齢40日，B：胎齢60日，C：生後30日齢．
1：腎臓，2：膀胱，3：前立腺，4：尿道，5：精巣，6：精巣上体，7：精管，8：精巣導帯，9：腹壁，10：鼠径管，11：腹膜鞘状突起，12：陰嚢，13：精巣動静脈．

1. 生殖器の構造・機能および生殖子

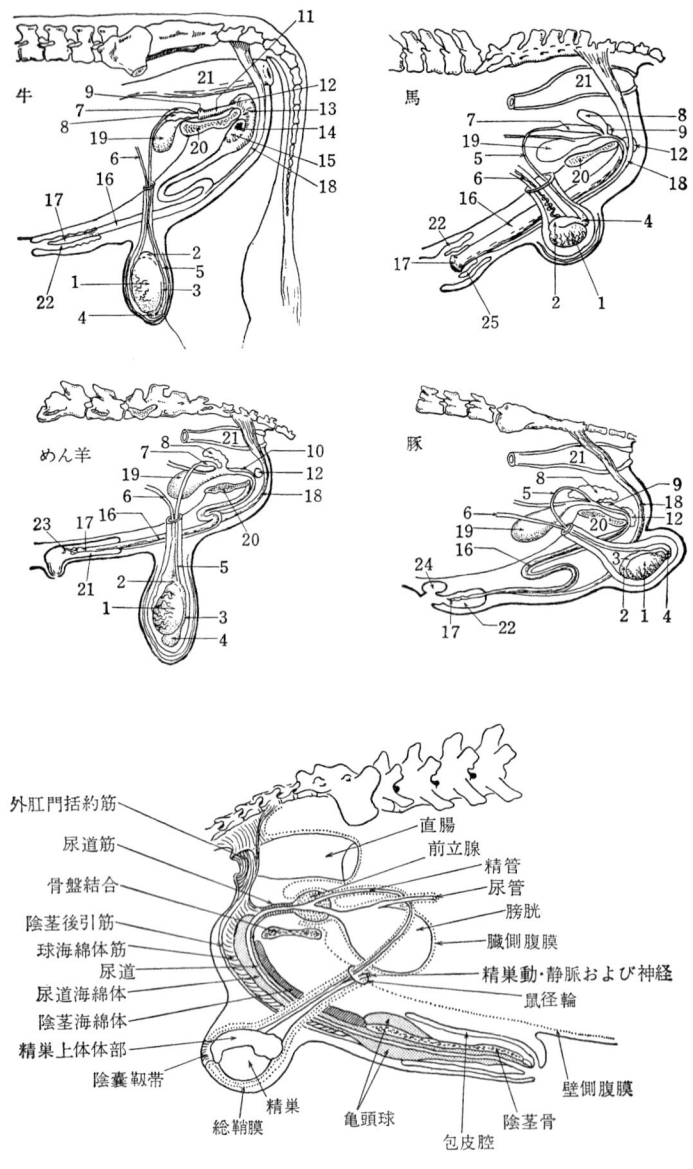

図1.5 雄犬の生殖器（Evans and Christensen, 1979 を改変）

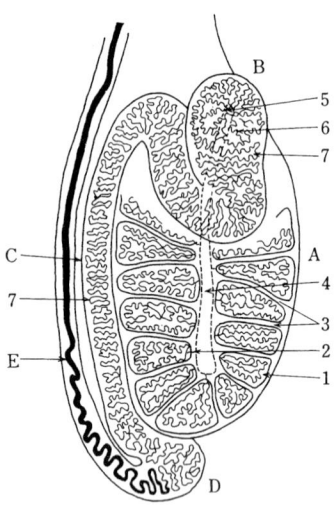

図1.4 主な動物の雄性生殖器の比較解剖図（牛は Blom and Christensen, 1947；馬，めん羊，豚は Bielański, 1962 を改変）

1：精巣，2：精巣上体頭部，3：精巣上体体部，4：精巣上体尾部，5：精管，6：精巣血管および神経，7：精管膨大部，8：精嚢腺，9：前立腺体部，10：前立腺伝播部，11：骨盤部尿道，12：尿道球腺，13：球海綿体筋，14：左側陰茎脚（断面），15：坐骨海綿体筋（断面），16：陰茎，17：陰茎亀頭，18：陰茎後引筋，19：膀胱，20：骨盤結合，21：直腸，22：包皮腔，23：尿道突起（めん羊），24：包皮憩室（豚），25：内包皮（馬）．

図1.6　牛精巣の管系模式図

A：精巣，B：精巣上体頭部，C：精巣上体部，D：精巣上体尾部，E：精管．
1：曲精細管を含んだ精巣小葉，2：直精細管，3：精巣中隔，4, 5：精巣網，6：精巣輸出管，7：精巣上体管．
精巣網の管系は，図を簡単にするため省略した．

が豊富に分布している．精巣の内部（実質）は，線維性の精巣縦隔とこれから放射状に出る精巣中隔によって，多くの精巣小葉（lobule of testis）に分けられている．図1.6のように，精巣小葉内には直径0.1〜0.3 mmの迂曲した精細管が充満している．これら精細管の間隙の結合組織中には血管や神経が走行しており，またアンドロジェンを分泌する間質細胞（ライディッヒ細胞）が存在する．

精細管の外層は，薄い結合組織の基底膜（basement membrane）からなり，この内側に精子を形成する数層の精細胞（germ cell）とセルトリ細胞が存在し，両者を合わせて精細管上皮（seminiferous epithelium）と呼ぶ．セルトリ細胞は，精細胞の間にあって基底膜に接し，精細胞への栄養供給やこれらの細胞の支持・保護の働きをもつ．

精巣小葉内を迂曲する曲精細管（contorted seminiferous tubule）は，精巣縦隔に近づくと短く細いまっすぐな直精細管（straight seminiferous tubule）となって，精巣網（rete testis）に連なる．精巣網は，精巣の上端付近で白膜を貫き，小さな盲嚢状の膨らみをつ

表1.2 主な動物の雄性生殖器の比較

器官		牛	めん羊	豚	馬
精巣	長さ (cm)	10～14	10	13	10～12
	径 (cm)	6～7	5～6	6～7	5～6
	重量 (g)	250～300	200～250	250～300	200～300
精巣上体	管の長さ (m)	40～50	45～55	18	70～80
	重量 (g)	36	—	85	40
精管	全体の長さ (cm)	102	—	—	70
	膨大部の長さ×厚さ (cm)	14×1.2	7×0.6	なし	24×2
精嚢腺	大きさ (cm)	14×4×3	4×2×1	13×7×4	13×5×5
	重量 (g)	75	5	200	—
前立腺	体部大きさ (cm)	3×1×1	なし	3×3×1 (20g)	狭部2×3×0.5
	伝播部 (cm)	12×1.5×1	—	17×1×1	両側葉7×4×1
尿道球腺	大きさ (cm)	3×2×1.5	1.5×1×1	16×4×4	5×2.5×2.5
	重量 (g)	6	3	85	—
陰茎	全長 (cm)	100	40	55	50
	遊離端の長さ (cm)	15	4	18	20
	尿道突起 (cm)	0.2	4	なし	3
	勃起時の直径 (cm)	3	2	2	10
包皮腔の深さ (cm)		30	11	23 包皮憩室の容積約100 mℓ	内15 外25

くり，ここから十数本の迂曲した精巣輸出管（efferent duct）が出て精巣上体に連なる．

c. 精巣の温度調節

哺乳動物の精巣は，造精機能を発揮するために体温よりも低い温度に保たれていなければならない．陰嚢，精巣挙筋および精索内の血管の三者の働きによって，たくみな精巣の温度調節機構がつくられている．陰嚢の肉様膜（tunica dartos）と精巣挙筋は，陰嚢壁の厚さや表面積を変えるとともに，体壁に対する精巣の位置を変えて熱の放散を調節する．すなわち，寒い状態では精巣挙筋と肉様膜が収縮して精巣を引き上げ，陰嚢壁を収縮させる．逆に，暑い状態ではこれらの筋肉が弛緩し，精巣は下垂して壁が薄くなった陰嚢内に下降する．陰嚢皮膚には被毛が少なく皮下脂肪がないことや，汗腺が非常に多いことも温度調節に関係がある．

また，精巣動脈は精索内を下降する際に著しく迂曲してコイル状になり，これを取り囲む精巣静脈も分岐して蔓状に動脈にからみつき，蔓状静脈叢（pampiniform plexus）を形成する．動脈にからみついた静脈によって，動脈血は温度を下げられて精巣に流入する．図1.7は，めん羊の精巣各部の温度を示したものであるが，精巣動脈血の温度は外鼠径輪から精巣の上端に達するまでに約4℃下降することが認められている．

(2) 精巣上体 epididymis（複 epididymides）

精巣上体は1本の極めて長い精巣上体管からできており，成熟した牛では全長が40～50 m，犬でも約10 mに達する．この管は著しく屈曲して走り，結合組織で互いに結びつけられている．精巣上体は鞘膜臓側板に包まれて，精巣の一側に付着し，頭部（head），体部および太い尾部（tail）の3部に区別され，尾部の末端において精管に移行する（図1.6）．頭部，体部および尾部の形態学的区別は，牛，めん羊，山羊では明瞭である．

精巣上体は，精巣および精巣上体が生産した液の流れや，上体管の収縮運動などによって精子を尾部に移送するが，精子は精巣上体を通過中に上体管の分泌液の作用によって成熟し，受精能力をもつようになる．尾部の上体管は極めて太く，精子はここに貯蔵されて射精の機会を待つ．動物種によって差はあるが，精子は精巣上体の通過に7～14日を要し，尾部に貯蔵された精子は20～30日間受精能力を維持している．

1. 生殖器の構造・機能および生殖子

(3) 陰　嚢　scrotum（複 scrota）

　陰嚢は，股間あるいは会陰部付近において下腹壁の皮膚が突出下垂してできた袋で，その中に精巣および精巣上体を収める．陰嚢壁は，外側の薄い伸縮性に富んだ皮膚と，その内側の弾力線維や平滑筋線維の多い肉様膜から構成されている．肉様膜は，陰嚢の正中線底部で上方に反転して，内腔を左右の2室に分ける陰嚢中隔（scrotal septum）をつくる．左右の精巣は，2つの内腔にそれぞれ収められている．肉様膜の内側には，いくつもの筋膜や腹膜が重なり合った総鞘膜（tunica vaginalis communis）があって，精巣，精巣上体，精管，血管，神経などをひとまとめにして袋状に包んでいる（図1.8）．総鞘膜は，胎子期の精巣下降に関与していた腹膜鞘状突起が生後に厚く発達したものである．

(4) 精　管　ductus deferens / deferent duct

　精管は，精巣上体尾部から連なった，管壁が厚く筋肉の発達した左右一対の細長い管である．精管の内側の粘膜はヒダが多く，最初はやや迂曲しながら総鞘膜の中を精巣上体に沿って上行し，やがてまっすぐになって，血管，神経などとともに精索（spermatic cord）を形成し，鼠径管を通過して腹腔内に入る．精管は，膀胱の背側面で後方に強く彎曲して紡錘状に膨らんだ精管膨大部（ampulla）を形成した後，再び細くなって，膀胱の後方の尿道背側においてやや壁が厚くなった精丘（colliculus seminalis）の部分で，精嚢腺の排出管と合わさった射精管となって，射精口（ejaculatory orifice）として尿道（urethra）に開口する．精管膨大部の内腔には，腺構造が観察される．豚と猫では，精管膨大部に相当する部分は認められない．また，射精口には薄い弁のようなヒダがあって，尿の侵入を防いでいる（図1.9, 1.10）．

　精管は，射精に際して急激な，あるいは律動的な収縮運動によって，精巣上体尾部や精管起始部に貯留していた多数の精子を尿道内に移送する．

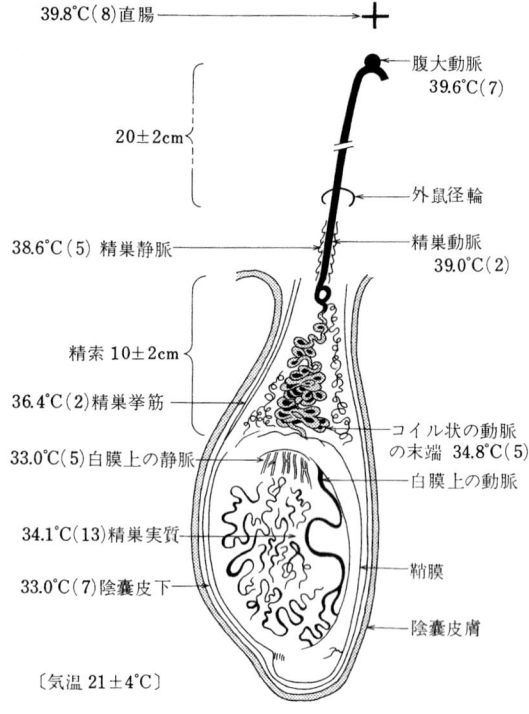

図 1.7　雄めん羊の精巣各部の温度（麻酔下）（Waites and Moule, 1961を改変）
蔓状静脈叢を除去してコイル状の精巣動脈を示す．局所の温度は（　）内の測定回数による平均値．

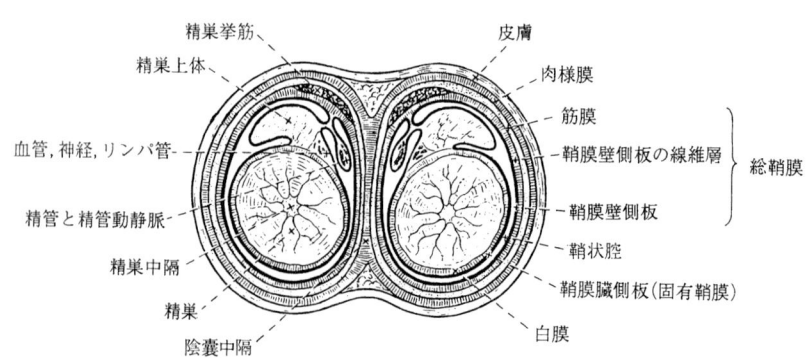

図 1.8　陰嚢と精巣の横断面（Evans and Christensen, 1979を改変）

(5) 副生殖腺　accessory reproductive gland

a. 精嚢腺　seminal vesicle / vesicular gland

精嚢腺は，精管膨大部の外側にある一対の腺で，この腺の排出管は同側の精管の開口部と並ぶか，またはこれと合わさって尿道の背側に開口する．動物種によってかなり形態と構造が異なり，牛ではブドウの房のような分葉状の硬い充実した腺体である．しかし，馬の精嚢は牛のように硬くはなく，表面は比較的平滑な内腔をもつ囊状の腺である．豚の精嚢腺は牛と同様に充実した腺体で，長さ12〜15 cm，幅5〜9 cm，厚さ4〜5 cmと極めて大きく，その排出管は精管と合わさることなく，別個に尿道壁に開いている．犬と猫ではこの腺がない．

精嚢腺は，精子の代謝に関係し，緩衝作用のある分泌液を多量に産生する．その分泌液中には，高濃度の蛋白質，K，クエン酸（citric acid），フルクトース（fructose）および何種類かの酵素を含んでおり，特にクエン酸とフルクトースの含有量はアンドロジェンにより支配される．また，馬の精液中に含まれる膠様物は精嚢腺から分泌され，細菌抑制効果のあることが知られている．

b. 前立腺　prostata / prostate gland

前立腺は，膀胱および精嚢腺のすぐ後方に尿道を取り巻くように位置する．この膀胱頸部付近にあって外部からみえる部分を前立腺体部（body of prostate gland）という．さらに，前立腺は一部が尿道を取り巻き，尿道筋に覆われながら後方に伸びて，前立腺伝播部（disseminate part of prostate gland）を形成する（図1.10）．前立腺の大きさを動物別にみると，だいたい精巣の大きさに反比例する．すなわち，精巣が小さい食肉類の前立腺はその体軀に比較して大きく，ついで，馬，豚，めん羊，山羊の順序となる．特に，犬の前立腺は大きく発達しており，唯一の副生殖腺である．それは左右両葉に分かれ，尿道を球状に包囲している（図1.5）．人と同様に，老齢な犬では前立腺が著しく肥大していることがある．馬では伝播部がなく，めん羊や山羊では逆に体部を欠く．

前立腺の分泌液も精子の代謝に関係し，精嚢腺の分泌液とともに精液の液状成分である精漿（seminal plasma）の主体をなしている．前立腺の分泌液中には，Na，K，Ca，Cl，PO$_4$，HCO$_3$などの塩類のほか，クエン酸が含まれている．ラット，マウスなどの齧歯類では，前立腺の一部が凝固腺（coagulating gland）となり，交尾後，この腺の分泌液中に含まれている酵素の作用によって精嚢腺の分泌液が腟内で凝固し，いわゆる腟栓（vaginal plug）を形成する．この腟栓は，受胎効果を高めるものと考えられている．

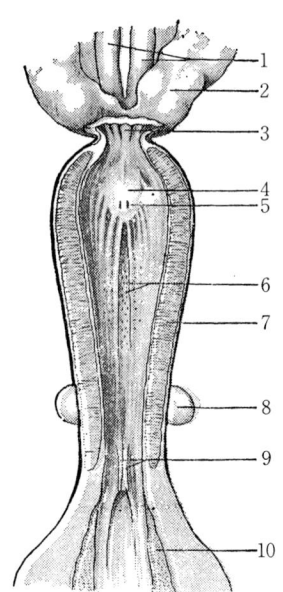

図1.9 雄牛の尿道基部（腹面を切開したもの）

1：精管膨大部，2：精嚢腺，3：膀胱（切断），4：精丘，5：射精口，6：前立腺排出管口，7：尿道筋，8：尿道球腺（左），9：尿道球腺排出管，10：尿道海綿体．

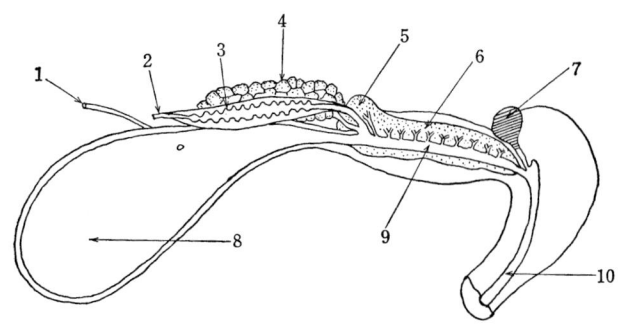

図1.10 雄牛の副生殖腺模式図（Hafez, 1974）

1：尿管，2：精管，3：精管膨大部，4：精嚢腺，5：前立腺体部，6：前立腺伝播部，7：尿道球腺，8：膀胱，9：骨盤部尿道，10：陰茎部尿道．

c. 尿道球腺（カウパー腺） bulbourethral gland / Cowper's gland

尿道球腺は，尿道が骨盤から出る付近の背側に一対の腺体として存在し，その分泌液は尿道の背側壁から尿道内に排出される．この腺は，牛では小さいが，豚では極めて大きい．食肉類では著しく小さく，犬ではこれがない．この腺の分泌液は射精に先立って排出され，尿道の洗浄に役立つものと考えられている．豚では，射精に際して尿道球腺から多量の膠様物（精液中の15～20％）が排出される．この膠様物の存在は，交尾の際に精液が外陰部へ漏出することを防ぐ役割をはたすものと考えられる．

(6) 尿道，陰茎および包皮 urethra, penis and prepuce

膀胱から出た尿道は，上記の精管および副生殖腺の開口部を受けて骨盤腔内を走り（この部位を骨盤部尿道という），坐骨弓部で前下方に彎曲し，ここでスポンジ状構造をした尿道海綿体（corpus cavernosa urethrae）と陰茎海綿体（corpus cavernosa penis）およびこれを取り囲む筋膜とともに円筒状の陰茎をつくっている．陰茎は，尿を排泄させるだけではなく，交尾器として雌動物の腟内に精液を注入する役目をもつ．

陰茎の先端は，皮膚が反転して鞘状になった包皮によって包まれており，この部位の陰茎を特に亀頭（glans penis）と呼ぶ．亀頭の形態は，動物種によってかなり異なる．馬の亀頭は典型的な形を示し，その周縁の高まりを亀頭冠といい，また，亀頭のやや腹方には亀頭窩という小さなへこみがあって，ここに尿道が尿道突起をもって開口する．牛の亀頭は，左に軽くねじれ，このねじれに沿った溝の先端部に尿道が開口する．めん羊，山羊では亀頭の先端から3～4 cmの細長い尿道突起が突出している．豚においては，陰茎の先端が左にらせん状にねじれて細く終わり，亀頭というべき部分はない．また犬では，包皮内にある亀頭の基部が尿道海綿体が発達して太くなった亀頭球（bulbus glandis）を形成し，その先は細長く終わり，亀頭長部という．猫の包皮内の陰茎先端は，長さ約1～1.5 cmと短く，包皮口とともに後方に向いており，その表面には短く細い突起が多数存在している．

犬，猫などの食肉類の陰茎先端部の尿道背側には，陰茎中隔が骨化した陰茎骨（os penis）が存在する．特に，犬では長さが約10 cm前後あり，陰茎を硬く強くするのに役立っていると考えられている（図1.5）．

包皮は，陰茎の先端部である亀頭を包む皮膚の鞘である．包皮の皮膚は，包皮口（包皮輪）で反転して無毛の内壁をつくり，性的休息時にはその包皮腔に陰茎亀頭を隠す．豚には，包皮腔の背側に鶏卵大の盲嚢である包皮憩室（preputial pouch）があり（図1.4），憩室口によって包皮腔と通じている．この腔内に尿が残存して，不快な臭気を発する．また，馬と山羊では包皮内に包皮腺が存在し，その分泌物と脱落上皮が集まって，不快臭のある包皮垢（smegma preputii）をつくる．

陰茎の形態および勃起の機構は動物種によってかなり異なり，反芻類，豚でみられる弾性線維型と馬，犬

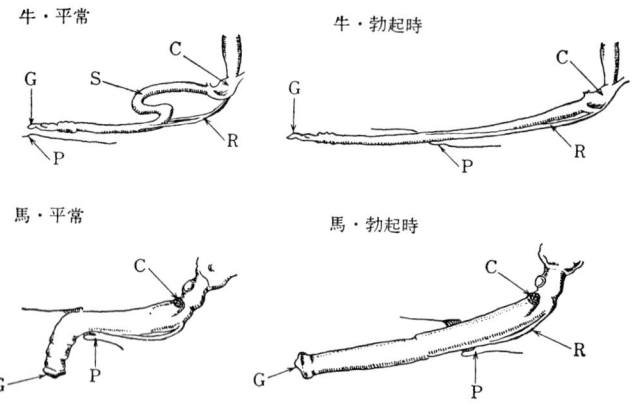

図1.11 弾性線維型陰茎と血管筋肉質型陰茎の比較（Hafez, 1960を改変）
C：球海綿体筋，G：亀頭，P：包皮，R：陰茎後引筋，S：陰茎S状曲．

でみられる血管筋肉質型とに大別される（図1.11）．前者の陰茎は細くて長く，かつ勃起時でなくとも硬い．また，反芻類では陰嚢と肛門の間の陰茎の部位に，豚では陰嚢と臍の間の陰茎の部位に，仙骨または尾骨から伸びた陰茎後引筋（retractor penis muscle）が付着して，性的休息時には陰茎を後方に引いて，陰茎S状曲（sigmoid flexure of penis）をつくり，陰茎の先端部を包皮腔内に収めている（図1.4）．しかし，性的興奮時にはこの筋肉が完全に伸長し，陰茎は包皮から前方に突出する．これが，反芻類や豚における勃起状態である．血管筋肉質型の陰茎では，海綿体と筋組織がよく発達しているが，陰茎S状曲はない．性的興奮時には，陰茎海綿体および尿道海綿体への血液の流入増加，球海綿体筋や坐骨海綿体筋による陰茎静脈の圧迫によるうっ血などのために，陰茎は膨張して硬さを増し，勃起状態となる．　　　　　　〔河上栄一〕

1.3　精子および精液
spermatozoon and semen

(1)　精子形成　spermatogenesis

雄動物では，胎生期に未分化の胚上皮から盛んに索状突起を伸ばし，これがしだいに発達して細長い管，すなわち精細管となる．原始生殖細胞は，精細管内に入り込み，胎生期では生殖細胞とも呼ばれるが，後には精祖細胞（spermatogonium，複 spermatogonia）として管壁である基底膜の内側に1層に並ぶ．精細管内には，セルトリ細胞と呼ばれる，明るく米粒状の形態の核をもつ細胞が基底膜の内壁に接して存在している．この細胞は，精祖細胞をはじめとした数層の精細胞の間にその細胞質を精細管腔に向かって伸ばし，各種の精細胞に栄養を与えるとともに，精細胞を支持・保護する働きをもつ．

精祖細胞は，雄動物が成長して性成熟期に近づくまでは，分裂などの活動を停止している．しかし性成熟期に近づくと，急激に分裂を開始して細胞数を増すとともに，一次精母細胞（精母細胞；primary spermatocyte），二次精母細胞（精娘細胞；secondary spermatocyte）を経て精子細胞（spermatid）に分化していくが，ここまでの過程を精子発生過程（spermatocytogenesis）といい，この一次精母細胞から二次精母細胞に分裂する際に染色体は半減する（減数分裂；meiosis）．ついで，精子細胞はセルトリ細胞に接しつつ長い尾部（tail）をもつ精子に変態するが，この過程を精子完成過程（spermiogenesis）という．さらに，上記の精子形成に関する全過程を，精子形成過程（spermatogenesis）という（図1.12）．

牛の精子形成過程では，図1.13に示すように，1個の精祖細胞A型から64個の精子が生産される．基底膜に接しているA型精祖細胞は，A_2型，B型を経て

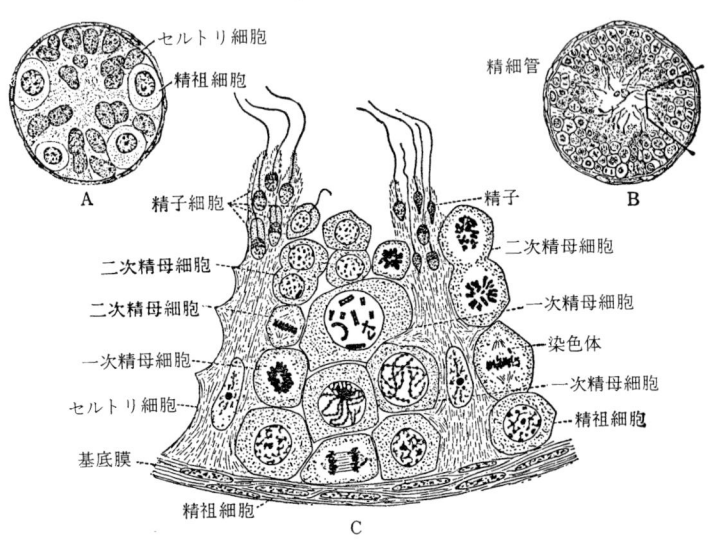

図1.12　精細管内精子形成模式図（Arey, 1954を改変）
A：新生時，B：成熟時，C：B図の一部拡大．

1. 生殖器の構造・機能および生殖子

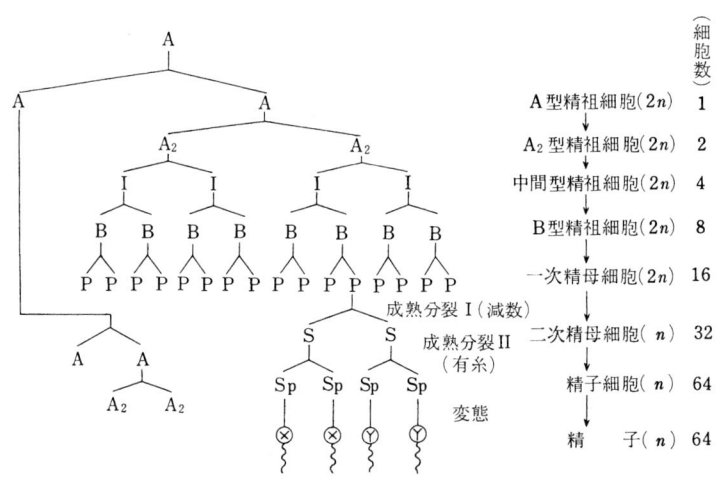

図 1.13 牛における精子形成模式図

表 1.3 哺乳動物の精細管上皮サイクルと精子形成過程の長さ

動物種	精細管上皮サイクルの長さ（日）	精子形成過程中のサイクルの数	精子形成過程の長さ（日）
ラット（Wister）	13.5	4	53.2
マウス	8.6	4	34.5
兎	10.9	4	43.6
犬	13.6	4	54.4
めん羊	10.5	4.7	49
豚	8.6	4	34.4
牛	13.5	4.5	60
人	16	4.6	74

精子に変態するものと，そのまましばらく細胞分裂を休止するものに分かれる．B型までの精祖細胞はDNA合成の盛んな細胞で，以後DNA合成は一時休止となる．1個のA型から8個のB型精祖細胞→16個の一次精母細胞→32個の二次精母細胞→64個の精子細胞へと分裂を続けて，精子形成の分裂は終わる．精子形成に要する日数は，牛で約60日であるが，動物種によって異なる（表1.3）．一方，休止していたA型精祖細胞は，約10日後に再び分裂を開始してA₂型精祖細胞を生じ，上記同様の分裂を繰り返す．精祖細胞の段階での分裂回数は動物種によって異なるため，精子形成に要する日数やA型精祖細胞1つから形成される精子数にも差が生じる．

精細管の断面には，分化の段階の異なった精細胞が同心円状に配列しているのがみられる．それらは偶然の組み合わせではなく，一定の規則性をもって各世代

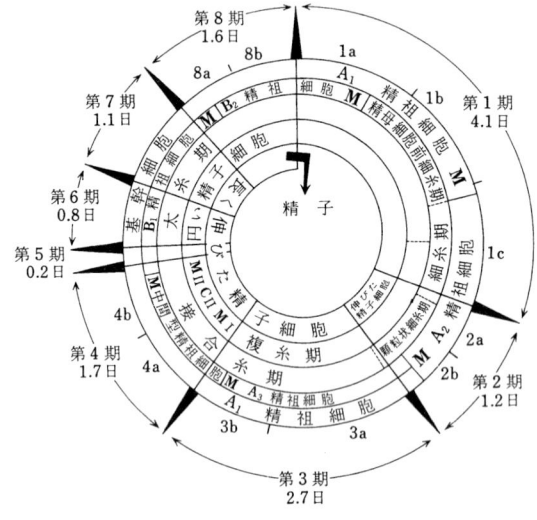

図 1.14 牛における精子形成サイクル（13.5日）（Hochereau, 1967を改変）

基幹細胞（A₁）から時計回りに，渦巻状に移行し遊離精子に至る．M：有糸分裂，MⅠ：第1成熟分裂（減数分裂），CⅡ：二次精母細胞，MⅡ：第2成熟分裂（有糸分裂）．

の精細胞が組み合わさっており，しかも，各種精細胞の分裂は一定の時間的間隔で進むため，精細管の特定の部位について観察すれば，ある精細胞の組み合わせが一定の周期で現れることになる．この周期を精細管上皮サイクル（seminiferous epithelial cycle），または精子形成サイクル（spermatogenic cycle）という．この精細胞の組み合わせは，牛，めん羊，豚などでは図1.14に示すように8ステージに，犬では10ステー

ジに分けられる．各種動物における精細管上皮サイクルの長さと精子形成過程の長さは表1.3に示すとおりである．

一方，精細管の長軸に沿って精子形成を観察すると，ある断面における精細管上皮サイクルのステージは，これに隣接する断面におけるよりも一歩ずつ先に進んでいて，牛では8ステージが一定の順序で繰り返されている．あるステージを示す分節から，これと同じステージを示す次の分節までの距離を精細管上皮の波（seminiferous epithelial wave），または精子形成の波（spermatogenic wave）という．牛の精細管上皮の波の長さは3.3～7.9 mmである．

精子細胞から精子への変態は，ゴルジ期（Golgi phase），頭帽期（cap phase），先体期（acrosome phase），成熟期（maturation phase）の4期に分けられる（図1.15）．精子細胞の核の輪郭の一部には，PAS染色で淡染するゴルジ装置が認められ，やがてそれは1個の先体顆粒と先体胞となり，核の前端に位置する．また，中心体は核の後方に位置して，そのあたりから尾部を構成する軸線維束が伸び始める（ゴルジ期）．ついで，先体胞はしだいに扁平となり，核の前半を覆う頭帽（acrosome cap）を形成する．また，ゴルジ装置は徐々に核の後方に移動し，軸線維束はさらに伸びる（頭帽期）．先体期に入ると，核はセルトリ細胞に接しつつ長く伸びるとともに扁平化する．細胞質内に散在していたミトコンドリアは，軸糸の基部をらせん状に囲んで中片部（middle piece）のミトコンドリア鞘をつくる．また，この時期に細胞質性の微小管が集合して軸糸を囲み，後方に走って尾鞘を形成する．成熟期には，細胞質は外層を取り囲む被膜を形成し，余分な細胞質は後方に移動して，その大部分は細胞外に放出される（残余小体；residual body）．しかし，一部は細胞質小滴（cytoplasmic droplet）として頭部（head）から離れ，頸部（neck）に残存する．

このような過程で変態を終えた精子は，それまで接していたセルトリ細胞の末端を離れて精細管腔に遊離し，直精細管，精巣網および精巣輸出管を経て数日後に精巣上体尾部に到達して，ここで射精の機会を待つ．精子は精巣上体管内を移動する間に成熟し，頭部にあった細胞質小滴は中片部末端まで移動した後離れ去って，ここに精子は形態的・機能的に完成するとともに，運動性を獲得する．しかし実際には，雄動物の生殖道内において精子の運動は抑制されており，また精子の受精能は，雌動物の生殖器内で一定時間を経過した後に初めて獲得される．

(2) 精子の構造

精子の形態や大きさは，動物種によってかなり異なるが，その構造は図1.16に示すように頭部，頸部および尾部の3部に分かれ，尾部はさらに中片部，主部（main piece），終末部（end piece）に区別される．各種動物の精子の大きさを表1.4に示した．

a. 頭 部 head

精子の頭部は，一般に扁平な卵円形を呈するが，ラット，マウスではそれぞれ鎌形，コンマ形，鶏ではやや彎曲した糸状を呈する．牛の精子頭部は大きく幅が広いが，馬では小さく先がややとがっている．精子頭部には核が存在し（図1.16），その核内にはクロマチン顆粒が豊富である．頭部は，塩基性蛋白質と結合した

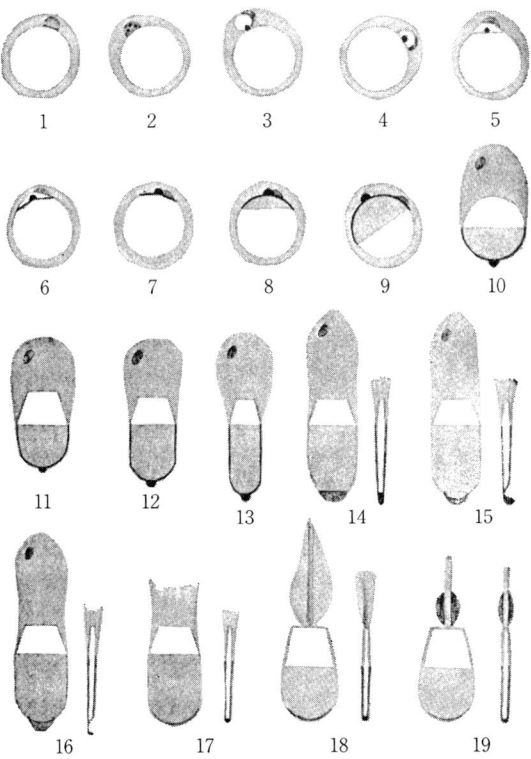

図1.15 牛の精子細胞から精子への変態（大沼，1963）
1～3：ゴルジ期，4～9：頭帽期，10～17：先体期，18, 19：成熟期．

1. 生殖器の構造・機能および生殖子

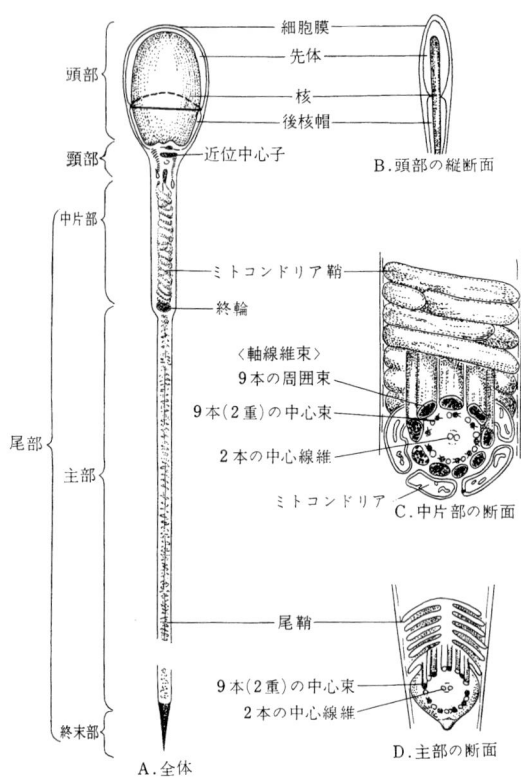

表1.4 各種動物の精子の大きさ（μm）

	頭 長	頭 幅	全 長
牛	9.0～9.2	4.5	60～65
馬	6.1～8.0	3.3～4.6	57～64
めん羊	8.2	4.3	65～70
山 羊	7.0～8.0	3.0～4.8	63～68
豚	7.2～9.6	3.6～4.8	49～62
犬	6.5	3.5～4.5	55～65
兎	8.0	5.0	—
ラット	11.7	—	189
マウス	8.3	3.0	108
鶏	15	0.5	100

図1.16 精子構造模式図（Wu, 1966を改変）

DNAを体細胞の核の約1/2量含んでおり，精子形成過程で染色体が半減することと一致する．

精子頭部の前半を覆う帽子状のものを，先体または頭帽（acrosome）という．これは精子細胞のゴルジ装置が発達・変形した袋状の構造物である．先体の内腔にはPAS染色陽性の先体顆粒が含まれており，その構成成分は脂質糖蛋白質複合体（lipoglycoprotein）で，粘性物質の融解酵素であるヒアルロニダーゼ（hyaluronidase）や蛋白質分解酵素のアクロシン（acrosin）なども含まれている．先体は，受精の成立に重要な役割をもっている．すなわち，先体内に含有されているヒアルロニダーゼは，排卵（ovulation）された卵子を取り囲む卵丘細胞層を精子が通過するのに，またアクロシンは精子が透明帯を通過するのに必要であると考えられている．

b. 頸 部 neck

精子の頸部は，頭部と尾部を連結する長さ約1μmの短い部分である．この部位は最も壊れやすく，種々の処理によって精子はここで切断される．ここには近位中心子が存在し，ここから軸線維束が尾部末端にまで伸びている．

c. 尾 部 tail

尾部は精子の運動器官であり，前述のように中片部，主部，終末部の3部位に区別される．尾部の中片部から終末部の末端まで縦走する軸線維束は，中心部2本とその周囲9本の小線維束（中心束）からなり，さらに，その外側を9本の粗大線維からなる周囲束が取り巻いている（図1.16）．これら軸線維の運動が，精子尾部特有の波状運動を形づくっている．

線維内には，筋肉におけるアクチン，ミオシン類似の蛋白質としてのチューブリン，ダイニンなどが存在し，さらに，解糖系の各種酵素，ATP（アデノシン三リン酸；adenosine triphosphate），クレアチンリン酸が多く含まれていることから，尾部の運動と筋肉における収縮運動機構との類似性が考えられている．

中片部は頸部に続く部分で（図1.16），ここには軸線維束を二重らせん状に取り巻くようにミトコンドリア鞘が存在しているため，尾部のほかの部位よりもやや太くなっている．ミトコンドリア鞘には，蛋白質と結合したリン脂質，特にレシチンとコリンプラズマロジェン（cholinplasmalogen）が多く含有されており，その上完全なチトクローム系や呼吸系に関連した各種酵素を含んでいることから，精子の運動に必要なエネルギーの産生現場の役割をはたしていると考えられる．

主部は，中片部に続く尾部の最も長い部分（約30μm）で，精子の推進力の主役をなしている．すなわち，中片部で産生されたエネルギーが主部の軸線維束に運ばれ，各軸線維の収縮運動により尾部の波状運動ある

いはむち打ち様運動が起こって，精子は前進することが可能となる．終末部は，主部に続く尾部末端の短く細い部分である．

(3) 精子の生理
a. 精子の運動性
雄動物の生殖道内においては，炭酸ガス濃度が高く，また生殖道（genital tract）からの分泌液中の糖含有量が少ないために，精子はほとんど運動を停止している．しかし，射出されると同時に精子は運動を始め，副生殖腺から分泌された精漿中を活発に泳ぎ回る．

ⅰ）**運動の様式**　射精直後の精液においては，精子の運動は極めて活発であるため，肉眼的にも無数の精子の運動が雲霧状あるいは渦状の運動として観察される．個々の精子は，長い尾部を激しく波状あるいはむち打つように動かし，頭部をらせん状に回転させつつ，直線的あるいは蛇行性に前進する．尾部の波動は，1秒間に最低15～20回といわれる．さらに，雌動物の生殖道内で受精能を獲得した精子（capacitated sperm）は，前進運動ではなく，定位置で尾部の振幅の大きい星型を描くような特徴的な運動様式（star spin）を示すようになる（hyperactivation）．

運動性の盛んであった精子も，時間の経過とともに，やがては緩慢な前進運動あるいは旋回運動を示すようになり，さらに尾部を左右に振るだけで前進しない振子運動となり，ついには静止する．

ⅱ）**運動速度**　精子の運動速度は，動物の種類や条件によって著しく異なるが，実験的に認められている体外における運動速度は，牛で毎秒94～123 μm，馬で87 μm，めん羊で50～80 μm，鶏で17 μmである．

ⅲ）**走性**　taxis　精子の運動には種々の走性がある．

① 流走性（rheotaxis）：精子は，精液中では方向を一定することなく運動しても，これらの精子に対して流れを与えれば，精子の大部分はその流れに逆らって泳ぎ始める．これを流走性という．この場合，その流れの強さ，速度によって精子の運動速度も異なる．

② 走触性（thigmotaxis）：精子は，自ら進んでものに接触する性質を有する．すなわち，個体の表面，細胞，血球，種々の顆粒などに対して集まり，頭部を付着させる．

③ 走化性（chemotaxis）：精子は，生理食塩液よりも腟粘液に好んで進入し，それよりも子宮粘液に，さらに卵胞液（follicular fluid / liquid）に競って多数進入し，しかもその進入速度は速い．これは，精子の子宮粘液や卵胞液に含まれる化学的成分に対する走性，すなわち走化性によるものと説明される．

以上のように，精子の走性は，雌動物の生殖道内を粘液の流出に逆行して子宮，卵管へと上行し，卵子に接近するための機構と考えられる．しかし実際には，精子の上行機構の主な要因は，子宮および卵管の収縮運動によることが認められていることから，これらの走性がどの程度の役割をはたしているのかは明らかではない．

b. 精子の生存性
ⅰ）**雄動物の生殖道内の精子**　精巣内で形成された精子が射出されるまでにはかなりの日数がかかるが，精子はこの間に徐々に成熟して運動性を獲得し，かつ受精能力をもつようになる．精子が精巣上体内を通過して貯留場所である精巣上体尾部に達するまでの日数は，動物種によって差があり，性的休息期間ではマウスで5日，兎で4～7日，猿で11日，豚で9～11日，めん羊で12～15日，牛で8～11日であるといわれているが，射精頻度によって異なってくるし，個体差もある．

雄動物の生殖道内における精子の生存期間は，精子の貯留部位によって異なるもので，精巣上体頭部では最も早く死滅し，精管がこれに続き，精巣上体尾部で最も長く生存する．精巣上体尾部における精子の生存期間は動物種によって差があり，ラットで30～45日，モルモットで50～59日，兎や牛で約60日であることが知られている．このように，精子が雄の生殖道内で長期間生存しうるのは，生殖道内が嫌気的であり，pHが低く，精子のエネルギー源となる糖が含まれていないこと，さらに，K/Naの比が高いこと，精巣上体液が高張であることなどによって，精子の呼吸，解糖が抑制されていることによるものと考えられている．精巣上体内において死滅した精子は，上体管の上皮細胞によって分解吸収される．

ⅱ）**体外の精子**　体外に射出された精子の生存性は，その置かれている環境によって著しく異なり，射出直後の精子については，一般に活力が高く代謝の

盛んな精子ほど生存性や受精能力が高いことが認められている．しかし，精子を長く保存するためにはこの関係は反対となり，精子が活発な運動や代謝を行えばエネルギーの消耗が大きく，死滅を早めることになる．したがって，精子の生存性を延長させるためには，精子の生存に不利な条件，環境を取り除くとともに，精子の運動，代謝を抑制し，エネルギーの消耗を防ぐことが大切である．低温保存の意義はここにある．現在，精子の生存は，凍結保存の成功と応用によって驚異的に伸びている．

iii） **雌動物の生殖道内の精子**　雌動物の生殖道内に入った精子の生存期間は，動物種によってかなり違うが，精子は雌の生殖道内の分泌液によって代謝が促進されるため，一般に雄の生殖道内における生存期間に比べると極めて短い．しかし，馬および犬の精子は例外で，馬では交配後5〜6日，犬では4〜5日間精子は雌の生殖道内で生存するだけではなく，受精能を保有することが認められている．さらに，鶏では交配後約4週間受精卵を生むことが可能であるが，これは卵管漏斗（infundibulum of oviduct）部と子宮・腟移行部にそれぞれ精子を蓄えている特異な腺組織があることによるといわれている．精子の生存期間を部位別にみると，腟，子宮角（uterine horn / cornu uteri），卵管の順に長くなる．これは発情周期の時期によっても異なり，発情期では長い．

雌動物の生殖道内における精子の受精能保有時間は，卵子の受精能保有時間とともに交配適期を決定する際の重要な問題であることから，多くの研究者によって調べられており，それらを一括して表1.5に示す．

表1.5　雌の生殖道内における精子の生存期間と受精能保有時間

動物種	生存期間	受精能保有時間
牛	30〜40時間	28〜30時間
馬	5〜6日	5〜6日
めん羊	40時間	24時間
豚	43時間	25〜30時間
犬	11日	5日
兎	90時間	30〜32時間
ラット	17時間	14時間
マウス	13.5時間	6時間
鶏	32日	28日

c．精子の運動性と生存性に影響する要因

ⅰ）**温度**　精子は温度の変化に対して極めて敏感であり，その代謝，運動性，生存性は著しい影響を受ける．精子が固有の前進運動を行う温度条件は37〜38℃であり，これより高温になるにしたがって運動はしだいに激しくなり，55℃前後で精子は死滅する．また，精子の運動は温度が下降すると緩慢となり，一般には4℃以下になると運動を停止して仮死状態（anabiosis）となる．特に，豚の精子では15℃以下で仮死状態を示してしまう．しかし，この状態は可逆的で，温度が上昇すれば運動性を回復する．

精液の保存などを目的に温度を下げる場合には，冷却速度が速すぎると精子の運動性や生存性に不可逆的な悪影響を与える．これは，温度衝撃（temperature shock）あるいは低温ショック（cold shock）と呼ばれている．しかし，逆に精液の温度を上げる場合には精子にあまり影響はない．低温ショックでは，精子の細胞膜が損傷し，内部から重要な成分が流出してしまうため，運動性や生存性が不可逆的に阻害されると考えられる．精液の温度を下降させる場合，38℃前後から20℃くらいまでの下降であれば，あまり精子への有害作用は認められないが，15〜0℃への下降では有害作用が顕著に現れる．この低温ショックを避けるためには，精液温度の15〜0℃までの下降に1〜2時間をかけることが必要である．

従来，液状精液の場合の精子の生存性は0〜2℃が良いとされ，受精能の保持にはやや高い方が良く，4〜5℃が適温とされている．ただし，豚精子は15℃，鶏は10℃が適温であるといわれている．また，精子生存の限界は−15℃と考えられていたが，精液希釈液にグリセリンを添加して精子を保護すれば，ドライアイスを使用して−79℃に，また液体窒素を使用すると−196℃に凍結保存することが可能となり，それらの保存精液は実際に人工授精に応用されている．さらに，精子は適当な冷却処置を行えば，液体ヘリウムによって−269℃に凍結保存しても，融解後に再び運動性が回復することが認められている．

ⅱ）**水素イオン濃度（pH）と浸透圧**　精子懸濁液の水素イオン濃度および浸透圧は，精子の運動，代謝，生存性と重要な関係がある．精液のpHは，一般に中性からやや酸性（pH 7.0〜6.5）である．精子懸

濁液のpHが酸性に傾けば運動・代謝ともに抑制され，これとは逆にアルカリ性ではpH 8.5までなら精子の運動性が増す傾向にある．

精子を保存する際の最適pH値は，動物の種類によって，また保存液の組成によって一様ではないが，だいたい新鮮精液とほぼ同じくらいのpH値が良く，アルカリ性に傾けば生命は短縮され，酸性では長く生命を維持できる傾向にある．また，精子を培養する場合には，その培養液のpHは弱アルカリ性が好ましい．

精子の運動性，生存性および形態は，精液あるいは精子懸濁液の浸透圧（osmotic pressure）によって大きな影響を受ける．精子を保存するのに好適な浸透圧は，新鮮精液のそれとほぼ等しい280～310 mOsm/kgである．浸透圧の異常による精子の運動性，生存性の低下および奇形精子の発現頻度は，低張液で著しい．特に，精子の形態異常としては，尾部の屈曲または旋回奇形が多く出現する．

iii） 各種イオン　精液あるいは精子懸濁液に含まれている各種イオンは，精子の運動性や生存性に様々な影響を与える．K^+は，精子の呼吸，解糖および運動性の維持に役立つが，高濃度になると精子の運動，代謝を可逆的に抑制する．また，Mg^{2+}は精子に対して保護作用がある．Ca^{2+}は，運動性の維持にとっては有害であるが，精子の受精能獲得には不可欠なイオンである．Fe^{2+}，Cu^{2+}，Cd^{2+}などの重金属イオンは，精子の運動性や生存性を阻害するものが多い．

また，陰イオンの中でもCl^-は，広く動物の精液中に含まれており，Na^+とともに精液の浸透圧の維持に役立っていると考えられる．PO_4^{3-}も，古くからリン酸緩衝液として精子の保存に効果を上げているが，牛精子の呼吸，運動を抑制するものの，解糖を促進することが認められている．

iv） 光線とX線　精液を直射日光にさらすと，1～3分程度の短時間であれば精子の呼吸は促進され，運動性は一時的に増すが，長時間さらすと生存性が阻害されることが以前から知られている．特に，紫外線が最も有害であるといわれている．光による有害作用については，精子中のチトクロームが光感受性をもっており，光によって酸化が促進され，精液中に過酸化水素などの過酸化物が産生されて，有害作用を示すと考えられている．

X線については，50～100 Gyの大量照射でも精子の運動性や代謝にほとんど影響しないが，受精能は2～8 Gyの少量照射でも消失することが認められている．また，X線やγ線などの放射線の照射を受けた精子の受精によって生じた胚が異常な発生を示すことは，カエルやウニの実験で以前から知られている．

v） ガス体　O_2の存在は，精子の呼吸，運動性を高めるが，過剰のO_2は精子の生存性を弱める．したがって，精液の保存に際しては，アンプルやストローに精液を封入して空気を遮断するようにされている．また，CO_2は2～5％の低分圧下では精子の代謝を促進するが，高分圧のCO_2は精子の代謝，運動性を可逆的に抑制する．牛精液の保存にCO_2飽和希釈液を用いることがあるが，これはCO_2による代謝抑制作用を利用して，精子の寿命延長をねらったものである．

d.　精子の代謝

精子は，自身に内在する基質と精漿内にある外基質をエネルギー源として代謝利用し，運動そのほかの機能を営んでいる．精子の代表的な代謝方法には，主に嫌気的条件下で行われる解糖と好気的条件下でのみ行われる呼吸があり，これらによって精子は自らのエネルギーを産生している．

i） 精子の解糖　牛，めん羊，豚，馬，犬および鶏などの精子は，嫌気的・好気的条件を問わず，精漿中に含まれるフルクトースのほかにグルコースやマンノースといった糖を利用代謝して運動を行うことができる．これらの糖が分解される経路は，筋肉における解糖の場合と同じく，エムデン-マイヤーホフ経路（EM経路；Embden-Meyerhof pathway）を通り，ピルビン酸を経て乳酸を生じる（図1.17）．新鮮な精液を保存しておくと，時間の経過とともにpHが低下し，精子の活力も低下することが古くから知られているが，これは精子が精漿中に含まれるフルクトースを利用分解して，乳酸が生成されるためである．精子は，特に嫌気的条件下において以上のような解糖を行い，エネルギーを獲得する．

精子のフルクトース分解能力は，精子の濃度や運動性とよく相関するばかりではなく，これを用いた人工授精による受胎率との間にも正の相関が認められている．

ii） 精子の呼吸　精子は，O_2の存在下で活発な

1. 生殖器の構造・機能および生殖子

呼吸を行い，精子中片部のミトコンドリア鞘において，解糖よりも効率良くエネルギーを産生する．精子の呼吸も，ほかの動物組織の場合と同様にTCAサイクル（tricarboxylic acid cycle）を経て行われるが，これと並行して酸化的リン酸系（oxydative phosphorylation）が存在することが知られている．すなわち，図1.18に示したように，解糖系において生じたピルビン酸がアセチル-CoAを経てTCAサイクルに入り，さらに遊離した水素原子が図1.19に示したように，フラビン酵素，チトクローム，チトクロームオキシダーゼと受け継がれて最終的にCO₂と水を生ずるが，この間にATPが新生される．

〔内因性呼吸〕　精子は，好気的条件下では精漿中や精子懸濁液中にエネルギー源となる基質をもたなくとも活発な呼吸を行い，運動を続けることができる．この場合，精子に内在する基質（内基質）として中片部，尾部に含まれているリン脂質の主成分としてのコリンプラズマロジェンが重要であり，このコリンプラズマロジェン（図1.20）から脂肪酸を遊離し，酸化分解してエネルギーを獲得する．

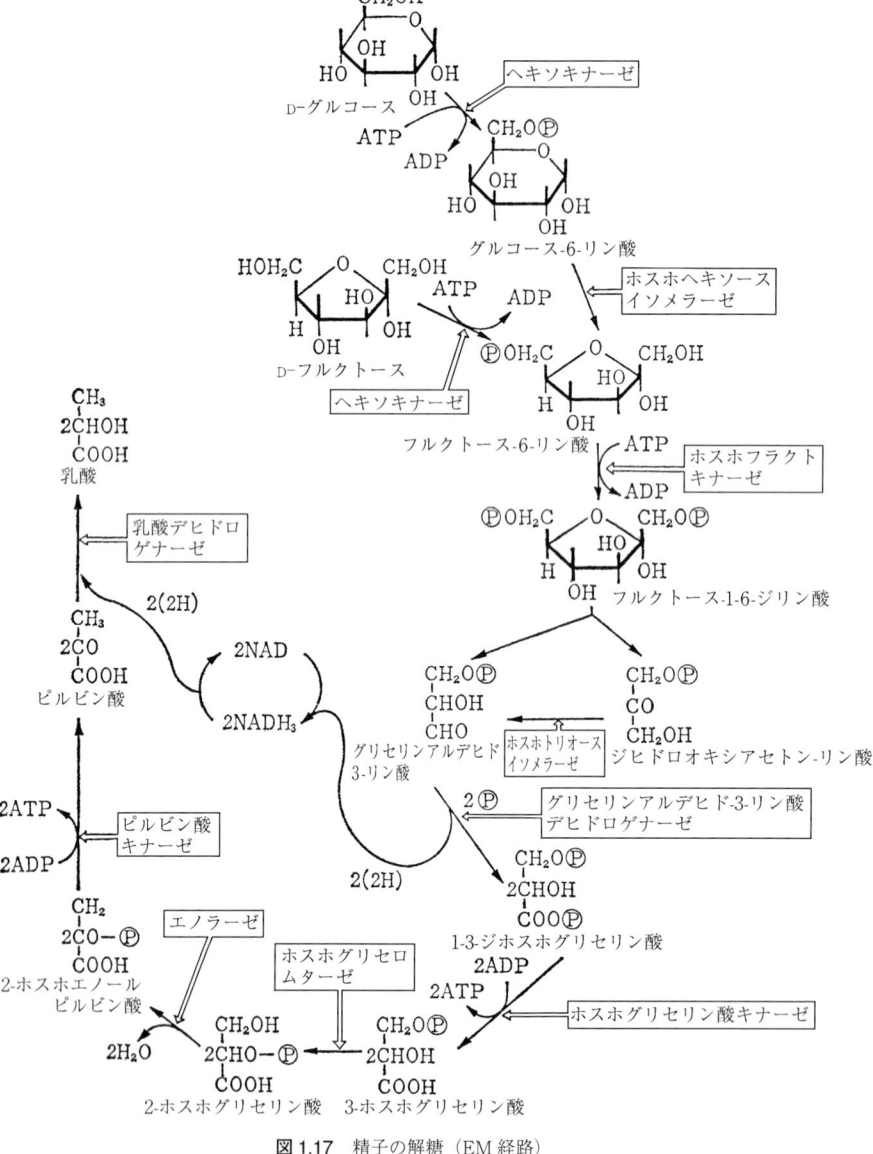

図1.17　精子の解糖（EM経路）

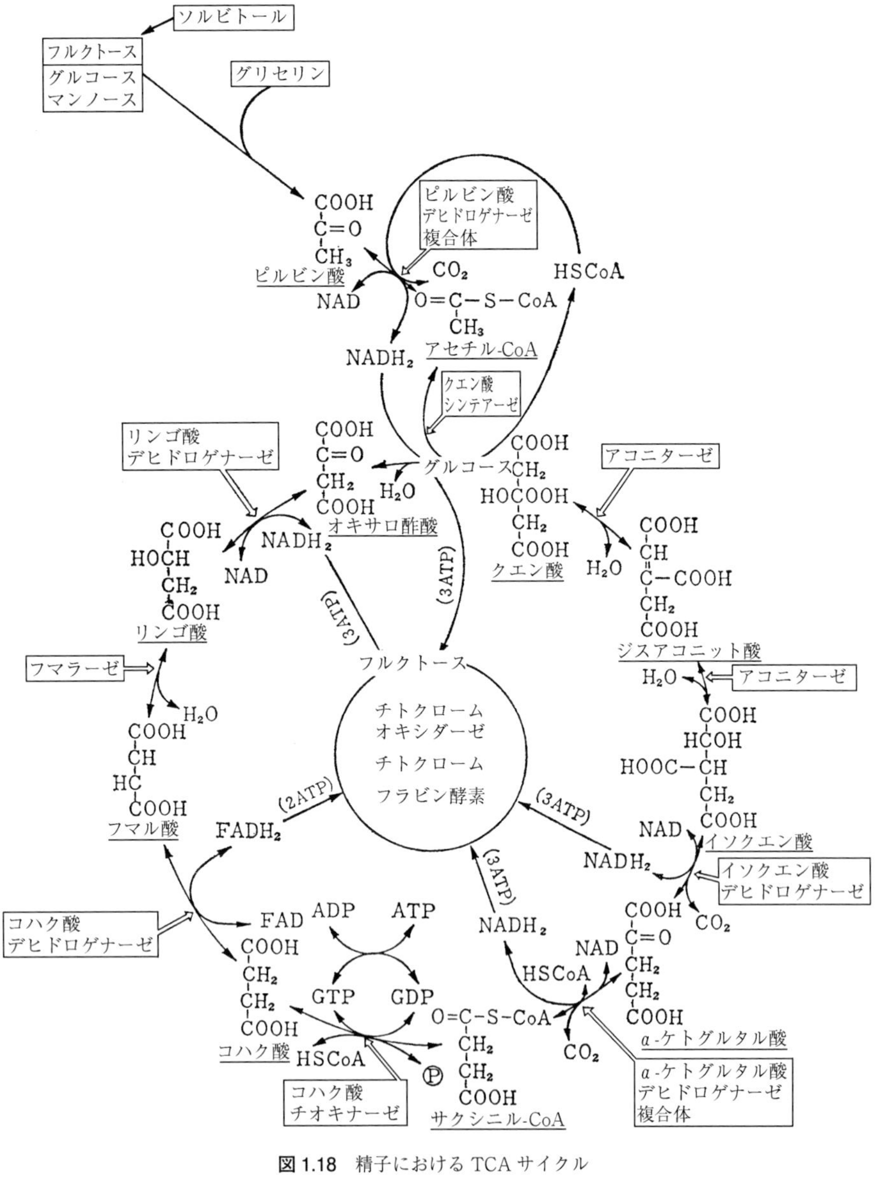

図1.18 精子におけるTCAサイクル

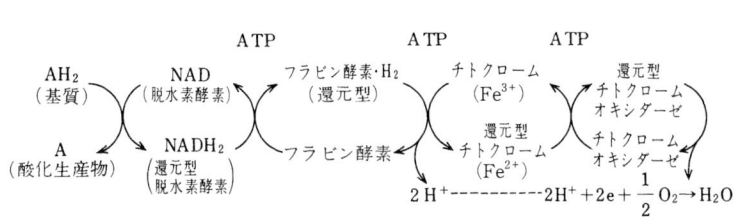

図1.19 呼吸における酸化と還元系

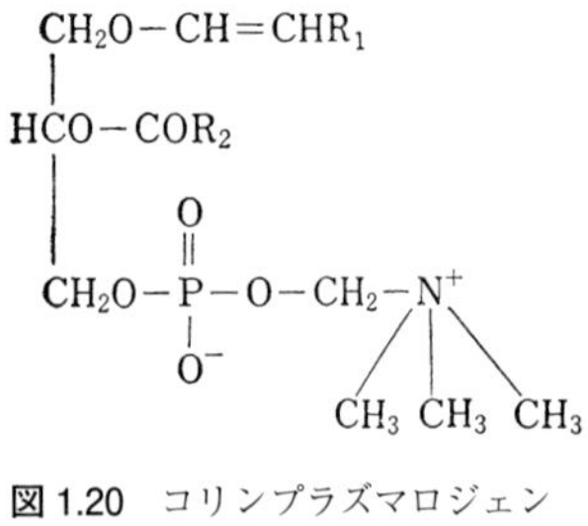

図1.20 コリンプラズマロジェン
（ホスファチダルコリン）
R=CH$_3$(CH$_2$)n

〔外因性呼吸〕 精子は，細胞外の種々の基質（外基質）を取り込んで利用することができる．その主な外基質としては，フルクトース，グルコース，マンノースなど解糖系に入る糖，ソルビトール（sorbitol），グリセリン，グリセロリン酸，乳酸，ピルビン酸，酢酸，数種の脂肪酸および数種のアミノ酸がある．これらの物質は，精漿中や雌動物の生殖道内の分泌液中に含まれているものが多い．例えば，グリセリンは容易に精子内に取り込まれて，酸化されてα-グリセロリン酸を経てデヒドロオキシアセトリン酸となって解糖系に入り代謝される．また，精漿中に含まれているグリセロリン酸コリン（glycerylphosphoryl choline；GPC）は，そのままでは精子は利用できないが，雌動物の子宮内に入ると，その分泌液中に含まれている酵素（ジエステラーゼ）によってグリセロリン酸となり，精子にとって代謝可能な物質となる．

精子のアミノ酸代謝に関しては，DL-アラニン，L-ヒドロキシプロリン，グリシンなどが，精子の呼吸を促進させることが知られている．

iii） 精子の代謝と運動との関係　精子が嫌気的あるいは好気的代謝によって獲得した化学的エネルギーは，筋肉の収縮の場合と同様にATPを介して運動エネルギーとして利用される．精子中片部のミトコンドリアで産生されたATP（図1.21）は高エネルギー・リン酸化合物であり，精子尾部の運動装置である軸線維束に運ばれ，ATPase（ダイニン）によって加水分解されて，末端のピロリン酸が切れる際に高エネルギーを放出して運動に利用される．事実，精子が盛んに呼吸や解糖を行っている場合には，その精子内のATP含有量が多く，活発な運動が認められている．

(4) 精液の性状と成分

精液は，細胞成分である精子と液状成分である精漿からなっている．精子は，すでに述べたように精巣で生産され精巣上体の尾部で貯蔵されている．また，精漿は主として副生殖腺である精嚢腺，前立腺および尿道球腺の分泌液が混合したものであり，精巣上体や精管の分泌液も微量であるが含まれている．

a. 精液量および精子数

1回に射精される精液の量および精子数は，動物種により大きな差異があり，また，同じ動物種でも品種，個体，季節，栄養状態，射精頻度，精液採取方法によってかなり異なる．すなわち，交尾時間が長い馬や豚の精液量は著しく多いが，精子濃度は低く，また，逆に交尾時間が極めて短い牛，めん羊，山羊では精液量は少ないが，精子濃度は高い．主な動物における精液量，精子濃度および1回に射精される総精子数を表1.6に示す．

馬および豚の精液には，ほかの動物とは違って膠様物が多量に含まれている．すなわち，馬の繁殖季節において射出される精液中には精嚢腺から分泌された5～300 mℓ（平均60 mℓ）の膠様物が含まれており，乳白色半透明で極めて濃厚なゼラチン状をなしているが，温めれば液化する．しかしこの膠様物は，非繁殖季節における精液中にはほとんどみられない．

豚の精液中には膠様物が精液全体の約30％含まれ，灰白色半透明の粘稠性のある，一見ザクロの実状の小塊または寒天状をなしている．この膠様物中に精子は

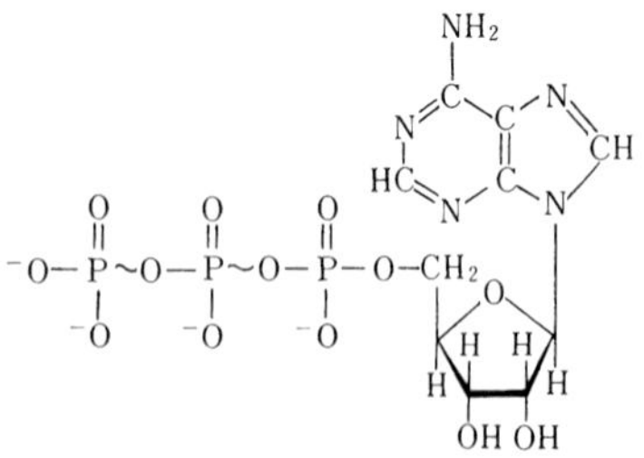

図1.21 ATP（アデノシン三リン酸）

表1.6　各種動物の精液量と精子数

種類	精液量（mℓ）正常範囲	平均	精子濃度（億/mℓ）正常範囲	平均	総精子数（億）正常範囲	平均
牛	3～10	5.0	8～15	10	50～100	70
馬	50～200	80	0.8～5	2.5	40～200	100
めん羊	0.5～2.0	1.0	20～50	30	20～50	30
山羊	0.5～2.0	1.0	10～35	20	10～35	20
豚	150～500	250	0.5～3	2	100～1000	400
犬	2～20	10	0.2～0.7	0.5	3～10	7.5
猫	0.01～0.12	0.04	5～40	17	0.3～1.4	0.6
兎	0.4～2.0	1.0	1～15	6	2～15	7
鶏	0.2～1.5	0.7	20～50	35	10～40	25

含まれていない．この膠様物は尿道球腺由来であり，そこに精嚢腺から分泌されたある種の蛋白質が加わることによって膠様化する．さらに，時間が経過すると吸水して著しく膨大し，帯紫色半透明ゼリー状となり，2～3倍の大きさとなる．

これらの膠様物は，交尾によって射精された際に，外子宮口付近で腟栓を形成して精液の流出を防ぎ，受胎成立に重要な役割をはたすものとこれまでは推定されていたが，実験の結果，膠様物を除去しても受胎成績には影響がないことがわかっているので，人工授精ではこれを除去してもよい．

b. 精液の理学的性状

i) 色および臭い　反芻動物の精液の色は，精嚢腺から分泌されると考えられているフラビン色素によってクリーム様黄白色を呈するが，ほかの動物の精液は一般に乳白色から灰白色である．総じて，精子濃度が高い牛，めん羊，山羊および鶏の精液の色は濃く，馬や豚では薄い．精液の色調は，精子濃度が一様でないために全体が均一ではなく，雲霧状の濃淡を生ずる．また，血液，膿，尿などの異物が混入すると，赤桃色，帯褐色あるいは黄色を呈し，このような精液は人工授精に供することはできない．

人以外の動物の精液は，一般にはほとんど無臭かわずかに特異な雄の臭いを呈するほどであるが，異臭を放つときには，血液，膿や尿などの異物の混入が疑われる．

ii) 水素イオン濃度および浸透圧　新鮮精液の水素イオン濃度は，動物の種類，個体および精液の採取方法によって差があるが，pH 7.0を中心として弱酸性から微アルカリ性の間にある．精漿の大部分は副生殖腺由来であることから，精液pHは副生殖腺の分泌液によって左右される．したがって，pHが著しく異常値を示しているときには，副生殖腺の異常あるいは異物の混入が考えられる．また，精液は室温保存あるいは低温保存であっても，時間の経過とともに，精子の解糖作用によって乳酸が蓄積してpHは低下する．一般には，ある範囲を超えない限りは，pHが低いと精子の運動性は抑制される傾向にあるが，生存性は高くなる．逆にpHが高めであると，精子は活発に運動するが，生存性は低下する（表1.7）．

精液の浸透圧は，今まで氷点降下度で表示され，各動物の精液浸透圧は0.55～0.60の範囲内にあるとされていたが，最近では別の単位が用いられ，その正常値は280～310 mOsm/kgである．精液浸透圧の異常は，精子尾部の奇形，特に旋回または屈曲奇形の原因となる．

iii) 粘稠度および比重　精液の粘稠度は，精子の濃度や組成によって異なる．すなわち，めん羊，山羊の精液は，精子濃度が非常に高いために粘稠度も高く，馬や犬の精液では低い．一般に，粘稠度が高い精液では，低いものに比べて精子の生存期間が長いといわれている．また，精液の比重も精子濃度によって左右される（表1.8）．

c. 精液の化学的組成

精液の化学的組成は，動物種によって異なるだけではなく，同じ動物種であっても個体差が若干認められる．主な動物における精液の化学的組成を表1.9に示す．以下に精子と精漿を構成する化学的成分について述べる．

i) 精　子

〔デオキシリボ核酸蛋白質（deoxyribonucleoprotein）〕　前述のように，精子頭部の核を構成している蛋白質であり，DNAと塩基性蛋白質が結合してできている．精子内のこの蛋白質は，雄の遺伝情報を含ん

表1.7　新鮮精液のpHおよび浸透圧

種　類	pH	浸透圧（氷点降下Δ）
牛	6.2～7.4	0.55～0.73
馬	7.3～7.7	0.58～0.62
めん羊	6.0～7.3	0.55～0.70
山　羊	6.4～7.1	—
豚	7.3～7.9	0.59～0.63
犬	6.4～7.0	0.58～0.60
兎	6.8～7.5	0.55～059
鶏	7.1～7.6	—

表1.8　精液の粘稠度および比重

種　類	粘稠度	比　重
牛	2.2～6.0（4.1）	1.051～1.053（1.052）
馬	1.4～3.2（1.9）	1.011～1.019（1.014）
めん羊	4.5～5.0（4.6）	—
山　羊	—	1.032～1.047（1.039）
豚	1.4～5.4（2.7）	1.008～1.025（1.018）

（　）内は平均値を示す．

1. 生殖器の構造・機能および生殖子

表 1.9 精液の化学的組成（牛，めん羊，馬，豚は White (1958)：山羊は入谷 (1964)：犬は Bartlett (1962)：兎は Mann (1969)：鶏は吉田 (1962)）

	牛	めん羊	山羊*	馬	豚	犬	兎	鶏*
水分 (g/100 mℓ)	90 (87～95)	85	—	98	95 (94～98)	96	—	95
CO_2 (mℓ/100 mℓ)	16	16	—	24	50	—	—	—
Na	260	110	104 (60～183)	70	660 (290～850)	89 (56～124)	—	321 (182～527)
K	170	74	158 (76～255)	60	260 (90～410)	8.2 (8.0～8.3)	—	43 (39～49)
Ca	34 (24～46)	10	11 (5～15)	20	(2～6)	0.7 (0.4～0.9)	—	9.4 (3.5～14.7)
Mg	12	2	3 (1～4)	3	11 (5～15)	0.5 (0.3～0.7)	—	3.6 (0.7～8.7)
Cl	180	86	125 (82～215)	270 (90～450)	330 (150～430)	151.4	—	216 (119～321)
総 リ ン	82	355	268	19	66	13 (12.7～13.2)	—	13.6 (8.7～17.2)
酸溶性リン	33	170	215	14.2	24	10.9	—	8.3 (5～12)
無機リン	9	12	—	17	2	1.0	—	5.4 (2.8～9.4)
リン脂質	9	29	27	—	6	—	—	3.2 (1.4～5.4)
全 窒 素	755	875	872	165	615 (335～765)	361 (299～456)	—	300 (237～346)
非蛋白性窒素	48	57	299	55	22	32 (26～29)	—	65 (32～124)
プラズマロジェン・リン**	2.7	—	1.8	0.5	1.1	—	0.9	—
エルゴチオネイン	(0～微量)	—	—	7.6	(6～23)	—	—	—
スペルミン	0	—	—	0	0	—	—	—
リン酸コリン	微量	0	—	0	0	—	0	—
グリセロリン酸コリン	350 (100～500)	1650 (1100～2100)	—	(40～120)	(110～240)	0.6 (0.5～0.6)	280 (215～370)	—
フルクトース	500 (100～1000)	500	708	2 (0～10)	12 (2～25)	—	(40～400)	0.7 (0～1.0)
クエン酸	720 (200～1700)	140 (110～260)	384	50 (30～110)	140 (30～330)	17.5 (11～30)	(50～600)	34.7 (10～99)
乳 酸	30 (15～40)	40	39	15	30	—	—	—
イノシトール	60 (40～90)	40	—	40 (20～40)	(600～750)	—	—	—
ソルビトール	—	—	—	—	—	—	—	—
アスコルビン酸	6 (3～9)	5 (2～8)	—	—	—	—	—	—

数値は別記してあるもの以外はすべて mg/100 mℓ.
*：精漿中の含量，**：$\mu g/10^8$ 精子.

でいるが，精子には一般の体細胞の1/2量しか含まれていない．哺乳動物では，X染色体かY染色体のどちらかをもった2種類の精子が存在し，受精によって前者は雌に，後者は雄になる．この2種類の精子を分離して，産子の性を人為的に支配する研究が種々の方法で行われているが，100％近い成績を得るまでには至っていない．

〔脂質糖蛋白質複合体（lipoglycoprotein）〕 精子頭部の先体内に含まれ，リン脂質と糖蛋白質が結合したものである．糖蛋白質の成分として高濃度のグルタミン酸のほか，アスパラギン酸，ロイシン，アラニン，セリン，グリシンなど17種のアミノ酸と，マンノース，ガラクトース，フコース，グルコサミン，シアル酸などの炭水化物を含んでいる．

〔分解酵素群〕 精子の先体内腔には，ヒアルロニダーゼ，プロテアーゼ，ホスホリパーゼA，ノイラミニダーゼ，酸性ホスファターゼなど多くの酵素が存在する．これらの酵素は，受精の際に精子頭部から放出され，受精機構に関連するものが多い．例えばヒアルロニダーゼは，ヒアルロン酸（多糖類の一種）を分解する酵素であり，卵子の周囲を覆っている卵丘細胞間の粘液様物質であるヒアルロン酸を溶かして，精子が卵子の透明帯に接することを可能にする．また，プロテアーゼの中でもアクロシンは，トリプシン様蛋白質分解酵素であり，糖蛋白質からなる卵子の透明帯を融解することによって，精子は透明帯を通過することができる．

〔コリンプラズマロジェン（cholinplasmalogen）〕 精子の尾部に含まれるリン脂質の主体をなすもので，その構造は図1.20に示してある．精子の内在基質であり，この脂肪酸の結合を切って，酸化分解することによりエネルギーが産生される．

〔ケラチン様蛋白質（kelatine-like protein）〕 精子の膜や軸線維束に含まれているS含量の高い蛋白質であり，精子の運動のための弾性を維持するのに役立っていると考えられている．

〔カルニチン（carnitine）〕 精子中片部のミトコンドリア内に存在し，脂肪酸の酸化によるエネルギー産生に関与しているといわれている．また，精子は精巣上体の通過中に成熟に至るが，この精子の成熟にも関与しているとも考えられている．

ⅱ）**精　漿**　精漿は，各種の副生殖腺の分泌液が混合したものであり，その化学的組成は一般の体液とは著しく異なり，また，動物種によってその組成には差がある．無機質としてはK，Na，Caの含量が高く，特に犬では前立腺から分泌されるZnの含有量が多い．血液中にはほとんど認められない有機質では，フルクトース，クエン酸，ソルビトール，イノシトール（inositol），グリセロリン酸コリンおよびエルゴチオネイン（ergothioneine）などが精漿中に高濃度で含まれている．

〔フルクトース（fructose）〕 多くの動物における精漿中の糖は主にフルクトースであり，グルコースはほとんど含まれていない．特に，精子濃度が非常に高い反芻動物ではフルクトース含有量が高い．めん羊，山羊では繁殖季節に高濃度を示す．しかし，馬や豚ではその含有量が少なく，馬，兎の精液には，フルクトースとともにグルコースも若干含まれている．また，犬，猫および鶏の精漿中には，フルクトースはほとんど含まれていない．

フルクトースは，主として精嚢腺において血中のグルコースから生成され，射精後は精子によって代謝利用されて，運動に必要なエネルギー源となる．精液中のフルクトース含有量は，精巣から分泌されるアンドロジェンに支配されているため，その測定は精巣の内分泌機能あるいは副生殖腺機能を検査する手段の1つとされている．

〔クエン酸（citric acid）〕 クエン酸は，ほとんどの動物の精漿中に含まれ，精嚢腺から分泌される．その濃度は牛で最も高く，ついで山羊，めん羊，豚，馬の順に低くなる．フルクトースと同様に，クエン酸量も血中アンドロジェン濃度に影響されるが，その反応の出現時間はフルクトースよりも遅い．

クエン酸は精子の代謝にはほとんど利用されないが，精漿中に含まれるCaと結合して，精液の凝固抑制作用や精液の浸透圧・pHの維持といった緩衝作用をもつと考えられている．

〔ソルビトール（sorbitol）〕 精嚢腺から分泌されるフルクトースに似た多価アルコールである．精液中のフルクトース含有量が多い動物では，ソルビトール量も多い．ソルビトールは好気的条件下でフルクトースに変換された後，エネルギー源として精子に利用され

〔イノシトール（inositol）〕　ソルビトールと同様，主として精囊腺から分泌される多価アルコールであり，特に豚の精液中に多量に含まれる．イノシトールは，精子の代謝に利用されることはないが，豚の精液中にはNaClが含まれていないことから，このような無機質の替わりに精液の浸透圧の維持に役立っているといわれる．

〔エルゴチオネイン（ergothioneine）〕　豚や馬の精漿中に含まれ，ほかのほとんどの動物では認められない．エルゴチオネインの生産部位は，豚では主として精囊腺，馬では精管膨大部である．強い還元作用があり，精子を保護する役割をもつと考えられている．

〔グリセロリン酸コリン（glycerylphosphoryl choline；GPC）〕　めん羊や山羊の精漿中に高濃度に含まれ，牛，馬および豚でも認められる．GPCはコリン化合物の一種であり，主として精巣上体で分泌される．精子はGPCをそのままでは利用できないが，雌動物の生殖道内の分泌液中に含まれている分解酵素によってグリセロリン酸になれば，利用できるようになる．したがって精子は，雌の子宮内において分解生成されたグリセロリン酸をエネルギー源として利用している可能性がある．また，GPCは精液浸透圧の維持に役立っているとも考えられている．

〔蛋白質とアミノ酸〕　精漿中には，精巣上体や副生殖腺由来の多種の蛋白質が存在する．例えば，精巣上体から分泌されるある種の蛋白質などは精子の成熟に関与したり，あるいは糖蛋白質の形で精子の受精能獲得抑制因子として存在することが明らかとなっている．また，精漿中に含有されている蛋白質の種類は動物種によって様々であり，豚や馬では，精囊腺や尿道球腺から分泌される蛋白質の中には，射精精液中の膠様物の凝固に関与しているものもある．さらに，精囊腺から分泌されるラクトフェリンのように，Fe^{3+}などの重金属と結合して存在する蛋白質も認められる．

精漿中の遊離アミノ酸としては，牛ではセリン，グリシン，アラニン，アスパラギン酸，グルタミン酸，豚ではロイシン，イソロイシン，メチオニン，バリン，アラニン，シスチン，アルギニン，リジン，タウリンなどが検出されており，精液の浸透圧の維持や精子の保護に役立っているものもあると考えられている．

〔酵素〕　精漿中には，各種の酵素が含まれている．その主なものとしては，精液の凝固あるいは融解に関係する蛋白質分解酵素，脂肪酸の代謝に関与するホスホリパーゼ，ATPを分解してエネルギーを放出させるATPase，前立腺と精囊腺のそれぞれから分泌される酸性ホスファターゼとアルカリ性ホスファターゼおよびグリコシダーゼなどがある．

〔ホルモン〕　めん羊や山羊の精漿中にはプロスタグランディンが多く含まれ，主に精囊腺から分泌されている．プロスタグランディンには強い平滑筋収縮作用があることから，射精機構や雌生殖道内における精子の上行に関与していることが推察されている．このほか，微量ながらアンドロジェン，インヒビン，リラキシンなどのホルモンも精漿中に検出されている．

d. 精液の性状に影響する要因

精液の性状は，同じ動物種および同一個体においても，次のような種々の要因の影響を受けて変化する．

ⅰ）年齢　性成熟に達して間もないような若齢あるいは老齢の雄に比較して，壮齢のものでは一般的に射精精液量および精子数が多く，全般的に精液性状は良好である．例えば，ホルスタイン種雄牛では生後10カ月頃から精液採取が可能となるが，精液性状は未だ良好とはいえない．しかしその後，精液量，精子数および精子活力は徐々に増加していき，生後20カ月頃からは安定した精液性状となる．

ⅱ）季節および気温　雌では繁殖季節を有する馬，めん羊，山羊でも，それらの雄の性機能は季節とはあまり関係なく交尾や射精が可能である．しかし，射精精液量および総精子数は，非繁殖季節には減少する．西川（1972）によれば，馬において4〜7月の繁殖季節では精液量が平均130 mℓであるのに比べ，10〜2月の非繁殖季節では平均58 mℓであった．また，熊，鹿，タヌキ，キツネなどの野生動物では，非繁殖期には精巣の造精機能が消失する．

牛においては，夏季の高温のために一時的に精液量，精子数が減少し，精子活力も低下し，奇形精子数が増加して受胎成績が低下するものがいる．これは，夏季不妊症（summer sterility）と呼ばれている．豚でも，精液量や精子の生存性は秋に最も優れ，夏では高温のために造精機能が害される．なお放牧牛では，夏季において吸血昆虫が陰囊に寄生して，陰囊皮膚に炎症が

起こることによって精液性状が悪化する場合のあることが，小笠ら（1968）によって認められている．

　　ⅲ）栄養　　雄動物の栄養状態は，精液の性状に大いに影響する．一般に，栄養の不足は性成熟の到来を遅らせ，精子形成機能を低下させる．反対に，過肥の状態でも精液性状は悪化し，受胎成績が低下する．したがって，過不足なく飼料配給することが種雄牛などの飼育には重要であり，雄の健康を維持することによって良質の精液を長期間にわたって得ることが可能となる．

　飼料としては，良質の蛋白質，アミノ酸，ビタミン（特にA, B, E），無機塩類の豊富なものが必要であり，日常の飼料中にこれらが不足しているときは添加補給すべきである．また植物性蛋白質よりも，脱脂乳などの動物性蛋白質の方が，造精機能にとっては好影響をもたらすといわれている．

　　ⅳ）飼育環境と運動　　清潔で風通しの良い舎内で飼育するなど，種雄動物にストレスを与えない環境づくりは，雄の健康および造精機能を良好に保つための最良の方法である．また，日光浴や適度な運動も雄の健康を維持し，精液性状を良好に保つためには必要なことである．適度な運動時間は，動物種および個体によっても差があるが，ホルスタイン種雄牛の場合，5～6歳の壮齢期のものでは1日1～2時間，9～10歳の老齢期のものでは1日0.5～1時間といわれている．

　　ⅴ）射精頻度　　牛，めん羊および山羊では，短時間のうちに精液採取を繰り返し行うことが可能である．しかし，それも度を越すと，精液量，精子数の減少，精子活力の低下および精子奇形率の増加がみられる．特に，射精精液量が多い馬や豚では，連続精液採取による悪影響が大きい．

　精液性状を良好に維持するために，適度な日数をおいて精液採取を実施することも大切である．種雄動物を最も能率的にしかも長期間繁殖に供するためには，精液採取の頻度を次のような範囲にとどめておくことが良いとされている．すなわち，

　　　牛：1日に1～2回で3～4日間隔
　　　めん羊，山羊：1日に2～3回で週1～2日の休息
　　　馬：1日に1～2回で週1～2日の休息
　　　豚：1日に1回で3～4日間隔
　　　犬：1日に1回で5日間隔

である．

　なお，精液を採取する前に，じらしたりして性的興奮を十分に与えておくと，良好な性状の精液が得られることが知られている．　　　　　　　　　〔河上栄一〕

1.4　雌性生殖器
female reproductive organ

　雌性生殖器は，内部生殖器としての卵巣，卵管，子宮，子宮頸（cervix uteri / uterine cervix），腟および外部生殖器よりなる．これらのうち，卵巣は雄の精巣とともに生殖巣または生殖腺と呼ばれる．卵巣以外は一括して副生殖器といわれ，また管状の構造からして生殖道とも呼ばれる．

(1)　卵　巣　ovary

　卵巣は腹腔内に左右一対あって，卵子を成熟させ，これを排卵させる器官であるとともに，エストロジェンとジェスタージェンを合成・分泌する内分泌器官である．卵巣の形状は動物の種類によって異なり，また生殖周期に伴って著しく変化する．

　主な動物の卵巣の形態は，副生殖器のそれらとともに一括して表1.10に示した．

　卵巣は，卵管，子宮などとともに腹膜の広いヒダによって骨盤腔内に支えられている．この腹膜のヒダは子宮広間膜（broad ligament of uterus）であるが，前端部は卵巣間膜（mesovarium）と呼ばれ，ここに卵巣が付着している．卵巣間膜には卵巣に分布する脈管や神経が走行し，これらに伴う少量の平滑筋や結合組織で補強されて，卵巣提索（suspensory ligament of ovary）となって卵巣を腎臓の後方から吊り下げている．卵巣は，細い靱帯である固有卵巣索（proper ligament of ovary）で子宮角尖端部とつながっている．卵巣間膜は卵巣の一側に付着し，この付着縁（ここを間膜縁；margo mesovaricus という）から卵巣に脈管や神経が出入りしており，ここを卵巣門（hilus of ovary）という．

　卵巣に分布する脈管および神経は，結合組織とともに卵巣門から卵巣の中心に向かって進入しており，この中心部を卵巣髄質（medulla ovarii）という．髄質部を取り囲む周辺部を卵巣皮質（cortex ovarii）と称

し，この皮質の部分に種々の発育段階の多数の卵胞および黄体（corpus luteum，複 corpora lutea）が存在する．卵胞や黄体の間を埋めている結合組織の細胞は，卵巣の表面近くで表面に平行して配列し，やや緻密な層である白膜をつくる．この白膜の表面は，単層の扁平な胚上皮で覆われている．

小さい卵胞は原始卵胞と呼ばれ，卵子とこれを取り巻く単層の卵胞上皮（follicular epithelium）からできている．しかし，卵子の成熟に伴って卵胞上皮は分裂増殖して数層になり，卵子を取り囲んで顆粒層（granulosa layer）を形成する．また顆粒層の外側には，結合組織性の卵胞膜（theca folliculi）が存在し，内卵胞膜（theca interna）と外卵胞膜（theca externa）からなる．やがて顆粒層の内側に卵胞液が貯留し，卵胞は発育するとともに卵巣の表面に近づき，発情期にはさらに大きくなって卵巣の表面に隆起する．このように内部に卵胞液を満たした卵胞を，グラーフ卵胞（Graafian follicle）という（図1.22, 1.23）．

牛，豚など一般の動物では，成熟卵胞は卵巣門の部分を除いて卵巣の表面のどの部分からでも破裂排卵することができる．しかし馬では，一般の動物の卵巣の皮質と髄質の位置とは逆の関係になっており（図1.24），卵巣のほとんど全面が腹膜によって覆われ，卵巣門の反対側の排卵窩（ovulation fossa / groove）と称する狭い窪みの部分だけが胚上皮によって覆われており，排卵はこの部分からのみ行われる．

一般の動物では，排卵直前の卵胞は卵巣の表面に隆起・突出し，この部分の卵胞壁が破れて，卵子は卵胞

表1.10 主な動物の雌性生殖器の比較解剖

器官	牛	めん羊	豚	馬	犬	猫
卵巣						
形	アーモンド形	アーモンド形	桑実状（ブドウの房状）	腎臓形，排卵窩あり	卵形，やや扁平	卵形，やや扁平
1個の重量（g）	10〜20	3〜4	3〜7	40〜80	0.5〜4	0.1〜0.4
成熟細胞						
数	1〜2	1〜4	10〜25	1〜2	3〜12	2〜8
直径（mm）	12〜24	5〜10	8〜12	25〜70	8〜10	4〜6
開花期黄体						
形	球形〜卵形	球形〜卵形	球形〜卵形	西洋梨形	球形	球形
直径（mm）	20〜25	9	10〜15	10〜25	7〜8	4〜5
最大になる（排卵後の）日数	7〜10	7〜9	7〜8	8〜9	5	5
退行し始める（排卵後の）日数	14〜15	12〜14	14	14	45	30
卵管						
長さ（cm）	20〜25	15〜19	15〜30	20〜30	4〜7	3〜5
子宮						
型	分裂	分裂	双角	双角	双角	双角
角の長さ（cm）	35〜40	10〜12	40〜100	15〜25	10〜14	6〜10
体の長さ（cm）	2〜4	1〜2	5	15〜20	1.4〜2	1.5〜2
内膜の表層	80〜120個の子宮小丘	80〜96個の子宮小丘	緩い縦のヒダ	深い縦のヒダ	縦のヒダ	縦のヒダ
子宮頸						
長さ（cm）	8〜10	4〜10	10〜20	7〜8	1.5〜2	1〜1.5
外径（cm）	3〜4	2〜3	2〜3	3.5〜4	0.5〜1.5	0.4〜0.6
頸管腔の形	2〜5個の輪状ヒダ	輪状ヒダ	コルク栓抜き状	深いヒダ	不規則	不規則
子宮口						
形	小，突出	小，突出	不明瞭	明瞭	わずかに突出	―
腟深部						
長さ（cm）	25〜30	10〜14	10〜20	20〜35	5〜10	1.5〜2
腟弁（処女膜）	痕跡	不明瞭	発達	発達	痕跡	不明瞭
腟前庭						
長さ（cm）	10〜12	2.5〜3	6〜8	10〜12	2〜5	0.5

1.4 雌性生殖器

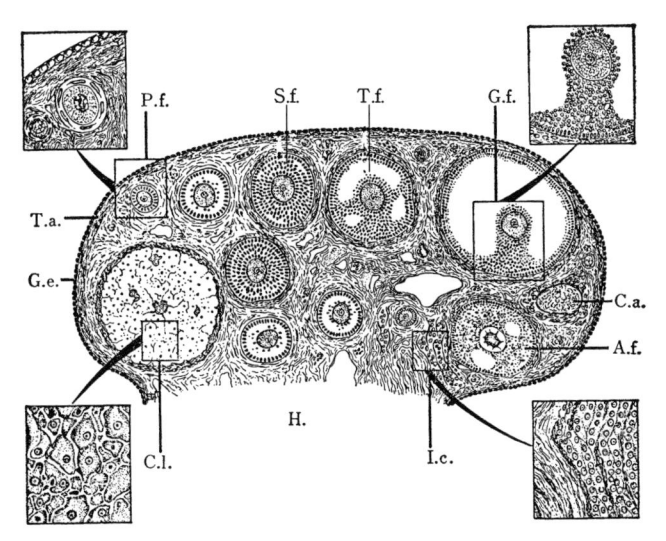

図 1.22 哺乳類の卵巣の構造模式図（卵胞の発育過程を左から右に示す）
（Turner, 1948 を改変）
A.f.：閉鎖卵胞，C.a.：白体，C.l.：黄体，G.e.：胚上皮，G.f.：グラーフ卵胞，H.：卵巣門，I.c.：間質細胞，P.f.：原始卵胞，S.f.：二次卵胞，T.f.：三次卵胞，T.a.：白膜．

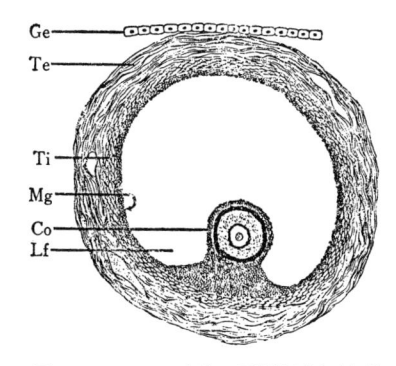

図 1.23 グラーフ卵胞の顕微鏡所見（卵巣表面）
Co：卵丘，Ge：胚上皮，Lf：卵胞液，Mg：顆粒層，Te：外卵胞膜，Ti：内卵胞膜．

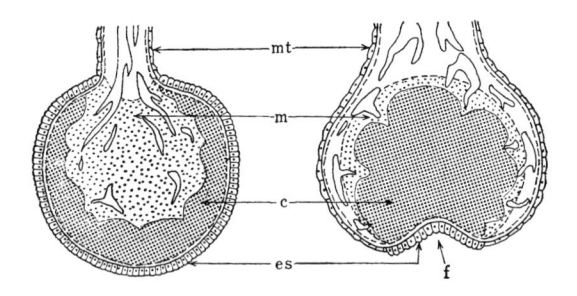

図 1.24 一般の動物の卵巣（左）と馬の卵巣（右）の比較（Mossman and Duke, 1973）
mt：腹膜，m：髄質，c：皮質，es：胚上皮，f：排卵窩．

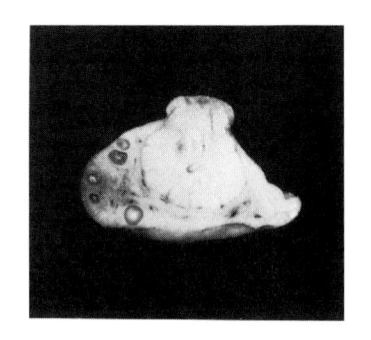

図 1.25 牛の卵巣（断面）
大きな黄体1個と小卵胞数個がある．

液や顆粒層細胞（granulosa cell）の一部とともに排出（排卵）され，卵胞の後はいったん陥没する．排卵後の卵胞は初め血液で満たされるが，間もなく卵胞壁の細胞が黄色色素を含む大型の細胞である黄体細胞（luteal cell）に変化して急速に内腔を埋め，球状の大きな黄色（牛，馬，めん羊）あるいは肉色（豚）の組織塊である黄体をつくる．このようにして形成された黄体は動物が妊娠しない場合はやがて退行し，この場合の黄体を発情周期黄体（corpus luteum of estrous cycle / cyclic corpus luteum）という．妊娠した場合は，妊娠黄体（corpus luteum graviditatis / pregnant corpus luteum）または真黄体（corpus luteum verum）として長く存続する．卵巣皮質中の卵胞のうち，成熟

して排卵し黄体をつくるものは一部で，大部分の卵胞は排卵せず，発育の途中で萎縮退行する．このような卵胞を閉鎖卵胞（atretic follicle）という．

牛の卵巣は，親指頭大でアーモンド形を呈し，やや柔軟で弾力性があり，黄体が存在するときはその部分は隆起し，一部はきのこ状に卵巣の表面に突出する（図 1.25）．この突出した部分を冠状突起（coronary process）と呼ぶ．

馬の卵巣は，栗実大ないし鶏卵大で腎臓形を呈し，表面は平滑で硬く，弾力に富み，卵巣門の反対側に排卵窩があるが，卵胞が発育した場合は卵巣の形状は変化し，その大きさも 8〜12 cm と著しく増大する（図 1.26）．馬では，このように他の動物と卵巣の構造が

25

1. 生殖器の構造・機能および生殖子

異なっているために，牛のような直腸検査を行って卵巣における卵胞と黄体を確認することは困難である．

豚の卵巣は親指頭大で，多数の卵胞や黄体が表面から著しく突出し，外見は桑実状〜ブドウの房状となる（図1.27）．

(2) 卵　管　oviduct / Fallopian tube / uterine tube / salpinx

卵管は，卵巣と子宮の間にあり，卵管間膜（mesosalpinx）の上に横たわる迂曲した管で，卵子を子宮に運ぶ通路となるとともに，受精が行われる器官である．牛の卵管は全長約20〜25 cmで，馬はこれよりやや長い．卵管の腹腔端は，漏斗状の卵管漏斗で腹腔に開いており，その周縁は不規則な花びら状の卵管采（fimbriae tubae）となっている．この卵管漏斗の深みに丸い卵管腹腔口がある．卵管の子宮端は卵管子宮口をもって子宮角内に開口している．

卵巣と卵管の間には直接のつながりはないが，卵管間膜の一側は卵巣につながり，卵巣との間に1つの囊状の構造をつくる．これを卵巣囊（ovarian bursa）という．卵巣囊は，豚ではよく発達して卵巣の半分を覆っていて，牛やめん羊では図1.28に示すように広く開いており，馬では小さくて排卵窩の部分のみを覆っている．犬の卵巣囊は，卵管采の部分である細長い切れ目状（スリット状）の開口部以外は囊状の構造を呈しており，卵巣をほとんど完全に包んでいる（図1.29）．

卵管の太さは全体が同じではなく，漏斗に連なる上部1/3〜1/2は太く，軟らかい．この部分を卵管膨大部（ampulla of oviduct）という（図1.30A）．ついで管腔は狭く硬くなり，屈曲して走り子宮に連なるが，この部分を卵管峡部（isthmus of oviduct）とい

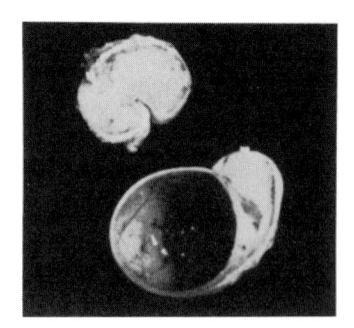

図1.26　馬の卵巣（断面）
左卵巣上には卵胞・黄体がない．右卵巣下に成熟卵胞と古い黄体各1個がある．

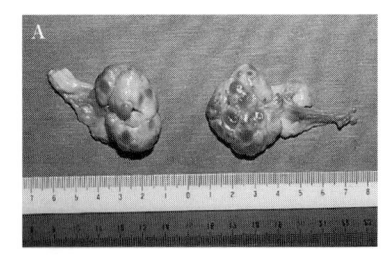

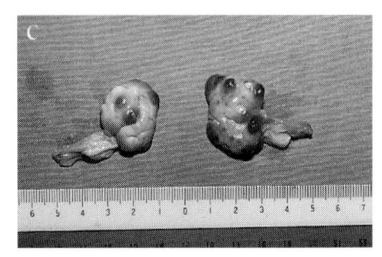

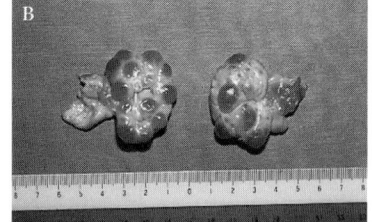

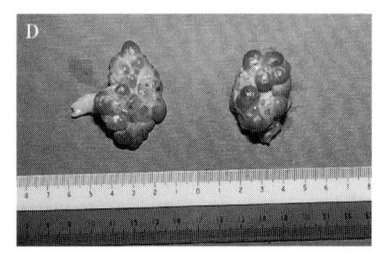

図1.27　豚の卵巣（伊東提供）
A：卵胞発育期，B：卵胞発育〜成熟期，C：排卵直後（黄体新生），D：開花黄体期．

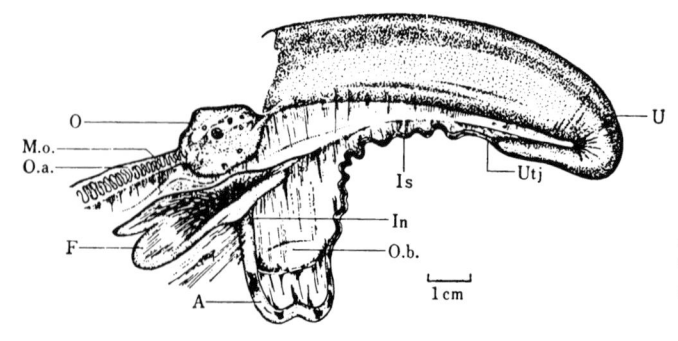

図1.28　めん羊の卵巣と卵管の関係（Hafez, 1980）
A：卵管膨大部，F：卵管采，In：卵管漏斗，Is：卵管峡部，M.o.：卵巣間膜，O：卵巣，O.a.：卵巣動脈，O.b.：卵巣囊，U：子宮角，Utj：子宮卵管接合部．

う（図1.30B）．卵管と子宮の境界は子宮卵管接合部（uterotubal junction；UTJ）と呼ばれ，内腔は特に狭く，牛およびめん羊ではV字状に折れ曲がっている．

卵管子宮口の形は，動物の種類によってかなり異なっており，卵管峡部がほとんど境目なしに子宮角先端に移行するもの（牛，めん羊），卵管峡部の粘膜のヒダが子宮角内腔に花弁のように放射状に配列した，いわゆるロゼット状に突出するもの（豚，兎），その部分の子宮壁が一部肥厚して内腔に乳頭状に突出し，卵管峡部はこの肥厚部を貫通して，卵管子宮口がこの乳頭の中央に細長い切れ目状に開くもの（馬，犬，猫）などが知られている．

卵管壁は，内側から粘膜，筋層，漿膜の3層よりなる．粘膜には卵管特有の複雑なヒダ（plica tubae）があり，

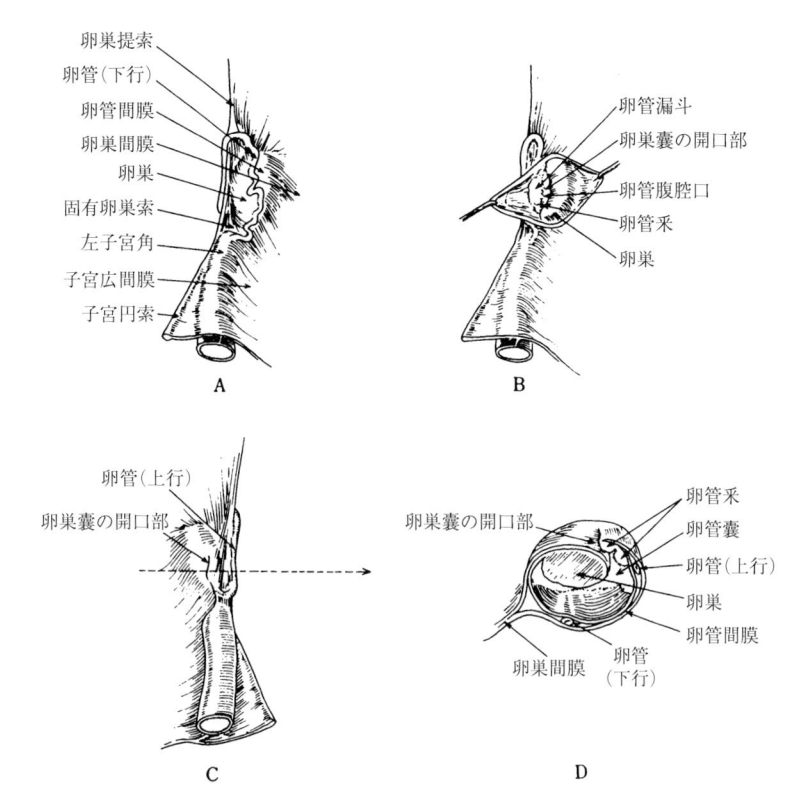

図1.29 犬の卵巣と卵巣嚢の関係（左側）（Evans and Christensen, 1979を改変）
A：背面図，B：背面図（卵巣嚢を開く），C：腹面図，D：卵巣・卵巣嚢の横断面．

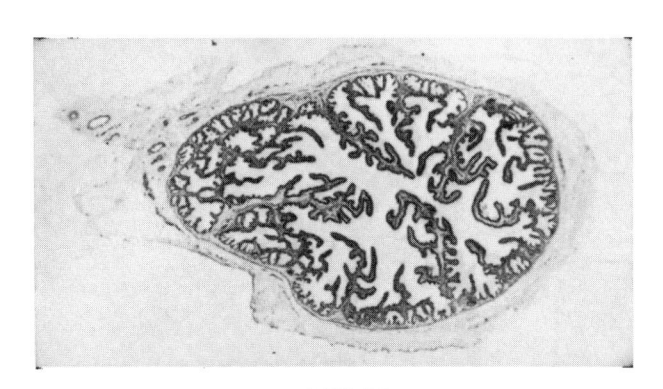

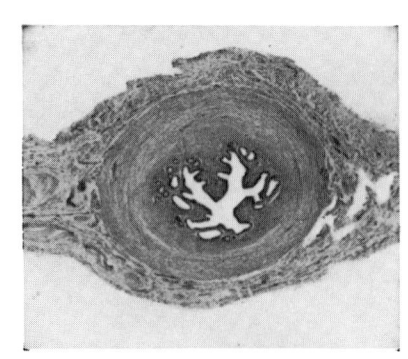

A：卵管膨大部　　　B：卵管峡部
図1.30 牛の卵管横断面の顕微鏡所見（本間提供）

1. 生殖器の構造・機能および生殖子

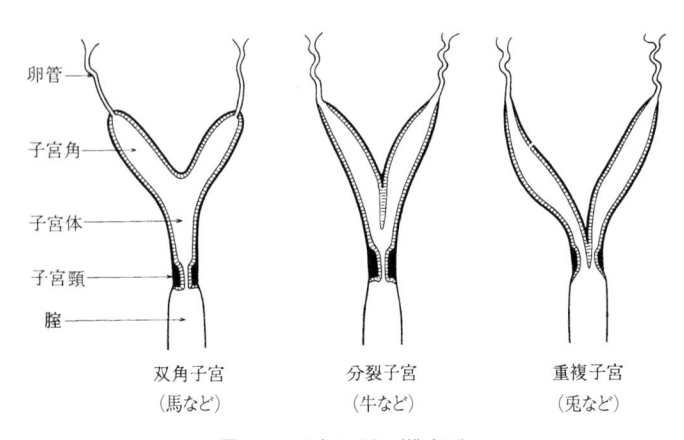

図 1.31 子宮の分類（模式図）

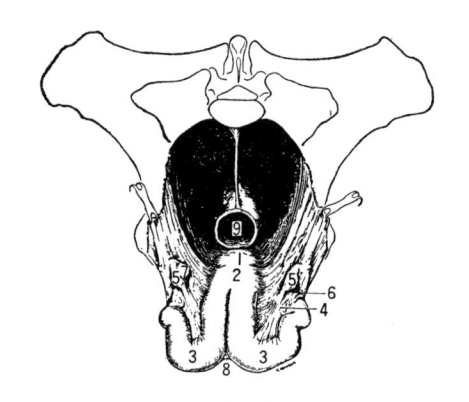

図 1.32 牛の子宮（前面）（Roberts, 1971）
1：子宮頸，2：子宮体，3：子宮角，4：卵管，5：卵巣，6：卵巣嚢，7：黄体，8：角間間膜，9：直腸.

特に卵管膨大部ではこのヒダが発達して，樹枝状に分岐突出している（図 1.30）．粘膜上皮には，分泌細胞と線毛細胞が混在する．粘膜のヒダは，卵管膨大部から子宮端に向かってしだいに低く単純となり，固有の管腔がみられるようになる．卵管の筋層の厚さは，子宮端に近づくにつれて増している．精子と卵子の会合や受精は，一般の動物では卵管膨大部で行われる．ただし，犬では卵管膨大部よりも下部の卵管内で行われる．

(3) 子宮 uterus（複 uteri）

各種動物の子宮は，卵管に続く2つの子宮角，それらが合体した1つの子宮体（uterine body / corpus uteri）および子宮頸よりなり，後方は腟につながる．発生の途上で左右の中腎傍管（ミューラー管）が融合して単一の管腔を形成した部分が子宮体であって，その融合の程度は動物種によって異なっており，以下に示すような様々な子宮の形態に分類される．

馬では，子宮体は内腔に隔壁がなく単一の腔所となっており，前方が左右の子宮角に分かれている．このような子宮を双角子宮（bicornuate uterus）という．牛の子宮は，外側からみると子宮体の長さが12〜15 cm あるように認められるが，切り開いてみると縦に隔壁があって内腔を左右に二分しており，単一の内腔すなわち真の子宮体は子宮頸に近い2〜4 cm の部分にすぎない．このような子宮を分裂子宮または両分子宮（bipartite uterus）という．また兎では，腟の部分のみが融合して単一の腔所をつくっているが，子宮は融合することなく左右2本の管となっている．この

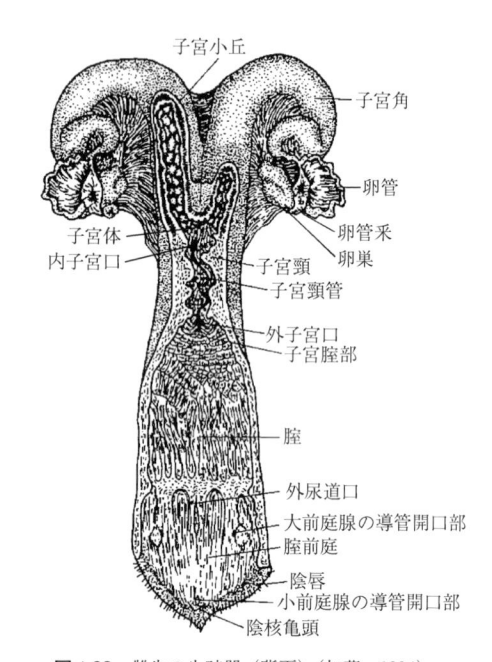

図 1.33 雌牛の生殖器（背面）（加藤, 1994）

ような子宮を重複子宮（duplex uterus）という（図1.31）．豚の子宮は双角子宮に属するが，子宮体の前方にわずかに隔壁がみられる．めん羊は分裂子宮，山羊，犬，猫は双角子宮である．一般に単胎動物では子宮角は短く，豚などの多胎動物では長い（図1.32〜1.37）．なお，人や霊長類の子宮は，両子宮角の融合が広範囲に広がっており，対になった卵管と単一の子宮角をもつ単一子宮（uterus simplex）である．

子宮は，腹膜の延長である子宮広間膜の後位の大部分を占める子宮間膜（mesometrium）によって骨盤

腔内に支えられ，また子宮角と卵管の境界付近から起こる子宮円索（round ligament of uterus）によって鼠径部につながる．

子宮壁の最外層は，子宮間膜の延長した漿膜である子宮外膜（perimetrium）で覆われ，その内側には平滑筋からできた子宮筋層（myometrium）がある．筋層は3層からできており，外層は縦走筋，内層は厚い輪走筋よりなり，その間に血管層（vascular layer）があって，多くの血管と神経が含まれる．筋層は，子宮角から子宮体にかけて厚くなり，子宮頸では特に輪走筋が発達する．子宮の内面は，粘膜，すなわち子宮内膜（endometrium）で覆われている．子宮内膜は粘膜上皮とその下の基礎となる固有層からなる．粘膜上

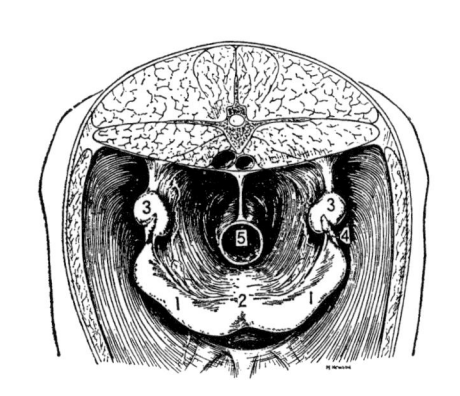

図1.34 馬の子宮（前面）（Roberts, 1971）
1：子宮角，2：子宮体，3：卵巣，4：卵管，5：直腸．

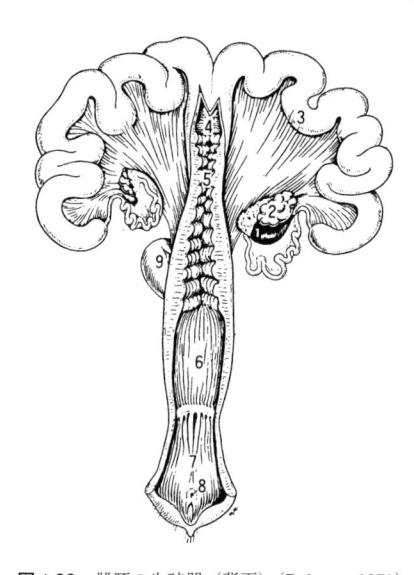

図1.36 雌豚の生殖器（背面）（Roberts, 1971）
1：卵巣嚢，2：卵巣，3：子宮角，4：子宮体，5：子宮頸管，6：腟，7：腟前庭，8：陰核，9：膀胱．

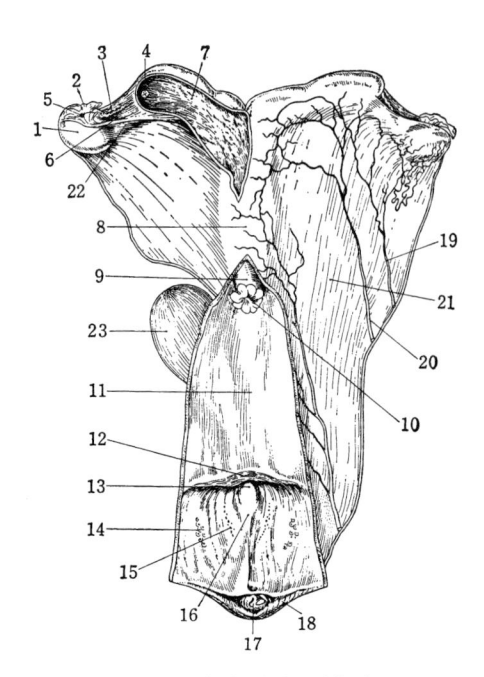

図1.35 雌馬の生殖器（背面）
1：卵巣，2：卵管采，3：卵管，4：卵管子宮口，5：卵管腹腔口，6：卵巣嚢，7：子宮角，8：子宮体，9：子宮頸腟部，10：外子宮口，11：腟，12：腟弁，13：外尿道口，14：大前庭腺，15：小前庭腺，16：腟前庭，17：陰核，18：陰唇，19：卵巣動脈，20：子宮動脈，21：子宮広間膜，22：固有卵巣索，23：膀胱．

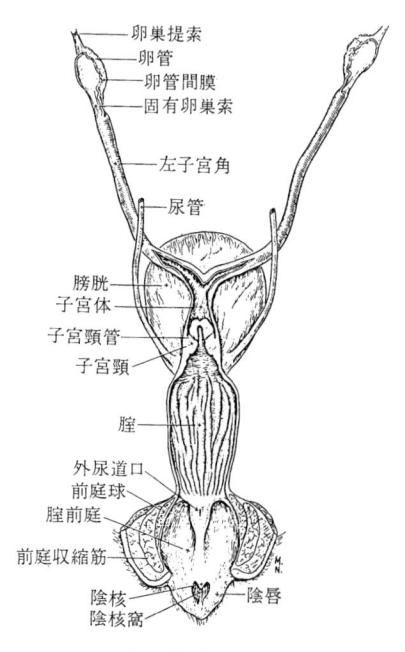

図1.37 雌犬の生殖器（背面）（Evans and Christensen, 1979を改変）

皮は，多くの動物では単層の円柱上皮からなるが，反芻類，豚にしばしばみられるように2～3層のこともある．上皮細胞は上皮下の固有層に入り込んで，多数の管状の子宮腺（uterine gland）を形成する．子宮腺は，内膜の表面近くでは単一の管であるが，深部では分岐し迂曲している．子宮腺の分布は子宮角で多く，子宮体に向かってしだいに減少する．内膜の厚さおよび子宮腺の形態とその分泌機能は，性ステロイドホルモンの支配を受け，発情周期に伴い変動する（図1.38）．

反芻類の子宮内膜の表面には，子宮の縦軸に沿ってボタン状の隆起物が配列する．これを子宮小丘（宮阜；caruncle）といい，この部位の粘膜は筋線維と子宮腺を欠いている（図1.39）．牛では，子宮小丘は各子宮角に4列それぞれ10～14個，合計80～120個あり，非妊娠時の長径は10～15 mmである．めん羊では各列10～12個，合計80～96個，また山羊では160～180個を数える．この子宮小丘は反芻類に特有の構造で，妊娠期にこの部分に脈絡膜絨毛が進入して結合し，胎盤（多胎盤または宮阜性胎盤）を形成する．

子宮に分布する血管は，卵巣動脈子宮枝（uterine branch of ovarian artery），子宮動脈（中子宮動脈；uterine artery）と腟動脈子宮枝（uterine ramus of vaginal artery）からなる．卵巣動脈子宮枝は，雄の精巣動脈に相当する卵巣動脈（ovarian artery）から分かれたものである．子宮動脈は，子宮広間膜を伝わって子宮角および子宮体に分布し，馬では外腸骨動脈よ

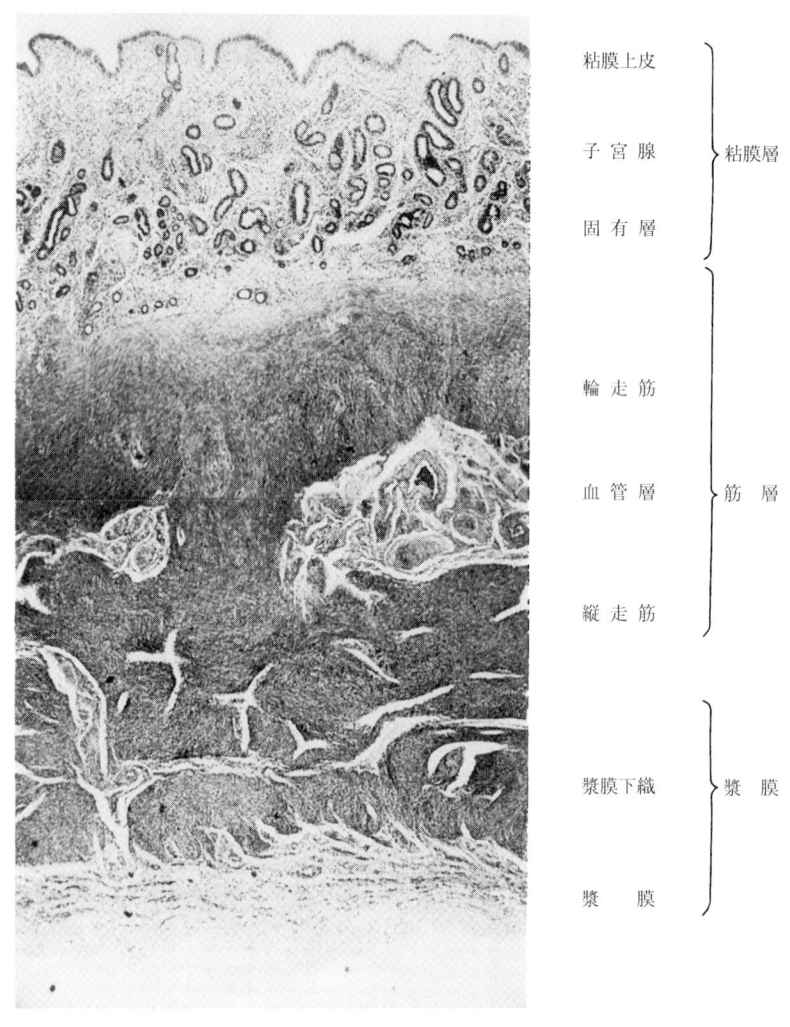

図1.38 牛の子宮壁の断面（須川提供）

1.4 雌性生殖器

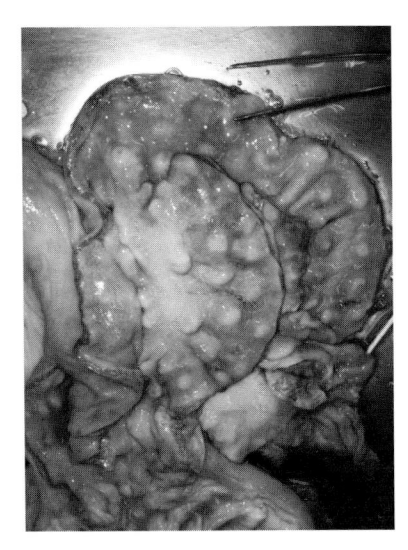

図1.39 牛の子宮小丘

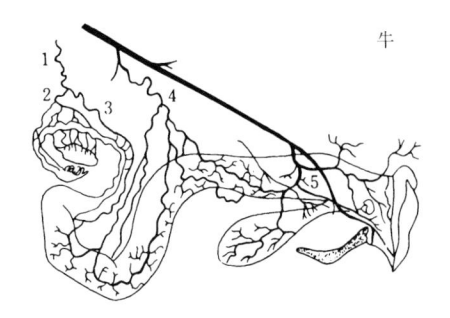

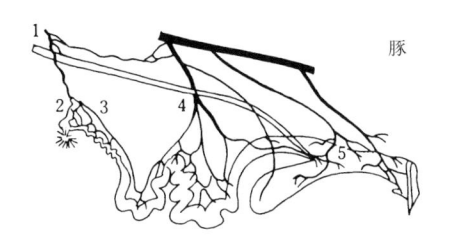

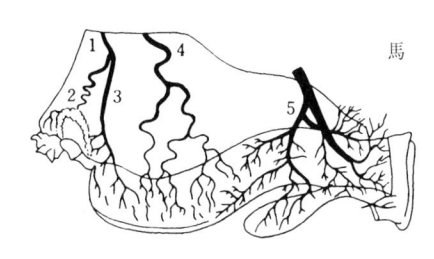

図1.40 雌動物の生殖器における動脈の分布
(Barone and Pavaux, 1962)

1：卵巣動脈, 2：卵巣動脈卵巣枝, 3：卵巣動脈子宮枝, 4：子宮動脈, 5：腟動脈.

り分岐するが, 牛では臍動脈と共同枝で内腸骨動脈より分岐する. 牛, 馬および豚では, 妊娠期に特に妊角側のこの動脈が著しく発達し, かつ特有の震動をするので, 直腸からの触診による妊娠診断上の重要な徴候となる. 腟動脈は, 馬では内腸骨動脈から出て腟の側方に分布し, 牛ではその一部は子宮に, 一部は腟に分布する (図1.40).

子宮体の後端部は, 厚く強靱な壁と複雑な内腔をもつ円筒状の部分によって腟に連絡している. この部分を子宮頸といい, その内腔を子宮頸管 (cervical canal) という. 子宮頸管が子宮体腔に通ずるところを内子宮口 (internal uterine orifice), 腟腔に開口するところを外子宮口 (一般に子宮外口；external uterine orifice) という. 牛, 馬などでは, 外子宮口の開口部が腟腔内に半球状に突出しており, この部分を子宮頸腟部 (portio vaginalis cervicis) という.

牛の子宮頸は, 長さが 8〜10cm で筋線維がよく発達し, 硬くて軟骨様の感があり, 頸管の内壁に通常 3〜4個の輪状ヒダ (plicae circularis) があって, 管腔は通常は堅く閉鎖している. したがって, 交尾に際して雄の陰茎は頸管に挿入されず, また子宮洗浄などの処置をする際には, あらかじめ頸管を拡張する必要がある (図1.33). 豚の子宮頸管は著しく長く, コルク栓抜き状のらせん構造をもって境界なく腟に移行するが, この構造は雄の陰茎の先端のらせん状のねじれに適合するものである (図1.36). 馬の子宮頸管は牛より短く, ほぼ直線的で, 内側に多くの縦のヒダがあり, 頸管の壁は牛より柔軟で開きやすい. 犬の子宮頸管は, 背前方から腹後方へ斜めに走る (図1.37).

子宮頸管の粘膜は単層の円柱上皮で覆われ, 人ではここに腺があるが, 各種動物では腺をもたない. ただし, 犬では数は少ないが腺の開口が認められる. 頸管粘膜の上皮細胞は腺はないが粘液分泌能をもっており, その粘液の性状は発情周期に伴って変化する. 牛では, 発情期に頸管粘膜から多量の粘液が分泌され, 腟を経て陰門 (vulva, 複 vulvae) から漏出する.

(4) 腟および外部生殖器

a. 腟　vagina (複 vaginae)

腟は, 前方が子宮頸につながり, 直腸と膀胱の間を尾方に走る円筒状の器官で, 後方は腟前庭に移行する.

雌の交尾器管であるとともに，分娩に際して著しく拡張して産道となるところである．子宮頸が腟腔内に突出する牛，馬などでは，腟の前端は子宮頸腟部を中心に前方に入り込んで腟円蓋（fornix vaginae）を形成する．腟の長さは，牛25〜30 cm，馬20〜35 cm，めん羊10〜14 cm，豚10〜20 cm，犬5〜20 cmである．

腟粘膜上皮は重層扁平上皮細胞からなり，腺を含まない．したがって，腟腔にみられる粘液は，主として頸管粘膜に由来するものである．腟の筋層は平滑筋で，内層の輪走筋は厚く，外層は縦走筋である．腟の上皮細胞は，特に齧歯類では，卵巣からのホルモンに敏感に反応する．

b. 腟前庭　vestibule of vagina

腟から腟前庭への移行は，粘膜のヒダである腟弁（hymen）により境される．腟弁は，子豚では明らかな輪状のヒダとして認められ，子馬でも明らかに認められるが，成体では不明瞭になる．牛や犬では，胎生期にあったものが出生時には退化して，痕跡的に認められるにすぎず，めん羊や山羊では全くみられない．

腟前庭は尿生殖洞に由来し，ミューラー管から分化した腟とは起源を異にする．腟前庭には，外尿道口（external urethral orifice）が開口し，その両側後方の粘膜に小前庭腺（minor vestibular gland）が開口する．牛では，さらにその背面の両側に大前庭腺（major vestibular gland）が開口する．腟前庭の筋層は，腟から続く平滑筋のほかに輪走する横紋筋からなり，括約筋の作用をもつ．腟前庭の後方は境なく陰門に連なる．腟前庭と陰門を含めて，外部生殖器という．

c. 陰門　vulva（複 vulvae）

陰門は，肛門の直下にある泌尿生殖道の末端の開口部で，ここの両側に皮膚のヒダが隆起した陰唇（labium，複 labia）がある．左右の陰唇は，上・下の陰唇交連によって結ばれ陰裂をつくっている．上の背側陰唇交連と肛門の間の部分は会陰（perineum）と呼ばれ，雌の会陰部は雄のそれより狭い．下の腹側陰唇交連の内側には，円錐状の小さな突起，すなわち陰核（clitoris）があり，雄の陰茎と相同である．陰核は，馬，犬ではよく発達している．陰門は，発情期に充血，腫大する．

(5) 乳腺　mammary gland

乳腺は左右対をなすのが普通で，霊長類では胸部に，牛，馬，山羊などの有蹄類の多くは鼠径部に，食肉類，豚，齧歯類などでは腋窩から鼠径にかけて存在する．その数は，人，モルモット，山羊などの一対のものから，豚，兎のように4〜9対のものまである．それぞれの乳腺には乳頭があるが，ラット，マウス，馬の雄の乳腺には乳頭がない．

牛の乳房は，4個の分離した乳腺（分房；quarter）から形成され，左右の乳房は乳房保定装置内側板で分離される．前後の分房の境界は，肉眼的に見分けられない．乳房の腹壁への保持は，よく発達した乳房保定装置外側板と乳房保定装置内側板によって行われる（図1.41）．乳房に分布する動脈，静脈，リンパ管，神経は，腹腔から左右の鼠径管を通って乳房に入る．乳房の前方からは左右の乳静脈が腹部皮下へ出る．

乳腺の実質は乳腺胞（alveolus of mammary gland）と呼ばれる胞状の組織と，乳腺胞に続く乳管（milk duct）からなる．乳腺胞の内腔を囲む単層の上皮細胞が，血液中の栄養素を利用して乳汁を生産する乳腺細胞（lactocyte / alveolar epithelial cell of mammary gland）である（図1.42）．乳腺胞は，毛細血管の網で包まれている．また筋上皮細胞（myoepithelial cells）という特殊な細胞が乳腺胞の周囲を取り巻いており，これがオキシトシンに反応して乳腺胞中に乳汁を排出する作用（milk ejection）をする．

泌乳期における乳腺では，乳腺胞が集まってブドウ

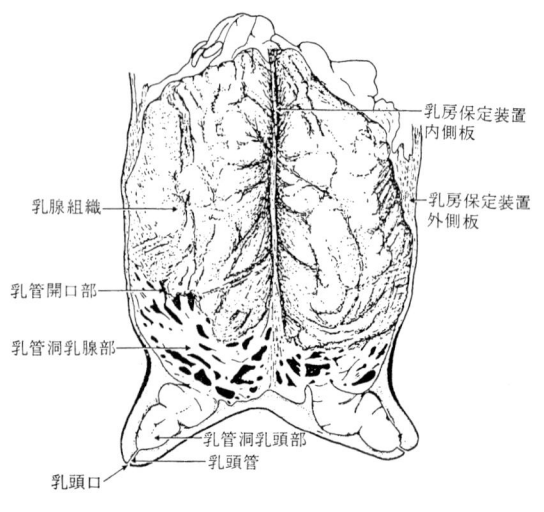

図1.41　牛の乳房の断面図（Hafez, 1980 を改変）

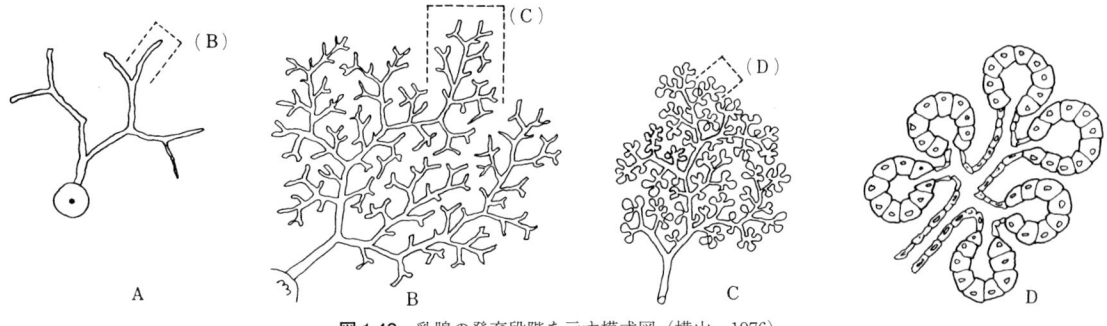

図 1.42 乳腺の発育段階を示す模式図（横山，1976）
A：春機発動期前の乳腺．B：性成熟後の非妊娠動物の乳腺，Aの（B）部分がさらに発育している．C：妊娠中の乳腺，Bの（C）部分がさらに発育している．D：Cの（D）（腺胞）部分の細胞構造．

の房状の乳腺小葉（mammary lobule）を形成する．牛の1つの小葉は，150～220の乳腺胞が集まって0.7～0.8 mm^{3}の容積をもつ．乳腺小葉は，集合して乳腺葉（mammary lobe）を形成する．

乳腺胞に続く乳管系は細乳管に始まり，しだいに太い乳管を形成し，牛や山羊では乳管洞乳腺部（gland cistern）と呼ばれる腔所に開口する．この腔所は，乳頭内の腔所である乳管洞乳頭部（teat cistern）に連なり，ここから1本の乳頭管（teat canal）になって乳頭口（teat orifice）で外界に開口している（図1.41）．

〔堀 達也〕

1.5 卵　子

ovum（複 ova）

(1) 卵子形成（oogenesis）と卵胞の発育

雌の生殖子が分化し，成熟する過程を卵子形成という．この過程は，前に述べたように，胎生期における卵祖細胞の出現に始まる．まず卵巣皮質において，卵祖細胞が1層の卵胞上皮細胞（follicular epithelial cell）に取り囲まれた原始卵胞となって白膜上に並ぶようになる．この原始卵胞は，胎生期から出生時までの間に盛んに分裂増殖するが，やがて一次卵母細胞（primary oocyte）となって減数分裂の前期の状態で長い休止期に入る．

動物が性成熟に達すると，休止していた原始卵胞内の一次卵母細胞は，周囲の卵胞上皮細胞から栄養を受けて卵黄（vitellin）を蓄積して大きさを増す．成長した一次卵母細胞は，直径が約70～140 μmになり（表

表 1.11 哺乳動物卵子の大きさ（Blandau, 1961 を改変）

動物種	直径（μm）（透明帯を含まず）
牛	138～143
馬	105～140
めん羊	147
豚	120～140
犬	135～145
猫	120～130
兎	120～130
モルモット	75～85
ラット	70～75
マウス	75～85

1.11），数層の卵胞上皮細胞あるいは顆粒層細胞に包まれ，両者の間には透明帯（zona pellucida）が形成される．前述のように，顆粒層の外側は，結合組織由来の2層の卵胞膜，すなわち内卵胞膜および外卵胞膜で包まれる．このように数層の卵胞上皮細胞に囲まれた卵胞を，二次卵胞（secondary follicle）と呼ぶ．その後は，一次卵母細胞の大きさは増えないが，顆粒層細胞は増殖を続け，やがてこの層の一部に空隙（卵胞腔）が生じ，卵胞液を貯留するようになる（図1.22）．このような卵胞を三次卵胞と呼ぶ．そして，卵胞液の量が増えていき，卵胞の中に貯留するようになると卵巣表面に膨隆するようになる．十分に成長した卵胞は，発見者にちなんでグラーフ卵胞と呼ばれる．卵子は，将来排卵する部位と反対側の卵胞壁に位置し，顆粒層の一部が膨隆してできた卵丘（cumulus oophorus）に囲まれているが，卵子に接している部分は，卵胞上皮細胞の配列が放射状になっているところから放線冠

（corona radiata）と呼ぶ（図1.23）．

そして排卵が近づくと，一次卵母細胞の核小体と核膜が消失して濃縮された染色体，中心小体，紡錘糸が出現し，2回の成熟分裂が起こる．すなわち，最初は減数分裂で，これによって染色体は半減する．一次卵母細胞は2つの細胞となり，片方の細胞は将来の卵子の発育に備えて細胞内の全貯蔵栄養物を受けた二次卵母細胞または卵娘細胞（secondary oocyte）となるが，他方の細胞は一次極体（first polar cell / body）と称する細胞質をもたない小さなもので，これは受精には関係せず，囲卵腔または卵黄周囲腔（perivitelline space）中に放出されて，やがて消失する．ついで，二次卵母細胞は二次極体（second polar cell / body）を放出するために，第2成熟分裂を始めるが，分裂を完了しない分裂中期において卵胞は発育の限界に達して排卵が起こる．放線冠に包まれたまま放出された二次卵母細胞は，卵管内を下降しつつ分裂が進むが，二次極体の放出は卵管上部で精子と出会い，精子の進入を受けて初めて起こるものであるため，受精が行われない限り卵子はやがて退行の運命をたどる．なお犬と狐では，卵子は未熟な一次卵母細胞の状態として排卵され，排卵後に卵管内で一次極体を放出するのが特徴である（図1.43）．

一発情期に成熟し排卵する卵胞の数は動物種によりほぼ一定しており，牛，馬などの単胎動物では原則として1個で，めん羊，山羊で1～3個，豚で10～20個，犬で2～12個である．雌動物の，生涯を通じての排卵の数は意外に少ない．例えば，1頭の雌牛が2～15歳まで14年間休みなく3週間ごとに排卵を繰り返したとしても，総排卵数は約240個にすぎず，実際はこの間に妊娠期および分娩後の生理的な卵巣の静止期間が入るので，毎年子牛を生産していたものとすれば，生涯を通じての排卵数は50個以内と推察される．

一方，卵巣内の原始卵胞の数は胎生期～出生時が最も多く，出生後急激に減少することが知られている．牛では，出生時に約7万5000個存在していたものが，12～14歳で2500個に減少するという．ラットで約16万個あったものが，分娩後数週間で50～60％が消失し，犬で約70万個みられたものが，性成熟に達した時期に35万個と半減し，10歳の犬ではわずかに500個に減少していたと報告されている．

排卵されない卵子は卵巣内で退行消滅するが，この過程を卵胞の閉鎖（atresia）という．卵子の退行に伴い，これを含む卵胞も発育を停止し退行する．このような卵胞を閉鎖卵胞という（図1.22）．上述のように卵巣中の原始卵胞の数が出生後急速に減少するのは，大多数の卵胞が，発育の種々の段階で閉鎖退行の運命をたどるからである．

（2） 卵子の構造

卵子には多量の細胞質があり，その中に卵黄を含んでいるので，一般の細胞に比べると著しく大きい．特に鳥類では，胚の全発育過程を通じて栄養をこの卵黄に依存しているので非常に大きいが，高等哺乳動物では胚発生の中期以降は母体より栄養の供給を受けるため，卵子内に含まれる卵黄の量は少なく，卵子の直径は前述のように牛で約140 μm である（表1.11）．排卵前の一次卵母細胞と排卵直後の二次卵母細胞の構造を図1.44に模式的に示す．

卵子の表面は，固有の細胞膜すなわち卵黄膜（vitelline membrane）とその外側の透明帯によって囲まれる．卵黄膜は，卵子の細胞質由来の透明な薄い膜である．透明帯は，卵胞上皮細胞と一次卵母細胞の両者に

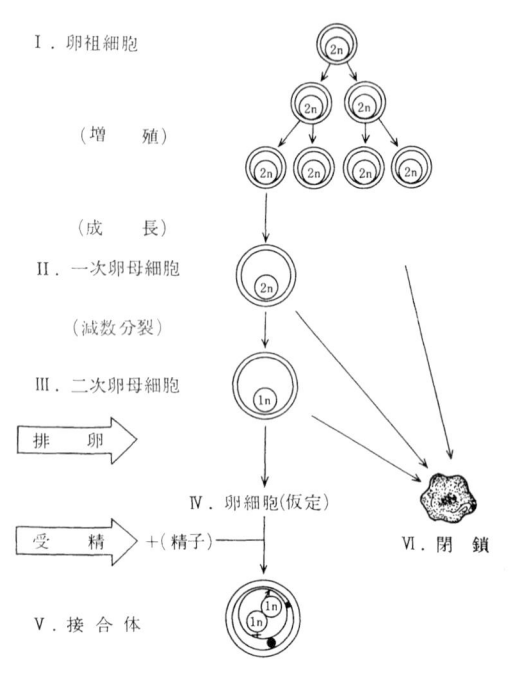

図 1.43 卵子形成模式図（Hafez, 1962 を改変）

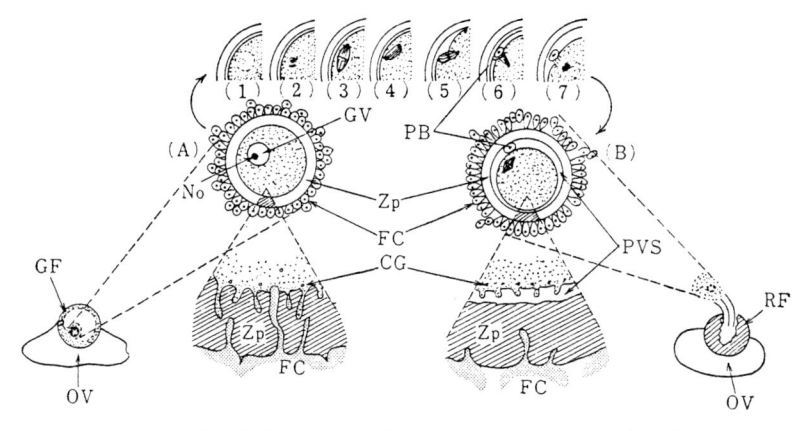

図 1.44 排卵前の卵子（A：一次卵母細胞）と排卵された卵子（B：二次卵母細胞・卵娘細胞）の構造および卵子成熟の過程（豊田, 1984）
(1)～(7)は第1成熟分裂の各段階を示す．(1)：卵核胞崩壊，(2)：第1分裂前中期，(3)：第1分裂中期，(4)：第1分裂後期，(5)：第1分裂終期，(6)：一次極体放出，(7)：第2分裂前期．
GV：卵核胞，No：核小体，Zp：透明帯，PB：一次極体，FC：卵胞上皮細胞，PVS：囲卵腔，CG：皮質粒，GF：グラーフ卵胞，RF：排卵直後の破裂卵胞，OV：卵巣．

由来すると考えられる細胞間物質で，これを電子顕微鏡で観察すると，卵子の微絨毛と卵胞上皮細胞の突起が透明帯内に進入し，特に後者の一部は透明帯を貫通して卵子の表面に達している．母体から卵子への栄養の供給は，この経路を通して行われると推察される．卵子の成熟過程が進むと，透明帯内の小突起は退化して卵胞上皮細胞と卵子との接触はなくなり，一次極体形成後には透明帯と卵子との間に囲卵腔と呼ばれる腔所が生じる．

また透明帯は，成分的には中性～弱アルカリ性の糖蛋白質からなっており，弾力性に富み，受精卵が分裂して桑実胚（morula）から胚盤胞（blastocyst）に発達するまでの間，その圧に耐えて伸長し，卵子を保護するものと考えられている．

卵子の排卵の際に，透明帯の外表面に付着している放線冠は，牛，馬，めん羊，豚などの有蹄類では排卵後間もなく消失するが，兎，モルモット，ラット，マウス，猫，犬などでは排卵後もしばらくの間よく発達したものがみられる．

成長を終えた一次卵母細胞の核は大きな球状を呈し，卵核胞（germinal vesicle）と呼ばれ，内部に1～数個の核小体を含み，卵子の中心よりはずれて偏在する．

哺乳動物の卵子は，一般に卵黄含量は少ないが，細胞質内にはRNA，蛋白質，脂質，グリコーゲンの存在が認められている．馬，豚，犬，猫の卵子は，多数の脂肪小滴と少量のグリコーゲンが含まれ，牛，めん羊，山羊，兎，モルモットでは脂肪含量はやや少なく，ラット，マウス，ハムスターでは脂質はほとんど含まれず，グリコーゲン顆粒が細胞質全体に分布する．脂質含量の高い卵子では，顆粒の屈折率が高いため黒い塊のようにみえ，脂質含量の低いものは明るくみえる．

ミトコンドリア，小胞体およびゴルジ体などの細胞内小器官は，初期の二次卵母細胞では核の周囲に密集しているが，成長期に入るとこれらは細胞質全体に分散し，数も増える．ゴルジ体は表面に移動し，透明帯および皮質粒（表層顆粒；cortical granule）の形成に関与する．皮質粒は，卵黄膜の直下に存在する直径0.2～0.5 μmの小胞で，精子進入に際してその内容物を囲卵腔に放出して透明帯反応を起こす．〔堀 達也〕

2. 生殖機能のホルモン支配

ホルモンとは，内分泌腺（endocrine gland）において合成・分泌され，血液によって標的器官または組織（target organ or tissue）に運ばれ，その形態あるいは機能に対して重要な生理的調節作用を現す有機化合物で，いわゆる化学伝達物質（chemical messenger）の1つと定義されていた．しかし近年，ホルモンの中には血流を介さず同じ器官内の極めて近接した細胞を標的にしたり（傍分泌；paracrine），自らの産生細胞に対して作用を発現したりする場合（自己分泌；autocrine）があることが明らかにされた．また，従来は内分泌系と神経系とは，それぞれが独立した調節機能をはたしていると考えられてきたが，神経細胞の軸索末端から種々の化学伝達物質が循環血中に分泌されており（神経内分泌；neuroendocrine），これまでのホルモンとこれらとを明確に区分することが不可能になってきた．一方，心臓，腎臓，消化管，脂肪組織など，内分泌腺以外の細胞からもホルモンが分泌されることが明らかになった．

これらのことから，最近では免疫系細胞が分泌する物質も含めて，細胞の増殖，分化と代謝活動の変化を誘導する生理活性物質を広義のホルモンと呼称するようになった．

生殖器官の形態，機能を支配調節する仕組みは，本質的には雌雄共通で，図2.1に示すホルモンの統御が支配の主役を演じている．このうち，①副生殖器を支配する生殖腺（性腺）のホルモン（性ステロイドホルモン；sex steroid hormone），②生殖腺における生殖子の生産とホルモン分泌を支配する下垂体前葉のホルモン（性腺刺激ホルモン（gonadotropin（米），gonadotrophin（英）；GTH））および，③この前葉ホルモンの分泌を支配する視床下部（hypothalamus）のホルモンの三者の関係は雌雄に共通で，生殖機能系の中軸となっており，視床下部-下垂体-生殖腺軸（hypothalamic-pituitary-gonadal axis／hypothalamo-hypophyseal-gonadal axis）と呼ばれる．これに加えて，雌では妊娠や泌乳など，副生殖器の特殊な機能に関連して，④下垂体後葉のホルモン，および⑤子宮あるいは胎盤で産生されるホルモンによる調節が存在する．

上記のホルモン統御機構の頂点は視床下部であるが，この活動はさらに上位の中枢神経系および求心性神経を介して伝えられる外部環境要因の影響を受け，特に光周期の変化，生物的特殊刺激などは生殖機能に対して重要な支配要因となる．さらに，視床下部のホルモン③は下位のホルモン①と②により，また下垂体前葉ホルモン②も下位の①によってその分泌が巧みに調節される．このように下位ホルモン（結果）によっ

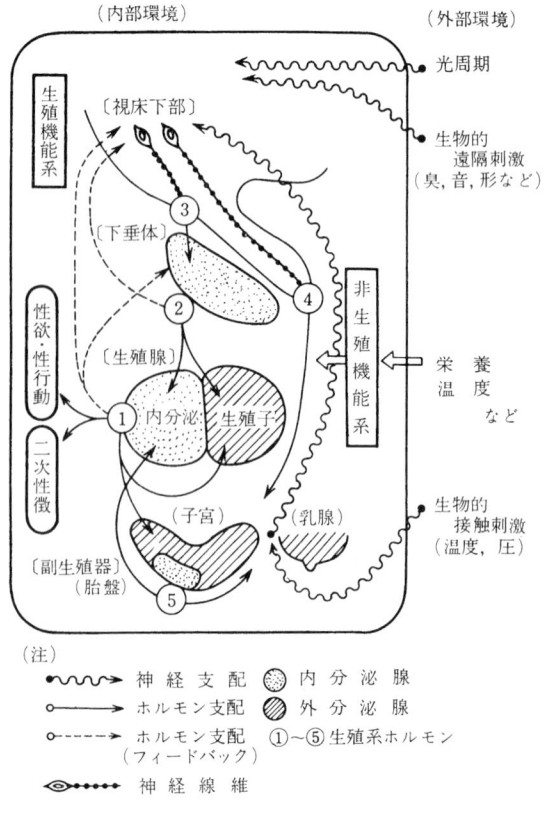

図2.1 生殖機能系（鈴木，1970を改変）

2. 生殖機能のホルモン支配

表2.1 哺乳動物の生殖系ホルモン

分泌母地・細胞	ホルモンの名称（別名）	略称	化学的性状, 分子量	主な生理作用
視床下部	キスペプチン（神経伝達物質）		ポリペプチド 約5800	GnRHの放出促進
	性腺刺激ホルモン放出ホルモン	GnRH	ペプチド（10a） 1182	FSHおよびLHの放出促進 LHの合成促進
	副腎皮質刺激ホルモン放出ホルモン （コルチコリベリン）	CRH	ポリペプチド 約4700 (41a)	ACTHの放出促進
	プロラクチン放出因子（単一物質として特定されていない）	PRF	TRH（3a） 362 VIP（28a） 約3300 など	PRLの放出促進
	プロラクチン放出抑制因子	PIF	ドパミン 153	PRLの放出抑制
視床下部-下垂体後葉	オキシトシン	OT	ペプチド（9a） 1007	子宮収縮, 乳汁射出
下垂体前葉・β細胞	黄体形成ホルモン （間質細胞刺激ホルモン）	LH ICSH	糖蛋白質 約29000	卵胞成熟, 排卵誘起, 黄体形成, 性腺のステロイドホルモン分泌促進
β細胞	卵胞刺激ホルモン	FSH	糖蛋白質 約33000	卵胞発育, 精細管の発達および精子形成促進
a細胞	プロラクチン （黄体刺激ホルモン）	PRL (LTH)	単純蛋白質 約22000	乳腺の発達と乳汁の合成・分泌 黄体刺激による妊娠維持
松果体	メラトニン		モノアミン 232	幼弱動物の性腺機能抑制 短日繁殖動物の性腺機能促進
卵巣・卵胞上皮細胞 胎盤	エストロジェン （エストラジオール）	(E_2)	ステロイド（C_{18}） 272	発情徴候の発現, 雌副生殖器の発育, 二次性徴の発現, 中枢へのフィードバック作用, 乳腺乳管の発達
卵巣・黄体 胎盤	ジェスタージェン （プロジェステロン）	(P_4)	ステロイド（C_{21}） 314	子宮内膜の着床性増殖, 妊娠維持, 乳腺胞の発達
卵巣／胎盤	リラキシン		ポリペプチド 約6000	骨盤靱帯の弛緩, 産道の拡張
精巣・間質細胞 （ライディッヒ細胞）	アンドロジェン （テストステロン）	(T)	ステロイド（C_{19}） 288	雄副生殖器の発育, 二次性徴の発現, 精子形成促進, 性行動および攻撃性発現
卵巣・卵胞上皮細胞 精巣・セルトリ細胞	インヒビン		糖蛋白質 約32000	下垂体前葉のβ細胞に作用してFSHの合成と分泌を抑制
	アクチビン		単純蛋白質 約24000	FSHの合成と分泌を促進
胎盤：人絨毛膜 馬子宮内膜杯	人絨毛性性腺刺激ホルモン 馬絨毛性性腺刺激ホルモン （妊馬血清性性腺刺激ホルモン） 胎盤性ラクトジェン	hCG eCG (PMSG) PL	糖蛋白質 約37000 糖蛋白質 約55000 （糖）蛋白質 22000〜	LH様作用（妊娠黄体機能維持） LH様作用（妊娠黄体機能維持） 異種投与ではFSH様作用 黄体刺激, 乳腺発育, 成長促進
子宮・内膜	プロスタグランディン	PG	不飽和脂肪酸	黄体退行, 子宮収縮

て上位ホルモン（原因）が支配調節される仕組みをフィードバック機構（feedback mechanism）という．

なお，生殖機能系は生体内の他の機能（代謝系，神経系，内分泌系，循環系などの非生殖機能系）の影響を受け，さらにこれらの系に影響を及ぼす外部環境要因によっても間接的に影響されることはよく知られている．

哺乳動物の生殖系ホルモンを分泌母地によって分類し，名称（略称），化学的性状および主な生理作用を表2.1に一括して示す．生殖系ホルモンは，次の3種類に大別される．第1は視床下部で産生される性腺刺激ホルモン放出ホルモンで，下垂体前葉における性腺刺激ホルモンの合成および放出を支配する．第2は下垂体前葉で産生される性腺刺激ホルモンで，生殖子の成熟と放出を直接支配し，さらに生殖腺からの性ステロイドホルモンの分泌を促進する．第3は性ステロイドホルモンで，性欲，性行動の発現，二次性徴の発達と維持，副生殖器の発達と機能の維持および発情周期や妊娠の調整などの重要な役割をはたしている．

2. 生殖機能のホルモン支配

2.1 視床下部ホルモン
hypothalamic hormones

（1） 視床下部と下垂体系

　視床下部は，下垂体ホルモンの調節を行う内分泌機能の中枢であるだけでなく，交感神経と副交感神経による自律神経機能を調節しており，体温調節中枢でもある．また，摂食・飲水行動，性行動，睡眠などの本能行動，怒りや不安などの情動行動の中枢でもある．視床下部は間脳の最下部に位置し，第三脳室の底部を取り囲んでいる．前後は，視交叉のやや前方から乳頭体（mammillary body）のすぐ後方にまでわたり，前側方は大脳脚，後側方は視床腹部（subthalamus）の間に位置している．視床下部の背側は視床下溝を境として視床に接している．

　視床下部には多くの神経細胞の集団があり，これらは神経核と呼ばれる．視神経交叉の直上に位置し概日リズム（circadian rhythm）を司る視交叉上核（suprachiasmatic nucleus），下垂体後葉ホルモンを産生する神経細胞が集まる視索上核（supraoptic nucleus），下垂体後葉ホルモンの産生細胞と下垂体前葉を支配する神経内分泌細胞が集まる室傍核（paraventricular nucleus），同じく下垂体前葉を支配する神経内分泌細胞が集まる弓状核（arcuate nucleus），雄の性欲中枢である背内側核（dorsomedial nucleus），満腹中枢である腹内側核（ventromedial nucleus）などが主なものである（図2.2）．また，摂食中枢は視床下部外側野（lateral hypothalamic area）にある．

　下垂体後葉は，図2.3に示した視床下部の視索上核，室傍核などにその細胞体を置くニューロンの軸索（神経線維）と，神経膠細胞の集まった神経組織で，ホルモン分泌細胞は存在しない．後葉ホルモンは，視床下部の上記のニューロンの細胞体で産生された神経分泌物質（neurosecretory substances）が原形質流動（axoplasmic flow）によって軸索内を通って後葉に運搬され，ここで蓄えられた後，循環血中に放出されるものである．

　視床下部と下垂体前葉の解剖学的関係は図2.3に示すとおりで，両者の間に直接の神経線維のつながりはない．ここの血管系に関しては，上下垂体動脈が下垂体結節部に入り込み，第一次血管叢をつくる．この血

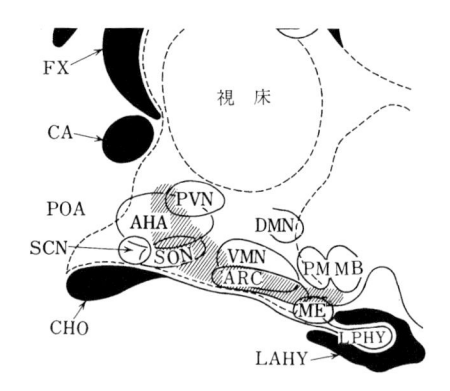

図2.2 下垂体刺激域（斜線部）と視床下部神経核の位置を示す模式図（Halász, 1969を改変）
ARC：弓状核，AHA：前視床下野，CA：前交連，CHO：視交叉，DMN：背内側核，FX：脳弓，LAHY：下垂体前葉，LPHY：下垂体後葉，MB：内側乳頭体核，ME：正中隆起，PM：前乳頭体核，POA：視索前野，PVN：室傍核，SCN：視交叉上核，SON：視索上核，VMN：：腹内側核．

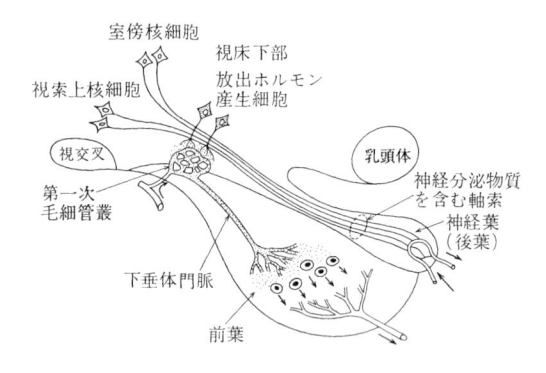

図2.3 視床下部と下垂体の関係（横山, 1976を改変）

管叢から毛細管が多数出て正中隆起中に進入し，これらの毛細管は再び集まって下垂体柄を通って前葉に向かう太い血管となる．この血管は前葉に入って再び毛細管となるが，このように下垂体柄中の血管は上にたどっても下にたどっても，いずれも毛細管床となるので，この血管系は下垂体門脈（hypophyseal portal vessels）と呼ばれる．

　正中隆起に入り込んだ毛細管のループには，視床下部のニューロンの神経線維の末端が接しており，下垂体門脈系はこれらのニューロンからの神経内分泌物質すなわち視床下部ホルモンを受け取り，これを前葉細胞に運搬している．このように，前葉は直接の神経分布がなくても，この門脈系によって中枢神経系の支配調節を受けることができる．

　ラットを用いた実験で，下垂体前葉を他の部位に移

植すると，プロラクチン（prolactin；PRL）以外の前葉ホルモンの分泌は廃絶し，雄雌ともに生殖腺は萎縮するが，前葉を視床下部の内側底部に移植すると，正常な組織学的構造が維持される．この部位は下垂体刺激域（hypophysiotropic area）と呼ばれ（図2.2），前葉の機能調節に必要な視床下部放出ホルモンを産生し貯蔵する場所と考えられていたが，放射免疫測定法（radioimmunoassay；RIA）の導入により放出ホルモン産生ニューロンの細胞体の所在が明らかになり，GnRH産生ニューロンの細胞体は，主として弓状核と腹内側核にあることがわかった．

(2) 性腺刺激ホルモン放出ホルモン gonadotropin releasing hormone；GnRH

1960年代に，視床下部の抽出物が下垂体前葉からGTHを分泌させることが確認され，黄体形成ホルモン（luteinizing hormone；LH）放出因子，卵胞刺激ホルモン（follicle stimulating hormone；FSH）放出因子の存在が示唆されていた．1970年代初頭のほぼ同時期に，フランスのGuilleminらとアメリカのSchallyらにより，それぞれめん羊と豚のLH放出ホルモン（LHRH）の構造が決定された．LHRHの構造はほとんどの哺乳動物に共通で，10個のアミノ酸からなる分子量が1182のペプチド（pyro Glu-His-Trp-Ser-Tyr-Gly-Leu-Arg-Pro-Gly-NH$_2$）であることがわかり，さらにその合成法も明らかにされた．

LHRHは，LHのみならずFSHの放出も促すことが明らかになり，その後，このホルモンは一般にGnRHと呼ばれるようになった．鳥類や魚類などのGnRHの構造は哺乳動物のそれとアミノ酸配列が異なり，また哺乳動物の下垂体に対する作用も弱い．

GnRHの分泌パターンは律動的で，拍動的（パルス状）分泌と呼ばれる．拍動的分泌の周期は数十分～数時間の範囲で変動し，この分泌頻度の変化が下垂体によるGTHの分泌量を左右する．GTHの拍動的分泌は，視床下部におけるGnRHの拍動的分泌を反映したものであるが，これは視床下部に存在するGnRHパルスジェネレーターと呼ばれるキスペプチンニューロンによって，神経的に支配されていると考えられている．

GnRHは，下垂体前葉に対してβ細胞からのLHとFSHの放出を促進するが，このGTH放出促進作用のほかにGTH（特にLH）の合成を促進する作用をもつことが立証されている．GnRHは，β細胞の細胞膜上のG蛋白質共役受容体と結合し，環状AMP（cAMP）を介するCa^{2+}の細胞膜透過性の増加によって，GTH分泌顆粒の開口放出を促進する．

性ステロイドホルモンのGTH分泌に関するフィードバックは，主として視床下部にかかると考えられていたが，下垂体前葉自体にも性ステロイドホルモン受容体が存在し，その役割が必須であることが立証されている．多くの動物種において，発情周期にみられるLHの一過的大量放出（LHサージ；LH surge）の時期には，外部より投与したGnRHに対する前葉の反応性が特に高まり，この反応性はエストロジェン（estrogen）によって付与されることから，エストロジェンの前葉への正のフィードバックの存在が認められている．GnRH分泌に対する性ステロイドホルモンの負のフィードバック機構は，正中隆起-弓状核の部位に多く働き，正のフィードバックは，視索前野や前視床下部領域に働くものと考えられている．

(3) キスペプチン（メタスチン） kisspeptin / metastin

キスペプチンは，視床下部においてGnRHの分泌を調節する神経伝達物質である．齧歯類のキスペプチンニューロンは弓状核と前腹側脳室周囲核（anteroventral periventricular nucleus）に局在する．前者は多くの動物種に共通して存在するが，後者は動物種によって異なる．

キスペプチンは，Ohtaki et al.（2001）により癌の転移（metastasis）抑制因子として発見されたポリペプチドで，当初はその作用からメタスチンと命名された．その後，この物質が繁殖と密接に関係していることがわかり，Kiss1遺伝子にコードされていたことから，繁殖学の分野ではキスペプチンという呼称に統一されている．齧歯類は52個，反芻動物は53個，人と豚は54個のアミノ酸からなり，C末端側10個のアミノ酸からなるコアペプチド（キスペプチン-10）が活性を担っている．

弓状核のキスペプチンニューロンは，GnRHのパルスジェネレーターとして働き，エストロジェンの負のフィードバックを受け，前腹側脳室周囲核のキスペプ

2. 生殖機能のホルモン支配

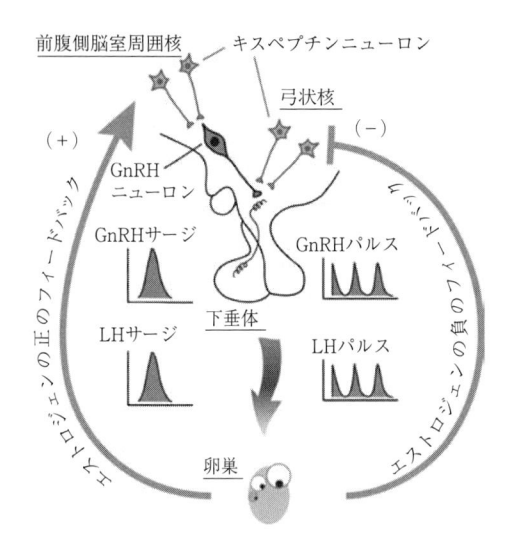

図 2.4 エストロジェンによる視床下部へのフィードバック機構（大蔵ら，2011 を改変）

チンニューロンは GnRH のサージジェネレーターとして働き，エストロジェンの正のフィードバックを受ける（図 2.4）。また，前腹側脳室周囲核のキスペプチンニューロンは雌に特徴的で，LH サージがない雄動物では発達していない．

（4） 副腎皮質ホルモン放出ホルモン corticotropin releasing hormone；CRH

CRH は，41 個のアミノ酸からなる分子量約 4700 のポリペプチドホルモンであり，コルチコリベリン（corticoliberin）とも呼ばれる．視床下部室傍核の小型神経細胞で合成され，軸索内を移動して正中隆起外側部に運ばれ，下垂体門脈血中に放出される．その合成と分泌は，種々のストレス刺激によって促進される．

CRH は，哺乳動物において下垂体前葉の副腎皮質刺激ホルモン（adrenocorticotropic hormone；ACTH）の分泌を促進する．また，βエンドルフィンの分泌促進を通じて GnRH の分泌に抑制的に作用し，このことは，ストレス環境下において発生する生殖腺機能不全の背景になっていると推測されている．

CRH は，T リンパ球など末梢組織でも合成されており，特に胎盤での産生量が多い．胎盤の CRH は分娩直前に急増することから，分娩発来の引き金としての役割を担っていると考えられている．

（5） プロラクチン放出抑制因子 prolactin inhibiting factor；PIF, プロラクチン放出因子 prolactin releasing factor；PRF

哺乳動物の視床下部は，下垂体前葉における PRL の合成と分泌に対して抑制作用を有している．下垂体を視床下部の支配から解除すると PRL 分泌が高進し，in vitro で前葉細胞に視床下部抽出物を加えると PRL の分泌は抑制される．PRL 分泌抑制物質は，ラット，めん羊，牛，豚などの視床下部に存在することが証明され，PIF と呼ばれている．

近年，PIF の本態は，主に視床下部弓状核の隆起漏斗系神経細胞で合成されるドパミン（dopamine）であることが明らかになった．ドパミンは，下垂体前葉の PRL 産生細胞の D_2 受容体を介してホルモン合成と分泌の調節を行っており，逆に，PRL には視床下部のドパミン産生を促進するフィードバック機構が存在する．

一方，視床下部抽出物には，PRL 分泌を促進する物質も含まれており，PRF と呼ばれている．PRF は単一の物質ではなく，甲状腺刺激ホルモン放出ホルモン（thyrotropin releasing hormone；TRH）や血管作動性腸管ポリペプチド（vasoactive intestinal polypeptide；VIP）など，視床下部で合成される複数の物質が含まれると考えられている．

近年，牛の視床下部から，下垂体の PRL 産生細胞の膜上に存在する特異的な G 蛋白質共役受容体に結合し，濃度依存的に PRL の分泌を促す物質が発見された（Hinuma et al., 1998）．この物質は，同一の前駆体蛋白質から切り出された 20 個または 31 個のアミノ酸からなるペプチドで，PRL 放出ペプチド（prolactin releasing peptide；PrRP）と命名され，その作用から PRF の本態ではないかと考えられたが，視床下部における下垂体門脈への放出経路が見つかっておらず，PrRP が PRF かどうかは明らかになっていない．

（6） オキシトシン oxytocin；OT

OT は，9 個のアミノ酸からなる分子量 1007 のペプチドホルモンである．視床下部の室傍核と視索上核の神経内分泌細胞で合成され，ヘリング小体（Hering body）と呼ばれる分泌顆粒中に貯蔵された後，神経線維を通って後葉に運ばれる．後葉に蓄えられた OT

は，視床下部に到達した神経刺激によって血中に放出される（図2.3）．また，OTは室傍核の神経細胞でも合成されており，中枢に投射された軸索から分泌され，神経伝達物質として様々な性行動の制御に関与する．

末梢でのOTは，子宮平滑筋の収縮を促して精子の子宮から卵管への移行を助け，分娩に際し陣痛を起こして胎子の娩出に役立つ．子宮のOTに対する感受性はジェスタージェン（gestagen）によって低下し，エストロジェンによって高まる．OTは，乳腺の腺胞を取り巻く筋上皮細胞を収縮させ，腺胞に貯留している乳汁を排出する．これを射乳（milk ejection）といい，この反応はOTのバイオアッセイに用いられる．

OTは，視床下部以外に黄体や胎盤，精巣の間質細胞（ライディッヒ細胞），胸腺，膵臓，副腎髄質など，様々な組織にも存在することが確認されている．反芻動物では，黄体で産生されるOTは，子宮内膜に作用してプロスタグランディン（prostaglandin；PG）の産生を促進し，PGには黄体のOT産生を促進する正のフィードバック機構が存在することから，黄体退行に関与していると考えられている．しかし，それ以外の末梢で産生されるOTの生理的役割は，未だ明らかにされていない．

2.2 下垂体ホルモン

(1) 前葉性性腺刺激ホルモン　anterior pituitary gonadotropin；APG

下垂体前葉からは，LH，FSH，甲状腺刺激ホルモン（thyroid stimulating hormone；TSH），成長ホルモン（growth hormone；GHまたはsomatotropin；STH），PRL，ACTHおよびリポトロピン（lipotropin；LPH）の7種類のホルモンが分泌されている．

これらのホルモンのうち，生殖腺の活動を直接支配しているLHとFSHが性腺刺激ホルモンにあたる．なお，LHは雄への作用から間質細胞刺激ホルモン（interstitial cell stimulating hormone；ICSH）とも呼ばれる．また，PRLも広い意味では生殖腺の活動と関係があるので，前二者にPRLを加えて前葉性のGTHと呼ぶこともある．

a. LH, FSHの化学

LHとFSHは，αとβと呼ばれる2つの異なるサブユニット（単量体）が非共有結合により会合した異性二量体の糖蛋白質ホルモンである．αサブユニットはLH，FSH，TSHに共通で，βサブユニットがそれぞれ異なっており，特異的なホルモン活性はβサブユニットによって決まると考えられている．各種動物のαサブユニットは96個（人は92個）のアミノ酸からなり，2本のN型糖鎖を含んでいる．βサブユニットは，LHが121個，FSHが109個（人は111個）のアミノ酸からなり，LHは1本の，FSHは2本のN型糖鎖を含んでいる．糖鎖は，グルコサミン2個とマンノース3個からなる基本骨格にフコース，ガラクトース，ガラクトサミンなどが結合したもので，LHは末端が硫酸基で，FSHは末端がシアル酸で修飾されていることが多い．LHよりFSHの方が糖鎖の割合が高いため，LHの分子量は約2万9000，FSHは約3万3000である．2つのサブユニットを分離するとホルモン活性はなくなり，また循環系に放出されなくなる．

b. LH, FSHの分泌

前葉の細胞は，その染色性によって区分される．色素を取り込む顆粒を含まない細胞は，色素嫌性細胞（chromophobeまたはγ細胞；γ-cell）と呼ばれる．色素を取り込む顆粒を含んだ色素好性細胞（chromophil）は，酸好性細胞（acidophilまたはα細胞；α-cell）と塩基好性細胞（basophilまたはβ細胞；β-cell）に分けられる．LHとFSHは，ともにβ細胞から分泌される．

前葉細胞のホルモンは，細胞質内の粗面小胞体で蛋白質部分が合成され，ゴルジ装置で糖鎖修飾を受けて分泌顆粒内に蓄えられる．分泌の過程では，分泌顆粒が細胞膜の方に移動し，その内容物がエクソサイトーシス（exocytosis）によって細胞外に放出される．

c. LH, FSHの生理作用

血流を介して標的細胞に到達したLHとFSHは，細胞膜上の特異的なG蛋白質共役型受容体と結合してアデニル酸シクラーゼを活性化し，細胞質内のcAMP濃度を上昇させることにより情報を伝達する．

一般に，ホルモンの生物学的活性は，受容体（receptor）との親和性に加え，そのホルモンの血中からの消失の速度に関係があるといわれている．GnRHやPRLのような単純なペプチドホルモンは，糖蛋白質

ホルモンより早く血中から消失する．糖蛋白質ホルモンの血中からの消失速度は，糖鎖の構造，特にシアル酸の修飾状況によって左右される．糖蛋白質ホルモンからシアル酸残基を酵素によって除去すると，ホルモンは肝臓などの代謝器官に捕捉され，血中から急速に消失する．

ⅰ）**雄における作用**　FSHは，精細管内の支持細胞（セルトリ細胞）に作用してアンドロジェン結合蛋白質（androgen binding protein；ABP）の合成と分泌を促進する．また，精子形成過程の前段（減数分裂以前）を促進する．しかし，精子形成過程の後段の促進はアンドロジェン（androgen）に依存し，FSHが成熟精子の出現を早めることはない．またFSHは，精細管径を増大し，精巣を発育させるが間質細胞は刺激しない．

LHは，精巣の間質細胞に作用してその分化と増殖を刺激し，アンドロジェンの合成と分泌を促進する．アンドロジェンには精子形成促進作用があるので，LHはアンドロジェンを介して間接的に精細管に働き，FSHと協力して精子形成を促進する．

ⅱ）**雌における作用**　卵胞刺激ホルモン（FSH）は，その名のとおり卵胞刺激作用を有し，卵胞上皮細胞の増殖，卵胞液の分泌，卵胞腔の形成などによって卵胞を発育させる．しかし，FSH単独では卵胞を成熟させ，エストロジェンを分泌させることはできず，これにはLHとの協力が必要である．

LHは，通常GnRHのパルス状放出と同調してパルス状に分泌されており，これをLHパルス（LH pulse）という．卵胞期には，LHパルスの頻度と振幅が増大し，FSHによって発育した胞状卵胞に対して，FSHと協力してその成熟をもたらす．LHは，卵胞膜細胞のアンドロジェン産生を促進し，結果的にFSHの刺激によって促進される卵胞上皮細胞におけるエストロジェンの合成と分泌を促進し，ついで卵胞を破裂，排卵させる．

成熟した卵胞が排卵するためには，前葉からのLHの急激な一過性の放出が必要で，これがLHサージである．LHサージは，卵胞発育に伴う血中エストロジェン濃度の増加が視床下部前腹側脳室周囲核におけるキスペプチンの分泌を誘起し，GnRHの分泌を高進するとともに，GnRHに対する下垂体の感受性を増大させることによって誘起される（図2.4）．この機構は雌のみに存在し，雄には存在しない．

卵胞が排卵した後に黄体が形成されるが，黄体形成はLHとFSHの感作を受けた卵胞上皮細胞および内卵胞膜細胞にLHが作用して誘起される．黄体の機能の維持作用（ジェスタージェンの分泌）については動物種により異なり，牛，馬，めん羊，人などではLHに依存しており，兎，ハムスターではFSHおよびPRLが，ラットではLHがPRLとともに黄体刺激作用を示す．

(2) プロラクチン　prolactin；PRL

PRLは，199個のアミノ酸からなる分子量約2万2000の単純蛋白質ホルモンで，下垂体前葉の酸好性細胞で合成される．PRLの分泌は，視床下部により抑制および促進性の二重支配を受けており，ドパミンにより抑制され，TRHやVIPによって促進される．通常は抑制が優位に働いており，エストロジェン，授乳，性的刺激などによって分泌が高進する．

PRLは哺乳動物では乳腺の発育，泌乳に関与するホルモンで，催乳ホルモン（lactogen）または乳腺刺激ホルモン（mammotropin）とも呼ばれる．またPRLは，ハトの嗉囊を肥大させ，嗉囊乳の分泌を促すホルモンとしても知られる．

齧歯類では，PRLは黄体刺激作用をもち，黄体の形態を維持し，黄体細胞を刺激してジェスタージェン分泌を促進する．このため黄体刺激ホルモン（luteotropic hormone；LTH）とも呼ばれる．しかし，他の動物では単独で黄体刺激作用は認められない．

一方，PRLは雄動物の下垂体前葉にも存在し，アンドロジェンと協力して前立腺，精嚢腺などの副生殖腺の発育を促進することが認められている．また，PRLが神経系の発達，母性の発現，妊娠免疫の制御など，様々な生理機構に関与することもわかってきている．

2.3　生殖腺ホルモン

卵巣と精巣は，ステロイド核，すなわちcyclopentanoperhydrophenanthrene（ステラン；sterane，図2.5）を基本骨格とする性ステロイドホルモンを分泌

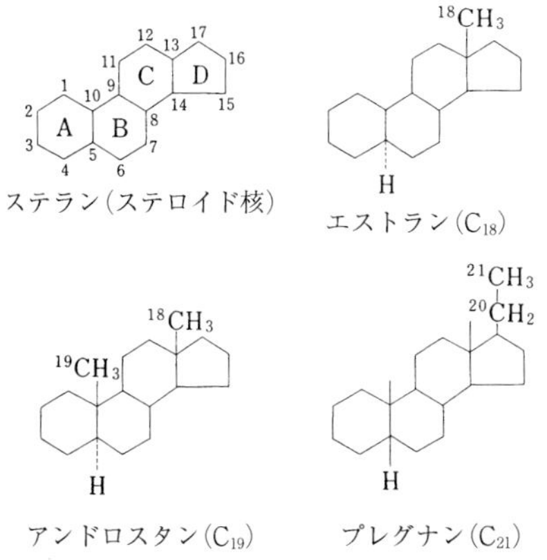

図2.5 ステロイドホルモンの基本構造

する．性ステロイドホルモンは生理作用の面からアンドロジェン，エストロジェンおよびジェスタージェンの3群に分けられる．ステロイドホルモンには，このほか副腎皮質から分泌されるコルチコイド（corticoid）がある．

エストロジェンはC_{18}のエストラン（estrane）を，アンドロジェンはC_{19}のアンドロスタン（androstane）を，またジェスタージェンとコルチコイドはC_{21}のプレグナン（pregnane）をそれぞれ基本構造としてもっている（図2.5）．

性ステロイドホルモンは，生殖腺，副腎皮質および胎盤において，図2.6に示すように，コレステロールから共通的な中間体ステロイドであるプレグネノロンを経て生合成される．

産生細胞から放出されたステロイドホルモンは，血流を介して標的器官に到達する．血流中に入ったステロイドホルモンの一部は遊離型で存在するが，大部分は血漿の担体蛋白質（carrier protein）と結合して運ばれる．一方，ステロイドホルモンの到達経路として，産生細胞の近くの標的細胞に対しては，血流を介さないで直達して作用を現すことも認められている．例えば，精巣の間質細胞で分泌されたテストステロン（testosterone）は精細管内に入って，セルトリ細胞が産生するアンドロジェン結合蛋白質と結合して精子形成を刺激するほか，精巣上体，精管，陰嚢など精巣に隣接する標的器官に対して直達作用を示すことが認められている．

標的細胞に達したステロイドホルモンは，細胞膜を通過し，細胞質に存在する特異的な受容体蛋白質（receptor protein）と結合して，ホルモン－受容体複合体を形成する．この状態で核内に移行し，遺伝子の転写制御因子として働く．また最近では，細胞膜上の受容体を介した即効性の作用機構も見つかっている．

ステロイドホルモンは，標的器官に作用した後代謝され，肝臓あるいは腎臓で硫酸やグルクロン酸とエステル結合した抱合体（conjugate）となり，多くの場合その活性を失って水溶性となり，一部は腎臓を経て尿中に，一部は胆汁を経て消化管中に排泄される．

（1） アンドロジェン：雄性ホルモン　androgen

雄の副生殖器の発育，機能を促進し，二次性徴を発現させる作用をもつ物質を総称してアンドロジェンという．天然のものでは，テストステロン（図2.6）が最も活性が高い．

アンドロジェンは，精巣の間質細胞からLHの作用により分泌され，成熟雄動物ではその大部分がテストステロンで，アンドロステンジオン（androstenedione, 図2.6）が少量を占める．未成熟期には，両者が逆の関係を示す動物種が多い．アンドロジェンは精巣のほか，副腎，卵巣，胎盤などでも存在が認められている．

アンドロジェンの主な生理作用は，次のとおりである．

① 雄の副生殖器の発育，増殖ならびにその機能を刺激，促進する．特に精嚢腺，前立腺の発育およびこれらの上皮細胞の分泌能の高進は顕著で，精子の代謝に大切なフルクトース，クエン酸，ホスファターゼなどの精漿成分の分泌を支配する．

② 雄の二次性徴を発現させる．すなわち，たてがみや鶏冠の発育，角の発達，鳴き声の変化などを支配する．

③ 精細管に働いて，FSHと協力して精子形成を刺激する．ただし精子形成過程の後段（減数分裂以降）を支配する．

④ 雄型性行動を刺激する．また雄の攻撃性を高進する．

⑤ 視床下部を介して前葉のGTH分泌を抑制する（負のフィードバック）．

⑥ 蛋白質同化作用（protein anabolic activity）がある．すなわち，アンドロジェン投与によって窒素の尿中排泄量が減少し，窒素は組織蛋白質の形で蓄積さ

2. 生殖機能のホルモン支配

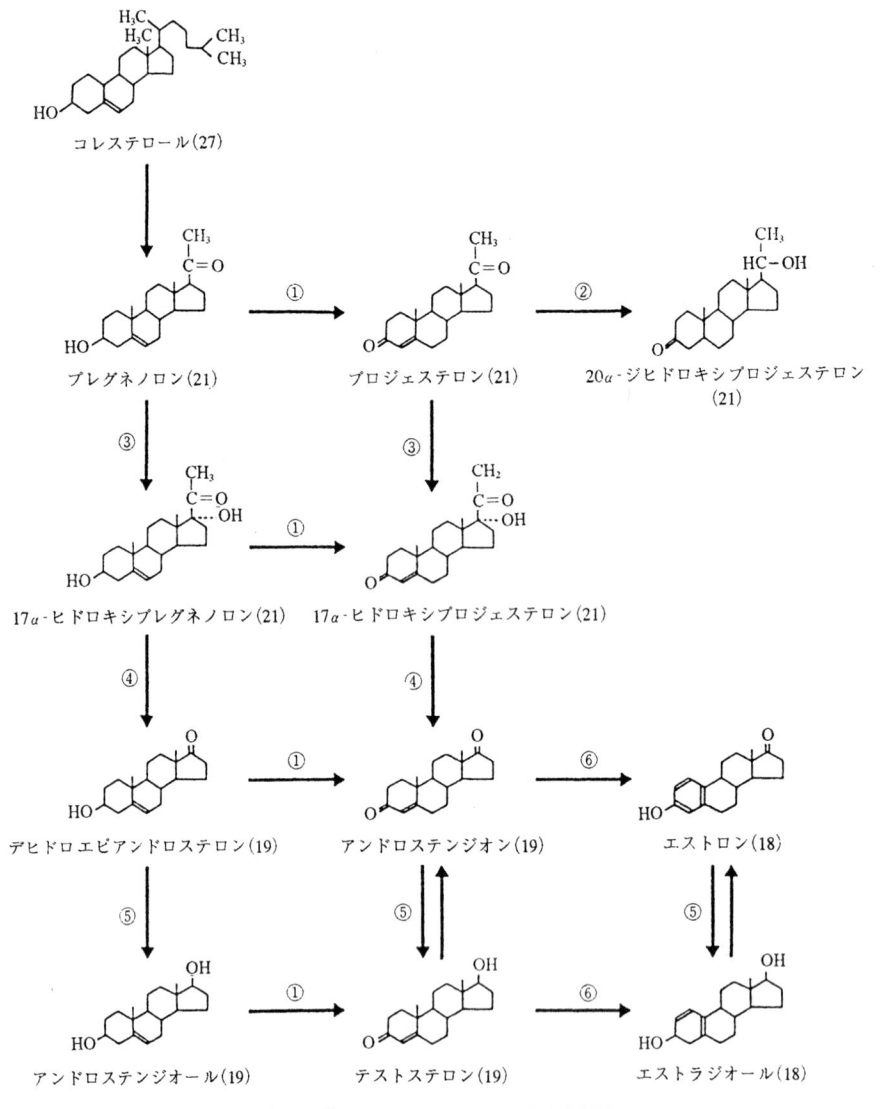

図 2.6 性ステロイドホルモンの生合成経路

生合成にかかわる酵素群
①：3β-hydroxysteroid dehydrogenase + 3-ketosteroid-Δ^5-isomerase, ②：20α-hydroxysteroid dehydrogenase, ③：17α-hydroxylase, ④：C_{20}-C_{17} side chain cleavage enzyme, ⑤：17β-hydroxysteroid dehydrogenase, ⑥：aromatase.

れ体重（筋肉量）が増加する．

　アンドロジェンを含めて天然のステロイドホルモンは，一般に肝臓で不活化されるので，経口投与ではほとんど効果がない．したがって，投与は一般に注射によるが，吸収を遅らせて効果を持続させるために，テストステロンの場合はペレットとして埋没するか，プロピオン酸，シピオン酸，エナント酸などとエステル化し，油性注射剤として用いる．

(2) エストロジェン：発情ホルモンまたは卵胞ホルモン　estrogen

　雌の発情を誘起し，生殖器を刺激する作用をもつ物質を総称してエストロジェンという．天然のものでは，エストラジオール-17β（estradiol-17β, 図 2.6）が最も活性が高い．

　卵巣から分泌される主要なエストロジェンは，エストラジオール-17βとエストロン（estrone, 図 2.6）で，LH と FSH 相互の協力のもと，内卵胞膜細胞と卵胞

上皮細胞との協力により合成される（two-cell, two-gonadotropin theory）. すなわち, 内卵胞膜細胞はLHの刺激を受けてアンドロステンジオンやテストステロンなどのアンドロジェンを生成し, エストロジェンの前駆物質として卵胞上皮細胞に供給する. そこでFSHの作用によりA環が芳香化され, エストロジェンが合成される（図2.7）. また多くの動物種において, 黄体細胞もエストロジェンを分泌することが認められている.

多くの動物では, 妊娠中後期には胎盤から多量のエストロジェンが分泌される. 例えば牛や豚では, その大部分はエストロンとその代謝産物の硫酸エストロン（estrone sulfate）である. 人ではエストリオール（estriol）が, また馬ではエクイリン（equilin）とエクイレニン（equilenin）が妊娠後半の胎盤から多量に分泌される.

エストロジェンの主な生理作用は, 次のとおりである.

① 雌の副生殖器の発育, 増殖とその機能を刺激, 促進する. 卵管では, 卵管運動を高進し, 卵管子宮端を収縮させる. 子宮では, 子宮内膜の発育増殖と充血, 子宮筋の増殖肥大と自発運動を促進する. また, オキシトシンに対する感受性を増大する. 子宮頸管を弛緩させ, 粘液分泌を促進する. 腟では, 粘膜を肥厚し上皮細胞の角化（cornification）を促進する. 外陰部では充血, 腫大, 弛緩を起こす.

② 乳腺に対して, 乳管の伸長とジェスタージェン受容体の増加を促し, ジェスタージェンと協力して乳腺胞を発達させる.

③ 雌の二次性徴を発現させる.

④ 卵巣に直接働いて小卵胞の発育を促進する. 兎では, 黄体機能を延長する作用がある.

⑤ 雌の発情徴候（行動）（estrous behavior）を発現させる. 発情徴候は, ジェスタージェンとの協力により増強される.

⑥ 視床下部～下垂体にフィードバックして, 性腺刺激ホルモンの分泌を調節する（図2.4）. 視床下部弓状核のキスペプチンニューロンを介してGnRHのパルス状分泌を抑制し, 下垂体からのFSHとLHの分泌を抑制する（エストロジェンの負のフィードバック）. 一方, 排卵前の急激なエストロジェン濃度の上昇は, 視床下部前腹側脳室周囲核のキスペプチンニューロンを介してGnRHの分泌を高進させ, 下垂体からのLHサージを惹起する（エストロジェンの正のフィードバック）.

合成エストロジェンは, 天然のエストロジェンと異なり肝臓で不活化されにくいので, 経口投与でも効果がある. これらのうち, スチルベン系のジエチルスチルベストロール（diethylstilbestrol）とヘキセストロール（hexestrol）（図2.8）は, 流産防止薬や産業動物の成長促進剤などとして臨床的に広く用いられていたが, 発癌性や内分泌撹乱作用が確認されたため, 人獣ともに使用が禁止されている. 現在, 動物用医薬品としては, 天然型エストロジェンのエステル化合物が多く用いられている.

マメ科植物にはエストロジェン様作用をもつ物質が含まれており, これらを総称して植物エストロジェン（phytoestrogens）という. クローバー類を主体とす

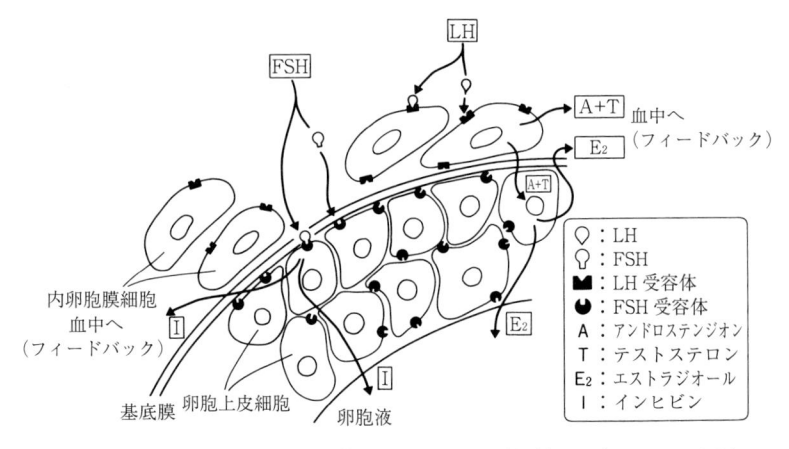

図2.7 卵胞におけるGTHによる性ホルモンの分泌調節（森・武内, 1995を改変）

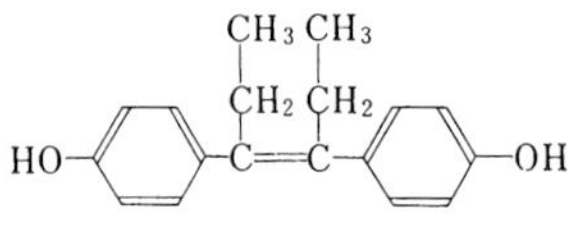

図2.8 合成エストロジェン

る放牧地のめん羊，牛にこれらによる繁殖障害が多発したことが，オーストラリア，欧米諸国で報告されている．これらのエストロジェン様物質は，ゲニステイン（genistein），ビオカニン（biochanin）などイソフラボンの誘導体が主である．

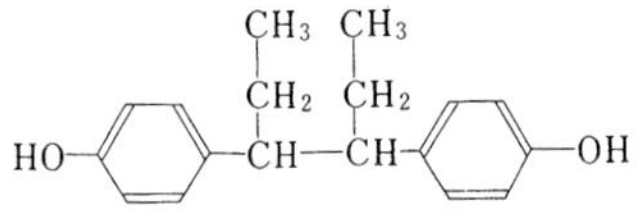

(3) ジェスタージェン：黄体ホルモン gestagen

子宮内膜に着床性増殖（progestational proliferation）を起こす物質を総称してジェスタージェンという．また，プロジェスチン（progestin）あるいはプロジェスタージェン（progestagen）とも呼ばれる．ジェスタージェンは黄体から，またある種の動物では胎盤からも分泌される．代表的なジェスタージェンはプロジェステロン（progesterone，図2.6）で，排卵前の卵胞から一過性の分泌があるが，多量の持続的分泌は黄体細胞から行われる．卵巣ジェスタージェンの分泌支配に動物種による差異があることは，2.2(1)項（p.41）で前述したとおりである．

ジェスタージェンは，肝臓で不活化されて大部分は消化管内に，一部は尿中に排泄される．人，馬などでは，尿中に主としてプレグナンジオール（pregnanediol），プレグナントリオール（pregnanetriol）のグルクロン酸抱合体として検出される．

ジェスタージェンの主な生理作用は，次のとおりである．

① 子宮内膜の着床性増殖：エストロジェンの先行作用を受けた子宮内膜に働いて，上皮の増殖，子宮腺の樹枝状分岐と発達，子宮乳（uterine milk）の分泌を促し，内膜間質を浮腫状にする．これらの変化は胚着床のための準備であり，これを着床性増殖という．

② ジェスタージェンは子宮筋の自発運動を抑制し，オキシトシンに対する感受性を低下させる．卵管に対しては，子宮端の括約筋を弛緩させて卵子の子宮内進入を可能にする．また，子宮頸管の収縮と濃厚粘液の分泌をもたらす．

③ 胚着床以後の妊娠維持にも，ジェスタージェンが不可欠である．これは，子宮内膜の分泌機能の高進，子宮運動の抑制および子宮頸管の緊縮などによるものと考えられている．

④ 乳腺に対して，ジェスタージェンは乳管の分岐を促し，エストロジェンとともに乳腺胞の発達に関与するが，泌乳の開始は抑制する．

⑤ エストロジェンとの相互作用：ジェスタージェンの作用の多くは，エストロジェンの作用が先行する必要がある．また，エストロジェンがある比率で存在するとき，ジェスタージェンの反応が促進される（着床反応，脱落膜反応，着床性増殖，乳腺反応など）．反面，両者が共存するときはしばしば拮抗作用がみられ，エストロジェンの種々の反応（子宮運動の促進，膣粘膜角化，子宮頸管弛緩，発情誘起など）はジェスタージェンによって拮抗され，逆に，ジェスタージェンの反応はエストロジェンによって拮抗される．

⑥ フィードバック作用：大量のジェスタージェンが長期間作用すると，視床下部を介してFSH，LHの分泌が抑制される．しかし，少量のジェスタージェンはLHサージを誘発するエストロジェンの閾値を下げ，サージの振幅（LHの分泌量）を増大させ，排卵を起こす．

ジェスタージェンには，プロジェステロンよりも強力で，かつ経口的にも有効なステロイドが多数合成されている．その中で，排卵抑制（LH分泌抑制）作用の強い19-ノルテストステロン誘導体は，婦人の経口避妊薬（oral contraceptives）として利用されている．一方，各種動物の発情周期の同期化（estrous cycle synchronization）などには，天然型のプロジェステロンが用いられている．

(4) リラキシン relaxin

リラキシンは，20数個のアミノ酸残基をもつA鎖と，30個前後のアミノ酸残基をもつB鎖が2カ所のS-S結合で結ばれたインシュリン様の構造をもつ，分

子量約6000のポリペプチドホルモンである．多くの動物種において，3種類のリラキシンの存在が確認されている．

リラキシンは，ほとんどの動物において妊娠末期の血中に検出され，その分泌母地は妊娠黄体，子宮，胎盤であるが，発情周期中の成熟卵胞，黄体，乳汁や精漿からも検出されている．妊娠期には，ラット，マウス，牛，豚では黄体から，家兎では胎盤から大部分が分泌される．また，兎とモルモットの子宮は，エストロジェンとプロジェステロンの刺激によりリラキシンを分泌する．血液中のリラキシン濃度は，発情周期中は低いが，妊娠すると著しく増加する．牛，人，兎では妊娠初期は低いが，中期に急激に増加して最高値に達して分娩まで続き，分娩後急速に減少する．

リラキシンの生理作用は，動物種によって差異がある．恥骨結合の弛緩は，モルモット，マウス，人，猿で著明にみられ，牛，めん羊では仙腸結合の弛緩が顕著である．このほか，モルモット，ラット，マウス，人で子宮の自発運動の抑制，ラット，マウス，牛，豚，人で子宮頸管の弛緩・拡張などが認められている．これらの作用はいずれも，あらかじめエストロジェンが標的細胞にリラキシン受容体の発現を促すことによって惹起されるものである．リラキシンの生理的意義は，妊娠中期では子宮筋の自発運動を抑制して妊娠の維持に役立ち，分娩期には頸管の拡張と骨盤靱帯の弛緩を招来して分娩を助けるものと考えられている．また，最近の研究により，卵子の排卵や精子の受精能獲得，乳腺における乳管の伸長などにも関与していることがわかってきている．

(5) FSH分泌調節因子：インヒビン inhibin，アクチビン activin，フォリスタチン follistatin

インヒビンは，雄では精巣のセルトリ細胞，また雌では卵胞上皮細胞を主要な分泌源とする糖蛋白質ホルモンである．分子量は約3万2000，α，βの2つのサブユニットが1カ所のS-S結合によって架橋した異性二量体で，αサブユニットにN型の糖鎖1本がつく（図2.9）．αおよびβサブユニットのペプチド部分は，それぞれ別個のmRNAによって生合成され，βサブユニットにはβAとβBの2つの種類がある．細胞から放出される直前に，α，β両鎖のS-S結合が形成されて成熟分子となる．

インヒビンは，FSHによって合成・放出が促進され，下垂体前葉のGTH産生細胞に直接作用してFSHの合成，分泌を抑制する．また，GnRHが下垂体に作用している場合には，GTH産生細胞のGnRH受容体数を減少させることによってLH分泌も若干抑制する．このようにインヒビンは，フィードバックを通じて前葉のFSHの分泌を特異的に抑制し，GnRHとともに雌雄の生殖機能の調節に関与しているものと考えられている．

アクチビンは，インヒビンのβサブユニットどうしがS-S結合した物質で，分子量は約2万4000，サブユニットの組み合わせにより，A，AB，Bの3つの型が存在する（図2.9）．インヒビンと同様に，セルトリ細胞や卵胞上皮細胞を分泌源とするが，生殖系以外の細胞でも合成・分泌されている．

アクチビンは，インヒビンとは逆に下垂体前葉の

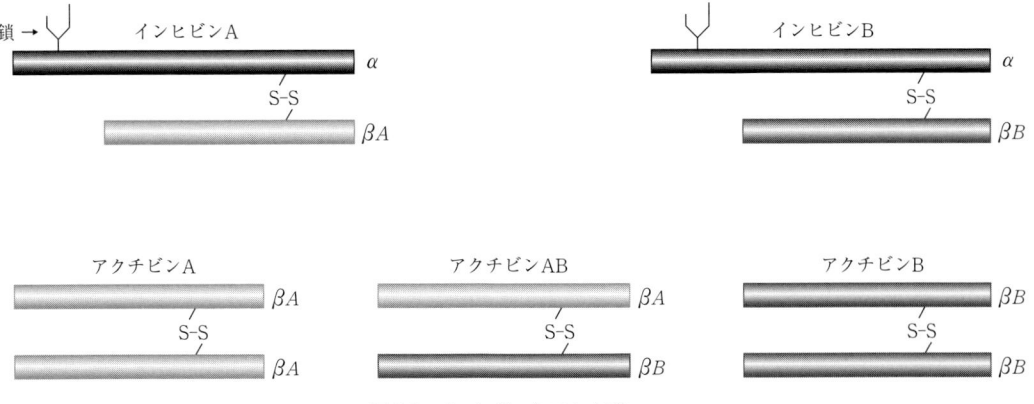

図2.9 インヒビンとアクチビン

GTH産生細胞に働いて，FSHの合成と分泌を促進する．また局所において，雄では精子形成を，雌では卵胞のステロイドホルモン産生を促進する．さらにアクチビンは，生殖機能の調節だけでなく，線維芽細胞を増殖させて損傷した組織を修復させる働きや，胚発生期における分化制御などの役割も担っている．

近年の遺伝子解析により，インヒビンとアクチビンは腫瘍増殖因子(transforming growth factor)βファミリーに属しており，上述の作用以外にも様々な細胞の増殖と分化に関与していることがわかってきている．

フォリスタチンは，315個のアミノ酸からなる1本鎖のペプチドに2本のN型糖鎖が結合した糖蛋白質で，アクチビンに強く結合してその作用の発現を抑えることから，アクチビンの作用調節因子と考えられている．フォリスタチンには複数のアイソフォームが存在し，それぞれの構造の違いによりアクチビンに対する結合親和性が異なる．セルトリ細胞や卵胞上皮細胞で多く産生されるが，下垂体の濾胞星状細胞からも分泌され，GTH産生細胞のFSH分泌を調節している．また，生殖系以外の様々な細胞でも合成され，自己分泌，傍分泌作用により局所におけるアクチビンの働きを制御すると考えられている．

2.4　子宮および胎盤ホルモン

(1)　人絨毛性性腺刺激ホルモン　human chorionic gonadotropin；hCG

妊娠初期の婦人の尿中に多量に出現するGTHで，妊娠30～40日頃（着床期）から出現し，70～80日に最高値に達し，140日頃には低下するが，妊娠後期に再びやや増加する．胎盤の合胞体栄養膜細胞から分泌される．同様のGTHが，チンパンジー（cCG）や猿（mCG）にも認められる．hCGは，下垂体のGTHと同じく異性二量体の糖蛋白質で，分子量は約3万7000である．αサブユニットは，下垂体のGTHと全く同じ92個のアミノ酸からなり，2本のN型糖鎖を含み，分子量は約1万5000，βサブユニットは145個のアミノ酸からなり，2本のN型糖鎖と4本のO型糖鎖を含み，分子量は約2万2000である．βサブユニットのN末端側111個のアミノ酸配列はLHと約85％の相同性があり，それ以降のC末端側にO型糖鎖が結合している．糖鎖修飾の効果により，hCGの血中半減期は約24時間であり，LHの約20分と比較して格段に長い．

hCGの生物学的作用や免疫学的特性はβサブユニットに依存しているが，作用の発現に必要な標的細胞の受容体との結合にはα，βの両サブユニットによる立体構造の構築が必要である．hCGは，LHと同様に成熟した卵胞に働いて排卵を誘起する．また黄体刺激作用をもつこともLHと同様である．したがって，人の妊娠初期における受精卵着床時の黄体機能の増強が，このホルモンの生理的意義と考えられている．

hCGは尿中に排泄されることから，尿中hCGによる人の生物学的早期妊娠診断法が古くから行われてきた．現在では，より簡易で信頼性の高い免疫学的測定法（immunoassay）を原理とする検査キットが市販されており，受精後2週間頃から陽性反応を検出できる．

(2)　馬絨毛性性腺刺激ホルモン　equine chorionic gonadotropin；eCG

妊娠初期の雌馬の血清中に多量に出現するGTHで，その特性から妊馬血清性性腺刺激ホルモン（pregnant mare serum gonadotropin；PMSG）とも呼ばれる．妊娠40日頃から出現し，60日頃に最高値に達し，120～150日頃に消失する．妊娠初期の馬の子宮内膜に，胎子の絨毛膜細胞が進入して形成される子宮内膜杯（endometrial cup）と呼ばれる隆起した組織から分泌される．

eCGは，下垂体のGTHと同じαおよびβサブユニットが非共有結合により会合した異性二量体の糖蛋白質であり，生物学的活性の発現には両サブユニットによる立体構造の構築が必要である．αサブユニットが96個，βサブユニットが149個のアミノ酸からなり，両者の配列は馬のLHと全く同じで，コードする遺伝子も同一である．αサブユニットに2本の，βサブユニットに1本のN型糖鎖を含み，βサブユニットのC末端側32個のアミノ酸に12本のO型糖鎖が密集して結合している．糖鎖の付着部位もLHと全く同じだが，LHと糖鎖の構造が異なっており，糖の含量が40～50％とLHの20～30％より高いため，分子量は約5万5000と馬LHの約3万4000よりかなり大きい．eCGは分子量が大きく腎臓の濾過装置を通過しない

ため，hCG のように尿中に排泄されず，血清中にのみ出現する．eCG の血中半減期が 2 日～1 週間程度と hCG よりさらに長いのも，このためと考えられる．

馬では，妊娠 40 日頃の卵巣に複数の副黄体（accessory corpora lutea）が出現する．eCG は，異種動物に投与すると強力な FSH 様作用を示すため，かつてその生理的役割は，副黄体のもととなる卵胞発育を誘起することと考えられていた．しかし現在では，妊娠期の卵胞発育は下垂体由来の FSH によるものであり，eCG は馬に対して FSH 様作用をもたないことが明らかにされている．馬における eCG の役割は，hCG と同じ LH 様作用のみであり，妊娠黄体の維持と副黄体の形成，それらの機能を増強し，妊娠の維持を確実にすることと解されている．

eCG は，上述のように異種動物に対して強い FSH 様作用を示し，また，効果の持続時間が長いという特性を活かし，精巣機能減退や卵胞発育障害の治療，過剰排卵誘起処置などに利用されている．

(3) 胎盤性ラクトジェン placental lactogen；PL

霊長類，齧歯類および反芻類などの胎盤は，下垂体の PRL と構造の類似したホルモンを合成・分泌している．ラクトジェンとは催乳ホルモンを意味するが，PL は成長ホルモン様作用とプロラクチン様作用を併せもつことから，絨毛性成長促進乳腺刺激ホルモン（chorionic somatomammotropin）とも呼ばれる．191個（霊長類，齧歯類）または 200 個（反芻類）のアミノ酸からなる単鎖の蛋白質ホルモンで，2 カ所の S-S 結合により三次構造をとる．人，めん羊，山羊の PL には糖鎖がなく，分子量は 2 万 2000～2 万 3000 である．牛の PL には，N 型糖鎖が 1 カ所と O 型糖鎖が 2 カ所結合しており，その分子量は約 3 万 2000 である．また，齧歯類は 2 カ所に N 型糖鎖が結合した PL1 と糖鎖のない PL2 の 2 種類をもつ．PL は，馬，豚，犬，猫，兎では認められていない．

PL は，妊娠中期に母体血中に出現し，その濃度は妊娠の経過とともに上昇する．分娩の数日前に最高値となり，分娩後は速やかに消失する．PL の生理的役割は，妊娠中後期に胎盤機能を調節して胎子の成長を促し，妊娠末期に乳腺の発育を促すことと考えられる．また齧歯類と牛では，黄体刺激作用を示すことから，妊娠中後期の黄体維持にも関与していると考えられている．

(4) プロスタグランディン prostaglandin；PG

1930 年代の前半に，Goldblatt と von Euler がそれぞれ，人の精漿およびめん羊の精嚢腺の脂溶性抽出物中に，子宮，腸などの平滑筋に対して強い収縮作用をもつ生理活性物質が含まれていることを発見し，von Euler はこれが前立腺（prostate）で産生されるものと考えてプロスタグランディンと命名した．PG は，図 2.10 に示すプロスタン酸（prostanoic acid）を母体とする炭素数 20 の不飽和脂肪酸の一群の誘導体で，5 員環における酸素原子と二重結合の含まれ方によって PGA～PGJ の 10 群に，また側鎖の二重結合の数により 1～3 に細分される．これらの PG は，生体内のほとんどすべての組織に存在することが認められており，主として必須脂肪酸のアラキドン酸（arachidonic acid）から生合成される（図 2.11）．

PG の合成は，細胞膜にホルモンが結合するなどの刺激が加わると，ホスホリパーゼの活性化を介してリン脂質に結合したアラキドン酸が解離され，このアラキドン酸が脂肪酸シクロオキシゲナーゼの作用を受けて PG となる（図 2.11）．PG は血中に放出されると，一般に C_{15} の水酸基がケト基となり，肺，肝，腎の通過によって 90% 以上が失活する．

PG の作用は極めて多種多様で，生殖系のみならず循環系，呼吸系，消化系，泌尿系，神経系および内分泌系の調節など広範な生理機能の調節作用をもつ．PG は，血流を介して標的器官に到達する一般のホルモンと異なり，標的器官それ自体またはその近接組織で合成されて，ほぼ直達的に作用を発揮するオータコイド（autacoid）の 1 つで，俗に局所ホルモン（local hormone）ともいわれる．生殖機能に関係のある PG では，PGE_2 と $PGF_{2\alpha}$ の生理作用が重要である．

PGE_2 や $PGF_{2\alpha}$ は，多くの動物で子宮平滑筋に著明な収縮を起こし，生理的には子宮や胎盤の PG が陣痛の発現に大きな役割を果たしている．また，精漿中に

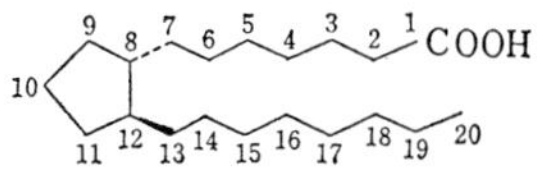

図 2.10 プロスタン酸

図 2.11 プロスタグランディン生合成の例

多量に含まれている PG は，交配（授精）された雌の子宮・卵管の自発運動を増強して，精子の受精部位への移送を促進するものと考えられている．

PGF_{2a} は，ラット，モルモット，反芻動物，馬，豚など多くの動物では，黄体の退行（luteolysis）を誘起しジェスタージェンの分泌を低下させる．この機序は，PGF_{2a} の血管収縮作用による卵巣における血液量の減少，GTH の黄体維持効果に対する拮抗作用などに基づくものと考えられている．一方，子宮内膜は雌における PGF_{2a} の主要な産生母地であるが，子宮内膜組織または子宮静脈血中の PGF_{2a} 濃度は，発情周期の末期に黄体の退行に先行して増加すること，さらに，これが黄体退行の役割を演じていることが多くの動物で認められている．また，子宮で産生された PGF_{2a} は全身的な循環系を介して卵巣に到達するのではなく，対向流機構（counter current mechanism）によって子宮-卵巣静脈からこの表面に密着蛇行している卵巣動脈に移行し，卵巣に直達して黄体退行を起こすことが確認されている（図 2.12）．

また，雄兎，牛，馬などに PGF_{2a} を注射すると，処置後初回の射出精液中の精子数が増加することが認められているが，これは PG が雄性生殖器各部の収縮に関与して，精巣，精巣上体から精管への精子の移送を促進するためであろうと推察される．また，雄牛に PGF_{2a} を投与すると，精巣のテストステロン分泌が高進するが，これは LH が PG を介して間質細胞の cAMP の生成を促進することを示すものと解される．

さらに，インドメタシンなどの PG 合成阻害剤が卵

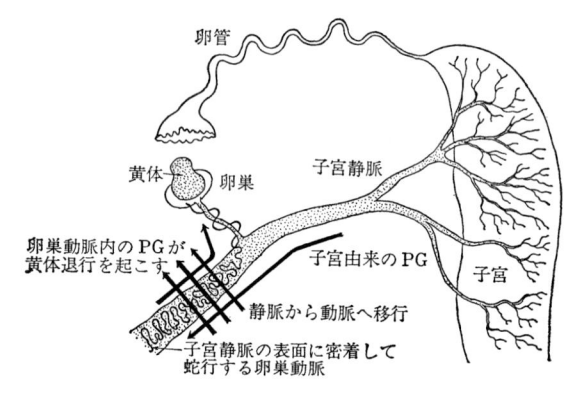

図 2.12 めん羊の子宮で産生された PG が卵巣動脈に入り黄体の退行をもたらすルート

胞破裂を抑制することから，PG は排卵にも関与することが示唆されている．天然型 PGF_{2a} や多くの類縁化合物は，各種動物の発情同期化，分娩誘起，人工流産や黄体遺残など繁殖障害の治療に広く臨床応用されている．

2.5 メラトニン

melatonin

メラトニンは，分子量 232 のインドールアミンで，主として松果体（pineal gland）において，トリプトファンからセロトニンを経て合成される．松果体でのメラトニンの合成と分泌は，視床下部視交叉上核に存在する体内時計中枢（circadian center）に支配されており，暗期に高進し，明期に低減する．メラトニンの血中濃度は，恒暗条件下でも概日リズムを示すが，網膜で受

容された光刺激が視床下部視交叉上核から上頸交感神経節を経由する神経路によって松果体に伝達され，メラトニン合成酵素の活性を変えることによって分泌パターンの調整が行われている．

メラトニンの血中濃度は，幼少期に高く，年齢とともに低下し，生殖腺に対して抑制的な作用を及ぼすことから，二次性徴の発現を制御していると考えられている．例えば，未成熟ラットの松果体を摘出すると，二次性徴が早期に発現し，メラトニンの投与により生殖腺および副生殖腺の重量は減少し，雌では腟開口が遅れ発情周期の発現が抑制される．メラトニンの生殖腺に対する抑制は，直接作用ではなく，様々な生体リズムを司る脳の時計機構への働きかけを介したものと推察されている．一方，めん羊や山羊などの短日繁殖動物では，メラトニン投与により逆に生殖腺機能を賦活させることから，この現象を応用した季節外繁殖技術が実用化されている．

メラトニンは，松果体のほかに網膜や脳，皮膚，消化管や生殖腺，骨髄やリンパ球など，すべての胚葉に由来する細胞で産生されており，抗酸化作用や免疫機能の活性化など，様々な役割をはたしている．抗酸化作用により卵胞における卵子の質の低下を防ぐとの報告もあるが，生殖におけるメラトニンの役割と作用機序については，未だ十分には解明されていない．

2.6 ホルモンの測定法

ホルモン測定法を大別すると，生物学的測定法（bioassay），物理・化学的測定法（physical and chemical assay）および免疫学的測定法の3つに分けることができる．近年，ホルモンの測定は飛躍的な進歩を遂げつつある．従来の生物学的あるいは物理・化学的測定は，操作が煩雑で測定精度も μg（$10^{-6}g$）が限界であり，超微量の体液中ホルモンを測定することは不可能な場合が少なくなかった．ところが，1960〜1970年代にかけてラジオアイソトープ（RI）や酵素反応と免疫学的手法とを巧みに組み合わせた競合結合測定法（competitive binding assay）が開発され，少量の試料で pg（$10^{-12}g$）単位の測定が可能となった．その結果，血中ホルモンの詳細な探究が可能となり，内分泌研究に画期的な進歩をもたらすことになった．

(1) 生物学的測定法

ホルモンに対する生物学的反応を指標とした測定法であり，生理活性そのものを目安とする点で原理的に優れた方法である．歴史的に最も古い方法ではあるが，ホルモンの純化，精製の過程では大きな役割をはたしてきた．

生物学的測定法は一般に感度が低く，操作が煩雑かつ精度が劣る場合があることなどから適用範囲は比較的限定され，血中ホルモンの測定にはほとんど用いられていない．しかし現在でも，粗抽出物中のホルモンの存否を確認するための定性的測定，および合成ホルモンなどの効果の検定には欠くことのできない測定法である．また，細胞化学的バイオアッセイ（cytochemical bioassay）などは極めて鋭敏な生物学的測定法である．つまり，ホルモンが標的細胞に作用した場合に起こる生化学的反応を組織化学的にとらえ，走査型顕微濃度計で測定する方法であり，今後も一部の研究分野で応用されていくものと考えられる．

(2) 物理・化学的測定法

ホルモンの物理的・化学的特性を利用した測定法であり，比色法，蛍光法，ガスクロマトグラフ法および液体クロマトグラフ法などがある．一般に，次に述べる免疫学的測定法より感度が低く，測定前に試料から目的物質を抽出・精製する必要があり，これらの操作が煩雑なため臨床検査に広く応用されるまでには至っていない．しかし，クロマトグラフ法には一度に多数の物質を測定できるという利点があり，近年，ガスクロマトグラフまたは液体クロマトグラフと質量分析を組み合わせた方法（GC-MS法またはLC-MS法）が開発され，測定感度と精度が向上したことから，低分子で種類の多いステロイドホルモンなどを一括して分析することが可能となり，代謝障害などの診断に利用されている．

(3) 免疫学的測定法

ホルモンと特異的に結合する抗体を用いて測定する方法である．抗体は，結合の特異性と親和性が高く，高感度でホルモンを測定することができる．すべてのホルモンに適用可能な競合法と，複数の抗原決定部位（epitope）を有する高分子（主に蛋白質）ホルモンの

測定に用いられるサンドイッチ法がある．

ホルモンと特異的に結合する抗体に，標識ホルモンと非標識ホルモンが競合的に結合する性質に基づいた測定法を競合法という（図2.13）．一方，ホルモンを標識するのではなく，固相化した抗体にホルモンを結合させ，標識した別の抗体でホルモンを挟み込む測定法をサンドイッチ法という．これらの方法は，いずれも感度，特異性，操作の単純性に優れ，内分泌研究領域に飛躍的な進歩をもたらした．

a．RIA

標識物を使用する免疫学的測定法として，まず開発されたRIAは，高感度，高精度，迅速かつ簡便な測定法として注目され，実用化された．RIAは，抗原抗体反応の特異性を利用し，標識にRIを使用することにより，従来の各種のホルモン測定法に比較して，飛躍的に測定感度を上昇させた優れた超微量測定法である．

1959年に，BersonとYallowがインシュリンの測定に，1969年にAbrahamがエストロジェンの測定に成功して以来，ゴナドトロピンをはじめとする種々のペプチドホルモン，ステロイドホルモンや甲状腺ホルモンなどの非ペプチドホルモン，さらには各種の酵素，ビタミン，薬剤などの測定にまで広く利用されるようになり，今日ではほとんどの物質がpgの単位で測定可能になった．RIAは優れた測定法であるが，RIを使用するので，特殊な機器，設備などを必要とし，さらに放射性物質の廃棄問題などの制約を受ける．

b．EIA

RIAに代わる方法として，放射性物質を使用しない種々の免疫学的測定法が盛んに研究されてきた．酵素免疫測定法（enzymeimmunoassay；EIA）は，その中でも最も有望視され，数々の研究の結果，臨床応用可能な測定系が確立され，最近ではほとんどのホルモンのEIAキットが市販されている．EIAは，RIAの基本原理のもとに，RIに代わるマーカーとして酵素を応用した生体成分の微量測定系として，1971年，EngvallおよびPerlmannによってIgGの定量法として初めて報告された．以来，EIAは数多くの試みを経て，今や測定感度，取り扱いやすさの点でRIAに勝るとも劣らないホルモン測定法として確立されている．

EIAは，免疫反応と酵素による増幅反応の2段階の化学反応を利用するため，免疫反応のみのRIAより高い感度が期待できる．その反面，試料中に含まれる干渉物の影響を受けやすい．また，蛍光物質を標識した蛍光免疫測定法（fluoroimmunoassay；FIA）は酵素反応なしでも高い感度が得られることから，その変法である時間分解蛍光免疫測定法（time-resolved fluoroimmunoassay；TR-FIA）のキットが開発され，多くのホルモンの測定に利用されている．

（4） その他の測定法

競合蛋白結合測定法（competitive protein binding assay；CPBA）は，天然に存在する結合蛋白質に標識ホルモンと非標識ホルモンが競合的に結合する事実に基づいた測定法で，免疫学的測定法ではないが，原理的にはRIAと同じである．結合蛋白質としては，テストステロンの測定に用いる性ホルモン結合グロブリン（sex hormone binding globulin；SHBG），コルチゾールの測定に用いるコルチコステロイド結合グロブリン（corticosteroid binding globulin；CBG／transcortin）などが知られている．CPBAはRIAと同程度の簡便さで，かつ抗体を必要としない利点がある．しかし，結合蛋白質は必ずしも特異的ではない．例えばCBGには，コルチゾール以外にもプロジェステロンなど種々のホルモンがかなり高い交叉性を示す．したがって，特異性の点ではRIAが優れている．

ラジオレセプターアッセイ（radio-receptor assay；RRA）の原理は，RIA，EIAあるいはCPBAと全く同様である．特異抗体の代わりに調製した受容体標準品を用いれば，RIAなどと同様にホルモンなど未知の変量が測定できる．RRAの独自の特徴としては，未知の変量として受容体を選ぶことができるため，受容体の性状分析ができることである．　〔平子　誠〕

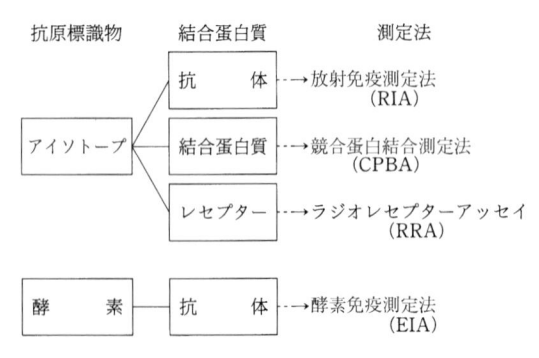

図2.13　競合反応を利用した測定法

3. 性成熟と発情周期

3.1 性　成　熟
sexual maturity / sexual maturation

　動物が生後ある年齢（月齢, 日齢）に達すると生殖の機能が備わってくる．すなわち，雌では雄と交尾して妊娠しうる状態になり，雄では雌と交尾して妊娠させうる状態になる．この状態を性成熟に達したという．

　このように動物が幼若状態を脱して生殖可能な状態になるには比較的長い経過をたどるもので，この過程を性成熟過程と呼び，この過程の開始を春機発動（puberty），この過程の完了を狭義の性成熟として区別するべきであるが，一般にはこれらは混同して用いられることが多い．

　雄では，精巣の急激な発育と精細管における精子の出現をもって春機発動とし，射精機能の確立（受精可能な精子の射出）をもって性成熟とみなすことができる．雌では，卵巣の急激な発育と排卵に至る大卵胞の発育開始を春機発動とし，受精・妊娠・分娩・哺乳という一連の生殖機能を全うできる状態での排卵の発現をもって性成熟とすることが妥当と考えられる．しかし実際には，二次性徴の発現，初回発情，初潮（人），腟の開口（ラット，マウス，モルモット）などの外部徴候が性成熟の指標とされている．

(1) 性成熟の機序

　性成熟過程は動物がある月齢に達すると急速に開始されるが，この過程は視床下部-下垂体-生殖腺軸の相互作用によって営まれている．

　幼若動物の卵巣，または下垂体を成熟動物に移植すると，これらは本来の春機発動期を待たなくても形態的に発育するとともに機能的にも活性化される．一方，幼若動物の視床下部を破壊すると，性的早熟が起こることから，視床下部にある性中枢が性腺刺激ホルモン放出ホルモン（GnRH）の分泌，ひいては下垂体前葉からの性腺刺激ホルモン（GTH）の放出を抑制し，性成熟の到来を抑えていると考えられている．雌が春機発動に達するまで卵巣は全く活動していないのではなく，すでにそれ以前に微量ながらエストロジェンを分泌しており，この量は副生殖器を発育させるには足りないが，性中枢に対しては負のフィードバックによってこれを抑制しうる量であり，このため下垂体前葉からのGTHの放出は起こらない．しかし春機発動期が近づくと，エストロジェンに対する視床下部の閾値が上昇し，幼若期のエストロジェンレベルでは抑制されなくなってGnRHの分泌が始まり，春機発動に至るものと説明されている．

　雄においても性成熟の到来は性中枢に対する抑制の解除によると考えられているが，出生前後にすでに体内に存在する微量のアンドロジェンによって性中枢が雄型になり，雌におけるような周期性をもたない型に分化する．

(2) 性成熟に影響する要因

　各種動物の性成熟の到来は，動物種，品種，系統によって異なり，さらに育成期の飼養管理，栄養状態の良否によっても差が生ずるが，一般に低栄養，寒冷，暑熱，疾病などの個体の発育成長を遅らせる因子は，性成熟をも遅らせることが知られている．

a. 遺伝的要因

　性成熟は，一般に体の大きい動物種より小さい動物種の方が早く，また犬でみられるように同じ動物種でも小型の品種は早い傾向がある．品種間の交雑によって生まれた子は，純粋種の子よりも性成熟が早く，近親交配によって生まれた子は性成熟が遅いことが知られている．

　雌牛では，一般に成牛の体重の50〜55％まで発育すると春機発動に達し，60〜65％で繁殖供用が可能となる．乳用種は肉用種よりも性成熟が早い傾向があ

り，品種別にみると，乳用種のジャージーは8～10カ月，ホルスタイン9～11カ月，ブラウンスイス10～11カ月，ガンジー11カ月，エアシャー13カ月で，肉用種のシャロレー12～13カ月，アンガス13～14カ月，ヘレフォード14～15カ月，黒毛和種13カ月となっている．また，インド牛（zebu；*Bos indicus*）は18～24カ月と，ヨーロッパ系の牛（*B. taurus*）より性成熟が数カ月遅い．同じウシ科でも水牛（water buffalo；*Bubalus bubalus*）は24～30カ月とさらに遅い．

雌豚の性成熟は，古くは7～9カ月で，品種によってかなりの差があることが認められていたが，現在の大型品種（ランドレース，大ヨークシャー）では6カ月で性成熟に達することが知られている．

このように動物種や品種によって，さらに同じ品種でも系統によって早熟，晩熟の違いがみられるのは，遺伝的な要因が性成熟の到来に大きな影響を及ぼしていることを立証するものである．

b. 気候（季節-光と温度）

馬，めん羊，山羊のような季節繁殖動物（seasonal breeder）では，繁殖季節（breeding season）の早い時期に受胎したものと遅く受胎したものでは分娩の時期がかなり離れており，それらの子は出生の時期により春機発動と初回発情の発現する月齢が著しく異なってくる．例えばめん羊では，早く生まれた当歳の雌は繁殖季節に先立って春機発動月齢に達しているが，季節に入るまで発情（estrus）は現さない．ところが，やや遅く生まれた雌は，季節に入ってただちに発情を現すことはないが，月齢的には最も若く（12月中旬に5～6カ月齢で）初回発情を発現することになる．しかし非常に遅く生まれた雌は，翌年の季節に入って初めて（13～14カ月齢で）発情を現すことになる．これらの季節繁殖動物では，光が春機発動の主な要因となっている．

豚では，屠殺時の卵巣の検査所見から，春～初夏に生まれたものの春機発動が早いことが認められている．

インド牛とショートホーン種雌牛の実験で，10℃（50°F）で飼育した群では平均300日で春機発動に達するが，26.7℃（80°F）の高温条件で飼育した群は春機発動が遅れて平均398日となり，自然条件で飼育した対照群では320日であったと報告されている．これは温度条件も性成熟の到来に大きな影響を及ぼしていることを示している．

(3) 各種動物の性成熟期と繁殖供用適齢期
breeding age

各種動物は性成熟到来直後では体の発育が未だ不十分で，この時期の雌を繁殖に供用し妊娠すると，その後の発育を阻害し，難産を招くことがあるので，実際には体の発育や経済性を考慮して若干遅れて繁殖に供用されている．この時期を繁殖供用（開始）適齢期と呼んでいる．一般に認められている産業動物の性成熟期と繁殖供用適齢期は表3.1のとおりである．

3.2 生殖周期
reproductive cycle

動物の生殖活動には周期的に変動するいくつかの現象がみられ，これらは生理的な意義や周期の長さなどによって数種の周期に区別される．このような生殖活動に現れる周期的な現象を総称して生殖周期という．

哺乳類および鳥類の生殖周期には，(1)ライフサイクル，(2)季節周期，(3)完全生殖周期，(4)不妊生殖周期および(5)日周期が含まれる．

(1) ライフサイクル　life cycle in reproduction

動物の生殖活動は生涯を通じてみられるものではなく，春機発動に始まり性成熟で完成する性成熟過程を経て生殖活動期（reproductive phase）に入り，やがて齢を重ねると生殖機能衰退期（更年期；climacte-

表3.1 産業動物の性成熟期と繁殖供用適齢

		牛	馬	豚	めん羊	山羊
雄	性成熟期	8～12カ月	25～28カ月	7カ月	6～7カ月	6～7カ月
	繁殖適齢	12カ月	3～4歳	10カ月	9～12カ月	9～12カ月
雌	性成熟期	8～15カ月	15～18カ月	6カ月	6～7カ月	6～7カ月
	繁殖適齢	14～22カ月	36カ月	8カ月	9～18カ月	12～18カ月

rium）を経てついに生殖巣老化（gonadal senescence）に陥る．これは世代（generation）を重ねてみれば周期的な現象であって，生殖におけるライフサイクルという．哺乳動物，鳥類において雌雄ともに認められる．

（2） 季節周期 seasonal cycle in reproduction

年間のある一定の季節に限って生殖活動がみられ，生殖器官の形態，機能が季節に伴って消長する周期を季節周期という．一般に野生動物の生殖活動は，1年のうちで気温と食物の入手の条件が最も良い季節に子を産むような型をとっており，これが季節周期の基盤となっている．したがって，熱帯地方に棲む動物は温帯に棲む動物に比べ，また家畜化された動物は野生動物に比べて季節周期が不明瞭になる傾向がある．また一般に，雄は雌に比べて季節周期を示さないものが多い．

季節周期を示す動物を季節繁殖動物といい，生殖活動のみられる季節を繁殖季節，休止している季節を非繁殖季節（non-breeding season）という．これに対して季節周期を示さない動物を周年繁殖動物（non-seasonal / annual breeder）という．前者に属するものは，飼養動物では馬，ロバ，めん羊，山羊（西洋種），猫で，温帯に棲む野生の哺乳動物および鳥類に多い．後者に属するものは，飼養動物では牛，豚，山羊（在来種）で，モルモット，ラット，家兎などの実験動物も含まれる．

野生の季節繁殖動物の中には，非繁殖季節中に雄の性腺機能が低下して，精子形成やアンドロジェン分泌が停止するものがある（鹿，狐，リスなど）．野生動物では繁殖季節中に雄は著明な行動上の変化を示し，著しく凶暴あるいは闘争的になる．この状態をさかり（rutting）という．

季節周期の発現には日照時間（光周期），温度，栄養，異性の存在およびその他の環境要因が関与している．

a. 光の影響

季節繁殖動物には，短日繁殖動物（short day breeder：めん羊，山羊，鹿，トナカイ，イノシシ）と長日繁殖動物（long day breeder：馬，ロバ，熊，狼，狐，スカンク，野鳥）があることが知られている．

北半球ではめん羊，山羊は9〜11月が繁殖季節であるが，Yeates（1949）はめん羊で，吉岡ら（1951）は山羊で，それぞれ一定時間暗室に入れて短日処理を行うことによって繁殖季節が早まることを認めた．一方，馬は4〜7月が繁殖季節であるが，Burkhardt（1947）は英国でポニーについて，12月に卵巣が休止状態にあることを確認した上で，夜間に一定時間照明を行ったところ，2月に発情が現れ，ここで交配すれば妊娠も可能であることを認めた．またこの実験では，眼から入る光の影響を遮るため眼帯をした馬は，繁殖季節の始まりが無処置の対照馬と同じであった．

これらのことからもわかるように，哺乳動物では季節周期に関わる光の影響は，網膜から神経路を介して松果体に至り，ここから分泌されるメラトニンが光周期に対応して視床下部-下垂体軸の活動を制御している．そのため，下垂体からのGTHの分泌は，非繁殖季節には低く抑えられ，繁殖季節に高進するという季節変動を示す．図3.1は，めん羊の血中黄体形成ホルモン（LH）濃度の推移を示したもので，長日期には基底値で推移し，短日期には高値となる季節周期が認められる．

b. 温度の影響

哺乳動物では，季節周期に関わる温度の影響は光の

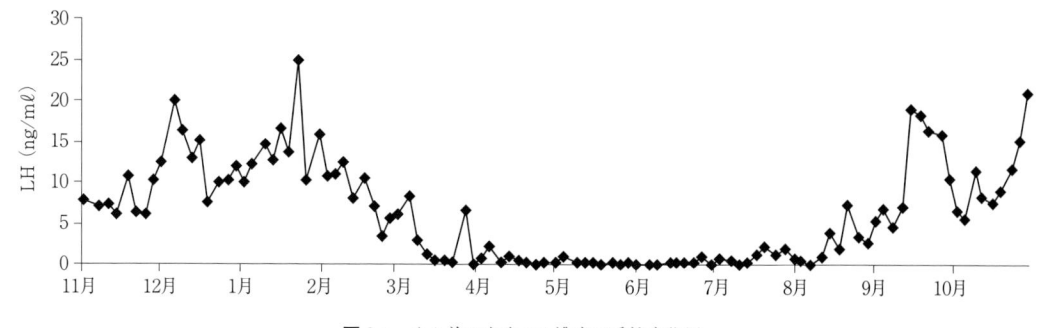

図3.1 めん羊の血中LH濃度の季節変化例

影響ほど著明ではないが，下等脊椎動物，特に爬虫類では季節による温度の変化は生殖活動の調節における主役を演じている．

めん羊で夏季に暑熱を防ぐ処置をすると，繁殖季節の開始が早くなることが認められている．牛や豚のように周年繁殖動物では，夏季に鈍性発情（silent heat / ovulation）がしばしば起こるが，これには環境温度と関係の深い甲状腺機能の低下も関係していると推察される．このことは，雌牛で甲状腺を摘出すると鈍性発情が多くなることからも理解されよう．

c. 飼料給与の影響

一般に，食物の量が増えれば動物の活力が増進することが知られている．この現象は春の草の成長期に草食動物で顕著にみられ，この時期の卵巣では他の時期よりも活発な卵胞の発育が起こる．産業動物を繁殖に供用する前に，数週間にわたって飼料の量と質を増す手段をフラッシング（flushing）と呼んでいるが，めん羊において，繁殖季節の始まる数週間前から繁殖季節にかけてフラッシングをすると双子率が高まり，しばしば三つ子も得られる．フラッシングは他の産業動物でも盛んに行われ，豚では産子数の増加，牛や馬でも受胎増進の手段に用いられている．

（3） 完全生殖周期　complete reproductive cycle

雌動物が交尾して妊娠が成立したときにみられる完全な形の生殖周期を完全生殖周期といい，卵胞発育，排卵，受精，着床，妊娠，分娩，哺育（泌乳）に至る一連の過程が含まれ，生殖活動期にはこれが繰り返される．常時雌雄が同居している場合にこの周期がみられるが，この完全生殖周期だけが繰り返されるとは限らず，間に不妊生殖周期が入る．

一部の動物種では，完全生殖周期の中に遅延着床（delayed implantation）と呼ばれる現象がみられる．これは，一般の動物におけるように胚が子宮に入ってただちに子宮内膜に着床することなく，浮遊の状態を続け，ある条件が整ったときに初めて着床することを指し，この場合見かけ上の妊娠期間は延長する．これには通常の完全生殖周期中に遅延着床が組み込まれる型と，泌乳中に受精が起こった場合に限り遅延着床がみられる型がある．前者は泌乳相と繁殖季節が至適な環境に合致するように妊娠期間を引き延ばす適応と考えられ，ミンク，アザラシ，アナグマなどがこの型に属する．後者の例はカンガルー，ラットなどにみられるもので，泌乳中は胚が浮遊のまま生存を続け，泌乳が終わればただちに着床して正常の妊娠期に入る．

（4） 不妊生殖周期　infertile reproductive cycle, 発情周期　estrous cycle

成熟雌が雄と離されて交尾が行われない場合，あるいは交尾が行われても受精あるいは着床が成立しない場合は，完全生殖周期とはならず，動物種によりそれぞれにほぼ一定の日数をもって固有の周期を反復する．これを不妊生殖周期あるいは不完全生殖周期（incomplete reproductive cycle）という．

一般の動物では，卵胞期（follicular phase）にだけ雄を許容する発情が現れるので，この現象を指標として発情から次の発情までを発情周期と呼んでおり，人や猿では月経（menstruation）を指標として月経周期（menstrual cycle）と呼んでいる．

成熟雌の卵巣では，非妊娠時に卵胞発育，排卵，黄体形成および黄体退行が繰り返されており，これを卵巣周期（ovarian cycle）といい，卵胞の発育している時期を卵胞期，黄体の活動している時期を黄体期（luteal phase）という．発情の周期的変化を構成する相が排卵を境に卵胞相と黄体相からなるもの（完全発情周期；complete estrous cycle）と，黄体相を欠くもの（不完全発情周期；incomplete estrous cycle）とがある．完全発情周期では卵胞発育，排卵，黄体形成という卵巣周期が規則的に繰り返され，ほぼ排卵に同調して発情がみられる．一方，不完全発情周期は黄体相を欠くもので，卵胞発育，排卵は正常にみられるが，交尾刺激を欠く場合には形成された黄体はジェスタージェンの分泌能を欠き，機能を発揮しない．ラット，マウス，ハムスターなどがこれに含まれる．

主な哺乳動物の不妊生殖周期の型は，図3.2のように分けられる．

a. 牛型周期

牛を含めた大・中産業動物，モルモットなどにみられる型で，卵胞期（発情期），自然排卵（spontaneous ovulation）とこれに続く機能的な黄体の形成による黄体期が存在し，不妊の場合は交尾の有無に関わりなくこの周期を繰り返すもので，このような動物を多発

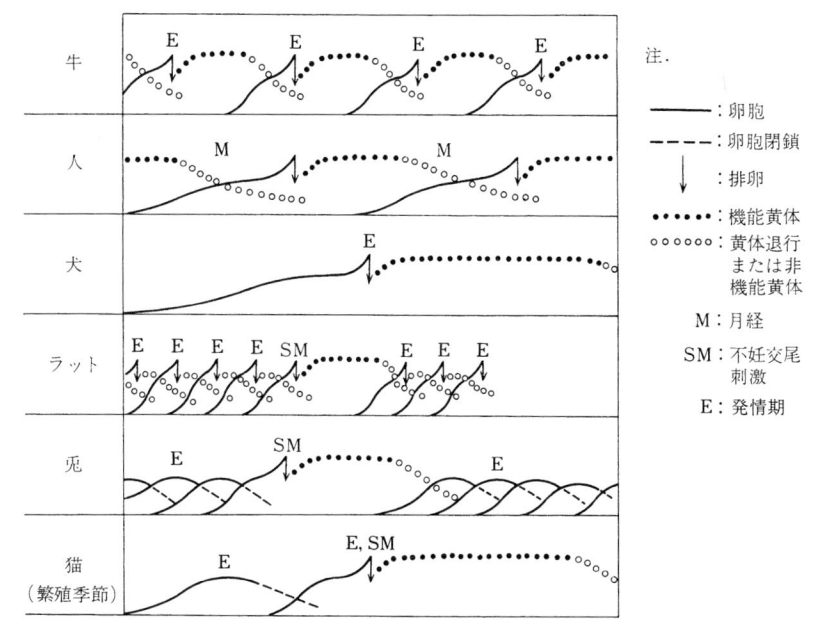

図 3.2 哺乳動物の不妊生殖周期の型（Everett, 1961 を改変）

情動物（polyestrous animal）という．

b. 人型周期

人を含めた霊長類にみられる型で，牛型とラット型の中間的な態様を示し，排卵後に機能的な黄体は形成されるが，活動期間が短く，黄体退行期に子宮内膜からの出血（月経）が起こることが特徴である．多発情型に属する．

c. 犬型周期

犬は自然排卵であって，排卵後形成される黄体は不妊の場合にも妊娠期と同じ期間機能を維持する．このため乳腺が妊娠期と似たような発育を示す個体があり，これを偽妊娠（pseudopregnancy）と称する．約2カ月の黄体期の後は，次の繁殖期まで卵巣は休止状態を続ける．したがって，犬では1繁殖期に1回の発情しか示さず，このような動物を単発情動物（monoestrous animal）という．

d. ラット型周期

ラットでは自然排卵で，交尾刺激がないときは排卵後形成された黄体はプロジェステロン分泌能を欠き，副生殖器に黄体期の変化が起こらない．このような黄体期を欠いた不完全発情周期の長さは，4～5日と短い．しかし，不妊交尾（交尾が行われても妊娠しなかった場合の交尾；infertile / sterile copulation）により黄体はホルモン分泌能をもち（この黄体を機能黄体という），副生殖器に黄体相の変化が起こり，完全発情周期となり，周期の長さは 12～14 日となる．これも多発情型で，マウス，ハムスターなどもこの型に属している．

e. 兎型周期

兎は交尾排卵動物（postcoital ovulation animal / copulatory ovulator）で，卵胞が発育しても交尾刺激がないと排卵は起こらない．卵巣には常に複数の卵胞が存在し，新たな卵胞が相次いで発育するため，卵胞期が持続し，持続性発情（continued / prolonged estrus）を呈する．また，この場合には発情周期という表現は用いない．不妊交尾によって排卵が起こり，機能黄体が形成されて偽妊娠となる．

f. 猫型周期

猫は交尾排卵（postcoital ovulation）であることから本質的には兎と同じで，交尾刺激がないと卵胞は排卵せずに存続する．しかし，やがて退行して卵胞期が終わり，兎のように発情が持続することはない．ついで新たな卵胞が発育して再び卵胞期に入り，発情が回帰する．すなわち，交尾刺激がないと不完全発情周期が繰り返される多発情型で，不妊交尾により排卵が起こり，偽妊娠となる．

(5) 日周期　daily cycle in reproduction

動物の行動や生体機能には日内の周期的変動を示すものがあるが、生殖現象については家禽の産卵周期がこれに該当するだけで、そのほかには顕著な日周期を示す生殖現象はみられない．

(6) 各種動物の生殖型　reproductive pattern

各動物種の生殖活動あるいは生殖器の形態、機能について、上記の各生殖周期における特徴をとらえて、生殖型が表現される．生殖周期のうちでは、特に季節周期および不完全生殖周期のパターンの違いが重要な特徴として挙げられる．

表3.2に主要な動物の生殖型とこれに関係する数値を一括して示す．また野生動物を含むその他の哺乳動物の生殖周期を参考までに表3.3に示す．

3.3 発情周期とホルモン

(1) 発情周期のホルモン支配

牛、豚、めん羊、山羊などの産業動物の発情周期は、短い卵胞期と2～3週間の長い黄体期から構成されている．ただし馬は例外で、約1週間の比較的長い卵胞期をもつ．各種動物の発情周期に伴う性ホルモンの血中レベルの変化は基本的に同じであり、牛を例に図3.3にその模式図を示す．

発情が近づき卵胞が発育するにしたがって、ここから分泌されるエストロジェン（主なエストロジェンはエストラジオール-17β）によって血中エストロジェン濃度は上昇しピークを形成する．このエストロジェンは発情を誘起するとともに、視床下部に働いて正のフィードバック作用を及ぼし、キスペプチンを介してGnRHを分泌させる．下垂体前葉は、このGnRHおよびエストロジェンの正のフィードバック作用によって、FSHおよびLHの急激な一過性の分泌放出（サージ）を引き起こす．LHサージは卵胞を成熟させ排卵を誘起し、黄体の形成にあずかる．また排卵により卵胞から分泌されていたインヒビンの血中濃度は急激に減少し、その結果、下垂体前葉からFSHの一過性の放出が起こり、比較的小さな第2のピークを形成する．

発情周期におけるプロジェステロンの血中レベルは発情期に最低値を示し、黄体の発達に伴ってしだいに増加し、排卵後1～2週間で最高値に達する．

血中LHは黄体期を通じてほぼ一定の低い値で推移するが、黄体からのプロジェステロンの分泌は、この低いレベルのLHによって維持されている．一方、プロジェステロンは視床下部-下垂体系にフィードバックしてLHの急激な放出を抑制しており、牛において黄体期に黄体除去を行うと、卵胞が急速に発達して4～5日後に発情、排卵が起こることが知られている．

発情期に交配（または人工授精）が行われないか、あるいは交配しても不妊に終わった場合は、黄体組織はやがてLHに対する感受性を失い、プロジェステロンの分泌は急速に衰える．牛、めん羊、豚、モルモットなどではこの黄体の退行には子宮の存在が必要で、

表3.2　各種動物の生殖周期の比較

種類	繁殖季節	発情周期 型	発情周期 長さ(日)	発情期	排卵 性質	排卵 数	排卵 時期	妊娠期間 (日)	産子数	偽妊娠
牛	周年	多発情	20～21	10～18時間	自然	1	発情終了後12～18時間	280	1	—
馬*	春～夏	多発情	22～23	7日	自然	1	発情終了前24時間	335	1	—
豚	周年	多発情	21	2～3日	自然	10～18	発情開始後24～48時間	114	4～14	—
めん羊	秋～冬	多発情	17	約32時間	自然	1～3	発情開始後24～30時間	150	1～2	—
山羊	秋～冬	多発情	20	約40時間	自然	1～3	発情開始後20～40時間	150	1～2	—
犬	年1～2回の繁殖期	単発情	—	8～14日	自然	3～12	発情開始後48～60時間	63	2～8	+
猫	早春～夏	多発情	15～21	9～10日（雄不在）／7～8日（雄存在）	交尾	2～8	交尾後24～30時間	67	2～7	+

*：分娩後7～9日にfoal heatがある．

表 3.3　哺乳類の生殖周期の比較（Asdell, 1964 を改変）

動物種	性成熟 （月）	発情 周期 の長さ （日）	発情期 （日）	排卵の時期	妊娠期間 （日）	産子数 平均	繁殖季節 （北半球）	摘　要
アナグマ	12〜24				不定	1〜5	8〜9月	交尾8〜9月，着床2月，分娩4月
アライグマ	10		3	交尾後	63	3〜4	1〜3月	交尾排卵
アルパカ			21〜36	交尾後26時間	340		11〜4月 （ペルー）	交尾排卵，偽妊娠
イルカ	14				315	1	7〜8月	
ウサギ	5〜8		持続性	交尾後10時間	31	2〜10	周年	交尾排卵，偽妊娠（16日）
オオカミ	24				61	2〜7	1〜3月	
オオジカ	16〜24	30			245	1〜2	9〜10月	
オポッサム	6	28	1〜2	発情期の前半	12	5〜13	1〜11月	未熟子を出産，南部では年2回出産
カ　バ	48	30	4〜7		237	1〜2	周年	
カモシカ					300	1	周年	
カンガルー					38	1	9〜1月 （南半球）	動物園では周年繁殖
キツネ	12〜14		2〜4	発情期の前半	52	4〜5	12〜3月	単発情，偽妊娠
キリン	36	14			435	1	7〜9月	周年繁殖ともいわれる
クマ（アメリカ）	36				不定	1〜4		交尾6月，着床11月，分娩1〜2月
クモザル		25			139	1〜2	周年	月経（4日間）
コヨーテ	24		4		63	6	2〜4月	
ゴリラ	60	45			258			
サ　イ					540		周年	交尾は主に11〜12月
シマウマ					345	1	7〜9月	
ジャガー					100	1〜2	8〜9月	動物園では周年繁殖
ジリス	12				31	4〜8	4月	
スカンク	10				62	4〜7	3月	
セイウチ	50				330		6月	
ゾウ（アフリカ）	8〜12年	42	3〜4		660	1	周年	交尾は主に1〜2月，インドゾウも同様
チンチラ	6	24	2		111	1〜4	周年	分娩後12時間で発情
チンパンジー	8〜11	34		月経周期16日	227	1		月経（4日間）
トナカイ	18				225	1	9〜10月	単発情
ト　ラ					113	2〜5		
ハイエナ					210	2〜4		
ハムスター	2	4	1	発情期の後半	21	6〜12	周年	偽妊娠（7〜13日）
パンダ	6〜7年		4〜14		122〜163	1〜2	4〜5月	単発情
ビーバー	24				約90	1〜6	1〜2月	
ヒョウ					90	2〜4	周年	
フェレット				交尾後30時間	42	5〜13	3〜8月	交尾排卵，偽妊娠
マウス	40〜50日	4	4〜7時間		20	5〜6	周年	偽妊娠（10〜12日）
マッコウクジラ					500	1	2〜6月	
ミンク	10	8〜9	2	交尾後40〜50時間	45〜70	4〜5	3月	交尾排卵，遅延着床
モグラ	12			交尾後	28	4	2〜3月	交尾排卵，発情期以外腟閉鎖
モルモット	2	16.5	0.5	発情末期1/4	67	1〜4	周年	多発情
ヤギュウ（アメリカ）	24	21	2		270	1	7〜9月	人工飼育では周年繁殖
ヤマアラシ					112	1	11月	
ヤマネコ					50	1〜6	2〜4月	多発情
ライオン	40	21	7		108	2〜4	周年	多発情
ラクダ		10〜20	1〜7		406	1	周年	分娩翌日に foal heat，多発情
ラット	1〜2	4〜5	6〜8時間		21	7〜9	周年	偽妊娠（12〜14日）
ロバ	12	21〜28	2〜7	発情末期1/3	365	1	3〜8月	分娩後2〜8日に foal heat，多発情

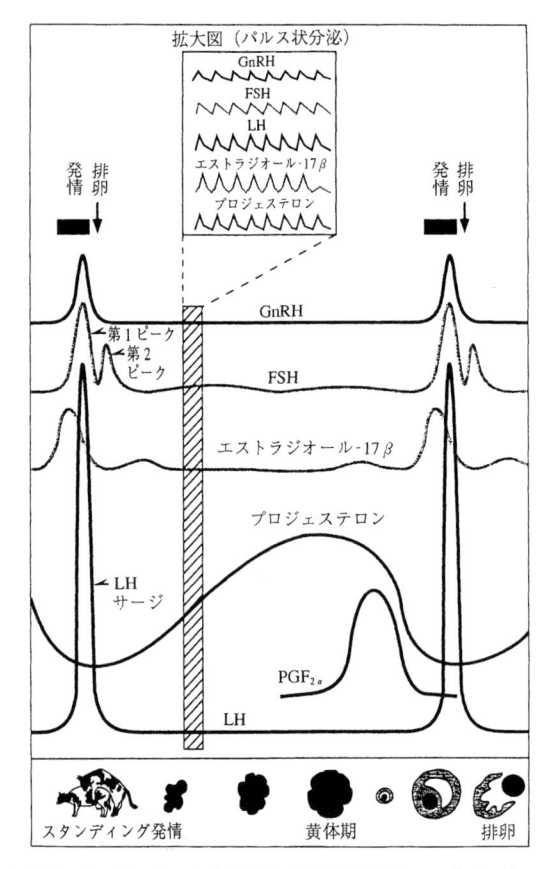

図 3.3 牛の発情周期における GnRH, FSH, LH, エストラジオール-17β, プロジェステロン, PGF$_{2α}$の血中濃度の変化の推定模式図（森, 1997；菊池作図）

もし黄体期に子宮を切除しておくと黄体の退行は抑制され，黄体期が妊娠期間に匹敵するくらいに著しく延長することが認められている（表3.4）．またこの子宮切除に際して子宮の一部を残しておくと，残存子宮組織の量は黄体の存続期間（子宮切除から発情発現までの期間）に逆比例すること，すなわち残存子宮組織が大きいほど黄体の存続期間は短くなることが，モルモット，めん羊，豚，牛において認められている．

このことから，これらの動物では子宮由来の黄体退行因子（luteolytic factor）の存在が認められており，ほとんどの産業動物や偽妊娠状態の齧歯類においてはPGF$_{2α}$がその本態と考えられているが，その機序についてはまだ不明な点も残されている（2.4(4) 項（p.49）参照）．なお犬，猫では，黄体期に子宮を摘出しても黄体期の長さに変動はみられない．

(2) 交尾排卵 postcoital ovulation

兎，猫，フェレット，ミンク，アルパカなどは，交尾刺激がないと排卵しないことから交尾排卵動物である．排卵の時期は，交尾後，兎で約10時間，猫24～30時間，フェレット約30時間，ミンク40～50時間，アルパカ約26時間である．兎では交尾刺激がないと，卵巣には常時発育卵胞が数個存在して持続性発情を示し，明確な発情周期は認められない．猫では交尾刺激がないと，卵胞期が約10日続いた後退行して発情休止期（diestrus）となり，1～2週間で再び卵胞期となる不完全発情周期がみられる．

交尾排卵は，交尾による刺激が神経系を介して視床下部の興奮を誘起し，GnRHの分泌を促進し，下垂体前葉からのLHの放出を促すために起こる一種の神経液性反射である．兎における実験によれば，交尾後15～30秒以内に麻酔をかけても排卵を抑制できないことから，この神経伝導は瞬間的に行われることがわかる．またGnRHが下垂体門脈を経て前葉に達してLHの放出を促すに十分な量が送り込まれるためには25～30分を要し，前葉から排卵に必要かつ十分な量のLH放出には1～2時間を要することがわかっている．

交尾排卵動物において，LHサージを招来する要因として，交尾刺激以外に子宮頸部へのガラス棒による器械的刺激や電気刺激によっても，また直接中枢を刺激する薬物（銅塩，痙攣毒など）の投与によっても，排卵が誘起される．なお，LHまたは人絨毛性性腺刺激ホルモン（hCG）の投与によっても排卵が誘起されることは当然である．

(3) 排卵の機序

排卵は，下垂体前葉からのLHサージが引き金となって誘起される．この排卵サージの直後には，卵胞膜内ではプロジェステロンを主としたジェスタージェン，エストラジオール-17β，プロスタグランジン（PGE$_2$およびPGF$_{2α}$）の分泌量が増加する．その後，プロジェステロンの作用により卵胞壁のコラゲナーゼ活性が急増し，これに伴って卵胞膜外層のコラーゲン線維が分解して，卵胞壁は柔らかく伸長性に富むようになる．

また，PGE$_2$がプラスミノージェンアクチベーター

表 3.4　黄体期に子宮切除をした場合の黄体期の延長（Anderson et al., 1969 を改変）

動物種	正常発情周期の長さ（日）	子宮摘出後の発情周期の長さ（日）	偽妊娠期間（日）	子宮摘出後の偽妊娠期間（日）	妊娠期間（日）
ハムスター	4	4	8〜10	16〜23	16〜19
ラット	4〜5	4	12〜14	18〜25	21〜22
兎	―	―	15〜16	25〜29	30〜32
モルモット	15〜18	80〜110	―	―	65〜70
めん羊	16〜18	160〜170	―	―	145〜150
豚	20〜22	140	―	―	110〜115
牛	18〜22	270	―	―	275〜290

の産生を促進するため，プラスミン活性が上昇し，卵胞壁は粗糙になる．ついで，ヒスタミンなどの生理活性物質が卵胞内に急増するために卵胞壁の毛細血管の透過性が高まり，血漿成分が卵胞腔へ濾出し，卵胞液量が増加して膨張する．

卵胞液の増量とともに卵胞は容積を増して，卵巣の表面に突出するようになる．これを卵胞の排卵直前の膨張（preovulatory swelling）という．この間，卵胞内圧はほぼ一定のレベルに維持される．産業動物においては，卵巣の表面に突出している卵胞の頂点を中心に，透明になった排卵斑（avascular area）がみられる．ついで突出した卵胞表面の一部（排卵溝；stigma）が，おそらく局所的な卵胞壁の収縮による内圧の微少な変化によって破れ，卵胞液とともに卵丘細胞に包まれた卵子が放出される．

3.4　発情周期に伴う生殖器の変化

（1）卵巣の周期的変化

牛，馬などの大動物では，直腸検査（rectal palpation），超音波画像診断装置により卵巣を触診あるいは視診することが可能で，卵胞の発育・排卵および黄体の消長など，卵巣の周期的変化を追跡することができる．

発情期に発育・成熟する卵胞の数および排卵直前の成熟卵胞の直径は，表 3.5 のとおりである．

多胎動物では，発情期に数個〜十数個の卵胞が成熟し，排卵する．単胎動物においても発情初期にはしばしば 2〜3 個の卵胞が発育するが，ある程度まで発育すれば 1 個だけが成長を続けて排卵に至り，他のものは閉鎖退行する．卵胞の閉鎖は，卵胞壁を構成する卵

表 3.5　発情期に成熟する卵胞数および直径

	数	直径（mm）
牛	1〜2	12〜24
馬	1〜2	25〜70
豚	10〜25	8〜12
めん羊	1〜4	5〜10
山羊	1〜3	7〜10
犬	3〜12	8〜10
猫	2〜8	4〜6

胞上皮細胞の萎縮と卵胞液の吸収によって起こる．

排卵直後，卵胞内に出血が起こる．これは出血体（corpus hemorrhagicum）と呼ばれ，牛，めん羊では比較的小さいが，馬，豚などではかなり大きい．ついで卵胞壁の細胞は，その細胞質に黄色色素のルテイン（lutein）を含む脂質顆粒をもった大型の黄体細胞に変化し，これが急速に腔の中心に向かって増殖し，血管の新生を伴って卵胞腔内を充填して球形〜卵円形の黄体を形成する．黄体細胞の形成は，排卵後 2 時間頃から始まるといわれる．

黄体細胞は，卵胞壁の卵胞上皮細胞と内卵胞膜細胞から発生し，大型の黄体細胞が卵胞上皮細胞に，また小型の黄体細胞が内卵胞膜細胞に由来するとされている．両者はともにプロジェステロンを合成するが，卵胞と同様に後者のみがアンドロジェン合成能を，前者のみがエストロジェン合成能をもち，両者の協力によりエストロジェンを合成するといわれている．

黄体は通常，牛，めん羊で排卵後 7〜8 日，馬で 8〜9 日，豚で 7〜8 日で完成して最大の容積に達し，プロジェステロンの分泌活動を続ける．この黄体の活動期間を黄体開花期（functional luteal stage）といい，この機能的な黄体を開花期黄体（functional corpus luteum）という．妊娠するとこの状態が持続する（妊娠黄体または真黄体）が，妊娠しない場合の黄体は発情黄体（corpus luteum periodicum）と呼ばれ，これは次の発情の現れる少し前に退行し始める．黄体の退行は，通常，牛では排卵後14～15日，馬で14日，めん羊で12～14日，豚で14～15日に始まり，その後は急速に退化して機能を失う．

退行期の黄体では，黄体細胞の細胞質に空胞化した部分が生じ，核は濃縮し，黄体細胞間に結合組織が入り込んで増殖し，黄体細胞は萎縮するとともに数も著しく減少し，これに伴って黄体は縮小する．牛以外の産業動物では，発情黄体は退行に伴って，灰白色の小さな白体（corpus albicans）となって残る．牛では発情黄体の退行に伴って，赤褐色ないし鉄さび色になる．これを赤体（corpus rubrum）といい，排卵後数カ月存続する．また，牛の妊娠黄体は分娩後退行して白体となり，ほぼ生涯にわたって存在する．

(2) 副生殖器の周期的変化

a. 卵 管

卵管粘膜の上皮細胞は発情期には丈が高くなり，黄体期には低くなる．また発情期には粘膜からの分泌液が増え，黄体期には減少する．卵管の運動はエストロジェンの支配を受ける発情期には活発になり，排卵された卵子を卵管に吸い込むのに効果的に働くが，黄体が形成されてプロジェステロンの支配を受けるようになると，この運動は消退する．

卵管と子宮の移行部すなわち子宮卵管接合部は，副生殖器がエストロジェンの支配を受けている時期には固く閉鎖して，受精卵を含む卵管液の子宮内進入が阻止されている．排卵後黄体が形成され，副生殖器がエストロジェンの支配からプロジェステロンの支配に移るとこの閉鎖が解かれて，胚の子宮内進入が可能となる．兎，めん羊の実験によれば，エストロジェンによって子宮卵管接合部の周囲に充血，浮腫が起こり，この部分の屈曲が強くなり，これによって内腔の閉鎖が起こることが認められている．

b. 子 宮

子宮内膜の上皮細胞は卵胞期には低い単層の円柱状を呈するが，黄体期には高い円柱状を呈し，増殖して重層となる．黄体期には子宮内膜自体も肥厚して厚さを増す．子宮腺は，卵胞期には直線的に走っているが，排卵後はコイル状を呈し，黄体期には複雑に分枝してからみ合った構造になり，粘液の分泌を活発に行う．

子宮粘液は子宮頸管・腟粘液ほど多量ではないが，発情前期から発情期に増量し水様になる．黄体期には粘稠性を増し，濃厚になる．子宮粘液は精子の受精能獲得（capacitation）と胚の着床までの栄養に関して，重要な役割をもつとされている．

子宮筋は発情期にはエストロジェンの作用によって緊張し，蠕動運動が高進する（図3.4）．大動物では直腸検査によって子宮を触診すると，発情期には強い収縮が起こり，弾力のある円柱状になっていることがわかる．また交尾に際しての性的刺激によって子宮の運動が高進し，これが精子の上行を助けることも知られている．

牛では発情終了後に粘液に混じって外陰部から出血がみられることがあり，俗に「牛の月経」といわれ，その出現率は未経産牛で高く経産牛では低い．この出血は子宮内膜で起こるもので，発情期にエストロジェンの作用によって充血拡張していた子宮小丘の部分の毛細血管から血液が滲出し，さらに子宮小丘間の粘膜では毛細血管が破れて出血が起こり，これらが分泌液とともに頸管を通って流出したものである．Hansel and Asdell (1951) は牛の子宮内膜の血管の分布・走行について，未経産牛の小動脈が直線的に分岐しているのに比べ，経産牛ではコイル状に走っていること，また未経産牛では子宮内膜における血圧が経産牛より高いことを認めている．未経産牛と経産牛での出血の出現率の違いは，このことによるものと解される．子宮内膜からのこの種の出血は犬（発情前期）にも認められるが，人や猿でみられる黄体退行期に起こる内膜剝離を伴う出血，すなわち月経とは質を異にするものである．

c. 子宮頸管

子宮頸管は，発情前期から充血が現れ弛緩し始める．発情期に入ると充血，腫脹，弛緩が著明になり，子宮頸管が拡大し，外子宮口は開口する．発情期には頸管粘膜から多量の粘液を分泌するが，その主成分は糖蛋白よりなるムチン質である．牛，馬，めん羊，山羊などの発情期の頸管粘液をスライドグラスに塗抹して乾燥すると（cervical dry smear；CDS），特有の羊

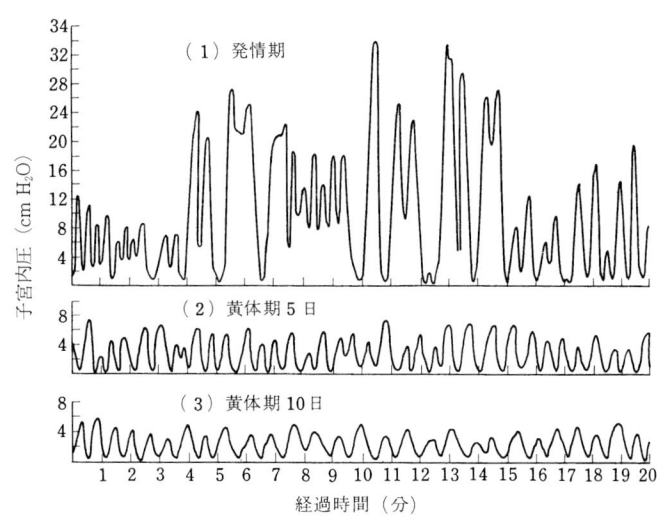

図 3.4 牛の正常発情周期における子宮運動（桧垣・菅，1959）

歯状または羽毛状の結晶が形成される（crystallization phenomenon）．これは粘液中の NaCl が，発情期に特有の高粘性物質との量的関係から晶出するもので，この結晶の検出は，特に牛において発情期判定の補助手段として利用される（4.1(6)b 項(p.73)参照）．

黄期体に入ると子宮頸管の充血，腫脹は消失し，細く締まった状態になり，管腔は粘稠濃厚な粘液で封鎖され，外子宮口部は緊縮する．

(3) 実験動物の発情周期と腟垢　vaginal smear

ラット，マウス，ハムスター，モルモットでは，腟粘膜の剥離細胞，すなわち腟垢を検査することによって卵巣の周期的変化を追跡することができる．これは腟垢がエストロジェンに対して特異的変化を示すことを利用したもので，腟垢検査法は動物に大きなストレスを与えることなく卵巣の機能的変化を知ることができるので便利である．ラット，マウスの腟垢検査法は，古くからエストロジェンの生物学的検定法として用いられている．発情周期の判定のためには，1日1～2回，一定時刻に腟垢を採取する．

a. 腟垢採取方法と腟垢の判定

ⅰ）スポイト法　ラットには，先端を火炎で滑らかにした外径 2 mm 程度のパスツールピペットを用いる．このスポイトに蒸留水を少量吸い込んで，先端を腟内に約 5 mm 挿入する．スポイト内の液で腟内を洗浄し，洗浄液の 1 滴をスライドグラスに載せ，残りの液は捨て，水で 2～3 回スポイトを洗い，次の動物の腟垢採取に移る．腟垢のスライドグラスは，風乾後そのまま，あるいはギムザ染色または 0.05％メチレンブルー液で染色して，100～150 倍で鏡検する．

ⅱ）綿棒法　生理食塩液で軽く湿らせた綿棒を腟内に挿入し，静かに回転して腟垢を採取する．この綿棒をスライドグラスに塗抹し，そのまま，または上述の染色後鏡検する．綿棒を腟内にあまり深く挿入しすぎると，子宮頸を刺激して偽妊娠を誘起することがあるので注意を要する．

ⅲ）腟垢の判定　マウス，ラット，ハムスターおよびモルモットの腟垢は，その中に含まれる細胞の種類や数により，さらに場合によって粘液の量も加えて 3～5 相に大別することができる．動物種によって，それぞれの相に現れる細胞の種類はやや異なる．各動物にみられる腟垢の変化をまとめて表 3.6 に示す．また，図 3.5 にラットの各期腟垢像の典型的な例を示す．

b. 発情周期と排卵

ラット，ハムスターおよびマウスは，14 時間明，10 時間暗の光条件（通常午前 5 時点灯，午後 7 時消灯）で飼育すると，規則正しく 4 日周期を繰り返す．ラットでは 5 日周期のものもみられるが，これは 4 日周期のものより発情休止期が 1 日長い．図 3.6 にラットの発情周期における腟垢の変化および卵巣，子宮，行動などに現れる変化を示した．

排卵のための LH サージを起こすのに必要な中枢神

経の興奮は，I期の日の午後2～4時に起こる．排卵はⅢ期の日の午前1～3時に起こるので，この日の午前中に卵管を調べると卵子を検出することができる．行動上の発情は，I期の日の夜中からⅢ期の日の朝にかけてみられ（Ⅱ期：真の発情期），交尾はこの間に行われる．

3.5 性 行 動
sexual behavior

（1） 雌動物における性行動─発情徴候─

雌動物は卵巣における卵胞の成熟に伴って発情を現す．発情とは雌動物の性欲の発現を指すもので，雄が交尾のため乗駕（mounting）するのを許容する状態（standing estrus）をいう．主な産業動物の発情に伴う性行動を表3.7に示す．多くの動物種に共通した発情徴候として，雄の許容のほか，頻繁な排尿，よく鳴くこと，雌どうしの乗り合い，挙動の不安なことなどが挙げられる．このほか，外陰部の充血，腫脹および粘液の漏出がみられる．

産業動物では雌が発情しているかどうか，あるいは発情の程度が良いかどうかを判定するために，雌に雄を近づけ，これに対する雌の反応を調べる試情（teasing）が行われる．これは特に発情期間の長い馬において，交配適期（optimum time for mating / insemination）を判定するために古くから行われている．この目的に使用する試情雄（teaser）は俗に「あて雄」と呼ばれる．放牧中の雌牛やめん羊の群の中から発情雌を発見するため，射精（ejaculation）できないように精管を結紮したり，腹にエプロンを着装した試情雄がよく用いられる．

めん羊では，試情雄に塗料やクレヨンの入った胸当てを装着し，これに乗駕された雌の腰部の着色によって多数の雌めん羊の群の中から発情雌を検出する方法が古くから行われている．また豚では腰部を押すと立ちすくむ不動反応（immobility / standing response）によって交配適期が把握される．牛では，多数の群の中から発情雌牛を発見する手段として，①雌牛の仙骨上部に薬液（赤色）の入った薄い軟質樹脂製の小袋（発情検知器；heat mount detector）を張りつけておき，発情期に他の雌牛が乗駕すれば圧でこれが破れ，中の薬液が出て周囲が赤変することによって検出する方法や，②精管を結紮した試情雄牛の顎にインクの入ったボールペン式のチンボール（chin ball）を装着して雌牛の群に放しておき，発情雌牛に乗駕したときにインクが雌牛の腰部に付着することによって検出する方法などがある．また最近ではテレメトリーシステムを活用し，③雌牛の仙骨上部に圧力センサーを装着して被乗駕を検出する方法や，④肢に歩数計を装着して歩行数の増加により発情を検出する方法なども実用化されている．

表3.6 実験動物の腟垢中の細胞成分の周期的変化（内藤，1978）

発情周期		動物種	マウス	ラット	ハムスター	モルモット*
発情前期		I	有核上皮細胞のみ（白血球なし）	有核上皮細胞のみ（白血球なし）	無核鱗片状の細胞と少数の有核上皮細胞（白血球なし）	大型有核上皮細胞（空胞あり）と少数の白血球
発情期		Ⅱ	角化上皮細胞散在（有核上皮細胞も含む）	角化上皮細胞散在	有核上皮細胞（黄白色のかなりの量の粘液の分泌あり）	角化上皮細胞のみ
		Ⅲ	角化上皮細胞が塊状となる	角化上皮細胞が塊状となる		角化上皮細胞と有核上皮細胞混在
発情休止期	発情後期	Ⅳ	有核上皮細胞に白血球混在	白血球，少数の有核上皮細胞と角化上皮細胞	白血球，少数の有核上皮細胞	小型有核上皮細胞と多数の白血球
	発情休止期	Ⅴ	白血球，少数の有核上皮細胞，粘液	主として白血球，粘液	少数の白血球と変性有核上皮細胞	白血球のみ，I期に近づくと不斉型有核上皮細胞散在

*：腟口は発情前期～発情期に開き，発情休止期には閉じる．

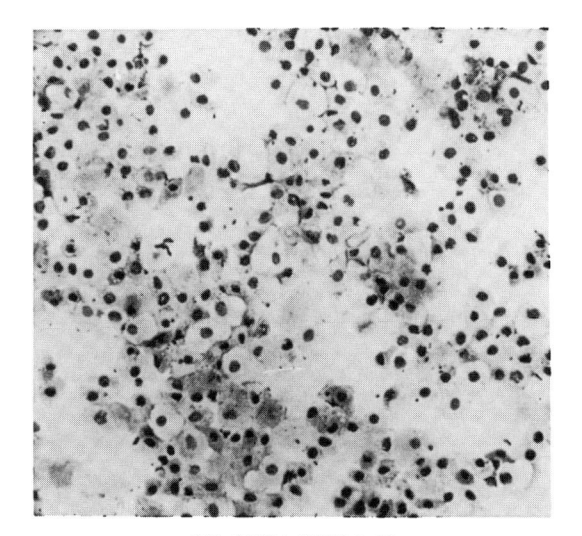

Ⅰ期（有核上皮細胞のみ）

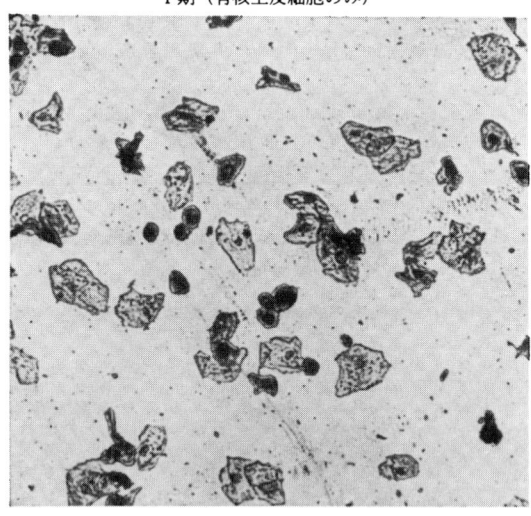

Ⅱ期（角化上皮細胞散在）

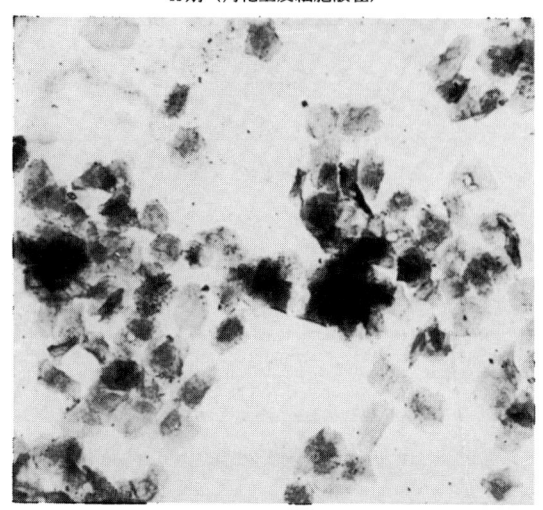

Ⅲ期（角化上皮細胞が塊状となる）

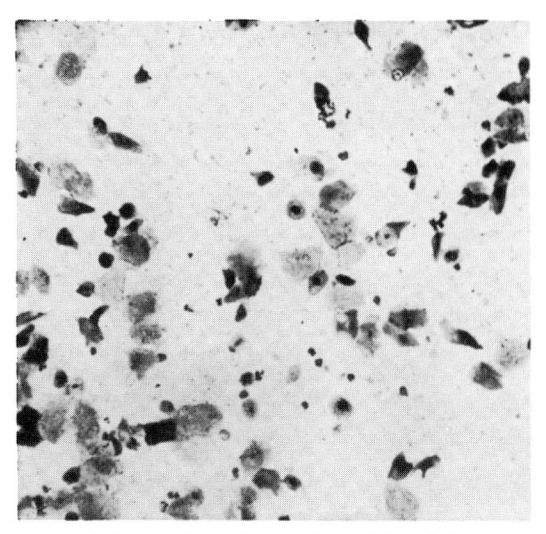

Ⅳ期（白血球と角化上皮細胞，有核上皮細胞）

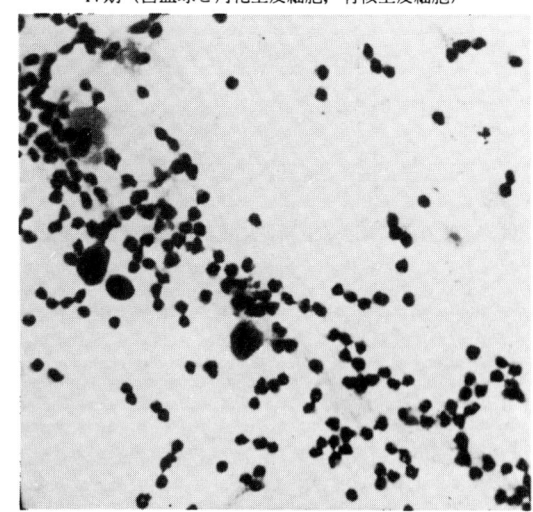

Ⅴ期（多数の白血球）

図3.5 ラットの発情周期における腟垢像の変化（小笠提供）

3. 性成熟と発情周期

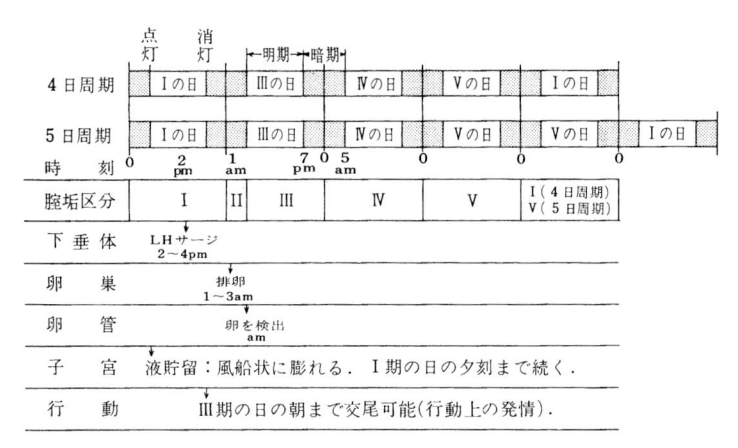

図 3.6 ラットの発情周期における腟垢および生殖器の変化（内藤，1978 を改変）
Ⅰ：発情前期，Ⅱ：真の発情期，Ⅲ：腟垢的発情期，Ⅳ：発情後期，Ⅴ：発情休止期．

表 3.7 雌における性行動（Hafez, 1987 を改変）

行　動	牛	めん羊	山羊	豚	馬
臭いをかぐ	雄の体と陰部の臭いをかぐ				
排　尿	雄による試情中は特に頻繁に排尿する．頻尿はめん羊と豚では発情の徴候とはいえないが，馬では雄許容時の特徴である				
発　声	平常の鳴き声で，鳴く回数が増える			発情期特有の鳴き声を発する	?
運　動	一般に運動性は活発となる．雄の陰部の臭いをかごうとするため雄と向きが反対となり，回転運動をするようになる				
	他の雌に乗駕する	尾を振る．乗駕はしない	他の雌に乗駕する	頭と頭を寄せて臭いをかぎ，偽の闘争をする	乗駕はしない
姿　勢	雄が接近して求愛中じっと静止している				
	頭を後に向け，尾を挙げてそらせる			両耳をそばだてる．人が腰部を圧しても静止している	陰唇を開閉して陰核を露出する（ライトニング），両後肢を開き，腰を屈め，尾を挙げる
交尾後の反応	背を弓なりに曲げ，尾を高く挙げる	なし	なし	なし	なし

(2) 雄動物における性行動

雄動物の性行動は，性的興奮（sexual arousal），求愛，陰茎の勃起（erection）と突出（protrusion），乗駕，陰茎挿入（intromission），射精，降駕（dismounting），および性的無反応（refractoriness）に分けられる．求愛および交尾の時間は動物種によって異なり，牛，めん羊，山羊では短く，馬，豚では長い．主な産業動物の雄における性行動を表 3.8 に示す．

a. 求　愛 courtship / sexual display

表 3.8，図 3.7 に示すように，雄では発情雌の外陰部の臭いをかいだり，なめるのが最も多くみられる求愛の様式である．反芻類および馬では，雄は発情雌の尿の臭いをかいだ後，頸を伸ばし頭を垂直に上げて上唇をまくり上げる「フレーメン」（flehmen）を 10～30 秒間示し，この行動を 2～3 回繰り返す．牛は前肢の蹄で土をかき上げ自分にかける動作を示す．豚は雌の脇腹を鼻で突いたり，鼻端を雌の股の間に押し込んだり，歯ぎしりをし，この間雄はリズミカルに尿を射出する．馬は雌の尻，背，頸のあたりの皮膚を軽くかみ，盛んにいななく．

b. 乗　駕 mounting

発情前期（proestrus）あるいは発情閉止後の雌に

3.5 性行動

表 3.8 雄における性行動 (Hafez, 1987 を改変)

行 動	牛	めん羊	山 羊	豚	馬
臭いをかぐ	雌の外陰部および尿の臭いをかぐ			
^				雌の頭部の臭いをかぐ	
雌の尿に対する儀礼的反応	「フレーメン」: 雄はしっかり起立して頭を垂直に上げ, 頸とともにゆっくり左右に動かし, 上唇をまくり上げる (図3.7). 10〜30秒持続する			なし	牛, めん羊, 山羊と同様
排 尿	変わりなし		興奮中頻繁に排尿し前肢にかける	興奮中律動的に尿を射出	雌馬の排尿した場所に雄も排尿する
発 声	なし	雌に接触中, 短い求愛の鳴き声をしきりに出す			性的興奮中に盛んにいななく
雌に対する接触刺激	雌の外陰部をなめる			
^				雌の脇腹を鼻で突く	雌の背, 頸をかむ
求愛中の姿勢	雌の背に頭をのせる	雌を護衛するように接近し, 頭を横に向けて前肢で雌を軽く押す			
交尾中の姿勢	頭を雌の背に押しつける. 射精のときに飛び上がる	射精のときに急に頭を仰向ける		射精のときに動作に変化はなく, 陰嚢が収縮する	雌の頸部をかむ. 射精時に尾を上下に数回振る
交 尾 時 間	きわめて短い (1秒程度)			平均約6分	平均約40秒
射 精 部 位	外子宮口部付近 (腟内)			子宮頸管および子宮内	子宮内
交尾後の反応	なし	頭, 頸を伸ばす	陰茎をなめる	なし	なし

臭いをかぐ

「フレーメン」

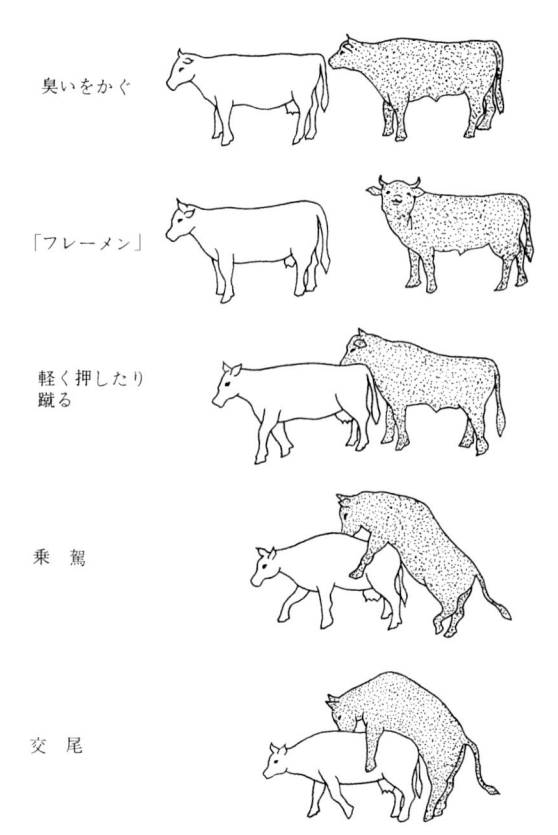

軽く押したり蹴る

乗 駕

交 尾

図3.7 牛における性行動の型 (Hafez, 1974 を改変)

対しては, 雄はしばしば乗駕を試み, 陰茎はある程度勃起して包皮腔から突出するが, 雌が雄を許容しないので交尾は成功しない. 発情雌は, 雄が乗駕すると静止して雄を許容する. 雄は顎を雌の背にのせ, 前肢で雌の腰角の前方を支えて雌を抱きかかえるように捉え, リズミカルな腰の突進運動 (thrusting) を始める. 馬, 豚では交尾するまでに数回乗駕を繰り返すが, その他の動物ではいったん乗駕すればただちに陰茎挿入に移る.

c. 陰茎挿入 intromission

雄が乗駕すると, 腹筋, 特に腹直筋が急激に収縮する. その結果, 雄の骨盤部は雌の外陰部に直接接触するようになる. ここで勃起した陰茎の先端が, 粘液で湿潤となった腟壁に触れれば, ただちに陰茎は腟内に完全に挿入される. この際の腹筋の収縮が強烈な場合には, 雄の後肢が地面を離れ, 跳躍したようにみえることがある.

豚では, 挿入が始まってから全陰茎が包皮から出て完全な挿入が行われる. 産業動物では一般に, 1回の挿入で1回の射精が行われる. 牛, めん羊, 山羊は最初の挿入でほとんど瞬間的に射精する (俗にいう「牛の一突き」). 豚は1回の交尾時の挿入は数分間である

が，20分以上に及ぶものもある．

d. 射　精 ejaculation

陰茎は，尿の排出と雌の生殖器内への精液の注入，すなわち射精という2つの機能をもっている．射精が起こる前に陰茎は勃起しなければならない．

勃起は，陰茎にある勃起機構，すなわち陰茎海綿体と尿道海綿体の膨大によって起こる．性的興奮時にこれらの海綿体の静脈叢は血液で充満，拡張し，この血液の流出は坐骨海綿体筋（musculus ischiocavernosus）と球海綿体筋（musculus bulbocavernosus）の収縮によって阻止され，かくして勃起が生じかつ持続する．勃起は仙髄に中枢をおく自律神経の反射によるもので，直接の刺激は陰茎の知覚であるが，性欲，性的興奮などの高次の神経機構との関連が密である．性的興奮時に発達した海綿体組織がうっ血し，容積が増加して陰茎の勃起する動物（人，馬，犬など）と，屈曲した陰茎が伸長して勃起する動物（牛，山羊など）があるが，前者は交尾時間が長く，後者は短い（図1.11参照）．

射精も腰仙部に中枢をおく脊髄反射によるもので，直接の刺激は交尾に際して陰茎に加わる知覚である．動物の種類によってこの刺激の性質は異なる．すなわち，牛，めん羊，山羊では腟の温度が射精にとって最も重要で，陰茎に加わる圧や摩擦はそれほど重要でない．馬，豚および犬では陰茎に加わる圧覚が温度より重要な条件となる．

射精の過程は精巣輸出管，精巣上体に始まり，精管では管壁に分布している筋肉の収縮によって精子が送り出され，同時に副生殖腺の壁も収縮してその分泌液を放出し，これらが合して精液となって尿道に排出され，尿道は尿道筋，海綿体筋のリズミカルな収縮によって内容を射出する．

〔牛〕　雄牛が性的に興奮すれば，包皮口から尿道球腺より分泌される無色透明の分泌液を漏出し，勃起した陰茎の先端より滴下するのがみられる．この分泌液は，射精に際して精嚢腺より分泌される精漿の主体をなす液とは別のもので，精子を含まず，尿道内の尿を洗浄し，また陰茎を湿潤粘滑にして腟内挿入を容易にする．発情雌牛に接近すれば，陰茎の先端を包皮口より現し，雌牛に乗駕し，陰茎の先端が腟内に入って適当な温感を受ければただちに射精し，交尾は短時間に終わる．

〔馬〕　雄馬は性的興奮に伴い徐々に陰茎を露出し，ついで勃起し，陰茎先端の尿道口より無色透明でやや粘稠な液を漏出する．陰茎を雌馬の腟内に挿入すれば，数回激しく陰茎を出入して摩擦し，興奮が最高に達すると射精が行われる．この際，陰茎根部の下面に手をあてれば，数回にわたって尿道が拍動し精液の射出されるのが触知される．なお雄馬の尾は，精液の射出と一致して数回力強い上下運動（尾打ち；flagging）を行う．

〔めん羊，山羊〕　牛と同様の経過をたどり，交尾は極めて短時間で，射精はほとんど瞬間的に行われる．

〔豚〕　豚の射精は他の動物と異なり長時間を要し，射精の状況も特異的である．

伊藤ら（1948）の観察によれば，人工腟によって精液を採取する場合，射精し始めてから終わるまで2～23分を要し，品種，個体および採取時の状況によって長短があるが，平均約6分である．一射精の経過において1回だけ濃厚な精液を出すものと，2～4回と間隔をおいて濃厚精液を出すものがある．しかし最も濃厚な精液は最初の1分30秒以内に出され，射精開始後2分以内に射出される精子数は全精子数の約80％に当たる．なお，膠様物は全射精期間にわたって射出される．

〔犬〕　交尾は15～20分程度持続するが，精子を含む第2分画液は，最初の2～3分で射出される．

陰茎のつきだし（jabbing）によって陰茎の亀頭球が腟内で増大し，coital-lockが形成される．これができると雄犬は陰茎を腟内に挿入したまま雌の背から降りて，雌雄が反対の方向を向いて，射精の全過程を終わるまでこの状態を持続する．

e. 交尾頻度

交尾頻度は気候，品種，個体，同居する発情雌の頭数，性的興奮の強さ，性的休止期間の長さなど種々の要因によって左右される．牛，めん羊，山羊では馬，豚より多く，牛では性的に消耗あるいは枯渇するまでに平均21回交尾が可能であるといわれ，24時間に80回，6時間に60回交尾した例が報告されている．雄めん羊が長い非繁殖季節の後に雌の群に入れられると，第1日には50回も交尾するが，その後しだいに減少することが認められている．

3.6 交配適期
optimum time for mating / insemination

　雌が雄と自由に交尾できる状態に置かれている場合は，発情期に何回も交尾が営まれるが，自然交配を人為的に行うか人工授精を行う場合には，発情期間中のどの時期に行うと最も受胎しやすいかということは重要な問題である．この最も受胎しやすい交配時期を交配適期という．一発情期に1回交配を行うよりも多回交配を行えば高い受胎率が得られることはいずれの産業動物でも認められているが，これは大きな浪費である．

　受精は精子と卵子が会合することによって成立するので，この条件を満たすべき交配の時期に関する要因を考えなければならない．その主なものとして，
① 排卵の時期と卵子の受精能保有時間
② 精子の受精部位への到達に要する時間
③ 精子の受精能獲得に要する時間
④ 精子の受精能保有時間

などが挙げられる．これらの要因を考える場合に，まず排卵の時期を基準として検討しなければならない．排卵時刻の予測は，試情あるいは発情徴候の検査によって発情の経過を判定し，排卵までの時間を推定して行われるが，牛，馬および大型の豚では，直腸検査あるいは超音波画像診断装置などによって卵胞の状態を検査して判定することができる．

　一般に卵子の受精能保有時間は精子のそれより短いので，上述の②，③に要する時間も考慮に入れて，交配適期は排卵前数～十数時間であり，排卵後の交配では高い受胎率は望めない．また発情徴候を基準にすれば，一般にその最も顕著な時期（発情最高潮時）の終わり頃が交配適期に相当する．

3.7 老化と繁殖機能
aging and reproduction

　一般に，雌動物は雄動物より寿命（longevity / life span）が約10%長いことが認められている．この理由は性染色体の組み合わせの違いによるともいわれ，性ステロイドホルモンが関係していると推察されている．産業動物では，経済的利用性から人為的な淘汰が行われるため寿命に関する正確な資料は乏しいが，雄の平均寿命は雌よりもかなり短い．

　雄牛の繁殖効率は2～4歳が最高で，8歳を超えると低下するといわれる．また精巣組織と精巣内アンドロジェン量からみると，5歳の牛の精巣が最高の状態を示し，この時期を過ぎるとしだいに萎縮性の変化が現れるという．米国とカナダの資料によると，乳用種雄牛の平均寿命の幅は8～14歳となっている．日本において寿命を全うするまで飼養された種雄牛の例として，黒毛和種の平茂勝号は18歳（1990～2008年），北国7の8号は19歳（1984～2003年）まで生き，その間に両者とも20万頭以上の子牛を残している．

　雌牛では，Tanabe and Salisbury（1946）によれば4～6歳の年齢群のものの繁殖率が最高で，10歳を過ぎると受胎率が著明に低下することが認められている．日本では兵庫県但馬地方の黒毛和種の雌牛は連産性に優れたものが多く，15～16産歴の記録も少なくないが，しげかつ号（1953～1974年）は2歳から毎年連産を続けて20産し，また，すけまつ号（1959～1989年）は24年間で23産をしたという記録がある．しかし近年，泌乳能力や産肉能力など生産形質を重視した改良が進み，乳用種・肉用種ともに雌牛の供用年数は短縮する傾向にある．山内（1978）は雌牛の加齢による繁殖能力低下の原因について，老齢牛の卵巣における原始卵胞の減少と異常卵の増加のほか，子宮壁における血管の肥厚と粘膜固有層の狭小化を指摘している．

　馬では重種に比べて軽種は寿命が長いことが知られており，Hartwig（1959）によれば，サラブレッドの平均寿命は雄が13.8歳，雌が16.7歳であり，雄馬の約20%は寿命が20歳を超えるという．軽種の雄馬の繁殖供用は22～23歳までで，25歳になると性機能は著しく低下する．

　雌馬の繁殖供用は普通4歳からで，供用開始から20歳までの間に10産すれば繁殖成績は良好とされている．15歳を過ぎると受胎率の低下が認められるが，世界の記録によれば，27歳（7頭）～33歳（1頭）の高齢雌馬でも産駒の例がある．

〔平子　誠〕

4. 各種動物の発情周期

本章においては，主な動物の発情周期に伴う生殖現象の変化を中心に述べる．

4.1 牛の発情周期

牛は周年繁殖動物で，雌は年間を通じて発情周期を反復し，馬，めん羊，山羊のように繁殖季節はないが，受胎率は季節によって差があり，春には高く夏には低い傾向がある．

(1) 性成熟　sexual maturity

雄牛では，通常生後6カ月になると精細管内に精子が出現し始め，8～10カ月で精細管腔に多数の精子がみられるようになる．普通この時期に射精能が備わり，性成熟に達するものが多い．

雌牛の性成熟の到来は品種（p.54参照），血統によって差があり，また栄養状態によって左右され，初回発情発現の月齢には8～15カ月の幅があることが知られている．

Sorensen et al. (1959) は，表4.1に示すようにホルスタイン種において，高栄養条件（TDN要求量の140%給与）で飼育したものは平均8.5カ月で初回発情を示し，低栄養条件（60%）で飼養したものの平均16.6カ月より8カ月あまりも早いことを認め，かつ初回発情の発来は体重と密接な関係のあることを認めている．また米内ら (1993) は，黒毛和種において，日増体量の大きい牛ほど初回発情の発現が早まる傾向にあるが，初回発情時の体重には60～80 kgの幅があり，同じ体重でも骨格の大きな牛より体脂肪蓄積の多い牛の方が，初回発情時期が早いことを認めている．

(2) 発情周期の長さ　estrous cycle length

牛の発情周期の長さは大部分のものが18～24日の範囲にあり，平均約21日である．経産牛では平均21.3 ± 3.7日で，未経産牛の平均20.2 ± 2.3日に比べて約1日長い．一般に栄養状態の良いものは短く，不良なものは長くなる傾向がある．また，季節的には夏季，温湿度指数（temperature humidity index；THI）が72を超える暑熱ストレス下では，指数の上昇に伴い長くなる傾向がある．

なお，未経産牛で性成熟に達しての初回排卵から次回排卵，および経産牛で分娩後の初回排卵から次回排卵までの日数は，いずれも8～15日と短いものが多い．特に初回排卵が鈍性発情の場合には，そのほとんどが短周期を示すが，次の発情周期からは正常の範囲になることが観察されている．

(3) 発情徴候　estrous signs
a. 発情期の挙動　estrous behavior

発情牛は眼が充血して眼つきが鋭くなり，しきりに咆哮し，一般に音に敏感になる．また，落ち着きなく歩き回ることが多くなり，少量ずつ頻繁に排尿するようになる．個体によっては，食欲が減退し，反芻が少なくなり，泌乳量が減少するものがある．

発情牛の最も特徴的な挙動として，群飼されている場合に他の牛に乗駕したり，あるいは乗駕されることが挙げられる．発情期には，雄牛や他の雌牛に乗駕されても逃げることなく静かにこれを許容するので，この状態は"standing estrus / heat"と呼ばれ，発情を発見するための指標とされている．三宅 (1970) によれば，表4.2に示すように，発情牛は他の牛に乗駕す

表4.1　異なった栄養水準で飼養したホルスタイン種育成雌牛の初回発情月齢と体重（Sorensen et al., 1959）

TDN 摂取	初回発情の月齢 平均（範囲）	初回発情時の体重 平均（lb）（範囲）
低（60%）	16.6（13.6～18.5）	540（430～575）
中（100%）	11.3（8.5～12.7）	580（440～650）
高（140%）	8.5（6.7～9.9）	580（460～640）

表 4.2 牛の発情周期における行動の比較（三宅，1970）

	発情牛	非発情牛
例数	7	7
乗駕回数/1時間	2～14　（9.6）	0～2　（0.4）
被乗駕回数/1時間	17～44　（29.6）	0～1　（0.2）
運歩数/1時間	862～1821（1279.4）	186～658（313.0）

注：（ ）内は平均値．

る回数よりも乗駕される回数が約3倍も多く，1時間平均30回に達し，また歩行数が非発情牛の約4倍も多く，行動が著しく活発になることがわかる．

発情時の被乗駕行動と歩行数の変化には季節差があり，冬季は他の季節に比べて被乗駕の頻度が高く，発情中に乗駕される総回数も多い．また冬季には，時間あたりの歩行数も増加する傾向がある．

b． 外陰部の充血，腫脹

外陰部は黄体期には緊縮して陰唇に皺がみられるが，発情期にはエストロジェンの作用により腫脹し，陰唇の皺はなくなる．陰唇を指で広げると，陰唇粘膜は充血して光沢を増し湿潤になっている．また，発情期には主として子宮頸管から多量の透明な粘液が分泌され，これが膣内に溜まり，さらに外陰部から漏出して垂れ下がったり，尾にからまったり尻に付着しているのがみられる．

（4） 発情持続時間　duration of estrus

発情持続時間とは，発情期の最初の standing estrus が開始してから最後の standing estrus が終了するまでの時間のことである．個体差が大きく数十分～30時間以上とかなりの開きがあるが，多くの牛がおよそ10～18時間の範囲にあるとされている．Trimberger (1948) によると，乳用種の経産牛では平均17.8時間，未経産牛では15.3時間であるという．また午後発情を開始した牛は，朝から発情を開始した牛よりも発情持続時間が2～4時間長いことを認めている．一方，最近の乳牛は高泌乳化に伴い発情持続時間が短縮し，発情徴候が弱まる傾向にあり，Dransfield et al. (1998) による17農場2055頭の調査では，発情持続時間は平均7.1±5.4時間で，その間に8.5±6.6回しか乗駕されていない．また Wiltbank et al. (2006) は，乳量と発情持続時間は反比例の関係にあり，乳量の多い牛ほど発情持続時間が短くなる傾向のあることを認

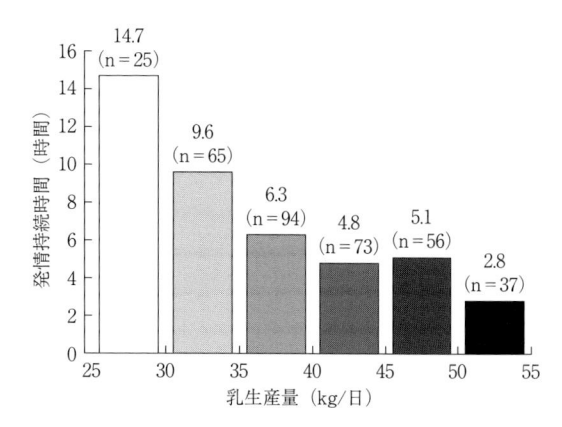

図 4.1　乳牛の乳生産量と発情持続時間の関係（Wiltbank et al., 2006 を改変）

めている（図4.1）．

White et al. (2002) によれば，肉用種の発情持続時間の平均は春季が13.9時間，冬季が15.5時間，夏季が17.6時間と季節によっても差があるとされ，乳用種でも季節的に同様の傾向が認められている．一般に発情持続時間は年齢の増加につれて長くなる傾向があり，また栄養状態の良いものは短く，悪いものは長い傾向がある．なお，交尾刺激，GTH（LH または hCG），およびプロジェステロンの投与は，発情の終了を早めることが認められている．

発情の開始時刻は，夜中から早朝までのものが多く，午後から開始するものは少ないとされている．桝田ら (1950) によれば，208例の調査で，午前中に開始したものが125例 (60.1%)，午後から開始のものが83例 (39.9%)で，午前4～10時の間に開始したものが最も多いという．一方，Nebel et al. (2000) は，乳用種の未経産牛と経産牛の発情開始時刻は，給餌や搾乳，運動場への移動など，行動量の増加する時間帯に多くなる傾向があるとし，単純な時間帯による差ではない可能性を示唆している．

（5） 発情周期に伴う卵巣の変化（卵巣周期）

牛の発情周期に伴う卵巣の変化は図4.2，4.3に示すとおりであるが，これらは直腸検査および超音波画像診断装置による検査によって追跡することができる．

a． 卵胞の発育および排卵

卵胞は黄体期にも発育と退行を繰り返しており，これを卵胞波または卵胞ウェーブ（follicular wave）と

呼ぶ．牛では1発情周期に2〜3回の卵胞波が認められ，排卵に至る卵胞は発情周期の中頃から発育を始め，発情の開始まではゆっくり発育する．発情期に入るとその速度は増加し，排卵直前には著明な膨張が起こり，卵巣の表面に隆起して毛細血管が分布しない排卵斑を形成する．この成熟卵胞の直径は，12〜24 mm に達する．

White et al.（2002）による肉牛の調査では，排卵は季節に関係なく，発情開始後平均 31.1 ± 0.6 時間（最短 21.5 時間，最長 42.8 時間）に起こり，64％の牛が発情開始後 28〜33 時間に排卵していた．また，発情終了後排卵までの時間については，夏季が平均 13.5 ± 0.9 時間で，冬季の 16.3 ± 0.9 時間，春季の 16.6 ± 1.2 時間より約3時間短かったが，これは夏季の発情持続時間が他の季節よりも長いためと考えられる．早いものでは発情期中に排卵が起こるが，これはまれであって，大部分のものは発情終了後に起こる．

牛は本来単排卵動物であり，通常は1発情期に1個排卵するが，まれに2個あるいはそれ以上排卵することがある．この複数排卵（multiple ovulation）の頻度は品種によって差があり，肉用種では80例に1回程度の割合で起こるが，ホルスタイン種の経産牛では数％〜数十％といわれている．ホルスタイン種では乳量の増加に伴って複数排卵が増える傾向にあり，Lopez et al.（2005）は，日乳量が 30 kg を下回る牛はすべて単排卵だったのに対し，50 kg を超える牛では約半数が複数排卵したと報告している（図 4.4）．

左右の卵巣で排卵の起こる頻度を比較すると，右卵巣の 57〜64％ に対して左卵巣では 36〜43％ となっており，右からの排卵の頻度が高いことが認められている．

b. 黄体形成および黄体退行

排卵時に卵胞の破裂部位から少量の出血が起こるが，短時間で血液は凝固して卵巣の表面に突出し，この凝固血液は初期の黄体のキャップのような状態で数日存在する．排卵直後の卵胞腔は陥没，縮小し，少量の血液と卵胞液を含んで柔軟となる（出血体）が，まもなく卵胞壁に由来する黄体細胞が急速に増殖して卵胞腔を充填し，黄体が形成される．

黄体は排卵後7〜8日で完成して開花期黄体となり，その長径は 20〜25 mm，重さ約 5 g に達する．開花期黄体の形状は球状〜卵状を呈するが，その容積の 1/3〜1/2 が，卵胞の破裂口から卵巣の表面にきのこ状に突出するものが多い．この黄体の突起は，直腸検

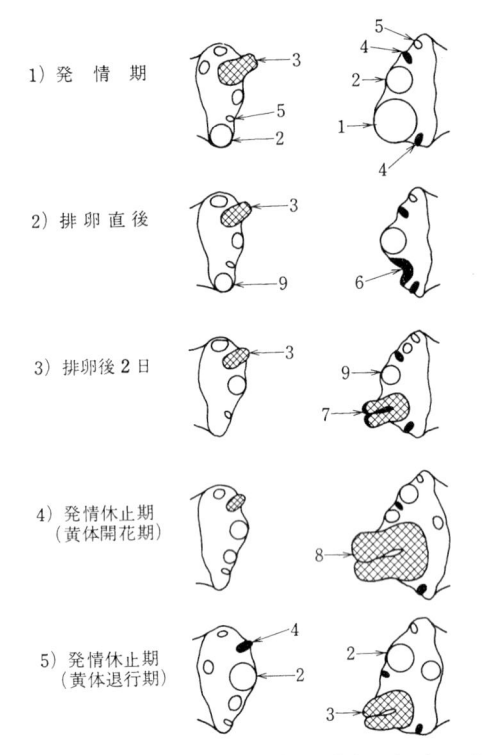

図 4.2 牛の発情周期に伴う卵巣変化の模式図（山内原図）
1:成熟卵胞, 2:中型卵胞, 3:退行しつつある黄体（黄褐色）, 4:赤体（レンガ色）, 5:白体, 6:排卵部位（出血）, 7:発育期黄体（中腔に凝固血液を含む）, 8:開花期黄体（明るい黄色）, 9:閉鎖卵胞．

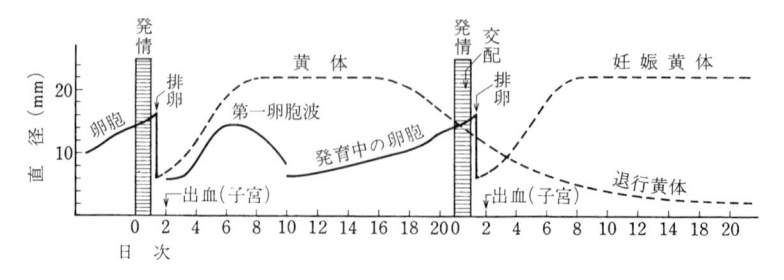

図 4.3 牛の卵巣周期の模式図（Dukes, 1955 を改変）

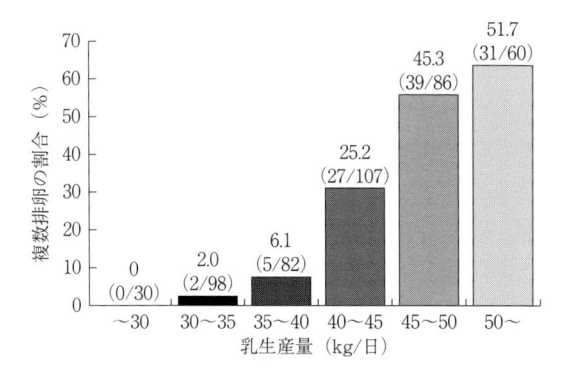

図 4.4 乳牛の乳生産量と複数排卵の割合（Lopez et al., 2005 を改変）

査によって容易に触知される．

また黄体の形成に伴って卵胞が発育し，排卵後 4～5 日で成熟卵胞の大きさに達するものもあるが，排卵に至らず閉鎖退行する（第一卵胞波；first follicular wave）．

黄体のプロジェステロン分泌は，LH サージ直後に一過性の増加を示した後，排卵に伴っていったん低下し，その後徐々に増加して黄体開花期に最高に達する（図 3.3 参照）．黄体のホルモン分泌活動は排卵後 14～15 日まで続いた後低下するが，形状の縮小はやや緩慢で，次の発情期にも黄体の突起は触知できる．発情黄体が退行して赤褐色になった赤体は，数周期にわたって肉眼的に認められる．一方，妊娠黄体が退行すると，瘢痕として結合組織のみが残って白っぽい白体となり，ほぼ生涯にわたり卵巣に残存する．

(6) 発情周期に伴う副生殖器の変化
a. 子 宮

子宮は，発情期には子宮筋の緊張度が増し，蠕動様の収縮運動が増大する．また，触診の刺激に敏感に反応して強く収縮し，ソーセージ様の感触を呈する．発情牛が雄牛をみるだけでも収縮運動は増強し，雄牛が雌牛の外陰部の臭いを嗅ぐことによっても同様の変化が起こるが，その持続時間は短く，雄牛の乗駕によって子宮収縮が長く起こり，交尾によって最大の収縮が起こる．この収縮運動は，あらかじめエストロジェンによって感受性の高められた子宮がオキシトシンの作用を受けて起こすもので，精子の上行を助け受精の成否にも影響する．

子宮腺からは粘液が分泌されるが，その量は子宮頸管や腟から分泌される粘液のように多くない．分泌液の量や性質は発情周期の時期によって変化し，発情期の分泌液は水様で，量は 2 mℓ 程度であり，超音波画像診断装置による子宮の断層像においてもその存在が認められる．発情終了後は粘液に血液が混じり粘稠となり，量は急激に減少する．黄体期には灰白色で濃厚な粘液となる．

発情後の子宮からの出血については，3.4（2）b 項（p.62）で述べたとおりである．かつては，この出血の受胎への影響が懸念されていたが，未経産牛，経産牛ともに，出血の有無と受胎とは何ら関係のないことが明らかになっている．

b. 子宮頸管および頸管粘液

子宮頸管は，黄体期には充血がなく，細く緊縮し，灰白色半透明の糊状またはゼリー状の頸管粘液によってふさがれており，子宮頸腟部も緊縮して小さく，外子宮口は閉鎖している．しかし，発情の 1～2 日前から充血と弛緩が始まり，頸管粘液は液化して流動性を帯びてくる．発情期には充血，腫脹，弛緩が著明となり，頸管粘膜から多量の粘液を分泌する．腟検査を行えば，充血，弛緩した外子宮口から粘液の漏出がみられる．発情期の頸管粘液は透明，水飴状で牽縷性（けんる）に富み，腟を通って外陰部から流出垂下する．発情終了後は粘液の量が減少し，牽縷性はなくなり，しだいに白色を帯び濃厚となるが，子宮からの血液が混入するので色は一様でない．発情終了後 3～4 日を経れば，子宮頸管および粘液の状態は黄体期の所見となる．

ⅰ) 頸管粘液の結晶形成現象　発情期の頸管粘液をスライドグラスに塗抹して乾燥すると，羊歯状または羽毛状の結晶像が出現するが，発情期以外にはこのような現象はみられない．

高嶺・吉田（1961）はその結晶形が羊歯状で定型的なものを（♯），その程度により（♯）または（＋）とし，結晶形を呈さないものを（−）として 4 段階に区分した．発情期粘液は（♯）〜（♯）のものが大部分で 85％を占め，特に発情中期，末期において顕著である．発情休止期にあっては（＋）〜（−）のものが 87％で，極めて稀に（♯）のものもあるが，これは卵巣機能の変調なものとみられる（図 4.5）．

この結晶は粘液中に含まれる NaCl に由来するもので，発情期においては粘液中の NaCl 濃度が高まると

ともに高粘性物質との量的関係によって，NaClが羊歯状に晶出するといわれている．

ⅱ) 頸管粘液の精子受容性 sperm receptivity

頸管粘液は，発情周期の黄体期および妊娠期には子宮を腟から遮断する粘液栓の役割を果たしているが，発情期に限って精子が進入できて，さらにその生存および運動に適する性状に変化する．このような精子の活動に影響を及ぼす粘液の性質を，精子受容性と称する．精子受容性は，スライドグラス上に頸管粘液と精液を各1滴とり，両者の界面における精子の進入状態を顕微鏡下で観察して調べる．

高嶺・吉田（1961）は，界面の一部あるいは全域において精子が活発に頸管粘液中に深く進入し，進入精子の大多数が活発に前進するものを（#）とし，その程度のやや劣るものを（#），精子の進入が少なく，進入度が浅く，進入精子の過半数が運動微弱なものを（+），界面から精子進入がみられないか，進入精子がすべて速やかに運動性を失うものを（−）とした．

発情初期の粘液の精子受容性は（#）～（#）のものと，（+）～（−）のものが相半ばしているが，発情の中期，末期には粘液の大部分は（#）～（#）となり，（+）～（−）は極めてわずかにすぎない．発情休止期には（#）のものはなく，大部分が（−）となり，（+）のものは少数である（図4.6）．

頸管粘液の精子受容性は，その成分であるムコ多糖類中のシアル酸含量と関連があり，シアル酸濃度は発情期に最低となり，妊娠期に最高となることが示されている．また，頸管粘液のムチン分子の構造が発情周期に伴って変化し，黄体期には線維性のムチン分子が網状構造をつくって精子の進入を妨げるが，発情期には分子が集束してミセルを形成し，平行して配列するため，分子間に間隙ができて精子が進入しやすくなると考えられている．

牛における頸管粘液の精子受容性と上記の結晶形成

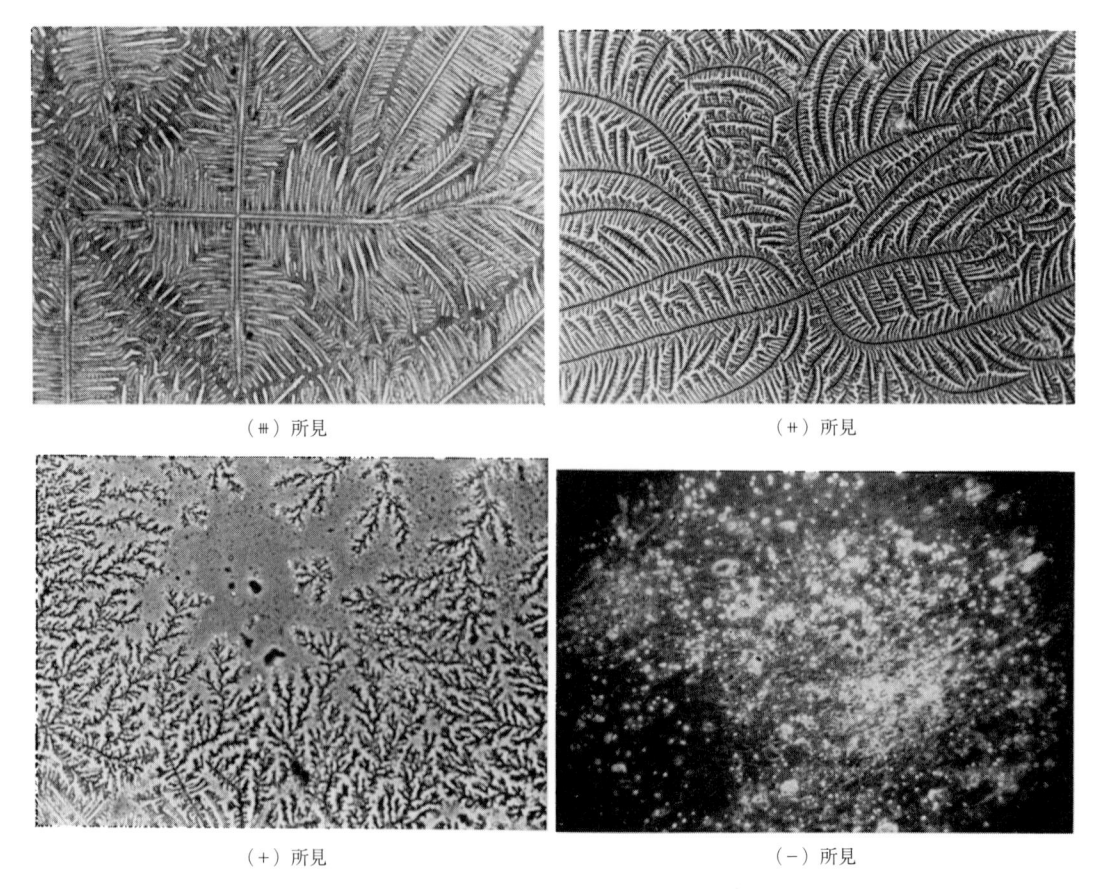

（#）所見　　　　　　　　　　　　（#）所見

（+）所見　　　　　　　　　　　　（−）所見

図4.5 牛の頸管粘液の結晶形成像（高嶺提供）

現象は，ともに性ホルモンの影響を受け，両者の発現には密接な関係がある．両者が高度に発現している牛では，受胎率が高いことが認められている．

ⅲ） 頸管粘液の pH と電気伝導度および電気抵抗値 牛の頸管粘液の pH は，発情期には黄体期よりも低値を示す．森ら（1979）は pH メーターの電極を外子宮口に直接当てて測定を行い，黄体期の平均値は 6.8〜7.4 であるが，発情期には 6.5 に低下すると報告している．

前述の頸管粘液中の NaCl などの塩化物を含む電解質イオン濃度の変動と関連して，粘液の電気伝導度および電気抵抗値は発情周期に伴って変化する．すなわち，電気伝導度は黄体期には低値で推移するが，発情の2〜3日前から上昇傾向を示し，発情期には最高値を示す（森ら，1979）．また，電気抵抗値は電気伝導度とは逆に，黄体期に高値で推移し，発情期に最低値となり，その後上昇することが示されている（高橋，1986）．

（7） 分娩後の発情回帰 postpartum estrus

牛では，分娩後に 30〜60 日程度の生理的な無発情期間（postpartum anestrus period）があり，この間に妊娠子宮は妊娠前の状態に修復する．この期間の長短には，牛の年齢，産歴および分娩前後における飼養環境，飼養管理ならびに衛生状態など，多くの要因が関与していることが指摘されており，特に分娩状況，栄養摂取量および泌乳（搾乳あるいは哺乳）と密接に関係していることが示されている．

難産や胎盤停滞を起こした牛は，子宮の修復が遅れ，卵巣機能の回復も遅延する．これは，分娩時子宮内に侵入した細菌が長期間残留して，子宮の修復を阻害するためと考えられ，分娩後2週間以内に治療すると，卵巣機能の回復も早まることが知られている．

栄養摂取量との関連で Dunn et al.（1969）は，分娩前に高水準のエネルギーを摂取した肉牛では，分娩後 60 日以内の発情発現率（69%）が，低水準のエネルギーを摂取した牛（44%）に比べて高いことを示している．また乳牛では，高泌乳化により泌乳初期のエネルギー不足が深刻化したことに伴い，分娩後の初回発情回帰日数が延長する傾向を示している（表 9.4 参照）．

泌乳との関連では，ホルスタイン種において1日2回搾乳しているものは，分娩後平均 45 日くらいで発情が回帰するが，1日3〜5回搾乳を行うとこの期間が 60 日以上に延長する．また，随時子牛に哺乳している肉牛では，分娩後の発情回帰が乳牛より遅いことや，哺乳子牛を離乳させると数日中に明瞭な発情が発現することはよく知られている．

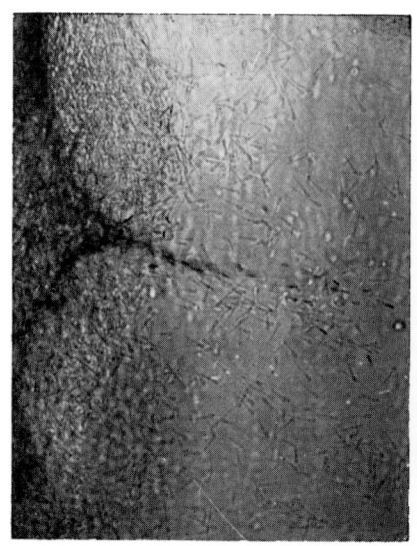

精子受容性（＃）　　　　　　精子受容性（＋）〜（−）

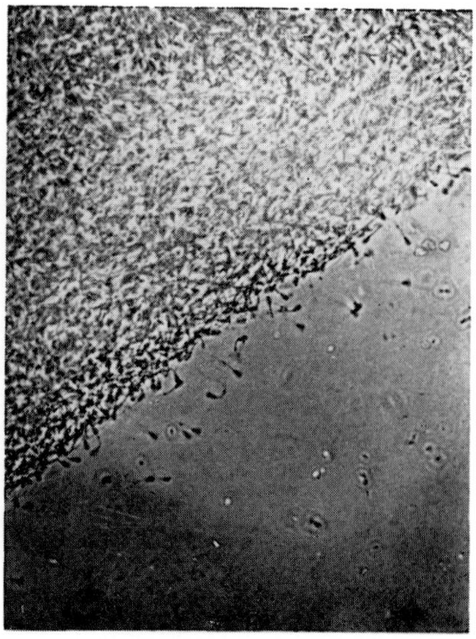

図 4.6 牛の頸管粘液の精子受容性（高嶺提供）

泌乳による生殖機能の抑制は内分泌的に調節されており，泌乳を制御する PRL は中枢から末梢まですべての生殖機能に対して抑制的に働く．PRL は，視床下部の生殖中枢に働き性欲を抑制し，キスペプチンと GnRH の産生を抑え，パルスの発生頻度を低減させる．また下垂体の GTH 分泌と卵巣のエストロジェン合成を抑制する．しかし，反芻動物の泌乳維持には PRL よりも成長ホルモンが強く関与しており，PRL の血中濃度が低いため，牛における泌乳期の生殖機能抑制は単胃動物ほど強くない．

Casida et al.（1968）は，牛の分娩後の第 1 回の排卵に際して，46.5% の牛は発情徴候を伴わない，すなわち半数の牛は鈍性発情であると述べている．また，子牛による哺乳または 1 日 4 回搾乳は，子宮の修復を促進するが発情の発来を遅らせること，および分娩後第 1 回の発情期における交配による受胎率は，第 2 回以降の発情期におけるそれよりも低いことを指摘している．

表 4.3 牛の授精時期と受胎率（Trimberger and Davis, 1943）

授精時期		授精頭数	受胎頭数	受胎率（%）
発情初期		25	11	44.0
発情中期		40	33	82.5
発情末期		40	30	75.0
発情終了後（時間）	0〜6	40	25	62.5
	7〜12	25	8	32.0
	13〜18	25	7	28.0
	19〜24	25	3	12.0
	25〜36	25	2	8.0
	37〜48	25	0	0

(8) 発情周期における性ホルモンの動態
【⇒ 3.3（1）項（p.58）を参照】

(9) 交配適期

射精あるいは人工授精された牛の精子が，雌の生殖道を通って受精部位である卵管膨大部に到達するまでの時間は意外に早く，一部は数分で到達するが，多数が到達するには約 2 時間を要する（Thibault, 1973）．また牛精子は，雌の生殖器内において 3〜4 時間かけて受精能を獲得し，受精能保有時間は授精後 24〜30 時間といわれる．一方，卵子の受精能保有時間は 10〜12 時間とされ，排卵後 2 時間くらいで受精した卵子の発生能が高いといわれている．

牛における排卵は，多くが発情開始後 28〜33 時間，発情終了後 12〜18 時間に起こるので，精子と卵子の会合のためには，発情終了後数時間に授精することが理論的に最も条件が良いことになる．しかし実際の交配時期と受胎率の関係をみると，表 4.3，図 4.7，4.8 に示すように，発情初期の授精では受胎率が低く，発情中期頃の授精による受胎率は高いことが示されている．その後は時間の経過とともに，徐々に受胎率が低下している．

交配適期に関する実用的指針として，Trimberger（1948）は，①発情を早朝（9 時以前）に発見した場合は，その日の午後が授精適期で，翌日では遅すぎる，②発情を午前中（9 時〜正午）に発見した場合は，その日

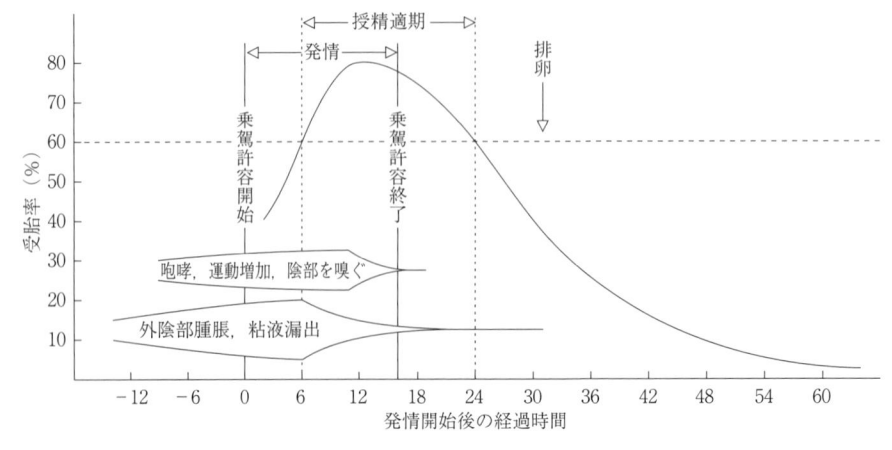

図 4.7 牛の発情徴候と受胎率の関係（Salisbury et al., 1978 を改変）

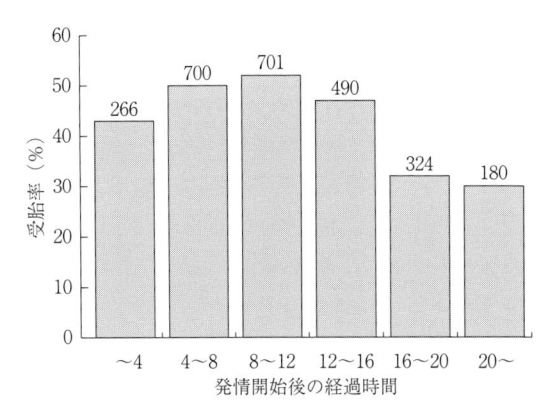

図4.8 乳牛の授精時期と受胎率（Nebel et al., 2000を改変）
各グラフ上の数字は授精頭数.

の夕刻または翌日の早朝が適期で，午前10時以降では遅すぎる．③発情を午後発見した場合は，翌日の午前中が適期で，午後2時以降は遅すぎる，としている．この指針に基づき，まず朝・夕それぞれ30分程度の発情観察を実施（発情の75〜80%が発見できるとされる）し，午前中に発情を見つけたら午後，午後見つけたら翌日午前中に授精するAM-PM法が広く実践されている．一方，Dransfield et al. (1998) は，高泌乳化した最近の乳牛においては発情開始後4〜12時間が授精適期であるとし，以前適期とされていた6〜24時間よりやや前倒しの授精を推奨している．

〔平子　誠〕

4.2 馬の発情周期

(1) 性成熟

雄馬では，生後約12カ月から精巣が著明に発育し始め，生後13〜14カ月で精子形成が開始されるが，性成熟過程はゆっくり進み，受精可能な精子の射出が可能となるのは生後25〜28カ月である．

雌馬では，排卵を伴う発情を初めて発現するのは生後15〜18カ月である．しかし性成熟の発来は繁殖季節によって左右され，この月齢では非繁殖季節にあたるものが多く，初回発情を示すのは翌春で，生後20〜30カ月になる場合が多い．

馬の繁殖供用適齢は牛に比べて遅く，雌馬の場合は通常3歳の春となっている．

(2) 繁殖季節　breeding season

雌馬の繁殖季節は，北半球では4〜9月，南半球では10〜3月である．わが国では3〜7月で，この期間に発情周期が反復して現れる．前述のように馬は長日繁殖動物で，視床下部が日照時間の延長に感応して興奮性を高め，GnRHを介して下垂体-生殖腺系の活動をもたらすため，人工照明による日照時間の人為的延長によって，繁殖季節の到来を早めることが可能である．

雄馬は年間を通じて交尾能，受精能を備えているので，特に繁殖季節をもたないといえるが，精液中の膠様物の出現には季節的な変動がみられる（p.18参照）．

(3) 発情周期の長さ

馬の発情周期の長さは19〜26日のものが多く，平均22〜23日である．しかし，発情周期のうち約1週間は発情期であるので，発情終了から次回の発情開始までの日数は約2週間ということになる．発情周期の長さは，栄養状態の良好なものは短く，悪いものは長く，また繁殖季節が進むにつれて短縮する傾向がある．

なお，繁殖季節の開始期および終了期には，不規則な発情周期で異常な発情や排卵がみられるが，これは後述のように生理的な経過であって，卵巣の病的な状態による異常発情とは区別されるべきものである．

(4) 発情徴候および発情持続日数

発情徴候は，初めは軽微であるが，徐々に明瞭となり，発情開始後2〜3日で最高潮に達し，その状態を2〜4日間持続して，排卵後約1日半で消失する．発情持続日数は4〜11日のものが多く，平均7日である．

外部から観察される発情徴候（外部発情徴候）は，個体により顕著なものと軽微なものがあるが，一般に雄馬の接近を許し，腰をかがめ尾を上げて少量ずつしきりに排尿するとともに，陰唇を開閉して陰唇粘膜や陰核を露出する（ライトニング；lightening）．興奮，不安などの状態は牛のように明瞭でなく，また牛にみられるような雌どうしの乗り合い（乗駕）の行動は示さない．

外陰部は，排卵後10日前後の黄体開花期に最も緊縮，縮小して，肛門に向かって上方につり上げられた状態を呈するが，発情時には腫大弛緩して下垂する．

この状態は, 発情の判定に役立つ所見である (図4.9).

腟検査を行うと, 子宮頸腟部は黄体期には最も緊縮して外子宮口も堅く閉鎖しているが, 発情期には充血, 腫大, 弛緩して, 皺襞状の薄い膜となって腟底に下垂する (図4.10).

腟粘膜は, 発情期には湿潤で光沢を有し, 発情初期には充血して鮮明な赤色を呈するが, 発情の中期以降は浮腫が加わるため帯黄赤色を呈する.

腟粘液は, 小スライドグラスを直接子宮頸腟部に押捺して採取し, その付着状態を肉眼的に検査するとともに, ギムザ染色してその細胞成分などを顕微鏡的に検査する. この検査をスタンプスメアー法 (stamp smear method) といい, 発情周期の時期, 特に交配適期の判定のほかに, 妊娠診断にも用いられる (8.5 (2)

c項 (p.187) 参照).

また腟粘液は, 発情前1〜2日には量が増加し, 水様透明で, スライドグラス上にはびまん性に付着し, 乾燥後にうすい痕跡を残すにすぎない. 発情の中頃に至ればしだいに牽縷性を帯び, 排卵前日および当日には特に著明となり, 波紋状に付着する. ついで排卵とともに粘液は減少し, かつ灰白色不透明牛乳様となり, 牽縷性は速やかに消失して付着は雲形状となり, 乾燥後は灰白色不透明で光沢がない. この時期は排卵後3〜5日で, エストロジェンの作用の少ない時期に相当する. その後, 粘液量は減じて濃厚となり, 粘着性を増加し, 排卵後8〜11日頃には極めて著しく, 灰白色半透明であたかも糊状を呈して, グラス面には外子宮口の形状に斑点状または絣状に付着し, 乾燥後は不透明で光沢を有する. この時期は黄体期で, ジェスタージェンの作用を受けた所見である. この所見は黄体の退行とともに, しだいに発情前期の状態に進行する (図4.11).

繁殖季節の前後に生理的な経過として認められる異常発情として, 鈍性発情と持続性発情が挙げられる (「微弱発情」という表記もあるが, ここでは用いない). 鈍性発情では, 排卵は起こるが発情 (行動) を示さないもので, 発現率は6%であるといわれており, 未経産馬や若い馬に発生が多い. 持続性発情は, 卵胞の発育, 閉鎖退行が連続して起こるため発情が持続的に認められるもので, 健康な雌馬においても繁殖季節の初めにはみられ, やがて排卵が起こってその後は正常発情周期がみられるようになる. これらの異常発情は,

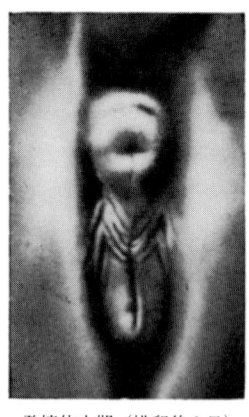

発情休止期 (排卵後9日)
緊張して肛門に向かって
つり上げられた状態.

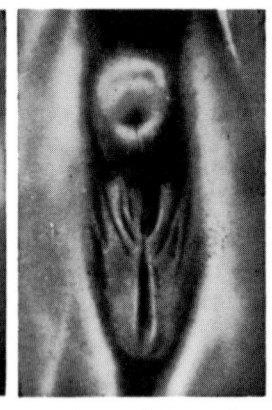

発情第6日 (排卵2日前)
腫脹, 弛緩して下垂する.

図4.9 馬の外陰部と皺襞の状態 (佐藤・星原図)

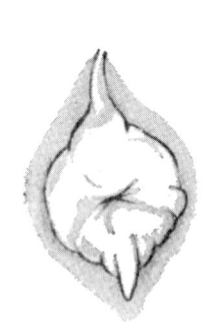

発情休止期
(排卵後8日)

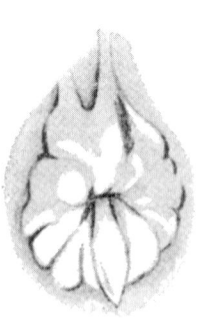

発情第1日

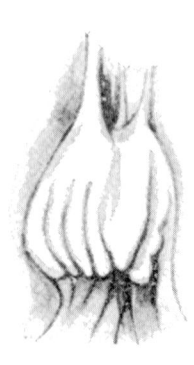

発情第6日
(排卵前2日)

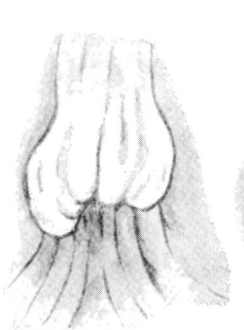

発情第8日
(最終日, 排卵直後)

(排卵後3日)

図4.10 馬の発情周期に伴う子宮頸腟部形状の変化 (佐藤・星原図)

4.2 馬の発情周期

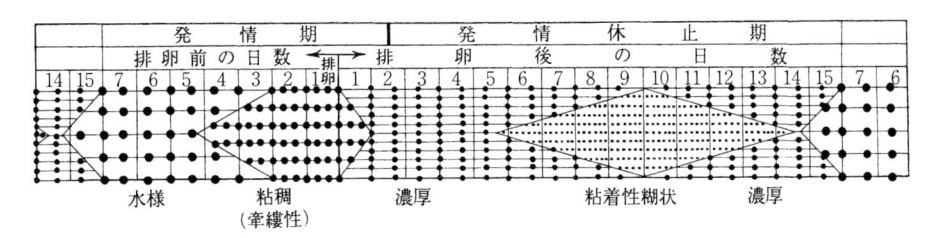

図 4.11 馬における腟粘液性状の周期的変化の模式図（佐藤・星原図）

繁殖季節の前後において，視床下部の GnRH 分泌能が上昇中あるいは下降中であって APG の分泌が十分でないため，卵胞が発育途中で閉鎖退行したり，排卵が遅延することによって生ずるものと推察される．

(5) 発情周期に伴う卵巣の変化（卵巣周期）

馬においては，発情休止期の中頃（発情周期の 13 日前後）に主卵胞波（major wave）の第 1 波（primary wave）が発生し，主席卵胞（dominant follicle）が選抜されて発育し，発情を伴って排卵する．発情期の後期ないし発情休止期の初期に主卵胞波の第 2 波（secondary wave）が発生し，その主席卵胞は発情休止期に排卵あるいは退行する．馬の卵胞波には主卵胞波と副卵胞波（minor wave）があり（Ginther and Bergfelt, 1992），副卵胞波においては主席卵胞の選抜は起こらない（Ginther, 1993）．

主席卵胞と最大次席卵胞の選抜は，卵胞波発現後 3 日には明らかであり，最大次席卵胞は卵胞発育波発現後 4 日には発育を止める．発情の開始に先立って数個の卵胞が直径 1～3 cm となり，発情第 1 日までに 1 個の卵胞が主席卵胞として選抜され，直径 3.0～4.5 cm の大きさに発育する（Ginther, 1993）．発情期にはこの主席卵胞が成熟し，直径 4.0～5.5 cm となって排卵する．排卵後，他の卵胞は発情休止期の初めの 4～9 日間に退行し，直径 1.0 cm 以上の卵胞はみられなくなる．成熟して排卵に至るのは 1 発情期に通常 1 個であるが，Osborne (1966) および Hughes et al. (1972) によると，2 個以上の排卵が起こる頻度はそれぞれ 14.5%，25.5% であり，双子の発生頻度はそれぞれ 1%，5% であったという．

馬の排卵は発情の末期に起こり，排卵とともに発情徴候は減退し始め，約 1 日半後に発情は終わる．排卵直前の成熟卵胞の直径は通常 5 cm 前後に達し，他の動物に比べて大きく，直腸検査によって容易に触知することができる．

馬の卵巣は前述のように強靭な腹膜で覆われているが，卵巣下面の排卵窩だけは腹膜を欠いており，排卵はここから行われる．

排卵前数時間には，成熟卵胞は軟化して張りがなくなる．排卵に際して，排卵した卵胞腔内にはかなり著明な出血が起こり，血液で充満され，24 時間もすると血液は凝固する（出血体）．排卵後 2～3 日には，卵胞壁から卵胞腔内に向けて黄体細胞層が分葉状に発生し，弾力のある組織塊として触知される．排卵後 4～5 日で黄体は完成するが，その大きさは直径 3.0 cm 前後と成熟卵胞より小さい．また，牛の黄体のように卵巣表面に隆起することはなく，直腸検査によって触知することは困難である．超音波画像診断装置による卵巣の断層像において，円～楕円形の，卵巣支質より輝度のやや弱い，エコージェニックな領域として描出される．不妊の場合は，黄体は排卵後 12～14 日に退行を開始し，次の卵胞の発育が起こる（図 4.12）．

(6) 発情周期における性ホルモンの動態

雌馬の発情周期における血中性ホルモン濃度の推移を図 4.13 に示す．FSH 濃度には 10～12 日間隔の 2 相性のサージがみられる．第 1 サージは排卵直後に起こり，第 2 サージは次の排卵前 10 日前後の発情休止期の中頃～後半に起こる．この FSH のサージは雌馬特有のものであり，新しい卵胞の発育を開始させ，新たに発育した卵胞の 1 つが次の発情期に排卵する（Evans and Irvine, 1975）．LH 分泌パターンは特異的であり，急激なサージ状放出は起こらず，徐々に増加し，排卵前後の 5～6 日間にわたり高い濃度を維持した後，減少する．エストロジェン濃度は発情期にピークを示し，排卵後 1～2 日には基底値を示す．血中プ

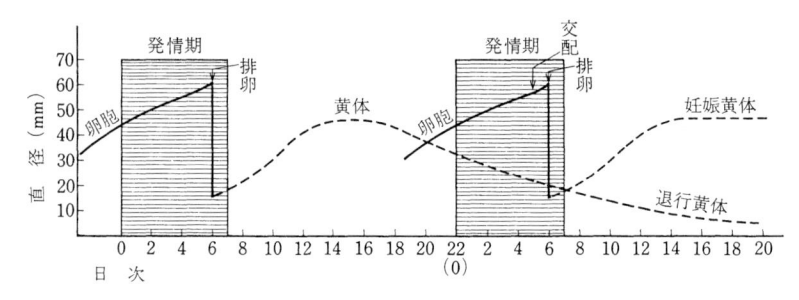

図4.12 馬の卵巣周期の模式図（Dukes, 1955を改変）

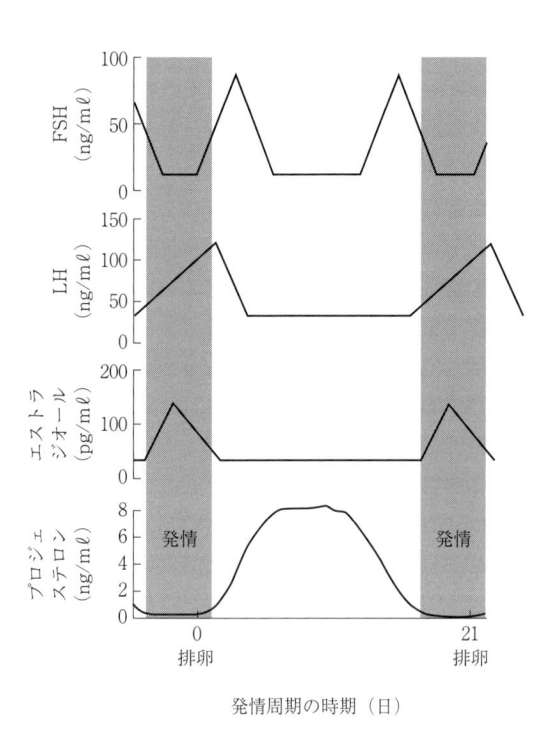

図4.13 雌馬の発情周期における血中性ホルモン濃度の推移（Noakes, 2009を改変）

ロジェステロン濃度は，排卵後6日までに7～8ng/mlに増加して，その濃度水準を2週間ほど維持する．なおプロジェステロン濃度については，その測定に用いるプロジェステロン抗体が他のジェスタージェンと交差するため，用いた抗体によりかなりの濃度差がみられる．

（7）交配適期

馬の発情持続日数は平均7日と長く，かつ4～11日と変動範囲も大きいので，発情開始日から起算して排卵日を予測することは困難である．

馬の発情徴候は発情期の中頃から顕著となり，この発情徴候極期の最終日がほぼ排卵日に該当することを佐藤・星（1939）は明らかにした．同じく，発情徴候は発情期を通じて漸次増強し，排卵に近づくにつれて顕著となることが報告されている（Ginther, 1979）．佐藤・星らの発情・排卵成績をもとにして実際の交配成績を調査した結果，図4.14に示すように，排卵当日，排卵前日および前2日の3日間に交配したものの受胎成績は61～65％，排卵前3日および排卵翌日は53～54％，排卵前4日は40％，5日以上前はわずか10％であった．排卵前2日より排卵当日までの交配は受胎成績が最も良好で，ここから隔たるにしたがって不良となっている．排卵当日のものにはすでに排卵したものも若干含まれていることが推察されるが，受胎成績にはその影響は現れていない．また，排卵翌日の交配は若干の低下を示すが著しくはない．これらの点から，馬は排卵後においても時間の経過が長くない限り，かなりの確率で受胎するものと推察される．

以上のことから，馬の交配適期は排卵前2日より排卵当日まで，言い換えれば強い発情の最後の3日間であるということができる．

人工授精においては，冷却液状精液を用いる場合には，排卵前48時間から排卵後6時間の間に行う．排卵後6時間以降の人工授精では受胎はするものの，胚死滅を起こしやすい．用いる精液の性状あるいは受精能に不安がある場合には，排卵間近の時期が良い．凍結精液を用いる場合には，排卵前12時間～排卵後6時間に人工授精する．実際ほとんどの場合では，排卵後6時間以内に1回授精を行うか，排卵前1回と排卵後1回の合計2回授精を行っている．

馬の交配適期は，直腸検査を行って卵胞の発育状態から判定することが最も信頼性が高い．すなわち，卵胞が発育し，排卵窩が開大して卵胞によって占められ

種付時期区分	••••••↑•••↓	••••••↑•↓	•••••↑•••↓	••••↑•••↓	•••↑•••↓	••↑•••↓	•↑•••↓	↑•••↓	およびそれ以前に種付けしたもの	計
種付頭数	1	0	13	256	164	124	89	20	30	697
受胎頭数	0	0	7	155	100	81	47	8	3	401
受胎率	0	0	53.85%	60.55%	60.98%	65.32%	52.81%	40.00%	10.00%	57.53%

図4.14 馬の交配時期と受胎との関係（佐藤・星原図）
排卵は発情の低下した前日にあたる．また♂は交配（種付け）日を示す．
調査材料は，すべて発情の全経過が明白であり，1発情における交配は1回で，受胎能力の高いものである．

る，あるいはさらにこの部位が膨隆した時期が排卵に近く，交配適期と判定される．このような卵胞の発育状態は，卵巣の超音波画像診断装置によって描出される断層像において，詳細に観察することができる．Squires et al. (1988) は，触診による1個の大きな卵胞の柔軟化と，超音波画像検査によるその卵胞の著明な形の変化がともに認められる場合には，排卵が24時間以内に起こることを示した．同様の現象はCarnevale et al. (1988) によっても示されている．

しかし実際には，すべての例において直腸検査や超音波画像検査を行うことは困難なので，試情によって発情の経過を観察するとともに，前述の子宮頸腟部，スタンプスメアー，外陰部などの所見を総合して排卵日を予測し，適期を判定する方法がとられている．

また，交配後2〜3日に発情の有無を検査（試情）することは大切である．発情徴候が減退または消失していれば，交配は適期に行われたことが示唆される．しかしなお強い発情が持続している場合は，まだ排卵しておらず，交配は早すぎたことが示唆されるので，さらに交配を重ねることによって受胎成績の向上が期待できる．

(8) 分娩後の発情回帰と第1回発情における交配

分娩後第1回の発情回帰は馬では早く，約90%が分娩後7〜9日，平均8日で発現する（分娩後発情あるいは子馬付発情；foal heat）．Daels et al. (1991) も，大部分の雌馬は分娩後7〜12日に排卵し，93%のものが分娩後15日までに排卵したことを示している．分娩から分娩後発情までの日数は，日本では平均8.6日 (Nishikawa, 1959)，アイルランドでは9.8日 (Cunningham et al., 1980；Badi et al., 1981) であることが報告されている．これが繁殖季節であれば，その後正常な発情周期を約21日の間隔で反復するようになる．

従来，分娩後数日で現れる第1回発情における交配による受胎率は高いものとされ，ドイツにおいては発情状態の良否に関係なく，分娩後11日に交配することが推奨されていた．しかし，佐藤・星らの調査では，第1回発情において交配した462例中，受胎したものは245例（受胎率53.0%），第2回以降の発情に交配した217例中，受胎したものは163例（受胎率75.1%）で，分娩後の初回発情よりも第2回以降の発情の受胎成績が良好であることが示されている．その理由としては，①馬の分娩の多くは早春であるため初回発情は3〜4月頃に多いが，この時期はまだ繁殖季節の初期で，発情に排卵を伴わないもののあることが推察されること，②初回発情の時期には分娩後の子宮が未だ十分に回復していないことが挙げられる．

Daels et al. (1991) も，分娩後発情の受胎率はその後の発情における受胎率よりもわずかに低いことを指摘している．なお，馬の分娩後の子宮修復は分娩後10〜15日に達成されるとされている． 〔加茂前秀夫〕

4.3 めん羊，山羊の発情周期

(1) 性成熟

発育に十分な栄養供給があれば，めん羊，山羊の性成熟期は雄・雌ともに生後5〜7カ月である．また，これらは季節繁殖動物であるため，生まれた時期と季節における日長の変化が性成熟の到来時期に影響を及ぼす．例えば，早春に生まれた雌は当歳の秋に発情を示すようになるが，晩春に生まれたものは当歳の秋には性成熟に達しないため，翌年の繁殖季節に入って初めて発情を示すことになる．栄養状態や発育の不良のものにおいて性成熟の到来が遅れることは，他の動物と同様である．性成熟期における第1回の排卵の際に

は発情徴候を示さないこと（鈍性発情）がしばしばあり，第2回の排卵から明瞭な発情を伴うことが知られている．

雌めん羊，山羊が当歳の秋に性成熟に達し発情を示しても，体の発育が十分でない場合が多い．一生を通じての生産性を考慮すると，繁殖供用開始適齢は9～18カ月となる．

(2) 繁殖季節

わが国において，めん羊は8月末までに約10％，9月中旬までに50％，9月末までに約90％，10月中旬までに98％のものがそれぞれ発情を示すことが認められている．山羊もほぼ同様であるが，めん羊よりも少し遅れ，10月に入って初めて発情を示すものも若干ある．在来種では，シバヤギのように周年繁殖を行う品種も存在する．妊娠しない場合は，めん羊，山羊とも1月末頃まで発情を繰り返す．

(3) 発情周期の長さ

発情周期の長さは，めん羊が14～19日，平均17日，山羊は18～23日，平均約20日である．繁殖季節の初期には，鈍性発情とともに発情周期の短縮がしばしば認められる．

(4) 発情徴候および発情持続時間

めん羊，山羊は，発情期には落ち着きがなくなりしきりに鳴き声を発し，尾を活発に振り動かす．他の雌に乗駕する行動は山羊ではときどきみられるが，めん羊では乗駕行動はほとんど示さない．外陰部の充血，腫脹も，山羊に比べてめん羊では明瞭でないため発情を発見しがたく，雄を用いて試情を行うのが普通である．

発情期には腟粘液が増量し，ときには外陰部から漏出することがある．この粘液の主体は子宮頸管粘膜から分泌されるもので，透明または淡い乳白色で牽縷性があり，発情期に限って精子受容性が高まる．発情末期には粘液の量は減少し，細胞成分に富み白濁し濃厚となる．

発情持続時間は品種により異なるが，めん羊が18～48時間，山羊が18～48時間であり，ともに繁殖季節の初期や末期には短い傾向がある．

(5) 発情周期における性ホルモンの動態

めん羊，山羊では，発情後6～8日にかけて血中プロジェステロン濃度が上昇し，その後15日前後まで高いレベルで維持される．山羊の黄体期においては，4～6日の周期で血中FSH濃度の増減が繰り返し起こり，上昇のタイミングが卵胞発育波の卵胞出現に関与していることが推測されている．黄体退行に伴って血中プロジェステロン濃度が低下すると，視床下部からのパルス状GnRH分泌は速やかに増加し，パルス状LH分泌が増加して血中エストロジェン濃度の上昇が起こる．エストロジェンの正のフィードバックによるGnRHサージは，めん羊，山羊ともに明瞭であり，LHサージおよび発情発現は多くの例で黄体退行開始から3日以内に起こる．

(6) 排卵と交配適期

排卵は発情の末期に起こり，めん羊では発情開始後24～30時間，山羊では同じく20～40時間の範囲内で起こる．排卵数は1発情期に1～3個であり，品種間で異なる．排卵数は栄養状態に左右され，交配前の一定期間に栄養価の高い高品質の給餌を行う（フラッシング）と，排卵数および産子数が増加することが知られている．2個以上の排卵発現率は牛・馬よりはるかに高く，通常20～40％といわれ，この場合の発情持続時間は変わらない．複数個排卵する際の排卵の間隔は，数時間を要するといわれている．卵胞は発情前2日頃から急速に発育し，排卵直前の成熟卵胞の大きさは品種間で異なるが，直径5～10mmの範囲である．排卵後約7日で黄体は開花期の状態となり，その直径は10mm前後である．めん羊，山羊ともに，非繁殖季節の無発情雌に対して雄の導入を行うと，雄から放出されるフェロモンの刺激によって，雌の排卵が誘起されることが知られている（雄効果；male effect）．この場合発情を伴わず，排卵後に形成される黄体は早期に退行する例が多い．

上述した排卵の時期を基準にして，卵子の受精能保有時間が12～15時間であることや，精子が卵管に到達するのに要する時間を考慮して，交配適期はめん羊で発情開始後20～25時間，山羊で25～30時間であり，おおよそ発情の中期～末期であるとされている．

〔田中知己〕

4.4 豚の発情周期

(1) 性成熟（春機発動）

雄豚は生後約125日齢で春機発動期に達し，すでに精巣で精子は観察されるが，受精能を獲得するにはさらに時間が必要である．最初の射精は5～8カ月齢に認められ，性成熟の時期は6～8カ月である．その後も精子数と精液量は18カ月齢頃まで増加する．なお，豚の精子形成サイクルは約34.4日であり，精子が精巣上体を通過するのには約10.2日を要する．

雌豚の性成熟の時期は，170～225日齢であることが知られている．雌豚の性成熟の促進には，雄豚房に雌豚を入れて接触させる方法が最も有効であり，無接触の場合の性成熟日齢（245日齢）と比較して，接触区は205日齢との報告も認められる．これは，成熟雄豚との接触により，雄豚の唾液中に存在するフェロモン（主成分は5α-androst-16-en-3-oneで，汗，尿，精漿中にも存在）が雌豚の鼻腔（鋤鼻器）へ直接移行接着することによって起こるといわれている（Booth, 1984；Pearce and Paterson, 1992）．なお，春機発動に到達する年齢は，品種，栄養水準，生活環境（単飼，群飼など），体重，季節，疾病および飼養管理により影響を受ける．

(2) 発情周期の長さ

発情周期の長さは平均21日（概ね19～23日）であり，発情持続時間は2～3日（平均40～60時間）であるが，その持続時間には変動が認められる．発情持続時間は品種間には差がないといわれるが，未経産豚が平均47時間であるのに対し，経産豚は平均56時間と若干長いことが知られている．さらに，季節（夏では長く，冬では短い）および暑熱ストレスなどの負荷時には，血中副腎皮質ホルモンやプロジェステロンの増加などにより，エストロジェンの劇的な濃度変動が若干緩やかになったり，発情徴候が微弱になるなど，内分泌環境の変動などにも影響される．

(3) 発情徴候

発情期の豚の挙動は一般に不安となり，落ち着きの消失や食欲減退などの状態を示すことが多く，雄豚の接近や鳴き声に敏感となる．雄許容期には人に対しても従順で，背腰部を手で圧したり（背圧試験；back pressure test），同居雌に乗駕されると，静止して耳をそばだて，尾を上げて雄許容の姿勢（不動反応）を示す．また，外陰部の腫脹，発赤，粘液漏出などの所見も呈する．

そのほか，内分泌動態に連動する形で深部腟内電気抵抗（VER）値も明瞭な変動を示すことが知られている．すなわち，血中プロジェステロン濃度の動態と類似しており，黄体の退行と卵胞の発育が開始されるとVER値は急減し，発情開始の1～2日前に最低値を示した後に，排卵の時期からVER値は急増し，黄体期には高値で推移する（図4.15）．

なお，外見からは認められない発情所見として，子宮頸の腫大，硬直化などの子宮頸の変化が顕著となる．

(4) 発情周期に伴う卵巣の変化

発情周期を明確に判断するためには卵巣の形態的追跡が重要であり，卵巣の機能を推定する方法には，牛や馬と同様，技術に熟練が要求されるが，直腸検査法による卵巣触診が極めて有効である．なお，最近では超音波画像診断法も発達してきたことから，今後はより客観的な診断も可能となるだろう．

正常な発情周期を営む経産豚の卵巣所見と発情徴候は，明確に連動している．また，卵胞発育，排卵，黄体形成，黄体退行の変化に連動し，血中の内分泌環境も密接な関係にある（図4.16）．

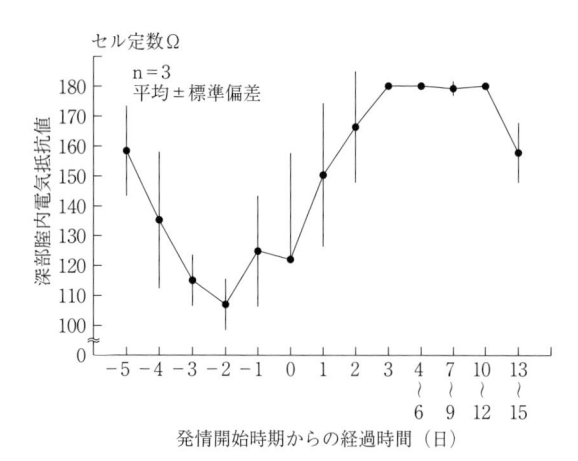

図4.15 正常発情周期における豚のVER値の動態（伊東，2005）
発情開始日を0日としている．値はAIテスター（富士平工業(株)）を用いて測定．

4. 各種動物の発情周期

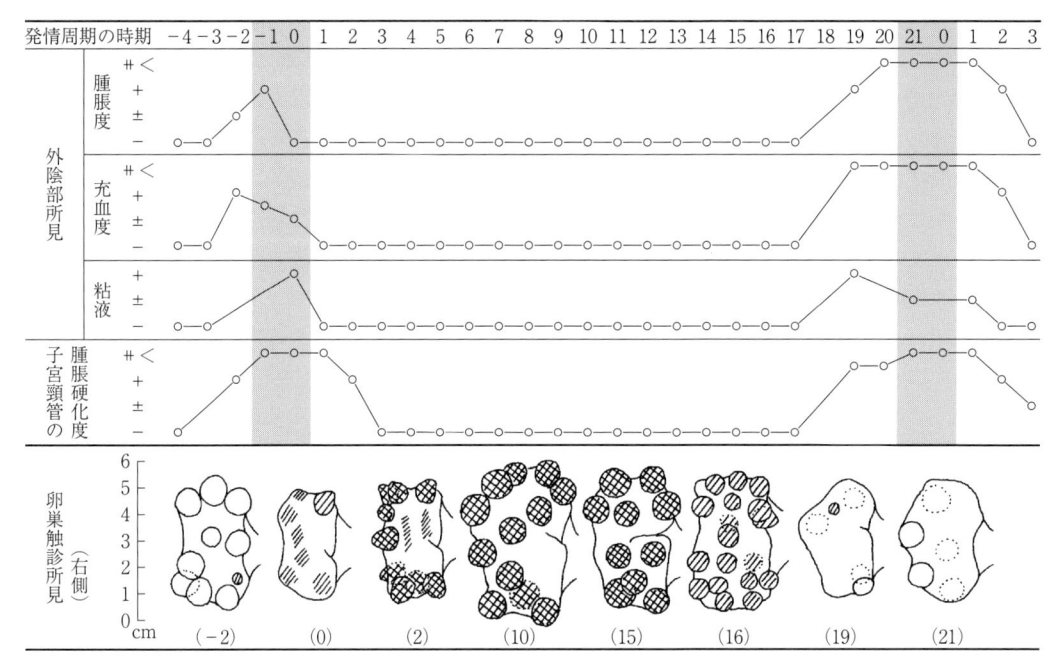

図4.16 正常発情周期における経産豚の外部および内部発情所見の変化（伊東原図）
灰色部は腰背部圧迫試験の陽性期間．卵巣触診所見の（ ）内の数字は発情周期の時期で，0が排卵日にあたる．

豚の卵巣には，黄体期と卵胞期の初期には，1個体あたり約50個の小型の卵胞（直径2〜5 mm）が存在する．発情前期と発情期には，10〜20個の卵胞が発育して成熟卵胞（8〜12 mm）に達するが，小型（5 mm以下）の卵胞数は減少する．発情開始日を基準（0日）とした場合，5〜16日目までの黄体期に直径2〜5 mmの卵胞数は増加し，18日目以降（発情前期）では，主に排卵直前の卵胞（8 mm以上）が増加する．

豚の排卵は，基本的には発情開始後24〜48時間で発現することが知られているが，Polge（1969）は36〜50時間経過した頃に始まると述べており，Noguchi et al.（2010）は，平均42.0時間（30〜60時間）と報告しているように，時間の幅がある．豚では一般に，発情期間の2/3ないし3/4が経過した時点で排卵が開始すると考えられている．また1発情期に，左右の卵巣で合計10〜18個の成熟卵胞が発育し排卵する．これらはすべて同時に排卵するのではなく，すべての卵胞が排卵するために要する時間は2〜6時間で，この時間内で順次排卵する．

排卵直後には顆粒層細胞と卵胞膜細胞が急激に増殖し，黄体が形成される．黄体は初め，中心の腔に血液が充満しているので赤体と呼ばれるが，6〜8日以内には，黄体細胞で構成され，直径が8〜15 mmの弾力性に富んだ細胞塊となる．黄体化は基本的には4日で完了し，6〜8日に最大に達し，16日まで細胞の構造と分泌機能を維持している．その後急激に退行し，分泌機能を有しない白体となる．

排卵数（率）は品種，近親交配の程度，交配時の年齢および体重と関連があるとされている．近交系では，最初の発情期から2回目の発情期までに排卵数は平均0.8個増加し，さらに3回目まで増加（平均1.1個）するものの，4回目以降ではほとんど増加しないことが知られている．また，近交系では排卵数が少ないが，近交系間の交雑種では，例えば親の近交係数10％につき，交雑種の豚の排卵数は0.55個増加する傾向にある．

(5) 発情周期における性ホルモンの動態

豚の発情周期における内分泌動態の概要は，濃度は別として，基本的な動態傾向は牛と大差は認められない．ただし，発情期間が標準で2日間維持されることと，卵胞の発育開始に伴い急激な血中エストロジェン分泌が開始され，30〜40 pg/mℓまで一時的に増加す

ることが異なる．発情開始前後にはLHサージが発現し，そのピークから36〜50時間程度経過した時点，すなわち発情持続期間の後半で排卵が始まることは，豚における特性といえる．発情開始前後において，血中LHサージが発現する頃の血中エストロジェン濃度は，急激に低下している．また排卵の時期には，血中のプロジェステロン濃度が若干上昇し始める傾向を示しており，以後，黄体の発育とともにその血中濃度は変動があるが30 ng/mℓ前後まで増加し，ときとして若干の変動はあるものの，高いレベルで安定している．正常な発情周期を営む場合，もしくは不受胎の場合の血中プロジェステロン濃度は，排卵後12〜13日を経過した頃から急激に低下し始め，卵巣触診所見では14〜15日経過の時期から黄体の縮小・退行が顕著となる．正常な発情周期における血中PGF$_{2a}$濃度（PGF$_{2a}$代謝物：PGFM）は，排卵後12日から突然パルス状高濃度分泌を開始し，黄体退行の誘導と血中プロジェステロン濃度の急減に関与した後，17日頃に

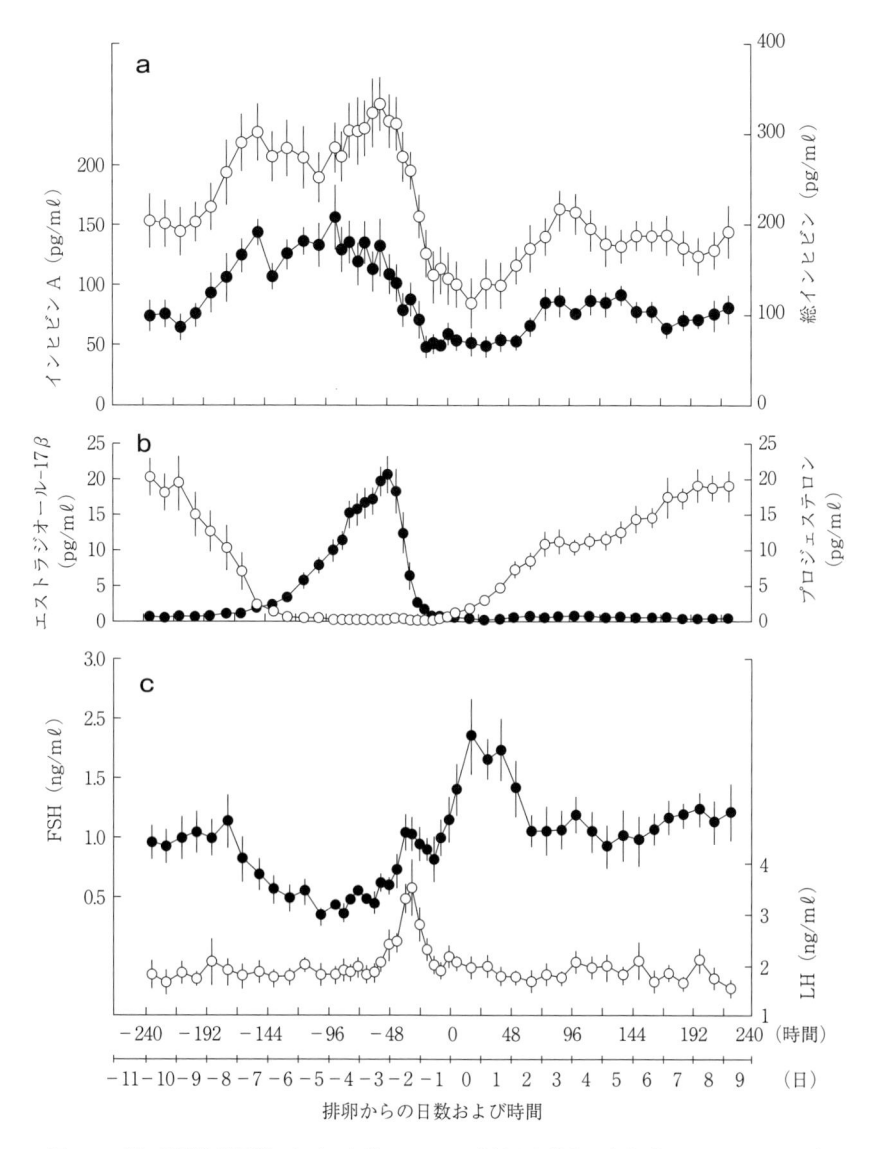

図4.17 豚の正常発情周期における各種ホルモンの末梢血中濃度の変化（Noguchi et al., 2010）
a：インヒビンA（●）および総インヒビン（○），b：エストラジオール-17β（●）およびプロジェステロン（○），c：FSH（●）およびLH（○）．
データは，8例の平均値±標準誤差を示す．

4. 各種動物の発情周期

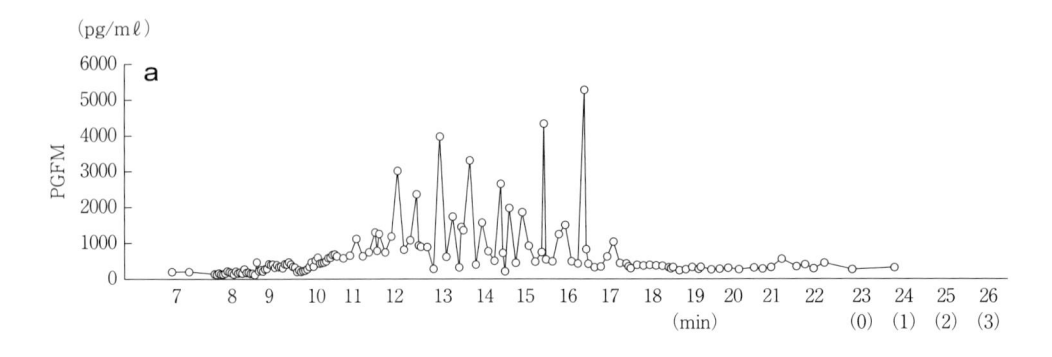

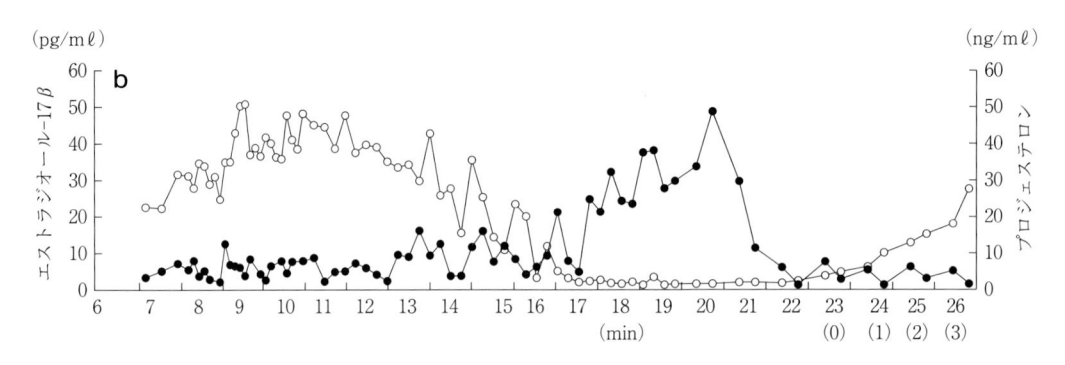

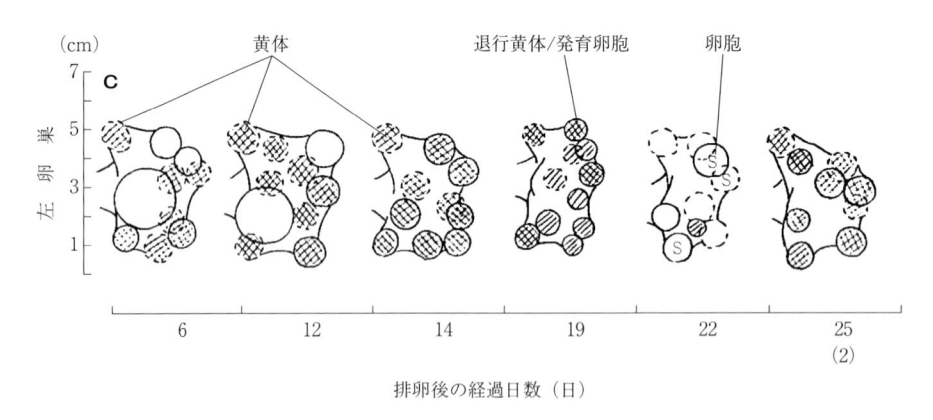

図4.18 豚の正常発情周期におけるホルモン動態と卵巣の変化（西山ら，2011を改変）
a：PGFM濃度，b：プロジェステロン濃度（○）およびエストラジオール-17β濃度（●），c：左卵巣の所見（Sow No.45）．

突然パルス状分泌が終息する．それ以後，卵胞の発育に伴いエストロジェン濃度の急増が回帰する（図4.17, 4.18）．

（6）交配適期

交配適期は，理論上は排卵開始の数時間前であるが，前述のように排卵時期に変動があるため，ある程度の時間幅の中で対応する（図4.19）．基本的には，発情開始後24～36時間が授精（交配）の最適期であると想定されている．1974年のPolgeの報告によれば，排卵の16時間前の交配が受胎率は最高であったが，産子数が最良となるのは排卵の約5時間前であることを示唆している．

基本的には，発情開始時期が推定できたら，それから24時間後に第1回の人工授精を実施し，さらに6～12時間後に第2回の授精を行うことにより，良好な受胎成績が期待できる．なお，発情終了を必ず確認し，発情期間が長引く場合には授精を継続することが重要である．

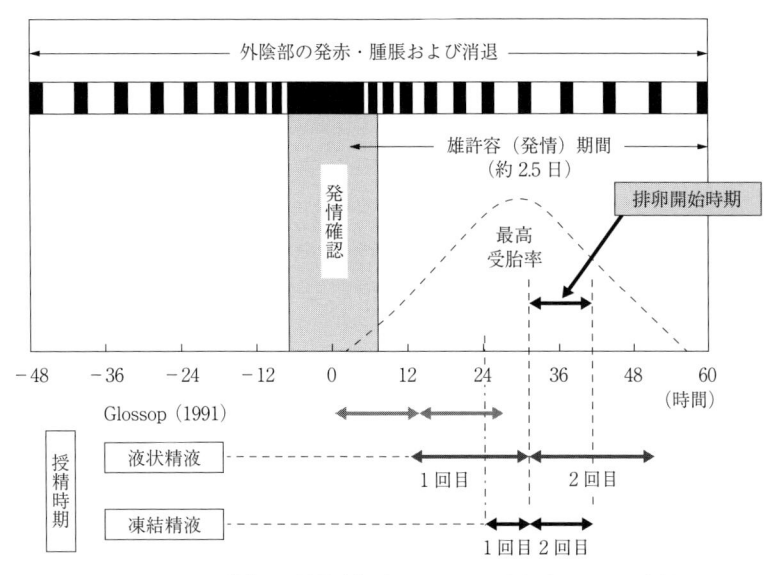

図 4.19 豚の発情状況と授精時期（Glossop, 1991 を伊東, 2002 が改変）

（7） 分娩後の発情回帰

分娩後，妊娠黄体は急激に退行し，約7日で消失した後は卵巣静止の状態で推移するため，母豚は授乳期間を無発情で推移する．ただ最近では，哺乳子豚の数が極端に少ない場合以外でも，排卵を伴う卵胞発育が発現する場合も散見されるため，分娩房での発情徴候の観察も必要である．

一方，離乳後の発情回帰は，哺乳子豚数以外にも，哺乳期間や母豚の栄養状態，季節などにより影響を受けるが，通常は離乳後平均5日（範囲：3～7日）で回帰する．分娩後1～3日で発情徴候が発現する場合があるという報告もあるが，これは分娩直前における胎盤胎子部由来のエストロジェンによるものであると考えられており，基本的に卵胞は未成熟で排卵することはない．なお，離乳後に発情が回帰するまでの期間は，原則的には成熟雄豚を離乳母豚に柵越しまたは直接接触させる基本的な繁殖管理（試情）を実施する．これにより，強く明瞭な発情が早期に回帰することが期待される．

生産農場における豚の哺乳期間は3週間程度が主流であったが，動物福祉への対応などから，若干長くなる傾向も認められる．森本ら（1961）は，60日からしだいに短縮していった場合の哺乳日数と発情回帰までの日数を調査し，15日まではいずれも離乳後1週間前後で発情が回帰するが，哺乳日数が15日よりもさらに短くなると発情回帰までの日数が長くなり，分娩後約21日を経過しないと発情が回帰しないことを認めている．

分娩後の子宮修復に要する期間は，子宮重量と子宮の長さからみた場合，約2週間で急激な修復が進み，21～28日でほぼ修復が完了する（Palmer et al., 1965；伊東, 2001）．

〔伊東正吾〕

4.5 犬の発情周期

（1） 性成熟

犬の性成熟に達する時期は，犬種，系統，飼育環境によって差があり，一般には8～12カ月で，小型犬は早く，大型犬は遅い傾向にある．また，雌雄における性成熟の到来には，特に差は認められない．

（2） 発情周期の長さ

性成熟に達した雌犬は，その後6～10カ月で発情を繰り返す（発情周期）が，この期間についても小型犬は短く，大型犬は長い．一般に性成熟の早い個体は発情周期も短い傾向にある．また妊娠した場合（完全生殖周期）は，非妊娠犬（不完全生殖周期）に比べて長いことが知られている．例えばビーグルの発情周期では，妊娠した場合は，しなかった場合に比較しておおよそ40日長いことが知られている．この両者間の

差の理由としては，犬では分娩後おおよそ40日の授乳期間があって，この間下垂体からPRLが分泌されており，これが次回の発情発現日に影響を及ぼしていると考えられている．犬の発情発現は季節に影響されることはないが，バセンジーには1年に1回，秋にのみ発情を示す系統のものがあるといわれている．

以上のように，犬は1繁殖期に1回発情を示す単発情動物であり，狼，狐，狸のように季節繁殖動物ではない．しかし雌犬を集団で飼育すると，群の発情周期が同期化する傾向があることから，発情発現に嗅覚，視覚，聴覚などを介する中枢神経系の関与が大きいことが考えられる．

犬の加齢に伴う繁殖性についての研究は少なく，一般には明瞭な更年期はなく，7歳を超えると発情間隔が不規則となり，長くなる傾向にあることが知られている．受胎率についても，加齢に伴って極端に低下することはないが，7歳を過ぎると産子数が減少する傾向にある．これは排卵数が減少するためか，受精率が低下するためかは明らかでない．

犬は自然排卵動物（spontaneous ovulation animal）で，黄体機能は妊娠の有無によって差は認められず，ほぼ2カ月持続する．犬の発情周期は，発情前期，発情期，発情休止期，無発情期の4期に分けられる．

a. 発情前期　proestrus

発情前期は，外陰部の明瞭な腫大，充血，子宮内膜からの出血による陰門からの血様粘液の漏出（発情出血）によって始まり，開始は明瞭である．発情前期の長さは3～27日，平均8.1±2.9日（標準偏差）である（筒井・清水，1973）．一般にこの時期は，動作に落ち着きがなく飲水および排尿回数が多く，腟分泌物中の性フェロモン（methyl-*p*-hydroxybenzoate）によって雄犬を寄せつけるが，交尾の許容はしない．

発情出血は，発情前期の開始時には赤褐色でやや粘稠であるが，しだいに増量し赤色水様となる．この期の後半から発情期前半にかけて赤ピンク～ピンク色となり，液量が減少する．その後，発情出血は少量となり淡ピンク色となるが，多くの例では発情期終了日まで続く．発情出血の持続日数は，4～37日と個体によってかなり幅があり，平均20.5±5.1日である．発情出血の量は個体によって差があるが，加齢とともに減少する傾向がある．少数例ではあるが，外陰部の腫大は認められるものの，発情出血が認められない個体もある．

外陰部の腫大は，発情前期の後半には最大となり，浮腫状を呈し硬くなる．

b. 発情期　estrus

発情期は，雄犬に交尾を許容する時期で，その持続日数は5～20日，平均10.4±2.7日と，個体によって幅がある．

この時期には，雌犬は雄犬が近づくと立ち止まり，四肢をふんばって（standing），尾を左右どちらかにずらし（flagging），マウンティングを受け入れる．許容状態は発情期の半ばすぎまでは強く，その後徐々に弱くなる．

外陰部の腫大状態は，発情期に入ると硬化したまま最大となり，発情期の4～5日（排卵後1～2日）から徐々に軟化して退縮する．

発情出血は，赤ピンク～ピンク色で水様であるが，1/3にあたる例では発情期の後半に，発情前期の開始時と同様の赤褐色で粘稠な出血が少量みられる．

c. 発情休止期　diestrus

他の動物では，発情期のすぐ後には排卵後に黄体が形成されるまでの期間に相当する数日の発情後期（metestrus）が続き，ついで発情休止期に移行する．しかし犬では発情期が長く，排卵が発情期の初期に起こるため，発情後期は実質的に発情期に含まれる．したがって，発情期の後は発情休止期となる．

この期間は，発情出血が止み，雄を許容しなくなってからの約2カ月である．黄体機能は，排卵後15～25日をピークに，その後徐々に退行し，排卵後約2カ月に基底値となる．乳腺の発達は，排卵後40日頃から認められ，特に後方の2対の発達が明瞭である．排卵後60日頃には，乳房をしぼるとわずかに乳白色の乳汁を分泌する．これは非妊娠でも黄体機能がおよそ2カ月間続くためで，この期を生理的偽妊娠（physiological pseudopregnancy）と表現する研究者もいる．

子宮角は，無発情期と比較して幅が数倍の太さ（1 cm前後）となり，組織学的に子宮内膜は増殖し，子宮腺の分泌機能も活発である．

(3) 無発情期 anestrus

無発情期は，発情休止期に続く期間であり，本来は発情周期の一環ではなく非繁殖期を意味するもので，次の発情前期までの4〜8カ月をいう．卵巣は，機能的な卵胞も黄体も存在しない休止状態にある．無発情期は，犬の発情周期の長さの大きな部分を占めるため，この長さによって発情周期の長さが決まると考えられている．

(4) 発情周期に伴う腟垢（vaginal smear）の変化

犬の腟垢中の腟上皮細胞は，発情周期に伴って規則的に変化するので，腟垢検査によって発情前期，発情期のおよその時期を知ることが可能である．このため犬では，腟垢検査は交配適期を判断するために用いられている．腟垢中に出現する細胞には，腟上皮細胞，白血球，赤血球が含まれる．

a. 発情前期（図4.20，4.21）

この期の前半は，有核腟上皮細胞の中層〜表層の細胞が多数出現するが，その後徐々に減少し，後半に大部分が消失する．角化上皮細胞は常に少数出現しているが，中頃から徐々に増加し，白血球は有核腟上皮細胞とほぼ同様の消長を示す．

赤血球は，発情出血の開始する平均7日前から出現し，発情前期の前半は多数出現するが，後半からは徐々に減少する．

b. 発情期（図4.22）

有核腟上皮細胞，白血球はこの期の前半には出現しなくなるが，後期に再び出現する．角化上皮細胞は多数出現し，ギムザ染色液に濃染する．このような所見が交配適期にあたる．赤血球はこの期の前半でみられなくなるが，後半に再び少数認められる．

c. 発情休止期

この期の腟垢中には，有核腟上皮細胞，角化上皮細胞が常に少数出現する．白血球も常に少数出現しているが，半数例では発情終了後に一過性に増加する．特に，屋外で飼育されている犬に白血球の一過性の増加が顕著である（図4.23）．赤血球は，陰門から血様粘

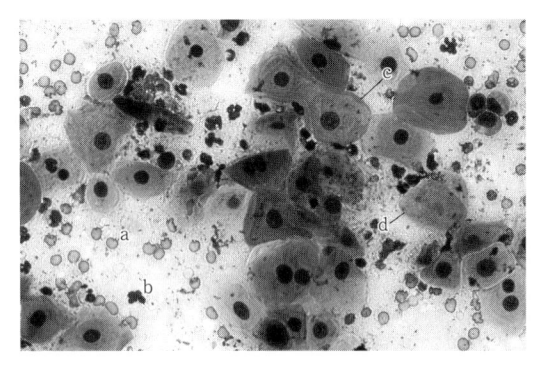

図4.20 犬の発情前期前半の腟垢所見
a：赤血球，b：白血球，c：有核腟上皮細胞，d：角化腟上皮細胞．

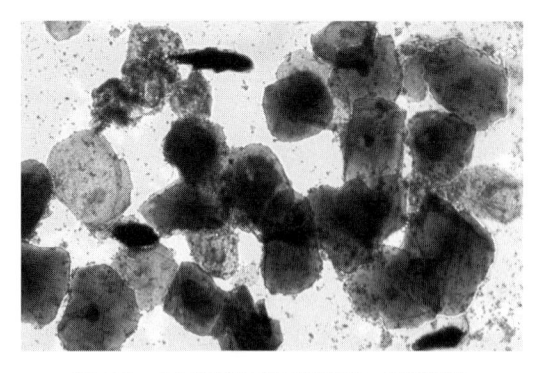

図4.22 犬の発情期中頃の腟垢所見（交配適期）

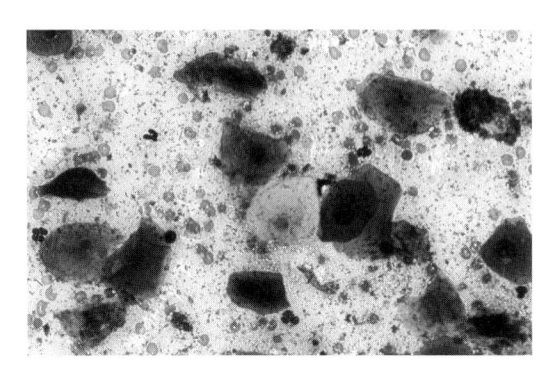

図4.21 犬の発情前期後半の腟垢所見

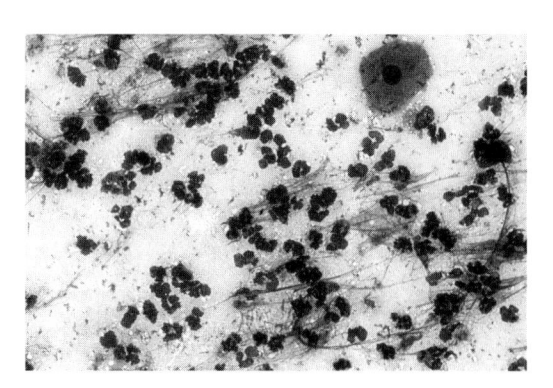

図4.23 犬の発情休止期初期の腟垢所見（白血球の増加）

液の漏出がないにもかかわらず，発情終了後 10 日頃まで少数認められる．

d. 無発情期

この期の腟垢中には，有核腟上皮細胞，角化上皮細胞，白血球が常に少数出現する．

(5) 発情周期ならびに妊娠期における性ホルモンの動態

雌犬は，2週間前後の卵胞期の終わりに自然排卵する．雌犬の血中エストラジオール値は基底値が 10 pg/mℓ前後であるが，成熟卵胞のピーク時には 50〜100 pg/mℓに上昇する．このホルモンの影響によって，子宮からの出血（発情出血），外陰部の腫大が認められる．発情前期，発情期には子宮角は長くなって蛇行し，子宮頸も腫大，硬結する．

排卵後に形成された黄体は約 2 カ月間存続し，排卵後 15〜25 日に血中プロジェステロン値が 20 ng/mℓ前後とピークを示し，その後徐々に低下して妊娠期とほぼ同様の推移を示す（図 4.24）．

血中 LH 濃度（図 4.25）は，非妊娠期と妊娠期ではほぼ同様で，排卵 2 日前にみられる LH サージ後は 2〜3 ng/mℓで推移する．PRL（図 4.26）は，非妊娠期では 2 ng/mℓ前後で推移するが，妊娠期では中頃から上昇し，授乳中は高値で維持される．分娩後，新生子の死亡などで乳頭への吸引刺激が加わらなければ，PRL はただちに低下し，乳腺も退行する．

リラキシンは，着床直後から血中に出現し，妊娠 35 日頃にピークに達し，分娩まで高値を示し，分娩後はただちに下降する（図 4.27）．妊娠期における犬の卵巣，黄体，子宮，胎盤の組織中のリラキシンを測定した結果，胎盤中のリラキシンが高濃度であったことから，リラキシンの分泌母地は胎盤であると考えられる．

(6) 排卵と交配適期

犬の排卵は，約 10 日間持続する発情期の初期であ

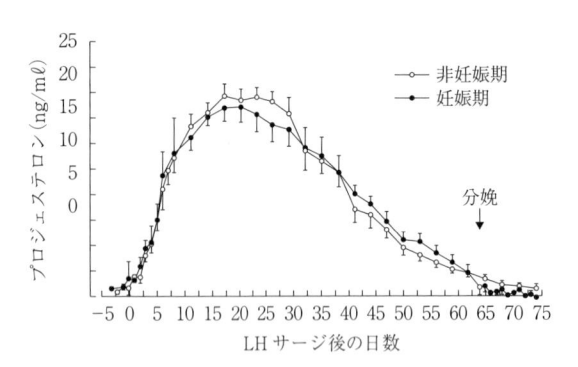

図 4.24 犬の非妊娠期および妊娠期の血中プロジェステロン濃度の消長

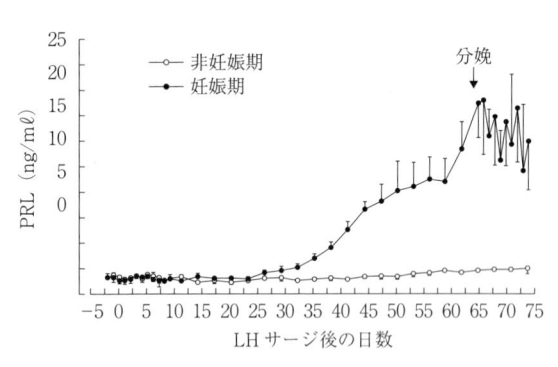

図 4.26 犬の非妊娠期および妊娠期の血中 PRL 濃度の消長（Hori et al., 2005 を改変）

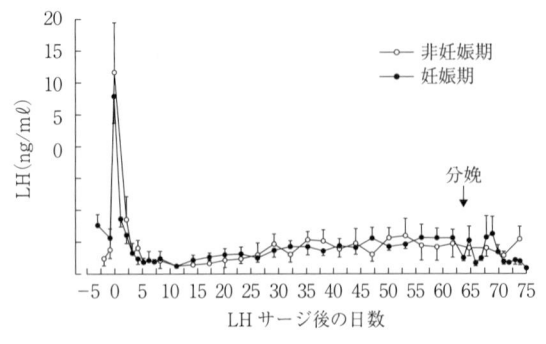

図 4.25 犬の非妊娠期および妊娠期の血中 LH 濃度の消長

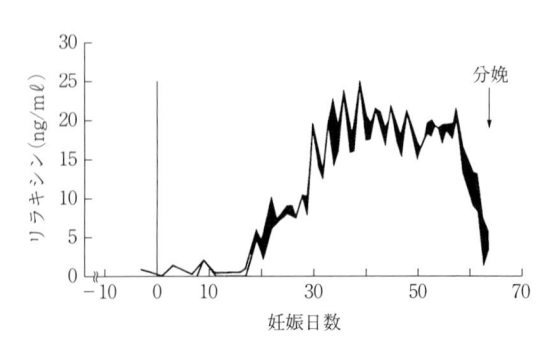

図 4.27 犬の妊娠期における血中リラキシン濃度の消長（Tsutsui and Stewart, 1991）

る3日目に，左右卵巣からほぼ同時に自然に起こる．このため，排卵後も発情が約1週間持続する．これは他の動物にはみられない特徴である．

排卵直前の成熟卵胞（図4.28）では，卵丘（図4.29）が柱状を呈する．一般に，卵胞には1つの卵子が存在するが，犬では複数の卵子がみられることがある（図4.30）．

発情出血開始から排卵までの日数をみると，図4.31に示すとおり3〜31日の幅があり，平均11.2日で，個体によって大きな幅がある（Hori et al., 2012）．

犬の卵子は，一次卵母細胞（図4.32）の未熟な状態で排卵され，その後60時間を経て，卵管の下部で一次極体を放出（減数分裂）して，二次卵母細胞となって受精能を獲得する．

犬の排卵数は，3〜12個で，小型犬では少なく大型犬では多い．体重10 kg前後の黄体期または妊娠期の犬135頭の卵巣を観察し，黄体数から排卵数を推定した成績では，左右卵巣の排卵数は2〜12個，平均6.0個で，左右における排卵数には差は認められない．

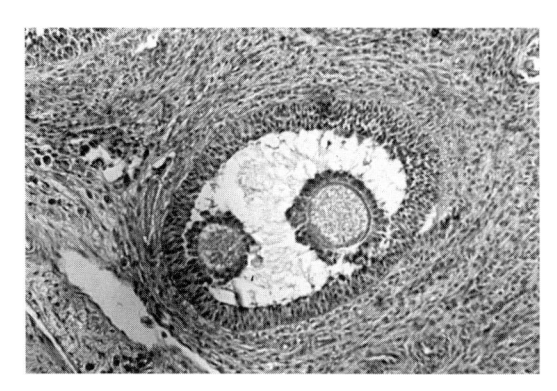

図4.30　卵胞内の2個の卵子

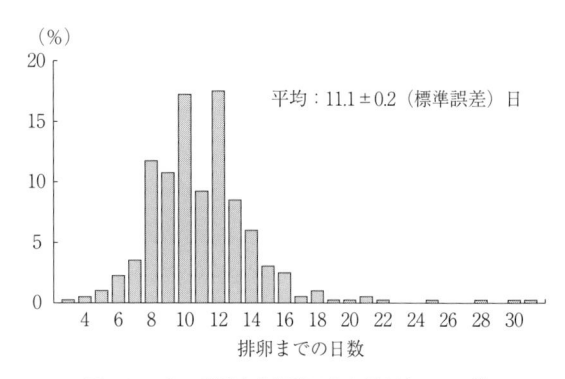

図4.31　犬の発情出血開始日から排卵までの日数（Hori et al., 2012）

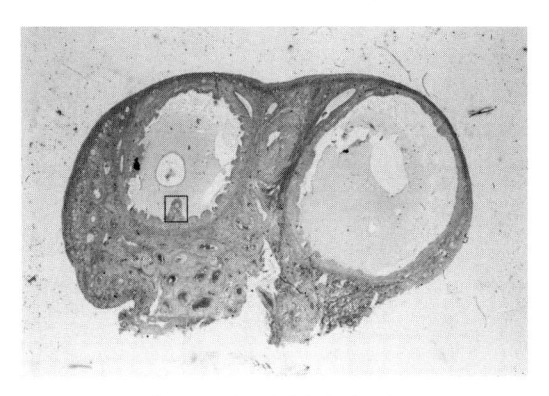

図4.28　犬の成熟卵胞（2個）
枠内が卵丘．

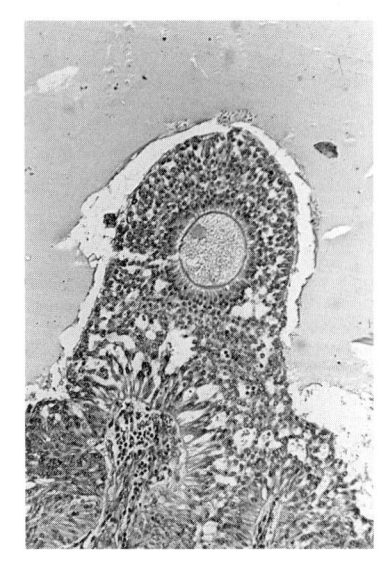

図4.29　犬の卵丘

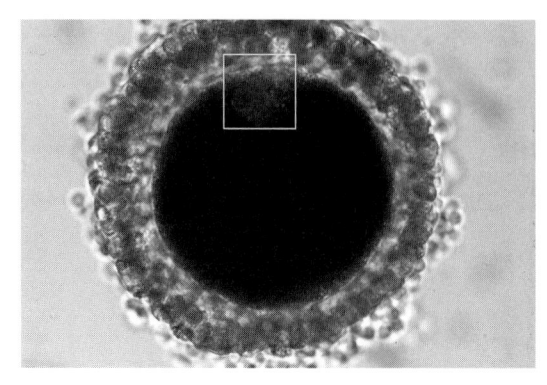

図4.32　犬の排卵直後の一次卵母細胞（圧偏標本）
枠内が卵核胞．

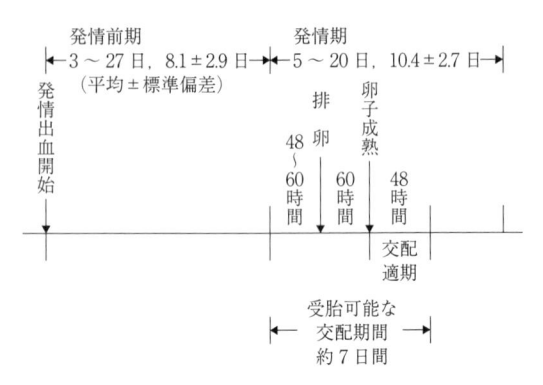

図 4.33 犬の受胎可能な交配期間

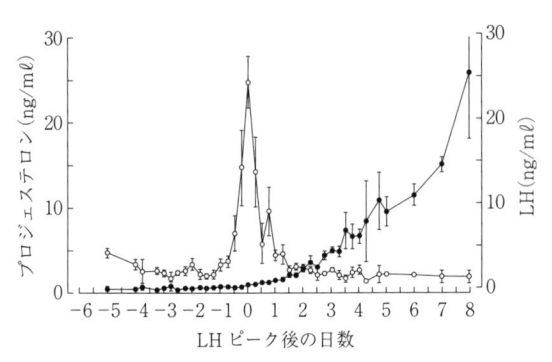

図 4.34 犬の LH ピーク前後の血中 LH 濃度およびプロジェステロン濃度の推移
プロジェステロン（●）および LH（○）．

犬の受胎可能な交配期間は，排卵前 60 ～ 48 時間（許容開始時）から排卵後 108 時間までの約 7 日間と非常に長い．この間における排卵数に対する着床数（受精率）をみると，排卵前に交配させた犬の受精率が低い傾向にある．このため犬の交配適期は，図 4.33 に示したとおり，排卵後 60 時間からこれに続く 48 時間の間で，発情期の 5 ～ 6 日にあたる．このように，犬の交配適期は他の動物と異なり，排卵後であることが大きな特徴である．

また，犬の卵子および精子の受精能保有期間が長いため，1 発情期に複数の雄との交配によって，同期複妊娠（superfecundation）の成立する期間が長い．一般に犬の排卵日は，血中プロジェステロン値が 2 ng/mℓ を超えた最初の日と推定されている（図 4.34）．

犬の交配では，陰茎が完全に勃起する前に亀頭部が腟内に挿入され，その後亀頭球が膨張して，coital-lock が形成される．この状態になると，雄犬は雌犬と尻合わせ姿勢になって，10 ～ 40 分で射精の全過程を終える．このように犬では，陰茎が完全に勃起しない状態でも陰茎骨のため腟内に挿入が可能で，陰茎の完全勃起は腟に挿入されてから起こる．これが犬特有の遅延勃起（delayed erection）である．

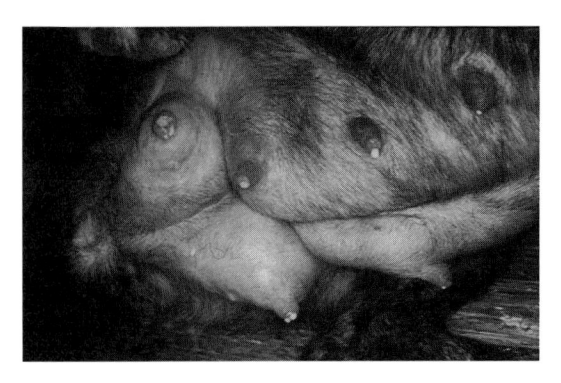

図 4.35 犬の偽妊娠

(7) 偽妊娠　pseudopregnancy

犬は，不完全生殖周期であっても，黄体が完全生殖周期と同じ期間機能するため，非妊娠犬においても黄体退行期に乳腺の発達が認められる．これらのうち少数例ではあるが，妊娠犬と変わらない乳腺の発達，乳汁分泌を示すものがあり，これを偽妊娠と呼ぶ（図 4.35）．これらの犬の血中 PRL を測定すると，非妊娠犬に比較して明らかに高値を示していることから，偽妊娠発症の原因は PRL の上昇によるものである（Tsutsui et al., 2007）．一般に，このような症状を示す犬の多くは，発情周期のたびに繰り返す．また，このような犬に子犬を預けると，子育てをする例があることも知られている．

偽妊娠の治療には，抗 PRL 剤（カベルゴリン）投与が有効である．　〔筒井敏彦〕

4.6　猫の発情周期

(1)　性成熟

猫の性成熟に達する月齢は，品種や出生の季節によって異なる．雌猫の性成熟は 6 ～ 10 カ月で，体重が 2.5 kg 以上になったときと考えられている．しかし，早いものでは 4 カ月齢で発情を示すものがある．一般に，短毛種（シャムなど）は長毛種（ペルシャなど）に比較して，性成熟が早いことが知られている．また

性成熟に達する月齢は，その猫の飼育環境によっても大きく左右され，季節繁殖動物であるため，特に出生の月による差が大きい．

雄猫の性成熟は，雌とほぼ同じで，精巣上体に精子が認められるのは6カ月からで，7カ月齢では約80％，8カ月齢で100％に認められる（表4.4）．

(2) 繁殖季節

雌猫は季節繁殖動物のため，自然光で飼育すると1～8月が繁殖季節で，この期間に多発情を示す．しかし，ふつう家庭で飼育されている猫では，夜間の照明のため繁殖季節が明瞭でなくなり，周年繁殖となる．

実験室内で14時間以上の照明下で飼育すると，季節に関係なく1年中発情を繰り返し，繁殖が可能である．また，8時間以下の照明では発情が発現しない．

雄猫は，雌とは異なり1年中繁殖が可能である．

(3) 発情周期

性成熟に達した雌猫は，繁殖季節に入ると最初はやや微弱な発情を呈するが，その後は強い発情を示す．猫は交尾排卵動物で，発情中に交尾がなければ卵胞は閉鎖退行し，発情は終了する．発情周期は不規則で，多くの場合2～3週の間隔で2～3回繰り返し，1～2カ月の間を置いて再び発情を繰り返す．しかし，この周期も必ずしも一定していない．

発情期の1～2日前からは，行動に若干変化が現れる．すなわち，頭や頸部を手近なものに盛んに擦りつけたり，低い声で鳴く．しかし，雄猫の乗駕を受け入れないため，この期を発情前期と考えることができ

表 4.4　雄猫の性成熟過程における，精巣および精巣上体尾部への精子出現状況（161頭）

月齢	頭数	精子の出現率（％）	
		精巣	精巣上体尾部
4	6	0 (0)	0 (0)
5	21	5 (23.8)	0 (0)
6	49	32 (65.3)	23 (46.9)
7	26	25 (96.2)	21 (80.8)
8	8	8 (100)	8 (100)
9	11	11 (100)	11 (100)
10	11	11 (100)	11 (100)
11	7	7 (100)	7 (100)
12	22	22 (100)	22 (100)

る．雄に対する交尾許容の期間（発情期）はおよそ7～10日であるが，短いものは数日，長いものは20日にも及ぶものもある．

分娩後の初回発情は，離乳後約1週間で認められるが，授乳しなかった場合は，分娩後1週間で発情が認められる．しかし哺乳中の猫でも，子猫の数が少ない場合などでは，分娩後約1週間で発情を示し，交配によって受胎する例もある．

猫の発情中における腟垢の変化は，赤血球の出現がない以外は，ほぼ犬と同様である．

(4) 発情徴候

猫の発情期の性行動には，多くの特徴がある．奇妙な鳴き声（calling）を発しながら，頭頸部を手近なものに擦りつけ，かがんで腰を高くして足踏みをする（lordosis）．そして尾を左右どちらかによけて，交尾を促す姿勢をとり，また床を転げ回る（rolling）．外陰部の腫大および充血は明瞭でない．

発情徴候は，発情期の第1日は比較的弱く，3日目にその徴候が明瞭となる．一般に，長毛種に比較して短毛種でより明瞭である．

交尾は，雄が頭頸部をくわえて乗駕し，雌は後足を足踏みすることによって，陰部を押し上げ交尾を容易にする．陰茎が腟内に挿入されると，雌は悲鳴をあげながら雄から離れるため，陰茎の挿入されている時間は数秒と短い．雌は交尾後，床を転げ回り，身近なものに攻撃的となり，特に交尾相手を襲う．このような交尾後の行動は個体によってかなり差があるが，10～20分後には再び交尾を受け入れ，これを何回となく繰り返す．この複数回の交尾刺激が，排卵誘起のためのLHサージの上昇には重要であると考えられている．

(5) 交尾排卵

猫は交尾排卵動物であるため，交尾刺激がないと卵胞は排卵せずに存続するが，やがて退行して卵胞期は終わる．ついで，新たな卵胞が発育して再び卵胞期に入り，発情を回帰する．すなわち，交尾刺激がないと不完全性周期が繰り返される多発情型である．同じ交尾排卵動物である兎では，猫と同様に交尾刺激がなければ成熟卵胞はやがて退行するが，新たな卵胞が相次いで発育して卵胞期が持続し，持続性発情を呈する．

猫では発情期に交配が行われると，ただちにLHが放出され，2〜4時間後にはピークに達する（LHサージ）．このLHの放出は，交配回数が多いほど増加し，ただ1回の交配では排卵に十分なLH放出が期待できないとされている（Concannon et al., 1980）．

十分量のLH量が放出されると1〜1.5日後に排卵が起こり，排卵後3日に血中プロジェステロン値の上昇が認められる．発情期の第1日または第5日に交配を1回または連続して3回行った場合の排卵誘起率および受胎率は，第5日に3回交配した場合にのみ，ともに100％であり，第1日に1回または3回交配した場合の排卵誘起率は，それぞれ，60％，70％であった（表4.5）．また，1回の交配で排卵が誘起できた例についても受胎率は50％以下で，1回の射精精子数では受胎に必要な精子数が不足していると考えられる．

1発情期における猫の排卵数は，170頭について調べた結果，2〜11個で，平均5.6±1.9個であった（Tsutsui et al, 1989）．

（6） 自然排卵

猫は自然排卵している可能性があり，雌猫をグループで飼育した場合，猫どうしのじゃれ合いで排卵が誘起されたとする報告，また個別ケージで飼育した場合においても自然排卵しているものが報告されている．研究報告の中には，猫の自然排卵が30％にも及んでいるものがある．

表4.5 猫における排卵誘起率および受胎率

	発情期の第1日		発情期の第5日	
	1回	3回	1回	3回
排卵誘起率 %	6/10 60.0%	7/10 70.0%	10/12 83.3%	10/10 100%
受胎率 %	2/6[a] 33.3%	6/7 85.7%	4/10[b] 40.0%	10/10[ab] 100%
産子数 平均/mean ± SE	5, 7 6.0	2〜5 3.8 ± 0.6	3〜6 4.3 ± 0.9	1〜5 3.1 ± 0.5

発情期の第1日または第5日に，1回または連続して3回交配した場合．
aとab，bとabの間にはそれぞれ有意差（$P < 0.05$）がある．

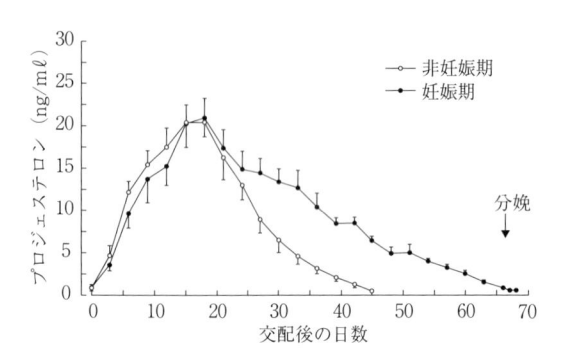

図4.36 猫の非妊娠期および妊娠期の血中プロジェステロン濃度の消長

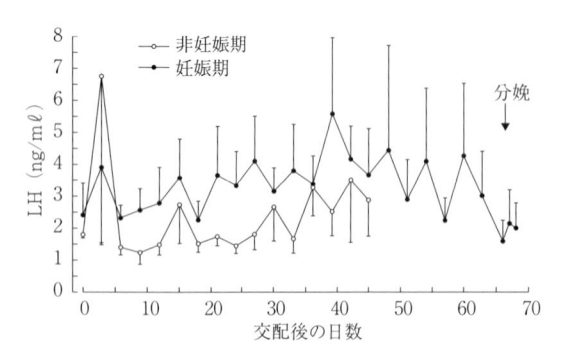

図4.37 猫の非妊娠期および妊娠期の血中LH濃度の消長

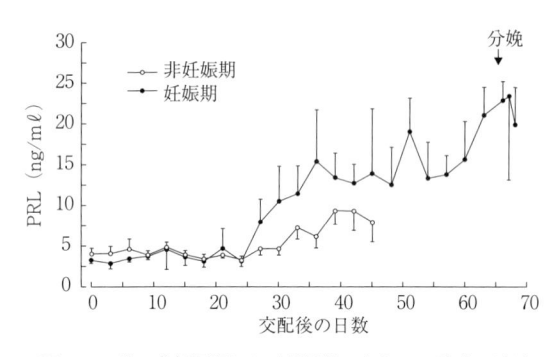

図4.38 猫の非妊娠期および妊娠期の血中PRL濃度の消長

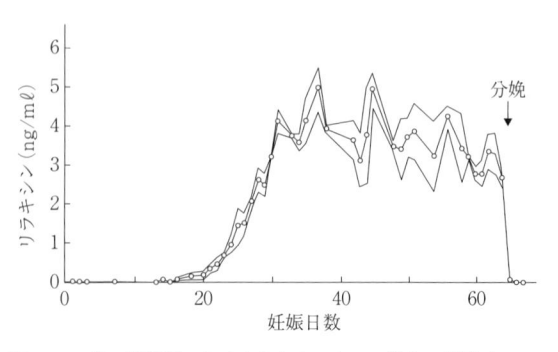

図4.39 猫の妊娠期における血中リラキシン濃度の消長（Addiego et al., 1987を改変）

(7) 偽妊娠

猫では，不妊交尾後に形成された黄体は，妊娠期のものに比較してプロジェステロン分泌能は低く，おおよそ35〜40日後には低値となる（図4.36）．この不妊交尾後の黄体期を偽妊娠という．

猫の偽妊娠は犬とは大きく異なり，子宮の肥厚は著明でなく，また乳腺の発達も認められない．

(8) 発情周期ならびに妊娠期における性ホルモンの動態

雌猫の発情期における血中エストラジオールは，20 pg/mℓ以上を示す．交配が行われると，血中LHはただちに上昇し，2〜4時間でピークに達する．このLHの放出量は，交配回数が多いほど増加する．

排卵は，交配後1〜1.5日に起こり，排卵後3日で血中プロジェステロン値が上昇する．妊娠期と非妊娠期の血中プロジェステロンは，非妊娠期では交配後9〜18日に20 ng/mℓ前後の高値を示し，その後急激に退行して，24日で10 ng/mℓ，40日でほぼ基底値に戻る．妊娠猫では交配後18〜24日に20 ng/mℓ前後とピークを示し，その後徐々に低下し，30日で15 ng/mℓ前後，45日で7 ng/mℓ前後，60日で数ng/mℓとなり，分娩日（平均67日）には1 ng/mℓ以下となる（図4.36）．このように，非妊娠期の黄体機能は妊娠期のものに比較して劣る．

血中LH値（図4.37）は，非妊娠期では1〜2 ng/mℓの低値で推移するが，妊娠期では2〜4 ng/mℓで推移する．

妊娠期における血中PRL（図4.38）は，妊娠30日頃から上昇し，分娩日には20 ng/mℓ前後に達する．授乳中にはこの値を維持するが，離乳後はただちに低値となる．分娩後授乳させなかった場合も，分娩後ただちに低値となる．

妊娠期におけるリラキシン（図4.39）は，妊娠20日頃から血中に出現し，30日でほぼピークに達し，分娩日までこの値を維持する．分娩後はただちに低下する．猫のリラキシンの分泌母地は，犬と同様に胎盤であると考えられている．

〔筒井敏彦〕

5. 人工授精

5.1 人工授精の歴史

人工授精（artificial insemination；AI）についての研究と実施応用の発達，経過をふりかえってみると，おおよそ次の4期に分けられる．

(1) 第Ⅰ期：人工授精の発見とそれに続く120年（1780～1900年）

動物が子孫をつくるのに必ずしも交尾を必要とせず，人工的に精液を雌の生殖器内に注入するだけで妊娠が成立し，子孫が得られる可能性を哺乳動物で初めて証明したのは，1780年，イタリアの生物学者Spallanzaniであった．彼は30頭の雌犬に雄犬の精液を1.0 mℓずつ注入して18頭を妊娠させた．続いて1782年，RossiもイヌについてSpallanzaniの実験を追試し，受胎に成功した．しかし，その当時はまだ受精に関する知識は極めて乏しく，卵子および精子の生理に関してはほとんど知られていなかった．その後，19世紀に入ってから一般の細胞に関する研究が進むに伴って，生殖子の生殖における意義および受精の機構などがしだいに明らかになってきた．これとともに人工授精に関する研究の基礎となる精子の生理学的研究も19世紀末から急速に進歩し，特に精子の保存に関して貴重な研究が相次いで発表された．

人工授精の実施については，当時は宗教的な立場から反対する者が多く，わずかに人の子宮後屈や生殖器の異常に基づく不妊症の対策として試みられたにすぎなかった．

(2) 第Ⅱ期：人工授精技術の確立と畜産への導入（1900～1930年）

人工授精の理論を産業動物の改良増殖の手段として用いることが，実験的根拠に基づいて提唱されたのは20世紀に入ってからである．ロシアのIvanovは1907

図5.1 1930年当時のI. I. Ivanov（1870～1932）

年，精液の採取（semen collection），保存，注入などに関する幾多の貴重な研究を発表し，かつ種々の産業動物の人工授精に成功し，人工授精の応用価値を実証した．この第Ⅱ期にあたる約30年間は，主としてロシアにおいて産業動物を対象とした人工授精の研究が活発に行われ，馬においてはかなり広く実用化されるとともに，一部であるが牛やめん羊においても応用の可能性が証明された．Ivanov（図5.1）の業績は世界の注目を浴び，ロシアでは人工授精専門の研究機関が設立され，ここを中心として人工授精の基礎的ならびに技術的研究が盛んに行われ，また普及のための技術の伝習が行われた．このようにロシアの先進的研究は各国の関心を集め，その当時各国から研究者が相次いでロシアに留学し，習得した技術を自国に持ち帰り，それぞれの立場で研究が行われた．わが国においても，後述のように，この時期に石川，佐藤，山根，島村らにより馬について研究が行われている．

(3) 第Ⅲ期：牛およびめん羊における人工授精の積極的導入（1930～1945年）

この時期は1930年から第二次大戦の終わりまでの約15ヵ年にあたり，牛およびめん羊の人工授精に関する研究が著しく進展し，ロシアにおいてこれらの動物の人工授精が広く応用され普及発展するととも

に，アメリカとデンマークにおいて牛の人工授精が本格的に普及し始めた時代である．技術的な面では，精液の採取法について人工腟（artificial vagina）を中心に2～3の新しい方法が発見され，精液の検査法も生物学的基礎に基づいていくつかの新しい方法が考案された．特に精液の保存（preservation of semen / storage of semen）については，Lardy and Phillips (1939) による卵黄緩衝液の発見により牛精子の長時間の保存が可能となり，これと並行して精液の輸送配布が実施されるようになった．また精液の注入についても，注入器の考案，注入条件や注入時期の選定などについて多くの貴重な研究業績が上げられ，次の第Ⅳ期への技術的基礎が固まってきた．

人工授精の実施普及については，ロシアでは上述の第Ⅱ期の馬に代わって牛およびめん羊の人工授精が年とともに進展し，第二次大戦前の1939年には，年間の人工授精実施頭数がめん羊で1500万頭，牛で150万頭に達したが，大戦中は著しく減少した．アメリカでは1939年以降に牛の人工授精が組織的に普及され始め，大戦中も普及の速度は鈍らず，終戦時の1945年には牛の人工授精実施頭数は35万頭に達し，デンマークでも1945年に牛で約40万頭に達した．

この時期における日本の馬の人工授精の普及・発展は他の国に例をみないものがあり，農用および軍用の馬の増産の手段として人工授精は広く応用され，戦時中も普及の速度を緩めなかったことは特筆されよう．

（4） 第Ⅳ期：大戦後における人工授精の世界的発展 (1945年～現在)

上記の第Ⅲ期に入って高まってきた多くの国々の人工授精に対する関心も，第二次大戦に入って挫折し，2, 3の国を除いて衰退した．しかし大戦により多くの動物資源を失い，しかも長い間，家畜改良がおろそかにされていた国々では，急速な改良増殖の推進が必要となり，ここに再び人工授精の意義が見直され，戦後は技術面での研究とともに普及の面でも従来にみられない目ざましい発展を遂げるに至った．

また，第Ⅳ期における人工授精の技術的な面で特筆されるべきことは，Polge and Rowson (1952) による牛精液の凍結保存法の発見と，それに続く凍結精液による牛の人工授精の普及・発展である．

（5） 日本における人工授精の歴史

わが国における人工授精の歴史は古く，1912年に京都大学の石川日出鶴丸博士が，ロシアのIvanovの研究所に学んで人工授精の技術を習得して帰国したところに始まる．その後，同博士を中心に佐藤繁雄博士ら2～3の獣医学，医学分野の研究者が人工授精に関する研究を開始し，数多くの貴重な研究報告がなされた．ことに精子の生理に関する研究や，農林省奥羽・日高両種馬牧場で馬に実際に応用された人工授精に関する実験成績は，世界の人工授精史上からも特筆されるべきもので，彼らの業績は高く評価された．

1930年以降には人工授精の意義が馬以外の産業動物においてもしだいに認められるようになり，牛，めん羊，山羊，豚，兎などについても研究がなされ，実際の繁殖に応用され始めた．しかし，人工授精が全国的な規模で組織的に普及した最初の動物は馬であった．すなわち，1937年に国の助成により馬の生産増進施設が各地に設置され，ここで多くの馬に人工授精が実施された．また牛では，生殖器伝染病のトリコモナス病の予防を主目的として，地域によってはかなり多数のものに人工授精が実施され，繁殖障害の除去と結びつけて多くの技術者が養成された．

終戦とともにわが国の馬の生産は急激に減少し，人工授精実施頭数も年々減少の一途をたどった．しかし，これに反して牛の人工授精は世界的に勃興し，わが国においても急速に普及するとともに，研究面でも著しい成果が上げられた．そして，1950年に家畜改良増殖法が制定されて人工授精普及の基盤が確立し，牛の人工授精実施頭数は年々飛躍的に増加した．1970年代に入って，乳牛の人工授精の大部分のものが液状精液から凍結精液によるものに切り替えられた．ついで，肉用牛の人工授精もほとんどすべてが凍結精液によって行われるようになった．

（6） 人工授精の運営組織および人工授精技術者

a. 人工授精の運営組織

ⅰ） 組合組織　欧米の牛の人工授精によくみられる組織であって，組合のセンターに種雄牛を繋養し，組合加入の農家が経営の主体になっている．わが国では，欧米のように人工授精事業を専業とはしないが，農業協同組合や畜産協同組合が授精師を配備して

業務を行っている例がかなりある．欧米では上記組合組織が数組合以上統合して種雄牛を繋養するメインセンターを設置し，独立経営を行っている各単位組合（サブセンター）に精液を配布するような組織に発展してきている．さらに凍結精液の普及によって集中統合化が世界的に進み，ヨーロッパ諸国では中型のメインセンターへ，アメリカではより大きな組織へと発展している．わが国では，従来府県営のメインセンターから民間組合または県営家畜保健衛生所などのいわゆるサブセンターを通じて，農家へ精液を配布する組合が多かった．しかしその後，乳牛では家畜改良事業団が盛岡，前橋，岡山，熊本に種雄牛センターを設置し（北海道は独自に事業団を設置），いわゆる広域センターから各府県の協同組合や経済連のような団体に精液が配布されるようになった．

ⅱ）**国・県営人工授精センター** 国が人工授精所を経営する形態は，ロシアおよび周辺諸国，ギリシャなどにみられ，また開発途上国でこの形態をとるものもある．上記のように日本では県営メインセンターが主体であったが，現在では一部肉牛の精液配布でこの組織が続けられている．

以上のほかアメリカでは，特に乳牛において100%凍結精液による人工授精が行われるのに伴い，年間100〜200万頭にも授精する，大規模な会社組織による凍結精液の製造，配布の形態に発達している．

b. **人工授精技術者（人工授精師）**

人工授精技術者の資格は，世界のほとんどの国で法律や規則によって規制されている．獣医師のみに資格を与えている国としてイタリア，ノルウェー，オーストリア，スペイン，ベルギーなどがあり，獣医師以外でも特定の教育を受け，試験に合格した者を人工授精師として登録している国にイギリス，フランス，ドイツ，オランダ，デンマーク，スウェーデン，フィンランド，日本などがある．人工授精師養成のための講習課程，期間，内容などは国によって異なる．

〔筒井敏彦〕

5.2 人工授精の利害得失

(1) 人工授精の利点

現在，人工授精によってもたらされている利益ははかり知れないくらいに大きい．その主なものを挙げれば次のとおりである．

a. **優秀な種雄の利用効率拡大による家畜改良の促進**

自然交配では1回の射精で1頭の雌を受胎させうるにすぎないが，人工授精では1回の射出精液を分配して数頭ないし数百頭の雌に授精することができる．主な産業動物における1回の射出精液により授精可能な雌の頭数は，表5.1のとおりである．

この結果として，少数の種雄を保有するだけで十分繁殖の目的が達せられることとなり，凡庸な種雄は淘汰され，優秀な種雄だけを繁殖に用いるために家畜改良が著しく促進されることとなる．人工授精が家畜改良にもたらした効果の事例は極めて多い．

b. **遺伝能力の早期判定**

人工授精では短期間に極めて多数の雌に授精できるので，種雄の遺伝能力を自然交配に比べてかなり早期に判定し，優秀と決定されたものだけを繁殖に使用することができる．このことは直接，間接を問わず，家

表5.1 動物別の1回射出精液による受胎可能頭数および雄1頭あたり年間授精可能頭数

区　分		牛	馬	めん羊	山　羊	豚
1回射精	精液量（mℓ）	3〜10（5）	50〜200（80）	0.5〜2.0（1.0）	0.5〜2.0（1.0）	150〜500（250）
	精子数（億）	50〜100（70）	40〜200（150）	20〜50（30）	10〜35（20）	100〜1000（400）
希釈倍率		10〜50	2〜3	5〜10	5〜10	2〜3
1回注入	精液量（mℓ）	0.25〜0.5	20〜25	0.2〜0.5	0.2〜0.5	50〜70
	精子数（億）	0.25〜0.5	10〜15	1.0	1.0	50
1回射出精液による授精可能頭数		100〜200	10〜20	20〜30	10〜20	8〜9
1週間あたり実用的精液採取頻度		2〜4	2〜4	7〜10	7〜10	2
年間平均精液採取回数		120	60	100	100	120
雄1頭あたり年間授精可能のべ頭数		12000〜24000	600〜1200	2000〜3000	1000〜2000	1000

（　）内は平均値．

畜改良に寄与するところが大きい．乳牛界における人工授精の急速な発展は，種雄牛の証明を早くなしうることに一因を求めることができる．なお，人工授精による繁殖の手段を用いても，なお種雄牛を証明するのに数カ年を必要とする．したがって，保証種雄牛または後代検定済種雄牛（proven sire）として認定される時期には，すでに7, 8歳齢になっている．この年齢ではその後数カ年しか繁殖に使用できないが，凍結精液を用いることによって，種雄牛の利用効率を著しく高めることができる．後代検定の期間中に採取した精液を凍結保管しておいて，これを後代検定後に使用することが実際に行われている．

c. 伝染性生殖器疾患の蔓延防止

各種動物の伝染性生殖器疾患として，トリコモナス病，ブルセラ病，カンピロバクター病（ビブリオ病），オーエスキー病，レプトスピラ病，顆粒性腟炎，馬パラチフス，馬伝染性子宮炎，PRRS（豚繁殖・呼吸障害症候群）などが挙げられる．

これらの大部分は交配によって伝播し，不妊または流産の原因となる．このためにこうむる経済的損失は莫大なものとなる．また，その対策としての治療や予防のための経費も極めて大きい．

自然交配では予防法を講じても，交配により生殖器病の伝染する危険が多分にある．しかし人工授精では特殊な場合を除き，雌雄の生殖器の接触がなく，体外に射出された精液を授精用の器具を用いて雌の生殖器内に注入するので，授精する精液に伝染源がない限り生殖器病の蔓延する憂いはほとんどない．また，生殖器病以外に皮膚病その他の伝染病が蔓延するおそれもない．欧米諸国やわが国における人工授精応用の初期には，人工授精の目的は家畜改良の手段としてよりも，むしろ生殖器伝染病の積極的予防対策にあった．かつては日本の産牛界をおびやかし，また莫大な経済的損失をもたらしたトリコモナス病も，人工授精の普及によって今日では日本から駆逐された．

d. 交配業務の簡便化，経費の節約および種雄管理施設の向上

人工授精によれば交配のために雌雄のいずれかを他方に輸送する必要がなくなり，これに要する労力，時間，経費が省かれ，精液を簡単迅速に輸送して交配の目的を達することができる．また精液の希釈（dilution of semen），保存技術の進歩により，種雄の数を節減し，集中管理することが可能となり，これによって飼養管理に要する労力，経費が節約されるとともに，種雄管理センターにおける衛生施設が向上した．

e. 受胎率の向上

人工授精においては，精液の性状を検査して受精能力があると思われる必要量を生殖道の深部に注入するために，受胎率は自然交配と同等か，もしくはより高くなることが期待できる．このほか注入される精液中に細菌抑制剤を入れるので，子宮内の条件が良くなり，胚の早期死滅が予防できて受胎率が向上することも挙げられる．また，人工授精では自然交配に比べ1発情期中に2, 3回の授精を繰り返すことは極めて容易で，このことによって馬のように発情期間の長い動物では受胎の確率を増すことができる．以上のほか，子宮頸管の狭窄，子宮頸腟部の位置や形状の異常，子宮後屈などのような物理的障害，あるいは腟カタルや尿腟などのような精子に対する不良感作のために起こる不受胎の例を，人工授精によって受胎に導くことができる．

このほか，凍結精液を用いて牛の夏季不妊症による受胎率の低下を未然に防止できる．すなわち，夏季以外の良い時期に採取した精液を凍結保存しておいて，これを用いることによりこのような受胎率の低下を防止することができる．

なお人工授精によれば，種雄の老齢，後肢の損傷，交尾欲の欠除，雌雄間の体格の差が大きすぎるなどの理由で自然交配の不可能な場合にも，繁殖の目的が達せられる利点がある．

f. 学術面における寄与

人工授精は動物繁殖の実際に応用されるだけでなく，生物学研究の有力な一手段として用いられる．例えば体外受精の研究，種間雑種の造成に関する研究，精液の物理化学的処理による性支配の研究，さらに遺伝学的研究の一手段として用いられ，各分野の研究の推進に寄与している．

(2) 人工授精の欠点

人工授精の欠点をあえて挙げれば次のとおりであるが，これらの論拠は現在までの長年の人工授精に関する経験からみれば薄弱で，人工授精が適当な機構のも

5. 人工授精

とに細心の注意をもって実施される限り十分克服されるものである.

① 人工授精に供する種雄の遺伝形質が不良な場合,および精液中に伝染病の病原体が含まれる場合には,これによってこうむる被害の範囲が自然交配の場合よりも大きい.

② 人工授精用器具の洗浄,消毒が不十分であると,生殖器の感染による不妊症を誘発したり,生殖器伝染病を蔓延させる危険がある.

③ 特別の技術者および設備が必要である.

④ 自然交配よりも操作の上で時間がかかる.

⑤ 精液の取引,注入の際などに不正の行われることがありうる.また不注意のために,予定の精液とは異なる個体の精液が注入される可能性もある.

〔筒井敏彦〕

5.3 精液の採取

semen collection

人工授精の技術を作業の順序に基づいて大別すると,精液の採取,検査,希釈,保存,輸送および注入よりなり,精液採取はその第一段階である.

精液採取の方法は各種動物で種々試みられ,改良が加えられてきたが,現在主として用いられている方法は,表5.2のとおりである.

これらのうち,人工腟法は最も自然に近い状態で精液が採取できるので,各種動物を通じて基本的かつ普遍的な方法である.電気刺激法(電気射精法;electroejaculation)と精管マッサージ法(massage of ampulla もしくは直腸マッサージ法)は,人工腟法で採取が困難な場合に用いられる.なお豚では,手指で圧迫・採取する用手法,鶏やアヒルでは腹部マッサージ法,犬では用手法(陰茎マッサージ法)が一般に用いられている.また猫では,人工腟法と電気刺激法に加えて,α_2アドレナリン作動薬の作用により,精路

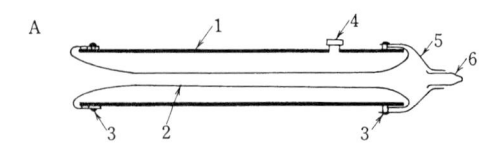

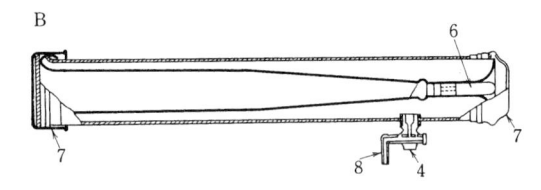

図5.2 牛用人工腟の構造
A:精液管が腟筒の外にある型,B:精液管が腟筒の内にある型(三重壁).
1:外筒,2:内筒,3:締めひも,4:湯口,5:採精ゴム,6:精液管,7:キャップ,8:送風管.

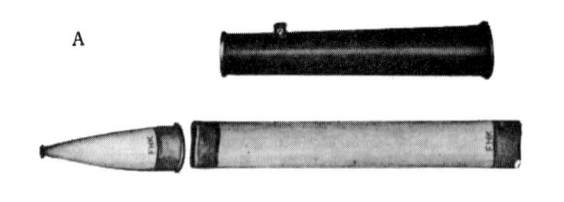

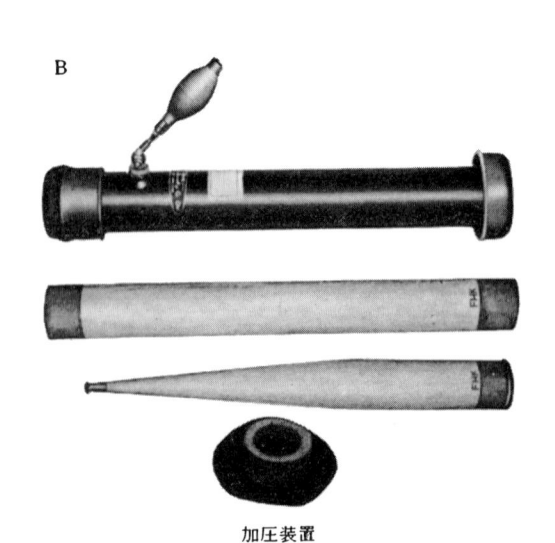

図5.3 牛用人工腟(横取用)の外筒と内筒および人工腟加圧装置

表5.2 主な動物の精液採取法

動 物	採 取 法
牛	人工腟法(横取法),電気刺激法,精管マッサージ法
馬	人工腟法
めん羊,山羊	人工腟法,電気刺激法
豚	用手法(陰茎マッサージ法),人工腟法
兎	人工腟法,電気刺激法
鶏	腹部マッサージ法,ペッサリー法
犬	用手法(陰茎マッサージ法)
猫	人工腟法,電気刺激法,カテーテル法

に放出された精液を尿道カテーテルを用いて採取する方法（カテーテル法）が報告されている．

(1) 人工腟法

人工腟は金属，硬質ゴムまたはプラスチック製の外筒と柔軟なゴム内筒からなり，この内外筒の間に温湯を入れ，内筒内に陰茎を挿入させて射精させるようにしたもので，圧力と温度を適当に調節することにより，射精のための刺激をできるだけ自然交配の場合に近くなるようつくられたものである．その形態は，動物種または研究者により種々の型が考案されている．

a. 牛の人工腟

一般に用いられている牛の人工腟の構造を，図 5.2，5.3 に示した．両図の下の型（B）は，射出精液が精液管に集まる際に寒冷の影響（温度衝撃または低温ショック）を防ぐために，腟筒内に精液管を装着したもう1枚のゴム内筒を入れた，いわゆる三重壁の人工腟である．また，外筒の入口にスポンジの加圧装置を装着する．図の上の型（A）は，寒冷時には採精ゴムと精液管を保温するために保温カバーをつける．

人工腟に使用する温湯は，ゴム内筒の温度を40℃にするために，夏は 42〜43℃，冬は 45〜46℃のものを用い，その量は人工腟全容量の約 2/3 とするが，陰茎の大きさによって加減する．また，ゴム内筒の入口と入口に近い 1/3 くらいの内壁に，粘滑剤（白色ワセリン）を塗布する．

b. 馬の人工腟

馬用の人工腟は，牛のものに比べて大型で重量もあり，上側に把手がある．射精量が多いため，大型のゴム製精液採取嚢が装着され，またゴム内筒の亀頭の当たる部位（人工腟の末端）に加圧用スポンジが装着されている（図 5.4）．

c. めん羊，山羊の人工腟

めん羊と山羊の人工腟は，牛用のものをそのまま小型にしたもので，構造はほとんど同じである（図 5.5）．

d. 豚の人工腟

豚用の人工腟には，図 5.6 に示す簡易人工腟と，図 5.7 に示す新型人工腟の 2 種類がある．簡易人工腟は，長さ 17 cm，入口の直径 3 cm，先端の太さ 0.7 cm のゴムチューブよりなり，入口にプラスチックの輪をつけたものである．また新型人工腟は，先端部のゴム内筒の外側に弾力性のらせん状リングを装着することで雌豚の子宮頸と同様の形状と硬さを出現させ，陰茎先端のらせん部に自然に近い圧迫が加わるようにしたものである．

e. 人工腟による精液採取方法

人工腟による精液採取法には横取法と擬牝台法があるが，横取法が一般的である．擬牝台法の場合は当然であるが，横取法においても主として擬牝台（dummy / phantom）が用いられる．擬牝台は雌に似せてつくられた台ではあるが，外形は雌とは大きく異なる．現在

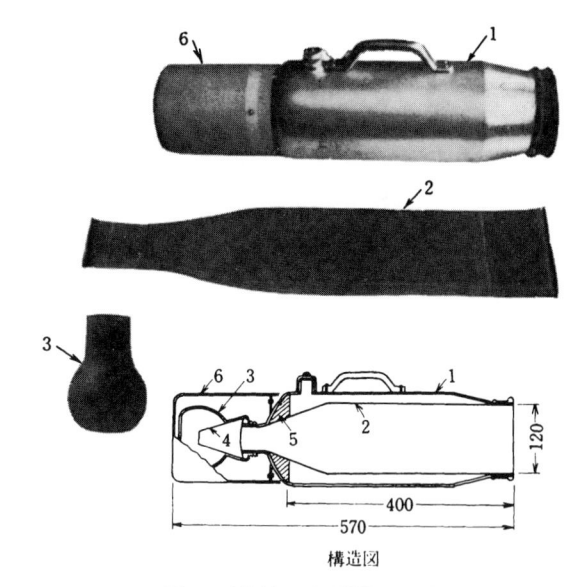

図 5.4 馬用人工腟（単位は mm）
1：外筒，2：ゴム内筒，3：精液採取嚢，4：受入ゴム筒，5：加圧用スポンジ，6：保温カバー．

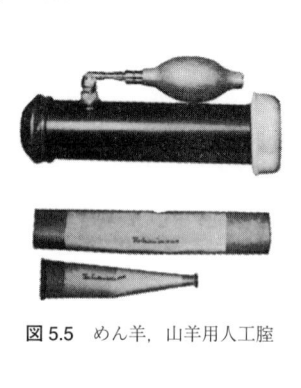

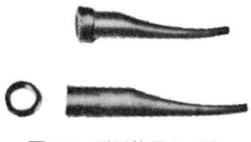

図 5.5 めん羊，山羊用人工腟

図 5.6 豚用簡易人工腟

5. 人 工 授 精

では，金属製の堅牢な台にスポンジと皮（またはテント布）をかぶせ，雄の大小に応じて高さの調節ができるものや，牛では油圧式の緩衝装置が付いたものもつくられている（図5.8, 5.9）．

新しい擬牝台に対して種雄が乗駕しない場合があるが，このような場合には発情期の雌の腟粘液や尿，または別の雄の尿道球腺由来の膠様物を擬牝台に塗布すると，雄が興奮して乗駕する場合がある．

いろいろ方法を講じても擬牝台で精液採取ができない場合は，雌を台に使用する．この場合は発情した雌を使用するのが最も良いが，発情していない雌も精液採取用の保定枠（図5.10）に入れて使用することができる．

牛では，精液採取前に包皮腔内に清浄な微温湯を洗浄嘴管により注入して洗浄する．包皮腔内洗浄は，採取精液中への混入細菌数を減らすために有効であることから，電動の包皮腔洗浄装置が市販されている．

i) 横取法

〔牛〕 精液採取者は人工腟を左手（または右手）にもち，擬牝台または台雌牛の左側（右手保持の場合は右側）に立ち，人工腟の開口部を下方にして約35°の角度に保持する．雄牛が乗駕したら右手で陰茎を包皮口部のすぐ後方で包皮とともに握り，人工腟に誘導して挿入させる（図5.11）．陰茎の挿入は，腰の運動または突き運動によって順調に行われる．射精に際して

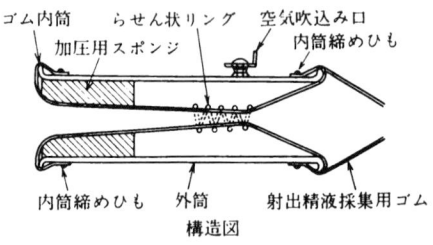

図5.7 豚用新型人工腟

図5.9 豚用擬牝台

図5.8 牛用擬牝台（油圧式衝撃緩衝装置付）

図5.10 精液採取用雌牛保定枠

人工腟が前方に押されるが，これに逆らわずに人工腟を前方に移動させ，射精が終わったらただちに人工腟の開口部を上にして，雄牛を擬牝台または台牛から静かに離す．ついで筒内の湯を排除し，精液管に水が入らないよう注意しつつ，これをあらかじめ30～35℃に保った温度緩衝器（ビーカー）内に移す．

〔馬〕 発情雌馬を台に用い，精液採取者は通常，台馬の右腰側に立って人工腟を右手にもち，開口部を下にして約35°の角度で保持する．陰茎が十分勃起するのを待って台馬に乗駕させ，すばやく陰茎を人工腟内に導入し，左手で陰茎根部を下面から軽く掌握する．馬の人工腟は大きく，重いので，射精時は人工腟を台馬の腰角に当てて保持する．射精は，雄馬の尾部の上下運動（尾打ち）か尿道の拍動により感知することができるが，射精後陰茎が柔軟となるにしたがい，しだいに人工腟の開口部を上げて精液を採取嚢に移し，なるべく早く採取嚢をはずして精液びんに移す．

〔めん羊，山羊〕 牛の採取方法とほとんど同じで，擬牝台でも台雌を利用しても，容易に精液採取ができる．

〔豚〕 簡易人工腟によって精液を採取する場合，採取者は通常擬牝台の右側に位置し，右手に人工腟をもち，左手で勃起した陰茎を人工腟に導入する．陰茎の先端が人工腟の狭小部にまで入ったら，右親指と人差し指および中指で陰茎のらせん部をつかみ強い圧迫を加える．陰茎が長く伸びて射精を開始するので，左手で精液びん（250～500 mlの広口びん）をもち，右手はそのまま圧迫を続ける．圧迫の程度が弱いと，雄豚は人工腟から陰茎をはずしてしきりに陰茎のらせん運動を行ったり，擬牝台から降りて著しく興奮する．この陰茎のらせん部の圧迫は，右親指の爪の色がなくなる程度の強さが良い．

新型人工腟によって採取する場合，採取者は通常擬牝台の右側に位置し，雄豚が擬牝台に乗駕して交尾動作を始めたら，右手で人工腟をもち，勃起した陰茎を人工腟内に誘導する．すると，豚は内部の適当な温感と圧迫感によって，陰茎を回転運動させながら子宮頸に当たるリングを探る．陰茎のらせん部がリングにはまりこむと，先端が強い圧迫を受けて性感を誘致し，陰茎を長く延ばして射精を開始するため，左手で精液びんをもって採取する．

なお，豚の精液採取では，最近は人工腟を利用する機会が極めて少なく，後述の用手法（陰茎マッサージ法）で行われることが多い．

ⅱ）擬牝台法　擬牝台用の人工腟は，擬牝台の下面に開口部を下にして35°の角度に装着する．これは人工腟を陰茎の挿入方向に合わせ，開口部に対して圧を加えることになる．種雄が擬牝台に乗駕し（図5.12），陰茎を突出したら，採取者はすばやく包皮をもって陰茎を人工腟内に導入し，射精させる．その後の操作は横取法の場合と同様である．牛，めん羊，山羊，豚は擬牝台法で比較的容易に精液が採取できるが，現在はほとんど上記の横取法が用いられており，擬牝台法はあまり行われていない．

(2) 精管マッサージ法　massage of ampulla

牛で行われる精液採取法であり，直腸から精管膨大部をマッサージして行うもので，一般に人工腟法で精液が採取できない場合に実施される．

雄牛を枠場に保定し，あらかじめ包皮先端の毛を切り，加温生理食塩液で包皮腔を洗浄しておく．次に温

図5.11　人工腟による牛の精液採取（横取法・擬牝台使用）

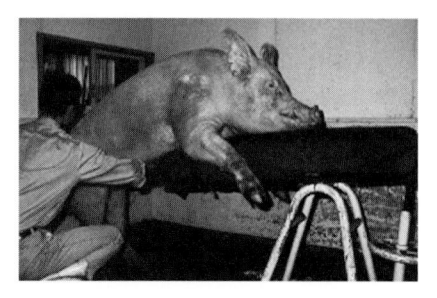

図5.12　豚の擬牝台乗駕時の様子

5. 人工授精

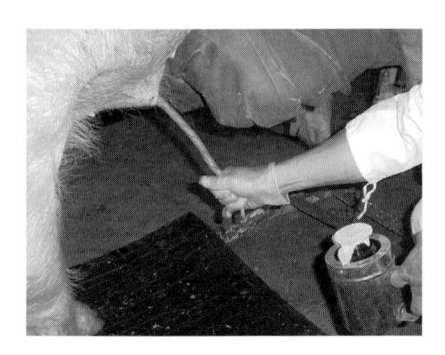

図5.13 用手法による豚の精液採取（右下は保温器と採取びん）

湯で灌腸して宿糞を排除した後，さらに40℃前後の温湯を注入しつつ手を直腸に挿入し，まず精嚢腺をつまむようにして手前にマッサージすると，包皮口から多量の透明な精嚢腺液を滴下する．その次に精管膨大部を後方にマッサージすると精液を滴下し始めるので，助手は精液管に漏斗を装着してこれを受ける．この精管膨大部のマッサージの際にあまり強く行うと，下側にある膀胱を圧迫して精液に尿を混ずることがあるので注意を要する．この方法は，包皮腔内で射精することや熟練を要することなどから，現在ではほとんど用いられていない．

(3) 用手法（陰茎マッサージ法）

通常の豚の精液採取は，多くの場合は人工腟を利用しないで用手法（図5.13）により行われている．使用資材としては，使い捨て手袋と膠様物濾過用フィルター（ガーゼなど）を装着した採取びん，およびその加温容器を準備する（図5.14）．また，できる限り衛生的な採精室（場）を用意する．

精液採取にあたり気遣うべきことは，精液をより衛生的に採取することである．そのためには，精液採取前に包皮憩室の内容物を絞り出すか包皮腔内を洗浄する．また，陰茎が伸長した際には包皮口付近（陰茎基部）から陰茎先端部にかけて加温した滅菌生理食塩液により洗い流す（図5.15）と，精液中の細菌数が激減する．なお陰茎の把持方法は，先端部のらせん状溝部分に指を滑り込ませるようにして握り込む．加圧の程度は，指の爪の先端が若干白く変化する程度を目安とする．豚の射精時間はほかの動物と比べて大変長いが，基本的には白色の濃厚部分のみを採取する．

犬の精液は，用手法によって3分画採取することが

図5.14 加温器（左）とガーゼ装着採取びん（右）

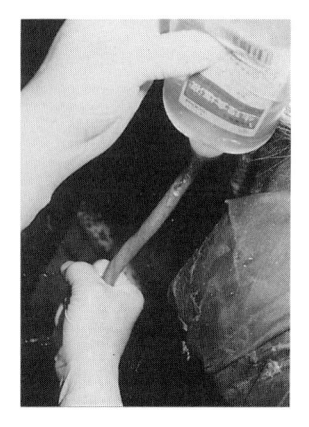

図5.15 豚の伸長した陰茎の生理食塩液による洗浄
陰茎先端部を把持し，上部から洗い流す．

できる．これには陰茎の勃起前に包皮を亀頭球の上方まで押し上げ，亀頭球上方を指で圧迫して射精を誘起する．射精では，最初の数秒でやや白濁した第1分画液（前立腺液0.5～1.0 mℓ）を射出し，続いて精子の含まれる灰白色の第2分画液（0.5～2.0 mℓ）を射出する．これに続いて10～20分間，第3分画液（前立腺液5～20 mℓ）を拍動的に射出する．人工授精には第2分画液を用いるが，少量の場合は卵黄トリス液または第3分画液を添加して用いる．

(4) 電気刺激法（電気射精法） electroejaculation

牛，めん羊，山羊，猫に用いられる精液採取法で，腰仙部の射精中枢を電気的に刺激して射精させる方法である．この方法は雄に交尾体勢をとらせず，交尾欲の有無にかかわらず強制的に射精させることができるため，四肢の故障で乗駕できない場合，非繁殖期において雄の交尾欲が弱い場合，台雌や擬牝台を用いずに精液採取が必要な場合などに便利である．

最近では動物福祉の点から，生体に対する電気刺激を負荷した強制的な精液採取法は，遺伝資源保存など特別な場合を除いて社会から受け入れられないことも

(5) 精液の採取頻度　frequency of semen collection

主な動物の実用的な精液採取頻度は，表5.1に示したとおりである．

〔牛〕 精液採取頻度は，週2回が普通である．また，採取した精液の量および質が十分でないときは，連続して第2回の採取を行う．Almquist and Cunningham (1967) は，性成熟期から採取を開始し，毎週1回または毎週6回，それぞれ精液採取を実施し続けた2群の雄牛が6～7歳に達したときの精液を比較した．その結果，1回あたりの精液量（volume of semen），精子濃度，総精子数（sperm concentration）は，高頻度採取群が低頻度採取群よりも劣るが，1週間あたりの総精子数および運動精子数はともに高頻度群の方が低頻度群より約3倍多く，人工授精に使用した場合の受胎率も正常であることを認め，牛においてはかなり高い頻度の精液採取が可能であることが示されている．

〔馬〕 繁殖季節が限定されているため，この期間中に交配・精液採取が集中することがあり，1日数回採取することも稀ではない．しかし西川・和出 (1951) は，繁殖季節に毎日1回精液採取すると8日目頃から精子数は半減し，1日2～3回採取を行うと，繁殖季節の進んだ4～5月には3月の精子数の1/4～1/5に減少することを認めている．一方，富塚らが1960年代に2年間にわたって週2回ずつ精液採取を行った結果，精液性状に変化が認められず，この程度の採取頻度では精液性状に悪影響がないことを示している．

〔めん羊，山羊〕 個体により差があるが，繁殖季節中1日1～2回の精液採取を続けても支障は認められない．めん羊，山羊の造精機能はほかの動物よりかなり高い傾向があり，吉岡 (1959) は6.5時間以内に18回精液採取を行い，総精液量12.2 mℓ，総精子数418億を得たが，なお精子数6億余を残す例を認めている．

〔豚〕 射精量がほかの動物に比べて多いため，連続精液採取の影響は著しく，高頻度採取によって精液量および精子数が減少し，精子活力や生存時間に悪影響を及ぼす．特に精子数の減少，精子の活発な運動を持続する時間の短縮および異常精子（abnormal sperm）の増加がみられる．通常，3日以上の間隔の精液であれば正常な精液性状の70～80％のレベルを維持できるが，良好な受胎成績を上げるためには5～6日の間隔が望ましいとされている．

〔犬〕 個体によって差があるが，通常3日間隔で採取すれば正常な精液性状が維持される．

〔猫〕 人工腟による精液採取では，1回の精液採取で数回射精させるのが一般的で，その場合，通常3日間隔で採取すれば正常な精液性状が維持される．

(6) 器具の消毒

精液採取に用いる器具類は，すべて消毒しておく必要がある．ガラス製品，金属製品は乾熱滅菌または煮沸消毒を行い，ゴム製品はガス滅菌や煮沸消毒，プラスチック製品はアルコール消毒を行う．特に問題になる人工腟ゴム内筒は，使用後外筒に装着したままブラシで十分に洗浄した後，離脱して裏返し，70％アルコール中に数時間浸漬させた後に清潔な保管箱内に保管する．このために，殺菌灯を取り付けた保管箱が市販されている．

〔伊東正吾〕

5.4　精液および精子の検査
semen evaluation

精液および精子の検査は，日常の人工授精業務において採取精液を人工授精に供しうるか否かを判定し，希釈倍数を決めるためにも必要である．

検査項目と方法は，目的に応じて精細なものを必要とする場合もあるが，原則的に検査に時間のかかるもの，多量の精液を必要とするもの，検査の器具が著しく高価で，しかも操作の煩雑なものなどは，日常の検査には不向きである．

(1) 肉眼的検査

a. 精液量　volume of semen

精液の量は動物の種類によって異なるが，同一種でほぼ一定の範囲がある（表1.6参照）．しかし，同一種でも個体により，また同一個体でも採取方法や採取時の条件によって精液量に差がある．

精液量は，普通目盛付試験管（精液管：牛は10 mℓ，めん羊・山羊は2 mℓのものを用いる）に入れて測定する．馬と豚の精液は膠様物を含んでいるので，これ

5. 人工授精

をガーゼで濾過，分離した後，液状部と膠様物の量を別々に測る．

b. 色

精液は通常乳白色〜灰白色で，ときに黄色を帯びることがある．一般に，白色の度合いと混濁度の強いものほど精子濃度は高い．また，異物の混入した場合には変色することが多い．こはく色のときは尿が，赤色のときは新鮮血液が，褐色〜暗褐色のときは血液，組織片，細胞または塵埃が，緑色のときは膿汁などが混入している可能性が高い．

c. 臭い

新鮮な精液は通常ほとんど無臭であるが，ときとして雄臭を帯びることがある．精液固有の臭いは，前立腺中に含まれる蛋白質およびリン脂質によるものとされている．尿が混ずると尿臭を呈し，長く保存したものは細菌の発育による分解産物のため腐敗臭を呈する場合がある．

d. 雲霧様物（cloudiness）の出現

精子は精液中に一様に分散しているのではなくて，集団をつくって動いている．肉眼的にこの集団は雲霧様物となってみえる．これをよく注意してみると雲状に移動している．この雲霧様物の出現が多く，しかもその移動の激しいものほど活発な精子の数が多いことを示す．

e. 水素イオン濃度および浸透圧

精液のpHは，前述のように動物種によってほぼ一定の範囲にあり（p.19参照），pHの異常なときは副生殖腺の異常あるいは異物の混入が考えられる．

精液の浸透圧は，浸透圧計または氷点降下度測定装置を用いて測定する．各種動物の精液の浸透圧は，だいたい280〜310 mOsm/kg，氷点降下度（Δ）で0.55〜0.65の範囲にある（p.19参照）．

f. 粘稠度

精液の粘稠度は，精子濃度に関係している．めん羊，山羊の精液は粘稠度が最も高く，牛がこれにつぎ，馬，豚の場合は低い．また，採取頻度の過度のものや，老齢動物の精液は一般に粘稠度が低い．

(2) 顕微鏡的検査

精子の活力，生存率，精子数，異常精子数および精液に混入する異物などを顕微鏡によって検査する．人工授精に精液を供用しうるか否かを判定するために，顕微鏡検査は必ず行わなければならない．

a. 精子の活力および生存率　sperm motility and viability

ⅰ）**精子活力の検査法**　精液を懸滴標本とするか，精子活力検査板の上にのせて顕微鏡下で検査する．

懸滴標本の場合は，精液の1小滴を白金耳か細いガラス棒でカバーグラスの中央にとり，これをホールグラスの凹部にかぶせる（図5.16）．この際カバーグラスの一端に精液またはワセリンを少量つけておくとカバーグラスの移動を防ぐことができる．標本はまず弱拡大（20〜100倍）で全体像を確認したのち，中等度の拡大（400〜600倍）程度とし，周縁部から中央部に至るまでの多数の視野にわたって検査する．

精子活力検査板（図5.17）の場合は，検査板中央のリングの中に1〜2白金耳の精液を置き，その上にカバーグラスをかけて検査する．この場合は，どの視野も液層の厚さが一定（50 μm）なので検査に好都合である．

なお，精子の生存率や運動性は温度によって著しく左右され，鏡検時の室温が低い場合は精子の運動が鈍るため，38℃前後に調温できる保温装置を用いて鏡検する．保温装置には，顕微鏡全体を温める顕微鏡保温装置と，スライドグラスの部分のみを加温するスライド加温装置とがある．

また，精子の活力検査に顕微鏡モニターテレビを使

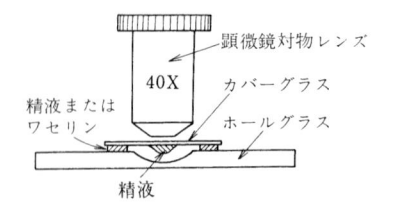

図5.16　精液の懸滴標本

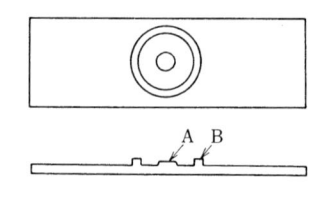

図5.17　精子活力検査板
A面はB面より50μm低い．

用すると，複数の人が同時に観察でき，客観的な活力の判定ができる．

ii） 精子活力の表示法　精子活力の表示方法は，国や研究者によっても異なる．わが国では，精子の生存率（全視野中の精子数に対する運動精子数の％）と運動性を併記する方法がとられている．

精子活力は，次のように区分される．

- ‖：極めて活発な前進運動を行うもの．
- ＃：活発な前進運動を行うもの．
- ＋：緩慢な前進運動を行うもの．
- ±：旋回または振子運動を行うもの．
- －：運動をしないもの．

例えば（60＃，20＋）の表示は，活発に前進運動する精子が80％であることを示すものである．

精液採取直後の精子活力は，基本的には80～95‖程度である．通常，牛の人工授精に使用されるのは液状精液で60‖以上，凍結精液で40‖以上のものでなければならない．

iii） 精子生存指数　viability index of sperm　精子の生存率および活力を総合して比較検討する場合には，生存指数をもって示すことがある．この算出には，上記の精子活力の段階に次の数値を与える．

【‖：100，＃：75，＋：50，±：25】

この数値を生存率にかけて総和して100で割る．例えば，（50‖，20＃，10＋）の精液の生存指数は，次のようになる．

$$\frac{50 \times 100 + 20 \times 75 + 10 \times 50}{100} = 70$$

iv） 生死染色による精子生存率の表示　精子は死ぬと細胞膜の透過性が増すので，生存精子と死滅精子によって色素の透過性すなわち染色性が異なり，これによって精子の生死を鑑別することができる．その方法として，精液1に対してエオジン（水溶性）の0.5～0.75％溶液（リン酸緩衝液）を10～20の割合にスライドグラスの上で混和した後，これを血液と同様の要領で塗抹し，乾燥して鏡検する．死滅精子の頭部は赤く染まり，生存精子は染色されないので，後者を算出して生存率を求めることができる．この場合，染色された精子をみやすくするためにファストグリーン，オパルブルー，アニリンブルー，ニグロシンなどの色素を，エオジン溶液にあらかじめ混合しておく．

b． 精子数　sperm concentration

正確な精子数を求めるには血球計算盤を用いて算定するが，精子濃度の概数を求めるには分光光度計やマイクロセルカウンターなどを用いる．各種動物の精子濃度および1回射精精液中の総精子数は，表1.6に示したとおりである．

i） 血球計算盤による方法

〔精液の希釈〕　血球計算盤によって精子数を求める場合の精液の希釈には，通常，赤血球用メランジュール（ピペット）を用いる．よく混合した精液をメランジュールの1.0（または0.5）の目盛まで正確に吸い，ついで3％食塩液を101の目盛まで正確に吸い上げる．ピペットの両端を親指と中指の指頭で押さえ，よく振って内容を混和する．

〔計算盤〕　図5.18に示すように，中央のガラス盤Aに正方形の分画がある．その1辺の長さは1mmで，これがさらに20等分されて，正方形は400の小正方形に区分されている．したがって，1つの小正方形の面積は1/400 mm^{2}である．この小正方形16個ずつを特に明視しやすくするために，縦横ともに5列目ごとに中央に1線Eがある．ガラス盤Aは，側面図に示すように両側の溝を隔てて一段高いガラス盤Bに相

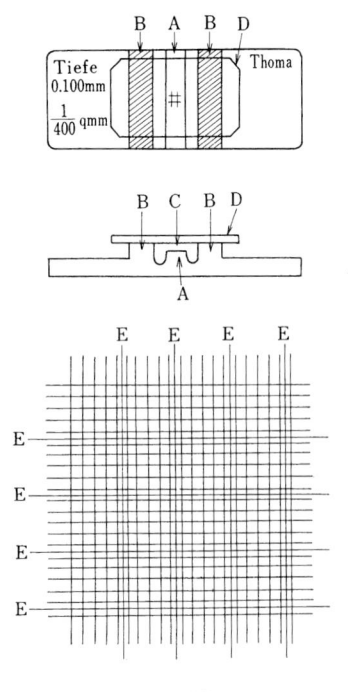

図5.18　計算盤

対している．カバーグラスDをこの計算盤に載せて密着させると，AとDの間に1/10 mmの空隙ができる．この空隙に，検査する精液を滴下する．

〔計算方法〕 ピペット内でよく混和した精液は，最初の2,3滴を捨てた後，次の1滴を計算盤の中央の空隙（C）の部分に静かに滴下し流し込む．ついで2～3分静置して精子の沈下するのを待ち，300～400倍の拡大で鏡検し，数取器を用いて計数する．精子の計数にあたっては，画線上にある精子はその2辺（例えば上と右）上のものは区画内として計算し，他の2辺（下と左）上のものは区画外として算入しない．

馬と豚では全区画（400小正方形）内の精子数を数え，牛，めん羊，山羊では，通常計算盤の対角線上にある4ブロック（64小正方形）と任意のほかの1ブロック（16小正方形）の合計5ブロック（80小正方形）内の精子数を数え，これを5倍にして全精子数とする．例えば，100倍に希釈した（1.0の目盛まで精液を吸った）牛精液で，5ブロックを数えたときの精子数が260とすれば，精液1 mm³中の精子数は，

260×100（希釈倍率）×5（全区画）×10（計算室の厚さは0.1 mm）＝ 13×10⁵

となり，1 mℓ中の精子数は13億である．

ⅱ）測定器械による方法　分光光度計あるいはマイクロセルカウンター（自動血球計算機）や細胞数測定装置を用いて精子数を測定する方法があり，大きな人工授精センターで採用されている．分光光度計による方法は，ごく少量の精液0.1 mℓを10～100倍量の希釈液（3％クエン酸ナトリウム液）に加え，分光光度計にかけて透過率（吸光度）を読み取り，あらかじめ算出してある換算表と対比して精子数を求める．換算表は，100例以上について，分光光度計で計測した吸光度と血球計算盤で測定した値から回帰式を求め，これをもとに作成する．

c. **精子の形態** sperm morphology

精液の塗抹標本をつくり，400～600倍の拡大で鏡検して，精子形態の異常とその出現率を求める．日常の人工授精業務では精液採取のつど精子形態検査の必要はないが，一定の期間ごと，あるいは特に受胎成績の不良のものについては綿密に行う．

ⅰ）**精子形態の検査法**　精子濃度の高い精液をそのまま塗抹すると精子が重積して観察しづらいので，生理食塩液で2～3倍に希釈する．その後スライドグラス上に希釈精液の1滴をとり，カバーグラスの一辺をその上にあてると精液が広がるので，カバーグラスを約35°の角度に保ちながら前方にすべらせて薄く塗抹する．

染色には通常次のような方法が用いられる．

〈カルボール-フクシン染色〉

① 風乾．
② メタノール固定：2～3分．
③ 水洗．
④ カルボール-フクシン液（5％石炭酸9＋飽和フクシンアルコール液1）で数分間染色する．
⑤ 水洗，乾燥，鏡検．

〈ローズベンガル染色〉

① 風乾．
② ローズベンガル液（ローズベンガル3 g＋ホルマリン1 mℓ＋蒸留水99 mℓ）で10分間染色．
③ 水洗，乾燥，鏡検．

〈フォンタナ鍍銀染色〉

① 風乾．
② 固定液（ホルマリン20 mℓ＋酢酸1 mℓ＋蒸留水100 mℓ）によって数回交換しつつ1分間固定．
③ 水洗：約10秒．
④ 媒染：媒染液（タンニン酸5 g＋石炭酸1 mℓ＋蒸留水100 mℓ）で20～30秒間，蒸気が発生するまで軽く加熱．
⑤ 水洗：30秒．
⑥ 標本に0.25～0.3％硝酸銀液2～3滴をたらし，ついでアンモニア液を1滴加え，標本を静かに動かしつつ軽く加熱（硝酸銀液が黄褐色になった後数秒加熱，白い蒸気が生ずるまで）．
⑦ 水洗，乾燥，鏡検（バルサムで封入すれば永久標本となる）．

〈アクロソームの染色〉

① 風乾．
② オルト液（6.8％重クロム酸カリ液8＋ホルマリン2：使用前に混合）で約30分固定．
③ 水洗．
④ 緩衝ギムザ液（ギムザ液3 mℓ＋蒸留水35 mℓ＋M/10 Sörensenリン酸緩衝液（pH 7.0）2 mℓ）で1.5～2時間染色．

⑤　水洗，乾燥，バルサム封入．

アクロソームは，赤紫色に濃染した半月状の部分とやや淡染した赤道部からなる．

　ⅱ）**異常精子** abnormal sperm　異常精子は，大別して奇形精子と未熟精子に分けられる．奇形精子には，頭部奇形（巨大，矮小，変形，欠損，双頭，アクロソームの異常），頸部奇形（膨大，屈折，不鮮明），中片部奇形（膨大，屈折，彎曲），尾部奇形（屈折，彎曲，長大，短小，欠損，2尾）があり，未熟精子とは，頸部，中片部に細胞質滴を付着するものである（p.222参照）．

　正常な動物の精液での異常精子率は通常10％以内であって，これが20～30％を超えるような場合は，一般に受胎率の低下をきたすといわれている．また，未熟精子の増加は，一般に精液採取回数が過度の場合にみられる．

(3)　コンピュータを用いる方法

　これまでは精子細胞と微粒子細胞片の区別が難しかったため，コンピュータによる解析装置（computer aided sperm analysis；CASA）を用いた精子濃度測定は困難であったが，DNAの蛍光染色，精子尾部のアルゴリズム解析など近年の技術進展により，前進運動精子濃度も含めて測定可能となりつつある．CASAにより評価した前進運動精子の濃度と運動性は，受胎率，あるいは妊娠するまでの期間と強い相関があることが知られている．

　CASA装置は精子の運動解析には適しているが，運動率は不動精子の数から算定される仕組みであり，細胞片を不動精子として認識するという問題もある．一方，精子濃度の測定においては，DNA染色とCASAを併用することにより運動精子濃度と運動率を正確に調べることが可能であるが，操作の際にはチャンバー上の精子分布は均一でないため，何カ所かを調べる必要がある．また，染色された精子頭部を感知して測定するが，精子頭部と尾部がしっかり一体となった正常な精子かどうかは，顕微鏡下で評価しない限り判別することはできない．

　自動化された方法を用いると，手動で行う方法に比べて高い精度と再現性のある測定が可能となるが，焦点の調整や検体の準備と染色などにより，再現性や精度が低下する場合もあるようである．

(4)　その他の検査法

a．メチレンブルー還元能の検査

　精液中にメチレンブルー溶液を加えると，精子は色素を還元して無色になる．この脱色の強さは，精子の運動性や代謝能の強さに比例する．メチレンブルー還元時間（MRT）と精子の生存率，精子活力，精子解糖能との間には，それぞれ $r = -0.52$，-0.50，-0.55 の有意な相関関係がみられる．

　この検査は，一定条件下での精子によるメチレンブルーの脱色に要する時間を測定することで判定する．その方法は，

①　10 mℓの試験管に0.2 mℓの精液を入れ，これに0.8 mℓの卵黄クエン酸ソーダ液（卵ク液）を加えて1 mℓとし，よく混合する．

②　ついで，メチレンブルー溶液（3％クエン酸ソーダ液100 mℓに5 mgのメチレンブルーを溶かす）1，2滴を加えて混合すると緑色になる．

③　これを42℃恒温槽に入れて，脱色に要する時間をストップウォッチで測定する．良好な牛精液では，3～6分以内で脱色されるのが普通である．

b．温度感作に対する精子の抵抗性の検査

　精子に対して温度衝撃を与え，これに対する抵抗性を検査する方法である．低温感作としては，卵ク液で希釈した精液を30℃から0℃の氷水中に急激に移して10分間放置し，処置前後の生存性を比較検査する．また高温感作としては，卵ク液で希釈した精液を0.1 mℓずつ数本の小試験管に入れ，これを46.5℃の恒温槽内に1時間放置し，10～15分間隔で1本ずつ取り出して生存性減弱の程度を検査する．

c．細菌検査

　精液採取に細心の注意をしても，細菌の混入は避けがたい．細菌は，多くの雄の生殖道，特に包皮腔，器具，塵埃などに由来するもので，その大多数は大腸菌，ブドウ球菌，レンサ球菌などであるが，これらが2～3種混合していることが多い．

　細菌汚染度が高いと，細菌が糖をはじめ精漿中の諸成分を分解するため，精子の保存性に悪感作を与えて受胎性を妨げ，また，この精液によって授精された雌が生殖器感染を起こして，子宮内膜炎などを発生させ

ることになる．したがって，精液の細菌汚染を防止し，かつ混入細菌の発育を抑制しなければならない．このため人工授精用精液の希釈処理にあたっては，サルファ剤およびペニシリン，ストレプトマイシンなどの抗菌性物質が添加される．

この精液中に含まれる細菌の数と種類を検査するために，各種の培養法が行われる．原精液は混入細菌数が多いので，これを検査する場合にはいくつかの希釈段階のものを培養する必要がある．

以上の諸検査のほかに，精子の解糖能や呼吸能を測定して精子の活性を調べる方法や，アンドロジェン量に鋭敏に反応し，雄の性欲と副生殖腺機能に密接な関係のある精液中のフルクトース，クエン酸濃度の測定などが行われている． 〔伊東正吾〕

5.5 精液の希釈
dilution of semen

射精精液中の精子を体外で長時間生存させ，受精能を維持させるためには，適当な物質の含まれた希釈液で精液を希釈する必要がある．したがって，上述の検査が終わった精液は，保存および輸送に備えて適正な希釈液で希釈される．

精液希釈の目的には，以下のようなものがある．
① 精液を増量し，多くの雌への授精を可能にする．
② 精子にグルコースなど代謝可能な基質（栄養）を供給する．
③ 精子を低温ショックから守る．
④ 乳酸の産生に伴う有害なpHの変動を防ぐため，緩衝能を賦与する．
⑤ 精子に適した浸透圧と電解質のバランスを維持する．
⑥ 精液中に混入する細菌の増殖を抑制する．
⑦ 精子に耐凍能を与えるためグリセリンなどを添加する．

(1) 精液希釈液（保存液） semen dilutor / extender

人工授精実施の初期には，精液の希釈に生理食塩水，グルコース液などが使用された．その後，研究の進歩に伴って各種動物の精液に適する希釈液が国の内外で開発され実用化されており，主なものは卵黄系の希釈液と牛乳系の希釈液である．現在，わが国で普通に使用されている各種精液希釈液の組成を表5.3に示す．

a. 卵黄系希釈液

ⅰ） **卵黄リン酸緩衝液** 1939年にPhillipsとLardyが，リン酸緩衝液に卵黄を混合したものが牛精液の保存に極めて効果のあることを明らかにし，広く実用化されるようになった．

〈組成〉

リン酸カリ（KH_2PO_4）0.2 g，第二リン酸ソーダ（$Na_2HPO_4 \cdot 12H_2O$）2.0 g，蒸留水100 mℓを混和した溶液に対し，卵黄を20〜25％（v/v）加える．これに，塩基性カリウム塩またはナトリウム塩を添加してpH 6.75に調整する．

この希釈液は，卵黄の添加によって精子の温度衝撃を緩和して保存に効果的であったが，卵黄球の存在により，個々の精子の運動が明視できないという欠点があった．なお，卵黄中の低温ショックに対する有効成分は，リピッドおよびレシチンである．

ⅱ） **卵黄クエン酸ソーダ液（卵ク液）** Salisbury et al.（1941）によって開発された卵黄緩衝液で，上記の卵黄リン酸緩衝液に比べて卵黄球がよく溶解し，個々の精子が明視しやすいことから，現在，牛の精液希釈液として世界的に最も広く用いられている．

〈組成〉

3％クエン酸ソーダ（$Na_2C_6H_5O_7 \cdot 2H_2O$）液

卵黄：20〜25％（v/v）加える

ⅲ） **卵黄クエン酸ソーダ糖液（卵ク糖液）** これは，上記の卵ク液に5〜6％グルコース液を等量に加えたものである．

b. 牛乳系希釈液

牛乳は，生のまま希釈液として用いると精子の生存に有害に作用するが，使用前に加熱処理すると有害作用がなくなり，精液保存液として使用しうることが知られている．生牛乳の精子に対する有害性は，乳清のアルブミン含有部にあり，92〜94℃，10分の加熱処理により消失する．牛乳の種類としては，全乳，ホモジェナイズされた全乳，脱脂乳および粉乳が用いられている．

牛乳希釈液を使用した場合，保存2日目までの精液の受胎率は卵ク液とほぼ同じであるが，保存3日以

表5.3 わが国で普通に使用されている精液希釈液の組成（g/dℓ）

	牛 （ネオセミナン）	馬 （CGH 27）	めん羊，山羊 （ネオセミナン）	豚 （モデナ）
卵黄（%（v/v））	20.00	7.00	卵黄粉 4.00g	—
脱脂粉乳	—	—	—	—
クエン酸ソーダ	1.80	(0.25)	1.80	0.69
重炭酸ソーダ	—	—	0.10	0.10
第二リン酸ソーダ	0.04	—	0.10	—
クエン酸カリウム	0.04	—	0.05	—
塩化カリウム	—	0.025	—	—
グルコース	0.97	5.0	1.00	2.75
グリシン	0.48	0.7	—	—
ゼラチン	0.02	0.1	0.05	—
グリセリン	0.24	—	0.70	—
グリコール	—	—	0.10	—
スルファメサジンソーダ	—	—	0.05	—
ホモスルファミン	0.10	—	0.10	—
ペニシリン（U/mℓ）	900	500〜750	—	—
ストレプトマイシン（μg/mℓ）	900	500〜750	—	—
トランキライザー	0.008	0.01	0.03	—
EDTA	—	—	—	0.235
クエン酸	—	—	—	0.29
トリス	—	—	—	0.565
CO_2	飽和	—	適量	—

動物名の下の（　）は商品名．

降では卵ク液の方が高い受胎率を示すことが知られている．粉乳を希釈液に用いる場合，全粉乳，脱脂粉乳の両者とも利用できるが，全粉乳では脂肪球が多いため精子活力の検査が正確にできないので，主として脱脂粉乳が用いられる．豚精液における液状精液のための希釈保存液としては，かつては粉乳糖液（ポリザノン）が広く利用された時期があった．その後改良が進み，現在ではグルコースなどを主体としたモデナ（modena：表5.3）を基礎とした希釈保存液が用いられるようになった．その結果，15℃前後または5℃程度での低温保存技術に発展し，液状精液の保存期間が長くなり，また良好な受胎成績が得られている．

（2） 精液希釈の方法

精液の希釈は，徐々に行うことが必要である．急激に高倍率に希釈すると，精子はいわゆる希釈ショックを受け，活力が障害される．希釈に際しては，精液に希釈液を加えていくのが原則である．

また，希釈時の精液の温度は高温である方が低温である場合よりも希釈ショックが緩和されるので，通常28〜30℃で第1次（低倍率）希釈を行い，徐々に精液温を下げて4〜5℃になったとき第2次希釈（最終倍率までの希釈）を行う．例えば，最終的に10倍希釈を行う場合には，28〜30℃での第1次希釈で1/2の5倍希釈を行い，4〜5℃での第2次希釈で最終希釈倍率の10倍まで希釈する．

精液の希釈倍率は原精液の精子濃度によって異なるが，主な動物の精液の希釈倍率および1回注入精子数などは表5.1に示したとおりである． 〔伊東正吾〕

5.6 精液の保存

preservation of semen / storage of semen

（1） 液状精液の保存　storage of liquid semen

精液の保存は，精子の代謝と運動を可逆的にできるだけ抑制し，エネルギーの損耗を防ぐために低温下に置かれる．液状精液を保存する場合の各種動物別の保存温度および実用上の保存可能期間は，表5.4に示す

とおりである．

　精液は希釈液（保存液）で希釈された後，所定の温度まで下降させるが，このとき精子の低温ショックを防ぐために次のような方法がとられている．牛，馬，めん羊，山羊，犬の精液では，28～30℃の微温湯を入れたポリエチレンビーカー中に希釈精液の入った精液管を入れ，そのまま4～5℃に調節した冷蔵庫または恒温室内に静置し，60～90分の経過で徐々に温度を下げる．豚精液は一般に15℃保存が行われているが，ほかの動物に比べて精液量が多く保存温度も比較的高いので，採取後は室温に静置して徐々に20～25℃まで冷却した後に，希釈液を等温で加えて希釈し，冷蔵庫内や恒温室内で徐々に15℃まで降下させる．また5～7℃保存の場合は，28～30℃の等温希釈後，豚用精液管に適当量に分注し，28～30℃の微温湯の容器に入れて，そのまま5～6℃の冷蔵庫または恒温室に入れて静置し，一定時間をかけて温度を下げる．

　牛の希釈精液は，0.25mlまたは0.5mlのストロー内に吸引分注して，先端をゼラチン，ストローパウダーもしくは熱で封じ，4～5℃に保存する．めん羊，山羊の精液は1回の注入量が少ないため，小尖底試験管に0.5～1.0mlずつ分注して保存する．馬精液は1回の注入量が20～25mlと比較的多いため，精液びんまたは中型精液管に入れて保存する．犬精液は，用手法によって3分画採取し，精子の含まれる第2分画液（0.5～2.0ml）を等量の卵黄トリス液で希釈して，4～5℃で保存する．

（2）精液の凍結保存　cryopreservation of semen

　1952年にPolgeとRowsonが，グリセリンを加えた卵ク液で希釈した牛精液をドライアイスとアルコールによって−79℃に2～8日間凍結保存した後，38頭の雌牛に授精して79％の受胎率を上げた．それ以来，多くの研究者により精液の凍結保存に関する基礎および実用的研究が行われ，さらに液体窒素を用いて−196℃の超低温における半永久的な保存が可能となり，今日の凍結精液の世界的普及をみるに至った．

　わが国においても1953年以来研究が行われ，ストロー精液による牛の凍結保存技術の確立により全国的な実用化をみるに至り，家畜改良増殖法の一部が改正された．また，凍結精液の広域利用により全国的な交流を図るとともに，後代検定種雄牛および優良種雄牛の効率的利用により改良の促進を図ることを目的として，家畜改良事業団および広域人工授精センターが設立され今日に至っている．

a.　精子の凍害と凍害防止剤　cryoprotectant

　精液を原液のまま凍結させると精子が死滅することが知られている．精子に対する凍害としては，細胞内水分が凍結することで原形質のコロイド状態が破壊され，致命的となる．これは，特に凍結速度が速い場合に起こりやすい．また，精子細胞外の凍結に基づく凍害には，氷晶の成長による機械的破壊，溶液中水分の氷結に伴う液の濃縮化による塩害，pHの変化の害，細胞外液の高浸透圧化により細胞の異常脱水を惹起し，溶液状蛋白質の不可逆的沈殿や異常な交差結合を起こすなどの害が考えられている．

　これに対し，グリセリン，ジメチルスルホキシド（dimethyl sulfoxide；DMSO），糖類，アミドなどの凍害防止剤が知られているが，そのうち精子に対して最も有効なのはグリセリンである．

　その主な凍害防止効果は，

　①　精子の細胞内に速やかに進入する．

　②　水とよく混ざり，それに伴って氷点を著しく降下させるとともに氷晶量を減少させる．

表5.4　各種動物別精液の保存適温および実用上保存可能期間

動物種	保存適温（℃）	実用上保存可能期間
牛	4～5	4～5日
馬	4～5	6～12時間
めん羊	4～5	4～5日
山羊	4～5	4～5日
犬	4～5	3～4日
豚	15（5～7）*	2～3日（5日）*

＊：低温保存の場合．

③　それ自身種々の電解質をよく溶かし，塩害を緩和させる．

などの性質によると考えられている．

b. 牛精液の凍結保存

牛精液の凍結保存には，ビニールストローによるものと錠剤化によるものがあるが，わが国では，液体窒素を用いたストロー精液の急速凍結法が一般に行われている．

ⅰ）ストローによる急速凍結法

〔希釈液〕　Polge and Rowson（1952）が牛凍結精液の成功例に用いた希釈液をもとにして，若干修正された次の組成のものが多く用いられている．

A液（第1次希釈液）：クエン酸ソーダ（結晶水2H$_2$O）5.6gに滅菌蒸留水を加えて溶解し，全量を200mlとする．湯煎または煮沸により滅菌後冷却し，この溶液160mlに新鮮卵黄40mlを添加して撹拌混合する．

B液（第2次希釈液）：A液86mlにグリセリン（特級）14mlを添加して撹拌混合する．

A液およびB液にそれぞれ，ペニシリンGカリウムを500～1000単位/mlと硫酸ストレプトマイシンを500～1000μg/mlの割合で添加混合する．

〔グリセリン平衡（glycerol equilibration）〕　グリセリンを含有したB液により第2次希釈を行った精液は，凍結に入る前に一定時間4～5℃に静置する．この間にグリセリンの凍害防止効果が発揮できるようになる．このことをグリセリン平衡という．

〈凍結の要領〉

〔第1次希釈〕　採取精液の活力検査後に，30℃前後の等温条件で，A液により5倍（1：4）以内に第1次希釈を行う．希釈精液を液状精液の場合と同じ方法により5℃恒温室内へ移し，60～90分かけて徐々に5℃まで下げる．

〔第2次希釈〕　精液温度が5℃に下降した後に，低温室内で第2次希釈を行う．この際必要とする最終希釈精液量の1/2量になるように，A液で再希釈を行い，ついで希釈精液と等量の，5℃に冷却したB液により第2次希釈を行う（グリセリンの終末濃度7～8％）．B液は浸透圧が高いので，10～15分間隔で4回程度の分割希釈を行うか，または点滴希釈を行い，徐々に精液の浸透圧を上げていくようにする．

〔ストローへの分注と閉封〕　第2次希釈が終了した希釈精液を，引き続いて5℃低温室内でストローへ吸引分注して閉封する．ストローの閉封は，本数が少ない場合にはストローパウダーを用いて実施すると能率良く作業ができるが，処理本数が多い場合には，専用の加熱操作により閉封する方法が効率的である．また，細いストローに種雄牛略号，種雄牛名，精液採取年月日を印字するためには，専用の印字機器を用いることにより迅速かつ明確に処理できる．さらに，ストローパウダーの色を変えることにより，牛の種類を区別することができ便利である．

〔グリセリン平衡時間〕　3～16時間程度のグリセリン平衡を行った後に，ストロー精液を金網かご内へ立てて凍結の準備をする．

〔凍結操作〕　液体窒素蒸気簡易急速凍結器（図5.19，5.20）を用いる．凍結槽内の所定の位置より少し上の部分まで液体窒素を入れて蓋をし，約10～15分程度槽内を予備冷却する．ストローを立てた金網かごを凍結器の支柱に吊るし，粗動装置と微動装置により金網かごを凍結槽内に徐々に降ろし，微動装置の0の位置まで約2分かけて金網かごを下げる．そのままの位置で液体窒素蒸気中に約5分置き（計7分），ついで微動装置により金網かごをさらに下げ，槽内の液体窒素中へつけて凍結を終了する．この場合の温度下降曲線は，図5.20の標準温度下降曲線に近いものにすることが必要である．なお，牛では通常冷却プログラムをコンピュータ管理し，常に一定の品質で凍結精液が製造できるシステムが構築されている．

〔凍結精液の保存と輸送および取り扱い〕　凍結した精液はキャニスターに入れて，液体窒素の入った凍結精液保管器（図5.21）内で−196℃に保管される．

凍結精液の輸送は，液体窒素を充填した凍結精液保管器内に精液を入れて行うが，20～30l容量程度のセンターからサブセンターへの輸送に用いるものと，10l程度の人工授精師用のものがある（図5.21）．事前に凍結精子の配給元へ空の液体窒素タンク（ドライタンク）を送り，そこでタンク内に液体窒素を充填して凍結精液を格納した上で，配送業者に輸送を依頼する形態がとられている．凍結精液を飛行機で輸送する場合は，転倒しても液体窒素が漏れないような構造のドライタンクが用いられている．

5. 人工授精

図 5.19　液体窒素蒸気による簡易精液凍結器

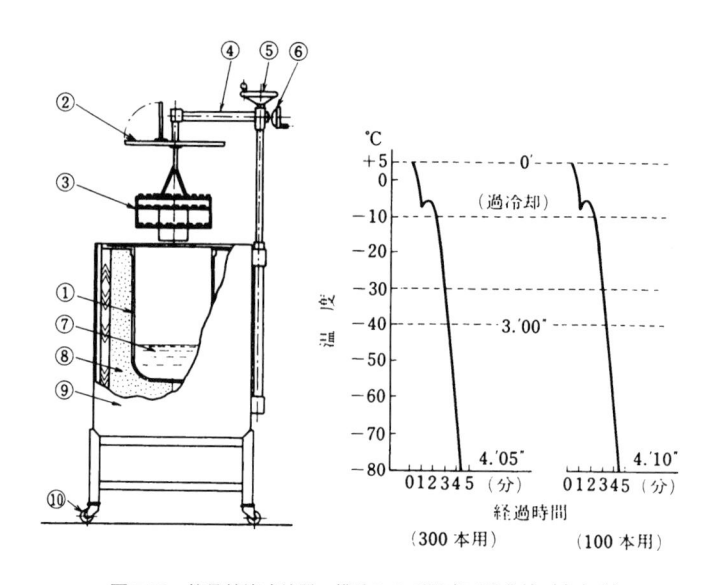

図 5.20　簡易精液凍結器の構造および温度下降曲線（京大式）
①：凍結槽，②：凍結槽蓋，③：金網かご，④：かご吊下げ桿，⑤：粗動装置，⑥：微動装置，⑦：液体窒素，⑧：保冷材，⑨：外箱，⑩：足車．

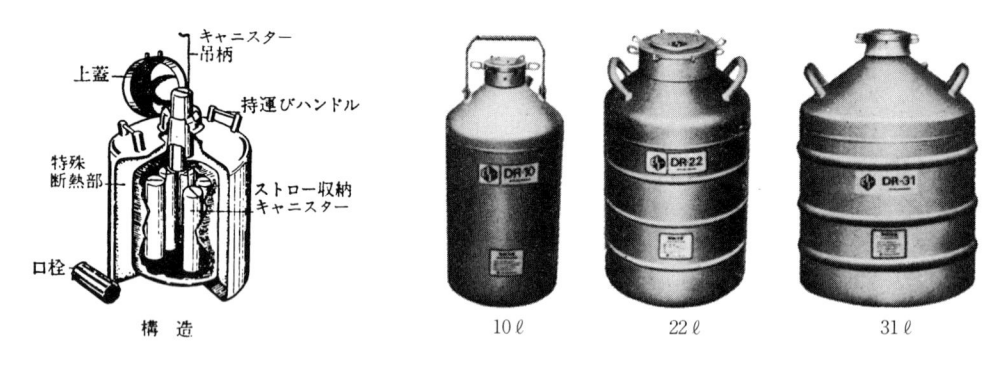

図 5.21　液体窒素による凍結精液保管器

通常の保管時における液体窒素の補充については，容器内の液体窒素量が約 1/3 程度に減少したところで液体窒素を補充して，-196℃の保存温度を維持することが必要である．凍結精液の出し入れの際にキャニスターを吊り上げるが，キャニスターの上面が保管器の開口部から約 10 cm 下の位置にとどめ，10 秒以内に必要なストローを取り出すようにする．凍結精液は-130℃以下に保存することが必要であり，ストローの出し入れに際して，精液温度が-130℃以上に上昇することがないように注意する．

〔凍結精液の融解〕　凍結精液の融解は，一般に 35 ～ 40℃の微温湯中に浸漬して行う．0.5 mℓ ストローの場合，38℃の微温湯中に 10 ～ 15 秒間浸漬し，ストロー下部から気泡が上がり，中心部の精液が完全に溶けてからストローを取り出して使用する．

ⅱ）　**錠剤化凍結法**　pellet freezing　錠剤化凍結法は永瀬らによって 1963 年に開発されたもので，グリセリン含有卵黄糖液で精液を 3 倍程度に希釈し，グリセリン平衡後ドライアイス上に，犬では約 40 μℓ，豚では約 0.2 mℓ の精液を滴下して凍結する方法である．本法には精液容器を必要としないが，注入時に錠剤化精液（pellet semen）を融解するための融解液および注入用のストロー精液管または注入用ピペットを必要とする．本法はアメリカを中心に，犬においてストロー法と同様に臨床応用されている．

〔凍結および保存方法〕　卵黄乳糖液（グリセリン

5.25%）または卵黄グルコース液（グリセリン8%）を希釈液として用い，精液を30℃の等温条件で3倍に希釈後，60～90分かけて徐々に4℃に冷却してグリセリン平衡を行う．表面の平らなドライアイス上に直径0.5 cm程度の円形の凹みを並列状につくり，ツベルクリン注射筒またはピペットにより，グリセリン平衡後の精液をドライアイス上の凹部に，犬では約40μℓ，豚では0.2 mℓずつ滴下して凍結する．ついでドライアイスを入れたボックスに蓋をして10分間静置し，凍結を完了する．

精液の保存は，錠剤化精液を種雄牛ごとに分けて，ポリエチレンびんまたは錠剤化精液用のケーン中に入れ，液体窒素精液保管器内に入れて−196℃で行う．

〔凍結精液の融解〕 0.6～0.8 mℓの融解液を入れたガラスアンプルを，35℃の温湯中で加温後，カットして錠剤化精液を1～2個融解液中に投入し，精液の融解後ストロー精液管または注入用ピペットに吸引して注入する．

c. 豚精液の凍結保存

豚精液の凍結保存には錠剤化法とストロー法があるが，最近ではストロー法が主体となっている．ここでは，丹羽（1989）のストロー法による凍結の基本的手技について記述する．

i） ストロー法による凍結 濃厚部精液に，まず精液と同温度の前処理液（グルコース6%，クエン酸ソーダ0.375%を主体として抗菌性物質を含んだ液）を2/3量加えて混合して室温に静置した後，約2時間かけて15℃まで冷却し，この温度で3時間以上静置する．ついで15℃を保ちつつ600～800 Gで10分間遠心分離した後，上澄部分（精漿）を水流アスピレーターで除去する．次に，第1次希釈液（ラクトース8.8%，卵黄20%の溶液に抗菌性物質を加えてよく撹拌し，遠心した上澄液）を最終希釈精液量の1/2加えて十分混合する．この精液を前法と同様に徐々に温度を下げ4～5℃とし，1.5時間静置する．ここで同温の第2次希釈液（第1次希釈液に，6%のグリセリンと1.48%のOEP（合成界面活性剤；orvus ES paste）を含んだもの）を等量加えてよく混合する．この最終希釈精液1 mℓ中に，10億の精子が含まれるように調製する．

凍結用ストローは通常，容量5 mℓの大型のもので，その一端にステンレスボールを装着し，ストローの外側に種雄豚の品種，名号，製造（または採取）年月日などを記入する．なお，一部では牛用の細型ストローを用いて凍結保存し，融解時には数本を同時に融解して必要量を確保している場合もある．第2次希釈が終わった精液は，グリセリン平衡の時間をとらないで，大型ストローに分注器で5 mℓ（精子50億を含む）ずつ分注し，カラーボールなど（品種ごとに色を変えておくと便利）で封入する．大型ストローの場合は，ストローの中央部に空気層が位置するように操作した上で，5℃の温度下に静置する．これにより，融解時におけるストローの暴発が抑制できる．

ついで，凍結用の発泡スチロール容器にストロー凍結架台を入れ，この容器に液体窒素を入れる．この場合，ストローと液体窒素液面との間隔は約4 cmとし，20分間放置した後，凍結架台からストローを液体窒素中に浸漬する．ストローは，浸漬時に発生する液体窒素液中の発泡がおさまった時点で凍結終了とみなし，キャニスター内に各個体で区分して収納し，液体窒素中に保管する．この凍結操作は，プログラムフリーザーを用いることにより，容易かつ斉一性高く実施することができる．

Okazaki et al.（2009）は，希釈液の浸透圧を若干高めるために，EGTA（グリコールエーテルジアミン四酢酸；ethylene glycol tetraacetic acid）を添加し，さらには融解液の中にコルチゾールを添加したことにより，融解後の良好な精子活力状態を獲得している．

ii） 凍結精液の融解 豚凍結精液の融解に用いる液は錠剤化法，ストロー法に共通のものであり，グルコース3.7%，クエン酸ソーダ0.6%を主体にして抗菌性物質を含んだ水溶液で，これを融解液用ボトル1本ごとにオートビュレットで70 mℓずつ分注する．

ストロー凍結精液の場合は，融解液（70 mℓ）を35～37℃に温めておき，発泡スチロール箱に40℃の温水を用意し，液体窒素保管器からストローを大型ピンセットにより取り出し，この温水に50秒間浸漬して精液を融解する．ストローの水滴をよく拭い，カラーボール側をカッターで切り，ストロー内の精液を温めてある融解液に入れてよく混合する．錠剤の場合と同様に，この融解精液の入ったボトルをそのまま注入器に連結して授精する．

〔伊東正吾〕

5.7 精液の注入（授精）

精液の注入は人工授精実施の最終段階にあたり，受胎率の良否に関わる重要な技術である．精液の注入に際しては，精液の取り扱いを慎重にし，注入器具の消毒を厳重にし，授精適期をよく判定した上，正しい注入部位へ確実で衛生的に行うことが大切である．

動物の種類によって，精液注入器具，注入精液量，注入時期，注入部位および注入方法が異なる．

(1) 精液注入器具　semen injector

a. 牛の精液注入器

わが国では，現在ストロー用精液注入器とストロー嘴管からなる注入器が用いられている．ストロー精液注入器には，後述の直腸腟法用の約50 cmの長いものと，頸管鉗子法用の約40 cmの短いものの2種類があり，それぞれに1.0 mlストロー用の太型のものと0.5 mlストロー用の中型のもの，および細型の0.25 ml用のものがあるが，現在1.0 mlの太型のものはほとんど用いられなくなった．注入器と嘴管はそれぞれ，アルコールを入れた消毒用ケースにおさめるようになっており，常時消毒された状態で携帯し使用する．

注入に際しては，融解した精液の入ったストローとストローカッターをアルコール綿で消毒後，ストローの閉封端を精液との境界の部位で直角に切る．ついで消毒用ケースから取り出したストロー嘴管をよく振ってアルコールを除き，ストローの先を嘴管先端の内側に押しつけるように挿入し，ストロー用注入器の心棒を引いて嘴管を注入器の本体に接続する（図5.22）．

近年では頸管鉗子法よりも直腸腟法が主流となり，ポリエチレン製で使い捨てのシース管と，シース管用ストロー精液注入器が広く用いられている（図5.23）．シース管用ストロー精液注入器での直腸腟法による授精では，ストロー精液がセットされた注入器のみで作業が可能である．直接牛に触れるシース管が使い捨てであるため衛生的であり，取り扱いも簡単である．

b. 豚の精液注入器

豚の精液注入器には，素材ではゴムかプラスチックかの違いがあり，形態では先端がスパイラル式と通称スポンジ式（図5.24）が，また子宮頸管部で注入する

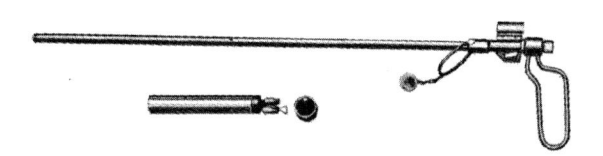

図5.22　牛の0.5 mlストロー用（中型）精液注入器

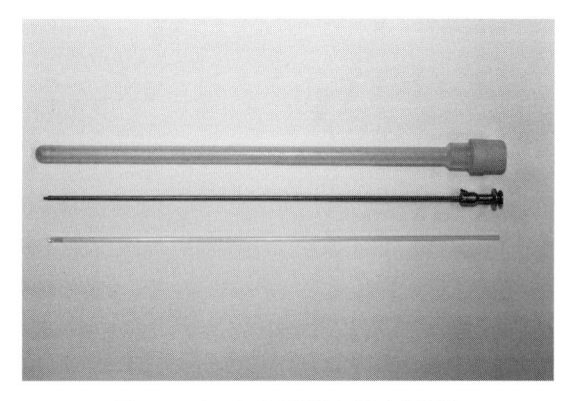

図5.23　牛の人工授精器具（竹之内提供）
上から，精液注入器ケース，シース管用ストロー精液注入器，シース管．

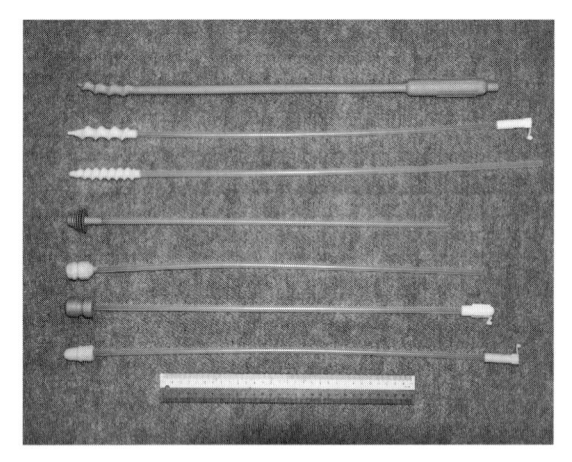

図5.24　豚の精液注入器
上3本はスパイラル式，下4本はスポンジ式．

タイプと，子宮体部または子宮角内まで挿入する深部注入タイプがある．

ⅰ）**スパイラル式**　先端部が子宮頸管部と同じくスパイラルになっており，子宮頸管内の皺襞に絡み固定された上で注入する注入器である．

ⅱ）**スポンジ式**　先端部の形態は多様であるが，外子宮口に先端部を押し当てるのみで注入する注入器であり，簡易だが精液漏出の多い場合がある．

5.7 精液の注入（授精）

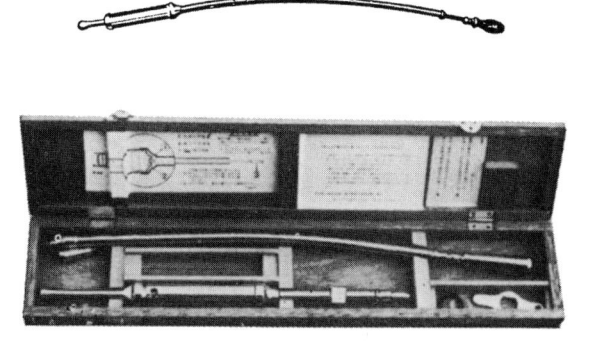

図 5.25 馬の精液注入器（佐藤式受胎増進器）

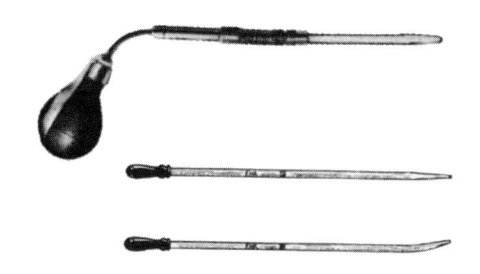

図 5.26 めん羊，山羊の精液注入器

iii）**深部注入式** 注入器の先端部の形態にかかわらず，通常の挿入後にインナーカテーテルを子宮体部または子宮角まで挿入して注入する注入器であり，精液漏出がほとんどなく，注入精液量も少量とすることができる．

これらの注入器は，いずれも精液ボトルなどを連結して注入する．

c. 馬の精液注入器

わが国で用いられている馬の精液注入器は佐藤式受胎増進器（図 5.25）で，長い柄の先端に注入嘴管および 25 mℓ 容量の注入筒がついたものであり，子宮頸管内に嘴管を挿入し，手元の操作で精液を注入するものである．

d. めん羊，山羊の精液注入器

めん羊，山羊の精液注入には，一般にピペット式注入器が用いられる．長さ約 25 cm の 0.2～0.5 mℓ 用のピペットの基部に，ゴムキャップをつけて用いる（図 5.26）．

e. 犬の精液注入器

犬の精液注入には，注射筒を接続したストロー式注入器が用いられる．長さは犬の大きさによって 15～30 cm と幅があり，直径 0.5 cm の透明なプラスチック製で，基部には注射筒が接続できるように軟らかいビニール管をつけて用いる．

(2) 精液の注入方法

a. 牛の精液注入

わが国で行われている牛の精液注入法には，図 5.27 に示す直腸腟法と頸管鉗子法の2つがある．

i）**直腸腟法** 注入器を腟内に挿入し，先端が外子宮口付近に達したところで片手を直腸内に挿入して子宮頸部を把握する．ついで直腸内の小指を外子宮口部の側方から下方に移動させ，この近くに達している注入器の先端に小指を添わせるようにして外子宮口内に誘導する．注入器の先端が頸管の中央部まで達したら，直腸内の手を頸管に沿って前進させ，人差し指を内子宮口に当てるように添えて頸管を握り，先端が内子宮口に近い頸管深部に達するまで押し進めた上で精液を注入する（頸管深部注入法）．あるいは注入器の先端を子宮体内にわずかに進入した後，ゆっくり注入する（子宮内注入法）．注入後は精液が逆流しないように頸管を把握している手をそのままにして，一呼吸おいてから静かに注入器を抜き去る．

ii）**頸管鉗子法** 腟鏡で腟を開き，子宮頸管鉗子で子宮頸腟部の左側をはさんで頸管を陰門近くまで引きよせて固定し，ついで注入器を頸管の深部まで挿入して精液を注入する（頸管深部注入法）．注入後は注入器を静かに抜き，子宮頸をもとの位置に戻して鉗子をはずし，最後に腟鏡を閉じて抜き去る．

b. 豚の精液注入

基本的には腟鏡を用いず，通常は外陰部のアルコール清拭後は注入器のみを挿入する方法で実施している．片方の手で陰唇を開き，注入器がスパイラル式またはスポンジ式であっても，最初の 10～15 cm は注入器の先端をやや斜め上方に向けて挿入し，外尿道口に注入器の先端が誤入しないよう留意する．また，挿入時に腟前庭などで強い抵抗感がある場合には，少量の精液や希釈液などで先端部を潤すことも良い．なお，どの様式においても精液注入後は注入器を急いで引き抜かず，1～2 分挿入したままで置き，その後静かに

5. 人工授精

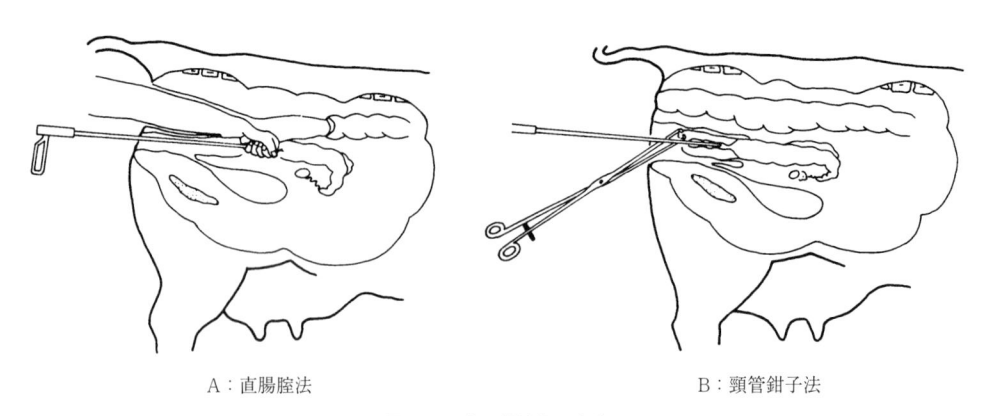

A：直腸腟法   B：頸管鉗子法

図 5.27 牛の精液注入方法

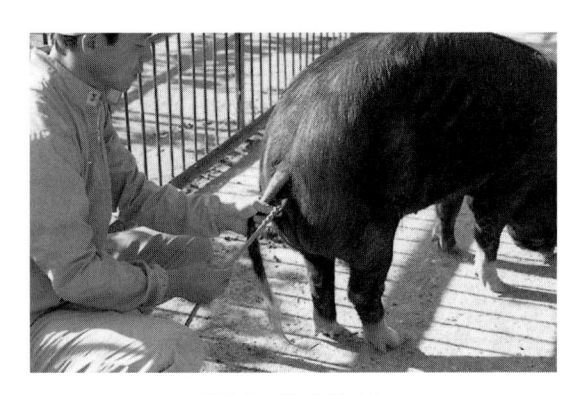

図 5.28 豚の精液注入

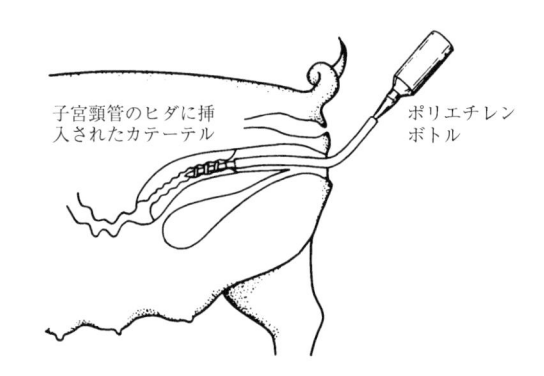

図 5.29 ゴムカテーテルとポリエチレンボトルを用いた豚の精液注入方法（Hunter, 1982 を改変）

抜き去る（図 5.28, 5.29）.

ⅰ）スポンジ式注入器による方法　外子宮口に注入器先端を押し当てた状態で精液ボトルなどを連結し，ゆっくり精液を注入する．

ⅱ）スパイラル式注入器による方法　注入器を押し入れて抵抗感を感ずる部位に達した後，スパイラルの形態に合わせて反時計回りにねじ込み，皺襞を 2～3 枚通過した部位で注入器を軽く引き，先端部が固定されたのを確認し，精液ボトルを連結・注入する．

ⅲ）深部注入式注入器による方法　スポンジ式とスパイラル式の器具に深部注入器が存在するので，それぞれの注入器の使い方が基本であるが，最初の挿入作業完了後に，細い内側カテーテルを一定の深さまで押し込む．通常は子宮体部までの到達を目的とするため 10～20 cm 程度挿入するが，子宮角内に挿入するタイプでは 40～60 cm 挿入する場合もある．深部注入の場合は，通常以上に衛生的な操作を心掛ける必要がある．

c. 馬の精液注入

腟鏡で腟を開き，子宮頸腟部の状態や外子宮口の位置を確認した後，注入器（受胎増進器）の嘴管を外子宮口内に深く挿入し，注入器の柄を腟鏡とともに固定し，手元のつまみを押して静かに精液を注入する．

注入する精液の温度は 25℃以上であることが必要で，4～5℃に保存されていた場合は，注入前に 30～35℃の微温湯中に精液びんを入れて，精液を 30℃程度に加温してから注入する．

d. めん羊，山羊の精液注入

雌の後肢を持ち上げるようにして尻高に保定し，腟鏡で腟を開き，頸管鉗子で外子宮口の左側をはさみ手前に引いて子宮頸を固定した後，精液注入用のピペットを 2 cm 程度子宮頸管内に挿入して精液を注入する．

e. 犬の精液注入

雌の後肢を持ち上げて，尻高に保定し，精液注入用

ストローを腟の深部まで挿入して，精液を注入する．注入後は注入器を抜き取り，尻高の状態で10～15分間保定して，精液の逆流を防ぐ．

(3) 精液注入量と注入精子数

人工授精において注入される精液は，受胎に必要な精液量，精子数および精子活力・生存率を備えていなければならない．また精液中には，多くの細菌その他の不純物が含まれていてはならない．

〔牛〕 精液の注入量は，わが国では0.25～0.5 ml，注入精子数は2500万～5000万が基準とされている．注入時の精子活力が良好なほど受胎率は高いが，液状精液の場合は60＃以上，凍結精液の場合は40＃以上が望ましいとされている．

〔豚〕 精液の注入量はほかの動物よりも多く，普通50 ml，注入精子数は50億が標準とされている．注入時の精子活力は70＃以上が望ましい．

〔馬〕 精液注入量は一般に20～25 ml，注入精子数は10億～15億である．

〔めん羊，山羊〕 精液注入量は一般に0.2～0.5 mlで，注入精子数は1億以上が必要とされている．

〔犬〕 精液注入量は一般に1～3 mlで，注入精子数は2億以上が必要とされている． 〔伊東正吾〕

6. 動物繁殖の人為的支配

　動物の繁殖機能を，人為的手段によって生理的な限界を超えて促進させ，その生産性の向上を図ることは，畜産・獣医領域においてのみ許される独自の分野である．この領域には前章で述べた人工授精のほかに，季節外繁殖，発情・排卵同期化（synchronization of estrus and ovulation），分娩の誘起技術，さらに最近急速に進歩した後述の胚移植技術，妊娠の成立を妨げる避妊（contraception），受胎阻止（prevention of conception）および人工流産（induced abortion／termination of pregnancy）の処置がある．

6.1　季 節 外 繁 殖
out-／extra-seasonal breeding

　季節繁殖動物である馬，めん羊，山羊を繁殖季節外の時期に妊娠させることができれば，分娩間隔が短縮され生産性が高まる．

(1)　光の調節による方法

　北半球では馬は4～7月が繁殖季節であるが，卵巣が休止状態にある12～2月の間に，夜間の一定時間に電灯照明（長日処理）を行うと，2カ月以上も早く卵巣の活動が開始され，発情，排卵が起こり妊娠が可能となる．また繁殖季節の終わる7～8月にこの処置を行うと，繁殖季節が延長する．

　めん羊，山羊では9～11月が繁殖季節であるが，春から夏にかけて連日暗室に入れて日照時間を人為的に短縮（短日処理）すると，5～6月に発情が現れ，普通よりも4～5カ月も早く妊娠させられる．なお，山羊に長日処理を7カ月間継続すると，光不応（photo-refractoriness）になって，排卵周期を再開する．

　在来種であるシバヤギは，自然条件下では周年繁殖を行うが，明期を16時間にして人為的に長日処理を行うと，ザーネン種と同様に卵巣活動は停止する．また，長日期間中には性腺が抑制されているが，この期間にはプロラクチン（PRL）分泌が高進するという．

(2)　ホルモン処理による方法

a.　ステロイドホルモンおよび性腺刺激ホルモン　steroid hormone and gonadotrophin

　非繁殖季節のめん羊に馬絨毛性性腺刺激ホルモン（eCG）を注射すると排卵が誘起されるが，多くは発情徴候を伴わない．しかし，プロジェステロン25～50 mgを数日間注射した上で，1～2日後にeCGを500～750 IUを注射すると1～5日後に発情，排卵が起こり受胎するので，年2回の分娩も可能である．馬では，非繁殖季節にeCGを投与しても発情，排卵は誘起できない．

b.　メラトニン　melatonin

　松果体から分泌されるアミン誘導体であるメラトニンを，山羊，めん羊，鹿などの季節繁殖動物に投与すると，夜間の活動が延長して発情が誘起される．メラトニンの産生・分泌活動は日周変動を示し，暗期に分泌が高進する．この分泌リズムは，日長変動にしたがって季節変動する．また暗期に光刺激を与えると，メラトニンの分泌はただちに抑制される．

　めん羊において，非繁殖季節にメラトニンを投与して短日処理を行うと繁殖季節が到来する．また，めん羊の皮下にメラトニンの入ったシリコン製カプセルを移植して，一定速度（約30 μg／日）で長期間メラトニンを放出させると，卵巣機能は高進して排卵活動が開始される．これは血中メラトニンの基底レベルの上昇により，長日型の性腺抑制効果が無効になったものと推察されている．

c.　フェロモン　pheromone

　めん羊において，非繁殖季節の末期に雌群に雄群を導入すると発情・排卵時期が早まり，また未成熟の雌豚を雄豚とともに飼育すると，初回発情の発来が促進

される．これらの雌の嗅覚をあらかじめ阻害しておくと，効果は発現しない．このことは，雄から体外に放出され，雌の嗅覚に受容される物質が存在することによるものであり，この物質はフェロモンと呼ばれる．雄豚のフェロモンの本態は，アンドロステノンおよびアンドロステノールといわれる．

また，成熟雄山羊は繁殖季節になると特異的な刺激臭を発するが，これは未成熟山羊には現れない．非繁殖季節の雄山羊に性腺刺激ホルモン（GTH）を投与するとこの刺激臭が発現するが，去勢雄山羊には効果がなく，臭いの起源は汚れの著しい体毛にあるといわれる．臭いの本態を抽出・分析すると，4-エチルオクタン酸であることがわかっている．また発情期の雌に雄が誘われる現象は，すべての産業動物に認められる．発情した雌牛の発情臭が体表面，特に後躯および外陰部とその周辺から発散されることが知られている．

〔竹之内直樹〕

6.2 発情同期化（発情周期同調）および排卵同期化

synchronization of estrus / estrous cycle synchronization and synchronization of ovulation

人為的な処置によって雌の発情または排卵を短時日の間に集中して誘起させることを発情同期化（発情周期同調）および排卵同期化といい，次のような利点がある．

① 雌の発情日は個体によって異なるが，発情または排卵をそろえることによって，一群の雌を短期間に集中して繁殖させることができるほか，発情雌の発見，捕獲などの省力化が可能となる．

② 発情の見逃しをなくし，授精適期の把握が容易になり，高い受胎率が期待できる．また排卵同期化では，発情を見つけることなく定時の人工授精が可能であり，繁殖管理の省力化および効率化が可能となる．

③ 計画的生産が可能となる．すなわち，乳生産，子の育成，出荷などの計画的生産を前提として，飼い主が分娩時期を自主的に決定することができる．

④ 胚移植に際して，供胚動物と受胚動物の発情を同期化することにより，効率的な実施が可能となる．

(1) 卵胞成熟・排卵抑制による発情同期化の方法

a. ジェスタージェン投与法

牛では黄体期でも卵胞の発育は起こるが，成熟・排卵は抑制されている．発情同期化を行う際は，急激にプロジェステロンを低下させてこの抑制を解除し，これによって発情，排卵の集中化を図る．この方法には主としてジェスタージェンの投与が行われる．

牛に大量のプロジェステロンを連続注射すると，卵胞の成熟が抑制されて発情，排卵が起こらなくなり，これを中止すると2～6日後に発情が発現することが1950年代に認められた．ついで人の経口避妊薬である合成ジェスタージェン（MAP，CAP，MGA，DHPA）を，1発情周期に相当する期間連続して経口投与すると，投与終了後3～6日に発情が集中して発現することが明らかになった．これらの方法では処置の煩雑さあるいは経費，さらには受胎性の点で問題が残っていた．

1960～1970年代に入ると，投与量を減少し連日投与の労力を省くために，投与方法として，スポンジにジェスタージェンを吸着させたものをめん羊および牛の腟内に一定期間挿入する方法，またはホルモン製剤（ノルエタンドロロン）を吸着させたシリコンラバーやペレット状にしたホルモン製剤（ノルジェストメット）を皮下に一定期間埋没する方法が開発された．

腟内に一定期間挿入する方法として，シリコンに天然型プロジェステロン（P_4）を吸着させた腟内留置型器具が考案され，実用化に至っている．代表的なものとして，CIDR（controlled intravaginal drug releasing device：P_4 1.9 g/個），PRID（progesterone releasing intravaginal device：P_4 1.55 g/個，安息香酸エストラジオール 0.01 g/個）ならびにオバプロンV（OVAPRON V：P_4 1.0 g/個）などがあり，挿入後に腟内で固定するためにT字型やらせん型などの形状的な特徴がある（図6.1）．なお，PRIDで併用されるエストロジェン製剤の作用は，一過性に卵胞発育を抑制し，卵胞の発育時期をそろえることにある．

これらを牛の腟内に12日間留置することによって，前葉性性腺刺激ホルモンの分泌抑制による卵胞の成熟抑制と，外因性プロジェステロンの連続的な感作による黄体機能の消失が誘起される．ついで除去すると急

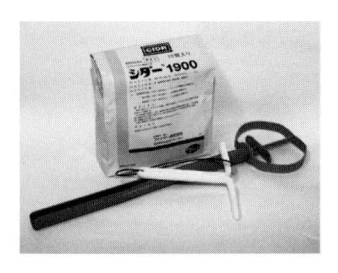

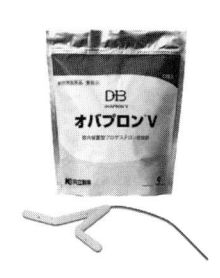

図 6.1 腟内留置型黄体ホルモン製剤
左：CIDR（ファイザー(株)，竹之内提供），中：PRID（RedVet 社提供），右：オバプロン V（共立製薬（株）提供）.

激なプロジェステロンの低下が引き起こされ，卵胞の発育，成熟が開始し 2 日後を中心として発情が誘起される．この方法では発情同期化率，受胎率ともに PGF_{2a}（ジノプロスト，分子量 354.49）投与法と同等の結果が得られる．発情周期の任意の時期に処置を開始できることを利点とするが，発情期〜排卵後 2 日に処置を開始すると，形成される黄体の機能が低く，除去後に十分な発情同期化効果を認めないこともある．

b．その他の方法

下垂体からの GTH 分泌を抑制する作用のあるヒドラゾン誘導体であるメサリビュア（methalibure）が豚の発情同期化に使用され，極めて良好な成績が得られていたが，この薬剤を妊娠中に誤って投与した場合，胎子に奇形が発生する疑いが生じたため，本剤は製造中止になっている．

(2) 黄体機能の調節による発情同期化の方法

a．子宮内膜刺激法

牛の黄体期に，液状粘性物質（Gelceptor F）あるいはヨード剤（polyvinyl pyrrolidone iodine 溶液）を子宮内に注入して，子宮内膜に炎症性刺激を与えると，子宮内膜から放出される PGF_{2a} の作用により，処置後 6〜11 日の間に集中して発情，排卵が起こり，このときの授精で約 50 % が受胎することが知られている．この子宮内膜の刺激による発情同期化法は，同期化率の点で必ずしも優れているとはいえないが，経費が節減できる点で有用である．

b．PGF_{2a} 投与法

i) 牛の発情同期化
PGF_{2a} は黄体に直接作用し退行させるため，その投与は黄体が PGF_{2a} に感受性を有する発情後 6〜17 日で有効である．この時期に PGF_{2a} を投与すると，黄体は急速に退行し，血中プロジェステロン濃度は投与後 6 時間で約 3/5，12 時間で 2/5，24 時間で 1/5 に急激に減少する．また黄体の退行に伴って卵胞が発育し，PGF_{2a} 処置後 2〜4 日の間に発情が集中して起こる．同期化された発情期における受胎率は 50〜70 % で，通常の牛と変わりがないことが認められている．

牛に対する PGF_{2a} の投与方法は，筋肉内注射により行われている．そのほかに子宮内注入，子宮頸管内注入，黄体実質内注射，会陰部粘膜内注射なども有効性が認められており，投与部位が黄体に近いほど少量での発情同期化が可能である．筋肉内注射での投与量は 6〜15 mg が必要であるが，子宮内注入では 1/3〜1/5 倍量に相当する 2〜6 mg となる．

各種動物に応用される PGF_{2a} には，合成された製品とその類縁物質があるが，PGF_{2a} はその構造の差異によって黄体退行作用の効果が著しく異なる．PGF_{2a} に tromethamine を付けた THAM 塩（分子量 475.62）の効果は PGF_{2a} の約 3/4 であり，また類縁物質であるクロプロステノール（cloprostenol）の効果は THAM 塩の約 50 倍である．また，このほかにも fluprostenol, alphaprostenol, prostalene などがある．

ii) 馬の発情同期化
各種動物の中で PGF_{2a} に顕著な副作用を示すのは馬および犬である（後述）．その症状は，発汗，胃および腸の蠕動亢進，水様性下痢，脈拍，呼吸の増加，軽度の疝痛などである．これらの症状は処置後約 20 分に最も強く現れ，2〜4 時間継続して，その間に徐々に消退する．

馬においては，排卵後 5 日に PGF_{2a} 1.25〜1.5 mg を投与すると，黄体は急激に退行して，卵胞の発育，排卵が誘起でき，投与から約 2.5 日で発情が発現し，

7～11日後に排卵が誘起される．この投与から発情・排卵までの間隔は，PGF$_{2a}$の用量が少ないほど大きいとされている．

　ⅲ）**豚の発情同期化**　豚において黄体がPGF$_{2a}$に感受性を示すのは，発情周期の12～14日以降で，PGF$_{2a}$による発情同期化効果は極めて低い．一方，発情周期の後半にエストロジェンあるいはGTHを投与して黄体の寿命を延ばすと，この黄体はPGF$_{2a}$に感受性を示すようになるとされている．

(3) 排卵同期化の方法

　発情後5～12日の牛に性腺刺激ホルモン放出ホルモン（GnRH）100μgを投与すると主席卵胞が排卵して黄体が形成され，新たな卵胞の発育が開始する．ついでGnRH投与後7日にジノプロスト25～35mgの投与により黄体を退行させて卵胞の成熟を促し，さらに48時間後に再度GnRH 100μgを投与すると，投与後24～32時間に排卵が起こる．この方法はOvsynchと呼ばれ，排卵同期化の代表的な方法である．

　Ovsynchでは，薬物の投与時間から授精適期を決定することが特徴であり，2回目のGnRH投与後16～20時間に人工授精を実施する．この定時人工授精（timed AI；TAI）でも通常の人工授精と同等の受胎率が得られる．なおOvsynchでは，多くの牛が無発情に経過する．

　現在ではOvsynchをもとに数多くの方法が開発されている．排卵同期化の方法はGnRH，PGF$_{2a}$，CIDR，エストロジェンなどの薬物を組み合わせて行う投与法であるため，処置の煩雑さあるいは経費がかさむものの，大規模な酪農経営では繁殖管理の省力化および効率化の点で有効である．　〔竹之内直樹〕

6.3　分娩誘起
induction of parturition

　妊娠期間は動物種によってほぼ一定しているが，同一品種においても個体によって若干の差異がある．個々の動物において分娩誘起が計画的にできれば，分娩管理が容易になり，また分娩を予定前の希望の時期に選ぶことができる．また分娩予定日を超えて長期間放置しておけば，長期在胎，胎子過大などの障害になる可能性があるので，分娩誘起の処置が必要となる．分娩誘起処置としては，合成副腎皮質ホルモン，PGF$_{2a}$あるいはオキシトシン投与による方法などがある．逆に，牛や豚では子宮弛緩薬（イソクスプリン，リトドリン，クレンブテロール）を投与することにより，子宮収縮を抑制し，分娩を数時間遅らせることができる．

(1) 副腎皮質ホルモンによる方法

a．牛における分娩誘起

　妊娠末期になると胎子の視床下部-下垂体-副腎軸の内分泌機構が亢進して，副腎皮質から大量のコルチゾールが分泌される．乳牛に分娩誘起の目的で合成グルココルチコイドであるデキサメタゾンまたはフルメタゾン10～20mgを1～3回筋肉内注射すると，大部分で注射後38～96時間以内に分娩が誘起される．この方法による誘起分娩の場合には，胎盤停滞の発生率が高くなる．

　分娩発来の内分泌背景を模した投与法もある．すなわち，分娩間近な牛に対しデキサメタゾン投与後24時間にクロプロステノール0.75～1mgおよびエストリオール20mgを投与すると，処置後30時間前後に分娩が誘起される．この方法ではエストリオールを併用するため，子宮頸管の拡張が促進され，難産や子宮破裂などの分娩事故が低減する．さらに，胎盤停滞の発生も減少する．

b．馬における分娩誘起

　馬において，妊娠末期にデキサメタゾン100mgを6～7日間，連日投与すると分娩が誘起される．ポニーではより短期間の処置で分娩誘起が可能であり，妊娠約320日以降にデキサメタゾン100mgを3～4日連日投与すると，初回投与後3日に分娩が誘起される．一方，デキサメタゾン80～400mgの1回投与，40mgの4日連日投与，200mgの2日投与は分娩誘起に無効であることから，馬の分娩誘起では3～7日間，大量の副腎皮質ホルモンを数日，連続して投与することが重要である．

(2) PGF$_{2a}$による方法

a. 牛における分娩誘起

牛において，分娩予定の 24 ～ 30 日前に総量 20 ～ 30 mg の PGF$_{2a}$ を，2 ～ 4 回に分割して子宮内に注入すると，処置後平均 82.8 時間に分娩が誘起される．分娩予定の 6 ～ 10 日前の牛では，これより少量の PGF$_{2a}$ 15 ～ 20 mg の投与により，処置後平均 42.2 時間に分娩が誘起される．さらに，分娩間近な牛に PGF$_{2a}$ 5 mg を静脈内に注射すると，1 日以内に分娩が誘起される．以上のように，分娩予定日に近づくほど，PGF$_{2a}$ 処置による分娩誘起が容易であることが知られている．

b. 馬における分娩誘起

妊娠 320 日以降の馬に，PGF$_{2a}$ 2.5 mg を 12 時間間隔で 3 ～ 4 回反復投与，あるいは fluprostenol 250 ～ 500 μg を 1 回投与すると，1 ～ 6 時間以内に分娩が誘起される．妊娠後期では，妊娠維持に関与するプロジェステロンは胎盤から分泌されており，分娩誘起の機序は黄体退行を介したものではなく，子宮の収縮高進によるものである．一方，妊娠初期ではプロジェステロンは主に黄体から分泌されており，この時期の PGF$_{2a}$ 投与による流産は黄体退行を機序とする．また，PGF$_{2a}$ 投与では発汗，発熱，呼吸促迫や下痢などの副作用を伴うことがある．なお，他のプロスタグランディンである PGE$_2$ 2.0 ～ 2.5 mg をオキシトシンによる分娩誘起 6 時間前に投与すると，子宮頸管の拡張を引き起こし，破水ならびに新生子の娩出を早めることが可能である．

c. 豚における分娩誘起

豚においては，妊娠 111 ～ 113 日に PGF$_{2a}$ 10 mg を筋肉内注射すると，大多数は平均約 30 時間に分娩が誘起される．PGF$_{2a}$ の類縁物質であるクロプロステノールの黄体退行作用は，PGF$_{2a}$ に比べて 10 ～ 50 倍強く，妊娠 110 ～ 115 日の豚に 175 μg を 1 回筋肉内注射すると，20 ～ 30 時間で分娩が誘起される．

同じく PGF$_{2a}$ の類縁物質であるフェンプロスタレン（fenprostalene）は，PGF$_{2a}$ に比べて半減期が長く，妊娠黄体の退行作用も強いといわれており，500 μg の 1 回皮下注射で豚の分娩誘起に有効であるとされている．授精後 112 日あるいは 113 日の午前 9 ～ 10 時に投与すると，処置豚の約 80 ％ で翌日の昼間分娩が誘起され，昼間分娩が可能である．

d. 犬における分娩誘起

妊娠 56 ～ 58 日の妊娠雌犬にフェンプロスタレン 5 μg/kg を投与すると，40 時間までに分娩が誘起される．しかし PGF$_{2a}$ の単独投与では，疝痛症状，水様性下痢，嘔吐，流涎などの副作用が 80 ～ 100 ％ と高率に発現する．これに対して，副交感神経遮断薬である臭化プリフィニウム 7.5 mg を前投与すると，副作用は 0 ～ 40 ％ に低減する．さらに臭化プリフィニウムを前投与し，フェンプロスタレンの投与を，2.5 μg/kg を 1 時間間隔で 2 回に分けて行うと，新生子の生存率も高まる．

(3) オキシトシンによる方法

馬では迅速な効果が期待でき，最も一般的な方法である．馬やポニーにオキシトシン 2.5 ～ 10 U を 15 ～ 20 分間隔で投与すると 120 分以内に分娩が誘起され，初回投与後に誘起される分娩は全体の半数以上を占める．また，オキシトシン 2.5 ～ 3.5 IU を連日投与すると 70 ％ 以上で分娩が誘起され，そのうち 70 ～ 80 ％ は初回投与後 120 分以内に分娩が誘起され，残りは 3 日目までに分娩が完了する．さらに国内において，農用馬でオキシトシン 50 IU とジノプロスト 10 mg の併用投与による方法も報告されている．

分娩誘起に際しては，妊娠 320 日以降で乳器が十分に発達し，初乳の分泌が起こっている時期に行うべきである．また，胎子の十分な成熟を確認した上で行うことが重要であり，その指標として乳汁中の CaCO$_3$ 濃度または Ca^{2+} 濃度の測定が有用で，基準値としてそれぞれ 200 ppm，8 mmol/ℓ 以上が適切とされる．なお，その濃度に達している場合 54％ が 24 時間，84％ が 48 時間，および 97％ が 78 時間以内に自然分娩する．

〔竹之内直樹〕

6.4 避　　　　妊

contraception

人為的に妊娠を妨げることを避妊と称する．動物愛護の観点から，伴侶動物では個体数の制限のために避妊は重要である．行政的な殺処分を受ける犬および猫の個体数は，国内では年間 30 万匹ならびに米国では

日本の10倍以上に及んで大きな問題となっており，野外で生活する飼い主のいない犬および猫に対する不妊措置も必要視されている．一方，産業動物は効率的に優良な子を増産させることを飼養目的とし，繁殖は人為的に調節されていることから避妊の適応は少ない（ただし肉質向上のための去勢などは行われている）．

受精を阻止する避妊法として，雌では卵巣摘出または卵巣子宮全摘出，雄では精巣摘出が一般的な方法であり，国内では最も多く実施されている．なお，諸外国では倫理的観点から実施しない地域もある．外科的避妊法は永久的に避妊を維持できることに加え，雌犬および雌猫での子宮蓄膿症や乳腺腫瘍，雄犬での精巣腫瘍や前立腺疾患の発生率を低下～消失させられることが利点であり，そのほかに発情期の行動を抑制できることも長所である．一方，短所としては，外科手術や麻酔に伴うリスク，骨格や内分泌異常，肥満または尿失禁などが挙げられる．

ホルモン剤投与による方法は，非外科的である点で安全性が高いこと，および飼い主が望む場合は投薬を中止すれば妊娠させることができることが利点である．ただし，副作用として子宮蓄膿症，乳腺腫瘍，脱毛などが報告されている．国内では犬の発情抑制剤として合成黄体ホルモンが用いられており，無発情期に酢酸クロルマジノンを頸部皮下に移植する方法と，プロリゲストンを3～5カ月間隔で皮下注射する方法がある．後者は海外では猫にも利用されているが，国内では認められていない．

また免疫学的手法として，GnRH，黄体形成ホルモン（LH），卵胞刺激ホルモン（FSH）およびそれらのレセプターを免疫抗原としたワクチンを投与し，これらのホルモンを免疫学的に中和することにより，卵胞発育，排卵，発情行動の発現などを抑制する方法がある．さらに，受精を阻止するために精子蛋白や卵子の透明帯を抗原としたワクチンも知られており，一部のワクチンは海外では市販化され，犬，猫，馬で利用されている．　　　　　　　　　　　〔竹之内直樹〕

6.5　受胎阻止および人工流産

各種動物において誤って交配が行われた場合（mismating / accidental service）や，経済的理由または治療の立場から，受胎阻止の処置あるいは人工流産を必要とする例がしばしばある．例えば，純粋種の雌が誤って雑種の雄や他の品種の雄と交配された場合や，繁殖供用開始適齢前に交配してしまい，分娩後に母体の健康が損なわれる恐れのある場合などが該当する．この場合，受胎阻止や人工流産の処置が早く実施されるほど，雌の繁殖サイクルにおける時間の損失は短くてすむ．ただし，これらの方法は雌自体の健康やその後の繁殖能力を損なうことのない，安全なものでなくてはならない．

(1)　牛

牛では，交配の後の排卵後5～150日まではPGF$_{2a}$あるいはその類縁物質の投与により，黄体の退行と血中プロジェステロン濃度の低下が起こるため，受胎阻止または流産が誘起される．最近では，プロジェステロンレセプター拮抗薬であるアグレプリストン（aglepristone）の妊娠初期における投与が，流産を誘起できることが示されている．一方，妊娠150日以降においては胎盤からもプロジェステロン分泌が起こり，妊娠の維持に寄与するため，PGF$_{2a}$の単独投与では流産誘起に有効でない場合が多い．この期間には，持続性のグルココルチコイドの単独投与，もしくはPGF$_{2a}$との併用投与が有効である．交配後150日を過ぎた期間では，PGF$_{2a}$ 25 mg筋肉内注射に加えて，デキサメタゾン20 mgの筋肉内注射が信頼性の高い流産誘起法である．

(2)　馬

馬では，黄体がPGF$_{2a}$に感受性を有する排卵後4～5日以降より子宮内膜杯が形成される35日前後までの期間において，PGF$_{2a}$あるいはその類縁物質の投与が有効である．また，同様の時期に1～2％ルゴール液のような希薄溶液，もしくは生理食塩液250～500 mℓを子宮洗浄管を用いて子宮内注入すると，胚（胎子）が死滅する．さらに物理的な方法として，交配後16～25日に用手法で胎嚢を破砕することによって胚を死滅させる方法もある．妊娠期間が経過したものでは，約45℃の温湯を多量（5～10 ℓ）に子宮頸腟部に灌注すれば，子宮頸管は弛緩し，およそ24時間後に陣痛を発して流産する．

(3) 豚

妊娠期間を通してPGF$_{2a}$の投与により流産を誘起することができるが,豚はPGF$_{2a}$に対する感受性が弱く,すべての受胎産物を排出させるためには数日間の複数回投与が必要である.

(4) めん羊,山羊

山羊では,妊娠期間を通してすべての時期で,PGF$_{2a}$の投与により流産を誘起することができる.

めん羊では交配後5～12日の間において,PGF$_{2a}$の投与により受胎阻止が可能である.一方,交配後12～21日の間においては,胚から分泌されるヒツジインターフェロンτがPGF$_{2a}$の作用を抑制するため,黄体の退行が十分に誘起されない.また交配後25～40日においても,PGF$_{2a}$に対する不応期の時期であることが知られている.したがって,この時期にはクロプロステノールの使用が推奨されるが,1回の投与では効果が十分でなく,7日間隔で2回投与が提唱されている.交配後約50日を過ぎると妊娠維持のためのプロジェステロン分泌が黄体から胎盤に移行するため,妊娠中期以降の内科的処置による流産誘起は困難となる.妊娠の後期においては,グルココルチコイドの投与により流産を誘起することができる.

(5) 犬

犬では誤交配後,5日以内に安息香酸エストラジオールを体重1 kgあたり0.1～0.2 mg筋肉内注射すると効果がある.エストロジェン投与による受胎阻止効果は,胚の卵管から子宮内への移行を抑制するためか,または胚にとって有害な子宮の環境をつくり出すためと考えられている.さらに効果を確実なものとするため,低用量(0.01 mg/kg)の安息香酸エストラジオールを,交配後3日,5日,可能であれば7日に追加投与する方法も考案されている.

しかし,犬ではエストロジェンの投与によって骨髄抑制作用が強く発現する個体がいるため,注意を要する.海外では,誤交配時の安全な薬として,アグレプリストンが使用されている.

妊娠中期(25日)以降の時期では,PGF$_{2a}$ 125～250 μg/kgを1日2回,4～6日間皮下投与すると黄体の退行と流産が起こる.しかし,犬においてPGF$_{2a}$の投与は副作用が起こることから,クロプロステノール(5 μg/kg)を隔日で5回皮下投与するとともに,ドパミン作動薬でPRL分泌を抑制するカベルゴリン(5 μg/kg)を10日間,毎日経口投与する方法もある.この方法により,通常投与開始後10日以内に流産が起こる.またより効果的な方法として,アグレプリストンの投与が流産の誘起に有効であることが示されている.

(6) 猫

猫では,アグレプリストンによる流産誘起の報告はあるものの,流産誘起率の高い内科的方法は開発されていない.

〔田中知己〕

7. 胚移植および関連技術

7.1 胚　移　植
embryo transfer；ET

(1) 胚移植の意義

胚移植は，供胚雌（ドナー；donor）から採取した胚を別の受胚雌（レシピエント；recipient）の卵管または子宮内に移植し，その腹を借りて胎子を育て，分娩させる技術である．ドナーからの胚の採取においては，卵巣から卵子を取り出し，体外受精（*in vitro* fertilization；IVF）により作出した胚や，過剰排卵を誘起して，交配または人工授精後に体内から採取した胚を利用することができる．また，胚移植は上記の胚の採取のほか，胚の検査や保存，レシピエントへの移植などの複数の技術によって構成される（図7.1）．

自然条件下では，雌が1回の分娩で生産する子の数は限られており，一生涯に生産できる子の数は極めて少ない．例えば牛の場合，雌牛が10歳まで普通に繁殖に供用して，正常に妊娠，分娩を繰り返したとしても，一生を通じて約10頭の子牛を生産するのが限度である．

胚移植によれば，優れた遺伝資質を有するドナーから多数の胚を取り出し，能力の低い雌やほかの品種の雌をレシピエントとして移植して子を生産することにより，目的とした優れた子を同時に多数，生産することができる．これにより，群，系統および品種の改良を促進できるほか，例えば黒毛和種牛をドナー，乳用牛をレシピエントとした胚移植では，黒毛和種牛の増産による産業的利用価値も高まる．また，胚の凍結保存などの長期保存技術を利用すると，胚の広域（国際間）移送が可能となり，高価な動物を，高い輸送費や生体輸送による疾病の伝播，事故などの様々なリスクをかけて導入する必要がなくなる利点がある．さらに，胚の切断2分離による双子生産などを用いれば，限られた数のドナーから，より多くの子を生産することができる．胚細胞の一部から核（DNA）を抽出して雌雄の判別をすることにより，性を判別した胚から子を得ることも可能である．胚移植技術は，単に動物の改良，増産に役立つだけではなく，卵子，胚などを利用した動物発生工学的研究の発展にも役立っている．

(2) 胚移植の歴史

哺乳動物における胚移植の歴史は，イギリスのHeapeが1890年に家兎の胚を卵管内に移植して，初めて子兎の生産に成功したことに始まる．1930～1950年代には，めん羊，山羊，豚，牛などの動物を対象として研究が盛んになり，Warwickらが1934年にめん羊，1949年に山羊で胚移植に成功し，その後，牛では1951年にWillettらが，豚では1951年にKvansnickiiがそれぞれ胚移植からの子の生産に成功した．牛およびその他の哺乳動物を含めて，体内受精胚移植の最初の報告を表7.1に示した．この間，実験動物を用いた研究では，卵子や胚の採取と取り扱い技術，培養液の開発，胚の保存や移植方法など，胚移植に関連する基礎的な技術開発が進められた．

胚移植技術がわが国に導入されたのは，第二次大戦終了後数年を経た1950年前後である．1965年，杉江らは世界で初めて子宮頸管経由法（非外科的方法）による牛の胚移植に成功している．1970年代には北米で胚移植会社が設立され，外科的方法を用いて，商業的な胚移植事業の取り組みが始まった．1975年前後から，牛の胚移植技術は杉江ら（1965）の方法が改良され，人工授精用の精液注入器が応用されている（Sreenan, 1975, Boland et al., 1975）．

さらに胚の凍結保存技術が，マウス胚（Whittingham, 1971, Whittingham et al., 1972）および牛胚（Wilmut and Rowson, 1973）において開発された．これとPGF_{2a}製剤による発情同期化，性腺刺激ホルモン（GTH）製剤による過剰排卵誘起，非外科的方法

7. 胚移植および関連技術

過剰排卵・人工授精

胚の採取・検査

胚の凍結保存

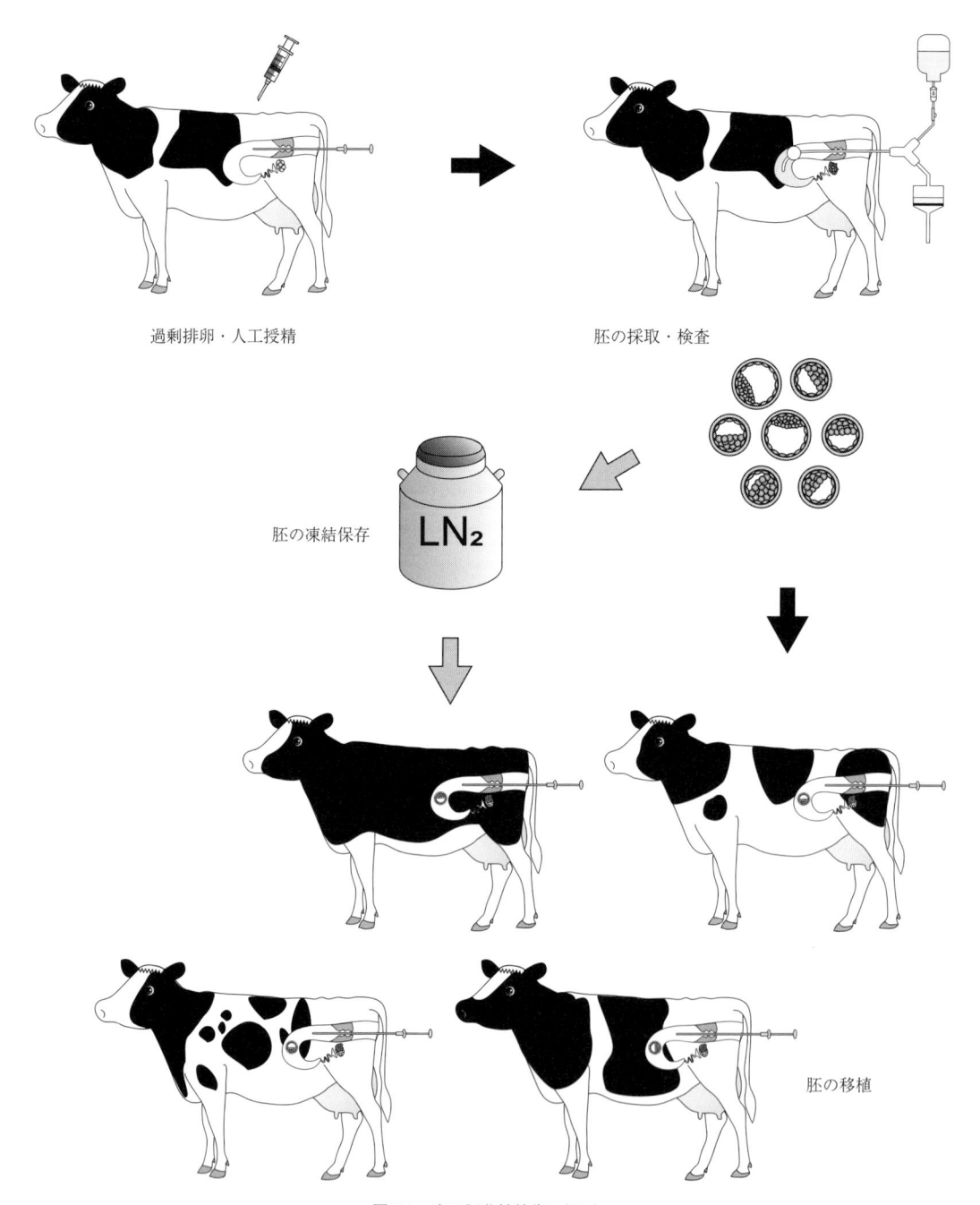

図 7.1 牛の胚移植技術の概要

胚の移植

による胚の採取手法などの開発により，胚移植の実用化が急速に進み始めた．

国際胚移植学会（International Embryo Transfer Society；IETS）が 2011 年に調査した，世界における牛の胚移植の現状では，約 12 万頭のドナーから 73 万個の移植可能胚（体内受精胚）が回収され，移植頭数は約 57 万頭，うち約 32 万頭に凍結保存胚が移植されている．また，体外受精胚については，移植可能胚が約 45 万個生産され，移植頭数は約 37 万頭，うち約 3 万頭に凍結保存胚が移植されている．

日本では，杉江ら（1965）の非外科的方法による牛の胚移植の成功の後，農林水産省を中心に応用技術開

128

表7.1 哺乳動物における胚移植の最初の報告

Heape (1890)	兎
Nicholas (1933)	ラット
Warwick et al. (1934)	めん羊
Fekete and Little (1942)	マウス
Warwick and Berry (1949)	山羊
Willett and Berry (1951)	牛*
Kvansnickii (1951)	豚
杉江ら (1965)	牛**
Chang (1968)	フェレット
Oguri and Tsutsumi (1974)	馬
Kraemer et al. (1976)	猿
Schriver and Kraemer (1978)	猫
Kinney et al. (1979)	犬

*：外科的手法，**：子宮頸管経由法．

表7.2 日本における牛の胚移植による産子数等の推移（農林水産省，2012を改変）

年度	体内受精胚 ドナー頭数	体内受精胚 移植頭数	体内受精胚 産子数*	体外受精胚 移植頭数	体外受精胚 産子数*
1975	32	10	1	—	—
1980	317	498	73	—	—
1985	2724	5034	887	—	—
1986	3589	6850	1382	—	—
1987	4078	8559	2291	390	—
1988	5207	12253	3366	1184	160
1990	7704	19865	5912	3916	621
1995	11079	40742	11322	4642	1216
2000	14514	52761	15884	11653	2351
2005	13837	58098	16155	10726	2308
2006	13498	61538	15395	12386	2680
2007	15547	74215	17720	13204	2811
2008	16005	75797	20560	11142	3357
2009	14982	72126	20263	9048	2403

*：産子数は当該年度に出生したことが確認された頭数．

発が進められた．1983年には家畜改良増殖法が改正され，動物の胚移植に関する法的規制が整備された．わが国における牛の胚移植の状況を表7.2に示した．

(3) 胚移植の概要

胚を採取するドナーおよび胚を移植するレシピエントは，家畜改良増殖法で定められた感染性疾患や遺伝性疾患に罹患していないことを確認する．基本的に，発情周期の不明瞭な個体，繁殖障害や長期空胎など繁殖機能に問題があると考えられる個体は，ドナーおよびレシピエントとしては不適切である．ドナーは，胚移植を行う目的（育種改良，増殖・資源保存，泌乳・産肉能力など）に沿った動物を選定する．レシピエントに異品種の胚を移植する場合は，難産にならないように体格も考慮する．レシピエントとドナーの発情周期の違いが，動物種の特有な許容範囲を超えると受胎率は低下するため，レシピエントは発情発現あるいは排卵時期がドナーと同じか，それに近いものを選定する．

胚移植は，体内受精胚と体外受精胚の移植に区分される．体内受精胚の作出手順は，①ドナーの過剰排卵，②ドナーに対する人工授精または自然交配，③胚の回収，④胚の評価，⑤ドナーとレシピエントの発情同期化，⑥胚の培養，⑦胚の移植などの各手順に分かれる．また体外受精胚の作出手順は，①卵巣からの卵母細胞の採取・培養，②精子の受精能獲得，③媒精（授精），④受精状況の検査，⑤胚の培養，⑥胚盤胞の発生（胚の検査および評価），⑦レシピエントへの胚移植などであり，さらに胚の凍結保存，胚の性判別などの特殊操作などが加わる．

卵管や子宮灌流液中からの胚の検索，採取した胚の検査，洗浄，移植準備といった胚の取り扱い，処理は衛生的な環境で行い，胚の操作に使用する作業台などの表面は常に清潔で乾燥した状態を保つ．可能であれば，胚の操作はクリーンベンチあるいは無菌室内で行う．検査室内の温度は20～30℃に保ち，灌流液や保存液などは加温装置を用いて保温し，動物の体温に近い状態で胚を取り扱う．ただし，胚は40℃以上になると傷害を受けるため，加温装置を使用する際には温度が上昇しすぎないように温度管理，監視が必要である．また，牛胚（収縮桑実胚（compacted morula）以前の若い胚）は10℃，豚胚は15℃以下になると低温傷害を受けるので，低温への暴露にも注意する．

胚移植によって伝播される疾病の種類は多様であるが，事前の注意を怠らなければその危険性は低いと考えられる．例えば，輸送した胚の移植による産子の生産は，動物そのものの移動に伴う疾病伝播の危険性より格段に低く，精液やその他の動物生産物の移動の場合よりもおそらく低いとされる．しかし，一度汚染が広がった場合には重大な被害をもたらすことから，防疫上十分な配慮が必要である．一方で，胚自体あるい

はその移植技術の過程での微生物汚染は，胚あるいは胎子の発育障害や不受胎の原因の1つと考えられている．したがって，胚移植を行う場合の採卵（子宮灌流による胚回収，生体内卵子吸引および屠殺された雌牛の卵巣の卵胞内卵子の採取を含む）から移植における胚の衛生的な取り扱いは，胚移植を成功させる上で必要不可欠である．

胚移植によって伝播する危険性のある伝染性疾病では，①感染源が胚細胞質の中に存在している場合（真性胚感染），②感染源が透明帯に付着している場合，③感染源が胚の保存液に存在する場合がある．

胚移植を介した微生物による汚染防止のためには，ドナーおよびレシピエントの微生物学的検査のほか，器具，機材の滅菌・消毒，および取り扱いにおける無菌操作，抗生物質の利用，適切な洗浄操作が必要である．胚の不衛生な取り扱いは，ドナーあるいはレシピエントの健康を危険にさらし，受胎率の低下や感染症に罹患する危険性を高める．

透明帯は，微生物に対する効果的なバリアーである．損傷のない完全な透明帯を保ち，透明帯に付着物がない胚を用いた場合，適切な洗浄操作を施すことにより，胚周囲の環境に存在するある種の病原体を感染力のない程度にまで減じることが可能である．透明帯に付着した微生物による汚染を防ぐため，移植する胚は新しい保存液で10回以上洗浄し，胚を含む最初の保存液が100倍以上に希釈されるようにする．また，蛋白質分解酵素である0.25％トリプシン液による洗浄や，ヒアルロン酸分解酵素である0.1％ヒアルロニダーゼ液による処理も，透明帯に付着する微生物を取り除くために有効である．

（4） 牛の胚移植

a. 過剰排卵誘起

過剰排卵処置は，雌牛にGTHを投与して，通常よりも多くの卵胞を発育，排卵させる技術である．基本的には，発情周期のうち発情後9～14日の間に卵胞刺激ホルモン（FSH）あるいは馬絨毛性性腺刺激ホルモン（eCG）を注射し，これとPGF$_{2a}$投与を併用する方法が用いられる．FSHは半減期が短い（約6時間）ために，朝・夕2回，通常3～5日間連続して，1頭あたり合計28～40 mgを筋肉内に漸減投与する．本剤を投与した場合の回収胚数はおおよそ10個，移植可能胚数は6～7個である．FSHには半減期が短いという欠点があるが，胚の品質は優れている．eCGを過剰排卵誘起に用いる場合の用量は，未経産牛では1500～2500 IU，経産牛では2500～3500 IUで，これを筋肉内に1回注射する．eCGは1回の注射で過剰排卵が誘起されるが，半減期が長い（約5日）ため，発情・排卵後も残存卵胞の発育が続き，残存卵胞から分泌されるエストロジェンが受精および胚の発育を阻害し，胚の品質を低下させるなどの欠点があることから，現在はあまり使用されていない．

PGF$_{2a}$には強い黄体退行作用があり，黄体期に筋肉内投与すると，卵巣における発育卵胞と共存する黄体は急激に退行を開始する．過剰排卵処置牛におけるPGF$_{2a}$の投与時期は，FSH注射開始（またはeCG投与）後3日の朝夕に2回である．PGF$_{2a}$の投与量は，ジノプロストなどの天然型PGF$_{2a}$製剤を用いる場合，総計25～30 mgである．通常，PGF$_{2a}$投与の翌日の夕方頃から微弱な発情徴候が現れ，投与後2日の早朝から午前中にかけて明瞭な乗駕許容の発情が現れるので，その日の午後に人工授精を行う．人工授精は適期に実施すれば1回でも高い受精率が得られるが，過剰排卵誘起により発育した卵胞の排卵時期に差異があることを考慮して，一般には2回行うことが推奨される．

過剰排卵処置後に発育する卵胞および排卵数は，FSHの投与開始時期が卵胞波のどの時期であるかに左右される．すなわち，卵胞波が始まる時期にFSHの投与を開始すると多数の卵胞の発育・排卵が期待できる．正常な発情周期を営む牛では，発情周期の9～11日目からFSHの投与を始めると2回目の卵胞波が始まる時期に重なる場合が多い．また，腟内留置型プロジェステロン製剤とエストロジェン製剤を組み合わせた処置や，主席卵胞の吸引除去により，新たな卵胞波の出現時期を調節して過剰排卵誘起効果を高める方法も用いられている．

b. 胚の回収

通常，牛の胚は人工授精後3～4日間は卵管内に存在し，4～8細胞期胚まで発育する．5日には大部分の胚は子宮卵管接合部を通って子宮腔上部に進入し，8～16細胞期胚に発育する．6日には胚は子宮角先端部に存在して，16細胞期胚～桑実胚に発育する．し

7.1 胚移植

たがって，授精後4日までの胚回収は卵管灌流を，5日には卵管および子宮角灌流の双方を，6日以降は子宮灌流だけを行う．

胚の回収方法には，外科的回収法（開腹手術法）と非外科的回収法（子宮頸管経由法）がある．外科的回収法のうち，正中線切開法は，仰臥位で乳房と臍の中間の正中線を開腹する方法で，術前には全身麻酔を行う．膁部切開法は，立位で膁部を切開する方法である．麻酔は，局所麻酔，尾椎硬膜外麻酔（図7.2），腰椎側神経麻酔，皮膚浸潤麻酔などを施す．手術部位は，膁部のできるだけ後下方を切開する（図7.3）と，卵管や子宮角先端部を手術創まで十分露出でき，灌流は容易になる．胚は，上向性卵管灌流法，下向性卵管灌流法，下向性子宮灌流法などによって回収する．外科的方法は手技が煩雑であるために，特殊な目的，例えば卵管灌流を施さなければならない日齢の若い胚の回収などのほかには，現在では用いられていない．また，日齢の若い胚は凍結保存後の生存性が低く，日齢の進んだ胚は透明帯から脱出して微生物に感染するリスクが増えるため，胚の回収は通常，発情後7日に非外科的回収法により実施されている．

非外科的回収法は，バルーンカテーテルを子宮頸管を通して子宮腔内へ挿入し，子宮灌流により胚を回収する方法である（図7.4）．

ⅰ）**灌流液**　子宮灌流液には，グルコース，ピルビン酸ナトリウム，牛血清アルブミン（あるいは牛血清）および抗生物質を添加したダルベッコのリン酸緩衝液（modified Dulbecco's phosphate buffered saline；mDPBS）が広く使用されている．

ⅱ）**尾椎硬膜外麻酔**　第一または第二尾椎間の陥落部位を確認して，注射針を45°の角度で差し込み，2%塩酸リドカイン液を1滴滴下し，陰圧で塩酸リドカイン液を吸収する部位を探り5～7mℓを注入する．

ⅲ）**バルーンカテーテルの子宮内挿入とカテーテルの固定**　子宮頸管を介してカテーテルを子宮内に挿入する．カテーテルの先端が子宮角分岐部より約

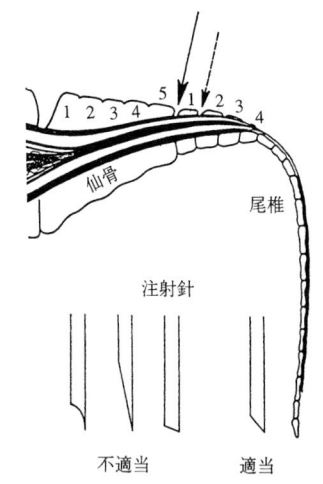

図7.2　牛の硬膜外麻酔注射部位
（Rosenberger et al., 1981を改変）

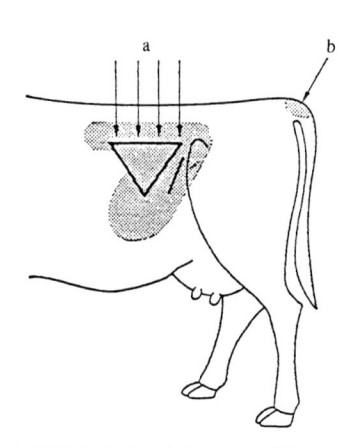

図7.3　外科的胚回収法（実線は切開部位）（金川，1988）
a：腰椎側神経麻酔部位，b：尾椎硬膜外麻酔部位．

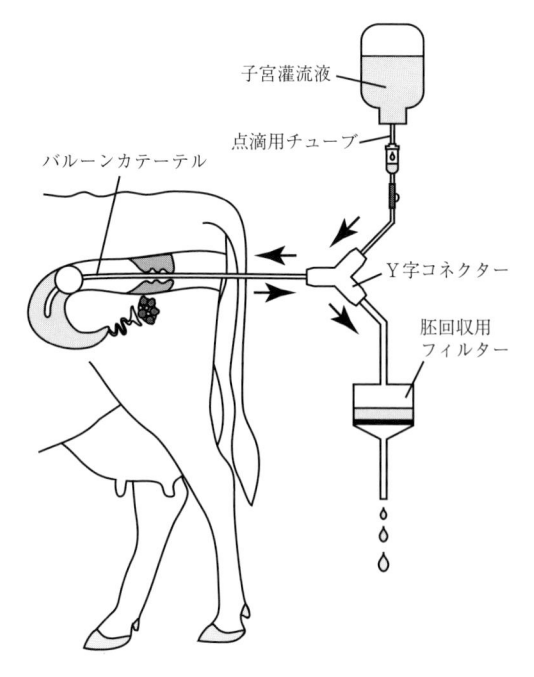

図7.4　バルーンカテーテルを用いた非外科的胚回収法

iv） 子宮角の灌流 Y字コネクターを用い，バルーンカテーテルに子宮灌流液の容器と胚回収用の容器を接続する．灌流液の子宮内注入には，子宮灌流液を外部生殖器より1mほど高い位置に吊り上げ，点滴用チューブなどを接続して灌流液の注入量を調節できるようにする．このほかに，電動式の灌流装置を使用する方法がある．

灌流液は1回に20～50mlを注入して，子宮角の先端を軽くつまみ上げるようにして，灌流液を胚回収用の容器に回収する．1子宮角あたり最低5回以上灌流を繰り返す（図7.5）．反対側の子宮角も同様に灌流する．胚の収集には，シリンダーを用いた静置法と，胚回収フィルターを用いる方法がある．胚回収フィルターを用いると，回収した子宮灌流液中の胚はフィルターを通過せず，灌流液のみが排出されるため，灌流液の全量を検索する必要がなく，効率良く回収できる．

c. 胚の評価（検査）

i） 正常胚の形態 回収された胚は形態，発育段階および特徴，欠陥などを一定の基準に合わせて判定する．胚を小型シャーレの保存液中に浮遊させ，実体顕微鏡（×20～80）あるいは倒立顕微鏡（×200）下で1個ずつ観察する．この胚の評価は受胎率に大きく影響を与える．

通常，発情周期（人工授精後）5～9日目の正常胚は形態により，桑実胚，収縮桑実胚（あるいは後期桑実胚），初期胚盤胞，胚盤胞，拡張胚盤胞，脱出胚盤胞に区分される（図7.6および表7.3）．

① 桑実胚（morula）：通常，発情周期5日目前後に回収される胚は桑実胚である．桑実胚が7日目に出現した場合には，正常胚とはいえない．桑実胚は，細胞塊が透明帯内腔の大部分を占め，個々の割球（blastomere）は区別できない．

② 収縮桑実胚（compacted morula）：収縮桑実胚は通常，発情周期6～7日目にみられる．この胚は個々の割球が強く結合し，細胞塊は小型化する．囲卵腔は桑実胚よりも広くなる．

③ 初期胚盤胞（early blastocyst）：初期胚盤胞は通常，発情周期7日目前後にみられる．細胞の一部に胞胚腔（blastocoelia / blastula cavity）が形成され，暗色の割球塊が将来，内細胞塊（inner cell mass；ICM）になる部位である．透明感のある部位が，胚盤胞腔を囲む栄養膜細胞層（trophoblast cell layer）になる．囲卵腔も存在する．

④ 胚盤胞（blastocyst）：胚盤胞の出現時期は通常，初期胚盤胞より約0.5～1.0日遅く，発情周期7～8日目にみられる．明瞭な内細胞塊および胞胚腔が確認される．栄養膜は透明帯内腔を埋めつくし，囲卵腔はみられなくなる．

⑤ 拡張胚盤胞（expanded blastocyst）：拡張胚盤胞は通常，発情周期8日目以後にみられる．胞胚腔の大きさは，これまでの胚の約1.2～1.5倍に拡張して，同時に透明帯の厚さは約1/3に薄くなる．

⑥ 脱出胚盤胞（hatched blastocyst）：胞胚腔が十分拡張され，栄養膜細胞層が透明帯を破り，外部へ脱出する．その時期は発情周期9日目前後である．脱出した胚は発情周期の約12日目までは正円形を呈し，その後は楕円形になる．

ii） 胚の品質判定基準 胚の品質は，胚の分割程度，割球密度，形態，色調などで判定する．胚の異常は，変性細胞，遊離割球，死滅細胞，空胞，透明帯の破損，形態異常などのほかに，発生が進んだ時期でも胚細胞質が暗色を呈するものなどをいう．色調の明暗は胚の発育段階によって異なるが，一般的に桑実胚

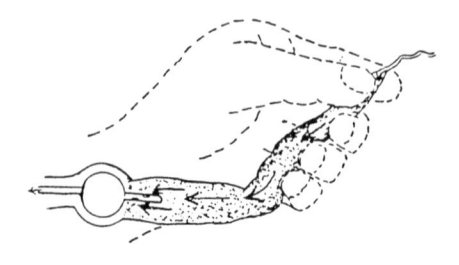

図7.5 牛の子宮洗浄による採胚，灌流液の回収（杉江，1989）

表7.3 牛胚の正常な発育段階

胚の日齢 （発情発現後の日数）	発育段階
5	16細胞期胚～桑実胚
6	桑実胚～収縮桑実胚
7	収縮桑実胚～拡張胚盤胞
8	胚盤胞～脱出胚盤胞
9	脱出胚盤胞

7.1 胚 移 植

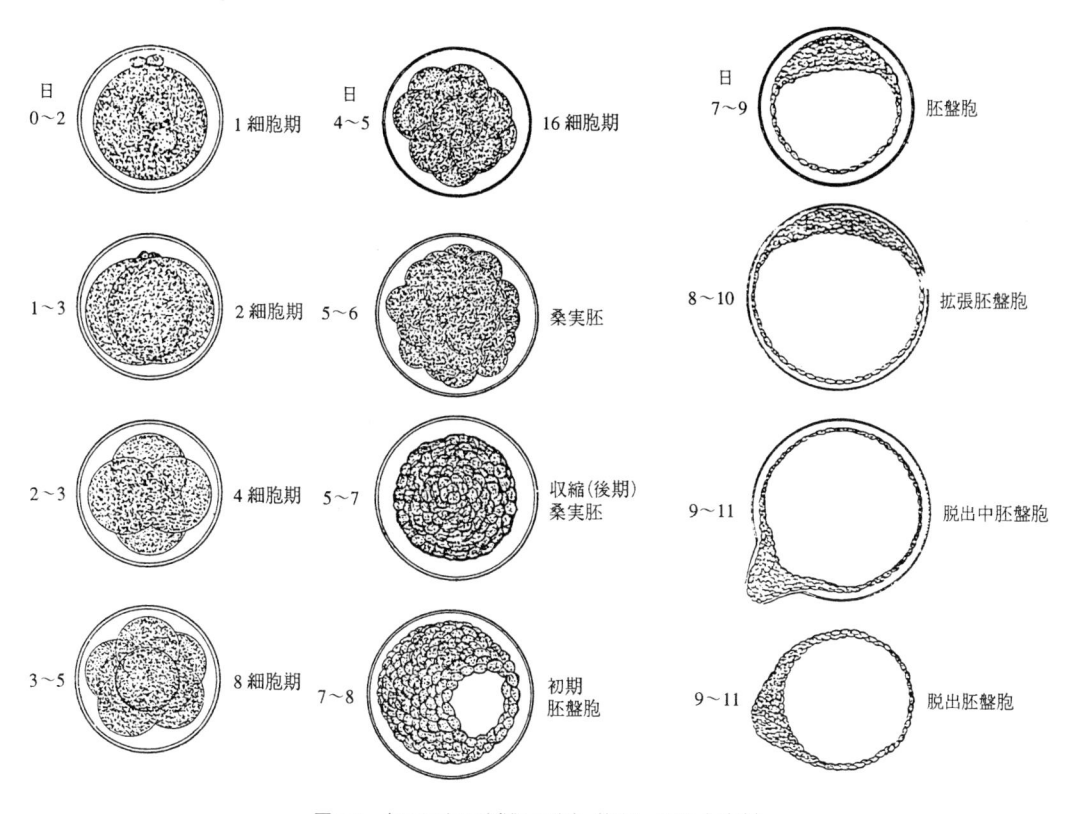

図 7.6 牛における正常胚の発育（杉江, 1989 を改変）

表 7.4 胚の品質判定基準

コード	品 質	胚の形態
1	Excellent または Good	受精後の日齢に見合った発育段階にあり，個々の割球（胚細胞）の大きさ，色調などが一様であり，均整のとれた球形の胚．変性細胞は少なく，85％以上の細胞が正常
2	Fair	ほぼ正常な形態を示す．一部の割球は大きさ，色調などに均一性を欠くが，50％以上の細胞が正常
3	Poor	多くの割球は大きさ，色調などに均一性を欠くが，25％以上の細胞が正常．受精後の日齢に対して発育が遅れている胚も含める
4	Dead または Degenerating	死滅・変性胚，未分割胚あるいは未受精の卵子

国際胚移植学会のマニュアルに準拠したコード番号と形態学的な分類．

や収縮桑実胚では暗く，胞胚腔が形成される初期胚盤胞から胚盤胞へと発育が進むにつれ明度を増す．胚盤胞であっても色調が暗く，輪郭が不明瞭な場合は変性していることが多い．胚の品質は通常4段階に区分される（表7.4）．

一般的にはコード2（Fair）以上の胚は，新鮮胚として移植する．凍結保存に供用する胚の判定は極めて厳しく，通常コード1（Excellent または Good）の胚

を使用する．

d. 胚の移植

胚移植においては，ドナーの発情日とレシピエントの発情日を同期化させることが必須で，両者の許容範囲は前後1日といわれる．排卵時期が2日以上異なると受胎率は低下し，さらに3日になるとほとんど受胎しない（表7.5および6章を参照）．

牛胚を移植する方法には，外科的方法と非外科的方

133

表7.5 牛の胚移植における発情同期化と移植成績（%）

発情同期化	外科的方法 ①	②	③	非外科的方法 ④	⑤	⑥
移植数	290	152	6797	120	407	195
＋3日	6.9					
＋2	13.8		0.2		14.5	13.3
＋1	12.7	38.5	9.1	30.0	15.0	25.1
＋12時間			14.3		16.7	
0	31.4	41.4	49.1	24.2	14.5	26.7
−12時間			16.0		15.1	
−1	17.9	25.7	10.4	28.0	14.3	23.6
−2	10.3		0.8	20.8	10.0	11.3

①：Rowson et al.（1972），②：Newcomb（1979），③：Hasler et al.（1987），④：杉江ら（1972），⑤：Wright（1981），⑥：Lindner and Wright（1983）．

法がある．前者は胚移植の初期に行われたが，現在では後者の非外科的方法が用いられている．胚は黄体が存在する側の子宮角に移植する．非外科的移植では，人工授精用の精液注入器に類似した移植器具と，同じく人工授精用の超細形（0.25 mℓ）ストロー管が用いられる．ストローに胚を吸引して移植器具に装着し，子宮頸管を通して子宮角内に挿入，胚を移植する子宮頸管経由法が一般的である．子宮頸管経由法では，移植器具が腟腔内を通過する際に，腟粘液中に混在する病原微生物で移植器具の先端が汚染されることを防止するために，移植器具に滅菌外筒あるいはビニール製の外筒で移植器具を覆って，腟腔内を通過させ，先端部が外子宮口に到達したら外筒を破って子宮頸管内に挿入する（図7.7）．また，子宮角の先端部に胚を移植した方が受胎率は高いが，移植器具を無理に子宮深部へ挿入すると子宮内膜の損傷を招くため，柔らかいチューブで子宮角の先端に胚を注入できる移植器具も市販されている．

(5) 豚の胚移植

a. 過剰排卵誘起

豚の過剰排卵には，eCG 単独あるいは人絨毛性性腺刺激ホルモン（hCG）の併用が行われる．投与量は eCG が 1000～1500 IU，hCG は 500～750 IU で，性成熟前の豚では5カ月齢以上の任意の時期に，経産豚では離乳時あるいは離乳翌日に，eCG を 1000 IU，その 72 時間後に hCG を 500 IU 投与する方法が一般的である．

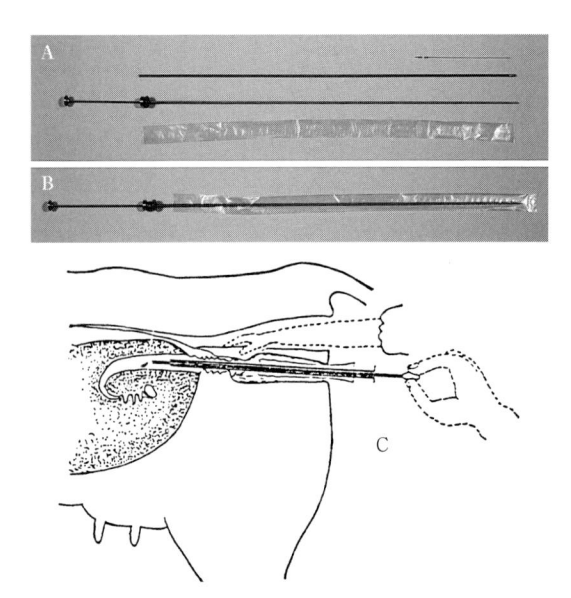

図7.7 牛における子宮頸管経由法による胚移植（C は杉江，1989）
A：胚注入器の一例（上からストロー管，シース管，移植器，ビニールカバー），B：A を装着した状態，C：胚の注入．

正常胚の採取割合は，性成熟前の豚では性成熟後の豚に比べて少ない．性成熟後の発情周期を営む豚では，発情周期中の黄体は PGF_{2a} に対する感受性が低い．したがって黄体を退行させるためには，①発情周期の8～11日目から PGF_{2a} を1日2回3日間（合計6回）投与，あるいは②発情周期の13または14日目に PGF_{2a} を1日2回投与する必要がある．PGF_{2a} 投与量は，ジノプロストなどの天然型 PGF_{2a} 製剤を用いる場合，1回あたり 15 mg である．eCG は①では5回目の PGF_{2a} 投与時②では PGF_{2a} 投与の翌日に投与し，eCG 投与後 72～80 時間に hCG を投与して排卵を誘起する．排卵は hCG 投与後 40～48 時間に起こるため，hCG 投与後 24～36 時間に人工授精または自然交配を行う．

b. 胚の回収

受精後，胚は卵管を下降し，4細胞期（排卵後46時間）になると子宮角へ移行する（表7.6）．4細胞期以前の胚は卵管洗浄で回収するが，豚では子宮角が長いため，一般に開腹手術により子宮を露出して胚を回収する．豚は仰臥姿勢で保定した後，全身麻酔下で正中線切開により行う．

灌流部位は，胚の発育段階が4細胞期以前であれば卵管内をシリコンチューブを用いて灌流し，4細胞期以降であれば子宮角先端部付近をバルーンカテーテ

7.1 胚移植

表7.6 豚における胚の発育と生殖道内移動

交配（授精）後日数	胚の発育段階	胚存在部位
1	1〜2細胞期胚	卵管
2	2〜4細胞期胚	卵管または子宮
3	4細胞期胚〜桑実胚	卵管または子宮
4	8細胞期胚〜収縮桑実胚	子宮
5	収縮桑実胚〜胚盤胞	子宮
6	胚盤胞〜脱出胚盤胞	子宮
7	脱出胚盤胞	子宮

を用いて灌流する．

卵管灌流法には上向性と下向性灌流法がある．子宮角灌流法は，子宮角先端部から子宮角全体の長さの1/2〜2/3の位置に，眼科鋏などで縦に数mmの孔を開け，この孔からバルーンカテーテルの先端部を子宮角先端方向に向けて挿入し，先端が子宮角の孔から数cmの位置に達したらバルーンを膨らませ，子宮腔の灌流を行う方法である（図7.8）．

c. 胚の移植

ⅰ）外科的移植法　正中線切開による開腹手術により行う．豚胚は子宮内を移動して着床するので，移植は片側の子宮角内に行うだけで良い．子宮角先端から数cmの部位に，鈍性に小孔を開ける．パスツールピペットなどに胚を吸引し，これを子宮角壁に開けてある小孔に差し込み，胚を少量の液とともに子宮内に押し込む．豚は多胎動物であるため，通常，排卵数と同程度の15〜20個の胚を移植する．この場合，80%以上の受胎率を得ることができるが，産子数は人工授精した場合に比べて若干劣る．

ⅱ）非外科的移植法　豚胚を子宮頸管経由法で非外科的に移植する方法は，Polge and Day（1968）により試みられている．二重のポリエチレンカテーテル（外径10mmと5mm）を用い，太めのカテーテルを腟から子宮頸管に向けて挿入し，この中に細めのカテーテルを通して子宮体または子宮角まで進め，胚を移植することで妊娠例が得られている．また豚胚の非外科的胚移植による子豚の生産は，Reichenbach et al.（1993）が子宮頸管経由で子宮体部へ胚を移植して成功した．最近，人工授精用カテーテルに類似した外筒を子宮頸管内に挿入し，その内側に通して子宮角に挿入する非外科的胚移植用カテーテルも数種が市販されている（図7.9）．しかし，受胎率および産子数は外

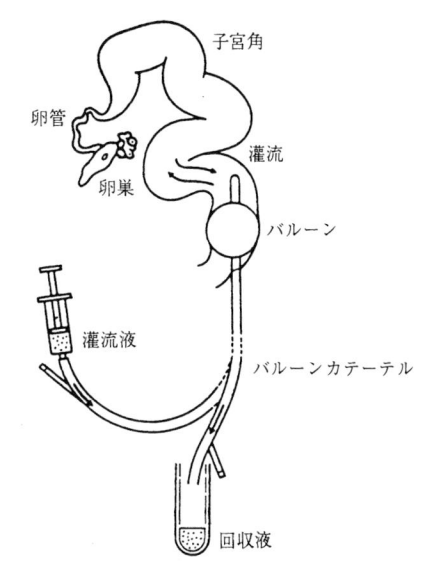

図7.8　バルーンカテーテルによる豚の子宮角灌流法

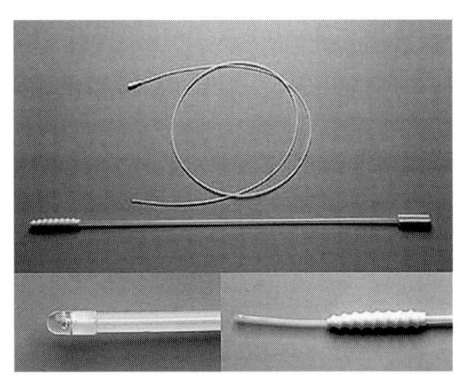

図7.9　豚の非外科的胚移植用カテーテルの例

科的胚移植に比べ劣っている．

(6) その他の動物の胚移植

a. 馬

馬の卵巣は排卵窩を有しているため，多数の卵胞発

育を誘起できた場合でも排卵数が制限される．馬の下垂体抽出物やそれを精製した馬のFSH製剤を用いると4～5個の排卵が起きるが，回収できる正常な胚は2～3個程度である．排卵後6日には胚が子宮へ下降するため，この時期以降はバルーンカテーテルを用いた子宮灌流により胚を採取することができる．通常は排卵後7～8日の胚盤胞～拡張胚盤胞を採取する．胚の移植には臍部を切開する外科的方法と子宮頸管経由の非外科的方法があり，非外科的方法で胚を移植すると受胎率は低い（50～80％）が，外科的方法では高い受胎率（70～90％）が得られている．ドナーに比べ1日早く排卵したものから3日遅く排卵したものをレシピエントとして使用できるが，ドナーに比べ1～2日遅く排卵した馬で受胎率が高い傾向にある．

b. めん羊，山羊

過剰排卵処置，胚の採取および移植の方法などの胚移植技術は，めん羊と山羊でほぼ類似している．過剰排卵の誘起には，FSHやeCGを投与する．eCGは単独に用いる場合，1000～1500 IUを1回投与すれば多数の卵胞発育を誘起できるが，牛と同様に胚の品質を低下させることがある．FSHを用いる場合，合計10～20 mgを3～4日間漸減投与する．両法ともPGF$_{2a}$を併用する．めん羊・山羊では発情周期，非繁殖期ともに卵胞波が認められるため，卵胞波の開始に合わせて過剰排卵処置を開始すれば，多くの卵胞発育・排卵が期待できる．また卵胞波を調節するため，膣内留置型黄体ホルモン製剤の併用も行われることがある．さらに排卵同期化のため，性腺刺激ホルモン放出ホルモン（GnRH）製剤を投与することもある．

胚の回収は，全身麻酔下の正中線切開による開腹手術により行う．卵管灌流には上向性卵管灌流法と下向性卵管灌流法があり，いずれも発情終了後3日に行う．子宮灌流では，発情終了後4～7日くらいまでに卵管あるいは子宮角の上部に注射器で灌流液を注入し，下向性に灌流して，子宮内に固定したバルーンカテーテルを用いて回収する．

胚移植は，通常胚回収と同様に全身麻酔下の正中線切開による開腹手術により，8細胞期までは卵管内に，8細胞期～胚盤胞期までは子宮角内に行う．卵管内移植は，毛細ピペットの中に少量の浮遊液とともに胚を吸い取り，卵管采から2～3 cmの部位に，1～2滴の液とともに注入する．子宮角内移植は子宮角上部をつまんで漿膜に注射針の先で小孔をつくり，この小孔に胚を入れた毛細ピペットを挿入し，子宮腔内に注入する．近年，内視鏡手術による胚移植法も開発され，開腹手術による移植と同等の成績が報告されている．

めん羊および山羊の胚移植による受胎率は牛よりやや高く，ドナーおよびレシピエントの発情期を±1日以内に同調した場合の受胎率は約70～90％である．

c. 犬，猫

犬および猫の胚移植は，経済的あるいは社会的価値の高い品種の増産や遺伝資源の保存，あるいは絶滅が危惧されるイヌ科およびネコ科野生動物のモデルとして行われる．

犬は単発情動物であり，排卵はLHサージの1～2日後に起こる．犬の卵子は一次卵母細胞として排卵され，卵管内で卵子の成熟が起こるため，前核期胚は排卵後3～5日に認められ，排卵後8～10日に桑実胚となって子宮へ下降する．犬ではエストロン，eCGあるいはFSH，およびhCGを投与する過剰排卵誘起法が報告されているが，ほかの動物種に比べ効果は低い．

猫では，eCGあるいはFSH，およびhCGの投与により過剰排卵を誘起することができる．

胚の回収や移植は，通常全身麻酔下の正中線切開による開腹手術により行われるが，犬では人工授精用の子宮内注入カテーテルを用いた子宮頸管経由の非外科的手法による胚移植も行われる．犬の胚移植による受胎率は低く，約30～50％であるが，猫ではそれよりも高く，体外受精胚，凍結保存胚からも産子が得られている．

7.2 胚の凍結保存

(1) 凍結保存の意義と歴史

胚の凍結保存とは，発生途上にある初期胚を超低温下（-196℃の液体窒素内）で代謝を停止させた状態に保持して，長期間にわたり生命を維持した後に，融解してもとの状態に復することである．

凍結保存技術には，次の利点がある．

① 胚移植において，ドナーとレシピエントの発情を同期化する必要がなくなる．

② 動物の導入にあたり，運搬に伴う飼養管理の省力化，経費の大幅な節約および防疫に役立つ．

③ 優良な遺伝形質を，経済的かつ遺伝的変異を起こすことなく保存できる．

④ 絶滅の危機にさらされている貴重な野生動物種などの保存に役立つ．

胚の凍結保存は，胚移植技術の利用価値を飛躍的に増大させる技術であり，哺乳動物初の凍結保存胚由来産子の作出は，マウスで1972年にWhittinghamらにより報告された．その後，牛（Wilmut and Rowson, 1973），めん羊（Willadsen et al., 1976），山羊（Bilton and Moore, 1976），馬（Yamamoto et al., 1982），豚（Hayashi et al., 1989）でも産子が得られている．胚の凍結保存技術は改良が加えられてきたものの，今なお動物種や胚の発育段階によって凍結・融解後の生存性は異なる．牛，めん羊および山羊では，日齢の若い胚は凍結・融解後の生存性が低く，収縮桑実胚〜胚盤胞期になると生存性が高い．豚胚は低温傷害を受けやすく，通常の凍結保存法では拡張胚盤胞〜脱出胚盤胞で成功例が報告されているが，生存率は低い．馬胚は桑実胚〜胚盤胞であれば凍結保存が可能であるが，凍結・融解後の生存性は初期胚盤胞で最も良好である．近年，通常の凍結保存法（緩慢冷却法）では生存率の低い動物種の胚や，凍結保存が困難な発育段階の胚や卵子の超低温保存法として，ガラス化保存法（vitrification）が開発されている．

(2) 凍結保存の概要

胚の凍結の基本的な方法として，緩慢冷却による凍結法がある．胚の凍結保存の主要な手順は，①胚の生産・採取，②胚の洗浄，③胚の選別，④耐凍剤の添加・平衡，⑤冷却，⑥液体窒素中への浸漬，⑦保存，⑧加温・融解，⑨耐凍剤の希釈・除去，⑩レシピエントへの移植である．

a. 耐凍剤

胚の凍結保存には通常，耐凍剤（凍害防止剤，凍結保護物質）を添加した保存液を用いる．細胞膜透過型耐凍剤として，グリセリン，プロピレングリコール，エチレングリコール，DMSOなどが，また細胞膜非透過型耐凍剤として，スクロース，トレハロース，ポリビニルピロリドン，ポリエチレングリコールなどが胚の凍結保存に用いられている．細胞膜透過型耐凍剤は溶液の凝固点を下げる効果があり，それによって氷晶形成量を減少させ，細胞内外の塩類濃度，浸透圧の上昇を抑制する．一方，細胞膜非透過型耐凍剤は細胞内に透過しないため，細胞外の浸透圧を高く保ち，細胞内への水の流入による傷害を防ぐ．ただし細胞膜透過型の耐凍剤といえども，その透過性は水の浸透性に比べて低いため，耐凍剤を添加した保存液に胚を移すと，胚細胞内への耐凍剤の透過よりも細胞外への水の流出が多くなり，細胞は脱水されて収縮する．しばらくすると，耐凍剤の細胞外への透過量が増え，水も細胞内へ浸透して，徐々に細胞内と細胞外の濃度が平衡状態になり，細胞はもとの体積に戻る．

b. 冷却および凍結

緩慢冷却による凍結法では通常，胚は耐凍剤を添加した保存液で平衡させた後，直径が細く，壁が薄く，少量の液が入る牛人工授精用のプラスチックストロー（0.25 mℓ）内に封入（図7.10）して凍結する．胚を封入したストローは，冷却速度を自動的に制御できる市販のプログラムフリーザーを用いて冷却する．

胚の凍結は，まずストローを凝固点より少し低い−5〜−7℃まで冷却し，そこで植氷（細胞外氷晶形成の誘起；ice seeding）を行う．植氷は，胚を含む保存液が凝固点より低い温度域まで達した状態（過冷却状態）で凍結すると，一瞬のうちに細胞内凍結が起こ

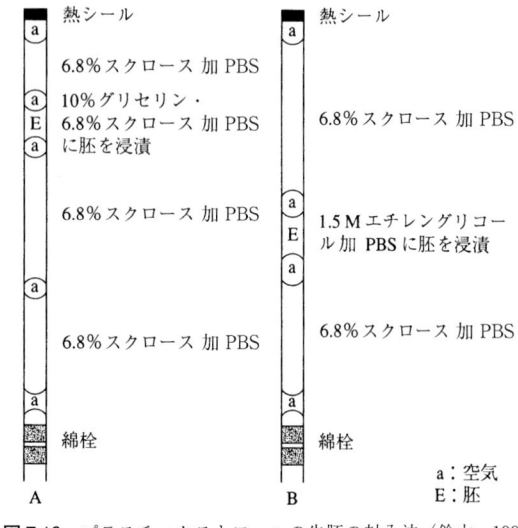

図7.10 プラスチックストローへの牛胚の封入法（鈴木，1990を改変）

り，胚の生存性が失われるため，これを防ぐために行う操作である．植氷操作は液体窒素中で冷却したピンセットを用い，胚の存在する容器の外側を軽くはさむ方法，あるいは市販のプログラムフリーザーの自動植氷装置によって行う．植氷により細胞外に氷晶が形成されると，氷晶が形成されていない液体部分（保存液）の塩類や耐凍剤の濃度が高くなり，浸透圧が上昇するため，細胞内の水分（蛋白質と結合していない自由水）は細胞外へ流出して細胞は脱水され，細胞外へ流出した水はさらに氷晶を形成する．

植氷後，−30〜−35℃までゆっくり冷却していき，細胞を適度に脱水させてから，液体窒素蒸気中に投入して急速に冷却・凍結し，−196℃の液体窒素中に浸漬する．適度に脱水された細胞と濃縮された細胞周囲の保存液は氷晶が形成されずにガラス化（ガラスのように結晶を形成せずに固化する状態）され，細胞はほとんど傷害を受けずに凍結保存されることになる．

耐凍剤を高濃度に含んだ保存液で細胞を極めて急速に冷却すると，細胞と保存液全体をガラス化させることができる．この高濃度の耐凍剤を用いた超急速冷却法のことをガラス化保存法という．

c. 融解

0.25 mℓ容量のプラスチックストローを用いて凍結した場合，凍結胚は，風のない場所でストローを液体窒素中から取り出し，空気中で一定時間保持した後，20〜35℃の温水に投入して融解する．液体窒素の中から取り出したストローを直接微温湯中に投入すると，多くの胚がフラクチャー傷害を受ける．フラクチャー傷害とは，−130℃付近の温度域を超急速に冷却または加温することにより氷晶内に亀裂が入り，胚を直撃して発生する物理的な傷害のことである．一方，空気中でのストローの保持時間が長い場合や風のある場所では，たとえ短時間であっても，ガラス化されていた細胞および細胞周囲の保存液が脱ガラス化される温度域（−80℃以上）に達し，細胞内凍結を起こして胚の生存性が損なわれるため注意が必要である．

融解した胚は，一般的には耐凍剤の濃度を段階的に低くした希釈液に順次移し，耐凍剤を除去した後に移植に供する．

(3) 牛胚の凍結保存法

a. 緩慢冷却による凍結

凍結保存液の基本液としては，子宮灌流液にも使用されるグルコース，ピルビン酸ナトリウム，牛血清アルブミン（あるいは牛血清）および抗生物質を添加したmDPBSが広く利用されている．牛胚の凍結保存では，耐凍剤として細胞膜透過型であるグリセリン（1.4 M）やエチレングリコール（1.5 M）が使用される．また，これに細胞膜非透過型耐凍剤のスクロースやトレハロースが併用されることがある．

耐凍剤を添加した保存液中に胚を移し，耐凍剤（細胞膜透過型）を細胞内へ透過させ，細胞内外の耐凍剤の濃度，浸透圧が等しくなるまで平衡させる．グリセリンを使用する場合は，過度の細胞収縮を抑えるため，通常3段階の濃度でグリセリンを添加した保存液を用意し，5分間隔で胚を徐々に高い濃度のグリセリンを添加した保存液に移す．グリセリンに比べ分子量が小さいエチレングリコールは，細胞膜透過性が高く，比較的速やかに細胞内へ透過するため，1段階で10〜15分放置すれば，過度の細胞収縮を招くことなく平衡が完了する．

平衡処理の終了した胚は，0.25 mℓ容量のプラスチックストローに収納・封入し，室温から植氷温度（−5〜−7℃）に到達するまで，通常1℃/分で冷却する（図7.11）．植氷後も細胞内は凍結せずに，しばらく過冷却の状態で保たれるので，冷却槽の温度を植氷温度に5〜10分間保持する．植氷後，0.3〜0.6℃/分の冷却速度で，−30〜−35℃まで冷却する．この温度に約10〜15分維持してから，−196℃の液体窒素中に浸漬する．

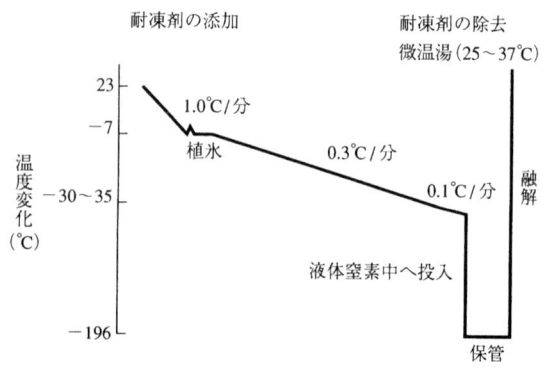

図7.11 牛胚の凍結・融解法（金川，1988を改変）

融解は，ストローを液体窒素から取り出し，空気中で約10秒保持した後，30℃前後の微温湯中に投入して行う．グリセリン（1.4 M）を用いて凍結保存した胚は，ストローから取り出しグリセリンを除去してから移植する．融解胚を直接等張液に浸ける（あるいは子宮内に移植する）と，胚細胞内の耐凍剤が細胞外へ透過するよりも細胞内へ水が浸透する方が多くなり，一時的に細胞は膨張する．過度の膨張は細胞に傷害を与えるため，グリセリンの除去では通常 0.9 M, 0.45 M グリセリン添加，およびグリセリン無添加の希釈液を準備し，融解胚を5分間隔でグリセリン濃度の低い液に順次移していく．この3段階のグリセリン希釈除去では，それぞれのグリセリン添加溶液に 0.3 M スクロースを添加したものを用いると，細胞の膨張を防ぐことができる．

エチレングリコールは細胞膜透過性が高いため，直接等張液に浸けた場合でも細胞の膨張が過度にならない．したがって，1.5 M エチレングリコールを添加して凍結保存した胚は，融解後に耐凍剤の希釈・除去をせずに子宮内に直接移植（direct transfer）することができる．また，1.4 M グリセリンと 0.25 M スクロースを添加した保存液を用いて凍結保存した胚も，耐凍剤の希釈・除去をせずにただちに移植が可能である．直接移植法の受胎率は急速凍結融解法とほぼ同じである．このような融解後の耐凍剤の希釈・除去が不要な凍結保存法は，凍結融解胚の移植にかかる手順を簡易化しうる利点があり，牛の胚移植において普及している．

b. ガラス化保存

ガラス化保存は数種類の耐凍剤を基本液に添加して，胚をこれに平衡した後，直接液体窒素中に投入して，氷晶を形成せずに固相化してガラス化状態を保持する方法である．プログラムフリーザーなどの機器を使用せず，安価に胚を保存できる簡便な方法である．ガラス化保存は，胚を含む保存液全体をガラス化するため，高濃度の耐凍剤の添加が必要である．高濃度の耐凍剤は，細胞に対して化学毒性や浸透圧傷害を与える．その傷害を軽減するため，複数の耐凍剤を混合した保存液が用いられる．ガラス化保存は，従来の凍結保存法が利用できない動物の胚や卵子の超低温保存には有効な手法であるが，胚の処理を速やかに行う必要があるなど，胚移植への応用には不都合な面もある．

ⅰ）急速冷却によるガラス化保存　0.25 mℓ 容量のプラスチックストローを用いてガラス化保存する場合，保存液全体をガラス化するためには，最終的に6〜7 M または 50%（v/v）程度の耐凍剤の添加が必要である．

ガラス化保存する場合は，まず 10〜25%（v/v）の耐凍剤を含む溶液に短時間（1〜2分程度）漬けて，耐凍剤の細胞内への透過をはかる．ついで 50%（v/v）程度の耐凍剤を添加した保存液に移して，脱水と耐凍剤の細胞内での濃縮を促しながら，胚を少量（10 μℓ 程度）の保存液とともにストロー内に収納し，保存液に移してから30秒程度で液体窒素中へ投入する．

ⅱ）超急速冷却によるガラス化保存　胚の冷却速度をさらに速くすると，耐凍剤の濃度を低くしてもガラス化が可能になる．10〜20%（v/v）の耐凍剤を含む溶液に1〜2段階で3〜5分漬けて，耐凍剤の細胞内への透過をはかる．ついで 30〜35%（v/v）の耐凍剤を添加した保存液に移して，胚を含む微量（1 μℓ 以下）の保存液を直接液体窒素中に滴下したり，微量の保存液に胚を収めた極細なストローや微量の保存液と一緒に胚を載せた特殊なフィルムやメッシュを直接液体窒素中に投入したりして，超急速に胚を冷却するガラス化法も開発されている．超急速冷却によりガラス化保存した胚は，ストロー，特殊容器または胚を含む保存液（微小滴）を直接スクロースあるいはトレハロースを含む希釈液につけて加温し，耐凍剤を除去する．

7.3 体外受精

in vitro fertilization；IVF

(1) 体外受精の意義と歴史

体外受精は，生体内で起こる生殖子（卵子と精子）の接着，融合〜接合子（zygote）形成に至る受精の過程を，成熟した卵子と受精能獲得，先体反応（acrosome reaction）を誘起した精子を用いて体外で再現する技術である．体外で受精，発生させた胚をレシピエントに移植することにより，産子を得ることができる．各種動物における体外受精の利点は，低コストでの胚生産や優良動物の卵巣の有効利用などである．

7. 胚移植および関連技術

哺乳動物における体外受精由来産子の作出は，1959年にChangにより，兎で報告された．人では，1978年にSteptoeとEdwardsにより成功している．産業動物では人より若干遅れて，アメリカのBrackett et al. (1982) が体外受精で1頭の子牛を生産している．その後，山羊（花田，1985），めん羊（Cheng, 1985），豚（Cheng, 1985）と相次いで体外受精で産子が得られている．これらの研究では，いずれも排卵直前の卵胞内あるいは排卵直後の卵管内の，成熟した卵子（体内成熟卵子）を対象としたものである．

人では，不妊症に対する生殖補助医療技術として，主に排卵直前の卵胞内卵子を用いて体外受精が行われるが，産業動物ではこのような体内成熟卵子を使用する方法は産業的には価値が高くない．花田ら(1986)は，食肉処理場から採取した牛卵巣内に存在する小卵胞から未成熟卵子を採取し，体外で培養，成熟させてから媒精（授精）して，移植可能な状態まで培養し，これを受胚牛に移植して産子を得ている．現在産業動物の体外受精には，卵巣から卵胞内の未成熟卵子を採取し，体外で培養して成熟させた体外成熟卵子が広く利用されており，この技術は卵子の体外成熟（in vitro maturation；IVM）といわれる．また体外受精によって作製された接合子は，レシピエントに移植する桑実胚〜胚盤胞まで体外で培養（in vitro culture；IVC）することが一般的である．したがって産業動物の体外受精は，卵子の体外成熟，体外受精および胚の体外培養などの複合技術によって構成されており，これらを総じて胚の体外生産技術（in vitro production；IVP）という（図7.12）．

胚移植が普及，実用化されている牛では，食肉処理場で得た黒毛和種牛の卵巣や，過剰排卵処置では胚の採取が困難な雌牛（生体）の卵巣などから卵子を採取し，胚を体外生産して産子を獲得するため，体外受精が広く利用されている．わが国では，1989年より体外受精により作出された黒毛和種牛の胚の販売などの商業的な取り組みが始まり，1992年には家畜改良増殖法が改正され，体外受精した動物胚の取り扱いに関する法整備が行われた．

胚の体外生産技術は，単に体外受精で子を生産するだけでなく，卵子の成熟，受精，初期胚発生などの生理機構に関する基礎研究や，胚の凍結保存，胚の性判別，顕微授精，核移植胚の作出などの応用研究にも広く利用されている．

(2) 体外受精の概要
a. 卵子の採取と体外成熟

雌動物の卵巣から卵子を採取して体外受精により胚を生産する場合には，家畜改良増殖法で規定される伝染性疾患および遺伝性疾患を有していないことを確認する．

卵胞内の未成熟卵子を得るには，食肉処理場で得られる屠殺動物の卵巣から採取する方法と，開腹または内視鏡手術，あるいは超音波画像診断法により卵巣を観察しながら腟壁から針を穿刺し，卵胞を吸引して

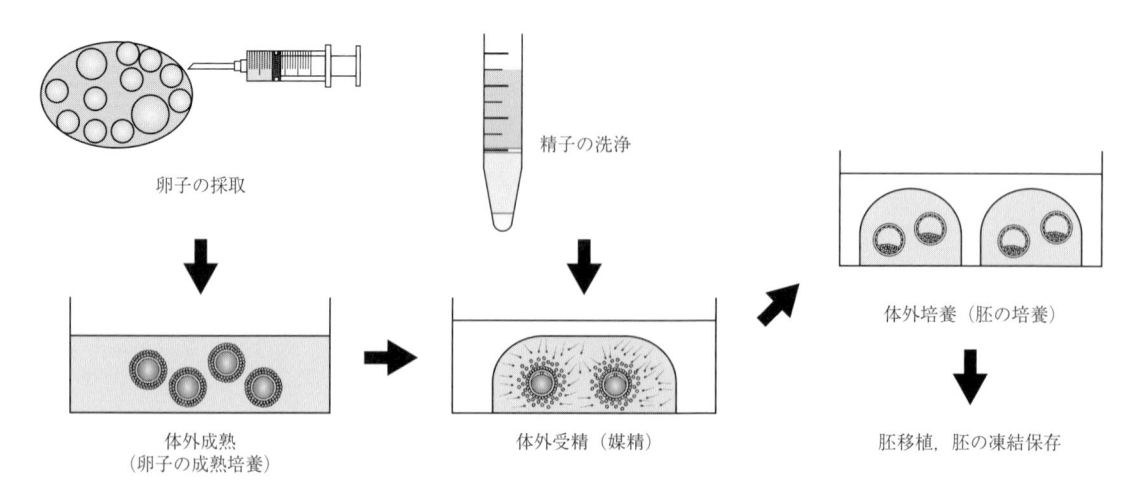

図7.12 胚の体外生産技術の概要

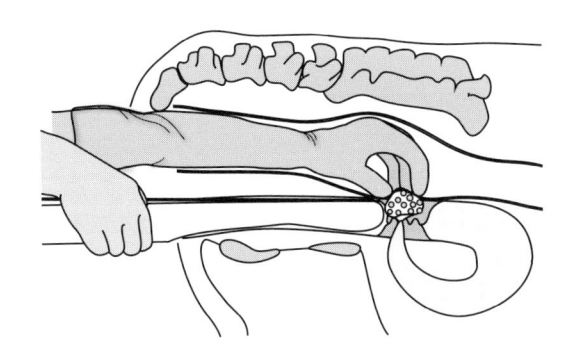

図 7.13 牛における OPU の模式図

卵子を採取する超音波ガイド経腟採卵法（ultrasound-guided ovum pick-up；OPU）（図 7.13）がある．これは生体内卵子吸引法とも呼ばれ，同一個体から繰り返し卵子を採取できる利点がある．

通常，未成熟卵子（一次卵母細胞）は卵巣表面の胞状卵胞から採取する．卵胞内の未成熟卵子は第 1 減数分裂前期にあり，周囲を数層の卵丘細胞と透明帯によって緊密に囲まれている．さらに卵丘細胞と透明帯の間には，細胞間の各種物質，すなわちイオンや低分子量物質の交換のために，細隙結合（gap junction）と呼ばれる構造があり，卵丘細胞からの末端枝が卵細胞質内に侵入している．この構造を卵丘細胞・卵子複合体（cumulus-oocyte complex；COC）と呼び，体外受精において重要な意義をもっている（図 7.14）．

一般的には，緻密な卵丘細胞に囲まれ，卵子の細胞質に変性がなく，一定の大きさに発育している COC（図 7.15A）を選択して，体外成熟培養に供する．生体内で第 1 減数分裂前期の後半の卵核胞期で発育を停止していた卵母細胞は，自然の状態では GTH の刺激を受けて分裂を再開して，第 2 減数分裂中期まで成熟する．通常，第 2 減数分裂中期に達したものを成熟卵子と呼ぶ．この成熟卵子はグラーフ卵胞内あるいは卵管内に存在して，受精の刺激を受けるまで，再び分裂を停止する．体外成熟培養を行うことにより，卵子は減数分裂を再開して第 2 減数分裂中期へ進行することができる（図 7.15）．体外成熟培養には，GTH などを添加した培地が用いられる．

b. 体外受精

体外受精には，新鮮射出精液，液状保存精液，凍結保存精液のいずれも使用可能である．牛では精液の凍

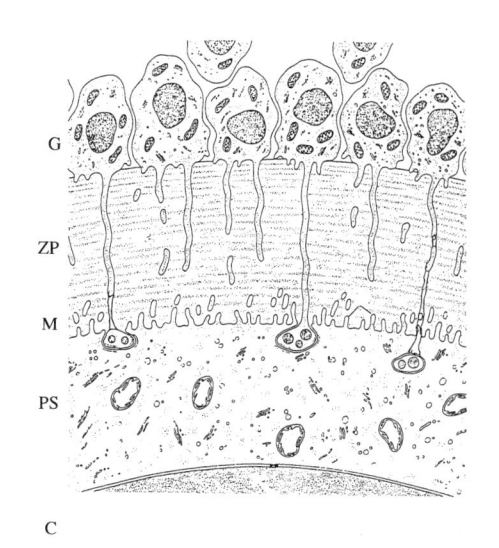

図 7.14 卵母細胞における卵丘細胞・透明帯・囲卵腔間の物質交換（Baker, 1982 を改変）
G：卵丘細胞，ZP：透明帯，M：微絨毛，PS：囲卵腔，C：卵細胞質．

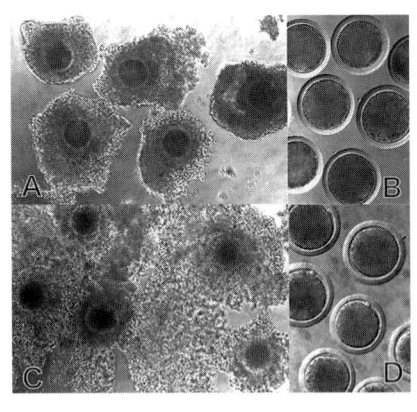

図 7.15 牛の卵胞から採取した未成熟卵子と体外成熟培養後の卵子
A：卵胞から採取した COC，B：A の卵丘細胞を除去した裸化卵子，C：体外成熟後の COC（卵丘細胞の膨化が認められる），D：C の卵丘細胞を除去した裸化卵子（一次極体の放出が認められる）．

結保存が広く普及しているため，凍結精液が使用されることが多い．射出精子は，ただちには卵子に侵入することはできず，雌性生殖道に滞在する間に受精能を獲得する．体外受精では，化学物質などを用いて精子の受精能獲得を人為的に誘起する必要がある．体外受精に使用する精液は，遠心操作により洗浄し，精漿，希釈液，耐凍剤などを除去する．スイムアップ法やパーコール密度勾配法などを用いて，活力の高い精子を分離採取すると体外受精の成績が向上する．洗浄した精子は，受精能獲得を誘起または促進させる物質を添加

した培地中で成熟卵子と培養（媒精）する．

動物種にもよるが，体外受精では多精子受精がしばしば観察される．これは，体外受精では成熟卵子の周囲に存在する受精能獲得精子の数が，体内で受精する場合に比べてはるかに多いことや，卵細胞質の成熟が不十分で多精拒否の機構がうまく働かないことなどが原因と考えられる．

c. 胚の体外培養（体外発生）

受精直後の接合子は，数日間培養することにより桑実胚〜胚盤胞へと発生させることができる．この時期まで発育した胚は子宮内へ移植することができるため，牛，馬および豚では開腹手術によらない非外科的胚移植により産子が得られる．発生初期の胚を不適当な環境（培養条件）で培養すると，発育が途中で停止する．この初期胚の発生停止（cell-block）の起こる時期は動物種に特有であり，牛，めん羊および山羊では8〜16細胞期，豚，人では4細胞期，マウスでは2細胞期である．

受精後まもない初期胚は，母性因子である情報伝達リボ核酸（messenger ribonudeicacid；mRNA）や蛋白質を卵子から多く受け継いでおり，これによって発生制御が開始する．発生に伴い母性因子は減少し，胚性遺伝子の活性化（zygotic gene activation；ZGA）が起き，発生制御が胚性因子へと切り替わる（maternal-to-zygotic transition；MZT）．体外培養における初期胚の発生停止時期は，この発生制御が切り替わる時期とおおむね一致している．近年，培養する気相，培地中の塩類やエネルギー源などの組成，培養方法などが検討された結果，ほとんどの動物で体外受精した胚を体外培養して，胚盤胞まで発生させることができるようになった．

（3） 牛の体外受精

a. 未成熟卵子の採取

牛の卵巣皮質には，多数の小卵胞（直径1〜5 mm）が存在する．未成熟卵子は，食肉処理場で摘出された卵巣から，あるいはOPUを用いて生体の卵巣の小卵胞から採取する．食肉処理場などで得た摘出卵巣は，抗生物質を添加した滅菌生理食塩液あるいはダルベッコのリン酸塩緩衝塩化ナトリウム液（DPBS）中で20〜25℃に保ち，できるだけ短時間のうちに卵子を採取する．

摘出卵巣の卵胞から未成熟卵子を採取するには，5または10 mℓの注射筒に18〜20ゲージの鈍角針を付し，卵巣実質を介して卵胞を穿刺し，卵子を含む卵胞液を徐々に吸引採取する方法が用いられる．なお，牛の卵母細胞は直径が110 μm以上になると第2減数分裂中期に達する能力を有するようになるが，直径120 μm未満では胚盤胞への発生能力が低い．直径120 μm以上の卵子は，主に直径2 mm以上の卵胞から採取される．直径6 mm以上の卵胞から採取した卵子は，体外受精後に胚盤胞へ発生するものが多いが，直径の大きな卵胞の数は少なく，成熟培養の結果が不揃いになるので除く．また未成熟卵子の採取法として，卵巣を扁平に2個に切断し，卵巣皮質片をできるだけ薄く手術用メスで切り刻み，卵回収用の培地に入れて卵子を回収する卵巣皮質の細切法が用いられることもある．

牛では，生体からの未成熟卵子の採取にOPUが広く実施されている（図7.13参照）．この方法は，1週間に1あるいは2回，数週間から10数週間反復して実施しても，雌への悪影響はないといわれている．

b. 卵子の評価（検査）

卵子を含む卵胞液が入っている尖底試験管から上澄み部分の夾雑物を除去して内容物をシャーレに移し，実体顕微鏡下で卵子を観察して，回収した未成熟卵子の選別を行う．採取した卵子は，直径，卵細胞質の色調，卵丘細胞の付着状況などの形態的検査を行い，以下のような条件を満たす卵子を選択して体外成熟培養に使用する．①卵子の直径が120 μm以上である．②卵細胞質が均一または暗色顆粒をもつ．③3〜4層以上の緻密な卵丘細胞に囲まれる．卵丘細胞層が薄いかあるいは剥離部分が多い卵子，卵丘細胞層が完全に裸化している卵子，卵丘細胞が膨潤してクモの巣状に付着している卵子は，体外成熟には適さない．また，卵細胞質の色調が極端に薄いまたは濃茶色〜黒色の卵子は，発生能が低いかすでに変性している．1頭分の卵巣からは約15〜35個の卵子が得られ，そのうち体外成熟培養に適用できる卵子は約80〜85%である．

c. 卵子の成熟培養

牛卵子の成熟培養には，25 mM HEPES緩衝TCM199が基礎培地として広く使用されている．成熟培養には，基礎培地にFSH，エストラジオール-17

β，牛血清，抗生物質などが添加される．血清などを添加せずにそのまま使用できる成熟培地も市販されている．細胞増殖因子や抗酸化物質の添加により，卵子の成熟率，受精率および胚の発生率が改善される．培地のpHは7.2〜7.4，浸透圧は285〜300 mOsm/kgが良いとされる．

体外成熟培養は，シャーレ（直径35 mm）やウェルに適当量の体外成熟培地を入れ，培地で数回洗浄した未成熟卵子を投入して，インキュベータ内に静置して行う．胚の体外生産に関する一連の培養（卵子の体外成熟，体外受精，胚の体外培養）では，微小滴培養法（microdroplet culture）がしばしば用いられる．微小滴培養法とは，シャーレ内に培養液の微小滴（10〜200 μℓ）を数個作製し，全体をミネラルオイルで覆い，この少量の培地中で卵子，胚を培養する方法である．培養の環境条件は，湿度を飽和状態にさせ，気相を5% CO_2 を含む空気中か，あるいは5% CO_2・5% O_2・90% N_2ガスにし，温度を38.5〜39℃に設定する．

d. 体外受精

牛の体外受精に用いる精子は，新鮮射出精液や液状保存精液を利用することも可能であるが，一般には人工授精に普及している凍結精液を融解して用いる．精子の洗浄，受精能獲得誘起ならびに体外受精には，修正タイロード液や合成卵管液（synthetic oviduct fluid；SOF）などが用いられるが，わが国ではBrackettとOliphantの等張液（BO液）が基礎培地として広く利用されている．凍結融解精液は，遠心操作により保存液に含まれる卵黄やグリセリンを除去して，精子を洗浄する．このときパーコール密度勾配遠心法を用いれば，活力（運動性）が良好で，精子原形質膜および先体膜に損傷のない精子を効率的に回収できる．また，試験管内の培地の下部に遠心洗浄後の精子を1〜2時間静置し，培地に浮遊した精子を回収する方法（スイムアップ法）によっても，活力の良好な精子を選択的に得ることができる．

精子の受精能獲得誘起には，体外受精の基礎培地に種々の化学物質を添加する処理法が開発されており，①キサンチン誘導体（カフェインまたはテオフィリン）を使用する方法，②ヘパリンを使用する方法，③キサンチン誘導体とヘパリンを併用する方法，④キサンチン誘導体とイオノフォアA23187を使用する方法など

がある．また，上記の化学物質を用いず，体外受精の前に数時間洗浄後の精子を培養することにより，受精能獲得を誘起する方法（前培養法）もある．

洗浄後の精子浮遊液は，精子数を計測し，体外受精培地で希釈して精子濃度を一定に調整する．体外成熟培養後のCOCを体外受精培地の微小滴中に移し，これに精子濃度を調整した精子浮遊液を加えて培養（媒精）する．一般的には，媒精時の精子濃度は0.5〜1×10^6/mℓ，媒精時間は5〜20時間程度である．しかしいずれの方法によっても，受精率や受精後の胚の発生率は精子を提供する種雄牛によって，あるいは同一種雄牛でも採精日によって差異があり，使用する精液のロットによって，体外受精の条件を検討し調整する必要がある．

e. 受精率の検査

体外受精（媒精）後10〜18時間に培養中の一部の卵子をとり，染色標本を作製して受精率などの検査を行う．媒精後の卵子を洗浄し，ピペッティングあるいはボルテックスにより周囲の卵丘細胞塊と付着している精子を除去する．裸化した卵子をカバーグラスで圧定して，25%酢酸エタノール液で固定後，酢酸オルセインで染色，酢酸グリセリンで脱色し，マニキュアで封入して位相差顕微鏡下で検査する．検査項目は，卵細胞質中の精子尾部の存在，二次極体の有無，膨化した一対の雌雄両前核形成の有無などである．

f. 胚の体外培養

媒精後，体外受精胚は媒精日を0日として7〜8日間培養し，胚盤胞へと発生させる．牛の体外受精直後の初期胚の体外培養には，異種動物の偽妊娠家兎あるいはめん羊の結紮卵管内に仮移植して数日間培養する in vivo 培養法が用いられていた．これは，前述のように，牛初期胚を体外で培養すると，8〜16細胞期で発生が停止する現象が認められていたためである．その後研究が進展し，体外培養のみでも胚盤胞まで発生させることが可能になった（図7.16）．

胚の体外培養には，体細胞と一緒に培養する共培養法（co-culture）と，体細胞との共培養を行わずに，比較的組成の単純な合成培地のみを使用して培養する方法（非共培養法）がある．共培養に用いる細胞は，生体から採取した初代あるいは数代の継代細胞，株化細胞のいずれも利用可能である．牛初期胚との共培養

には，牛の卵管上皮細胞，卵丘細胞，胚栄養膜細胞，線維芽細胞や，バッファローラットの肝細胞，Vero細胞などが利用される．共培養に用いる培地は，牛胎子血清を添加したTCM199培地が一般的である．共培養により胚発生が促進される効果は，体細胞からの細胞増殖因子などの胚発生促進物質の産生・分泌と，体細胞による培養環境中の胚発生阻害因子（高濃度のグルコース，活性酸素種など）の低減によると考えられている．

体細胞との共培養を行わずに，合成培地のみを使用して培養する非共培養法では，SOF，CR培地（Charles Rosenkrans medium），KSOM（potassium simplex optimized medium）などに必須アミノ酸，非必須アミノ酸などのアミノ酸を添加した培地が利用される．非共培養法では，グルコース濃度が高いと初期胚の発生を阻害するため，培地成分のグルコース濃度は1 mM以下が適している．体外培養の気相は，共培養法では体細胞により酸素が消費されるため，5% CO_2を含む空気（酸素濃度は約20%）が適している．一方で非共培養法では，高濃度の酸素が活性酸素種による細胞障害を招くため，低酸素濃度（5% CO_2・5% O_2・90% N_2）で培養する．

非共培養法では，発生培地への血清添加は発生初期の胚発生を阻害するため，ウシ血清アルブミンなどが添加される．また，ウシ血清アルブミンの代わりに高分子化合物であるポリビニルアルコールを添加した完全合成培地によっても，胚盤胞を得ることができる．胚盤胞への発生率や胚盤胞の細胞数などは胚の培養密度（培地液量と培養個数）により左右されるが，通常は50〜100 μlの微小滴中に20〜50個の胚を入れて培養し，体外受精した胚の20〜40%が胚盤胞へ発生する．体外発生培地に，インスリン様増殖因子（IGF-1），トランスフォーミング増殖因子β（TGF-β），塩基性線維芽細胞増殖因子（bFGF），アクチビン，顆粒球マクロファージコロニー刺激因子（GM-CSF）などの細胞増殖因子やサイトカインを添加すると胚発生率が改善される．

体外成熟卵子を用いた体外受精により作製した胚盤胞をレシピエントへ移植すると，40%程度の受胎率が得られる．

(4) 豚の体外受精

豚の体外受精およびその関連技術の畜産業における商業的価値は，牛ほど高くはない．しかしこれらの技

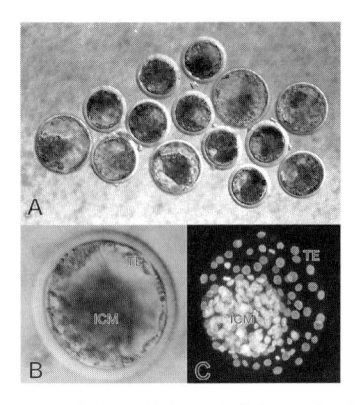

図7.16 胚の体外生産技術により作出した牛の胚盤胞
A：媒精後7日の胚盤胞，B：明視野，C：二重染色標本．
ICM：内細胞塊，TE：栄養外胚葉．

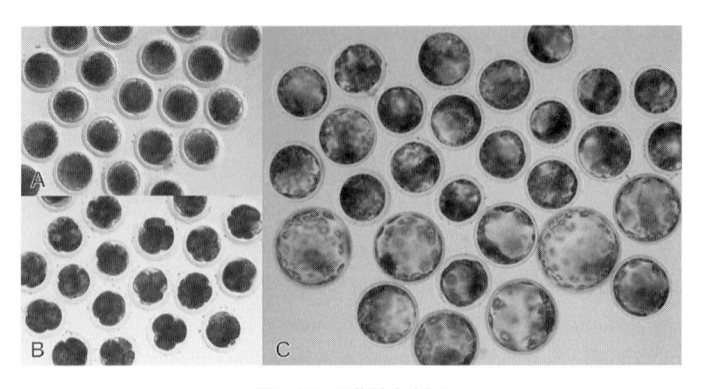

図7.17 豚体外生産胚
A：体外受精直後の胚，B：媒精後2日の卵割胚，C：媒精後5日の胚盤胞．

術は，医療用実験モデルとして期待される．遺伝子組換え豚の生産などに活用されている．

食肉処理場で摘出された卵巣表面の小卵胞（直径3～6mm）から，注射筒を用いた卵胞吸引，あるいはDPBS中での卵胞切開により，未成熟卵子を採取する．3層以上の緻密な卵丘細胞層に覆われ，卵細胞質に変性のないCOCを選別する．未成熟卵子は，TCM199, NCSU（North Carolina State University）23培地, NCSU 37培地，またはPOM (porcine oocyte medium) を用いて，44～48時間培養することによって成熟させる．減数分裂の再開の時期を同調させるため，初めの20～22時間はeCG，hCGおよびジブチリルcAMPを添加した培地を用い，残りの24時間程度はこれらを添加しない培地を用いて培養すると，80～90％の卵子が第2減数分裂中期に達する．豚未成熟卵子の体外成熟には，通常屠体卵巣から採取した卵胞液を培地に添加するが，GTH，上皮成長因子（EGF），あるいはEGF様増殖因子などを添加したTCM199およびPOMでは，卵胞液を添加しなくても良好な成熟率が得られる．

体外受精には，修正タイロード培地，修正トリス緩衝培地，PFM（porcine fertilization medium）などが利用されている．これらの体外受精培地では，精子の受精能獲得を誘起，促進するため，キサンチン誘導体やアデノシンなどを添加したり，培地のpHやカルシウム濃度を高くしたりするなどの工夫がなされている．豚では，液状保存精液や凍結精液が体外受精に利用される．媒精時の精子濃度および媒精時間は，方法により様々である．しかしいずれの方法によっても，受精率や受精後の胚の発生率は使用する精液のロットで差異がある．体外受精の条件を検討し調整した場合，90％以上の精子侵入率が得られる．しかし一般的に，豚では多精子受精率が高く（30～60％），正常受精率は50％以下であることが多い．

体外受精した胚は，NCSU23培地，修正NCSU37培地，SOF, PZM (porcine zygote medium) などで培養すると，5～7日後に胚盤胞へと発生する．各種アミノ酸を添加した完全合成培地であるPZM-5で体外受精胚を5日間培養すると，60～70％の卵割率と20～40％の胚盤胞への発生率が得られる（図7.17）．また，体外受精後にPZM-5で培養して作製した胚盤胞を外科的にレシピエントの子宮内に移植すると，1頭あたり17個以上の胚を移植した場合では100％の受胎率が得られている．

7.4 胚操作を伴うその他の技術

(1) 顕微授精　microinsemination / intracytoplasmic sperm injection

顕微授精は，広い意味では体外受精の1種で，顕微鏡下で卵子に精子を授ける方法である．顕微授精には，①透明帯部分切除法（partial zona dissection；PZD），②囲卵腔内精子注入法（subzonal sperm injection；SUZI），③卵細胞質内精子注入法（intracytoplasmic sperm injection；ICSI）の3つの方法がある（図7.18）が，通常はICSIと同義に使われる．

ICSIは，顕微鏡下でマイクロマニピュレーター（図7.19）を使用して，顕微操作により1個の精子を成熟卵子（第2減数分裂中期）の卵細胞質内に注入し受精させる手法である．産子の作出は，人（Palermo et al., 1992），マウス（Kimura and Yanagimachi, 1995），牛（Goto et al., 1990），めん羊（Catt et al., 1996），馬

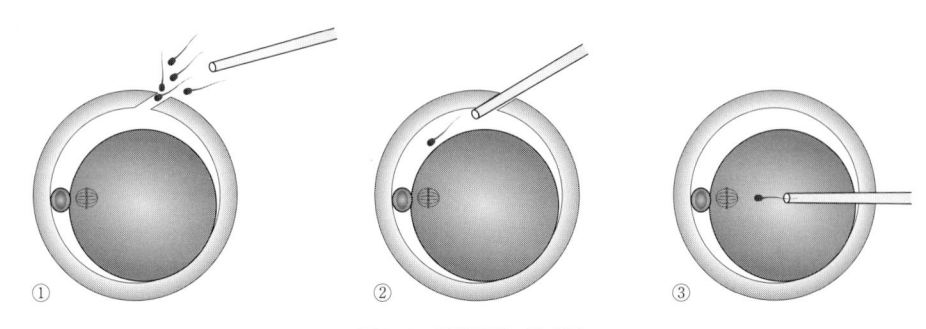

図7.18 顕微授精の模式図
①：透明帯部分切除法，②：囲卵腔内精子注入法，③：卵細胞質内精子注入法．

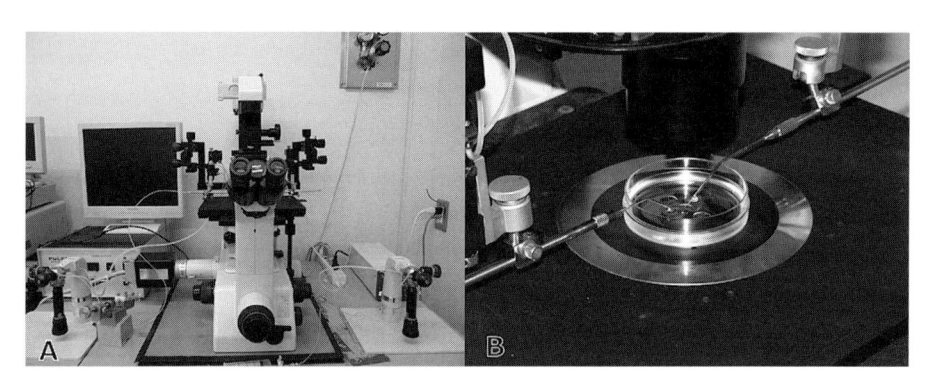

図 7.19 卵子・胚の顕微操作に使用する倒立顕微鏡，マイクロマニピュレーター一式（畜産草地研究所・赤木悟史氏提供）
A：倒立顕微鏡（中央）とマイクロマニピュレーター（左右），B：倒立顕微鏡のステージ上に設置されたマイクロマニピュレーターアダプターと接続されたガラス針．

（Cochran et al., 1998），豚（Kolbe and Holtz, 2000）などで報告されている．顕微授精は，人では乏精子症や精子無力症などの男性の造精機能障害による不妊治療に活用されている．

遺伝子組換え動物の作製法の1つに，通常の体外受精時に外来遺伝子を含む培地を用いて遺伝子を精子に付着させ，精子が卵細胞質に侵入する際に遺伝子を持ち込ませる方法があり，これを精子ベクター法あるいは精子介在遺伝子導入（sperm-mediated gene transfer）という．体外受精での精子ベクター法は，遺伝子導入効率や再現性が低いが，ICSI 時に外来遺伝子を精子とともに卵細胞質内に注入する方法（ICSI-mediated gene transfer）では，遺伝子導入効率が向上するといわれている．

顕微授精では，人工授精や体外受精では受精が望めないような，運動能をもたない精子や凍結融解などにより運動性を失った精子からも産子を得ることができる．核の正常性が保たれていれば，フリーズドライあるいは高濃度の塩で保存した精子からも産子が得られることが報告されている．また，精巣から採取した精子細胞からの産子の作出，マウスでは一次，二次精母細胞からの産子の作出も報告されており，貴重な優良遺伝形質をもつ雄動物から子孫を得る技術として活用が期待できる．

卵細胞質への精子の注入に際して，動物種により注入操作（刺激）に対する抵抗性が異なり，マウス，牛，豚などの注入刺激に弱い卵子を用いる場合は，ピエゾ圧電素子による微細振動によって透明帯や卵細胞膜を容易に貫通させることができる装置（ピエゾマイクロマニピュレーター）が用いられる．通常，0.1％のヒアルロニダーゼ処理によって，卵子周囲を取り巻く卵丘細胞を除去して行う．高濃度（6～10％）のポリビニルピロリドンを含む溶液中で，精子1個をインジェクションピペットに吸引する．顕微授精では，精子尾部まで注入すると卵子へのダメージが増大するため，超音波処理やピエゾ圧電素子による振動によって尾部を切断した精子を用いることがある．インジェクションピペットは，内径が精子頭部幅よりも少しだけ大きいものを用いる．精子を吸引したインジェクションピペットを卵細胞質に穿刺し，少量の操作液とともに精子を卵細胞質内に注入する．通常の受精では，精子の侵入により卵子内でカルシウム濃度の反復的上昇（カルシウムオシレーション）が生じて，卵子の活性化が起こる．顕微授精では，精子注入後に電気刺激や塩化ストロンチウム，エタノール，イオノフォア A23187，イオノマイシンなどの化学物質により，人為的に活性化刺激を加えることが多い．

(2) 性判別技術 sexing

哺乳動物では，受精する精子の性染色体によって，遺伝的な性が決定する．動物の雌雄産み分け（性判別）技術には2つの方法がある．1つは，X または Y 精子が選択的に受精できるように，精子の雌雄を分離して授精し，希望する性の産子を生産するものであり，もう1つは，胚の雌雄を移植前に診断して胚の性を決定するものである．動物の品種によっては，例えば乳生

産や子の生産では雌が必要であり，産肉性は雄が優れるというように，性別により経済的価値が異なるため，あらかじめ性の判別を行うことは動物の生産における経済効率を高めることにつながる．

a. 精子の雌雄分離

精子を人為的にX精子，Y精子に分離できれば，子の性を支配することが可能である．哺乳動物の性染色体は，通常X染色体はY染色体より大きく，牛ではX染色体は7.85 μm^2で，Y染色体は3.47 μm^2である．

また，X精子とY精子のDNA量の比率は2.5〜4.4 %であるといわれている．X精子とY精子のわずかなDNA量の違いをフローサイトメーター（flowcytometer）で検出して判別し，セルソーター（cell sorter）で分離することにより，牛，めん羊，豚などのX，Y精子の識別が可能である．この方法は，超音波振動により精子浮遊液を水滴化して，ノズルを通して吹き出し，そこへレーザー光線を照射して散乱光，蛍光などを測定すると同時に，静電偏向板により細胞を分離採取するものである．その原理としては，精子核のDNAを蛍光色素（Hoechst 33342）で染色して，XおよびY精子のDNAのわずかの含量差（3〜4 %）を蛍光強度の差に基づいて分離する（図7.20）．XおよびY精子集団に分離された精液には，それぞれ90 %以上のXあるいはY精子が含まれるといわれている．牛では，現在90 %の正確度で雌雄判別された凍結精液が市販されている．この性判別精液は，通常の凍結精液に比べストローあたりの精子数が少なく，融解後の精子の生存性が低いという欠点が残されているものの，人工授精や体外受精により雌雄産み分けが可能となっている．

b. 胚の性判別

各種動物では，X染色体は雌雄に，Y染色体は雄のみに存在する．胚の一部を切断し（図7.21），染色体標本を作製して染色体検査を行えば，性判別が可能である．この方法では，コルヒチン，ポドフィロトキシン，ビンブラスチンなどのチューブリン重合阻害剤を添加し，細胞分裂を中期で停止させる．牛の染色体の中で，X染色体は大型の次中部動原体型，Y染色体は最小の次中部動原体型であり，これを指標にして性判別を行う（図7.22）．

胚の性判別手法として現在最も信頼できるのは，Y染色体特異的DNA配列を増幅してその有無を識別

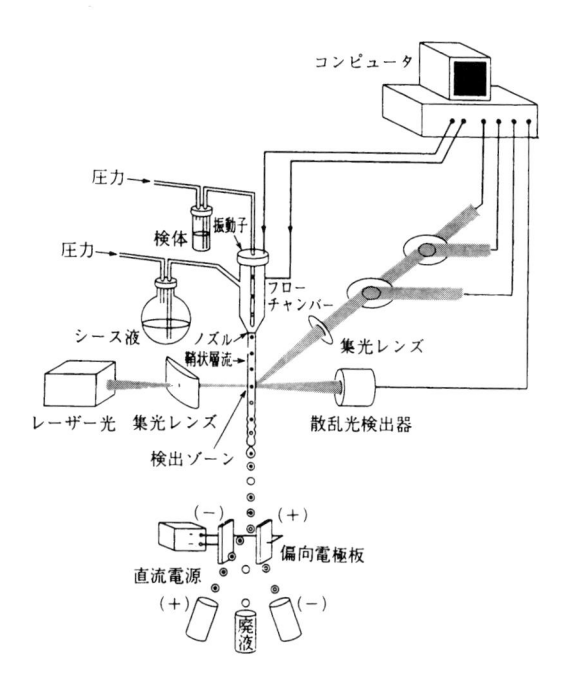

図7.20 セルソーターの原理（村上・菅原，1994を改変）

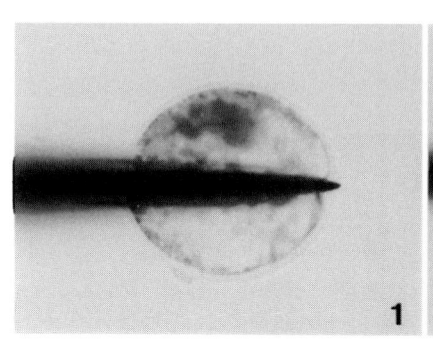

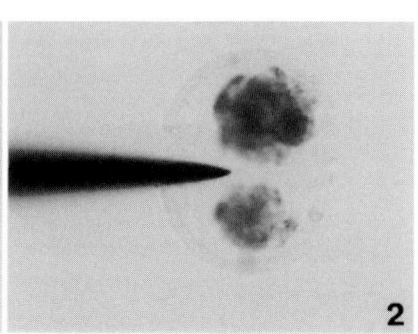

図7.21 牛胚盤胞期胚のバイオプシー（栄養外胚葉の切断）（岩崎提供）

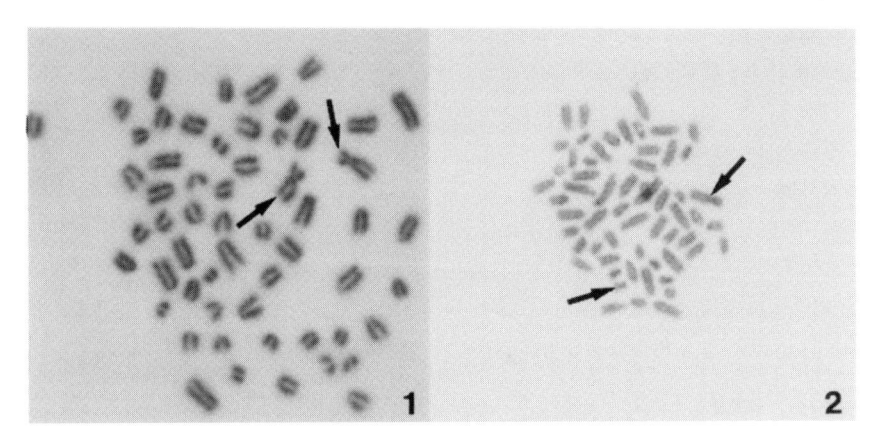

1：雌胚の染色体（2nXX）　　　　　　2：雄胚の染色体（2nXY）
図7.22 牛胚の性染色体（岩崎提供）

する方法で，牛では胚の性判別キットとして市販されている．その1つは，ポリメラーゼ連鎖反応（polymerase chain reaction；PCR）を利用してDNAを増幅，検出する方法である．顕微鏡下で胚の一部を採取して，この組織片からDNAを抽出する．ついで雄特異的DNA配列を認識するプライマー（DNAが複製するときに最初に加えて鋳型とする少量のDNA）と雌雄共通のDNA配列を認識するプライマー，およびDNA合成酵素（DNA polymerase）をPCR反応液中で加え，反応温度の上下変化を繰り返してDNAを増幅する．そして増幅したDNA（PCR産物）をアガロースゲルを用いた電気泳動にかけ，検出されるバンドの本数とサイズから雌雄を判定する．

もう1つの方法は，LAMP（loop-mediated isothermal amplification）法と呼ばれ，雄特異的DNA配列を認識するプライマーと雌雄共通のDNA配列を認識するプライマー，および鎖置換活性をもつDNA合成酵素を用い，60～65℃の一定温度でDNAを増幅する．増幅反応副産物による反応液の白濁の程度により，雌雄を判定する（雄の方が高い）．この方法は電気泳動を必要としないため，PCR法に比べ多くの検体を処理することができ，検出までの時間も短いなどの利点がある．

いずれの方法も顕微操作により，胚の一部を採取する必要があるが，残りの胚盤胞は培養あるいは凍結保存し，性判別後に移植して産子を得ることが可能である．

(3) クローニング cloning
a. クローニングの意義と歴史

クローン（clone）とは，同一の起源をもち遺伝子型が同じである遺伝子，細胞，個体の集団，あるいは1個の細胞または個体から，無性生殖によってできた同一の遺伝子型をもつ個体群をいう．植物では，株分けや挿し木がこれにあたる．クローニングとはクローンを作製することであり，胚の細胞（割球）を分離または胚を切断する方法と，1個の割球や体細胞を除核した卵細胞質と融合させて胚を再構築する核移植（nuclear transfer）がある．各種動物におけるクローニングには，優良動物の複製・増産，育種改良効率の改善などの利点がある．

動物では，1952年にBriggsとKingsがカエルの胞胚期の細胞の核を除核未受精卵に移植して，オタマジャクシを作出することに成功した．さらにGurdon（1962）は，オタマジャクシの腸上皮の細胞を用いた核移植により体細胞クローンの作出に成功した．

哺乳動物では，1980年前後から胚の顕微操作法が開発され，一卵性双子や三つ子などの複数子が生産されるようになった．この手法は後に核移植に発展するものであるが，完全な一卵性双子の作出はイギリスのWilladsen（1979）によって報告されている．めん羊の2細胞期胚から胚を2個に分離して，一卵性双子の生産に成功しているほか，同じ方法を用い，牛でも胚分離により一卵性双子を作出できる上，性判別へも応用できることを示している．

7.4 胚操作を伴うその他の技術

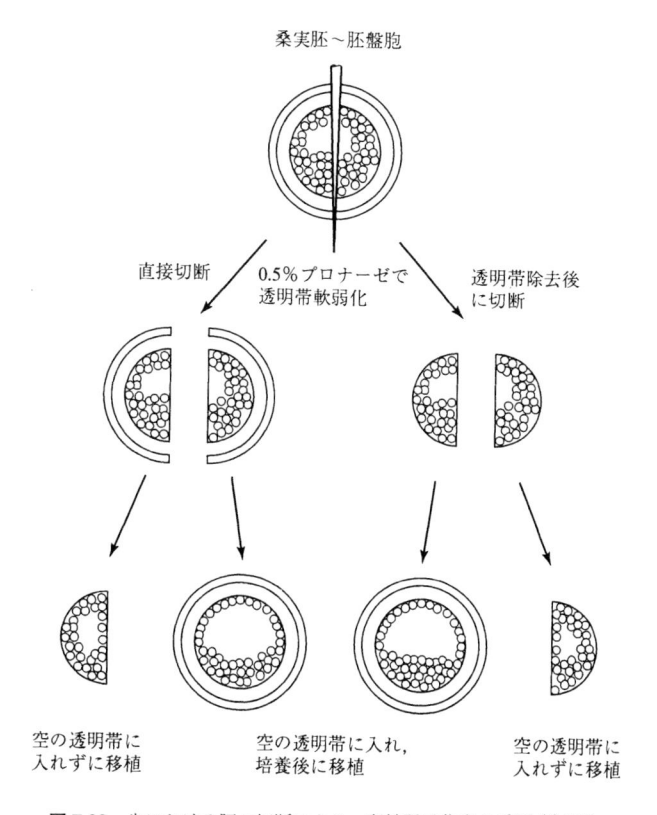

図 7.23 牛における胚の切断による一卵性双子作出の手順（金川ら，1988 を改変）

核移植による産子の作出では，Willadsen（1986）がめん羊の 8 ～ 16 細胞期胚の割球を除核未受精卵に移植して，子羊を得ることに成功した．Campbell et al.（1996）は，めん羊の 9 日齢胚の胚盤（embryonic disc）由来培養細胞からのクローン作出に成功し，さらに翌年には成体の乳腺細胞を用いた核移植により，成体の体細胞からのクローン個体「ドリー」を作出した（Wilmut et al., 1997）．その後，牛（Cibelli et al., 1998），マウス（Wakayama et al., 1998），山羊（Baguisi et al., 1999），豚（Polejaeva et al., 2000），猫（Shin et al., 2002），馬（Galli et al., 2003），犬（Lee et al., 2005）などで，体細胞クローン産子が得られている．

体細胞クローン技術は遺伝子型が均一である個体群を作出できることから，産業動物では優良個体の複製，遺伝的能力検定法への活用などが期待される．また，絶滅の危機にさらされている，あるいは絶滅した野生動物種の体細胞からの個体再生の試みもなされている．さらにこうした技術は，細胞のリプログラミング機構やエピジェネティクス（epigenetics）に関する知見の集積など，発生生物学の基礎的研究分野の発展にも寄与している．

b. 胚の分離・切断

優れた遺伝形質をもつ 1 個の初期胚を，顕微操作によって 2 個以上に分け，それぞれを同一遺伝子型を有する個体として発生させる技術を胚の分離・切断という．作出された 1 組の胚は，一卵性クローンとして発生する．分離胚あるいは切断胚から生産された胚は，性判別に応用することも可能である．

分離に使用する初期胚は，発育ステージが若く，割球間の結合の柔らかな，収縮が生じる前の段階の胚である．マイクロマニピュレーターに接続した微細ガラス針を使用するか，0.5％のプロナーゼで透明帯を軟弱にして割球を分離する．分離した割球は，それぞれを空の透明帯へ収納する．めん羊や牛では，4 細胞期胚の割球を 1 個のみ，あるいは 8 細胞期胚の割球を 2 個組み合わせた分離胚から産子が得られている．生物

の細胞や組織が，その種のすべての期間に分化し，完全な個体を形成できる能力を全能性（totipotency）という．胚は，将来1頭の子となることから全能性のある細胞（または組織）であり，少なくとも8細胞期胚の割球は全能性を有していることになる．

胚の切断では，収縮桑実胚～胚盤胞を微細ガラス針，あるいはマイクロブレードにより切断2等分する．微細ガラス針を用いる場合は，あらかじめ0.5％のプロナーゼで透明帯を軟弱にするか，透明帯を除去した後に切断する．胚盤胞を用いる場合は，内細胞塊および栄養外胚葉（trophectoderm）が等分されるように切断する（図7.23）．切断した胚は，それぞれ空の透明帯の中に挿入するか，あるいは透明帯に挿入せずにそのままレシピエントの子宮内に移植する．胚の切断は，クローンを作製する方法としては最も簡便である．しかし，胚の分離あるいは切断によって作出できるクローン動物の数には限りがある．

c. 核移植

核を除去あるいは不活性化した細胞に，ほかの細胞から取り出した核を移植することを核移植という．核移植によるクローン動物の作出では，ドナー核細胞を移植した再構築胚に全能性を獲得させるリプログラミングが必要になる．哺乳動物のクローニングでは，発生の進んだ胚の個々の割球（ドナー核細胞）を採取し，これを1個ずつ除核未受精卵（レシピエント卵細胞質）に移植して同一遺伝子を有する胚を多数作出する胚細胞核移植と，ドナー核細胞として胎子または成体の体細胞を用いる体細胞核移植が行われる．核移植によるクローニングの概要は，図7.24に示した．

胚細胞クローンと体細胞クローンの作製技術には共通点が多いが，個体群がもつ生物学的意味は大きく異なる．すなわち，胚細胞クローンはもともと1個の胚に由来するため，ドナー細胞として用いられた胚が両親（精子および卵子）の遺伝的能力をどのように受け継いでいるのかは不明であるが，体細胞クローンではドナー細胞を提供した「親」と遺伝子型は同一であるため，遺伝的能力が同じ個体が得られる．

外来遺伝子を導入した胚細胞や体細胞をドナー核細胞として核移植を行って個体を作出することで，遺伝子組換え動物を得ることができる．核移植による遺伝子組換え動物の作出の利点は，ドナー核として用いる

細胞の段階で遺伝子導入の有無を選抜できることである．胚性幹細胞（ES細胞；embryonic stem cell）が樹立されていない動物の場合，体細胞の初代培養細胞を用いて細胞への遺伝子導入と遺伝子導入細胞の選択が行われ，体細胞核移植により遺伝子組換え動物が生産されている．

i) 胚細胞核移植　牛およびめん羊では，内細胞塊由来細胞の核移植により産子が得られている．したがって，胚細胞核移植のドナー核細胞として，桑実胚期までの割球，あるいは胚盤胞期胚の内細胞塊の細胞が利用できるが，一般的に核移植の効率面から，8細胞期～桑実胚の割球が使用される．この時期の割球は，透明帯を除去した後にピペッティングにより分離することができる．

ドナー核細胞を移植して胚を再構築するためのレシピエント卵細胞質は，通常成熟卵子（第2減数分裂中期）の染色体を除去したものを用いる．この除核操作は，マイクロマニピュレーターに接続した微細ガラス針で，第1極体直下の染色体を少量の細胞質とともに吸引，あるいは透明帯外に押し出すことにより行う．除核操作後，染色体をDNA特異的蛍光色素で染色して，核が完全に除去されていることを確認する．

核移植操作には，①レシピエント卵細胞質の囲卵腔にドナー核細胞を挿入し，細胞融合により卵細胞質に核を導入する方法（図7.25）と，②ピエゾマイクロマニピュレーターを用いて，ICSIの要領で卵細胞質内に直接核を注入する方法がある．細胞融合には，直流パルスの印加による電気的融合法がよく用いられるが，センダイウイルスやポリエチレングリコールを利用する方法もある．

核移植では，再構築胚の細胞分裂を促すため人為的に活性化刺激を与える必要がある．通常の受精では，第2減数分裂中期の成熟卵子は卵成熟促進因子（maturation / metaphase promoting factor；MPF）の活性が高く，精子侵入で生じる活性化刺激によりMPF活性が低下し，細胞周期のS期（DNA合成期）へ移行する．一方，胚細胞核移植に用いる初期胚では，約90％の割球がS期にある．胚細胞核移植の場合，ドナー核の細胞周期と同調させるため，MPFの活性が高いレシピエント卵細胞質にあらかじめ人為的活性化刺激を与え，MPFを低下させてから核移植操作を行

7.4 胚操作を伴うその他の技術

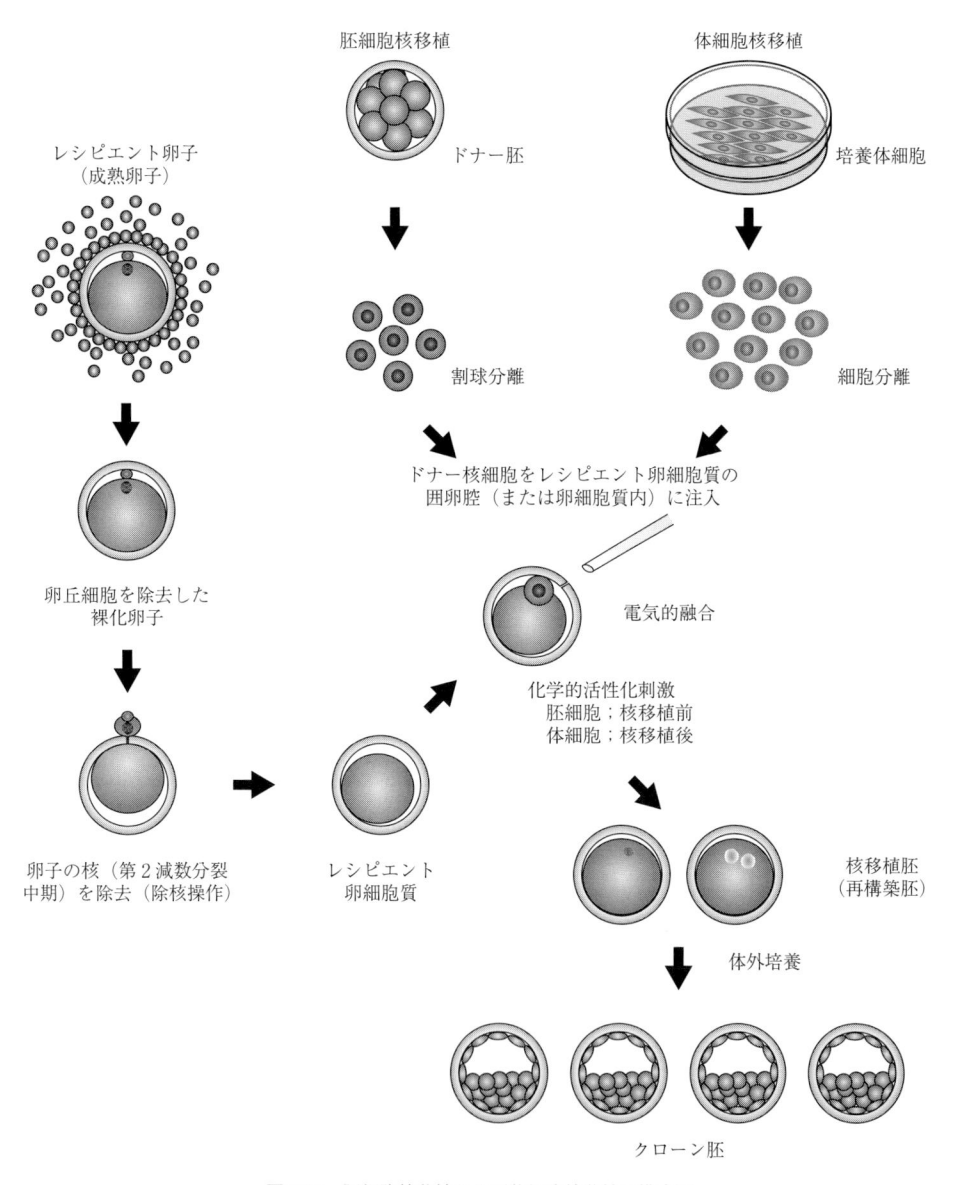

図 7.24 胚細胞核移植および体細胞核移植の模式図

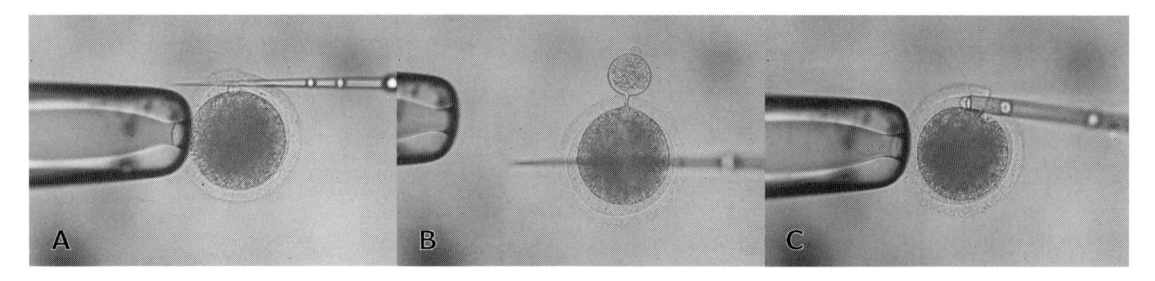

図 7.25 牛卵子への核移植における顕微操作（畜産草地研究所・赤木悟史氏提供）
A：卵子の透明帯の一部を切開，B：卵子の除核（押出法），C：囲卵腔へのドナー細胞の注入．

151

う．活性化刺激には，電気刺激やストロンチウム，エタノール，イオノフォア A23187，イオノマイシンなどの化学物質により細胞質内カルシウムイオン濃度を上昇させる処理と，シクロヘキシミドや 6-ジメチルアミノプリンといった，蛋白質の合成やリン酸化を阻害して MPF 活性の再上昇を抑制する物質を組み合わせた複合的活性化処理法が用いられている．

胚細胞をドナー核細胞として利用する場合，作製可能なクローンの数は割球数によって限定される．しかし，核移植により再構築した初期胚を用いて再び同様の核移植を繰り返す継代核移植（連続核移植）を行うことにより，さらに多くの胚細胞クローンを作出することができる．Bondioli et al.（1990）は第 1 〜第 3 世代の核移植胚を受胚牛に移植して，1 個の胚から 7 頭の子牛を作出している．

ii） 体細胞核移植

体細胞核移植に用いる細胞は，胎子または成体から採取される．これまで，乳腺上皮細胞，卵丘細胞，卵管上皮細胞，皮膚線維芽細胞，筋由来細胞など多岐にわたる細胞をドナー核とした体細胞クローン産子が得られている．体細胞核移植では，培養系で維持されている体細胞を使用することから，遺伝子型が同一な個体を無数に産出することが理論上可能である．また，ドナー核の細胞周期が G0/G1 期（分裂静止期/DNA 合成準備期）であることが重要であると考えられることから，細胞を ① 0.5% 血清添加培地で数日間培養（血清飢餓培養），② コンフルエントの状態まで培養，③ サイクリン依存性キナーゼ阻害剤によって処理することなどにより，細胞周期を同期化する方法が用いられる．培養細胞は，トリプシンなどの酵素処理により細胞を単離して核移植に供する．レシピエント卵細胞質は，胚細胞移植と同様に成熟卵子を除核して作製する．

核移植操作の手法は，基本的に胚細胞移植と同様である．体細胞核移植では，胚細胞移植の場合とは異なり，レシピエント卵細胞質とドナー核体細胞の融合直後または融合後数時間以内に人為的活性化刺激を与える．活性化刺激の方法は，胚細胞移植の場合と同様である．前述のように，除核直後のレシピエント卵細胞質の MPF 活性は高く，その細胞質に移植されたドナー核は核膜崩壊および染色体凝縮を起こし，M 期（分裂期）に誘導される．その後 MPF 活性が低下し，染色体が脱凝集して核膜が構築されると，それに続いて S 期に入る．ドナー核の細胞周期が G0/G1 期である場合は，S 期で DNA の複製が起きても染色体の倍数性異常が生じないため，体細胞核移植では MPF 活性の高いレシピエント卵細胞質に細胞周期を G0/G1 期に同調させたドナー核を移植することが一般的である．

iii） 再構築胚の培養と移植によるクローン産子の作出

核移植胚は，体外受精の場合と同様に体外培養により，桑実胚あるいは胚盤胞期まで培養し，体外での発生能を判定できる．また，通常の胚移植と同様に，レシピエント動物に移植することで産子を得ることができる．得られる産子はドナー核の性に由来することから，核移植による産子の作出も雌雄産み分けの技術の 1 つとされる．

体細胞クローン動物作出の成功率は従来の繁殖技術に比べると低く，比較的成功率の高い牛でも，雌牛の子宮に移植した再構築胚に対する産子の作出効率は 10% 未満であるとされる．

牛では，再構築胚をレシピエント雌に移植した場合，移植後 50 日での受胎率は通常の繁殖と同等であるといわれる．一方で通常の繁殖と異なり，牛体細胞クローン胚では妊娠の全期間を通じて流産や早産が多発し，胎盤の異常が認められることが多い．また体細胞クローン子牛は，呼吸障害，循環器障害，臍帯の異常などで生後直死する例も多い．このような症例では生時体重の増加も認められるため，過大子症候群（large offspring syndrome；LOS）と呼ばれる．過大子症候群は牛およびめん羊で認められ，体外受精産子にもみられる現象であるが，特に体細胞クローン産子に多発する．

DNA のメチル化やヒストンのアセチル化によるクロマチン構造の変化など，DNA の塩基配列の変化を伴わず，細胞分裂後も維持される遺伝子発現，あるいは細胞表現型の多様性を生み出す仕組みをエピジェネティクスという．体細胞はエピジェネティックな制御により組織特異的に分化した細胞であり，体細胞クローン動物の産出では，分化した体細胞の核の状態を全能性のある未分化な状態へリプログラミングする必要がある．体細胞クローン動物における異常はエピジェネティックな異常が主な原因であり，その要因と

して，①不十分なリプログラミング，②核移植操作そのものの悪影響，③胚の培養段階において生じる変化などが考えられる．

(4) キメラ chimera

キメラ個体とは，遺伝子型の異なる2個あるいはそれ以上の生殖子，または2個以上の初期胚に由来する細胞集団から構成される動物で，正常な生体機能を営む個体である．類似の用語にモザイク（mosaic）があるが，これは1個の胚から発生した個体で，体細胞の突然変異によって生じた遺伝子型の異なる組織，細胞をもつ個体である．

哺乳動物における自然発生的なキメラには，牛のフリーマーチン（freemartin）がある．この例は，胎生期に異性双子間の血流によって造血細胞系のキメラとなって生まれたものである．人工的なキメラ個体としては，マウスが最も多く作出されているが，めん羊，山羊，豚，牛などの各種動物のキメラがある．また，めん羊と山羊の胚の融合により，異種間キメラであるギープ（geep）が作出され，この雌ギープを雄山羊と交配させ，正常な山羊が誕生している．

キメラを作出する方法には，①集合法（集合キメラ；aggregation chimera）と②細胞注入法（注入キメラ；injection chimera）がある．集合法は，通常初期胚あるいは割球を集合させてキメラ胚を作製する（図7.26）．細胞注入法は，マイクロマニピュレーターを使用して，胚盤胞の胞胚腔にほかの胚に由来する細胞を注入してキメラ胚を作製する（図7.27）．キメラ胚をレシピエント雌動物へ移植することにより，キメラ個体が得られる．

(5) 胚性幹細胞（ES細胞）

ES細胞は，胚盤胞の未分化幹細胞である内細胞塊（ICM）に由来する細胞で，未分化な状態を保ったまま増殖を続けるように樹立された細胞株である．1981年，EvansとKaufmanが着床遅延マウスから回収した胚盤胞期胚を培養して，高度に分化能を有する幹細胞を分離した．この細胞がES細胞である．1998

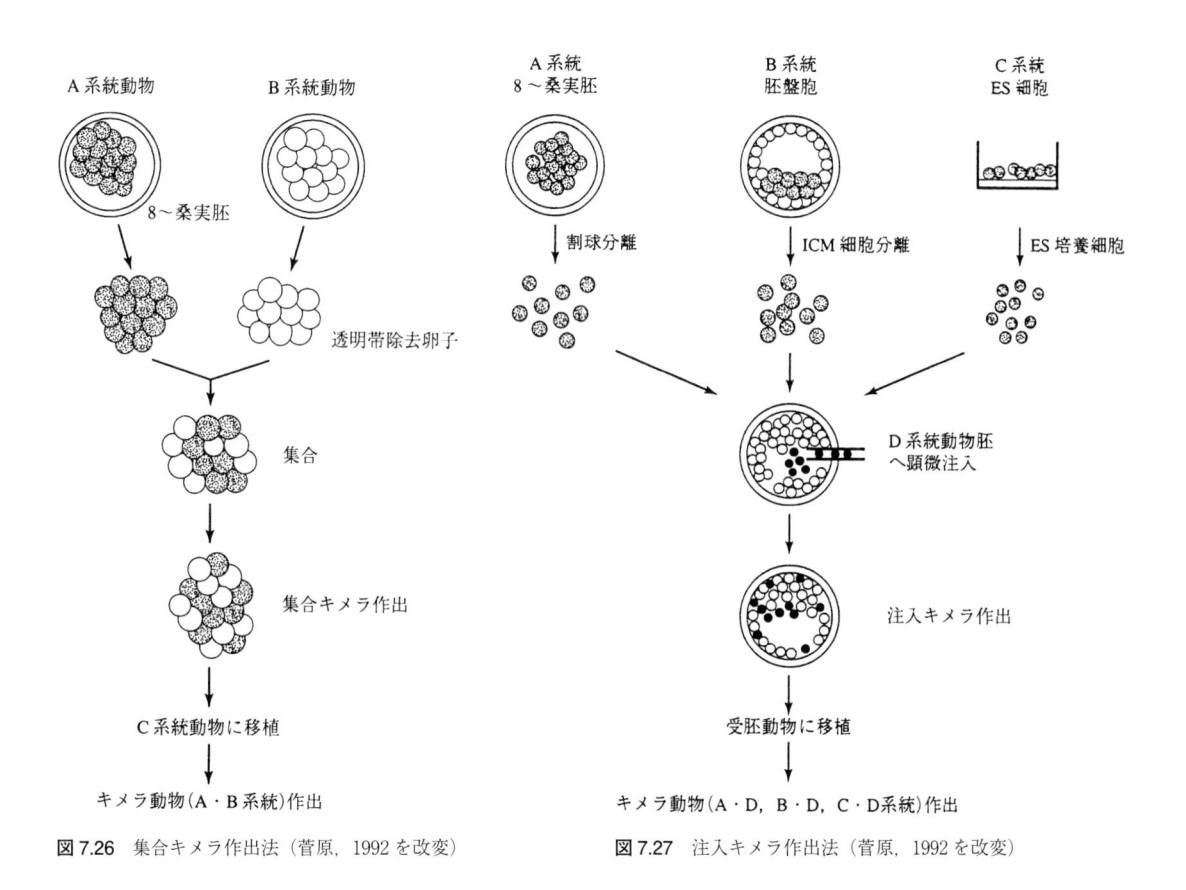

図7.26 集合キメラ作出法（菅原，1992を改変）

図7.27 注入キメラ作出法（菅原，1992を改変）

年には，人のES細胞株も樹立されている．さらにTakahashi and Yamanaka（2006）は，分化した体細胞であるマウスの線維芽細胞にOct3/4, Sox2, Klf4, c-Mycの4遺伝子を導入することで，ES細胞と同様の性質をもつ人工多能性幹細胞（induced pluripotent stem cell；iPS細胞）が樹立できることを報告した．

マウスのES細胞は正常核型を有しており，皮下あるいは腎被膜下に移植すると種々の組織に分化して固形腫瘍を形成する．また，分化誘導条件で培養すると胞状の胚様体（cystic embryoid body）を形成することから，ES細胞には内細胞塊と同様の分化能力（多能性；pluripotency）を有していることが示されている．ES細胞を用いて正常胚とのキメラ胚を作製すると，正常な発生過程に組み込まれてキメラ個体の一部となる．キメラ個体の中でES細胞が原始生殖細胞の形成に寄与した場合には，生殖系列キメラ（germ line chimera）ができることになり，このキメラ個体を交配することによってES細胞由来の個体を得ることができる．マウスES細胞が最もよく用いられるのは，遺伝子ターゲティングによる変異マウスの作製である．これにより遺伝子機能の解析が飛躍的に進んだ．

〔吉岡耕治〕

8. 受精，着床，妊娠および分娩

8.1 受　　　　精
fertilization

有性生殖において，雌雄異型の生殖子である卵子と精子が合体し，単一の細胞である接合子を形成する現象を受精という．受精によって，新しい個体の発生が開始する．受精の過程は卵子と精子の会合に始まり，精子の透明帯通過と卵子細胞質内への進入，雌雄両前核の形成とその融合によって完了する．受精は両親由来の異なる遺伝情報が1つに統合される過程であり，新たな遺伝子型が創出される場でもある．有性生殖を営む生物は，受精によってゲノムの多様性を増大させており，これが進化の原動力になっている．

(1) 卵子と精子の会合

受精の成立には，卵子と精子が十分な受精能力を保持した状態で出会うことが第1の前提条件である．自然条件下の動物においては，雌の発情最盛期に交尾が行われ，精子は雌の生殖道，特に卵管上部の卵管膨大部に到達して，卵巣から排卵される卵子を待つ．

a. 精子の受精部位への移動

牛，めん羊，山羊，犬および家兎においては，交尾によって精液が腟深部に射精されるが，豚および馬では子宮頸管および子宮内に射精され，動物種によって射精部位が異なっている．

射出された精子は，子宮を通過して受精の場である卵管膨大部に運ばれる．交尾後に精子が受精部位に到達する時間および精子数に関しては，正確な測定は困難であるものの，従来からの報告を表8.1に示す．すなわち，射精された精子のうちで受精の場に到達できるのはごく一部にすぎない．これは，子宮頸管，子宮卵管接合部，卵管峡部などの障壁の存在によるものである．これらの障壁に移行を妨げられた精子は，外陰部に向かって逆流して失われるとともに，生殖道内に浸潤してきた好中球によって貪食されて除去される．好中球の浸潤は主にエストロジェンの支配を受けており，好中球は交尾によって精液とともに生殖道内に持ち込まれた外来微生物を貪食し，生殖器を微生物感染から防御する役割を担っている．

雌性生殖道内においては，極めて急速に移動する少数の精子と，それに遅れて緩やかに移動する多数の精子の2相が存在することが知られている．牛やめん羊においては精子の受精部位に到達する時間は極めて速く，一部の精子は数分で到達する．しかし，どの動物

表8.1　精子の受精部位への移動

動物種	平均射精量	平均射出精子数	射精部位	精子の卵管に到達するまでの時間	卵管膨大部に到達する精子数
牛	5 ml	50×10^8	腟	2〜13分(膨大部)，4〜8時間(上部)	4200〜27500
馬	80	100	子宮頸管および子宮	40〜60分	少　数
豚	250	400	子宮頸管および子宮	15〜30分(膨大部)，2〜6時間(上部)	80〜1000
めん羊	1	30	腟	2〜30分(膨大部)，4〜8時間(上部)	240〜5000
山　羊	1	30	腟	—	—
犬	10	5	腟	2分〜数時間	5〜100
兎	1	7	腟	3〜6時間	250〜500
モルモット	0.15	0.8	子宮	15分(中央部)，3〜4時間(上部)	25〜50
ラット	0.1	0.58	子宮	15〜30分	5〜100
マウス	<0.1	0.5	子宮	15分	>17

8. 受精，着床，妊娠および分娩

種でもかなり多数の精子が卵管に移動するには30分～1時間前後を要するとされている．このような速い精子の上行は，精子自身の運動によるよりも，交尾に伴う性的興奮による雌性生殖道の著しい収縮運動によるところが大きい．その一方で，精子が緩やかに移動する機構の1つとして，精子が子宮頸管深部や子宮卵管接合部付近に一時的に滞留し，ここから少数の精子が持続的に上行を開始することが挙げられている．射精が膣内で行われる動物種（例：めん羊）においては子宮頸管，子宮内に射精される動物種（例：馬，豚）においては子宮卵管接合部が，精子移行の障壁となって精子数を制限するとともに，精子の貯蔵部位としての役割を担っている．

牛の精子は頸管ヒダの陰窩部を緩やかに運動し，陰窩内をたどりつつ上行して受精の部位に到達する（図8.1）．しかし，このような機構が馬や豚のように精液の多くが子宮内に射精される動物種に存在するか否かは明らかでない．

b. 卵子の受精部位への移動

成熟卵子は，周囲を卵丘細胞に囲まれた卵丘細胞・卵子複合体（COC）として卵巣から卵胞液とともに排卵される．COCの卵丘細胞層は細胞間にムコ多糖類が蓄積することによって膨化し，その粘稠性によってCOCは排卵後に卵管内に取り込まれやすくなっている．

卵巣嚢が発達したマウス，ラット，犬では，卵巣嚢内に卵巣から排出された卵胞液が充満し，その中に排卵された卵子が浮遊している．ついで，卵管采上皮細胞の線毛運動で生じる局所的な流れによって，卵管内に取り込まれる．

しかし，一般の動物では漏斗状に広がった卵管采が卵巣表面を覆っているので，排卵された卵子は卵管采の壁に付着した後に，卵管采上皮細胞の線毛運動に送られて卵管内に取り込まれる．卵管内に取り込まれた卵子は，卵管上皮細胞の線毛運動，らせん状に走行する卵管輪走筋の蠕動運動，および卵管液の流動などによって速やかに膨大部の下端まで運ばれ，ここで精子の侵入を受ける．家兎では，交尾後に卵管上皮細胞の線毛運動は有意に増加する．また，卵管の収縮運動は交配1.5日後にピークに達する．

家兎やラットでは排卵後，卵子が卵管膨大部を通って膨大部峡部接合部（ampullar-isthmic junction；AIJ）に到達するまで，わずか数分（家兎で4.5～12.2分，ラットで2～5分）である．

牛の卵子は排卵後8～10時間でAIJに到達し，72時間くらいまでそこに留まる．峡部は比較的短時間で通過し，排卵後96～120時間で子宮に達する．馬の卵子は排卵後4日頃まではAIJに留まり，6日には子宮に進入する．めん羊の卵子は発情終了後2時間以内に膨大部前半を通り，AIJ通過にはさらに44時間，峡部通過には平均16時間を要する．豚の卵子は発情開始後48～75時間に卵管の上部より第3四分画に集中して，そこに滞留し，排卵後24～48時間で子宮に達する．

また，交尾の際の性的興奮によって下垂体後葉あるいは卵巣から分泌されるオキシトシンは，子宮や卵管の平滑筋収縮を強め，精漿中に含まれるPGE_2あるいは$PGF_{2\alpha}$も平滑筋収縮作用が強い．これらの因子は，それぞれ雌性生殖道の平滑筋運動を促進することによって精子や卵子の輸送に関与している．

(2) 卵子と精子の受精能
a. 卵子の受精能保有時間

卵子の受精能は，排卵後6～12時間から低下し始め，多くの動物種で20時間以内に失われるとされている．しかし，犬の卵子は例外的に減数分裂が第1分裂の前

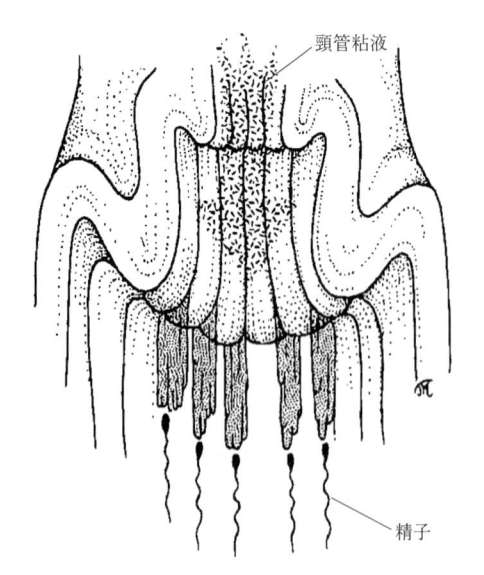

図8.1 牛の子宮頸管内での精子の挙動（Mullins and Saacke, 1989を改変）

期で停止した状態で排卵されて，排卵後に卵母細胞の核成熟が起こり，排卵後60時間で卵子が成熟してからその後約96時間受精能が保たれる（表8.2）．

一般に卵子は，卵管峡部に到達すると速やかに受精能が失われ，子宮に到達した未受精卵子には全く受精能がない．卵子の受精能は突然に消失するものではなく，排卵後の時間経過によって受精率が徐々に低下して異常受精の頻度が高まり，かつ胚の発生率が低下する．卵子の受精能保有時間は精子に比べて短い．

b. 精子の受精能保有時間

雌性生殖道内において精子が受精能を保持しうる時間は，一般に24～48時間といわれる．この時期を過ぎると徐々に受精率は低下し，正常な胚発生も期待できなくなる．しかし，馬や犬精子のように雌性生殖道内で約5日にわたって受精能を維持するものもある．

c. 精子の受精能獲得および先体反応

哺乳動物の精子は，射出直後は受精する能力がない．雌性生殖道内に送り込まれた精子は，受精することができる状態になるために一定時間雌性生殖道内に留まることが必要であり，通常は精子が受精の場である卵管膨大部に到達する過程で受精できる能力を獲得する．この過程を受精能獲得という．射出直後の精子には精漿に含まれる受精能獲得抑制因子（decapacitation factor；DF）が結合して受精能がない状態になっているが，精子が生殖道内を上行するにつれてDFが精子表面から除去され，受精能が獲得される．DFは精巣上体の分泌液に含まれる糖蛋白質であり，これが精子表面に結合して細胞膜の安定を保っている．受精能獲得は可逆的な現象であり，いったん受精能を獲得した精子を精漿と混和すると受精能を失うが，これを再び雌性生殖道などの受精能獲得環境で処理すると，再度受精能を獲得する．

自然の状態では，雌性生殖道内を精子が上行する際にDFが徐々に除かれる．受精能を獲得した精子は，代謝活性が高く，尾部を激しく動かしながら活発に運動する（hyperactivation）．このような状態の精子の運動軌跡は直線的ではなく，狭い領域をあたかもダンスをするかのように駆け回る．

受精能獲得精子が受精を完遂する最初のステップは，精子と卵子透明帯の接触であり，これに引き続いて精子細胞膜と先体外膜が巣状に融合して先体内容物が放出される先体反応が誘起される．先体は精子頭部の前半部分を帽子状に覆う構造物で，先体外膜と先体内膜からなるが，先体反応で精子細胞膜と先体外膜が融合して先体に切れ目が生じ，先体内容物が放出される．卵子透明帯は，ZP1，ZP2，ZP3という3種の糖蛋白質によって構成されており，ZP3は先体反応を起こす前の精子が最初に卵子に結合する際のレセプター分子である．

先体反応は，精子頭部の細胞膜の胞状化によって先体内に含まれる各種酵素を放出する形態変化であり，精子に透明帯を貫通する能力を獲得させるとともに，精子の赤道帯に局在する膜融合に関与する蛋白質を細胞表層に露出させるという2つの役割がある．先体反応中に放出されるヒアルロニダーゼは，COCの細胞間に存在するヒアルロン酸を分解して細胞間の結合を弱め，精子の透明帯への到達を助ける．また，先体から放出されるアクロシンはトリプシン様の酵素活性を有し，透明帯を軟化させて精子の透明帯通過を容易にする働きがある．アクロシンは前駆体蛋白質として放

表8.2 卵子および精子の受精能

動物種	卵子の受精能保有時間（排卵後）	精子の受精能獲得時間（雌性生殖道内）	精子の受精能保有時間（雌性生殖道内）
牛	18～20時間	3～4時間	24～48時間
馬	4～20	—	約5日
豚	8～12	3～5	24～48
めん羊	12～15	1.5	24～48
犬	約4日*	7	約5日
兎	6～8	5～6	30～32
モルモット	20	4～6	22
ラット	12	2～3	14
マウス	6～15	1～2	6～12

*：排卵後約60時間に起こる減数分裂後の日数．

8. 受精，着床，妊娠および分娩

出された後に，雌性生殖道内の酵素によって活性型のアクロシンとなり，活性が発現する（図8.2）．

（3） 受精の過程

a. 精子の透明帯通過

卵子透明帯のZP3蛋白質と結合して先体反応が誘起された精子は，透明帯を穿通して囲卵腔に至る．この過程は数分以内で進行し，先体酵素による透明帯蛋白質の消化と精子の活発な前進運動によって成し遂げられる．精子の透明帯通過は種特異性があり，精子は他種卵子の透明帯を通過できない．

b. 精子と卵子の融合

囲卵腔に到達した精子は，速やかに頭部を卵子細胞膜の表面に接し，それまで活発であった精子尾部の運動が弱まる．卵子細胞膜には微絨毛が発達しており，精子頭部は微絨毛上に接して卵子表層に接着する．ついで精子頭部の赤道帯と卵子細胞膜が融合し，精子は接着した位置で尾部まで卵子内に取り込まれる．精子頭部赤道帯と卵子細胞膜の融合には，卵子細胞膜を貫通する構造をもつ膜蛋白質であるCD9と，精子頭部赤道帯に発現して受精に必須の精子表面蛋白質であるIzumoが重要な役割を担っており，このどちらが欠損しても受精は正常に行われない．

精子頭部が卵子細胞質内に取り込まれると，精子核膜が崩壊して精子核の内容物は卵子細胞質内に拡散する．この過程を精子頭膨大（sperm head decondensation）という．ついで膨化した精子頭部の周囲に核膜が形成されて，精子頭部は雄性前核（male pronucleus）に発達する．

精子の一連の変化と並行して，卵子では精子進入によって，それまで第2減数分裂中期で停止していた減数分裂が再開して二次極体が放出され，卵子の核は雌性前核（female pronucleus）に発達する（図8.3）．

c. 雌雄前核の融合

雄性および雌性の両前核は，大きさを増しながら卵子細胞質の中央付近まで移動して互いに接するようになり，この間に両前核でゲノムの複製が行われてDNA含量が2倍になる．雄性前核は雌性前核よりも直径が大きいので，顕微鏡下で容易に識別が可能である．引き続き両前核はその大きさを減じるとともに，核膜が消失して紡錘糸が形成され，雄および雌の染色体は合体して第1卵割前期の赤道板上に配列され，受精が完了する．この過程を雌雄前核融合（syngamy）という．

精子の卵子内侵入から受精完了までに要する時間は，マウスで17～18時間，家兎で10～12時間，豚で12～14時間，めん羊で16～21時間，牛で20～24時間，人で約36時間といわれる．

d. 多精拒否

生理的条件における哺乳動物の受精は，1個の精子のみが卵子内に進入して受精を完了する．1個の卵子に複数の精子が侵入する現象を多精子侵入（polyspermy）といい，受精や発生の異常をもたらす．哺乳動物の卵子は，①受精の場に到達できる精子は射精精子のごく一部に限られること，②皮質粒と透明帯の相互作用による多精拒否機構，③卵子細胞膜による多精拒否機構によって，多精子侵入の危険から免れている．

実際に体外受精の条件下では，受精の場に存在する

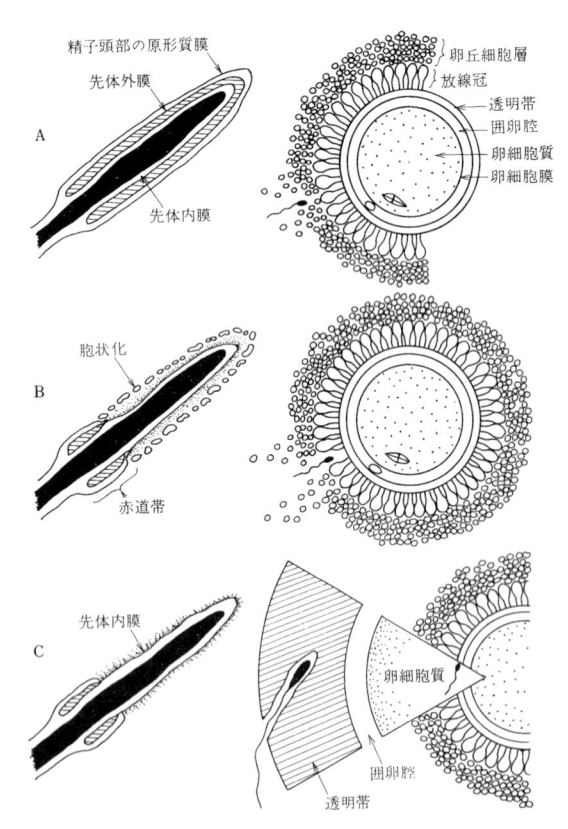

図 8.2 精子の先体反応と卵細胞膜通過（McRorie and Williams, 1974 を改変）
A：受精能獲得精子（左）の卵丘への侵入，B：先体反応（左）を起こしながら放線冠を通過，C：反応精子（左）の透明帯通過．

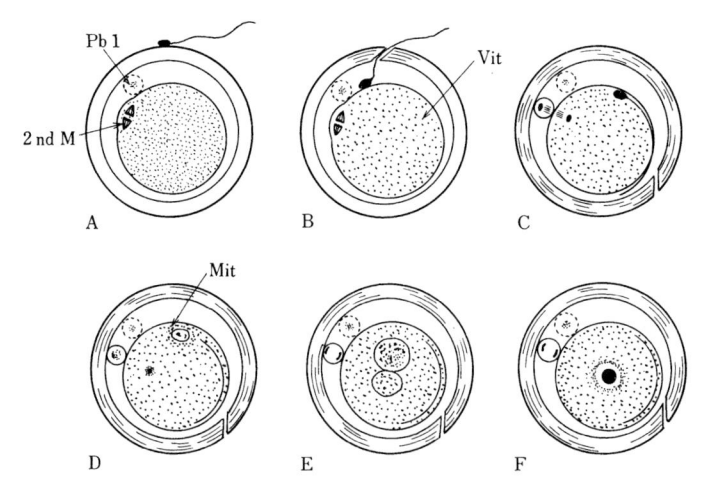

図8.3 豚の受精過程の模式図（Hafez, 1980）
A：精子の透明帯への接触（一次極体：Pb1 放出），第2成熟分裂（2nd M）中期を示す．B：精子の透明帯通過，精子頭の卵細胞膜接触（透明帯反応の発現を陰で示す）．C：卵子細胞質（卵黄：Vit）内への精子の取り込み（精子頭膨大，二次極体放出を示す）．D：雄性・雌性両前核形成（ミトコンドリア：Mit が前核周囲に集合）．E：両前核発達（多数の核小体を含む）．F：受精完了（核小体は染色体となり，第1卵割前期に合体）．

精子数を多くすると多精子侵入の頻度は高まり，特に豚においては受精率を上げようとして精子濃度を増やすと，多精子受精率が著しく高くなる．

卵子自体のもつ多精子受精を防ぐ機構としては，透明帯反応（zona reaction）と卵黄遮断（vitelline block）がある．前者は，精子が卵子細胞膜への接触によって卵子細胞質内に存在する皮質粒の内容物が囲卵腔内に放出されて拡散し，透明帯の精子受容体蛋白質に結合してこれを不活化するために，以後ほかの精子が透明帯に結合できなくなることによる．また，後者は精子の卵細胞質内への進入によって細胞膜の性質が変化し，先体反応を起こした精子が卵子の細胞膜と融合できなくなる現象である．多精拒否機構に果たす透明帯反応と卵黄遮断の貢献度は，動物種によって異なる．めん羊，豚，ハムスター，マウス，ラットの多精拒否機構は透明帯反応が主であるが，家兎では透明帯反応はみられず，多精拒否は主に卵黄遮断によってなされている．家兎で透明帯反応がみられないのは，家兎の透明帯がムチン層と呼ばれる極めて厚い構造であることと関係がある．

e. 異常受精

i）多精子受精 polyspermy　上述の多精拒否機構が破綻して，2個以上の精子が卵細胞質内に侵入して起こる受精現象をいう．正常な交配においても1〜2％の頻度で認められるが，排卵してから時間の経った卵子ではその頻度が増加する．また，豚では自然交配の場合でも多精子受精の頻度が高いとされている．多精子受精が起きると複数の雄性前核が形成され，一部の多精子受精卵から倍数体（主に三倍体）の胚が形成される．しかし，これらの胚はいずれも正常に発育することができず，発生途中で死滅する．なお，卵黄の豊富な鳥類では多精子受精は生理的な現象であり，これによって発生率が低下することはない．鳥類の場合には，1個の雄性前核が雌性前核と融合するとほかの精子核はすべて退行する．

ii）単為発生 parthenogenesis　単為発生とは，雌性生殖子（卵子）が雄性生殖子（精子）と受精することなく新個体が発生する生殖現象をいう．無脊椎動物で単為発生を行うものには，アブラムシ，ウニ，ミツバチなどが知られている．脊椎動物ではギンブナが自然に単為発生することが知られており，自然界のギンブナはほとんど単為発生によって繁殖している．また，カエルの未受精卵はガラス針で刺激すると単為発生を起こし，低率ながら新個体にまで発生することが知られている．鳥類においては，七面鳥，鶏，鳩などに単為発生による新個体の発生が報告されているが，孵化するものは少ない．

哺乳動物の未受精卵は，外界からの刺激（電気刺激，温度衝撃，浸透圧，ヒアルロニダーゼなどの酵素やエタノールなどの化学物質）によって容易に単為発生を起こし，胚発生を開始する．マウスを用いた実験では，単為発生で発生した胚盤胞を受胚雌の子宮に移植すると，35体節期まで発育することが知られているが，その後すべて死滅して新生子の誕生に至ることはない．

iii）雌性発生 gynogenesis, **雄性発生** androgenesis　これらは広義の単為発生ともいえる発生様式で、受精後に何らかの理由で一方の前核が排除されて、残る一方の前核のみから胚が発生することをいう。雌性前核のみから発生したものを雌性発生、雄性前核のみから発生したものを雄性発生という。

これらの発生様式が自然に生じる確率は極めて低いと考えられているが、胚の顕微操作技術を用いることによって、雌性発生胚や雄性発生胚を実験的に作出することができる。マウスにおいて、実験的に作出した雄性発生胚の胚盤胞への発生率は約20％であり、雌性発生胚の約80％と比較して著しく低い。また、これらの胚を受胚雌の子宮に移植すると、雄性発生胚は妊娠11日まで発生を継続するが、胎子への発育は極めて少ないのに対して、外胎盤錐と壁側卵黄嚢の発育は比較的良好である。受精によって発生した胚と雄性発生胚のキメラが得られているが、重度の骨格異常を伴う。一方の雌性発生胚の発育は単為発生の場合と類似していて、体節期まで発育するがその後に胚は死滅する。雄性発生は人における胞状奇胎の原因となる。

哺乳動物においては、単為発生・雌性発生・雄性発生で生じた胚はいずれも二倍体の核型を有し、ゲノムの塩基配列は受精によって発生した胚と基本的に同一であるにもかかわらず、産子にまで発生することはない。哺乳動物の胚が分娩に至るまで発生するためには、雄由来と雌由来の両方のゲノムが必須である。

iv）多卵核受精 polygyny　排卵されてから時間が経過した卵子などにみられる異常受精の一種で、精子侵入による刺激で卵子が活性化されるが、減数分裂の異常によって二次極体が放出されずに2個の雌性前核が形成される。この状態で雌雄の前核の融合が起きると、1個の雄性前核と2個の雌性前核に由来する三倍体を形成する。多卵核受精は、排卵後に時間が経過した老化卵子の受精時に起こりやすく、胚は発生途中で死滅する。

(4) 性の決定

哺乳動物の性は、卵子と精子が受精するときの性染色体（sex chromosome）の構成に基づいて決定される。哺乳動物の性染色体の構成は、雄ではXY、雌ではXXの組み合わせとなる。例えば牛では、二倍体の染色体数は60であり（2n = 60）、雄では常染色体58+性染色体XY、雌では常染色体58+性染色体XXとなる。哺乳動物においてはY染色体が性を決定する。すなわち、Y染色体をもっている胚は雄になり、もっていない胚は雌になる。Y染色体短腕上にはSRY遺伝子があり、この遺伝子が生殖腺原基を精巣に分化させる機能を有する。一方、Y染色体がない雌ではSRY遺伝子がないために、生殖腺原基は雄に分化することなく雌性性腺が形成される。

哺乳動物では、卵子の性染色体はすべてXであり、精子はY染色体をもつものとX染色体をもつものが1:1の割合で形成される。X染色体をもつ精子とY染色体をもつ精子によって、受精の成功する確率が等しいと仮定すれば、受精時の性比は1:1と考えられる。しかし、分娩時の新生子の性比（二次性比）は偏りがあることが知られている。二次性比（雄の％）は動物種によってほぼ一定しており、牛51.2、馬49.7、めん羊49.2、山羊50.1、豚51.9、犬52.2、猫55.0、鶏49.4である。

性の決定様式は動物種によって異なっており、ほとんどの哺乳動物は人や産業動物と同じくXY型であるが、一部の齧歯類ではXO型（雄XO，雌XX）であり、鳥類ではZW型（雄ZZ，雌ZW）で決定される。

生殖子の減数分裂の過程で、対をなす性染色体が分離しないで両方とも同一極に移動する場合があり、これを染色体不分離（non-disjunction）という。不分離の結果、性染色体数が1個多い生殖子や1個少ない生殖子が生じることから、それらが正常な生殖子と受精して性染色体トリソミー（XXX，XXY，YYY）や性染色体モノソミー（XOまたはYO）の個体を生じることとなる（表8.3）。

表8.3　受精の際に起こりうる正常・異常性染色体の組み合わせ

			卵　子	
			正　常	不分離
			X	XX　O
精子	正常	X	XX（= 正常雌）	XXX　XO
		Y	XY（= 正常雄）	XXY　YO
	不分離	XY	XXY	
		XX	XXX	
		YY	XYY	
		O	XO	

注：Oの精子または卵子は、XもYももっていない。
　　また、YOの個体は通常生存できない。

(5) 胚の発生　embryogenesis

a. 卵割　cleavage

　雌雄両前核の融合は受精の最終段階であって，父由来と母由来の染色体の合体直後にただちに第1卵割の前期に移行し，第1卵割の終了とともに受精卵は胚（embryo）となる．胚発生の初期においては，細胞分裂によって胚を構成する細胞数は増加するものの，胚全体の大きさは透明帯を超えて大きくなることはないため，個々の細胞の大きさは分裂の進行につれて小さくなっていく．このような胚の成長を伴わない分裂過程を，卵割または卵分割という．第1卵割の結果，細胞質は等分に分割して2細胞期胚となる．この分割によって生じた細胞は，割球と呼ばれる．2回目の卵割は，第1卵割面に直交する面で割球が分割され，4個の割球よりなる4細胞期胚を生じる．このとき，分割は必ずしも同時には起こらず，しばしば大きい方の割球が先に分割して3細胞の胚になり，ついで小さい方の割球が二分して4細胞期胚となる．その後さらに8細胞期胚になるが，この間にも卵割は同時に起こることは少なく，5〜7細胞期胚がみられる．

b. 胚の分化と全能性

　胚発生の初期には，個々の割球が個体にまで発生することが可能であり，この性質を胚の全能性という．馬，牛，めん羊，家兎においては，8細胞期胚までの割球は全能性を有するが，16細胞期以降の胚では個々の割球の全能性は失われてしまう．

c. 胚盤胞の形成

　16細胞期を超えて発生した胚は，桑の実状の外観を呈する桑実胚を形成する．桑実胚は充実した構造であるが，胚の表層部と内部では異なる割球の分化が始まっている．胚の表層部の割球はタイト結合によって相互に連絡し，内部の割球はギャップ結合によって相互連絡している．桑実胚期にみられる胚の表層部の割球と内部の割球の分化は，発生過程における最初の細胞分化である．表層部の割球にはNaポンプが存在して，胚内部側の細胞間隙に向けNa^+が輸送されて浸透圧を上昇させるため，胚の外から胚内部への水の流入を招き，胚内部の割球間に液体の貯留をもたらす．こうして胚は内部に液体を貯める腔を形成するようになるが，このような胚を胚盤胞と称し，液体を貯める内腔を胞胚腔という．

　胚盤胞は，胚の表層を取り巻いて相互にタイト結合で連絡されている1層の栄養外胚葉と，胚の内部にあってギャップ結合によって相互に連絡されている内細胞塊からなっている（図8.4）．胚盤胞の栄養外胚葉はやがて胎盤を含む胎膜を形成し，内細胞塊は主に胎子を形成する．

　胚盤胞はさらに分裂を繰り返して割球の数を増し，胞胚腔に貯留する液体はさらに増加する．このため胚は拡張して透明帯を内部から押し拡げる状態となり，拡張胚盤胞となる．この時期には透明帯は著しく薄くなり，胚は透明帯から脱出して脱出胚盤胞となる．透明帯からの脱出機構には，胚盤胞が膨張して透明帯が破れ，その破れ目から胚が脱出する様式と，栄養外胚葉あるいは子宮分泌液に起因する蛋白質分解酵素によって透明帯が溶解・消失してしまう様式がある．これらの現象は動物種により，また胚の環境条件により単独または複合して現れる．この時期の胚のタイムラプス画像の解析によって，胚が周期的に収縮と拡張を繰り返して拍動し，透明帯を外に向かって押し破る姿

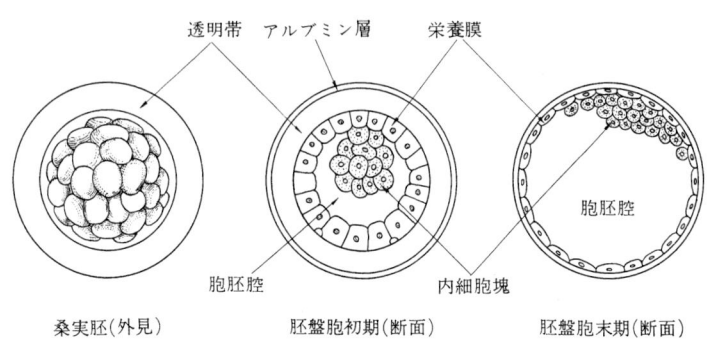

図8.4　兎胚の発育模式図

が観察される．家兎では，着床時に胚の外層に蛋白質分解酵素が出現し，その作用によって透明帯が消失する．

　胚盤胞の栄養膜は，やがて胎盤を含む胎膜を形成し，また栄養膜の内側に1層の細胞群が発生して内胚葉（endoderm）を形成する．さらに内細胞塊は層状に広がって外層が外胚葉（ectoderm）となり，内胚葉と外胚葉との間には中胚葉（mesoderm）が形成され，これら3つの胚葉から胎子の諸器官が発生する（図8.5）．

（6） 胚の生殖道内移動

a. 卵管内移動

　卵子は，卵管膨大部で受精した後に卵管を下降しながら発生を開始する．胚の卵割や卵管内移動に要する時間は動物種によって異なり，子宮に進入する時期もそのときの胚の発生段階もまちまちである（表8.4）．また，胚の卵管内の移動速度は一定ではなく，AIJと子宮卵管接合部（UTJ）で停滞することが知られている．

　一般にエストロジェンは卵管筋層の運動を促進し，ジェスタージェンは抑制的に作用する．めん羊では，エストロジェンによって起こるUTJ周囲の浮腫と

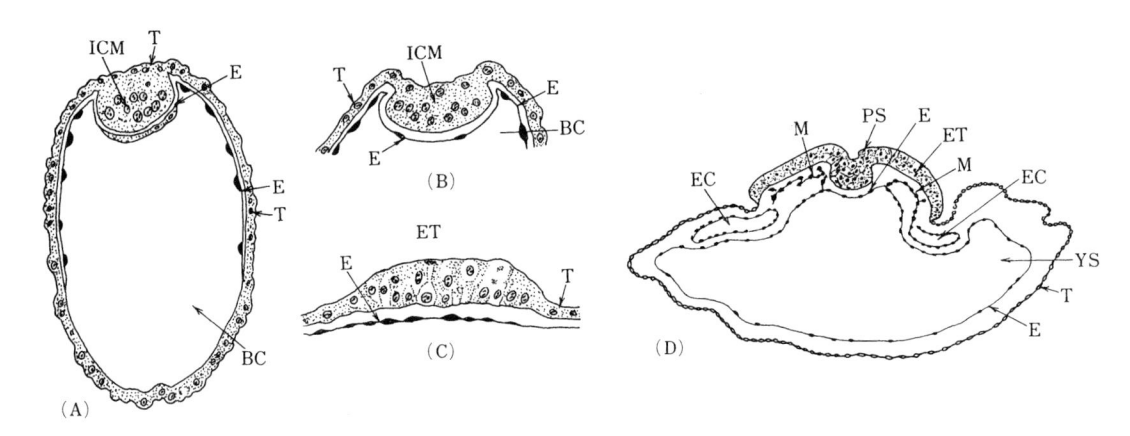

図8.5 めん羊の胚葉の分化（Hafez, 1980）
A：交配後10日の胚盤胞（断面）．B：Aよりわずかに発育したもので，内細胞塊の陥入を示す．C：交配後12日の胚盤胞の胚結節（断面），外胚葉の膨隆を示す．D：交配後14日の胚盤胞（断面），卵黄嚢の形成，中胚葉の出現を示す．
BC：胞胚腔，E：内胚葉，EC：胚外体腔，ET：外胚葉，ICM：内細胞塊，M：中胚葉，PS：原線，T：栄養膜，YS：卵黄嚢腔．

表8.4 各種哺乳動物卵子の分割と子宮内進入時期および着床時間

動物種	卵分割期（時間）					子宮内進入		着床時期（日）
	2細胞	4細胞	8細胞	16細胞	桑実胚	日	発生段階	
マウス*	24～38	38～50	50～60	60～70	68～80	3	桑実胚	4
ラット*	37～61	57～85	64～87	84～92	96～120	4	桑実胚	5
モルモット*	30～35	30～75	80	—	100～115	3.5	8細胞期	6
兎*	24～26	26～32	32～40	40～48	50～68	3	胚盤胞	7
猫*	40～50	76～90	—	90～96	<150	4～5	桑実胚	13～14
犬**	96	—	144	196	204～216	8.5～9	桑実胚	21
山羊*	24～48	48～60	72	72～96	96～120	4	10～16細胞期	13～18
めん羊*	36～38	42	48	67～72	96	3～4	16細胞期	16～17
豚*	21～51	51～66	66～72	90～110	110～114	2～2.5	4～6細胞期	15
馬**	24	30～36	50～60	72	98～106	6	胚盤胞	40～50
牛**	27～42	44～65	46～90	96～120	120～144	4～5	8～16細胞期	30～35

*：交尾後の時間，**：排卵後の時間．

内腔の狭窄がバルブ様に作用して，卵管液と胚の子宮内進入を阻止するといわれる（Edgar and Asdell, 1960）．

多くの動物種において，卵管膨大部で受精が起きた後，胚はAIJでいったん滞留してから卵管峡部に進入する．また，胚が子宮内に進入するためにはUTJを通過しなくてはならないが，UTJの機能はエストロジェンやプロジェステロンなどのステロイドホルモンの影響を強く受けている．このため，過剰排卵処置などによって生理的排卵数を超える数の黄体が形成されたり，過剰排卵処置卵胞が排卵しないで残存している場合には，高濃度のプロジェステロンやエストラジオール濃度の影響を受け，胚の生殖道内移行が正常に行われないことがある．卵管の運動は神経性の制御も受けており，AIJから卵管峡部に分布するアドレナリン作動性神経によって，胚の卵管内移動が調節されている．

家兎の胚はAIJ付近に約1日留まった後，子宮に向かって下降し，さらにUTJの少し手前で約1日間滞留して子宮に進入する．牛の胚は排卵後8〜10時間でAIJに到達し，峡部に排卵後約72時間まで留まるが，排卵後4日では胚の75％，5日ではすべての胚が子宮内に進入する．馬の胚は排卵後4日頃までAIJ付近に留まり，6日に子宮内に進入する．このように，哺乳動物の胚は排卵後3〜5日で卵管を下降して子宮内に進入することが多いが，犬胚の子宮進入は排卵後8.5〜9日，コウモリは12〜16日と長時間を要する．

b．子宮内移動

子宮内に進入した胚は，子宮筋の運動によって子宮腔内を移動する．一般に反芻動物（牛，山羊，めん羊）では，胚の着床する位置は排卵された側の子宮角中央からやや下方の部位であるが，馬胚は子宮角の基部に着床する．また多胎動物では，胚は子宮角内にほぼ等間隔に分布して着床する．これを胚のスペーシング（spacing）といい，個々の胚が着床後に正常に発育するための必要条件とされている．

胚は通常排卵された側の卵管から子宮に進入して着床するが，子宮体を経て反対側の子宮角に移動してから着床することがあり，これを胚の子宮内移行（intrauterine migration）という．多胎動物では，胚が子宮内移行によって排卵数の多い側から少ない側の子宮角に移動分散して，スペーシングが行われる．また，稀に排卵された卵子が腹腔内を横切って他側の卵管に収容されることがあり，これを腹腔内移行（transperitoneal migration）という．

胚の子宮内移行は犬，猫，豚で多く認められ，その発生率はともに40％以上に達する．牛では，排卵が1個の場合0.27％である．めん羊では，排卵が1個の場合には4〜8％であるが，片側卵巣から2個以上排卵された場合には88％といわれる．豚胚の子宮内移行は交配後8〜9日より始まり，15日までには終了する．馬では，排卵後6〜9日に排卵側子宮角からの胚回収率は44％程度であるが，両側子宮角を一括して還流すると87％に増加する．この原因として，馬胚は子宮内を盛んに移動していることが挙げられる．

c．着床前の胚の栄養源と代謝

着床前の胚は雌性生殖道内で発生していくが，生存に必要な栄養源のほとんどを子宮や卵管の分泌液から得ている．妊娠初期の子宮分泌液は特殊な性質を有し，子宮乳とも呼ばれる．これは主に子宮腺から分泌されるもので，着床前の胚の栄養供給源として重要な役割を果たしている．子宮乳の蛋白質含量は，馬で18％，反芻類で11％と著しく高く，脂肪含量は馬で0.006％，反芻類で1％である．反芻類の子宮分泌液は，脂肪含量が多く白濁しているので「乳」の名称がある．子宮乳の産生は，プロジェステロンによって促進的に調節されている．

胚はその発生段階によって利用できるエネルギー源が異なり，4細胞期までの胚は解糖系の機能が不十分なためにグルコースを利用することができず，TCA回路に投入されるエネルギー源として乳酸やピルビン酸を利用する．8細胞期以降になると解糖系の機能が高まり，グルコースをエネルギー源として利用することが可能になる．

〔髙橋　透〕

8.2　着　床
implantation

透明帯から脱出した胚が子宮壁の一定の部位に定着し，胚と母体の連絡を構築して発育の準備を始めることを着床という．着床は，排卵されて以来母体の生殖道に浮遊していた胚が，母体と合体する現象と解釈さ

れる.

着床の時期は動物種によって異なっている．霊長類や齧歯類の胚は子宮に進入すると速やかに着床を開始するが，偶蹄類の胚は透明帯脱出後に伸長してから着床し，また馬胚は球状に発育した後に着床する．

（1） 胚の定位

子宮に対する胚の定着の位置関係を定位（orientation）という．定位は子宮間膜に対する胚盤（germ disk）の位置によって，図8.6に示すように対間膜側（anti-mesometrial），間膜側（mesometrial）および側位（lateral）に分類される．

（2） 着床の様式

胚が子宮に着床する様式には，大きく分けて3種類がある．

a. 中心着床　central implantation

一般に，各種動物（馬，牛，めん羊，犬，猫，家兎）の着床はこの様式をとる．胚が存在しない状態の子宮腔内は本来狭いものであるが，胚が子宮腔内で発育して大きく拡張し，栄養膜が子宮内膜にほとんど全面的に接するようになる．このような着床様式を中心着床という．なお，栄養膜が子宮内膜の内部に進入しないものを表在性着床（superficial implantation）という．

b. 偏心着床　eccentric implantation

ラットやマウスなどの齧歯類の着床はこの様式をとる．胚が子宮内膜のヒダの窪みに入って発育し，後にヒダの先端が融合して塞がり，胚はヒダに埋まった状態で着床する．さらに，栄養膜は子宮内膜を破壊して，胚は子宮内膜固有層に埋まる．このような着床様式を偏心着床と称する．

c. 壁内着床　interstitial implantation

人や猿などの霊長類とモグラやモルモットなどの着床はこの様式をとる．胚の栄養膜の一部が増殖し，ここから分泌される蛋白質分解酵素によって子宮内膜上皮と固有層を破壊して，子宮壁内に胚が自ら進入して着床する．このような着床様式を壁内着床と称する．

着床終了時点においては，胚が子宮内膜固有層内に埋まるという意味で，偏心着床と壁内着床は同じ帰結をたどる．

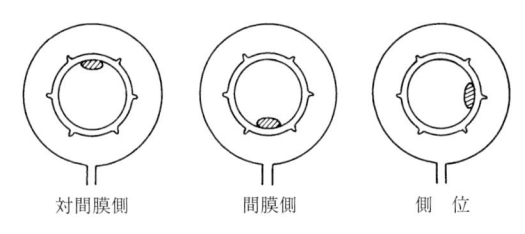

図 8.6　胚盤胞の定位の種類　対間膜側／間膜側／側位

（3） 子宮の変化

単孔目（カモノハシ）や有袋目（カンガルーやフクロネズミなど）以外の哺乳動物は，着床後に胎盤が形成される．胎盤は，胎子と母体を機能的に連結するインターフェースであり，胎子への栄養素の供給やガス交換，代謝産物の排泄などの窓口として機能する．胎盤は胎子部と子宮部の2つからなり，前者は胚の栄養膜，後者は子宮内膜固有層に形成される脱落膜からなる．脱落膜は子宮内膜固有層の細胞が肥大増殖して上皮様の形態となり，細胞内にグリコーゲンや脂質を蓄えるようになったもので，「脱落膜」という名称はこの組織が分娩に際して脱落してしまうことからきている．胎盤子宮部に脱落膜が形成される動物種を脱落膜類（deciduata）といい，霊長類（人，猿），食肉類（犬，猫），齧歯類（マウス，ラット）がこれに属する．しかし，一般の動物（馬，牛，豚などの有蹄類）は脱落膜を形成しないので，非脱落膜類（adeciduata）と呼ばれる．

なお，ラットやマウスなどにおいて，機能的黄体の存在する時期の子宮内膜は，機械的刺激（内膜の掻爬）や化学的刺激（ゴマ油の子宮内注入）によっても脱落膜と同様の組織を生じる．このような胚の存在なしに起きる脱落膜組織塊を，脱落膜腫（deciduoma）という．

（4） 着床過程

a. 牛の着床

牛胚は受精後8〜10日で透明帯から脱出し，球形であった胚は急速に伸長する．胚の全長は14〜18日にかけて10 mmから160 mmに達し，15日以降では栄養膜から乳頭状の小突起が子宮腺腔に進入して，胚が子宮腔内で固定された状態となる．ついで20〜24日になると，栄養膜細胞と子宮内膜上皮細胞が接するようになり，それぞれの細胞の微絨毛が互いに嵌合して母子の細胞の接着が完成する．

b. めん羊・山羊の着床

めん羊・山羊の胚は受精後 8～10 日で透明帯から脱出し，球形であった胚は急速に伸長して，14 日頃には胚の全長は 100 mm に達する．着床と胎盤形成の過程は牛と類似しているが，18～20 日頃に栄養膜細胞と子宮上皮細胞の接着が認められ，着床は牛よりもやや早く推移する．

c. 豚の着床

受精後 7 日頃に豚胚は透明帯から脱出し，その後急速に伸長を開始する．豚は栄養膜の伸長が特に早く，胚の全長は同腹の場合でも相当の個体差がある．妊娠 15 日頃になると胚の全長は 1 m 以上に達し，栄養膜表面と子宮内膜の皺襞が互いに接着して胚が子宮に着床する．着床開始後に胚は急速に退縮して短くなり，胎子部が太くなった紡錘形となる．

d. 馬の着床

馬胚は，受精後 20 日齢で直径 50 mm の球状を呈する．胚の周囲には厚さ 3～4 mm のアルブミン層があるため，偶蹄類の胚のように著しく伸長することはない．受精後 5 週には，胚を帯状に取り囲む絨毛膜性の細胞（girdle cell）が子宮内膜に進入して特徴的な子宮内膜杯を形成し，ここから eCG が分泌される．受精後 6 週になると，絨毛膜と子宮内膜の嵌合が生じて馬胚は着床する．しかし，絨毛膜と子宮内膜の接着が完成するのは妊娠 5 カ月齢の頃であり，馬胚の着床は他の動物種に比較して遅い．

〔髙橋 透〕

8.3 胎子および受胎産物

哺乳動物の胚は，透明帯脱出後に子宮内を長時間浮遊しつつ周到に胎膜を形成し，羊膜，絨毛膜，尿膜絨毛膜が複雑な屈曲プロセスを経て形成されて着床に至るもの（ほとんどの動物種）と，胚盤胞が子宮に到達するとすぐに着床して，それから胎膜の形成が起こるもの（齧歯類や霊長類など）がある．

偶蹄類の胚が著しく伸長する現象は，将来胎子になる細胞の増殖ではなく，胎膜の伸長による．

(1) 胎 膜 fetal membrane

胎膜は，4 種類の異なった膜構造からなっている（図 8.7）．

a. 卵黄嚢 yolk sac

内細胞塊と胚盤胞腔の境界に 1 層の細胞層（原始内胚葉）が生じ，栄養外胚葉の内側を内張りするように増殖して嚢状の閉じた空間を形成する．これが原腸（primitive gut）で，卵黄嚢とも呼ぶ．哺乳動物の卵黄嚢は卵黄を蓄積しないが，鳥類との発生学的相同性からこのような名称がある．哺乳動物の卵黄嚢は胎膜としては一過性の構造物であり，胎子の発育とともに退行してしまうが，生殖子の起源である原始生殖細胞は卵黄嚢に形成され，ここから生殖隆起に遊走して性腺を形成し，精子や卵子に分化する．また，卵黄嚢は血管や血球の起源となる血島が生じる場所として重要な意義がある．

b. 羊 膜 amnion

内細胞塊と原腸との間隙に中胚葉が形成され，これが卵黄嚢を包むように広がるとともに，栄養外胚葉を胚盤の背側方向に押し上げて羊膜襞を形成し，ついには向かい合った羊膜襞が融合して，閉じた腔（羊膜腔；amniotic cavity）を形成する．

c. 尿 膜 allantois

羊膜形成と同時期に，原腸後部に小突起が形成されて尿膜と呼ばれる嚢状の構造物となる．尿膜は液体を満たした袋状で，胎子の体外にある膀胱ともみなされる一大水嚢であり，尿膜管で膀胱と連絡する．尿膜には，胎子からの代謝産物である尿膜水がたまる．胎子

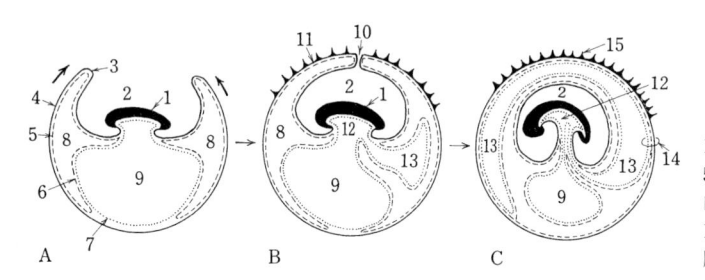

図 8.7 羊膜・絨毛膜・尿膜の発生を示す模式図
1：胚，2：羊膜腔，3：羊膜襞，4：栄養膜外胚葉，5：胚外中胚葉壁側板，6：胚外中胚葉臓側板，7：内胚葉，8：胚外体腔，9：卵黄嚢，10：羊膜縫線，11：羊膜絨毛膜，12：腸管，13：尿膜腔，14：尿膜絨毛膜，15：絨毛膜絨毛．

の発育とともに，尿膜は絨毛膜に接して尿膜絨毛膜（allantochorion）を形成し，羊膜腔を包み込むように拡大する．尿膜水に浮遊し，尿膜に糸状の結合組織によって連結しているオリーブ色ないし暗褐色の塊がしばしば認められるが，これは胎餅（牛では vomanes,馬では hippomanes）と呼ばれ，尿膜や絨毛膜に生じた皺襞が血管を失って変性脱落したものである．

d. 絨毛膜　chorion

絨毛膜は胚盤胞の栄養外胚葉に由来し，胎膜の最外層を構成しつつ胎盤を介して胎子と母体を連絡する．その外面は子宮内膜と接するが，やがて表面に絨毛（villus）を生じて子宮内膜と緊密に結合する．

ⅰ) 牛の絨毛膜　牛の絨毛膜は，胎子を中心にして細長く発育して，妊娠16日には約20 cmに伸長するが，この時期の胚の全長は個体差が大きい．20日頃には胚の全長は黄体側子宮角の全長に及び，その後さらに発育して子宮体を通って反対側子宮角に達し，35日齢では反対側子宮角の全長に達する．この時期になると，黄体側子宮角の絨毛膜は尿膜腔への尿膜水貯留によって拡張されるが，子宮体部においては細くくびれ，反対子宮角でははなはだ細長である．子宮角の先端ではこより状となり，しばしば血行が途絶して壊死状態となる．

35日前後には，子宮小丘に対応する部位の絨毛膜に絨毛が密集して絨毛叢（胎盤小葉；cotyledon）が形成され，子宮小丘と絨毛叢から構成された隆起部を胎盤節（placentome）という．胎盤節の形成は，胎子の近傍の栄養膜から始まって順次胎子から離れた部位に広がり，ついには非妊角の先端にまで到達して，その総数は80〜120個にも及ぶ（図8.8，8.9）．

ⅱ) 馬の絨毛膜　妊娠20日には直径50 mmの球状であるが，3カ月になると直径50 cmの短紡錘形を呈し，妊角および子宮体に充満し一部は反対側子宮角にも及ぶ．

絨毛膜は，20日頃には半透明で菲薄であるが，しだいに表面は黄褐色から暗赤色に転じ，表面の至る所に短小で柔軟な絨毛簇（胎盤微小葉；microcotyledon）を生じ，これが子宮内膜と結合する．絨毛簇が

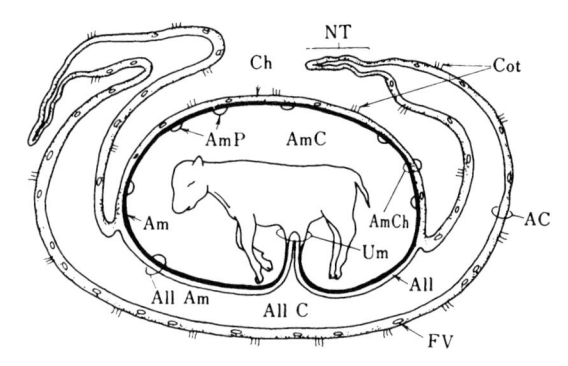

図 8.8　牛の胎子と胎膜の模式図
AC：尿膜絨毛膜，All：尿膜，AllAm：尿膜羊膜，AllC：尿膜腔，Am：羊膜，AmC：羊膜腔，AmCh：羊膜絨毛膜，AmP：羊膜斑，Ch：絨毛膜，Cot：絨毛叢，FV：胎子側血管，NT：末端壊死部，Um：臍帯．

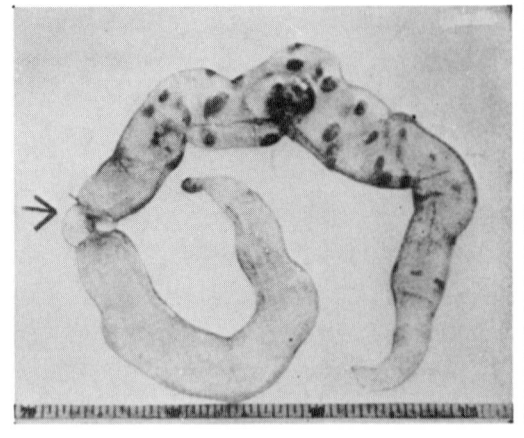

妊娠53日：妊角側の絨毛膜には絨毛叢が明瞭にみられるが，不妊角側ではまだみられない．矢印は子宮体部．

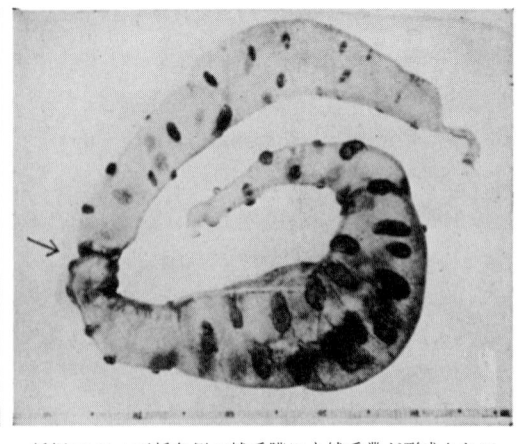

妊娠73日：不妊角側の絨毛膜にも絨毛叢が形成されている．矢印は子宮体部．

図 8.9　牛の胎膜（斎藤提供）

子宮内膜に侵入し始めるのは妊娠50日頃で，この頃はまだ胎水の圧力が低く絨毛膜と子宮内膜との結合は緊密ではないが，2カ月を過ぎる頃から完全に結合する（図8.10）．

　　iii）　豚の絨毛膜　　豚は多胎で，胎子は子宮内に等間隔に分布する胎膜嚢の中央部に存在する．左右子宮角の胎子数はほぼ同数である．胎子の発育につれて，絨毛膜は隣接胎子の絨毛膜によって進展を妨げられて互いに接し，ついには癒合して，あたかも1個の長い絨毛膜中に多数の胎子が存在するようにみえる．絨毛膜の表面には多数の薄い溝状の皺襞があり，短小の絨毛が散在して子宮内膜と結合している．

　　iv）　犬・猫（食肉類）の絨毛膜　　絨毛膜は卵円形を呈して胎子を包み，その中央部を帯状に一周して絨毛が発生する．

(2) 胎水　fetal fluid

羊膜嚢と尿膜嚢を満たす液をそれぞれ羊水（amniotic fluid）および尿膜水（allantoic fluid）といい，両者を一括して胎水という．羊水と尿膜水はともに弱アルカリ性で，蛋白質，脂質，電解質のほかに尿素やクレアチニンを含む．胎子の口腔と尿道は羊膜腔内に開き，膀胱は尿膜管で尿膜腔と連絡している．

胎子の尿は，一般に妊娠初期には大部分が尿膜腔に排泄されるが，妊娠が進むにつれて羊膜腔への排泄が増加する．しかし牛やめん羊では，尿膜水は妊娠末期まで増加を続け，羊水は妊娠後期には漸次減少する．

着床初期に増加した尿膜水は，その圧力によって尿膜絨毛膜を子宮内膜に密着させて，両者の結合を助ける．また，羊水は胎子を水中環境の生活に保つことによって，体の各部が対称的に発達することを助け，また胎子と羊膜の癒着を防ぎ，尿膜水とともに外界からの物理的ストレスから胎子を保護する役割がある．

分娩時には，胎水によって膨らんだ胎膜が子宮頸管の拡張を助けるとともに，尿膜絨毛膜と羊膜が相次いで破裂（破水）し，胎水が流出し産道を粘滑にして胎子の娩出を容易にする．

(3) 胎　盤　placenta（複 placentae）

発生初期の胚は，組織栄養素である子宮内膜分泌液を栄養源として利用し，生存に必要な酸素も子宮組織から受動的にもたらされる酸素分圧に依存している．しかし，胚発生が進行して胎子が形成される頃になると，これでは全く足りないことは明白で，栄養素供給やガス交換を効率よく行うシステムが必要になる．多くの哺乳動物は，絨毛膜と子宮内膜組織の連絡によって胎盤を形成して母子間の物質交換を行っているが，胎盤は物質交換だけではなく，妊娠維持，分娩や泌乳の準備のための各種ホルモンを分泌する内分泌器官でもある．

胎盤の形態は動物種によって大きく異なる．絨毛膜と子宮内膜の接触の程度で分類すると，無脱落膜胎盤（adeciduate placenta）と脱落膜胎盤（deciduate placenta）に大別される．この分類は，半胎盤（semiplacenta）と真胎盤（true placenta）という分類と同義である．

無脱落膜胎盤は，胎子の絨毛膜だけで形成されている胎盤である．絨毛膜は絨毛を発生するが，表面の栄養膜細胞は単層で子宮内膜と嵌合しており，子宮内膜組織中に侵入することはない．分娩時には絨毛が子宮内膜の嵌合部から外れるだけで，子宮組織の損傷は少なく，出血も少ない．着床様式は中心着床である．産業動物では，有蹄類が半胎盤を形成する．

脱落膜胎盤は，絨毛膜表面の栄養膜細胞が合胞体性栄養膜細胞を形成し，これが子宮組織内に侵入して胎盤を形成する．分娩の際の子宮損傷は無脱落膜胎盤よりも大きく，出血も多い．脱落膜胎盤，犬，猫などの

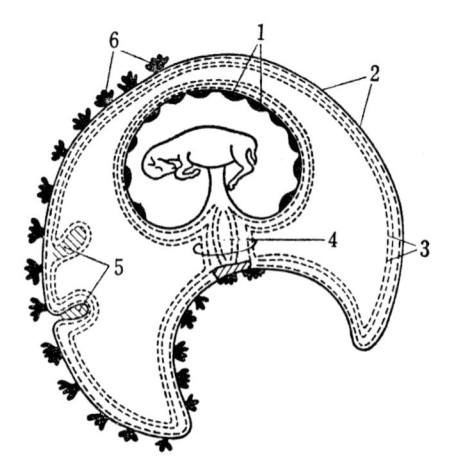

図8.10　妊娠5カ月における馬の胎子および胎膜の模式図（Bonnet 原図）
1：羊膜，2：絨毛膜，3：尿膜，4：臍帯，5：胎餅，6：絨毛叢．

8. 受精，着床，妊娠および分娩

胎盤の肉眼的形態による分類 (絨毛の分布の様式)		動物名	胎盤の組織学的分類 (母体側組織と胎子側組織の接触の様式)	母体側 ｜ 胎子側	説　明
無脱落膜胎盤 (半胎盤)	散在性胎盤 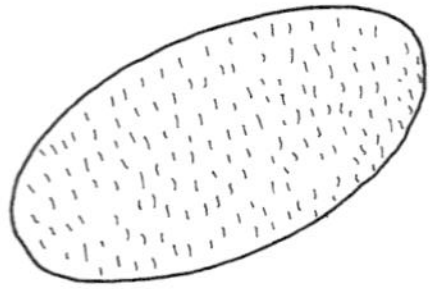	馬，豚，駱	上皮絨毛性胎盤	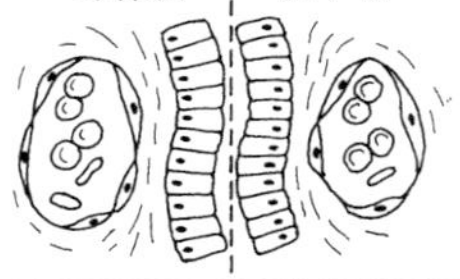	子宮内膜の上皮と絨毛の上皮が接している。分娩時に母体組織の欠損はほとんどない。
	多宮阜性胎盤 (宮阜性胎盤)	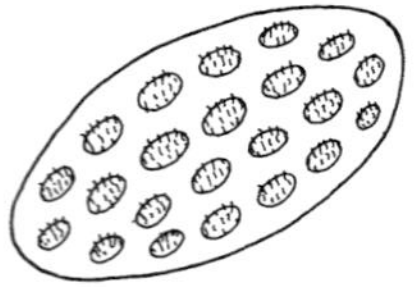 牛，めん羊，山羊，鹿 (反芻類)	結合組織絨毛性胎盤	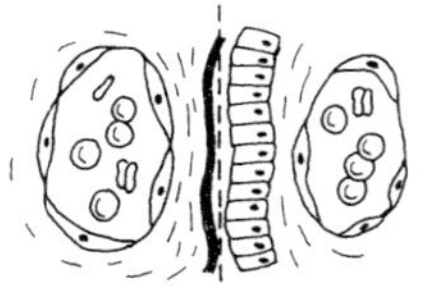	子宮内膜上皮が子宮小丘の部分で欠損し，子宮の結合組織に絨毛が直接接する。分娩時の母体組織の欠損は軽微。
脱落膜胎盤 (真胎盤)	帯状胎盤	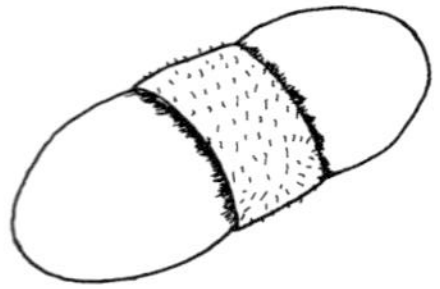 犬，猫 (食肉類)	内皮絨毛性胎盤	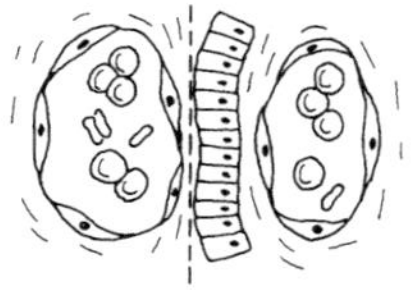	胎盤子宮部の結合組織が消失し，絨毛が上皮が母体の血管内皮に接する。分娩時に母体組織の欠損あり。
	盤状胎盤	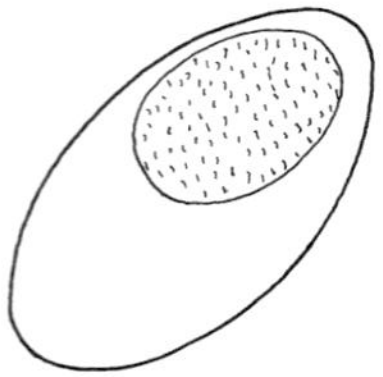 人，猿	血絨毛性胎盤		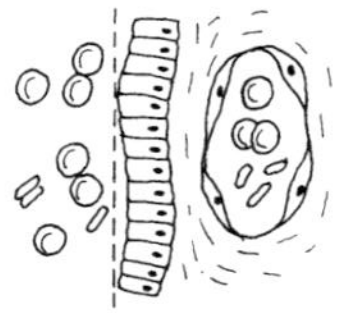 脱落膜の血液腔内に含まれる母体血液中に絨毛が浸っている。分娩時の母体組織の欠損は著しい。
		ラット，マウス，兎	血絨毛迷路性胎盤	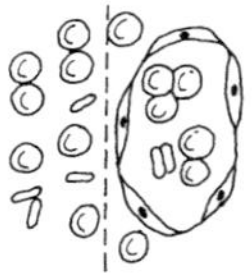	絨毛の栄養膜が破れて血管が露出し，これらが母体血液中に浸っている。分娩時の母体組織の欠損は著しい。

図 8.11　哺乳動物の胎盤の分類

168

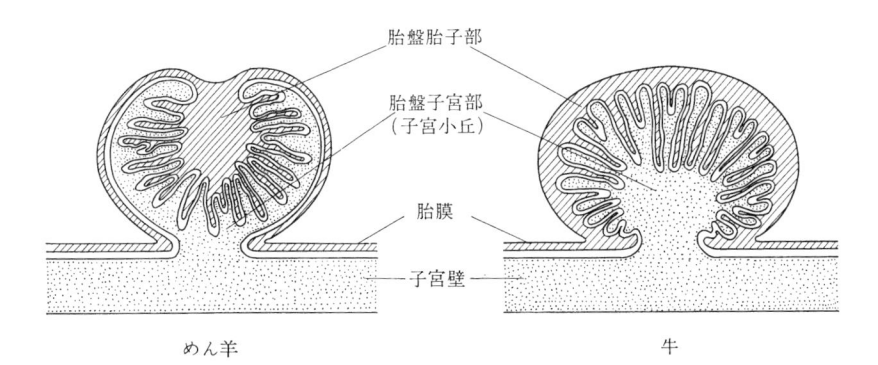

図8.12　めん羊と牛の胎盤模式図（Roberts, 1971を改変）

食肉類，齧歯類や霊長類にみられる．
　また，絨毛膜絨毛の分布様式による分類では，4つの型に分類される（図8.11）．
a. 散在性胎盤 diffuse placenta
　馬や豚にみられるもので，絨毛が絨毛膜の全面に散在して発生し，子宮内膜の小窩（crypt）に嵌合している胎盤である．馬では絨毛膜表面全体に絨毛が生じているが，豚では胎膜の両端が突出し，ここには絨毛が形成されない．
b. 多胎盤（宮阜性胎盤） multiple placenta / cotyledonary placenta
　反芻類にみられるもので，絨毛膜表面の絨毛は子宮小丘に相対するものだけが発育して絨毛叢を形成する．絨毛叢が限局して多数形成されるので，多胎盤の名称がある．牛の胎盤は凸状に隆起し，山羊やめん羊では凹状を呈している．胎盤の配列は，山羊やめん羊では4列，牛では子宮体で4列，子宮角の基部から先端にかけて3〜2列となる．胎盤の総数は，めん羊で80〜96個，山羊で160〜180個，牛で80〜120個である．胎盤は，胎子の近傍から形成が始まってしだいに離れた部位に広がり，ついには胎膜の先端まで及ぶ．個々の胎盤の大きさは，胎子近傍のものが大型で，胎膜の先端に行くにつれて小型になる．また，すべての子宮小丘が胎盤を形成するとは限らないので，胎盤の数は子宮小丘の数よりも少ないことが多い（図8.12）．
c. 帯状胎盤 zonary placenta
　食肉類にみられるもので，絨毛膜の中央部を帯状に一周して絨毛が発生し胎盤を形成する．絨毛は子宮内膜に深く侵入し，その部分では母体側血管以外の内膜

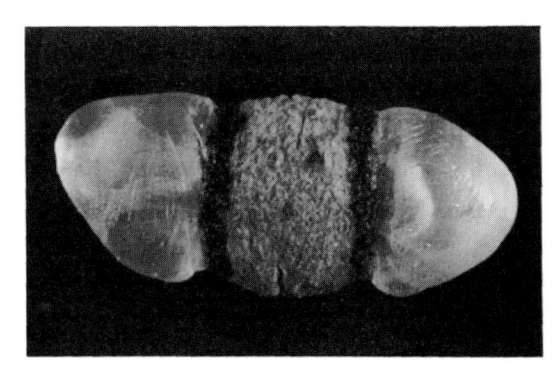

図8.13　犬の帯状胎盤（妊娠43日）（筒井提供）

組織が消失する．また帯状胎盤の周辺部では，絨毛は母体の血管を破壊して溢血腔をつくり，この部分は犬では緑色（ウテロベルジン）を呈し，猫では緑色から後に褐色に変わる．この胎盤は真胎盤である（図8.13）．
d. 盤状胎盤 discoidal placenta
　霊長類や齧歯類にみられるもので，絨毛膜表面の円盤状の部分に絨毛が発生して胎盤を形成する．絨毛の細胞性栄養膜細胞から生じる合胞体性栄養膜細胞が，子宮内膜を破壊しつつ子宮壁内に侵入する．この胎盤は真胎盤である．
　さらに，絨毛膜と子宮内膜の接触の様式による分類では，下記の5つの型に分類される（図8.11）．
① 上皮絨毛性胎盤
② 結合組織絨毛性胎盤
③ 内皮絨毛性胎盤
④ 血絨毛絨毛性胎盤
⑤ 血絨毛迷路性胎盤

（4）臍帯　umbilical cord

臍帯は，胎子の臍部から起こって，上部は羊膜由来の臍帯鞘に包まれ，下部は胎盤に連絡する．臍帯の中には，胎子と胎盤の間で血液を交流させている臍動脈と臍静脈があり，また胎子の尿を尿膜嚢に送る尿膜管がある．

a．臍動脈　umbilical artery

臍帯中には2本の臍動脈がある．臍動脈は胎子腹大動脈の分枝で，胎子体内を循環した静脈性の血液を胎盤に導く．管壁は平滑筋や弾性線維に富んで厚く，内腔は細く，生体では拍動する．

b．臍静脈　umbilical vein

馬および豚では1本であるが，反芻類および食肉類では胎盤から臍輪までは2本で，腹腔で合体して1本になる．胎盤でガス交換を終えた動脈性血液を胎子に運ぶ．管壁は薄く，内腔は広く，拍動しない．

c．尿膜管　urachus

いずれの動物種においても1本である．

d．卵黄嚢

内胚葉性の嚢状構造物で，胚に接する部分では原腸となる．卵黄嚢は膨隆して絨毛膜に密着し，卵黄嚢胎盤（yolk sac placenta）を形成して胎子に栄養を供給する．しかし，卵黄嚢胎盤は尿膜の形成とともに速やかに萎縮し，胎盤としての働きは尿膜絨毛膜胎盤が担うようになる．分娩時には馬でその痕跡を留めるが，反芻類や豚では全く消失する．食肉類ではその形態を留める．

e．ワルトン臍帯膠質　Wharton's jelly

膠質状の結合組織よりなり，前記の各管を膠着して，外部から加わる圧迫・牽引などから各管を保護する．馬ではよく発達する．

f．臍帯鞘　sheath of umbilical cord

羊膜の起始部が管状になって内部に臍帯を包蔵する部分を胎子部と称し，反対側は尿膜に包まれて末梢部と称する．

ⅰ）牛　胎子部だけからなり，起始部の羊膜は延長して鞘状を呈する．臍帯の長さは比較的短く，30〜35 cmで神経索がある．

ⅱ）馬　臍帯の約2/3は羊膜に包まれ，1/3は尿膜に包まれた末梢部で尿膜管が漏斗状に開口する．長さは約1 mである．筋肉がよく発達して，馬，豚ではらせん状であるが，他の種では直管状である．

ⅲ）めん羊・山羊　20〜25 cmの長さがある．

ⅳ）食肉類　臍帯鞘はすこぶる強靱で，分娩の際には母親が噛み切る．

（5）胎子の栄養と代謝

a．胎子の栄養源

胎子の栄養源は，組織栄養素（histotrophe）と血液栄養素（hemotrophe）からなっている．組織栄養素は，子宮内膜組織の崩壊物や血球などと子宮腺分泌液中の蛋白質や脂質などである．このうち血球や組織の崩壊物は，栄養膜細胞の食作用によって取り込まれる．血液栄養素は，母体の血液から胎盤を介して供給される．

卵割期の胚は，一定の酸素分圧や浸透圧などの物理的環境条件を必要とするが，エネルギーやアミノ酸などの栄養要求量は極めてわずかなために，必要な栄養は組織栄養素ですべてまかなわれる．この時期の子宮腺分泌液は，組織栄養素が豊富に含まれていて前述のように子宮乳と呼ばれる（p.163参照）．胎子の発育が進むにつれて，組織栄養素のみでは栄養供給やガス交換が充足できなくなり，胎子は胎盤を介して血液栄養素を有効に活用するようになる．胎盤形成以降の胎子は，組織栄養素と血液栄養素の両者によって栄養供給が行われる．真胎盤を形成する動物種では，胎子に対する栄養供給の大部分を血液栄養素に依存しているが，半胎盤を形成する動物種では，組織栄養素が栄養供給のかなりの部分を占めている．しかし，上皮絨毛性胎盤や結合組織絨毛性胎盤から供給される組織栄養素は，子宮・胎盤に対する血液栄養素の供給によって産生されている．

b．胎盤における物質交換

ⅰ）ガス交換　出生後は肺でガス交換を行うが，胎子は胎盤でガス交換を行う．胎盤におけるガス交換は，肺の場合とは異なって液相と液相のガス交換となるが，肺におけるガス交換と多くの類似点がある．母体赤血球から胎子赤血球への酸素の移行は，母体赤血球のヘモグロビンからの酸素解離，酸素が胎盤を通過する拡散，および胎子ヘモグロビンとの結合がある．胎子ヘモグロビン（Hb F）は成体ヘモグロビン（Hb A）よりも酸素親和性が高く，胎盤を介して母体から酸素を効率良く受け取ることができる．

CO_2 は胎子血液から母体血液に拡散する．胎子血液は母体血液に比べて CO_2 に対する親和性が低く，CO_2 は胎子から母体に効率良く拡散する．

ⅱ）**無機物**　Na や Cl は母体と胎子の血液間を自由に移動し，両者の間で平衡している．Ca や P は，胎子血中の方が母体よりも高い．母体の Ca 摂取不足は，母体の骨や歯の脱灰を起こす．Fe は，濃度勾配に逆行して胎子側に運ばれ，胎子の肝臓，脾臓，骨髄に蓄積されて，出生後の哺乳期に利用される．I は，牛，ラットでは母体から胎子側に優先して移行する．

ⅲ）**有機物**
〔糖質〕　母体の血糖はグルコースであるが，胎子血糖は霊長類以外ではグルコースとフルクトースからなる．グルコースは母体から供給されるが，フルクトースは胎盤においてグルコースから合成され胎子に供給されており，有蹄類においては，胎子血糖の 70～80% はフルクトースよりなる．胎子血糖値は母体血糖値の影響を受ける．胎子の肝臓や筋肉に蓄積されるグリコーゲン量は妊娠末期に著増するが，その大半は分娩時の窒息期間中に消費される．

〔脂質〕　コレステロール，リン脂質，中性脂肪は胎盤を通過しがたく，血中遊離脂肪酸濃度は胎子の方が母体より低いことから，脂肪酸は胎子の主要なエネルギー源とはみなされていない．子宮乳中の脂肪顆粒は，栄養膜細胞の食作用によって直接取り込まれる．

〔蛋白質〕　子宮乳中の蛋白質は，栄養膜細胞によって直接取り込まれるが，胎盤においてはアミノ酸として母体から胎子側に移行する．母体の栄養摂取量が不足すると，その程度に応じて母体組織は脂肪，筋肉，骨の順に発育を停止するが，このような状態にあっても胎子は発育を続ける．母体が妊娠中に低栄養状態にあっても比較的健康な子が生まれるのは，このような代謝機構によるものと考えられ，胎盤で産生されるホルモンの関与が示唆されている．

(6) 胎子の機能
a. 循環系
胎子の血液循環系を図 8.14 に示す．胎盤から胎子に還流する動脈性血液は，臍静脈を経由して胎子体内に入り，馬や豚においては門脈と合わさった後に肝門から肝臓に入って，肝静脈を経て後大静脈に合流する．

一方，霊長類，反芻類，食肉類においては，臍静脈は胎子体内で 2 枝に分かれる．1 枝は門脈と合わさった後に肝臓に入り，肝静脈を経て後大静脈に合流することは馬や豚と同様であるが，もう 1 枝は静脈管（アランチウス管）として，直接後大静脈に入る．

動脈性血液を含む後大静脈血は右心房に入るが，その大部分は心室中隔の卵円孔（oval foramen）を経て左心房に入り，ついで左心室から大動脈に駆出される．また，前大静脈の血液は右心房に入ると大部分が右心室に入り，ここから大部分が肺動脈に駆出されるが，肺動脈血の大部分は動脈管（ボタロー管）を経て，ただちに腹大動脈に流入する．

出生後の最初の呼吸で肺が拡張されると，肺動脈の循環抵抗は著明に減少して大量の血液が肺循環に流入し，左心房に戻った血液によって左心房圧が上昇した結果，心房中隔の卵円孔を形成する弁を圧して卵円孔を塞ぐ．この左心房圧の上昇には，分娩中に胎盤循環が閉鎖されることによって，胎子系の血液が胎子体内に「引き戻される」現象も関与している．

動脈管には酸素分圧に応答する括約筋があり，呼吸によって動脈中の酸素分圧が上昇すると動脈管は閉鎖する．また，動脈管の閉鎖にはブラジキニンなどのキニンが関与しており，プロスタサイクリンは逆に出生時まで動脈管を開存させておく働きがある．静脈管も出生後に閉鎖する．胎子の特徴的な循環系は出生後，

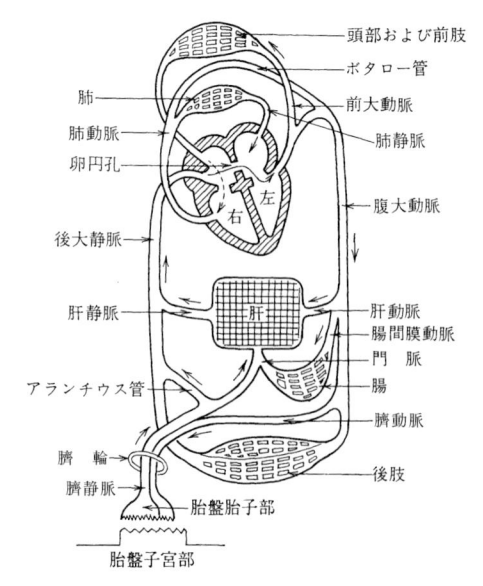

図 8.14　胎子の血液循環模式図

臍動脈は膀胱円索（臍動脈索），臍静脈は肝円索，静脈管は静脈管索，動脈管は動脈管索となり索状の結合組織に変化し，卵円孔は卵円窩（fossa ovalis）となる．

b. 消化器系

妊娠後期の人胎児は，1日に500mlの羊水を飲み込むといわれる．水分，糖質，蛋白質，尿素，電解質などは小腸で吸収されるが，剥離した消化管上皮や胆汁色素などは吸収されずに，大腸内に蓄積されて胎便（meconium）となる．羊水中の蛋白質は羊水の浸透圧を上げるが，胎子が羊水を飲み込んで蛋白質を吸収することは，羊水の浸透圧を低下させる作用がある．

c. 内分泌系

胎子の下垂体前葉は，わずかではあるが種々の下垂体ホルモンを分泌し，フィードバック機構による支配を受けていることが知られている．一般に胎子期の卵巣は小さく，ホルモン分泌は微弱であるが，卵祖細胞は活発に分裂増殖して，卵巣中の生殖細胞数は胎生後期に最大になる．精巣は胎子期に分化発達し，ホルモン分泌を開始する．

馬の胎子の卵巣は，妊娠100日頃から急速に発育して母体卵巣よりも大きくなり，副生殖腺もこれに伴って発育するが，出生時にはいずれも縮小する．

（7） 胎子の発育

胚盤胞の内細胞塊を起源とする内胚葉，中胚葉，外胚葉の3胚葉の細胞は，それぞれ胎子の各器官の原基をつくり，ついで表8.5に示すように各器官に発達して胎子を形成する．牛や馬では妊娠1ヵ月までは胚と称し，2ヵ月以降は胎子（fetus）と称して区別する．哺乳動物の妊娠期間は多様であり，胚と胎子の名称が切り替わる日齢は種によってかなりの相違があって一概に定義することはできないが，着床や器官形成が区分の目安となる．

馬と牛の胎子の発育過程は，表8.6に示すとおりで

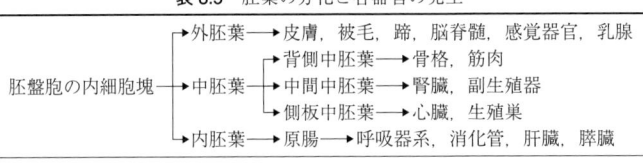

表8.5 胚葉の分化と各器官の発生

胚盤胞の内細胞塊 → 外胚葉 → 皮膚，被毛，蹄，脳脊髄，感覚器官，乳腺
　　　　　　　　→ 中胚葉 → 背側中胚葉 → 骨格，筋肉
　　　　　　　　　　　　　→ 中間中胚葉 → 腎臓，副生殖器
　　　　　　　　　　　　　→ 側板中胚葉 → 心臓，生殖巣
　　　　　　　　→ 内胚葉 → 原腸 → 呼吸器系，消化管，肝臓，膵臓

表8.6 牛・馬の胎子の発育過程

経過	牛	馬
第1月	30日には体長1.0〜2.0cm，頭および四肢が区別できる．羊膜嚢は水胞状．胎盤の形成なし	30日には体長0.9〜1.0cm，目，口および四肢の原基が認められる
第2月	体長6〜7cmとなり，眼，蹄，陰嚢がみられる．口蓋閉鎖．妊角側に胎盤形成	体長4〜7cmとなり，口唇，鼻孔および蹄の原基を認める．眼瞼は一部閉鎖
第3月	体長14〜17cm，胃および陰嚢が発生．不妊角側にも胎盤形成	体長10〜14cm，長骨は化骨し，乳頭および蹄の形成を認める
第4月	体長22〜30cm，頭骨は化骨し，角の小窩が出現．蹄が発育．羊膜内面に羊膜斑が出現	体長15〜20cm，外陰部，陰嚢が形成されるが未だ精巣下降はない
第5月	体長30〜45cm，体重2000〜3000g，乳頭発生．口唇，頭，上眼瞼に発毛．雄では精巣下降	体長25〜37cm，眼窩縁および尾端に発毛
第6月	体長40〜55cm，鼻口部，耳翼内側，角窩周縁，尾端に発毛	体長40〜50cm，口唇，鼻に被毛，まつ毛，たてがみも発生
第7月	体長55〜75cm，蹄冠部，角根部および背部に被毛，尾端に長毛が発生	体長55〜70cm，口唇，鼻，眉，眼瞼，耳縁，尾端，背部に軟毛を生じ，たてがみは密となる
第8月	体長60〜70cm，体表全面に軟毛が発生	体長60〜80cm，背腺および四肢末端に被毛
第9月	体長70〜100cm，体表面に長被毛が密生し，切歯が発生	体長80〜90cm，全身が軟毛に被われる
第10月	本月の初めに胎子は完成する	体長90〜130cm，頭骨は化骨して隆起し，包皮は完成する．たてがみ，尾毛は増加する
第11月		体長100〜150cm，全身に短毛が密生し固有の毛色を示す．乳歯が発生．精巣下降がみられる

8.3 胎子および受胎産物

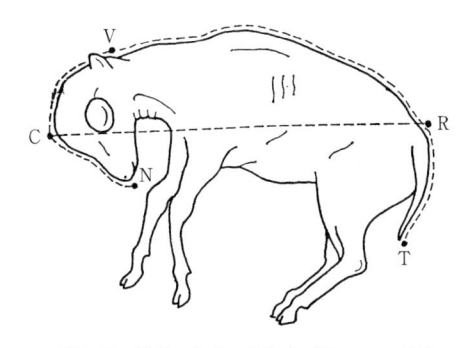

図 8.15 胎子の体長の測り方（Harvey, 1959）
N-C-V-R-T（曲線）：全長，C-R：頭尾長，C-V-R：曲頭尾長．

表 8.7 牛・馬の胎子の体長

妊娠月数	牛 算式	牛 体長	馬 算式	馬 体長
第 1 月		1.5 cm		1.0 cm
第 2 月	2×4	8	2×3	6
第 3 月	3×5	15	3×4	12
第 4 月	4×6	24	4×5	20
第 5 月	5×7	35	5×6	30
第 6 月	6×8	48	6×7	42
第 7 月	7×9	63	7×8	56
第 8 月	8×10	80	8×9	72
第 9 月	9×10	90	9×10	90
第 10 月	10×10	100	10×10	100
第 11 月			11×10	110

ある．消化管，肝臓，膵臓，肺などが形成されるのは，牛では妊娠の2〜6週で，筋肉や骨格，神経などもこの時期にでき始める．心臓の拍動は牛で妊娠 21〜22 日，馬で 24 日頃に開始して，血液の循環が開始する．胎子の発育は妊娠後半に著しく，牛胎子の体重は妊娠の最後の2カ月で2倍以上に増加し，豚胎子の場合には妊娠の最後の1カ月で体重が2倍に増加する．

胎子の日齢は，交配日が判明している場合には妊娠日数で示されるが，交配の時期が不明の場合には胎子の体長から月齢を推定する．胎子の体長の測り方は図 8.15 に示すとおりであるが，一般に頭尾長（crown-rump length）が胎子の体長として使用されている．牛と馬の妊娠各月における胎子体長は，表 8.7 に示すとおりである．

(8) 子宮内における胎子の位置

胚盤胞が子宮に着床する位置は，馬では子宮角の基部で子宮体への移行部であるが，妊娠後半期には胎子は子宮体部を占拠する．牛の胚は子宮角に着床して発育するが，胎膜は妊娠1カ月の末には反対側子宮角の先端まで到達する．牛の双胎妊娠では，一側卵巣からの双排卵であっても，左右子宮角に各1胎が存在することが多い．

多胎動物では，胎子は等間隔をもって子宮内に位置する．胎膜は子宮の形態に従って，子宮の長軸に沿って紡錘形の水嚢をつくり，胎子は背を子宮の膨隆部に向け，腹及び四肢を凹彎部に対向して子宮内に安定する状態に位置する．子宮の形態は動物種によって大きく異なるので，腹腔内の胎子の位置関係も違っている．

子宮内の胎子が母体に対してとる位置，方向および胎子の姿勢を，胎位，胎向および胎勢という．

a. 胎 位 presentation

胎子の体の縦軸と母体の縦軸との関係を示すもので，互いに平行するときは縦位，交差するときは横位または斜位という．縦位の場合，胎子の頭が産道（尾側）に向かうものを頭位といい，胎子の尻が産道に向かうものを尾位という．

b. 胎 向 position

胎子の背と母体の腹背の向きの関係を示すもので，胎子の背が母体の腹に向かうものを下胎向，母体の背に向かうものを上胎向，また側面に向かうものを側胎向という．

c. 胎 勢 posture / attitude

胎子の体部に対する頭部および四肢の関係を示すもので，いずれの動物も通常は頭部と四肢を腹側に屈曲している．

馬の胎子は，大部分（90％）が頭位で下胎向をとり，全身を彎曲して四肢を腹側に屈曲しているが，分娩時には上胎向となる（図 8.16）．

牛の胎子も多くは頭位であるが，尾位のものが7％程度みられる．妊角は膨大した第一胃に圧迫されるために，胎子は正しい縦位をとることはなく，わずかに（25〜30°）斜位をとり，多くは側胎向であるが上胎向や下胎向のものもある．胎勢は，馬の場合とほぼ同様である（図 8.17）．めん羊や山羊の胎位・胎向は牛とほぼ同様である．

豚や犬，猫のような多胎の動物種では，妊娠子宮が長くしかも屈曲するので，胎位・胎向は不定であるが，

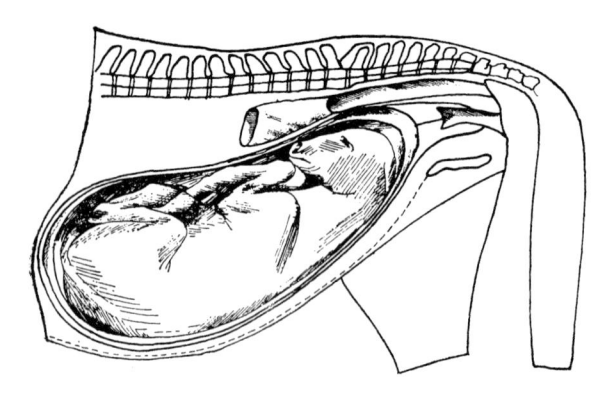

図 8.16 妊娠末期（11 カ月）の馬の胎子（Stoss 原図）

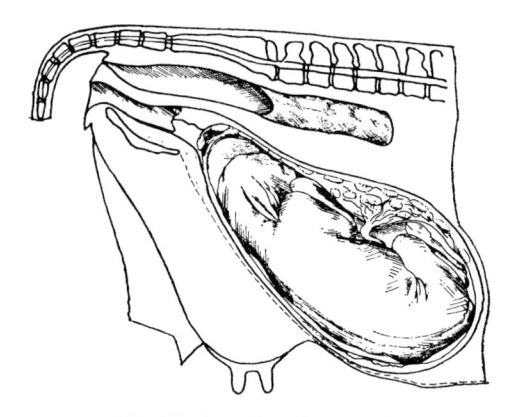

図 8.17 妊娠末期（9 カ月）の牛の胎子（Stoss 原図）

胎勢は単胎動物と同様である．なお，胎位は頭位と尾位が混在している． 〔髙橋 透〕

8.4 妊娠の生理

(1) 妊娠の認識と維持
a. 母体による妊娠の認識

妊娠した母体では，次回の発情が抑制され，黄体は妊娠黄体としてプロジェステロンを分泌し続けて妊娠を維持する．牛では，黄体が退行せず機能を持続するには，受精後 16〜17 日の子宮内に胚が存在することが必要であり，この時期は胚と子宮内膜との接着が始まる時期よりも早い．このことから，妊娠母体は着床によって妊娠を認識するのではなく，着床前に胚から何らかの情報を受けて黄体の寿命を延長し，妊娠を成立，維持させるものと考えられる（図 8.18）．

着床前の胚は，ある種の糖蛋白質やエストロジェンを産生分泌する．これは，胚が母体に対して自らの存在を知らせる一種の信号と考えられる．信号を受けた母体は，黄体を維持し，プロジェステロン分泌および子宮内膜の発育と分泌機能を盛んにして，妊娠を維持継続させることができる．もし，胚と母体とがこの信号授受に失敗した場合には黄体の退行を招き，妊娠は中断して発情が回帰することになる．このような機構は，母体の妊娠認識（maternal recognition of pregnancy）と呼ばれている．

めん羊や牛胚（めん羊：妊娠 13〜15 日，牛：妊娠 15〜25 日）の栄養膜からは，インターフェロン τ（interferon τ；IFNτ）が生産される．IFNτ は，子宮内膜における黄体退行因子である $PGF_{2\alpha}$ のパルス状分泌を抑制する．また，$PGF_{2\alpha}$ と黄体刺激因子である PGE_2 の産生比（$PGF_{2\alpha}/PGE_2$ 比）と，黄体の $PGF_{2\alpha}$ に対する感受性を低下させることによって，黄体維持作用を示す．

豚では，血中エストロジェンのピークが妊娠の 11〜12 日と 16〜30 日にみられる．胚から分泌されたエストロジェンは $PGF_{2\alpha}$ の合成および分泌は抑制しないが，子宮内腔へ分泌するように作用する．その結果，子宮血管内への $PGF_{2\alpha}$ の移行は抑制され，黄体退行作用を阻止するものと考えられている．実際に，発情周期の 11〜15 日にエストロジェンを投与すると，黄体退行が阻止され，ほぼ妊娠期間に相当する期間にわたって黄体が維持される．豚胚でも特異的な蛋白質の産生が認められるが，その役割は不明である．

馬胚でもエストロジェンや特異的な蛋白質の産生が認められ，直接的あるいは間接的に $PGF_{2\alpha}$ による黄体退行を阻止していると考えられるが，その機構は不明である．馬で妊娠が成立するためには，胚の子宮内移行が必須であり，機械的シグナル伝達（mechanotransduction）も存在すると考えられている．

このほか妊娠に関連した物質として，受精卵（胚）が卵管内に存在すると，免疫抑制活性をもつ早期妊娠因子（early pregnancy factor；EPF）が交配後数時間〜2 日の早期に血清中に検出されることが，マウス，牛，馬，めん羊，豚，人などで証明されている．EPF は，尿，胎盤，羊水，卵巣，胚からも検出され，妊娠個体から胚を除去すると血中の EPF 活性が消失することから，早期妊娠診断に役立つと考えられている．しか

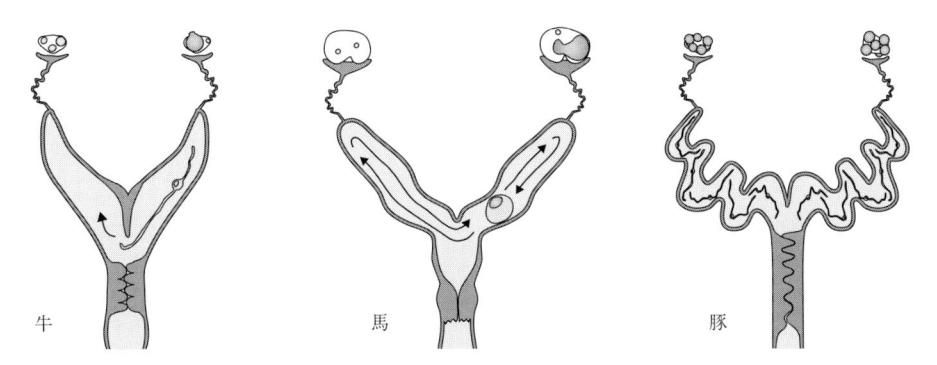

図 8.18 各種動物における胚の子宮内分布（Hafez and Hafez, 2000 を改変）
牛：妊娠 15〜17 日にかけ，黄体側の子宮内腔での伸長が認められ，18 日には反対側に達する．馬：妊娠 10〜16 日にかけて，1 日に 10〜13 回子宮内を移動する．豚：妊娠 12 日に急速に伸長し，16 日には 1 m 近くに達する．

表 8.8 哺乳動物の妊娠期における卵巣および下垂体の必要性（Heap et al., 1973 を改変）

動物種	卵巣摘出 妊娠前半	卵巣摘出 妊娠後半	下垂体摘出 妊娠前半	下垂体摘出 妊娠後半
ラット	−	±	−	+
モルモット	±	+	+	+
兎	−	−	−	−
牛	−	±	N	N
馬	−	+	N	N
めん羊	−	+	−	+
山羊	−	−	−	−
豚	−	−	−	−
犬	−	−	−	±
猫	−	±	N	±
人	+	+	+	+

＋：妊娠継続，±：一部の胎子は維持される，−：流産，N：不明．

し，EPF の測定はリンパ球と異種赤血球との凝集によりできるロゼットの形成阻止率を調べる，ロゼット抑制試験（rosette inhibition test）によって行われており，臨床応用するためにはより簡便な方法を開発する必要があるとされている．

b. 妊娠とホルモン

妊娠の成立と維持には，ホルモンが重要な役割を果たしている．とりわけプロジェステロンは，妊娠を維持するためにキーとなるホルモンであり，エストロジェンの刺激を受けた後の子宮内膜の着床性増殖，子宮腺の発達と子宮内膜の分泌機能を促進する．またプロジェステロンは，子宮の内容の増加に対応して子宮の発育を促進するとともに，子宮筋のオキシトシンに対する感受性を低下させ，収縮反応を抑制する．このような作用により，子宮内環境が胚〜胎子の発育に適した状態に保たれる．

妊娠中の黄体は，各種の黄体刺激因子の作用を受けて機能を維持している．この因子は動物種により異なるが，下垂体前葉由来の GTH，PRL，胎盤由来の GTH，ラクトージェン，子宮脱落膜由来の蛋白質，および卵巣あるいは胎盤からのエストロジェンなどである．

これらのホルモンの妊娠中における主な分泌母地である，卵巣および下垂体の必要性を表 8.8 に示した．すなわち，山羊と豚では卵巣は妊娠の全期間にわたって必要であるが，めん羊と馬では胎盤からジェスタージェンが分泌されるので，妊娠の後半には卵巣は必要ではない．牛におけるプロジェステロンの産生源は，

8. 受精，着床，妊娠および分娩

妊娠全期間を通じて黄体が主体であるが，妊娠後半になると黄体からの分泌は減少する．その黄体からの分泌減少を補うのが胎盤，特に胎子胎盤であるとされており，妊娠7カ月を過ぎると，黄体を切除しても流産はほとんど起きない．下垂体に関しては，牛と馬は不明であるが，めん羊では妊娠44日以降に下垂体を摘出しても流産が起こらない．しかし，山羊と豚では妊娠中に下垂体を摘出すれば流産が起こる．

各種動物の妊娠期における血中性ホルモン濃度の消長は，牛，めん羊，豚ではほぼ類似した傾向を示す．すなわち，血中プロジェステロン濃度は着床後上昇し，その後分娩の数日前まで上昇あるいは高い値を保持する．ついで，急激に下降して分娩に至る．妊娠後半，プロジェステロンはめん羊，人，猿の胎盤では妊娠維持に十分な量が産生されるが，牛では少なく，豚ではほとんど産生されない．また血中エストロジェン濃度は，多くの動物で妊娠初期には発情周期の黄体期よりも著しく低いが，妊娠中期に徐々に増加し始め，分娩の数日前から急上昇し，分娩とともに激減して最低値を示す．これらの動物では，エストロジェンの産生母地は主として胎盤と考えられている（図8.19）．なお，豚では妊娠16日頃から血中エストロンサルフェートの濃度が上昇して，20～30日頃にピークに達し，その後いったん低値に戻るが，2カ月を過ぎると再び上昇して分娩直前に最高値を示す．妊娠初期のエストロン産生には胎子および胎盤がかかわることから，このホルモンは早期妊娠診断の指標にもされる．

一方，馬では，妊娠中の血中性ホルモンの消長は他の動物と異なる．妊娠初期のプロジェステロンは妊娠黄体から分泌されるが，妊娠35～80日の間に下垂体由来のFSHにより卵巣に直径2cm以上の卵胞が次々に発育し，これらが排卵または閉鎖黄体化して副黄体が形成され，妊娠40～150日にかけて血中のプロジェステロン濃度は高値を示す．副黄体の形成は，妊娠40日頃から子宮内膜杯で産生されるeCG（馬ではLH様作用を示す）により誘引される．eCGは妊娠55～70日にピークを示し，140日頃には血中で検出されなくなる．妊娠150日以降には，妊娠黄体および副黄体は退行し，妊娠150～300日にかけて血中プロジェステロン濃度は低値で推移する．なお，妊娠60日頃から胎子胎盤の尿膜絨毛膜でジェスタージェンが分泌され，胎盤局所では高濃度で維持されるものの，血中のプロジェステロン濃度の変動にはほとんど反映されない．また，血中エストロジェン濃度は妊娠初期には低いが，100日頃から上昇し，妊娠240日頃に最高値に達した後しだいに減少する（図8.20）．エストロジェ

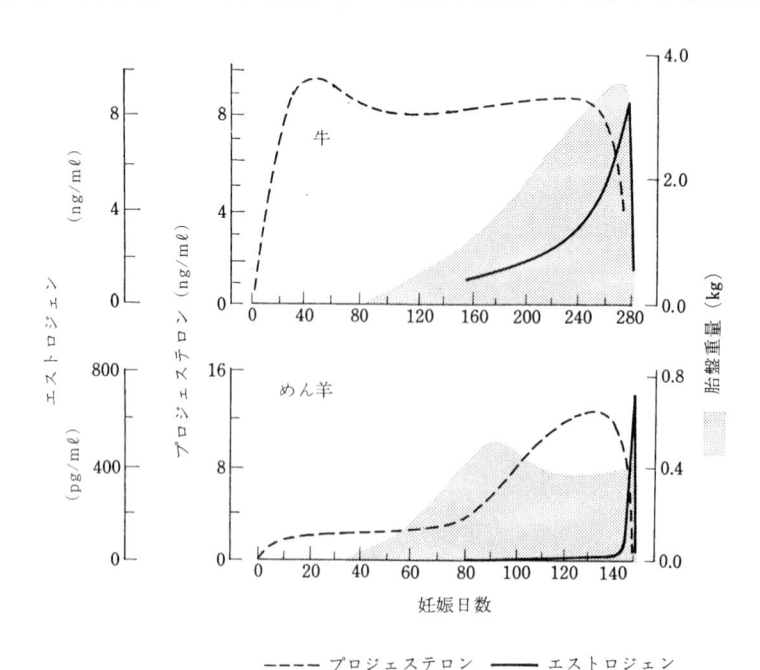

図8.19 牛およびめん羊における妊娠中の血中性ホルモン濃度の変化（Bedford et al., 1972を改変）

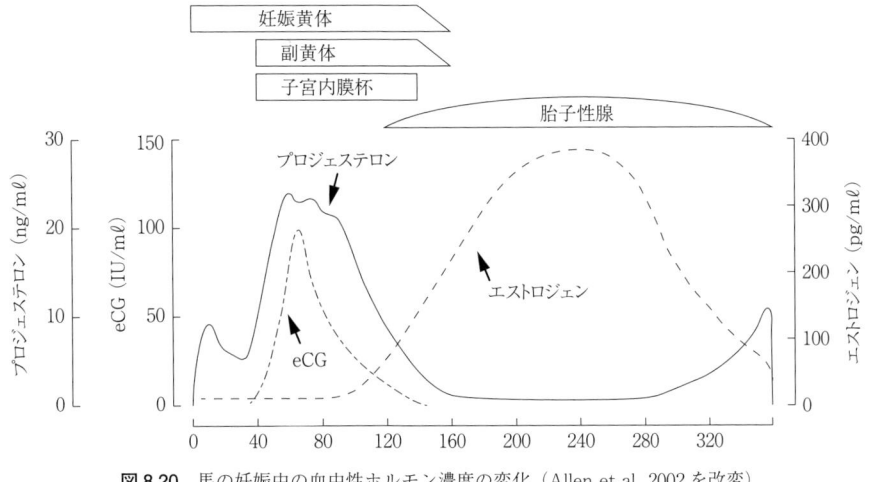

図 8.20 馬の妊娠中の血中性ホルモン濃度の変化（Allen et al., 2002 を改変）

表 8.9 免疫学的妊娠維持機構の学説（Hafez and Hafez, 2000 を改変）

学　説	免疫機構の変化/胎子の生存への影響
免疫抑制	母体の免疫機構の活性を抑制する物質が，胎盤や母体により産生される
遮断抗体	母体の胎子抗原に対する免疫反応を阻止する遮断抗体により，拒絶反応が抑制される
抗原性の低下	胎盤には通常の臓器移植などで標的となるような主要組織適合性（MHC）抗原は発現しておらず，母体免疫系の活性化を防いでいる
Fas リガンド	栄養膜や子宮内膜で Fas リガンドが発現しており，これが母体の活性化 T 細胞のアポトーシスを誘導する
一時的な免疫寛容	妊娠中には胎子 MHC 抗原を認識する母体 T 細胞が減少し，胎子 MHC 抗原に対して一時的に免疫寛容となる
Th2 細胞優位へのシフト	1 型ヘルパー T 細胞（Th1，細胞性免疫を誘導）に対し，2 型ヘルパー T 細胞（Th2，液性免疫を誘導）が優位になることが妊娠維持に重要である
免疫刺激	母体の積極的な免疫応答が妊娠維持に重要であり，着床の局所において分泌亢進した各種サイトカインや成長因子が絨毛組織の発育・増殖の促進をもたらし，妊娠維持に寄与している

ンの産生源は胎子・胎盤ユニットで，その前駆物質となるデヒドロエピアンドロステロン（dehydroepiandrosterone；DHEA）は胎子生殖腺由来であり，エストロンやエストラジオールのほか，β環に不飽和結合をもつ馬特有のエストロジェン，エクイリンやエクイレニンが産生される．

c. 母体と胎子間の免疫反応

哺乳動物の胎子は父から遺伝子を引き継いでいるため，遺伝学的には母とは異なり，母体にとっては組織適合抗原の 1/2 を共有する同種移植片（semi-allograft）の関係にある．しかし胎子は，母体の免疫機構に対して抗原的刺激を与えることなく，胎盤も免疫的拒絶反応を受けることなく，ともに分娩まで維持される．母体組織が胎子や胎盤に対して拒絶反応を起こさない理由については，いくつかの説が唱えられている（表 8.9）．これらの免疫機構の複合効果によって，胎子は拒絶反応を受けることなく発育を続けるものと推察される．

（2）妊娠による母体の変化

a. 発情，排卵の休止と卵胞発育

発情を反復する多発情動物においても，妊娠すれば発情や排卵は停止する．これは排卵後にできた黄体が妊娠黄体として長く存続し，血中のプロジェステロン

8. 受精，着床，妊娠および分娩

濃度が高いためで，プロジェステロンはエストロジェンの発情誘起作用に拮抗してこれを抑制し，また視床下部および下垂体に働いてGTHサージを抑制し，排卵を抑える．

しかし実際には，妊娠していても発情，排卵が稀に起こることが，牛，馬，めん羊，豚などで認められており，これを妊娠発情または裏発情という．ただし，この発情徴候は弱く，持続時間も短い．また，排卵するものは馬を除いて稀である．牛では妊娠期間を通して卵胞波が認められ，妊娠前半では主席卵胞の直径は大きく，後半になるにつれ最大直径は小さくなる．妊娠中に約3〜6％のものが発情を現すが，その徴候は弱く，許容を示す例はほとんどみられない．めん羊は妊娠中に約30％のものが発情徴候を現すが，その時期は不定で，一般に排卵は起こらない．

b．黄体

排卵後に形成された黄体は，妊娠の場合は妊娠黄体として長く存続し，旺盛なプロジェステロンの分泌を行い，子宮内膜の分泌活動の亢進，子宮の発育の促進，子宮筋の運動性の抑制などの作用によって子宮内環境を胚〜胎子の発育に適した状態に保ち，妊娠の維持と継続に重要な役割を果たす．したがって，妊娠動物の卵巣または黄体を摘出すると，一般に流産が起こることは前述のとおりである．

妊娠黄体の数は，単胎の牛，馬では1個であるが，多胎の豚，犬などは胎子の数より若干多い．これは，排卵された卵子がすべて受精し，受胎するとは限らないからである．

牛の妊娠黄体は，発情黄体の開花期のものと同様で，よく発達して通常卵巣の表面に隆起し，妊娠全期間存続し，分娩の2〜3日前から退行し始め，分娩後3週間くらいで退行消失する．

妊娠馬では，1個の妊娠黄体は妊娠90日頃まで存続した後に退行するが，これとは別に妊娠35〜80日頃までの間に，前述したように大きな卵胞が次々に発育し，この際に発情を示すものがある．これらの卵胞は，排卵または閉鎖黄体化して副黄体を形成し，本来の妊娠黄体とともに存続する．このため，妊娠40〜100日頃の馬の卵巣は，多数の卵胞およびこれらに由来する黄体の発生によって拳大〜小児頭大に膨大するが，妊娠200日頃までにすべて退行し卵巣は縮小する

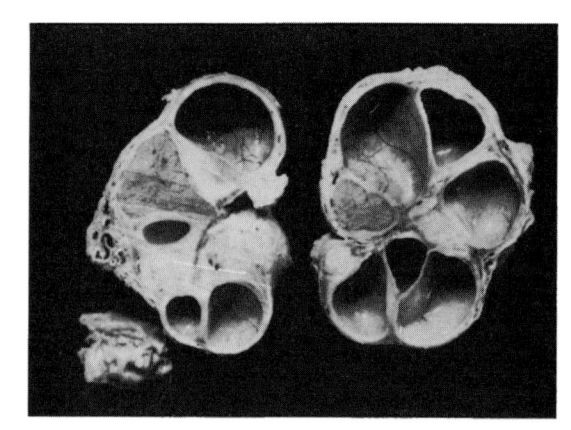

図8.21 妊娠馬（44日）の卵巣
左：開花期黄体1，中型卵胞4．右：開花期黄体1，中型卵胞6．

（図8.21）．

c．子宮

胚が子宮内に進入すれば，黄体からのプロジェステロンによって子宮内膜に着床性増殖が起こり，胚の着床を容易にし，さらに子宮には胚〜胎子の発育に適した種々の変化が起こる．

胚の着床する部位は，牛，めん羊，山羊では子宮角，馬では子宮角と子宮体の移行部である．多胎の豚，犬では胚は適当な間隔をおいて子宮内に着床する．

胎子の発育に伴う物理的拡張刺激とプロジェステロンの作用によって子宮は発育し，牛，馬では妊娠2カ月となれば，図8.22に示すように妊角は著しく膨張するため，子宮角は左右の対称が破れる．また，妊角の子宮壁は筋線維の発達，肥大によって肥厚し，ここに分布する子宮動脈も不妊角側のそれに比して著しく発達し，妊娠4カ月には独特の震動を発するようになる（図8.23）．豚や犬などの多胎動物の妊娠子宮は腸管状を呈し，胎子のいる部分が数珠状に膨隆するが，妊娠が進むにつれ，胎子と胎子との間のくびれは小さくなり，左右子宮角全体が膨張する．

子宮頸管，外子宮口は，どの動物でも妊娠すれば固く緊縮閉鎖し，この部分にある粘液は濃厚で粘着性が強く，糊状またはゼリー状となり，子宮頸管はこれによって栓をされた状態（粘液栓）となり，子宮腔は外界から遮断される．

d．一般状態

ⅰ）**腹囲の増大** 一般に，妊娠期の後半に入ると腹囲の増大が認められる．牛では，左側に大きな第

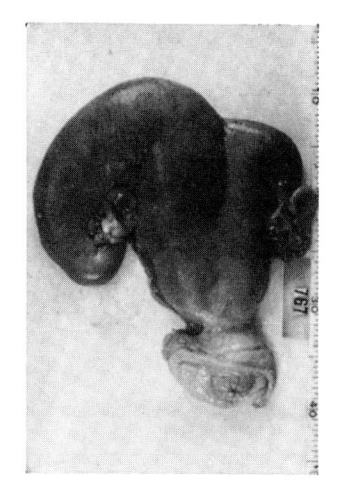

図 8.22 妊娠牛の子宮
(80日, 妊角左)

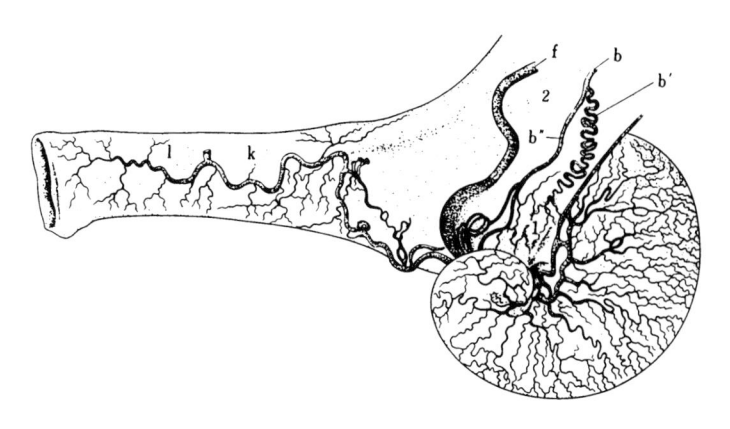

図 8.23 牛の妊娠4カ月の子宮および動脈 (Zieger 原図)
1：卵巣，2：卵巣間膜および子宮広間膜．
b：卵巣動脈，b'：卵巣枝，b"：子宮枝，f：子宮動脈，k：腟動脈，l：会陰動脈．

一胃があるため，妊娠子宮は右側に押されて，右側の腹壁が妊娠5カ月頃から膨隆して左右の対称を欠くようになる．めん羊，山羊では，3カ月の末から腹囲の増大が認められるようになる．

　ii）　**乳房の肥大**　　初産のものでは妊娠期の中頃から乳房の肥大が認められるが，経産のものでは末期に入らないとわからない．

　iii）　**その他**　　妊娠末期に入ると，骨盤腔および生殖器に分布する血管にうっ血が起こり，また血中のエストロジェンおよびリラキシン量が増加することによって，骨盤結合組織および広仙結節靱帯（仙座靱帯）が弛緩するため，仙腸関節の結合が可動性となり，産道の拡張が容易になる．外部からの所見として，広仙結節靱帯の弛緩によって，尾根部の両側が陥没するのが認められる．一般に，妊娠早期には動物は食欲が増して栄養状態が良くなるが，妊娠期の後半に入ると肉付きが落ちて，牛では角根に角輪を生ずる．

　e．　胎子の生死診断

　胎子の生死は，胎子心音の聴取，胎動（直腸から胎子に触れれば後退運動をする），腹囲の漸進的増大などで診断できる．最近は，各種動物の胎子の心拍動の検出に，超音波ドップラー法あるいは超音波画像診断法が応用されている．ただし，心音，心拍および胎動のいずれをも認知しえない場合でも，胎子の死を断定することはできない．牛と馬では，妊娠1.5カ月以降の超音波画像診断装置による胎子心拍像の確認，あるいは妊娠5カ月以降は胎子心電図の計測により，生死鑑別が可能である．またカラードップラー超音波診断装置を用いると，卵巣，子宮，胎子および胎子周囲の血流が観察でき，より早期の胎子心拍の観察や妊娠子宮の血流の変化などを観察することができる．胎子死亡の徴候は，腹囲増大の停止，子宮口が哆開して汚液を漏出，乳房が急に肥大して初乳を漏らすこと，直腸検査によって子宮が妊娠月数に比して小さく，胎子は少量の胎水中に浮かんで子宮壁に圧迫され，全く運動しないことなどである．

(3)　多胎妊娠　multiple pregnancy

　単胎動物（牛，馬など）が一度に2胎子以上を受胎した場合を多胎妊娠といい，胎子の数により双胎（twins），三胎（triplets, 品胎），四胎（quadruplets, 要胎），五胎（quintuplets, 周胎）などと呼ばれており，六胎（sextuplets）までの記録がある．一卵性と多卵性の場合，およびこれの組み合わせの場合がある．

　めん羊では，多胎がかなり多いことが知られており，Johansson and Hanson（1943）は，約6万頭のめん羊の出産のうち双子が45％，三つ子が2.3％，四つ子が0.1％あったと報告している．山羊においても，双胎～三胎の頻度がかなり高い．

　馬では，双子分娩の頻度は0.5～1.5％，三つ子は0.0003％といわれる．

　牛では，多胎分娩の頻度は1.8～4.6％といわれて

いる．Gilmore（1952）によれば，牛の多胎分娩の大部分は双子で，その発生率は1.04％，三つ子は0.013％，四つ子は0.00014％と極めて稀であるという．Meadows and Lush（1957）は乳牛33000頭について，双子の発生率が2.58％で，品種別にみると，ブラウンスイス種8.85％，ホルスタイン種3.08％，エアシャー種2.8％，ガンジー種1.95％と述べている．

双胎は発生上，二卵性双胎（dizygotic / fraternal twins）と一卵性双胎（monozygotic / identical twins）とに区分される．二卵性双胎とは，同一発情期に2個の卵子が排出され，それぞれ精子と結合して受胎した場合をいい，各胎子は別個の胎膜を有している．ただし，牛では90％以上の双子で，絨毛膜，尿膜が妊娠初期に癒合し共通となる．一卵性双胎とは，1個の卵子から2個の胚を発生するもので，胎子の性は一致する．遺伝的特徴は極めて近似しており，全双胎の約5％にすぎないとされている．二卵性の場合は，その性が同一のこともあり，異なることもある．乳牛の双子540組の調査では，雌・雌が34％，雄・雄が27％，雄・雌が39％であった（農林省の1954年の調査による）．

馬の双子は奇形を伴うものは少ないが，虚弱のものが多い．これに反し，牛の異性双子の場合には，雄胎子の生殖能力は正常であるが，雌胎子の90％以上はフリーマーチンと称し，正常な性の分化が起こらず，生殖器官の奇形，欠陥があるために生殖能力がない．

多胎妊娠の場合は，一般に流産しやすいことが知られているが，ときには一部の胎子が死んでも残りの胎子が妊娠を継続し，正産することがある．

1発情期に2個以上の卵子が数次の交尾によって順次受胎することを同期複妊娠といい，豚や犬が発情中異なる雄と交尾して，父を異にする子を同時に生む例がこれにあたる．また受胎後繰り返して発情があり，交尾して重ねて受胎することを異期複妊娠（superfetation）という．その結果，分娩が2回起こったことが牛，めん羊などで報告されているが，発生頻度は極めて稀である．

（4）妊娠期間 gestation period

妊娠期間は，正確には受精が成立してから分娩するまでの期間をいうのであるが，実際には最終の交配日から分娩までの日数をいう．動物の種類，品種によってほぼ一定の範囲があり，表8.10に示すとおりである．ただし，季節，地域などの環境的な要因，母体の年齢，栄養状態，胎子の性および数などによって多少の差異があることが認められている．妊娠期間が正規の範囲を著しく超え，分娩の遅れる場合を分娩遅延（delayed / retarded birth）といい，胎子の側からみて，これを長期在胎という（10.3（3）項（p.326）参照）．

牛の妊娠期間は通常280日とされており，肉牛は一般に長く，乳牛は短い．馬はだいたい335〜338日とされているが，アラブ，サラブレッドなどの軽種はペルシュロンなどの重種よりも長い．単胎の牛・馬ともに，胎子が雄の場合は雌の場合よりも1〜2日長く，双胎の場合は3〜6日短い．

山羊の妊娠期間は，だいたい150〜155日である．めん羊は144〜153日で，成熟の早い肉用種（ハンプシャー，サウスダウン）は短く，成熟の遅い細毛種（メリノー），長毛種（コリデール）は長い．

豚は112〜115日と比較的一定しており，品種や環境，母豚の年齢，産子数などによってあまり大きな差異がない．

犬の妊娠期間は品種によってほとんど差異はなく，

表8.10 各種動物の妊娠期間

種類	品種	平均日数（範囲）
牛	ホルスタイン	279（262〜309）
	ジャージー	279（270〜285）
	エアシャー	278
	ガンジー	284
	ブラウンスイス	290（270〜306）
	アバディーンアンガス	279
	ショートホーン	283（273〜294）
	ヘレフォード	285（243〜316）
	黒毛和種	285
	褐毛和種	287
馬	サラブレッド	338（301〜349）
	アラブ	337（301〜371）
	ペルシュロン	322（321〜345）
山羊	ザーネン	154
	トッケンブルグ	150（136〜157）
めん羊	メリノー	150（144〜156）
	コリデール	150
	ハンプシャー	145
	サウスダウン	144
豚	中ヨークシャー	113
	大ヨークシャー	114（103〜128）
	バークシャー	115（107〜124）
	ランドレース	114（111〜119）
	デュロックジャージー	114（102〜118）
	ハンプシャー	114
犬		63（58〜68）
猫		63（62〜66）

一般には58〜64日の幅があることが知られているが，卵子が成熟する排卵後3日以降に交配させたものでは58〜60日と，妊娠期間がほぼ一定になることが認められている．

（5） 母体の衛生

妊娠は生理的現象であるから，自然に生活する場合にはよく自然にかなった種族保全の途をまっとうするものである．しかし，経済的条件のもとに飼育される動物は，しばしば不自然もしくは不合理な飼養管理を受けることによって，妊娠中いろいろな障害を生じ，胎子の死を招き，流産を起こすことが少なくない．

母体の衛生の要は，動物の習性に鑑み，なるべく自然の状態に近づけるようにし，すべての点において度を越えることなく，飼養管理は急激な変化を避けることで，もし変更を要する場合には努めて徐々に行うべきである．

a. 動物舎

動物舎の構造は，母体に与える影響が大きい．妊期の半ばを過ぎれば，なるべく広く明るく，床は凹凸がなく，滑らない平坦な独房に移し，敷料を豊富にして横臥時の腹部の冷却を防ぐことが必要である．

b. 飼料

蛋白質および無機塩類，特にCaに富むものを給与し，妊娠中期以降においては子宮の増大によって胃腸を圧迫することから，消化不良のものや量の多い飼料は避ける．特に発酵腐敗し，下痢や便秘しやすいものは厳に避けなければならない．また氷雪を被ったりしないようにし，その他胃腸を刺激しやすいものも避けるべきである．

c. 運動

過激な運動は妊娠期間の2/3を過ぎれば有害であるが，適度の運動は常に分娩に至るまで必要で，毎日一定時間運動場に放ち，あるいは外繋するように努めるべきである．

d. 管理

皮膚を清拭することは，新陳代謝を旺盛にする上で極めて重要である．また妊娠末期に至れば，乳房および外陰部付近を清拭する．

乳牛においては，搾乳は分娩数週間前には中止する．初産牛では，温罨法や按摩によってときどき乳房に触れる習慣をつけておくことが良い．

e. 薬 物

疾病の治療に使用する薬剤によっては，流産や催奇形性を誘発するおそれがあるため，治療においては，リスクと利用効果を十分に勘案する必要がある．

〔吉岡耕治〕

8.5 早期妊娠診断

各種動物の人工授精後あるいは交配後早期に妊娠の成否を知ることは，妊娠の場合は流産を予防し分娩の予定を立てるために，不妊の場合は次の発情期に授精を再行して受胎を図るために，また繁殖障害の場合は適切な診断と治療処置を求め早くこれを除去して受胎可能にするために，極めて大切なことである．

妊娠診断（pregnancy diagnosis）とは，妊娠によって母体に起こる変化や胎子の存在に伴って現れる徴候，すなわち妊娠徴候をとらえることである．実用的な妊娠診断法の条件として，次のことが挙げられる．

① なるべく早期に診断できること．
② 妊娠の場合も不妊の場合も含めて適中率が85％以上であること．
③ 方法が簡単で判定が容易であること．
④ 母体と胎子に有害作用のないこと．
⑤ 経費があまりかからないこと．

（1） 牛の妊娠診断法

a. 発情の停止による方法（ノンリターン法）

一般に，成熟雌では一定の周期をもって発情が反復するが，妊娠すれば発情が回帰しなくなる．この発情の停止を妊娠の徴候とみなす方法をノンリターン（non-return）法といい，60日ノンリターン率，90日ノンリターン率などの表現で，受胎率（conception rate）に代えて用いられている．不妊の場合でも発情が回帰しないことがあり，また妊娠しているものでも発情徴候を示すものがあるので，発情の停止だけで妊娠と断定することはできないが，牛におけるノンリターン率と実際の受胎率とを比較してみると，授精後の日数が経過するにつれてノンリターン率と実際の受胎率との差が小さくなることが認められる（表8.11）．これは，受胎率の概要を早く把握する上で意義がある．

b. 直腸検査法　rectal palpation

直腸検査法は，臨床的な早期妊娠診断法として古くから行われている方法であって，牛においては妊娠40日以降全期間にわたって診断が可能であり，慎重に実施すれば流産などの危険はない．本法は，従来から妊娠診断ばかりでなく，繁殖障害の診断，治療にも応用されている重要な検査法で，これによる妊娠診断において不妊と診断された場合には，卵巣の所見などから次回の発情期を予測し，あわせて卵巣や子宮の異常・疾病の有無を検査することも可能である．直腸検査の準備，方法については9章に後述する．

i) **胎膜触診法**　fetal membrane slip　胎膜の存在は，直腸検査による牛の妊娠徴候のうちで最も早期から触診が可能となるため，早期妊娠診断法として用いられている．この方法では，妊娠40日前後から診断可能である．妊娠40日頃になると，胎膜（尿膜絨毛膜）は子宮腔内全体に広がるが，子宮角の子宮体に近い部分の子宮壁を親指と人差し指，中指で静かにつまみ上げて後方に引くと，胎膜が胎水の重みによって指間からスルスルと滑り落ちる（胎膜のスリップ）

表8.11　牛におけるノンリターン率と実際の受胎率の変化
（Casida et al., 1946；Barrett et al., 1948）

実際の受胎率[a]	ノンリターン率[b]		
	30～60日	60～90日	90～120日
53.4 %	68.2 %	58.7 %	56.0 %
(b)－(a)	14.8 %	5.3 %	2.6 %

のが触知され，後に指間に子宮壁だけが残る．この方法では，妊角の方の胎膜が不妊角の方より発達しているので触診は容易であるが，胎子への悪影響を考慮して不妊角で実施するのが良いとされている．より習熟すれば，本法における適中率は交配後38日以降で100%である（図8.24，8.25）．

ii) **直腸検査による妊娠所見**

〔第1月〕　確実な妊娠陽性所見は触知されない．

〔第2月〕　第1月の末頃から，妊娠によるかなりの変化が現れる．妊角は胎子の発育，胎水の存在のため膨らむとともに沈下し，左右子宮角は非対称となり，日が進むにつれて両角の差は大きくなる（図8.26）．妊角は腕大に外側に膨隆し，壁は極めて柔軟でかつ弾力を有し，空気を入れたゴム袋様の触感を呈する．

第6週になると，妊角のほぼ中央部に限界の明瞭な緊張した羊膜嚢が触知できる．また，この時期に胎膜（尿膜絨毛膜）の触診が可能になることは前述のとおりである．

この時期において，妊娠と鑑別を要するのは子宮結核および子宮蓄膿症である．子宮結核は子宮壁の一部に限局性に結節を生じ，子宮壁は肥厚する．多くは卵管も冒され，肥厚しかつ石灰変性して硬化する．

子宮蓄膿症の場合は，黄体遺残により発情を示さず，子宮が膨大して妊娠と誤りやすい．しかし本症の多くは，貯留液が多量で限局することなく移動性であり，左右子宮角は対称で，子宮壁は粗硬となり，収縮性がなく弛緩する．妊娠子宮は，この時期においては多少の収縮性を有する．黄体は大きくかつ脆い．なお本症は，同時に子宮頸腟部炎を伴うことが多く，子宮頸腟部は腫大，うっ血し，子宮を圧迫すれば膿様液を漏出することがある．

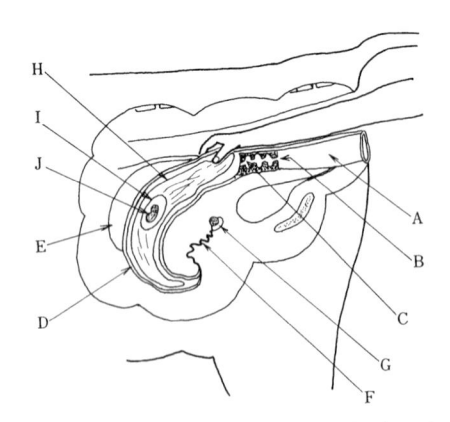

図8.24　直腸検査による牛の胎膜触診法（山内原図）
A：腟，B：外子宮口，C：子宮頸管，D：子宮角（妊角），E：子宮角（不妊角），F：卵管，G：卵巣，H：胎膜（尿膜絨毛膜），I：羊膜，J：胎子．

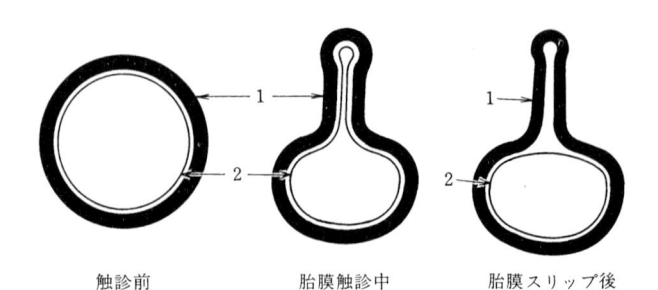

図8.25　牛の妊娠子宮の断面模式図（胎膜触診の要領を示す）
1：子宮壁，2：胎膜．

触診前　　　胎膜触診中　　　胎膜スリップ後

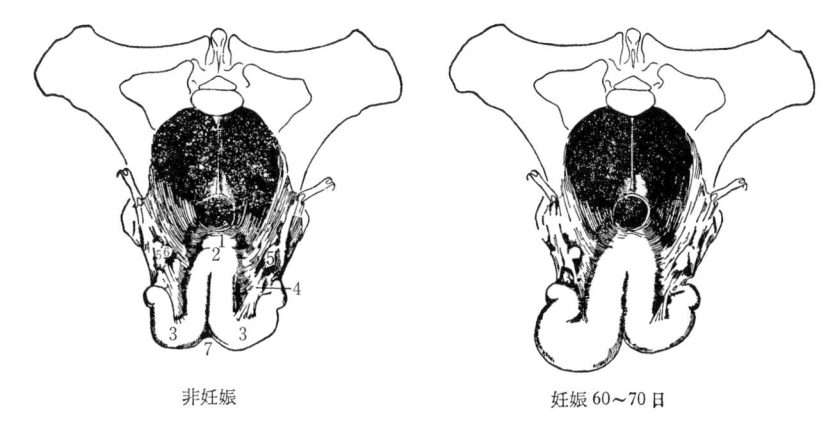

図 8.26 牛の子宮（Roberts, 1971）
1：子宮頸管，2：子宮体，3：子宮角，4：卵管，5：卵巣，6：黄体，7：角間膜．

〔第3月〕 妊角は壁が薄く，緊張して弾力に富み，子宮体は柔軟で胎水によって膨満し，全般に波動を呈する．妊角の幅は手掌大を超え，第3月の末には子宮角は著しく左右非対称となる（図8.26）．妊角は上腕以上の太さとなり，波動が著しく，子宮小丘は著明に発育し，菲薄な子宮壁の所々にやや硬い茸状の結節として触知される．

〔第4月〕 胎子の発育に伴う子宮伸展の結果として，初め妊角に限局した変化は子宮全体に波及し，子宮は膨大して，壁は全体的にいっそう菲薄となる．子宮は全く収縮性を失い，胎子が胎水中に浮動するのが触知される．卵巣は，4～5カ月になれば妊角とともに前方に移動して，触知は困難となる．

血管の性状の変化は，第3月の末から妊娠診断上極めて重要となる．すなわち，妊娠側の子宮角および腟にそれぞれ分布する子宮動脈および腟動脈は著しく肥大するのみならず，子宮動脈は特異な震動を呈するようになり，分娩時まで継続する．この震動は，脈拍とは別に律動的に起こる血管壁の震動である．震動は，妊娠時のみならず子宮蓄膿症，腫瘍および産褥性子宮炎などの重症子宮疾患の初期にもみられるが，その程度は弱く，両側子宮動脈に同時にみられる．妊娠の場合の子宮動脈の肥大および震動，ならびに妊娠経過に伴う発達は妊角側において著しく，不妊角側においては弱い（図8.27）．

動脈の震動を触知する方法は，次のとおりである．子宮動脈は，内腸骨動脈の根部の前壁から臍動脈とともに分岐するため，まず仙骨岬角を基点としてその少

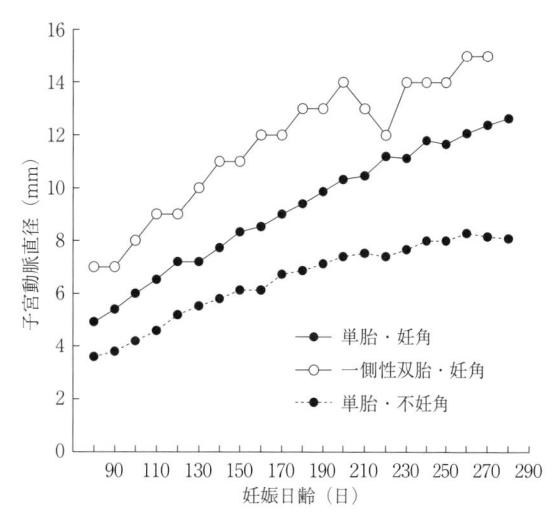

図 8.27 牛の妊娠経過に伴う子宮動脈の発育

し前方をさぐれば，容易に腹大動脈から分岐する内腸骨動脈を触知する．よって，これを伝わってさぐれば，臍動脈と共通根をもって起こり，その前壁から分岐して子宮広間膜の内面を前下方に走る子宮動脈を触知しうる．

不妊時においては，本動脈は細くやや扁平で触知困難であるが，妊娠第4月頃になれば太さは4～5倍に肥大し，血流によって膨満し隆起するので，手を腹腔に深く挿入して手掌を背側に向け，ついで手を後下方に引いて検査すれば，子宮広間膜をほとんど垂直に下る本動脈または分岐に触れる．

子宮蓄膿症および子宮水症の場合は，胎子に触れないこと，胎盤を欠くことによって妊娠と区別すること

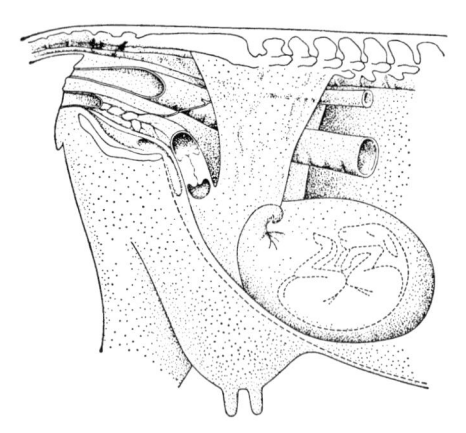

図 8.28 牛の妊娠子宮（5カ月，右角妊娠）
子宮は深く沈下する．

図 8.29 牛の子宮頸管粘液採取器（檜垣式）

ができる．また，子宮動脈の震動の程度によって判然とする．

〔第5月〕 子宮は，骨盤入口の前方において腹腔の前下方に沈下し（図 8.28），子宮の上面は腸管によって覆われるため，触知しがたくなる．したがって，この場合には子宮動脈の震動および子宮頸腟部の状態によって妊否を診断する．

〔第6月〕 子宮は再び上面に浮かび，第一胃によって右方に圧迫され，その上面は右膁部に達し，腸管を前上方に圧するため，腸管の一部は子宮を覆うようになる．手掌をもって子宮を軽く圧すれば，子宮の波動，胎動または胎子の一部に触れ，なお鶏卵大に発育した胎盤を触知する．

〔第7月〕 子宮は再び腹腔に沈下するため，直腸検査によって子宮を触知しがたいが，骨盤の前縁を腹腔に垂直に走る，上腕大の極めて柔軟に膨大した子宮頸に触ることができる．

c． 頸管粘液検査法

牛の子宮頸管は，発情期には充血弛緩し，透明な水飴状の粘液を多量に分泌するが，黄体期にはジェスタージェンの作用によって外子宮口は緊縮閉鎖し，頸管粘液は水分が減少し濃厚になって子宮頸管内を固く充填し，いわゆる粘液栓を形成し，子宮と腟の間を遮断する．妊娠期にはさらに著しくなり，粘液は粘着性が強くなり糊状あるいはゼリー状を呈するようになるので，この粘液性状の変化が妊娠診断に利用される．

まず，金属製の子宮頸管粘液採取器（図 8.29）を子宮頸管内に挿入し，先端の嘴状弁を上下に開閉して，子宮頸管第2～第3ヒダ内の粘液を採取する．

頸管粘液を検査するには2つの方法があり，その1つは粘着性の有無によって診断する方法である．すなわち，採取器の先端の弁を開いたときの粘液が水様あるいは卵白様で，上下の弁の間に広がったり糸をひく場合は妊娠陰性で，粘液が粘着性で弁の一部に限局して付着し，糊状またはゼリー状を呈している場合を妊娠陽性とする．もう1つは採取粘液の小塊（マッチ棒の頭大）をスライドグラスにとり，別のスライドグラスをその上に重ね，この2枚のグラスを親指と人差し指で保持して軽く押さえながら，2～3度回転して擦り合わせて圧片標本をつくり，粘液の付着状態から診断する方法である．この方法では，妊娠陽性の場合は粘液が細かく切断されて縮毛状に付着する．一方，不妊の場合は，細かく切断されず紐状となる（図 8.30）．両法ともに，妊娠35日以降における適中率は約95％とされている．

d． プロジェステロン測定法

不受胎牛では，次期発情期前に黄体が退行して血中プロジェステロン値が低下するが，受胎牛では黄体は妊娠黄体となり黄体期の値を維持する．また，牛乳中プロジェステロン値の推移は血中での推移と相関が高いことが示され，体液中プロジェステロン測定法が妊娠診断法として広く応用されるようになった．測定はRIA，EIA，TR-FIA により行われており，EIA および TR-FIA 測定キットが市販され臨床応用が容易になった．

授精後21～24日のプロジェステロン値を測定し，妊否を診断するが，その基準は血漿，血清および乳清の場合は，1 ng/mℓ以上の値を示した場合が妊娠陽性，それ未満を陰性とする．一方，全乳を検体として用いた場合には，10 ng/mℓ以上を陽性，5 ng/mℓを陰性とする．陰性の診断精度はほぼ100％である．ただし，体液中プロジェステロン値が高い場合でも，このことが妊娠の確徴を示すものではないことも認識しておく必要がある．

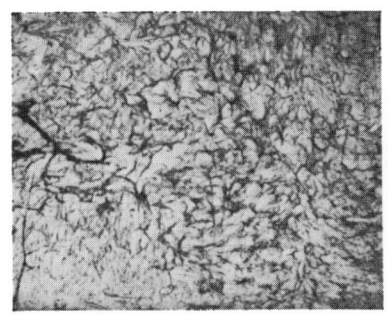

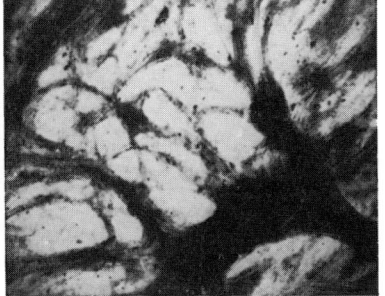

妊娠陽性（縮毛状）　　　　　妊娠陰性・黄体期（紐状）

図 8.30　牛の頸管粘液の付着状態（檜垣原図）

牛の体液中のプロジェステロン濃度は，様々な要因によって影響を受けるので，検体の採取も含めて測定条件を一定にすることが大切である．

e. エストロジェン注射法

妊娠の場合には，少量のエストロジェンを注射しても妊娠黄体から分泌されるプロジェステロンがエストロジェンと拮抗して，発情徴候の発現が抑制されることを利用した妊娠診断法である．人工授精後18〜20日で，次回発情予定の2〜3日前の牛に，合成エストロジェン（スチルベストロール）2〜3 mgを1回皮下注射し，注射後5日の間に発情徴候の現れなかったものを妊娠とし，発情徴候の発現したものを不妊とする．この方法においては，黄体遺残をもった例では誤診を招くことになる．

f. 超音波画像診断法　echography

数MHzの周波数の超音波パルスを断続的に体内に放射すると，組織や臓器の境界面からその一部が反射してくるが，この反射波（エコー；echo）の振幅に応じた明るさの強弱をモニタに表示し，体の断面像を描写することが可能となった．これに用いる装置を超音波画像診断装置という．断層像を得るために，超音波で体内を走査（scanning）する必要があり，主としてリニア/コンベックス電子走査方式がとられている．牛の妊娠診断の場合は，超音波の送受信のための探触子（probe）を直腸内に挿入して行うが，これによって胎子自体だけでなく，胎動や心拍動などを無侵襲的に画像化することができる．

本法では，妊娠20日頃より胎嚢（gestational sac）がエコーフリー像として観察され，30日を過ぎれば胎嚢の中に約1 cmの胎子のエコー像が認められ（図

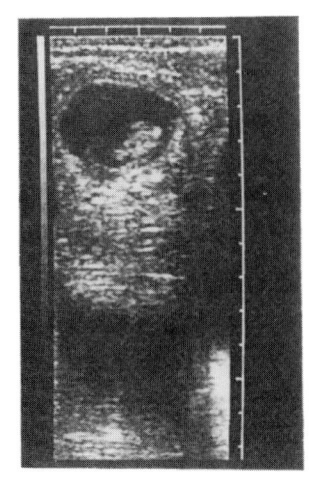

図 8.31　超音波画像診断法による妊娠35日の胎嚢内の牛胎子像（百目鬼原図）

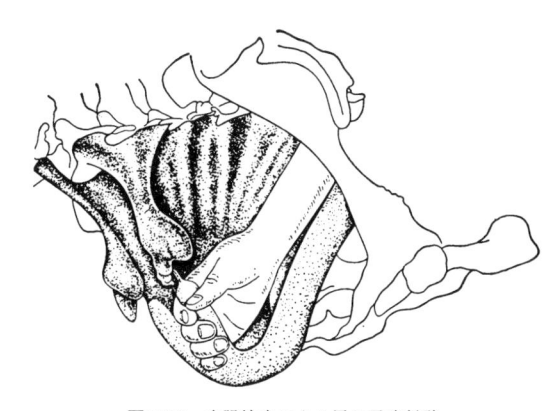

図 8.32　直腸検査による馬の子宮触診
左子宮角は右手で触診する．

8.31），さらに胎子の心拍動がみられる．双胎診断，胎子の雌雄判定などにも有効な手段として利用できる．

なお，本法は牛ばかりでなく大小各種の動物の妊娠診断にも応用される．　　　　　　　〔竹之内直樹〕

(2) 馬の妊娠診断法

a. 直腸検査法

馬の子宮はY字型を呈し，左右の子宮角は頭側に開いて伸長するため，片手で両子宮角およびその先端の頭側に位置する両側卵巣を触診することは困難である．したがって，左の卵巣および子宮角は右手をもって，右の卵巣，子宮角は左手をもって触診する（図

8. 受精，着床，妊娠および分娩

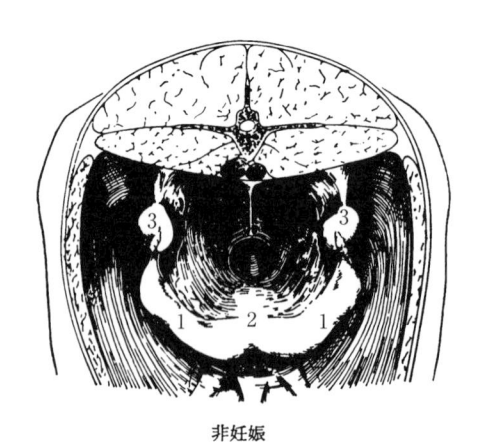

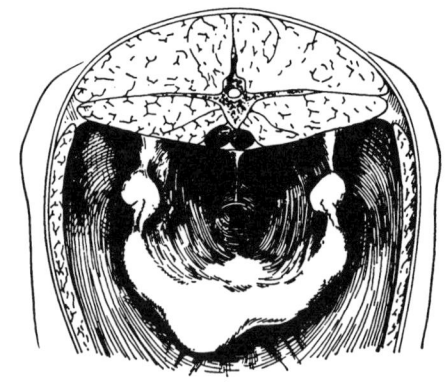

非妊娠   妊娠60日

図8.33 馬の子宮 (Roberts, 1971)
1：子宮角，2：子宮体，3：卵巣．

8.32)．

[直腸検査による妊娠所見]

〔第1月〕 第3週までは子宮は緊張・肥厚して，子宮角は腸詰様を呈し，胚は子宮角と子宮体の移行部に存在し，胎囊にはまだ胎水が少なく，弾力性を有する指頭大のやや硬い物体として触知されることもある．

月末（第4週）となれば，胎囊は半ば胎水によって満たされ，大きさは鶏卵大となり，背側面はわずかに隆起するが，腹側面は扁平な胞状となり，子宮は緊縮性を失って柔軟となる．この時期における子宮の妊娠徴候はあまり明瞭でないが，子宮角と子宮体の移行部を親指と4指の間に置いて軽く触診するか，これを手掌にのせて親指で背側面を軽く圧して，水胞様物が胎膜に包まれた限局性のものか，または子宮内における分泌液の貯留であるかを確かめる．

〔第2月〕 胎囊は手掌大に達し，胎水の増加により子宮は限局性に波動性を帯び，妊角は肥大して子宮角は左右対称性を失う（図8.33, 8.34）．月末になれば，妊角側の子宮動脈は肥大する．

〔第3月〕 子宮は小児頭大～人頭大の大きな水囊状となり，漸次腹腔に沈下し，妊角側の子宮広間膜は緊張する．このため，上方から下方に垂直に走る子宮間膜の頭側縁に触れることができる．この時期には子宮が大きくかつ深く沈下するため，手を子宮の腹側面に当てることは不可能となる．

この時期において，妊娠との鑑別を要するのは，子

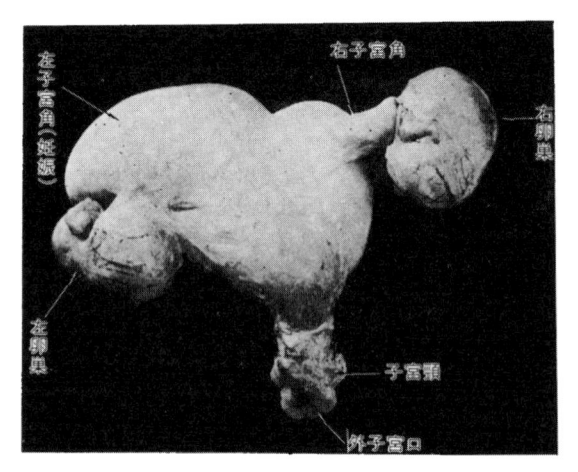

図8.34 馬の妊娠子宮（60日）

宮蓄膿症および子宮水症である．これらの子宮角は一般に左右対称であり，子宮壁は初期にあっては肥厚するが，慢性のものは粗剛または菲薄となり，あるいは弛緩して収縮力を欠き，子宮内には移動性の分泌液あるいは膿汁を貯留し，かつそれは限局性でない．また腟検査を行えば，子宮頸腟部の腫大，充血，外子宮口の哆開，膿性滲出液の漏出などを認める．子宮蓄膿症は馬には稀で，多くは化膿性の子宮内膜炎で，膿汁は腟に流出する．

〔第4～5月〕 子宮は水囊状を呈して，骨盤入口をふさぐ状態になるため，直腸検査によりこれを越えて手を腹腔に進めることは困難で，4カ月の末になれば胎子の一部を触知しうる．

〔第6～7月〕 子宮は腹腔に沈下し，空腸および

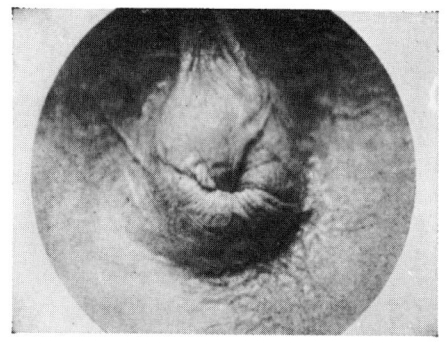

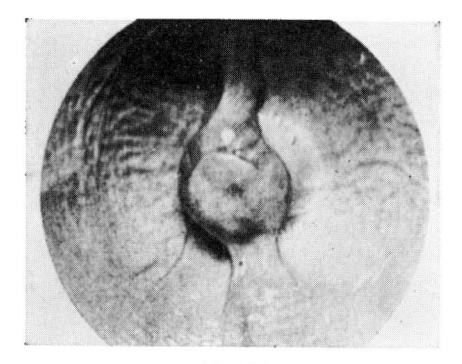

不妊所見　　　　　　　　　　　　妊娠所見

図 8.35 馬の子宮頸腟部，外子宮口の状況（佐藤・星原図）

盲腸がその上を覆う状態となるため，これを触知することはできないが，子宮体の後方は上腕大の索状体として，恥骨の頭側縁を下腹壁に向かって頭側下方に走行するのが触知される．子宮間膜は緊張し，妊角側の子宮動脈は強く拍動し，かつ血管起始部を軽く圧すれば血管の妊娠特異的な震動が触知される．これは，妊娠時における子宮動脈の特徴である．本動脈は不妊馬においては細いが，妊娠馬では人差し指または中指大となる．震動は妊期が進めば不妊角側にも現れ，また子宮炎などの初期にも認められるが，その程度は弱い．

〔第8月〕　子宮が再び骨盤腔に上昇するため，骨盤腔において運動する胎子の一部に触れることができる．

b. 腟検査法

妊娠期には，腟粘膜は充血がなく乾燥し，粘液は粘着性を帯びるため，腟鏡の挿入に際しては抵抗がある．抵抗感は第3〜4週から現れ，第3〜4カ月頃に最も強くなる．

外子宮口は，しばしば灰白色の濃厚な粘液によって封鎖されるが，これをほとんど認めない場合もある．外子宮口は単に閉鎖するのでなく，その上下唇が緊縮してほとんど認められなくなる（図8.35）．

子宮頸腟部は，しばしば左または右に偏し，力強い緊縮感を帯びるのを特徴とする．

第6〜7カ月には子宮は腹腔に沈下するので，子宮頸腟部は前方に牽引され，そのため腟腔は長径を増し，内腔は細く狭小となり，子宮頸腟部は上方または左，右に偏することが多い．

腟粘液は，やや増量して糊状を呈するが，しだいに

A：腟垢採取器

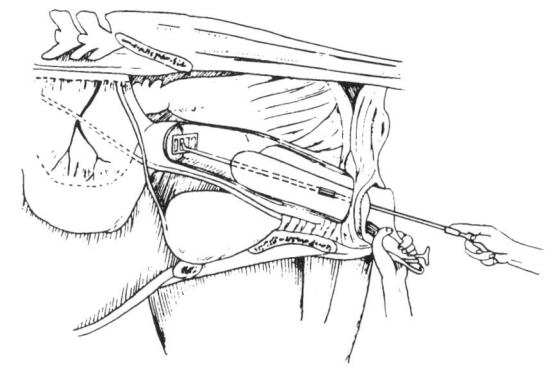

B：腟垢採取のやり方

図 8.36 馬の腟垢採取法（スタンプスメアー法）

粘着性がなくなるので，腟鏡の挿入抵抗は減弱する．

c. 腟粘液検査法

子宮頸腟部粘液の所見に基づく妊娠診断法で，押捺腟垢法（佐藤・星，1936）と顕微鏡検査法（黒澤，1929）の2法がある．

ⅰ）**押捺腟垢法（スタンプスメアー法：stamp smear method）**　子宮頸腟部の粘液をグラスに押捺して，粘液の付着状態および性状によって診断する方法である．粘液採取の際に，グラス面を素早く外子宮口に押圧し，外口部の粘液をそのままの状態でグラス上に写しとることが大切である（図8.36）．

妊娠期には，粘液は灰白色半透明，粘着性糊状を呈する．妊娠早期には，粘液は通常少量であるため，外子宮口部の形態のままに微細緋状に付着する．発情終

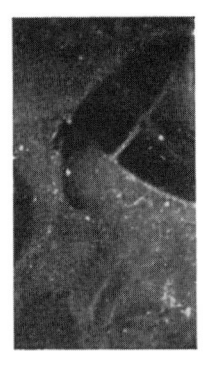

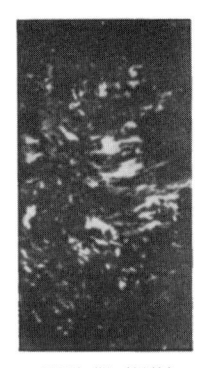

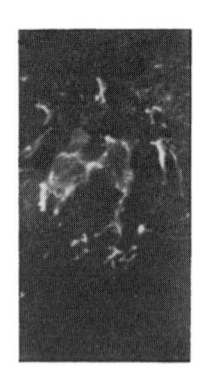

8. 受精，着床，妊娠および分娩

| 発情期（びまん性） | 不妊（雲状） | 妊娠初期（絣状） | 妊娠中期（絣状） |

図 8.37 馬のスタンプスメアー所見（佐藤・星原図）

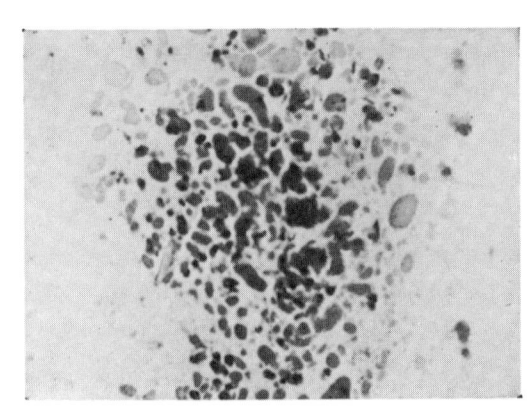

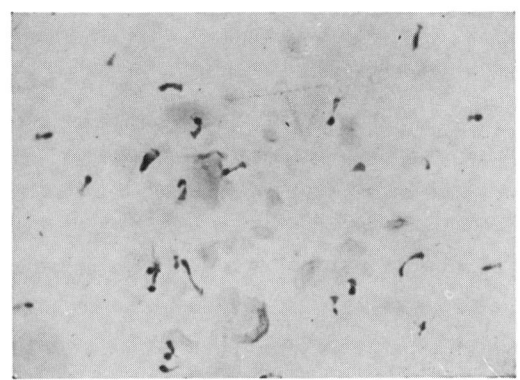

粘液球，粘液凝塊　　　　　　　　　　　線毛上皮細胞

図 8.38 妊娠馬の子宮頸腟部粘液の顕微鏡所見（ギムザ染色，佐藤・星原図）

了後30日頃から粘液は増量するので，小塊状となって斑点状または糊を塗抹したような状態に付着する．粘液は，妊娠第5カ月までは極めて濃厚で粘着性が強く，糊状を呈し，その後はしだいに湿潤となって粘着性を失うが，外観はなお糊状を呈する．ただし，妊娠末期には粘液は淡紅色に着色することが多い．また妊娠陽性粘液は，乾燥後は半透明で光沢の強いことが特徴である．

不妊の場合は，粘液は希薄で水様または牛乳状を呈し，粘着性がなく流動性のものや牽縷性のものなど，まちまちである．粘液の付着状態は，びまん性のもの，斑紋状のもの，雲状のものなどがあり，乾燥後はいずれも光沢がない（図8.37）．

ⅱ）**顕微鏡検査法**　押捺法で得たグラス上の粘液をそのまま乾燥し，メタノール固定後ギムザ染色して鏡検する．

妊娠期には，スメアー中に無構造で光沢をもった細かい球状〜米粒状の粘液球，および無定形の粘液凝塊がみられ，その中に多数の変性細胞，特に線毛上皮細胞が認められる（図8.38）．

不妊の場合は，細胞成分としては線毛上皮細胞も少数みられるが，白血球が主体で，腟上皮細胞も認められ，粘液は薄く布状〜紐状を呈し，粘液球や粘液凝塊は全くみられない．

d. 超音波画像診断法

直腸用探触子（5.0 MHz）を用いて，牛の場合と同様の方法を行う．胎囊の画像は14〜20日で確認され（図8.39），胎子の心拍動は早いものでは18日齢，通常24〜25日齢から認められる．なお，胎囊の検出だけでは子宮内膜の囊胞と誤診することがあるので，胎子および胎子の心拍動を確認することが望ましい．

8.5 早期妊娠診断

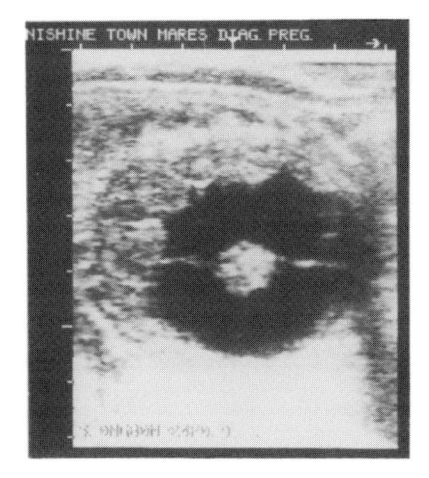

図 8.39 超音波画像診断法による妊娠 29 日の馬の胎嚢内の胎子像（金田提供）

e. ホルモンの検出による方法

妊娠診断にホルモン濃度測定を用いることは有用であるが，そのためには妊娠に伴うホルモン濃度の変化（図 8.20 参照），すなわちホルモン動態の十分な理解が基本となる．またこの場合，妊娠の時期（ステージ）に対応した妊娠診断の指標となるホルモンを選定して測定する必要がある．さらに，臨床的に妊娠診断に応用するためには，測定値の臨床的意義を評価できなければならない．

ⅰ） eCG の検出　馬の妊娠 40～120 日頃に血中に出現する eCG を検出することによって妊娠を診断する方法で，生物学的診断法と免疫学的診断法がある．

〔生物学的診断法〕　本来，婦人の尿中に妊娠 30～40 日頃から大量に排出され，妊娠 10 週頃に最高に達した後，減少して胎盤排出とともに消失する hCG を検出するための，Aschheim-Zondek 反応を eCG の検出に応用したものである．

〔免疫学的診断法〕　最も簡単で感度が良い急速反応は，ラテックス凝集反応である（De Coster et al., 1980）．これは，eCG 免疫グロブリンを吸着させたラテックス粒子が，eCG 存在下で凝集することを判定するものである．凝集が起こった場合には，妊娠陽性と判定する．

また，妊馬の血清中に存在する eCG が，抗 eCG 血清によって起こる eCG 感作羊赤血球の凝集反応を抑制すること（血球凝集抑制反応，HI テスト），あるいは同じく妊馬の血清中に存在する eCG が，抗 eCG 血清とゲル内沈降反応を起こしてバンドを形成すること（ゲル内沈降反応）を妊娠診断に応用したものもある．前者において，赤血球の凝集した場合は妊娠陰性，凝集しない場合は妊娠陽性と判定する．後者においては，バンドが認められた場合には妊娠陽性，バンドが認められなかった場合には妊娠陰性と判定する．これらの方法は，妊娠 50～90 日における適中率が高い．ほかに，RIA，EIA，RRA なども eCG 測定に用いられる．

eCG 測定による妊娠診断が最も有効な時期は，妊娠 50～80 日である．

ⅱ） エストロジェンの測定　馬では，妊娠 80～85 日頃から尿中に多量のエストロジェンが排出されるので，妊娠 150 日以降にこれを検出することによって妊娠診断が可能である．生物学的診断法と化学的診断法の 2 通りがあり，いずれも適中率は高いが，診断可能の時期が妊娠後半期に限られることは欠点である．また，血中のエストロジェン濃度やエストロンサルフェート（oestrone sulphate）濃度を測定することにより，妊娠診断する方法も提示されている．妊娠 85 日までに，非妊娠馬の最高濃度以上の値を示せば妊娠と判定する．

ⅲ） 乳中あるいは血中プロジェステロン測定　妊娠馬の乳中あるいは血中のプロジェステロンも牛と同様に，不妊で発情が回帰する時期には低値を示す．交配後 16～22 日の検体を用い，その濃度水準から妊否を診断する．機能的黄体（妊娠黄体）が存在する場合には，血中プロジェステロン濃度は 5 ng/mℓ 以上を示す．　　　　　　　　　　〔加茂前秀夫〕

(3) めん羊，山羊の妊娠診断法

a. 超音波画像診断法

超音波画像診断装置により，交配後 20 日以降より受胎産物の描出が可能となる．交配後 40 日前の診断は，経直腸 5.0～7.5 MHz のリニアまたはコンベックスプローブを，40 日以降は，体表用 3.5～5.0 MHz のリニアまたはコンベックスプローブを使用する．経直腸により診断する場合は動物を立位に，体表より診断する場合は立位あるいは仰臥位に保定する．

経直腸プローブを使用することにより，交配後 20 日以降に胎嚢が初めて認められるようになり（図

8. 受精,着床,妊娠および分娩

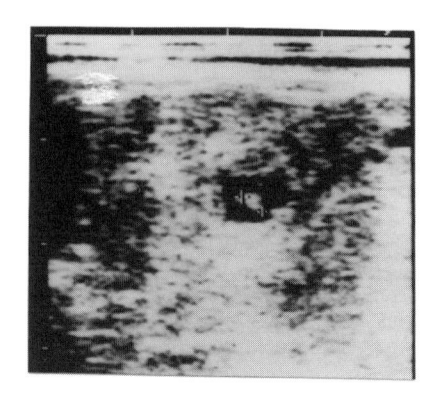

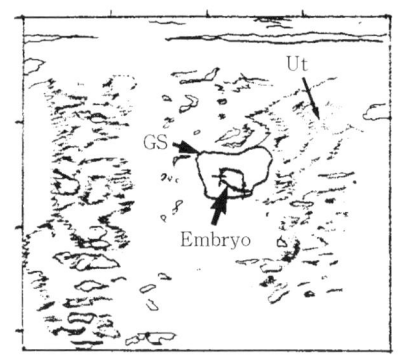

図 8.40 山羊における胚(交配後 21 日)の超音波画像(加茂前原図)
GS:胎囊,Ut:子宮,Embryo:胚.

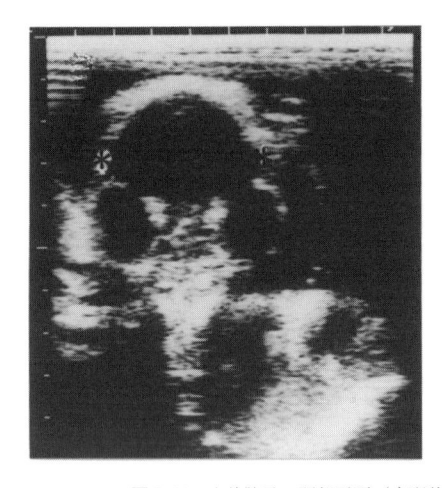

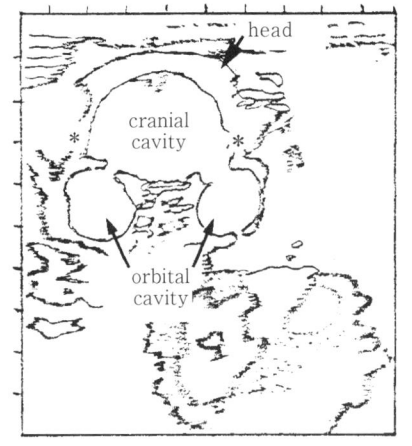

図 8.41 山羊胎子の頭部正面(交配後 109 日)の超音波画像(加茂前原図)
head:頭,cranial cavity:頭蓋腔,orbital cavity:眼窩腔.＊印の間は頭部大横径.

8.40),またほぼ同時期に胚が観察される.その後,器官形成が進み,心拍動,神経管と体節,四肢,胎動,胎盤節,肋骨が描出されるようになる(表8.12).

交配後 40 日を過ぎると,体表からの診断が容易である.被毛の少ない鼠径部体表にエコーゼリーを塗布し,プローブを密着させ子宮内を観察する(図 8.41).

胎齢を推定する方法として,頭尾長,躯幹横径および頭部大横径を測定する方法が有効である.また多胎診断としての胎子数を確認するためには,交配後 40 日前後までの診断の方が精度が高く,この時期を過ぎると,ステージが進むにしたがって胎子数を確定するのが難しくなる傾向がある.

b. ノンリターン法

めん羊では,クレヨンを用いたマーキングハーネス

表 8.12 シバヤギの胚,胎子およびその付属器官において特長的所見が初めて観察される妊娠日数

所 見	妊娠(交配後)日数
心 拍 動	24
神経管と体節	34
四 肢	34
胎 動	37
胎 盤 節	42
肋 骨	45

と呼ばれる補助器具を装着した雄羊を導入することにより,一定期間ごとにクレヨンの色を変化させて雌の発情発現や交配の有無を確認し,次回の発情が停止していると判断される場合を妊娠陽性とする方法があ

る．しかし，このような発情周期の停止（ノンリターン）を妊娠徴候としてとらえることは，一定の有用性はあるが，実際上妊娠の確定には十分とはいえない．めん羊や山羊は季節繁殖動物であるが，非繁殖季節に移行する時期では生理的に発情の回帰が停止することも診断の精度を下げる要因になる．また，山羊においては妊娠しているにもかかわらず，発情徴候に類似した行動がみられる傾向にあることが報告されている．妊娠以外の要因により，発情が停止する場合があることも注意する必要がある．

c. プロジェステロン測定法

他の動物と同様に，交配後の一定の時期に，血中，乳汁中あるいは糞中のプロジェステロン濃度を測定することは，早期妊娠診断の一助となる．交配後 15～17 日のめん羊における血中プロジェステロン濃度を測定した妊娠診断において，妊娠陽性および陰性の的中率は 85% 前後であることが報告されている．山羊では交配後 19～22 日において，妊娠している場合の血中プロジェステロン濃度は通常 1.5 ng/mℓ 以上を示し，1 ng/mℓ 以下の場合に妊娠陰性と判断される．乳汁中および糞中のプロジェステロン濃度は，血中のプロジェステロン濃度の推移と同様に変化することが知られている．乳用山羊において，交配後 19～22 日における乳汁中プロジェステロン濃度が 1.5 ng/mℓ 以下に低下している場合，妊娠陰性と判断される．

しかしながら，めん羊，山羊における妊娠と非妊娠のプロジェステロン濃度の差は小さく，かつ個体間のばらつきも大きいため，確実な妊娠診断のためにはほかの方法を併用する必要がある．　　〔田中知己〕

（4）豚の妊娠診断法

豚の妊娠診断法は，かつてはノンリターン法が主体であったが，最近では超音波画像診断法の普及・利用が顕著となっている．豚の超音波診断装置を用いた妊娠診断では，基本的には体表からの測定・判定が主体となる．診断に際しては，それぞれの特徴と診断場所での環境条件などを考慮し，最も利便性が高く精度の高い機器・手法を選択する必要がある．

なお，妊娠診断を精度高く確実に実施することにより，生産性の指標ともなっている非生産日数（non productive days；NPD）の抑制に有効であることから，交配後 1 周期経過前の時期での早期妊娠診断の実施と活用が今後は重要である．

a. 超音波診断法　ultrasonic pregnancy diagnosis

ⅰ）**超音波画像診断法（B モード法）**　体表用探触子の表面にエコーゼリーを塗り，左または右の最後乳頭から 2 番目付近，すなわち前膝の直前で下腹部の皮膚に密着させ，体の中心部に向け胎嚢および胎子の画像を探索する．豚を保定する必要はなく，通常起立位で行う．胎嚢は交配後 18～21 日で，胎子は 25～26 日以後に確認できる．診断時には，卵巣嚢腫との鑑別に注意し，可能な限り妊娠の確徴である胎子の確認を行うことが重要である（図 8.42）．なお，診断機器は衛生面のことも考慮し，できるだけ農場常備の機器で実施するようにする．

ⅱ）**超音波ドップラー法**　ultrasonic Doppler method　超音波のドップラー効果を利用して，胎子の心拍動を検出して妊娠の成否を確認する方法である．胎子と母豚の心拍数の比較は，その早さにより区

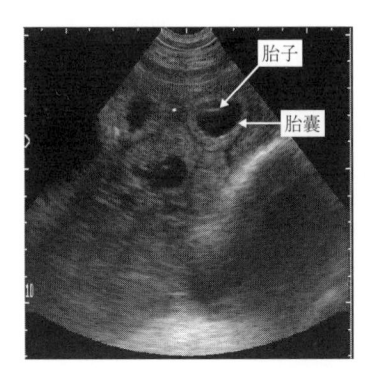

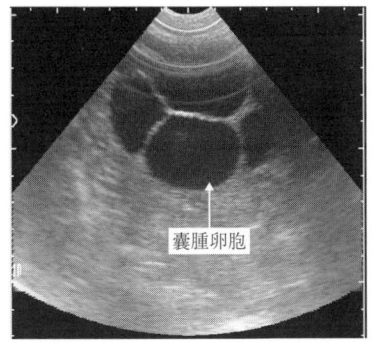

図 8.42　豚の妊娠子宮と卵巣嚢腫の超音波検査所見（伊東原図）
左は妊娠 24 日齢の子宮，右は多胞性大型嚢腫の卵巣．

分は容易であり，胎子が死亡している場合には確定診断ができない．本法による妊娠診断は，豚の安静時に行うことが必要で，採食後豚が横臥しているときが良い．診断部位は，妊娠中期以降は下腹部，側腹部のどこでも良いが，妊娠40日前後では後から2～3番目の乳頭付近か膝襞直前の膁部が良い．胎子の心拍動ドップラー信号は180～240回/分で，速いリズムで聴取され，母体の心拍数（通常100回/分以下）よりも多いので容易に区別される．

iii) **超音波エコー法（Aモード法）** ultrasonic echo method　超音波診断の初期には広く利用されていたが，画像診断法が普及した現在は利用率が低下した．子宮内の羊水と膀胱内の尿の鑑別などが必要である．

b. ノンリターン法

胚が伸長化を開始すると，早期妊娠因子を産生することにより母体は妊娠を感知し，黄体の退行が阻止されるため，妊娠徴候の1つとして発情回帰が中断される．このことを利用し，最も簡易な妊娠診断法として利用される．しかし，交配後の卵巣機能障害で無発情となる場合には，誤診の一因となることがある．

c. 深部腟内電気抵抗値測定法　vaginal electric resistance；VER

内分泌環境を反映して，深部腟内の電気抵抗値は卵胞発育期には低下し，黄体期には高値を示すことが知られている．このことを応用し，受胎豚は黄体が維持されることから，交配後17～18日でVER値が一定以上である場合に受胎の可能性が高いと判定され，約95%の適中率があることが認められている（伊東, 2005）．

本法は，給餌時に外陰部を消毒アルコールで清拭し，測定器のプローブを腟内深部に挿入して測定する簡易な測定法である．

d. 直腸検査法

本法は直腸内からの触診により，主として子宮動脈の震動（妊娠拍動，砂流感），およびこの動脈と外腸骨動脈の太さの比較，さらに場合によっては卵巣の触診所見に基づいて妊娠を診断する方法である．経産豚（概ね体重150 kg以上）では，直腸内に手を挿入して子宮動脈と外腸骨動脈を触診することは容易であり，未経産豚であっても大型品種の場合では，多くの場合に子宮動脈の触診は可能である．

両動脈の太さの比は，非妊娠時と妊娠2カ月未満では1/2以下，3カ月目では1/2以上，4カ月目ではほぼ1となるので，妊娠3カ月以降ではこの変化からも妊娠診断ができる．子宮動脈の震動は，交配後最も早い例では17日，遅いものでも3週以降には触知されることが多い．また，発情予定日前後における子宮頸の腫脹・硬直度とともに，卵巣を触診して黄体の存在と形態所見を合わせて診断することにより，的中する精度は飛躍的に向上する．

直腸検査による豚の妊娠診断は，対象豚の体格と術者の体格により，ときとして手指の挿入が困難な場合も認められる．ただ，基本的にはストール内で給餌中に実施すれば，無保定で特殊な機器や煩雑な実験室的検査を必要とせず野外において簡便に実施でき，即時判定できることは利点である．さらに，不妊のもので卵巣嚢腫や卵胞発育障害などの疾病の発生している場合には，これを早期に発見・治療できる利点がある．

e. その他

上記以外には，プロジェステロン測定法，エストロジェン測定法，エストロジェン注射法，腟粘膜組織検査法などがある．

〔伊東正吾〕

(5) 犬・猫の妊娠診断法

a. 犬の妊娠診断法

犬の着床時期は，卵子が未熟な状態で排卵され，また卵子および精子の受精能保有時間が長いため，交配後19～24日の幅がある．

妊娠子宮の形態は，図8.43～8.46に示すように，妊娠35日までは各着床部の膨らみが明瞭であるが，それ以降は着床部が膨大してその境界が不明瞭となる．胎子数にもよるが，妊娠40日を過ぎると腹部が増大し，前肢を持ち上げると下腹部の膨らみがわかる．

i) **腹部の触診法**　犬の腹部触診による妊娠診断は，犬がリラックスしていることが重要で，妊娠25日前後が最も容易に行うことができる．

妊娠子宮の着床部の膨らみは，両手で腹部を圧することによって触診することができ，腹腔内臓器，宿糞とは異なり，ピンポン玉様の硬い着床部を触知することができる．妊娠35日を過ぎると，胎水が増加して，着床部の膨らみが軟化するため腹腔内の臓器との区分

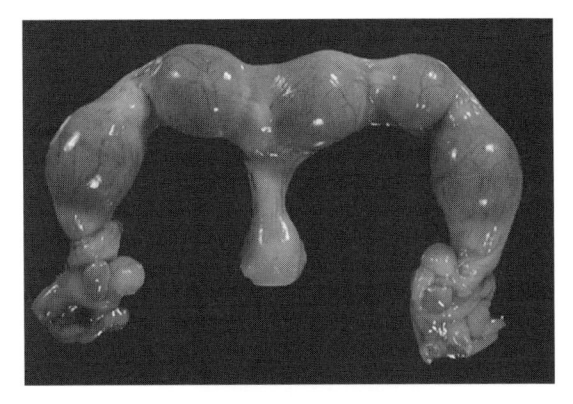

図 8.43　妊娠 25 日の犬の子宮

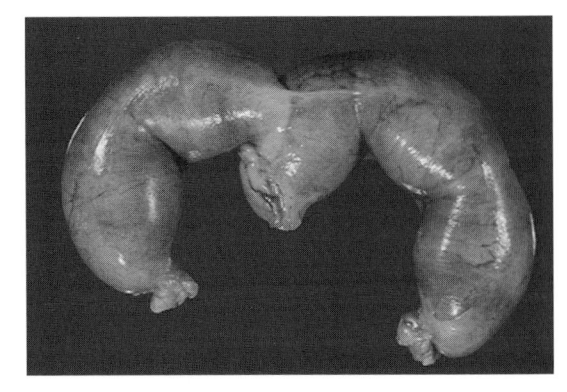

図 8.45　妊娠 40 日の犬の子宮

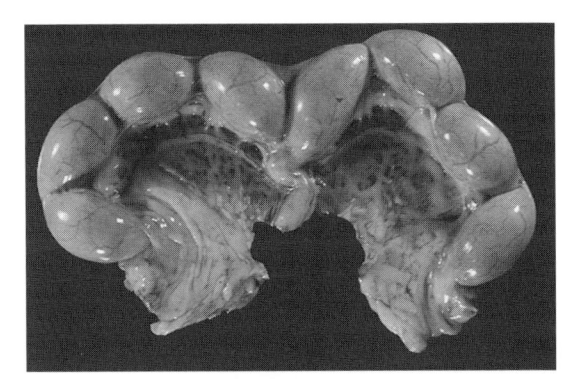

図 8.44　妊娠 35 日の犬の子宮

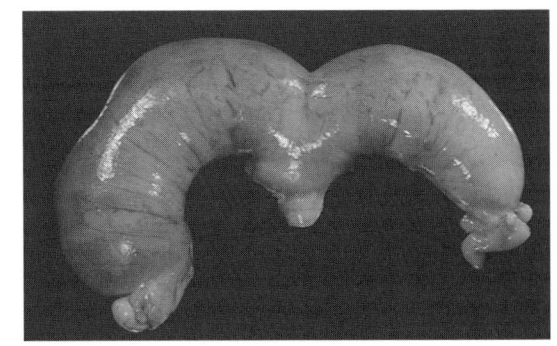

図 8.46　妊娠 50 日の犬の子宮

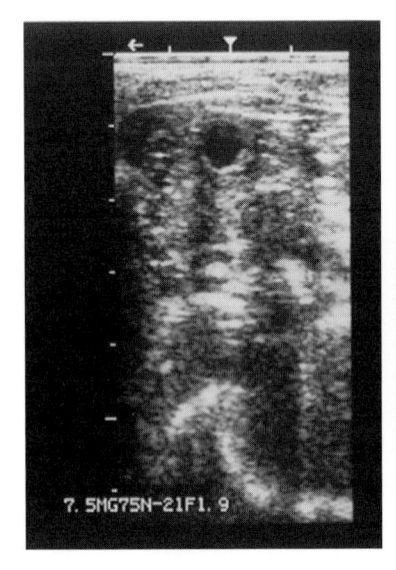

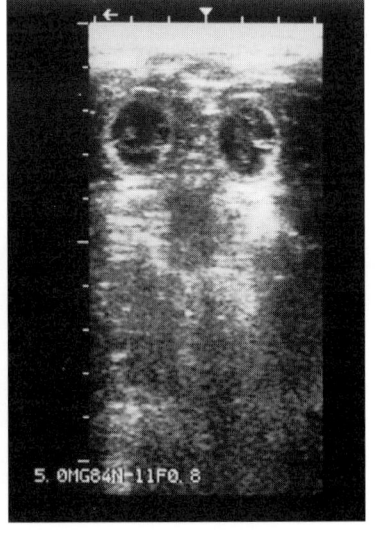

排卵後 22 日　　　　　　　　　　排卵後 23 日

図 8.47　超音波画像診断装置による犬の妊娠診断

8. 受精, 着床, 妊娠および分娩

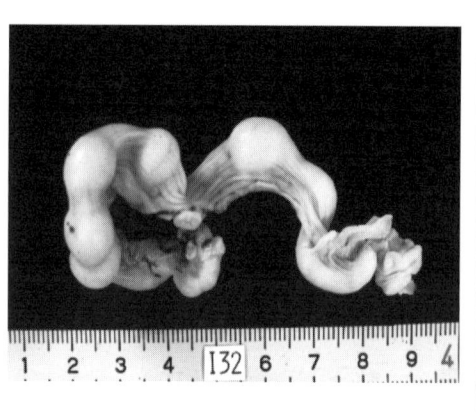

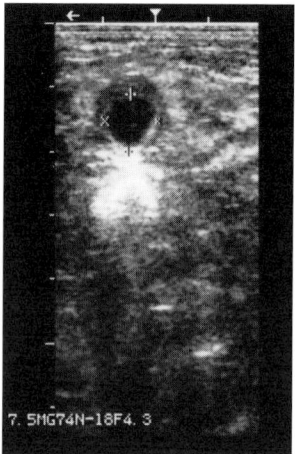

図 8.48　猫の妊娠 15 日の子宮および超音波画像

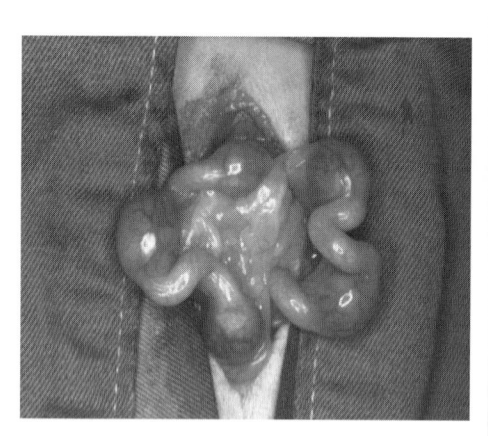

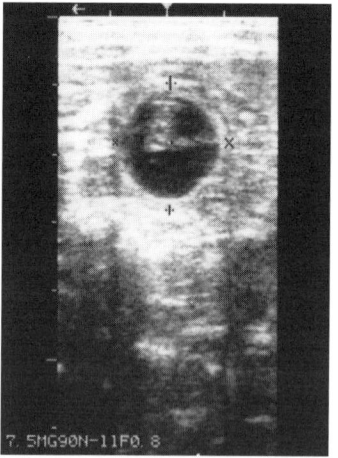

図 8.49　猫の妊娠 20 日の子宮および超音波画像

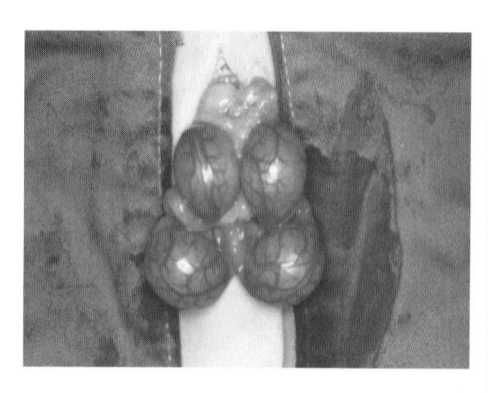

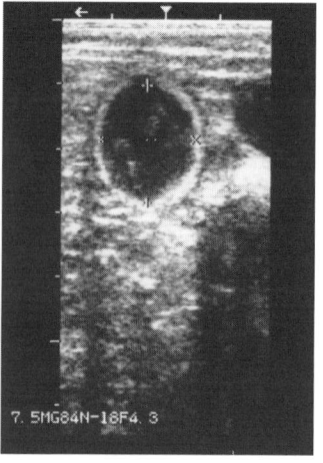

図 8.50　猫の妊娠 25 日の子宮および超音波画像

が困難となる．このため，腹部の触診による診断は妊娠 30 日頃までに行うと良い．なお腹部触診によって，胎子数を正確に数えることは困難である．

　ⅱ）**超音波画像診断法**（図 8.47）　超音波画像診断装置によって着床部をとらえることができるのは，着床後 2 日以降である．妊娠 24～25 日では胎子の心拍動をとらえることができ，胎子の生死の診断が可能となる．胎子数を正確に数えることは困難であるが，おおよその数を知ることは可能である．

　ⅲ）**X線による方法**　X線による妊娠診断は，胎子頭部の骨化度をとらえることで行うため，上記の 2 法に比較して遅れる．犬胎子の骨化は，妊娠 43 日に頭部で明瞭となるため，早期妊娠診断には本法は利用できない．したがって，犬では妊娠 55 日頃に胎子数を知る手段として X 線が用いられている．

　ⅳ）**ホルモン測定による方法**　犬の妊娠診断法として，胎盤から分泌されるリラキシンを，交配 35 日以降に血中で検出するためのキットが海外で販売されているが，超音波画像診断装置によって妊娠早期に診断が可能なため，あまり用いられていない．

　b．猫の妊娠診断法

　猫の着床は，交配後 13 日で，その後の妊娠子宮の形態の変化はほぼ犬と同様である．

　ⅰ）**腹部の触診法**　猫の腹部触診による妊娠診断法は，犬と同様の方法で行うことができ，妊娠 15～25 日の間が容易である．猫は犬に比較して胎子数が少ないため，妊娠 20 日前後には腹部触診法によっておおよその胎子数を数えることが可能である．

　ⅱ）**超音波画像診断法**　着床部のエコーフリー像（図 8.48～8.50）は，交配後 15 日から検出することが可能である．妊娠 25 日では胎子数をほぼ正確に数えることができる．猫の胎子は，妊娠の途中で一部が死滅することがあり，本法による胎子の生死の判別は臨床上有効である（図 8.51）．

　ⅲ）**X線による方法**　猫は犬に比較して体格が小さく，X 線によって子宮の形態および胎囊を確認することが，妊娠 20 日以降に可能となる．

　ⅳ）**ホルモン測定による方法**　猫においても，リラキシンの分泌母地は，犬と同様に胎盤である．このため，血中リラキシンを測定することによって妊娠診断は可能であるが，腹部触診法および超音波画像診

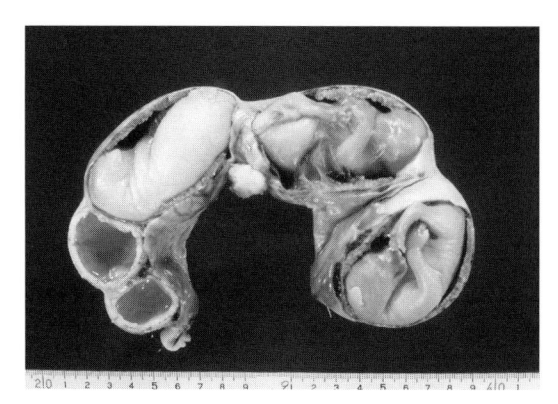

図 8.51　正常に発育した胎子（3 匹）と死滅胎子（2 カ所）

断装置に比較して，診断できる日数が遅れるため臨床的価値は低い．

〔筒井敏彦〕

8.6　分　　娩
parturition

（1）　分娩発来の機序

　分娩の開始は，子宮筋に周期的かつ不随意に起こる強い収縮，すなわち陣痛（labor pains）の発来に始まる．分娩発来の機序については従来種々の説が唱えられていたが，めん羊における実験成績（Liggins et al., 1977）から，分娩の発来に胎子が重要な役割を演じていることが明らかになり，胎子の主導のもと，母体側のホルモンと胎子側のホルモンの協同作用によって分娩が発来するという説が有力になっている．

　妊娠末期になると，胎子の副腎皮質からグルココルチコイドが分泌され，このホルモンが胎盤に作用してプロジェステロンの分泌を抑制し，同時にエストロジェンの分泌を増すとともにプロスタグランディンの生合成を促進する．これらの結果，母体血中のエストロジェンとプロジェステロンの比率が急増する．エストロジェンは子宮の運動性を増強し，オキシトシンに対する感受性を高める．この感受性が極限に達した状態で，生殖道に対して胎子による拡張刺激が加わると，神経内分泌反射によって下垂体後葉からオキシトシンが放出され，これによって子宮が強く収縮し陣痛が起こる．プロスタグランディン自体にも子宮収縮作用があり，特にめん羊，山羊では分娩の発来に大きな役割を果たしている（図 8.52）．

8. 受精, 着床, 妊娠および分娩

C : グルココルチコイド
E : エストロジェン
P : プロジェステロン
PG : プロスタグランディン

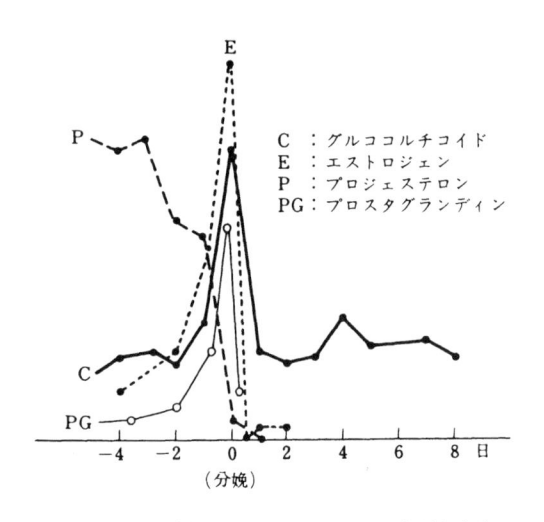

図 8.52 分娩前後の牛の血中ホルモン量の相対的変動

(2) 分娩発来の徴候

a. 外陰部の腫脹

分娩が近づくと外陰部は充血し, 腫大して柔らかくなる. 牛では子宮頸管を塞いでいた粘液栓が, 分娩の2〜3日前から軟化して流動性となり, 腟の深部に出てきて, やがて水飴様の粘液となって陰門から漏出する. 子宮頸腟部は腫大して拳大となり, 外子宮口は2〜3指を挿入できるくらいに哆開する. 馬では粘液の漏出はみられない.

b. 骨盤靱帯の弛緩

分娩の数日前から, エストロジェンやリラキシンなどの作用により, 骨盤はその縫合または靱帯が弛緩して可動性を増し, その結果産道が広げられる. 牛では, 広仙結節靱帯や仙腸靱帯の弛緩によって尾根部両側が陥没し, 分娩2〜3日前には特に著明になる. 臁部もまた著しく陥没して, 腰椎および仙骨の境界が明瞭となる.

c. 乳房の肥大

牛における乳房の肥大は, 分娩の接近とともに著明になり, 分泌物は当初はグリセリン様の液であるが, しだいに初乳様の液となる. 馬においては, 乳頭の腫脹とともに, 乳頭尖への蝋様物 (ヤニ) の付着がみられるようになる.

d. その他

分娩が間近になれば, 妊娠動物は不安の状態を示し, しばしば腹部を省み, 落ち着きがなく舎内を歩きまわり, 起臥を繰り返し, 前肢で床をかくなどの動作を示す. また排尿の回数が増え, 少量ずつ頻繁に尿を漏出する.

牛では, 妊娠末期になると体温の動揺がみられ, 分娩前約4週には平温より高くなるが, 分娩1日前になると0.5〜1℃低下するものが多い. 犬では, 分娩前2日まで体温はだいたい38.0〜38.1℃と一定しているが, 分娩の約20時間前から低下し始め, 約10時間前に36.4〜37.2℃の最低値を示す.

分娩予定日が近づき, または分娩発来の徴候がみられれば, 妊娠動物をあらかじめ敷わらを十分に入れた, 乾燥して清潔で静かな分娩室に収容し分娩を待つ. 豚では, 母体による産子の圧死を防ぐために分娩柵を用いる.

(3) 産 道 birth canal

産道とは, 分娩に際して胎子が通過する経路で, 骨盤, 子宮頸管, 腟および外陰部が含まれる. このうち骨盤を骨部産道 (bony birth canal), その他を軟部産道 (soft birth canal) という.

a. 骨 盤 pelvis

骨盤は, 一対の寛骨 (os coxae), 仙骨 (os sacrum) および尾骨 (coccyx) の一部 (骨盤を形成する尾骨の数は動物種によって異なる) によって構成され, これらが骨盤靱帯 (pelvic ligaments) によって結合されている. 寛骨は, 腸骨 (os illium), 恥骨 (os pubis), 坐骨 (os ischii) が癒合したものである. 骨盤によって囲まれる腔を, 骨盤腔 (pelvic cavity) という.

骨盤上壁は仙骨および尾骨から, 骨盤下壁は坐骨および恥骨から, 骨盤側壁は腸骨, 広仙結節靱帯の内面および坐骨枝の内面によって形成され, 側壁の後部は腱膜および筋肉によって骨盤軟部をつくる.

骨盤腔の前方, すなわち腹腔に面した広い開口部を骨盤入口 (pelvic inlet) といい, その形は牛が縦楕円形, 馬が心臓形, 豚, めん羊, 山羊が円形に近い楕円形を呈している (図 8.53). 各種動物の骨盤の直径は表 8.13 に示すとおりである. 骨盤入口は腹後方に傾斜しているが, その傾斜度は動物種によって差がある. 骨盤腔の後方, すなわち外陰部に向かった開口部を骨盤出口 (pelvic outlet) という. 骨盤腔内には上側に直腸, 下側に子宮と腟が通っており, さらにその下側に膀胱が

8.6 分　　娩

馬

豚

牛

めん羊

犬

猫

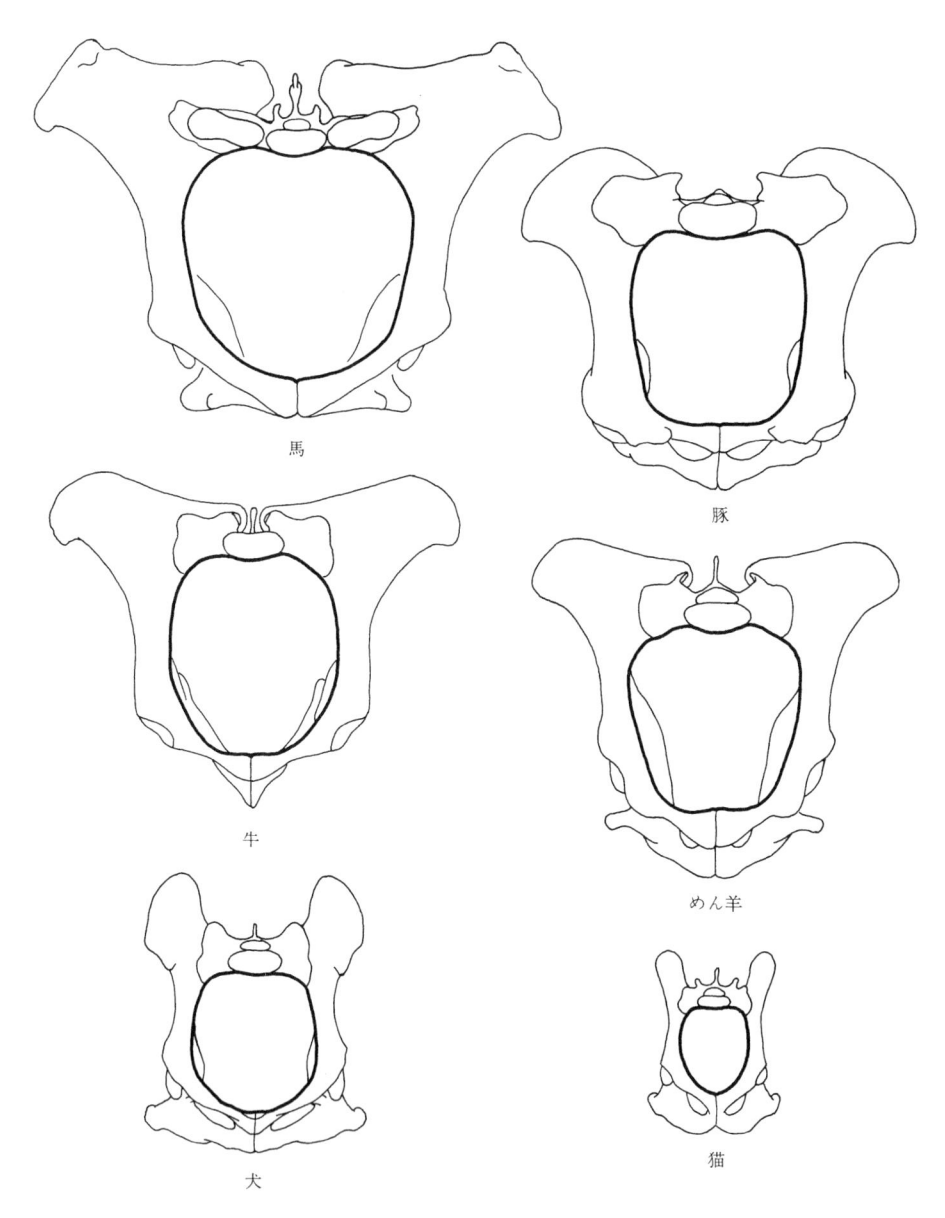

図 8.53 雌の骨盤（Roberts, 1971）
骨盤入口を太線で示す．

ある．
　骨盤靱帯は，妊娠末期にはエストロジェンおよびリラキシンの作用で弛緩する．大動物では，特に仙腸靱帯，広仙結節靱帯が弛緩するため，骨盤はわずかに可動性となるが，胎子の通過は容易でない．
　分娩の際に胎子の体の縦軸が骨盤腔を通過する仮想線を，骨盤軸（pelvic axis）または産軸という．これは産道の中心線を意味し，胎子を引き出す場合には，

表 8.13 雌の骨盤の直径（Roberts, 1971）

動物種	仙骨恥骨間径 （骨盤入口上下径）	両腸骨節間径 （骨盤入口中横径）
馬	20.3 〜 25.4 cm	19.0 〜 24.1 cm
牛	19.0 〜 24.1	14.6 〜 19.0
めん羊	7.6 〜 10.8	5.7 〜 8.9
豚	9.5 〜 15.2	6.3 〜 10.2
犬	3.3 〜 6.3	2.8 〜 5.7

骨盤軸に沿って行わねばならない．骨盤軸の型は，動物種によって異なる．牛では骨盤軸が入口に向かって上行し，骨盤腔でほぼ水平となり，出口が高いため再び上行するので，破線を描く．その上，骨盤底が下方に彎入し，骨盤側壁は骨部が高く，上壁には仙骨岬角が突出しているので難産になりやすい．馬は骨盤軸が緩やかな弧を描き，骨盤底が水平に近く，側壁は骨部が低くて大部分が広仙結節靱帯からなっているので，分娩機構は牛よりはるかに有利である（図8.54）．

分娩に際して，骨盤を通過するのに問題になるのは，胎子の頭，胸，腰の3部である．胎子の頭部の縦径は骨盤の縦径より小さいが，化骨していて収縮性がなく，しかも頭を伸長した両前肢の上にのせて出てくるため，実際には頭の高さと前肢の太さを加算したものになる．これは前肢の伸長の程度によって差があり，前肢を十分に伸ばしたときに最小となる．胸部の縦径は骨盤入口の縦径より大きいが，分娩の際に肋骨は後方に圧迫されて深さを減じ，肩甲骨は前肢の伸長によって傾斜して縦径を減ずるため，比較的容易に骨盤を通過する．腰部の横径は骨盤入口の横径よりやや小さいが，収縮性がないため骨盤の通過は比較的困難である．この場合，胎子を45～90°回転して腰部を骨盤に対して斜めにすると，通過が容易となる．

b. 軟部産道　soft birth canal

軟部産道は，子宮頸管，腟および陰門からなり，分娩時に胎子の通過に際して広く拡張されるところである．腟は抵抗が少なく拡張が容易であるが，子宮頸管および陰門は拡張力が乏しく，分娩時に抵抗がある．子宮頸管は胎胞の形成および胎子の先進部により，外陰部はもっぱら胎子の先進部によって拡張される．子宮頸管の拡張の難易は，その構造，初産および経産の別によって異なり，馬は最も容易であるが，反芻動物および豚は困難である．また，一般に初産のものは経産のものに比べて困難なことが多い．

軟部産道は分娩時には著しく拡張され，容易に損傷を起こしやすい状態にあるため，助産に際しては必ず消毒を厳重にし，かつこれの保護に留意すべきである．

(4) 娩出力　expulsive power

娩出力とは，胎子を子宮から体外に産出させる力で，子宮筋の収縮による陣痛が主役であり，これに腹圧，努責および腟壁の収縮が加わる．

a. 陣痛　labor pains

陣痛とは，オキシトシンの作用により分娩時に周期的かつ不随意に起こる子宮筋の収縮で，子宮頸管の方向に律動的に起こり，常に疼痛を伴う．単胎動物では，子宮角の前端から後方に及び，子宮頸は静止している．多胎動物では，子宮頸管に近い胎子の直前の部分から始まって，ほかの部分は静止している．

陣痛は徐々に始まり，子宮広間膜の収縮挙上によって子宮が引き上げられ，骨盤腔に近づくにつれて子宮の収縮はしだいに強くなる．この時期を進行期という．ついで子宮の収縮は最高に達し，子宮壁は著しく硬くなり，疼痛も激烈になる．この時期を極期という．そして子宮が漸次弛緩する退行期を経て，しばらく陣痛のない陣痛休歇期をおいた後，次の陣痛が始まる．

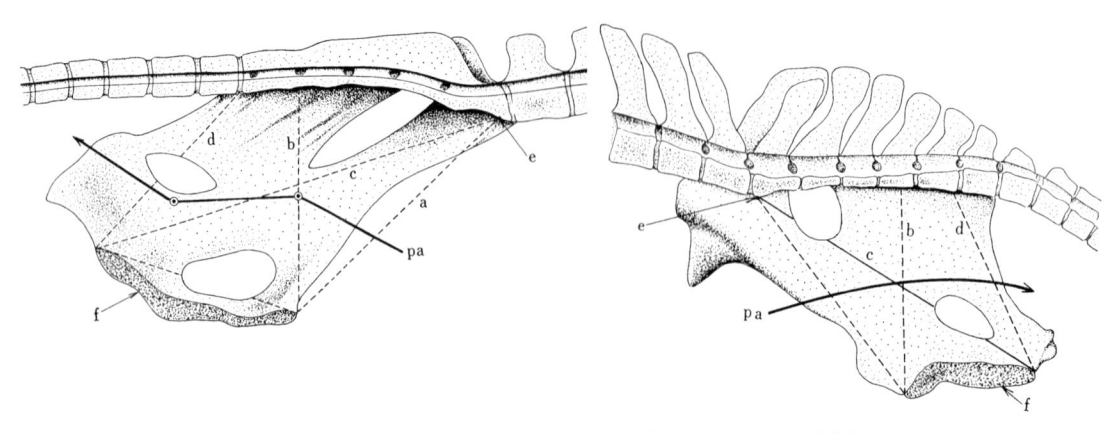

図8.54　牛（左）と馬（右）の骨盤軸の比較（Stossによる原図を改変）
pa:骨盤軸, a:骨盤入口の真結合線（上下径）, b:骨盤の垂直線, c:骨盤の斜結合線, d:骨盤出口の真結合線, e:仙骨岬, f:骨盤縫線.

b. 腹圧　straining, 努責

腹圧は腹壁諸筋の収縮によるもので，常に陣痛に伴って不随意に起こる．産出期に起こり，その力の作用の方向は骨盤軸のそれに一致する．努責に際して牛，馬は横臥し，犬は往々仰臥する．また腟の収縮は陣痛の極期に起こり，陰門および肛門もともに収縮する．

(5) 正規分娩の経過

分娩の経過は，開口期（第1期），産出期（第2期）および後産期（第3期）に分けられる．

a. 開口期　first stage / opening period

規則正しい陣痛の始まりから，子宮頸管が拡張して子宮から腟まで境界がなく移行するようになるまでの間を分娩の開口期といい，この期間の陣痛を開口期陣痛（opening labor pains）という．

牛では，開口期の初めには子宮収縮は10～15分ごとに起こり，10～30秒間持続するが，しだいに子宮収縮は頻度と強度を増し，3～5分ごとに起こるようになる．開口期の経過は，牛では普通3～6時間である．

この時期には動物は不安になり，しきりに動物舎内を歩き，尾を振って疝痛症状を示し，しばしば少量ずつ糞尿を排泄する．子宮の収縮により胎膜が剥離し，この胎膜は胎水によって膨らみ，胎子に先行して楔状に子宮頸管内に進入し，陣痛のたびに子宮頸管を開大する．この胞状に膨らんだ胎膜を胎胞（fetal sac）という．初めは胎胞内の胎水は陣痛の極期に増加し，休息期には子宮内に還流するので，陣痛のたびに一進一退しているが，やがて産道が胎子の頭部で塞がれて胎水が還流しなくなると，胎胞はしだいに増大し，ついにこれによって子宮頸管は全開して，腟とともに産道を形成する．

また，開口期に馬では胎子が下胎向から上胎向に回転し，牛，めん羊，山羊も側胎向から上胎向になり，前肢を伸ばしてその上に頭をのせて産道に向かう（図8.55）．

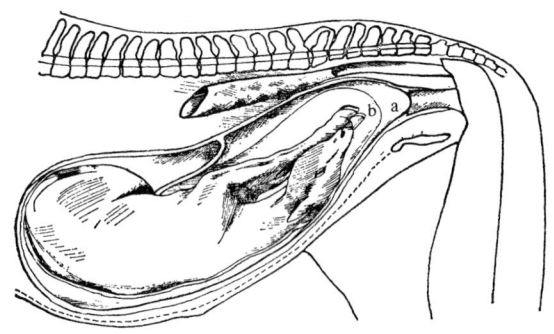

A：子宮口はほぼ全開し，胎子は少し回転して腟内に進入する．

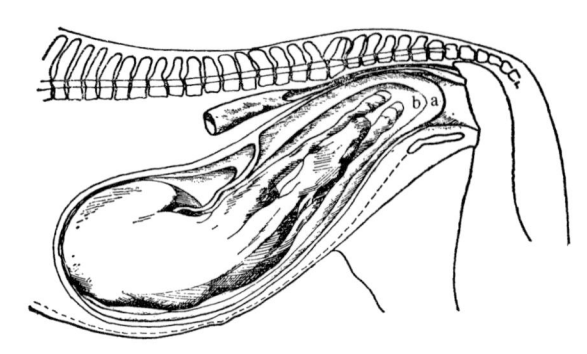

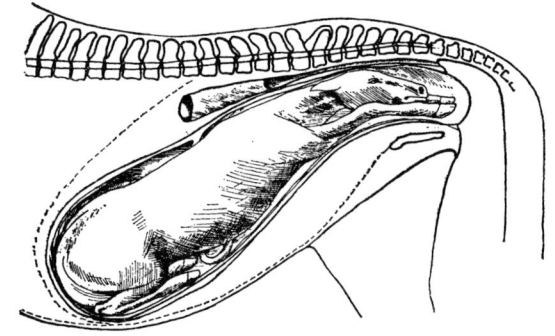

A：頭位の胎子．上胎向となり，第1破水が終わって足胞が陰門に出現する．

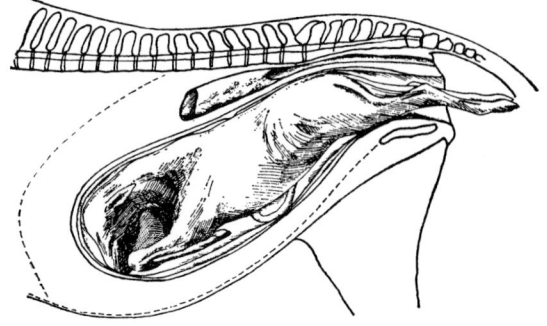

B：胎勢を変じ，前肢および頭頸を伸長する．
　　a：尿膜絨毛膜，b：羊膜．

B：尾位の胎子．上胎向となり，第2破水が終わって後肢が陰門外に出現する．

図 8.55　開口期における馬の胎子（Stoss 原図）

図 8.56　産出期における馬の胎子（Stoss 原図）

b. 産出期　second stage / expulsion period

子宮口の全開から胎子の娩出までの期間を，分娩の産出期という．この時期の陣痛は，もっぱら胎子の娩出に作用するので産出期陣痛（expulsion labor pains）という．この時期に入ると，陣痛のたびに胎胞は大きくなって，緊張した状態で腟から陰門外に現れる．胎胞は，腟内または陰門外に出たところで破れて胎水が流れ出し，産道を粘滑にし，胎子の通過娩出を容易にする．これを破水（rupture of bag）といい，尿膜の破裂による尿膜水の流出を第1破水，羊膜の破裂によるものを第2破水という．破水は第1，第2の順に起こるのが普通であるが，両者が同時に破れることもある．尿膜が破れて，羊膜の中に胎子の肢が透視できる状態のものを足胞（foot sac）という．

破水後，陣痛は強烈となり，さらに腹圧が加わり，胎子を後方に圧送する力が強大となる．胎子はこの時期には産道に向かって，頭位では伸長した両前肢に頭をのせ，尾位の場合は両後肢を伸長した胎勢で腟腔に現れ，かつ下胎向または側胎向から上胎向に回転する（図8.56）．

胎子の頭部が腟に進出すれば，娩出の最後の段階である腟壁の著しい拡張に起因する加圧の刺激は，下垂体後葉から大量のオキシトシンを放出させるファーガソン（Ferguson）反射を引き起こすことによって，陣痛は激烈となり，胎子は一挙に娩出される（図8.57）．

c. 後産期　third stage / afterbirth period

胎子の娩出から胎子胎盤が排出されるまでの期間を，後産期という．胎子が娩出されれば，臍帯が切断されて胎盤の血行が止まるので，絨毛は血液を失って萎縮し，一方，子宮は陣痛によって速やかに収縮するので，母子両胎盤は剝離して，胎子胎盤は排出される．このときの陣痛を後産期陣痛（afterbirth labor pains）

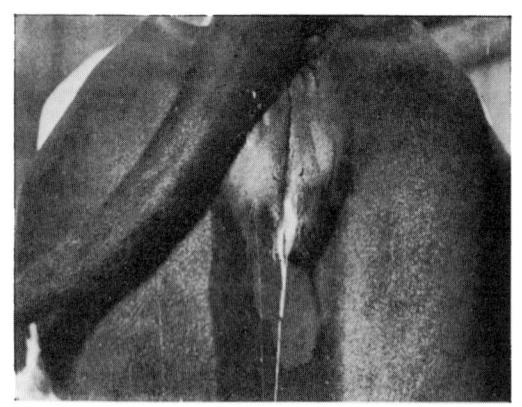

A：分娩開始直前．外陰部の腫大と粘液の流出．

B：足胞の出現．

C：足胞が破裂（第2破水）し，前肢が露出する．

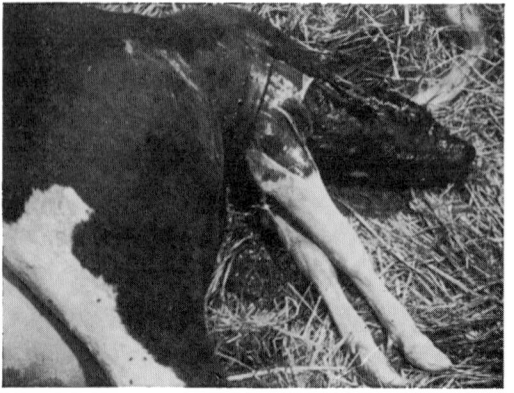

D：胎子娩出の直前．

図 8.57　牛における分娩の経過（深田提供）

という．新生子による吸乳刺激は，下垂体後葉からオキシトシンの放出を促して後産期陣痛を起こす要因の1つと考えられている．

豚では，胎盤が1胎子ごとに排出されることも稀にあるが，多くは全胎子が娩出されてから30分〜2時間後にまとまって排出される．馬，めん羊，山羊では，胎盤は胎子の娩出後15〜30分，長くても1時間以内に排出されるが，牛では子宮小丘が筋線維を欠き収縮しがたいため，胎盤の排出に時間がかかり，通常3〜6時間を要する．胎盤が12時間を経過しても排出されない場合は，胎盤停滞（後産停滞；retained placenta）といって種々の障害を起こす原因となる．

d. 分娩の経過時間

開口期は徴候が微弱なために見逃されるので，正確な経過時間は不明のことが多いが，牛，馬では相当長時間に及ぶ．

産出期の持続時間は，馬で最も短く平均17分間である．牛では平均3時間で，短いものは90分，長いものは数時間に及び，初産牛および尾位の場合はやや長時間を要する．単胎動物の双胎の分娩は，第1子がまず娩出され，その後30〜60分を経て第2子の胎胞が現れ，速やかに分娩を終わる．山羊は30分〜2時間で，めん羊はこれより短い．豚は開口期に2〜6時間を要し，産出期に入って5〜30分ごとに1頭ずつ娩出し，2〜4時間で全胎子の娩出を終わるが，稀には12時間を要する．しかし分娩は軽く，難産はほとんどない．犬は3〜10時間の陣痛の後，分娩を開始し，最初の胎子を娩出してから，ついで30〜50分後に第2子の娩出がある．一般に胎盤は，胎子につながって排出される．全胎子を娩出するまでこれを繰り返し，2〜8時間を要する．

(6) 分娩時の注意

牛や馬では，分娩予定日が近づけばその数日前から注意し，夜間も監視する．特に馬の分娩は，80〜90％が夜間に開始する．

分娩開始の徴候を認めたときは，外陰部を中心に広く消毒清拭し，胎胞が陰門に現れるのを静かに待つ．もし分娩が著しく遅延するときは，よく消毒した手腕を腟内に挿入し，外子宮口の開大の状態，胎胞形成の有無，胎位などを検査し，異常のない場合はそのまま経過を監視する．

a. 分娩中の異常

産道を先行している胎子の肢蹄の向きによって，頭位か尾位かが判断できる．蹄底が下向の場合は頭位で，上向の場合は尾位である．また頭位においては腕関節または頭部に触れ，尾位では飛節に触れる．分娩時の胎勢が異常な場合は，胎子をいったん子宮内の広い場所に押し戻して，胎勢を整える必要がある．

胎胞は，適当な時期に自然に破水するが，破水が早すぎる場合を早期破水といい，産道が乾いて粘滑性を欠き，産道の開張が不十分なために胎位や胎勢の異常を招きやすい．早期破水のものには，人工羊水を産道に注入する．破水が遅いときは胎子に窒息のおそれがあり，胎胞が陰門外に人頭大に膨らんで，胎子の一部が陰門部に現れても破水しない場合は，指先で胎胞を突き破り，胎子を牽引摘出する．

胎子の牽引摘出は，馬および小動物の正規分娩にはほとんど必要はない．しかし，牛，特に初産牛においては，分娩が遅延して娩出力を失うことがあるので，牽引摘出を必要とすることは稀でない．この場合の牽引摘出の時期は，胎胞を破るべき時期以降で，胎子の球節に産科ロープを巻き，1〜2人で陣痛の発作時に徐々に骨盤軸の方向に牽引する．尾位の場合は，牛では臍帯が恥骨の前縁に圧迫され，馬では胎盤の早期剥離を起こして，ともに胎子の窒息を招く危険があるので，分娩が遅延するときには牽引摘出が必要である．

b. 臍帯の断裂

臍帯は，草食動物においては胎子娩出後臍輪から約1掌幅離れた部位で自然に断裂する．食肉類の臍帯は強靱であるが，母親がこれを咬んで切断する．胎盤や血管の収縮，止血にはプロスタグランジンが関与しているものと推察される．牛，馬において人が臍帯を切断するときは，臍帯の脈拍が止むのを待って，臍輪から約10cm離れた部位を結紮し，結紮部を消毒した上で鋏切し，断端にヨード系殺菌消毒剤を塗布する．

c. 分娩後の胎子胎盤の摂食 placentophagy

食肉類は，母親が胎子胎盤を食べる習性をもっているが，牛，めん羊，豚なども胎盤を摂食するものがある．牛やめん羊では，これによって胃腸障害を起こすことがあるので，胎盤は排出後速やかに取り去るべきである．豚では，分娩直後に母豚が一部の新生子を食

べることがある．これは子食い（cannibalism）といい，特に分娩中または分娩直後に騒音その他の原因で母親が興奮した場合にみられるので，注意しなければならない．

d. 子なめ grooming

新生子は，体温の発生および放散防止の機構が不十分のため，出生後一時的に体温が下がる（めん羊で2～3℃，豚で2～5℃，犬で3～4℃）が，2～3時間で回復する．母親は通常，初生子を頭部から始めて全体表をなめて乾かす．これは皮膚を刺激するだけでなく，血液循環，体温発生，排尿などの諸機能を刺激するほか，体温の放散を防止する．寒冷時には，新生子を布や柔らかいわらで体表を摩擦して乾かしてやることが良い．

(7) 分娩の調整

【⇒ 6.3節（p.123）を参照】

(8) 産褥の生理

分娩後，子宮その他の器官が妊娠および分娩によって生じた変化から，妊娠前の状態に回復するまでの期間を産褥（puerperium）という．この期間を経過しても，生殖器は妊娠前と全く同じ状態に復するものではない．例えば，牛では妊角は不妊角よりも多少長大となり，腟および陰門も経産牛では未産牛に比べて広くなり，外陰部の皮膚には小皺襞が残る．

a. 子宮の修復 involution of uterus

胎子胎盤の排出後も，子宮の収縮運動は律動的に続いている（後陣痛）が，しだいに弱くなり，牛では分娩後4日でみられなくなる．子宮の収縮は，伸長した子宮筋線維の短縮をもたらす．子宮は，この収縮作用と充血，漿液浸潤の減退によって速やかに容積を減じ，子宮壁の組織は緻密となる．

牛では，子宮頸部は分娩後1～2日で著しく収縮し，手を子宮内に挿入することが困難となり，内子宮口と外子宮口はそれぞれ2週間および4週間で閉鎖する．子宮小丘は分娩後急速に萎縮し，脂肪変性を起こして2週間でその茎がなくなり，約3週間で妊娠前の大きさに復する．分娩後25日以降に子宮の修復は終了するが，受胎が可能となるのは40～50日以降である．また，子宮の修復は放牧牛の方が舎飼牛よりも早く，哺乳によって促進されるが，難産，双胎分娩および胎盤停滞の場合には遅れる．

馬の正常分娩後の子宮の修復は極めて早く，分娩後の初回発情（分娩後平均8日）の開始までにほぼ修復が終わる．めん羊では，子宮の完全な修復に少なくとも24日を要する．豚では，分娩後28日以内に修復が完了する．

b. 悪露 lochia

産褥時にみられる子宮からの排出液を悪露といい，子宮内膜の分泌液，血液，胎膜および胎盤組織の変性分解物の混合したもので，初めは赤褐色～チョコレート色を呈するが，しだいに退色して透明ガラス様の粘液となり，これに灰白色の絮状物を混じ量も減少し，やがて消失する．牛では，分娩後48時間の子宮内の悪露は1400～1600 mℓあり，8日までに500 mℓに減少し，約2週間で排出はみられなくなる．馬では，悪露の量は極めて少なく，1週間以内に排出は止まる．豚，めん羊，山羊も同様である．犬は，分娩後多量の暗緑色の悪露を排出するが，やがて透明粘稠となって，6～10日後に排出は止む．

c. 泌乳 lactation

乳腺は，分娩とともに急速にその機能を発揮し，泌乳が始まる．分娩後2～3日間に分泌される乳汁は，その後のものと成分が大いに異なり，これを初乳（colostrum）という．

初乳は濃厚で，その化学的組成は常乳に比べて固形分，蛋白質，脂肪および灰分が多い．蛋白質のうちでは免疫グロブリンが多く，またビタミン類，特にビタミンA含量の高いことが特徴である．初乳の成分および常乳へ移行する際の変化は，表8.14のとおりである．

初乳は通痢効果があり，新生子はこれを飲むことによって胎便を排泄する．また新生子は，初乳を介して母体から免疫抗体を賦与される．これらのことから，初乳を与えることは，新生子の保健衛生上極めて重要なことである．

(9) 新生子の生理

娩出された胎子が，子宮内の生活から子宮外の生活に順応するまでに，いくつかの構造上および生理的な変化が起こる．この過渡機転の完了しない出生子を，

表8.14 乳牛の初乳から常乳への組成の変化 (Parish et al., 1950)

搾乳回数	全固形分	無脂固形分	蛋白質	脂肪	乳糖	灰分
第1回	23.9	16.7	14.0	6.7	2.7	1.11
第2回	17.9	12.2	8.4	5.4	3.9	0.95
第3回	14.1	9.8	5.1	3.9	4.4	0.87
第4回	13.9	9.4	4.2	4.4	4.6	0.82
第5回と第6回	13.6	9.5	4.1	4.3	4.7	0.81
第7回と第8回	13.7	9.3	3.9	4.4	4.8	0.81
第15回と第16回	13.6	9.1	3.4	4.3	4.9	0.78
第27回と第28回	12.9	8.8	3.1	4.0	5.0	0.74

新生子 (neonate / newborn) という.

a. 循環系 (図8.14参照)

胎子が娩出されると,臍帯は断裂して胎盤循環は止まり,肺呼吸が開始する.新生子では,胎盤循環の停止によりアランチウス管 (Arantius' duct) が閉鎖する.肺呼吸の開始とともに,肺に流入する血液は増加し,ボタロー管 (Botallo's duct) は必要なくなって血行が途絶し,後に靱帯となる.また肺循環の開始により,両心房間にある卵円孔は肺より左心房に流入する血液量の増加によって内圧が高まり,卵円孔弁は房中隔に押しつけられ,これと癒着して閉鎖する.

b. 呼吸系

妊娠末期の胎子は,子宮内で予備的呼吸運動をするが,本格的な肺呼吸は,出生時に胎盤の剝離や臍帯の閉鎖により体内に蓄積した CO_2 によって,呼吸中枢が刺激されて開始する.通常,出生後60秒以内に自発呼吸を開始するが,開始しない場合には人工呼吸を行う.方法は,子牛を右側横臥とし,左前肢を上下させることにより胸郭の開閉を繰り返す.呼吸は,初め気管および肺に存在する粘液によってラッセルを伴うが,これを喀出して正常となる.

c. 初乳の吸収

初乳中の免疫グロブリンの吸収は,出生後24時間以内に減少するため,免疫付与のためにできるだけ早く初乳を飲ませるのが良い. 〔金子一幸〕

9. 繁殖障害

9.1 繁殖障害総論

雌雄を通じて一時的または持続的に繁殖が停止，あるいは障害されている状態を繁殖障害（breeding disorder / reproductive difficulty）という．その原因は，飼養環境の不良，飼養方法の不適，遺伝的欠陥，栄養障害，全身性疾患，生殖器の異常および疾患，各種ホルモン分泌の失調および交配の不適など，極めて多岐にわたっている．

繁殖障害は，不妊症（sterility）と不育症（infertility）に区分する場合がある．不妊症は，生殖器の異常および疾患に基づく繁殖障害をいい，受精が成立しない状態をいう．不育症は，受精が成立しても途中で胚や胎子が死滅し，吸収されたり流産する状態をいう．不妊症という名称は特定の病名ではない．不妊症のうち生殖子の欠如，生殖器の欠陥などによって，全く妊娠の可能性のないものを絶対的不妊症（absolute sterility）と称し，これに対し，妊娠の成立が妨げられている状態を相対的（比較的）不妊症（relative sterility）という．臨床的に，両者を明確に区別することは困難なことが多い．

Hafez（1980）は，sterilityとは繁殖を阻害する持続的な要因を意味し，infertilityとは正常な子の生産を阻害する一時的なsterilityであるという見解を示している．Parkinson（2009）も，sterilityは繁殖能力の完全な欠如を意味し，infertilityは繁殖不能状態としている．しかしRoberts（1971）は，sterilityとinfertilityを区別することなく用いている．またYoungquist and Threlfall（2006）は，繁殖障害をinfertilityあるいはsubfertilityとして明瞭に区別することなく用いている．

（1） 繁殖障害の種類

動物の雌雄別に，繁殖障害をその現れ方から大まかに分類すると，次のとおりである．

a. 雄の繁殖障害

① 交尾欲（libido）が減退または欠如したもの（交尾欲減退〜欠如症）．

② 交尾または射精が障害されるもの（交尾不能症）．

③ 造精機能の障害，副生殖器あるいは生殖道の障害により精液が異常なもの（無精子症，精子減少症，精子無力症，精子死滅症など）．

b. 雌の繁殖障害

① 性成熟すべき時期（牛で12カ月，豚で8カ月）に達しても，あるいは分娩後の一定の期間（生理的卵巣休止期：乳牛で40日，豚で離乳後2週間）を経過しても，卵巣に異常があるため無発情などの異常発情となり，交配（自然交尾・人工授精）できないもの（卵胞発育障害，卵巣嚢腫，鈍性発情，黄体遺残など）．

② 発情は発現するが，交配しても生殖器（卵巣，卵管，子宮，子宮頸管など）に障害があって妊娠しないもの（排卵障害，卵管炎，子宮内膜炎，子宮頸管炎，尿腟など）．また，通常の腟・直腸検査，超音波画像検査では卵巣や子宮などに異常がみられないが，3回以上，授精適期に交配または人工授精しても妊娠しないもの（リピートブリーダー，低受胎雌）．

③ 受精しても妊娠が分娩まで維持されないもの（胚の死滅あるいは着床障害，流産，胎子のミイラ変性など）．

④ 異常分娩（死産，難産など）および産後の異常（胎盤停滞，子宮脱など）．

（2） 繁殖障害の原因

雌・雄ともに繁殖障害の原因としては，①生殖器の先天的および後天的な解剖学的異常や欠陥ならびに遺伝的要因，②ホルモン分泌の異常，③栄養障害および管理の不適，④微生物の感染，⑤人為的な要因（交配

時期の不適, 人工授精技術の不良, 繁殖障害診療技術の不適など）が挙げられる.

a. 雄の繁殖障害の原因

ⅰ) 遺伝的要因および先天的異常 牛, めん羊, 豚, 馬で, 遺伝的要因による精巣発育不全があることが知られており, そのうちのいくつかは常染色体劣性遺伝子による. 牛, 馬, 豚, めん羊, 犬, 猫の潜在精巣の発生には遺伝的要因が関与し, 馬では優性遺伝, ほかの動物では劣性遺伝する.

先天的異常については後述（p.238）する.

ⅱ) 雄性生殖器のホルモン支配の異常 精巣の2つの大きな機能である精子形成とアンドロジェンの分泌は, 下垂体前葉のGTH（FSHとLH）の支配を受けて営まれている. したがって, 下垂体前葉のGTH分泌機能の低下は造精機能やアンドロジェン分泌の低下を招き, 精巣, 副生殖器の発育不全, 精液性状の不良, 受胎能力の低下および交尾欲の減退などの障害となって現れる.

精巣からは, アンドロジェンだけでなくエストロジェンも分泌されることが, 人, 牛, 馬, 豚などで認められている. このエストロジェンは, アンドロジェンとともに視床下部を介して, 下垂体前葉のGTH分泌を抑制調節（フィードバック機構）している. 小笠（1971）は, 雄牛の性機能障害のもので尿中エストロジェン排泄量および血中エストロジェン量の異常に高いものがあること, および正常雄牛にエストロジェンを連続投与すると, やがて交尾欲や射精能が減退し, 造精障害が起こることを認めている. また1956年の山内らの報告は, 少数例であるが, 雄牛の尿中活性アンドロジェン排泄量を測定し, 交尾欲減退と造精機能障害の牛では正常牛に比べて著しく少ないことを認めている.

須川ら（1962）は, 繁殖障害雄牛の内分泌腺について組織学的に検査した結果, 副腎皮質の球状帯が萎縮し, 束状帯および網状帯では実質細胞の結節性増殖を示すものが多く, これらの雄牛では, 造精機能障害の著しいもの, 精子活力の乏しいものが多い傾向があることを認めている. また, 副腎に原発した交感神経母細胞腫が下垂体に転移し, 前葉のα細胞の萎縮, β, γ細胞の著しい減少をきたし, 造精機能の廃絶している例を認めている. さらに, 甲状腺の萎縮を呈するものでは, 交尾欲の減退しているものが多いことも認めている.

ⅲ) 雄の栄養障害および管理の不適 動物の栄養の良否は, その繁殖能力に大きな影響を与えることが知られているが, 未だ不明な点が多い. 一般に, 飼料の量的, 質的不足が続くと, 成長の停止, 体重の減少および食欲の減退とこれに続く衰弱が現れ, 性機能が低下してくる. これは, 栄養不足が下垂体前葉に影響してGTHの分泌が低下することによる. 栄養素の不足は一般に複数であって, 1つの栄養素に限定されることは少ない. カロリーの不足は通常蛋白質の不足を伴っており, また蛋白質の不足は, 通常飼料中の無機物の不足に関係することが多い.

栄養不良になると, 交尾能力などの性行動の異常および精液の量と質の低下が起こる. その影響は老齢よりも若齢において強く, 回復不能の場合が多い. 成熟雄は栄養性ストレスにかなりの抵抗性をもっており, 低栄養性繁殖障害はほとんど起こらない. 重度の給餌量の不足や特定の栄養素, 特にビタミンAの欠乏は, 雄の繁殖能力を損なう最も一般的な原因である. 一方, 過給餌と過肥は交尾欲を減退させ, 雌に積極的でなくなり, ほとんど交尾できない状態をもたらすことが報告されている.

栄養不良, 特にエネルギー不足は成長率を低下させ, 性成熟を遅延させ, 甚だしい場合には精子生産を永久に損傷する. 栄養素の不足は, 精巣重量, 副生殖腺分泌液量, 精子濃度と精子運動性の低下をもたらす. 牛において, 繁殖障害が栄養不足に基づいている場合, 若齢牛では春機発動の遅延や生殖器の発達の遅れを示す. これが成牛であれば, 飼料給与を正常に戻すことによって繁殖機能を回復させることは比較的容易であるが, 子牛の時代に生殖器の発育が阻害される状態まで体の発育が遅れた場合には, 飼料を完全に戻しても繁殖機能を正常に発揮させることは困難であるといわれている.

エネルギー不足は, 視床下部-下垂体-生殖腺軸を介して影響していると考えられる. すなわち, 低エネルギーによりLHの分泌パターンが変化し, LHの血中濃度が低下する. その結果, 血中GTH濃度も減少し, 精巣のGTH反応性も低下して循環血中テストステロン濃度が減少する. これらの変化は, 副生殖腺のテス

9. 繁殖障害

表9.1 ホルスタイン雄子牛の性成熟に及ぼす栄養の影響（Bratton et al., 1961）

飼養区分 （モリソンの 標準TDN）	運動精子出現時 平均週齢	運動精子出現時 平均体重（lb）	65〜80週齢 における1射 精精液中の平 均運動精子数 （×10⁹）	人工授精供用 開始時の平均 週齢	使用開始より128週齢までの1回授精による受胎成績 授精回数	使用開始より128週齢までの1回授精による受胎成績 受胎率（60〜90日）NR
高熱量（160%）	39	704	5.88	49	26343	74
適熱量（100%）	46	619	5.04	58	31165	75
低熱量（ 60%）	58	517	2.81	67	24673	74

トステロン感受性の低下も引き起こす.

Bratton et al.（1961）は，1群10頭ずつのホルスタイン種雄子牛3群について，生後1〜80週まで，モリソンの飼料標準によるTDNの160%（高熱量），100%（適熱量），60%（低熱量）をそれぞれ給与し，81〜128週の間は3群とも適熱量の飼料を給与して，生後80週までの栄養の過不足が，性成熟，精子生産，授精による受胎成績などに及ぼす影響を調べた．その結果は表9.1のとおりで，精液中に運動精子が初めて出現する時期は適熱量群より高熱量群が7週も早く，これに反して低熱量群は12週も遅かった．また，1射精精液中の運動精子数の平均は，80週までは高熱量群が最も多く，低熱量群が最も少なかったが，81週以降は3群の差が縮まった．なお，繁殖供用開始の時期も高熱量群が早く低熱量群が遅かったが，供用開始〜128週までの1回授精による受胎率は，3群の間に差がなかった．

実験動物では，飼料中の蛋白質が不足すると造精機能に障害が起こることや，雄の繁殖機能を維持するためにいくつかのアミノ酸が不可欠であることが知られている．しかし，牛，めん羊，山羊のような反芻類では，胃の中の微生物によって蛋白質の合成が行われ，ある程度の補給ができるので，給与蛋白質の量およびそれを構成しているアミノ酸の種類について，欠乏の配慮をする必要はあまりない．蛋白質の給与量については，不足の場合よりもむしろ過剰の場合に問題があり，多すぎるとかえって造精機能に有害なことが認められている．

ビタミン欠乏が雄の繁殖機能に及ぼす影響についても，研究が進んでいる．雄においてビタミンA欠乏は精細管上皮の変性を引き起こし，精子形成の低減あるいは停止を招く．雄牛にビタミンA欠乏食を与えると，春機発動の遅延，交尾欲の減退，精子発生の低下が起こる．Asdell（1955）によれば，ビタミンA欠乏飼料で飼養した雄子牛では精細管上皮が変性して精子が出現せず，この状態がいったん起こるとビタミンAを適量与えても正常にならないことを認めている．またビタミンEの欠乏は，精巣の変性を起こし，精子形成を低減させることが報告されている．

ミネラルについては，亜鉛は雄が適切に繁殖機能を営むために不可欠である．亜鉛欠乏は，精巣発育の遅延，精細管上皮の萎縮，GTH放出の減少，アンドロジェン産生の低下を招くことが報告されている．また，GTHとレセプター複合体に影響を及ぼすことにより，GTH活性にも影響を及ぼす可能性が示されている．高モリブデン，低銅の給餌は，交尾欲の減退，精細管と精巣間質の変性をもたらす．ヨード欠乏は，交尾欲の減退と精液性状の悪化を招く．コバルト欠乏，すなわちビタミンB_{12}の1つであるコバラミン（cobalamin）欠乏は，貧血，繁殖性の全般的な低下，交尾欲の減退を招く．

一方で，過給餌と過肥は，全般的に重度な状態でなければ性欲や交尾行動にほとんど影響がない．しかし，重度な過肥の雄は雌に積極的でなくなり，ほとんど交配できないことが報告されている．牛において通常，月齢12カ月までの高エネルギー摂取は将来の精液性状に悪影響を及ぼさない．しかしながら，離乳から15カ月齢まで80%穀類20%茎葉（良質粗飼料）の高エネルギー給餌をされたアンガス種とヘレフォード種の育成雄牛は，100%茎葉の中等度のエネルギー給餌をされたものに比べて，精子形成能が有意に低いことが報告されている．さらに，濃厚飼料80%の高エネルギー給餌をされたヘレフォード種育成雄牛では，19カ月齢から精巣の大きさが減少し始めたことが報告されており，過肥による精巣変性の可能性が述べられている．豚においても過給餌は過肥をもたらし，過肥の雄豚は

交尾欲の減退を示すことが報告されている.

多くの哺乳動物において，造精機能の発現には，精巣にとって体温より5～6℃低い温度環境が必要で，温度調節機構が働いている（1.2（1）c項（p.5）参照）．牛，めん羊，山羊，豚では，夏季の高温の際に一時的に造精機能が低下して，精子数の減少，精子活力の低下，奇形精子数の増加をきたし，受胎成績が低下するものがある．これは夏季不妊症と呼ばれ，わが国の牛では，外気温が30℃を超す日が続くと発生することが知られている．

高体温に最も感受性を示す精子形成のステージは，一次精母細胞である．さらに，牛ではB型精祖細胞（B spermatogonia）にも影響する．また，高温感作が長期間続くと，精母細胞と精子細胞の分裂にも障害が起こる．精巣温度を体温より低く保つ機能の障害や発熱あるいは暑熱ストレスにより，精巣に到達する血液の温度が上昇すると，精子形成が障害される．その結果，精子数の減少，精子の運動性の低下，形態的な異常精子の増加が起こる．暑熱ストレスの精子生産への影響は，牛では2週間後に精液性状にみられるようになり，ストレス終息後7～8週間持続する．暑熱ストレスのテストステロン分泌機能への影響は，精子形成に対する影響ほど強くはない．しかしめん羊に関して，Gomes and Johnson（1967）は，32℃の条件で2週間飼養すると，精巣におけるアンドロジェン合成能が抑制されることを報告している．またWettemann and Desjardins（1979）は，暑熱ストレスによって，精子細胞成熟の抑制とアンドロジェン生合成が低下することを立証した．

iv）**毒　物**　ヒ素剤，アンチモン剤，ニトロフラン剤，ジクロロアセチルジアミン剤，ジニトロピロール剤，ボルドー液などの殺虫剤や殺菌剤，アルキル化剤，カドミウム，水銀，抗癌剤，エストロジェン様物質などは，造精機能を阻害することが報告されている．

牛では，四塩化炭素による内部寄生虫の駆虫後に精液性状が不良となることや，モリブデン鉱山下流地帯の草を採食したものに造精機能障害が発生することが知られている．

v）**微生物感染と造精機能**　動物では，微生物の感染による（表9.4, 9.5参照）精巣炎，精巣上体炎や副生殖腺炎を起こすものが多く，軽～重度の造精機能障害を呈するものが認められている．

なお，精巣の炎症反応を伴って間質に出現するマクロファージは，主としてライディッヒ細胞の17α-steroid hydroxylaseの活性を抑制することにより，精巣でのテストステロン分泌に対して抑制的に作用していると考えられている（大浪ら，1993）．

b．**雌の繁殖障害の原因**

i）**先天的異常および遺伝的要因**　異性多胎子の雌牛にみられるフリーマーチン，山羊や豚にしばしばみられる間性（intersexuality / hermaphroditism）は，先天的異常としてよく知られている．牛には，常染色体劣性遺伝子による卵巣や子宮などの形成不全がある．また中腎傍管（ミューラー管）の発育異常による，卵管，子宮角，子宮頸などの完全～部分欠損，あるいは子宮頸の重複奇形も知られている．このほか，染色体異常（転座），遺伝的要因による胚の死滅があることも示唆されている．

ii）**雌性生殖器のホルモン分泌の異常**　卵巣における卵胞の発育および成熟，排卵，黄体形成，黄体の機能維持，黄体の退行後に排卵する卵胞の発育といった周期的な活動（卵巣周期）は，直接には下垂体前葉から分泌されるGTH（FSHとLH）の支配を受けて営まれている．また発情という現象は，主として卵胞から分泌されるエストロジェンによって起こるが，最近ではプロジェステロンの関与も必要であることが知られている．したがって，下垂体前葉のGTH分泌に異常が起こると，卵巣機能に種々の障害が起こり，発情が異常となる．すなわち，FSHが不足すれ

表9.2　哺乳動物下垂体のFSH力価およびLH力価の比較（Witschi, 1940）

動物の種類	FSH力価* (RVU) (mg)	LH力価** (RLU) (mg)	生殖腺刺激力価商 (RV/RL)
牛	125	50	2.5
めん羊	25	25	1.0
鯨	50	50	1.0
モルモット（♂）	16	23	0.7
豚	7.5	10	0.7
犬（♀）	6	12	0.5
ラット（♀）	2.5	6	0.4
馬	2.2	6	0.4
人（♀45歳）	0.4	1.0	0.4

*：ラットの腟上皮細胞角化単位，**：ラットの卵巣の黄体形成単位．ともに，陽性反応を現す下垂体粉末の最小有効量（mg）を示す．

9. 繁殖障害

表9.3 乳牛の栄養状態と繁殖の関係（農林省畜産局，1954年調査のデータ）

栄養区分	繁殖状況	妊娠	妊否不明	生理的空胎	病的空胎	その他の空胎	未種付	計
過肥	頭数 %	175 33.1	133 25.2	51 9.7	127 24.1	25 4.7	17 3.2	528 100
優	頭数 %	3556 54.3	1306 20.0	850 13.0	410 6.3	122 1.9	302 4.6	6546 100
良	頭数 %	10220 50.2	4081 20.0	3069 15.1	1625 8.0	619 3.0	730 3.6	20344 100
不良	頭数 %	1439 34.9	800 19.4	652 15.8	734 17.8	231 5.6	272 6.6	4128 100
計	頭数 %	15390 48.8	6320 20.0	4622 14.7	2896 9.2	997 3.2	1321 4.2	31546 100

ば小卵胞（卵胞腔を有する卵胞）への発育が，LHのパルス状分泌が不足すれば卵胞の成熟が起こらず，動物は無発情となる．また，LHサージが起こらなければ排卵が阻害され，持続性発情や正常様発情となるほか，卵胞が異常に発育して卵胞嚢腫となり，多量のエストロジェンの分泌によって強烈な発情徴候が持続すること（思牡狂）もある．LHのパルス状分泌の不足は，黄体形成の不全，プロジェステロンの不足を招き，受胎を阻害することにもなる．

Witschi（1940）は，種々の哺乳動物の下垂体の乾燥粉末について，生殖腺刺激力価を比較検討した．その結果は表9.2に示すとおりで，産業動物では牛と馬がFSH力価とLH力価のバランスの点で対照的であり，牛ではFSH力価よりLH力価が強く，馬では逆にLH力価よりFSH力価が強いことが示された．このことは，牛では機能的な黄体が長く存続する黄体遺残がしばしばみられて，発情が抑制されるのに比べ，馬ではFSH＞LHによって排卵が阻害されるために起こる，持続性発情が多いことに関連があるものと推察される．

iii) **雌の栄養と繁殖障害** わが国で牛の繁殖障害の発生が多いのは，根本的には放牧を主とせず，生産性向上のため舎飼いを主とし，濃厚飼料を多給する飼養形態によるところが大きいと考えられている．

農林省畜産局が1954年に北海道および7県の乳牛の繁殖状況を調査したが，この調査のうち，栄養状態と繁殖状況の関係を検討した成績を表9.3に示した．調査牛を，外見上の栄養状態によって過肥，優，良，不良の4つに区分すると，調査の時点で妊娠確実なものは，優と良の群でそれぞれ54.3％，50.2％と多い

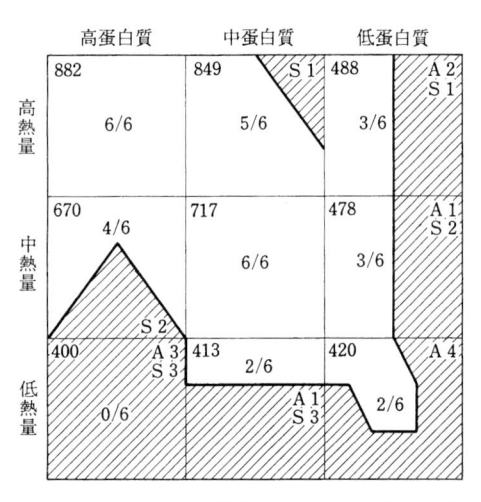

図9.1 肉牛の栄養と繁殖の関連についての試験成績（Wiltbank et al., 1957を改変）
各区切りの分数の分母は各群の頭数，分子は妊娠頭数．左肩の数値は，試験終了時の平均体重（lb）．
白い部分は妊娠したもので，斜線の部分は繁殖障害のもの．また，Aは無発情のもの，Sは人工授精して不妊に終わったもの．

が，不良の群および過肥の群では，それぞれ34.9％，33.1％と明らかに少なく，一方，病的空胎すなわち繁殖障害は，反対に優と良の群にそれぞれ6.3％，8.0％と少なく，過肥と不良の群にそれぞれ24.1％，17.8％と多いことが注目された．以上の成績から，栄養状態が受胎の成否および繁殖障害の発生に密接な関係をもっていることが理解される．

牛においては，エネルギー収支の状態を体脂肪の蓄積程度で判定するボディ・コンディション・スコア（BCS）がある．その判定は通常5ポイント制で行い，ポイント1は削痩，3は適度，5は肥満を示す．整数の中間値は，1/4（0.25）ポイント単位で細分化して示すことが多い．乳牛のBCS目標値は，乾乳期と分

9.1 繁殖障害総論

表 9.4 分娩後の初回発情回帰に及ぼすエネルギー摂取の影響（Dunn et al., 1969 を改変）

分娩前の エネルギー 水準		分娩後のエネルギー水準											
		分娩後60日までに発情回帰				分娩後80日までに発情回帰				分娩後100日までに発情回帰			
		低	中	高	合計	低	中	高	合計	低	中	高	合計
ヘレフォード種	低	−	52	23	37	−	71	96	84	−	86	100	93
	高	65	76	59	67	70	91	94	84	70	95	100	88
	計	65	64	38	54	70	81	95	84	70	90	100	90
アンガス種	低	−	45	58	51	−	75	79	77	−	90	95	92
	高	64	88	64	70	91	94	92	92	91	100	96	95
	計	64	64	61	63	91	83	86	86	91	94	95	94
両品種	低	−	49	39	44	−	73	88	80	−	88	98	93
	高	64	81	62	69	81	92	93	88	81	97	98	92
	計	64	64	51	59	81	82	90	85	81	92	98	92

数字はすべて%.

表 9.5 分娩後80, 100, 120日の受胎成績に及ぼすエネルギー摂取の影響（Dunn et al., 1969 を改変）

分娩前の エネルギー 水準		分娩後のエネルギー水準											
		分娩後80日までに受胎				分娩後100日までに受胎				分娩後120日までに受胎			
		低	中	高	合計	低	中	高	合計	低	中	高	合計
ヘレフォード種	低	−	29	68	49	−	57	86	72	−	71	96	84
	高	40	50	59	49	50	55	71	56	55	65	76	65
	計	40	39	64	49	50	56	79	63	55	68	87	73
アンガス種	低	−	35	32	33	−	40	53	46	−	75	84	79
	高	27	60	54	46	64	80	88	77	73	80	88	80
	計	27	46	44	41	64	57	72	65	73	77	86	80
両品種	低	−	32	51	41	−	49	71	60	−	73	90	82
	高	33	54	56	47	57	66	80	68	64	71	83	73
	計	33	42	54	45	57	57	76	64	64	72	87	76

数字はすべて%.

娩時は3.50（範囲 3.25～3.75），泌乳初期 3.00（2.50～3.25），泌乳中期 3.25（2.75～3.50），泌乳後期 3.50（3.00～3.50）とされる．分娩時にBCSが低いものでは，乳牛，肉牛ともに卵巣周期再開および空胎日数（分娩から妊娠までの日数）の延長が起こる．BCSの1.0（1ユニット）の変化は，乳牛で概ね体重40～60 kg，うち約70%は体脂肪と推定されている．乳牛において，BCSの低下が1.0ユニットを超えると，受胎率は著明に低下する．

Wiltbank et al.（1957）は，アバディーンアンガス種の雌子牛を用い，栄養と繁殖の関連について試験を行った．体重390ポンド（lb，約177 kg）前後の54頭を3群に分け，高熱量群には十分量（体重100 kgあたりTDNで日量約1.6 kg），中熱量群には前者の2/3の量（約1.1 kg），低熱量群には体重を保ちうる量（約0.8 kg）の飼料をそれぞれ与えた．各群はさらに3区に分けられ，高，中，低のそれぞれ異なった量の蛋白質が与えられた．試験期間（321日）における繁殖成績は図9.1に示すとおりで，高熱量・高蛋白質および中熱量・中蛋白質とバランスのとれた飼料を給与した2区において，それぞれ6頭の全例が受胎したのに比べ，低熱量あるいは低蛋白質の偏った給与区には，繁殖障害が多く発生することが示されている．

Dunn et al.（1969）は，肉牛について，分娩前に低（8.7 Mcal）と高（17.3 Mcal），分娩後に低（14.2 Mcal），中（27.3 Mcal），高（48.2 Mcal）のエネルギー水準の飼料給与を行い，分娩後の初回発情回帰および受胎成績に及ぼす影響を調べた．それによれば，分娩後60，80日までに発情が回帰した割合に関しては，分娩前に高エネルギーを与えられたもので高いが，分娩後の

9. 繁殖障害

表9.6 細菌および真菌感染による動物の繁殖障害（Frank and O'Berry による原表を改変）

病名	動物	病原	臨床症状	診断	対策
ブルセラ病	牛	*Brucella melitensis* (b.：*Br. abortus*)	流産（妊娠7〜8カ月），受胎障害 精巣炎，精巣上体炎	血清反応 菌分離	ワクチン接種＊ 検査と罹患動物の摘発淘汰 消毒
	めん羊 山羊	*Br. melitensis* (b.：*Br. ovis*)	流産，死産，虚弱子 精巣炎，精巣上体炎	同上	検査と罹患動物の摘発淘汰 消毒
	豚	*Br. melitensis* (b.：*Br. suis*)	流産，受胎障害 精巣炎 後肢麻痺，跛行	同上	同上
	犬	*Br. melitensis* (b.：*Br. canis*)	流産，死産，受胎障害 精巣上体炎，陰嚢炎	同上	同上
カンピロバクター病（いわゆるビブリオ病）	牛	*Campylobacter fetus* subsp. *venerealis*	一時的不妊症，流産（妊娠4〜7カ月）	腟粘液凝集反応 菌分離	人工授精 感染牛の治療 隔離，消毒（感染牛は淘汰が望ましい）
	めん羊	*C. fetus* subsp. *fetus*, *jejuni*	流産（妊娠15週前後），死産，虚弱子	菌分離	ワクチン接種＊ 隔離，消毒，妊娠めん羊への抗菌性物質投与
レプトスピラ病	牛 めん羊	*Leptospira interrogans*, *L. borgpetersenii* (s.：*L.* Hardjo, *L.* Pomona)	溶血性貧血 流産（妊娠後期），死産，泌乳減少，乳房炎	血清反応（顕微鏡凝集試験） 菌分離	ワクチン接種＊ 治療（抗菌性物質投与）
	豚	*L.* Pomona その他の型	流産（妊娠後半），無乳症，虚弱子，新生子の死亡	同上	同上
	馬	*L.* Pomona その他の型	流産（妊娠後半）	同上	同上
リステリア症	牛 めん羊	*Listeria monocytogenes*	脳炎 流産（妊娠後期），乳房炎 敗血症（幼獣）	菌分離 病理組織学的検査	隔離，消毒
馬パラチフス	馬	*Salmonella enterica* subsp. *enterica* (s.：Abortusequi)	流産（妊娠6〜9カ月） 精巣炎	血清反応菌分離	隔離，消毒（摘発淘汰）
馬伝染性子宮炎（CEM）	馬	*Taylorella equigenitalis*	腟炎，子宮内膜炎，流産 雄は不顕性感染して保菌者となる	血清反応 菌分離	抗菌性物質による治療，摘発，隔離
クラミジア病（ミヤガワネラ病）	牛 めん羊	*Chlamydophila abortus*	流産（妊娠後期），死産，虚弱子，不妊症	遺伝子検出	隔離，抗菌性物質による治療（β-ラクタム系は禁忌） 衛生管理
真菌性流産	牛	*Aspergillus fumigatus* ほか	流産（妊娠6〜8カ月），死産	菌分離 遺伝子検出 流産胎子および胎盤の病変と組織内真菌	カビの生えた飼料を与えない 床敷の衛生管理

b.：生物型（biovar），s.：血清型（serotype）．
＊：日本では実施していない．

エネルギー水準は影響しない（表9.4）．また，分娩後80，100，120日までに受胎した割合に関しては，分娩前のエネルギー水準は影響せず，分娩後のエネルギー水準が高くなるに従って高くなる（表9.5）．以上のように，分娩後の発情回帰には分娩前の給与エネルギーが，分娩後の受胎成立には分娩後の給与エネルギーが，それぞれ影響を及ぼすことが示されている．

なお，栄養と繁殖障害との関連について，生後または分娩後繁殖障害の治療に長期間を要し，その間に栄養を過剰摂取させると，特に経産牛では，乳量の減少に伴い過肥の状態となる．その後受胎すると，産前産後起立不能症，ケトーシスなどの代謝障害，難産，胎盤停滞，第四胃変位などの周産期疾病が起こり，内分泌機能および生殖器に異常をきたし，受胎の時期がま

表9.7 ウイルスおよび原虫感染による動物の繁殖障害（Gibbonsによる原表を改変）

病名	動物	病原	臨床症状	診断	対策
アカバネ病	牛 めん羊 山羊	Akabane virus	流産，早産，死産 子の先天異常（水頭無脳症，関節彎曲症）	ウイルス分離 初乳未摂取子の血清反応	ワクチン接種
アイノウイルス感染症	牛 めん羊 山羊	Aino virus	流産，早産，死産 子の先天異常（水頭無脳症，関節彎曲症，小脳形成不全）	初乳未摂取子の血清反応 流産胎子からのウイルス遺伝子の検出	ワクチン接種
チュウザン病	牛	Kasba (Chuzan) virus	流産，早産，死産 子の先天異常（水頭無脳症，関節彎曲症）	初乳未摂取子の血清反応	ワクチン接種
牛伝染性鼻気管炎	牛	Bovine herpesvirus 1；BHV-1	膿疱性陰門腟炎，流産 亀頭包皮炎	ウイルス分離 血清反応（中和試験，ELISA，CF，ゲル内沈降反応）	ワクチン接種
牛ウイルス性下痢ウイルス感染症	牛	Bovine viral diarrhea virus 1, 2；BVDV1, 2	呼吸器症状，下痢，口腔内潰瘍 流産，死産 子の先天異常（小脳形成不全，眼障害）	ウイルス分離 血清反応 ウイルス遺伝子の検出	ワクチン接種
リフトバレー熱	牛 めん羊 山羊	Rift valley fever virus	発熱，肝臓の壊死 流産，死産	ウイルス分離 血清反応 蛍光抗体法	ワクチン接種* 摘発淘汰 蚊の駆除
日本脳炎	豚	Japanese encephalitis virus；JEV	流産，死産，胎子ミイラ変性 造精機能障害	ウイルス分離 血清反応（中和試験，HI試験）	ワクチン接種
豚コレラ	豚	Classical swine fever virus；CSFV	発熱，下痢，神経症状 流産，死産	ウイルス分離 血清反応（中和試験，ELISA）	摘発淘汰
アフリカ豚コレラ	豚	African swine fever virus；ASFV	発熱，皮膚出血，呼吸器症状，関節炎 流産	ウイルス分離 血清反応（ELISAなど） ウイルス遺伝子の検出	摘発淘汰
オーエスキー病（仮性狂犬病）	牛 豚 めん羊	Suid herpesvirus 1；SuHV-1 (Pseudorabies virus；PRV)	流産，死産，胎子ミイラ変性	ウイルス分離 血清反応（中和試験，ELISA，ラテックス凝集反応，間接蛍光抗体法）	ワクチン接種
豚繁殖・呼吸器障害症候群（PRRS）	豚	Porcine reproductive and respiratory syndrome virus；PRRSV	不妊症，流産，死産，胎子ミイラ変性，虚弱子	ウイルス分離 血清反応（ELISA，間接蛍光抗体法など） 免疫組織学的抗原検出	衛生管理の徹底による侵入防止
馬鼻肺炎	馬	Equine herpesvirus 1, 2；EHV-1, 2	流産（妊娠後期）	流産胎子の肝の壊死，肺水腫，細気管支粘膜上皮細胞，肝細胞の核内封入体 ウイルス分離 血清反応（中和試験，ELISA）	ワクチン接種 衛生管理
馬ウイルス性動脈炎	馬	Equine viral arteritis virus；EVAV	発熱，眼結膜充血 流産 陰嚢腫大	ウイルス分離 血清反応（中和試験，ELISAなど） ウイルス遺伝子の検出	感染群の隔離
トリコモナス病	牛	*Trichomonas foetus*	不妊症（子宮内膜炎），子宮蓄膿症，流産（妊娠2〜4カ月），死産	トリコモナス原虫の検出 種特異的遺伝子検出 腟分泌液の抗体検出（ELISA，補体結合試験）	感染牛の治療（雄：色素剤アクリフラビン液などによる包皮腔洗浄，雌：メトロニダゾールによる子宮洗浄） ワクチン接種

表9.7 (続き)

ネオスポラ症	牛	*Neospora caninum*	流産(妊娠5〜6カ月), 死産, 胎子ミイラ変性(一度感染すると妊娠ごとに連続的, 間欠的に垂直感染を起こし, 胎子は死亡, 吸収, 流産等転帰) 子牛の神経症状, 起立不能, 発育不良, 眼球異常, 水頭無脳症	病理組織学的検査, 免疫組織学的検査 流産胎子における遺伝子検出	抗体陽性牛の摘発淘汰 衛生管理
トキソプラズマ病	牛 豚 めん羊 山羊	*Toxoplasma gondii*	下痢, 中枢神経症状 流産	原虫の検出, 分離	衛生管理
ナイロビー羊病	めん羊 山羊	Nairobi sheep disease virus	発熱, 出血性腸炎 流産	ウイルス分離 血清反応(ELISA, 補体結合反応)	ダニの駆除

＊：日本では実施していない．

表9.8 世界における種雄牛の廃用状況 (Knoblauch, 1971)

廃用理由	大 陸	年 代	頭 数	%	平均廃用年齢
廃用総頭数	ヨーロッパ	1946〜1966	14632	12.6〜42.0	4.8〜6.5
	アメリカ	1939〜1959	5800	63.0	7.93
	アフリカ	1942〜1966	234	36.0	7.7
	オーストラリア	1964〜1966	28	11.5	
	アジア	1958〜1966	227	15.5	
病的原因によるもの 不妊症〜繁殖障害	ヨーロッパ	1943〜1966	2692	24	4.27
	アメリカ	1923〜1966	5102	46	
	アフリカ	1942〜1955	34	21	
	オーストラリア	1940〜1953	276	9.3	
精　　　巣		1928〜1966	2167	0〜5	4
精　巣　上　体		1954〜1962	121	1.2	
副　生　殖　器		1953〜1964		0.23	
陰　　　茎		1956〜1967		2〜5	3.64
交　尾　不　能　症		1943〜1966	568	5〜15	
生　殖　不　能　症		1937〜1966	2689	10〜30	4〜5
循　環　器　病		1938〜1966		2.5	5.5
呼　吸　器　病		1938〜1966		3.1	3.4
消　化　器　病		1923〜1966		3〜13	3.8
四肢および蹄の障害		1923〜1966	2443	14.3	4.9
外　傷　不　慮		1923〜1966		2〜7	
飼　養　管　理　不　適		1938〜1966		20〜30	
外　見　的　欠　陥		1945〜1965		3〜8	4.5
低　　能　　力		1945〜1964		8〜51	4.9
形質不良(遺伝的)		1942〜1968		20〜40	5.1〜6
老　　　齢		1923〜1966	2229	0.6	10.9
悪　　　癖		1923〜1966		2〜5	4〜6

た遅れるという, 悪循環に陥る場合が少なくないことが指摘されている.

iv) 微生物の感染と繁殖障害　動物の繁殖障害のうち, 微生物の感染によるものはかなり多い. その大部分のものは流産の原因になるが, 腟炎や子宮内膜炎などを起こして不妊の原因となるものも少なくない. これらのうち, 細菌および真菌の感染によるもの, ウイルスおよび原虫の感染によるものを, 表9.6, 9.7に一括して示した. この中には, わが国で未だ発生のない疾病も一部含まれている.

(3) 繁殖障害の発生状況

a. 雄の繁殖障害の発生状況

わが国における種雄の繁殖障害は, 交尾欲, 射精能

の異常や交配した雌の受胎成績の不振によって発見されることが多い．しかし，種雄は特定の場所に繋養されているため，繁殖障害の発生が公表されない場合もあり，また原因が明らかにされないまま廃用処分されることもあって，正確な調査は困難で，発生状況は従来からあまり明らかでない．

表9.9 繁殖障害種雄豚の臨床検査成績（小笠ら，1983）

	病類別区分	頭数	%
臨床検査による病類	交尾欲減退	1	1.6
	交尾欲欠如症	4	6.5
	交尾不能症	3	4.8
	陰嚢水腫	10	16.1
	精巣腫脹	1	1.6
	精巣萎縮	13	21.0
	精巣上体膨張	2	3.2
	交尾欲減退＋精巣萎縮	2	3.2
	交尾欲欠如症＋精巣萎縮	3	4.8
	交尾不能症＋陰嚢水腫＋精巣萎縮	1	1.6
	陰嚢水腫＋精巣萎縮	8	12.9
	陰嚢水腫＋精巣萎縮＋精巣上体腫脹	1	1.6
	精巣腫脹＋精巣上体腫脹	1	1.6
	著変なし	12	19.4
	合　　計	62	100.0

表9.10 繁殖障害種雄豚の精液検査成績（小笠ら，1983）

	病類別区分	頭数	%
精液検査による病類	無精子症	18	35.3
	精子減少症	3	5.9
	精子死滅症	6	11.8
	精子無力症	16	31.4
	精液減少症	1	1.9
	精子保存性不良	2	3.9
	奇形精子症	1	1.9
	膿精液症	1	1.9
	その他	3	5.9
	合　　計	51	100.0

Knoblauch（1971）は，世界における種雄牛の廃用状況に関する調査を行っており，表9.8に示すように，繁殖障害の発生率はオーストラリア9.3％，アフリカ21％，ヨーロッパ24％，アメリカ46％と大陸によって差が大きく，また繁殖障害牛の平均廃用年齢が3.6〜5歳と若いことが注目される．

Laing（1979）によれば，イギリスでは廃用される種雄牛の大部分は1〜2歳の若齢であり，その大部分は交尾不能症であるという．また廃用される種雄牛のうち，交尾不能症を含めた繁殖障害に基づくものの割合は，毎年だいたい5％である．

小笠ら（1983）が190頭の種雄豚の廃用理由を調査した結果，一般病が21.0％，感染病が5.3％，繁殖障害が15.3％，繁殖障害とその他の疾患の合併症が6.3％，形質不良が18.4％，老齢が16.8％，その他が16.8％であった．また，62頭の繁殖障害豚について調べた病類別区分は表9.9，9.10のとおりで，交尾欲欠如症や交尾不能症で精液採取のできないもの，精巣萎縮，陰嚢水腫，無精子症，精子無力症を呈するものが多かった．

b. 雌の繁殖障害の発生状況

i） 牛の繁殖障害の発生状況　わが国の乳牛には繁殖障害の発生がかなり多く，発生率は年間を通じて成雌牛の15〜20％に達するといわれている．1954年に農林省畜産局が，北海道および7県の乳牛46511頭について繁殖状況を調査した結果によると，生殖器に異常があり繁殖障害と認められるものは，表9.11に示すように3825頭（8.2％）であった．このうち，異常発情の原因となる卵巣疾患の関係しているものが2428頭で障害牛の63.5％を占め，子宮疾患の関係し

表9.11 乳牛の生殖器疾患（農林省畜産局，1954年調査のデータ）

病類区分	頭数	%	部位区分	
卵巣疾患	1894	49.5	卵巣関係	63.5％
卵巣＋子宮疾患	438	11.5		
卵巣＋腟疾患	60	1.6		
卵巣＋子宮＋腟疾患	36	0.9	子宮関係	42.9％
子宮疾患	1068	27.9		
子宮＋腟疾患	99	2.6		
腟疾患	173	4.5	腟関係	9.6％
不明	57	1.5		
計	3825	100.0		

9. 繁殖障害

ているものが1641頭で42.9%，腟疾患の関係しているものが368頭で9.6%となっており，乳牛の繁殖障害の中では卵巣の疾患が非常に多いという結果が出ている．

肉牛では繁殖障害の発生は乳牛より少なく，その発生率は成雌牛の5〜10%程度とされている．1949〜1966年までの18年間に，農林省家畜衛生試験場中国支場で，外来牛（主として肉牛）について繁殖障害と診断したものの内訳を表9.12に示す．障害の種類としては，乳牛と同様に卵巣疾患が非常に多くて全体の81%を占め，特に鈍性発情および卵胞発育障害が多く，卵胞嚢腫もかなり多いことが認められた．また，子宮疾患のうちでは子宮内膜炎が多く，その他のものはわずかであった．このほかに，リピートブリーダーが多いことも注目された．

中原（1980）は，1974〜1975年の2年間に，全国都道府県の家畜保健衛生所が参加して，乳牛29372頭，肉牛18097頭を対象に行った繁殖状況実態調査の成績を総括検討している．それによれば，調査対象牛のうち調査期間中に廃用になったものが，乳牛では26.3%，肉牛では16.4%であった．廃用の主な理由は表9.13のとおりで，乳牛，肉牛とも繁殖能力が低いことが廃用の最大の理由であることが注目される．同様の調査は1987年にも行われており，繁殖障害の器官別内訳と病因別内訳は表9.14, 9.15のとおりである．

最近のわが国における雌牛の繁殖障害発生の実態については，局地的な調査が行われているにすぎない．それらの生殖器病の病類別区分によると，卵巣疾患は北海道の乳牛と南九州の肉牛では卵胞発育障害が最も多く，ついで卵巣嚢腫が多い．都市近郊酪農地帯の乳牛では鈍性発情が最も多く，ついで卵巣嚢腫となっており，子宮疾患としてはいずれも子宮内膜炎が多発していることが示されている．

なお2008〜2010年度の家畜共済統計によると，表9.16に示すように，乳牛では生殖器病，妊娠・分娩および産後の疾患と泌乳病（乳房炎）が病傷事故の65%前後を占めて極めて高く，肉牛においては22%前後で消化器病についで発生の多いことが注目される．

また，病傷事故の総件数に占める生殖器病の割合は，乳牛の雌では23.6%，肉牛では17.1%と高いことがわかる（表9.17）．その中では，卵巣静止や卵胞嚢腫として治療されるもの，また鈍性発情や黄体遺残として治療されるものが多い．

ii) 馬の繁殖障害の発生状況 馬の繁殖成績は，その繁殖季節が春〜初夏に限定されること，発情持続

表9.12 肉牛の繁殖障害診断区分（家畜衛生試験場中国支場の外来牛，1949〜1966年のデータ）

	診断区分	頭数	%
卵巣疾患	卵胞発育障害	572	27.4
	排卵障害	32	1.5
	卵胞嚢腫	186	8.9
	黄体嚢腫	3	0.1
	黄体遺残	23	1.1
	鈍性発情	870	41.7
	卵巣卵管炎	7	0.3
	小計	1693	81.2
子宮疾患	子宮内膜炎	136	6.5
	子宮蓄膿症	20	1.0
	子宮萎縮	2	0.1
	子宮水症	3	0.1
	頸管炎	6	0.3
	頸管創傷	1	0.1
	小計	168	8.1
腟疾患	尿腟	9	0.4
	顆粒性腟炎	3	0.1
	小計	12	0.5
	リピートブリーダー	212	10.2
	合計	2085	100.0

注：対象牛は主として黒毛和種．本表に流産は含まれず，胎盤停滞は子宮内膜炎か蓄膿症に含めた．

表9.13 調査牛の廃用理由（中原，1980）

乳牛		肉牛	
理由	%	理由	%
繁殖能力が低い	28.3	繁殖能力が低い	42.5
経済上の理由	25.0	経済上の理由	27.7
繁殖障害以外の疾患	13.3	老齢	7.3
乳房炎，乳量・乳質不良	15.7	繁殖障害以外の疾患	6.3
その他	17.7	その他	16.2

表9.14 繁殖障害（空胎）原因の器官別内訳（農林水産省畜産局，1987年調査のデータ；1982～1984年の集計）

牛	卵巣	子宮	腟	卵巣・子宮	卵巣・腟	卵巣・子宮・腟	子宮・腟	その他	不明
乳牛	51.9	17.6	1.1	6.9	0.3	1.1	0.9	8.4	11.7
	卵巣関係計：60.2，子宮関係計：26.5，腟関係計：3.4．								
肉牛	49.5	12.3	0.3	7.7	0.4	0.6	0.5	14.2	14.3
	卵巣関係計：58.2，子宮関係計：21.1，腟関係計：1.8．								

数字はすべて％．

表9.15 繁殖障害（空胎）原因の病因別内訳（農林水産省畜産局，1987年調査のデータ；1985年度の集計）

牛	卵胞嚢腫	黄体嚢腫	卵巣静止	卵巣萎縮	卵巣発育不全	黄体遺残	子宮内膜炎	その他	不明
乳牛	19.7	0.6	20.1	8.5	0.5	1.9	16.3	16.2	16.1
肉牛	11.7	0.2	25.4	8.2	0.5	5.3	12.0	26.9	9.8

数字はすべて％．

表9.16 2008～2010年度における各種動物の病傷事故の主要病類別件数（家畜共済統計）

動物	年度	ウイルス・細菌・真菌病および原虫・寄生虫病	内分泌および代謝疾患	消化器病	呼吸器病	循環器病	泌乳器病	生殖器病	妊娠分娩および産後の疾患	新生子異常	運動器病	神経系病および感覚器（眼・耳）病	泌尿器病	その他	計
乳牛の雌等[a]	2008	11650 / 0.8	42169 / 3.0	191645 / 13.6	83923 / 5.9	14446 / 1.0	428740 / 30.4	331796 / 23.5	147541 / 10.5	14111 / 1.0	118031 / 8.4	5167 / 0.4	1480 / 0.1	20018 / 1.4	1410717 / 100%
	2009	12120 / 0.9	40828 / 2.9	182391 / 12.9	88212 / 6.2	15304 / 1.1	426593 / 30.1	350204 / 24.7	146816 / 10.4	14177 / 1.0	114154 / 8.1	5450 / 0.4	1338 / 0.1	18997 / 1.3	1416584 / 100%
	2010	11686 / 0.8	38678 / 2.7	174064 / 12.3	93193 / 6.6	17440 / 1.2	437372 / 31.0	332840 / 23.6	141564 / 10.0	14689 / 1.0	119466 / 8.5	6525 / 0.5	1387 / 0.1	22767 / 1.6	1411671 / 100%
肉用牛等[b]	2008	35246 / 2.9	7864 / 0.6	413845 / 34.0	385121 / 31.6	7358 / 0.6	628 / 0.1	211828 / 17.4	57530 / 4.7	21901 / 1.8	33634 / 2.8	4246 / 0.3	9362 / 0.8	29196 / 2.4	1217759 / 100%
	2009	35757 / 3.0	10196 / 0.8	407635 / 33.9	372941 / 31.0	7359 / 0.6	573 / 0.0	207753 / 17.3	61510 / 5.1	21872 / 1.8	32211 / 2.7	5276 / 0.4	10731 / 0.9	28398 / 2.4	1202212 / 100%
	2010	29010 / 2.6	10550 / 1.0	351456 / 32.0	357250 / 32.6	7587 / 0.7	496 / 0.0	187147 / 17.1	54246 / 4.9	21159 / 1.9	32093 / 2.9	6157 / 0.6	11650 / 1.1	27964 / 2.5	1096765 / 100%
種豚[c]	2008	57 / 0.3	4 / 0.0	1966 / 9.0	7133 / 32.7	2951 / 13.5	342 / 1.6	2017 / 9.2	3954 / 18.1	*	2517 / 11.5	106 / 0.5	291 / 1.3	497 / 2.3	21835 / 100%
	2009	44 / 0.2	−[e]	1566 / 8.2	5859 / 30.8	2821 / 14.8	328 / 1.7	1653 / 8.7	3942 / 20.7	*	2128 / 11.2	113 / 0.6	233 / 1.2	333 / 1.8	19020 / 100%
	2010	27 / 0.2	1 / 0.0	1337 / 8.5	4957 / 31.6	2429 / 15.5	410 / 2.6	1549 / 9.9	2971 / 18.9	*	1437 / 9.2	105 / 0.7	133 / 0.8	329 / 2.1	15685 / 100%
一般馬[d]	2008	143 / 0.8	26 / 0.1	3373 / 19.3	2516 / 14.4	165 / 0.9	129 / 0.7	3197 / 18.3	1312 / 7.5	*	2351 / 13.5	300 / 1.7	15 / 0.1	3924 / 22.5	17451 / 100%
	2009	189 / 1.1	41 / 0.2	3286 / 20.0	2155 / 13.1	188 / 1.1	134 / 0.8	2798 / 17.0	1267 / 7.7	*	2134 / 13.0	277 / 1.7	10 / 0.1	3964 / 24.1	16443 / 100%
	2010	156 / 1.0	26 / 0.2	3130 / 19.3	2377 / 14.7	211 / 1.3	91 / 0.6	2433 / 15.0	1192 / 7.4	*	2212 / 13.7	324 / 2.0	14 / 0.1	4013 / 24.8	16179 / 100%

[a]：乳用成牛または泌乳牛および育成乳牛，ならびに乳用子牛等．[b]：肥育用成牛，肥育用子牛，その他の肉用成牛およびその他の肉用子牛等．[c]：雌雄繁殖用豚．[d]：種雄以外の馬．[e]：事実なし．＊：共済対象病類に含まれない．

9. 繁殖障害

表9.17 2010年度病傷事故における主な生殖器病（病傷事故件数，家畜共済統計）

病　名	乳牛の雌等[a]		肉用牛等[b]		種豚[c]		一般馬[d]	
総病傷件数	1411671	100%	1096765	100%	16179	100%	15685	100%
生殖器病	332840	23.6	187147	17.1	2433	15.0	1549	9.9
卵胞嚢腫	50405	3.6	22512	2.1	11	0.1	11	0.1
黄体嚢腫	2679	0.2	1460	0.1	1	0.0	−	
卵巣静止	66724	4.7	52969	4.8	122	0.8	1225	7.8
卵巣萎縮	1755	0.1	1494	0.1	2	0.0	1	0.0
卵巣発育不全	2050	0.1	856	0.1	2	0.0	3	0.0
排卵遅延	13380	0.9	12574	1.1	63	0.4	1	0.0
無排卵	757	0.1	945	0.1	−[e]		−	
鈍性発情	51919	3.7	31175	2.8	143	0.9	112	0.7
発育不全黄体	14990	1.1	4704	0.4	1	0.0	79	0.5
嚢腫様黄体	701	0.0	512	0.0	−		−	
黄体遺残	96235	6.8	39608	3.6	197	1.2	27	0.2
子宮内膜炎	22535	1.6	15586	1.4	1830	11.3	21	0.1
子宮蓄膿症	6985	0.5	775	0.1	9	0.1	3	0.0

[a]：乳用成牛または泌乳牛および育成乳牛，ならびに乳用子牛等．[b]：肥育用成牛，肥育用子牛，その他の肉用成牛およびその他の肉用子牛等．[c]：雌雄繁殖用豚．[d]：種雄以外の馬．[e]：事実なし．

表9.18 雌馬の生殖器疾患（佐藤ら，1941）

病類別	頭数	前年交配しないもの	前年の交配不明のもの	本年初交配のもの	交配頭数	生産	難産	流産	不受胎
腔の異常，損傷	21	3	1	4	13	2	6	−	5
尿腔	283	22	14	16	231	83	1	36	111
尿腔と腔炎合併	128	11	5	1	111	34	−	8	69
子宮腔部炎，頸管の異常	215	13	17	21	164	59	1	17	87
尿腔・子宮炎合併	79	5	10	3	61	11	5	−	45
潜在性子宮内膜炎	172	5	3	8	156	14	−	20	122
カタール性子宮内膜炎	150	1	6	11	132	32	−	17	83
化膿性子宮内膜炎	37	1	1	−	35	7	−	6	22
無発情，微弱発情	151	40	10	22	79	40	−	4	35
持続性発情	17	3	1	1	12	1	−	6	5
卵胞嚢腫	6	−	−	−	6	−	−	−	6
計	1259	104	68	87	1000	283	13	114	590
％						28.3	1.3	11.4	59.0

期間が長いため適期の種付けが困難なことなどの理由から，ほかの動物に比べて著しく不良である．

世界各国とも，交配雌馬からの子馬の生産は約50％，あるいはそれ以下である．わが国における馬の受胎率は，全国的にみれば55〜65％程度であり，そのうち流産，死産するものが10〜12％あるため，結局生産率は50〜55％にすぎない．しかし，軽種馬においては多額の経費をかけ，周到な注意のもとに飼養管理，種付けが行われるため，その繁殖成績は良好で，受胎率は85％以上に達している．

雌馬の繁殖障害の正確な発生状況は不明である．それは，繁殖障害のうち外部的症状のみられるもの以外は，交配しても不妊であったために検診を受け，また無発情のものは交配しないので，種付け成績の統計に

表9.19　農用馬の繁殖成績（三宅・佐藤，1992を改変）

年次	場所	種付け雌馬数	生産子数	産子取得率(%)
1988	全国	8884	5752	64.7
1989	全国	9693	6202	63.9
1989	十勝	2311	1430	61.8
	釧路	1772	1254	70.7
	根室	1014	534	52.6
	上川	415	244	58.7
	網走	495	373	75.3
	空知	262	183	69.8
	胆振	485	335	69.0
	日高	272	199	73.1
	石狩	183	136	74.3
	留萌	40	32	80.0
	渡島・檜山	483	285	59.0
	後志	85	58	68.2
	宗谷	156	95	60.8
1989	北海道（計）	7974	5158	64.6
	他府県（計）	1719	1044	60.7

表9.20　廃用繁殖障害豚の産次（農林水産省畜産試験場，1986年調査のデータ；1982～1983年の集計）

診断区分		頭数(頭)	診断区分別割合(%)	産次1	2	3	4	5～
視診による診断	1. 生後無発情	4	4.8	—	—	—	—	—
	2. 離乳後無発情	20	24.1	50.0	5.0	25.0	10.0	10.0
	3. 種付け後無発情	14	16.9	64.3	21.4	14.3	—	—
	4. 微弱発情	6	7.2	16.7	23.3	—	33.3	16.7
	5. 持続性発情	1	1.2	—	—	100.0	—	—
	6. 低受胎	15	18.1	40.0	13.3	13.3	26.7	6.7
	7. 産子数不足	3	3.6	33.3	33.3	—	33.3	—
	8. 分娩事故	13	15.7	15.4	15.4	15.4	30.8	23.1
	9. 子宮・腟脱	3	3.6	—	—	33.3	66.7	—
	10. その他	4	4.8	25.0	50.0	—	—	25.0
合計		83	100.0	37.6	17.6	15.3	17.7	11.8

も計上されず不明であり，全般的な状況を知ることが困難なためである．しかし，局地的な調査はかなり行われている．

佐藤ら（1941）は，北海道，東北，九州の主要馬産地の繁殖雌馬約8300頭について，生殖器の異常，疾患の状況を調査し，これらのうち1259頭（約15%）は腟，子宮，卵巣などに異常，疾患のあることを認めた．これらの病類別およびその前年の繁殖成績は表9.18のとおりで，初めて繁殖に供する若雌馬にも，卵胞発育障害による無発情や子宮疾患による不受胎がかなり多いことがわかった．また，1990年に日本馬事協会によって公表された農用馬の繁殖成績については，表9.19のとおりである．

iii）豚の繁殖障害の発生状況

雌豚の繁殖障害については，診断が困難な点もあって発生状況に関する正確な調査報告はないが，ほぼ牛の状況に近いものだと考えられている．

Einarsson and Settergren（1974）は，457頭の経産

9. 繁殖障害

表 9.21 わが国の各地における雌豚の繁殖障害の発生状況

調査地域	北海道農家	千葉県農家	宮崎県企業	山梨県農家	茨城県農家	埼玉県企業	東京・茨城農家
調査頭数	168	3025	181	1060	3048	137	405
未産無発情			13.3%		9.6%		
離乳後無発情			15.5		45.4	14.8%	
不受胎無発情			24.9		12.2		
卵胞発育障害	48.2%	88.7%		74.5%			68.0%
卵巣嚢腫	16.6	3.6		24.1		2.5	18.0
鈍性発情						1.7	11.8
持続性発情		3.8			4.2		
黄体遺残	35.2						0.7
子宮内膜炎		0.5	4.9			5.8	
低受胎			41.4		28.6	31.4*	
その他		3.4		1.4		43.8	
報告者	河田	海保	浜名・田浦	笠井	真田ら	日高	小笠
年次	1979	1979	1979	1979	1981	1982	1979～1983

*：産子数減少を含む．

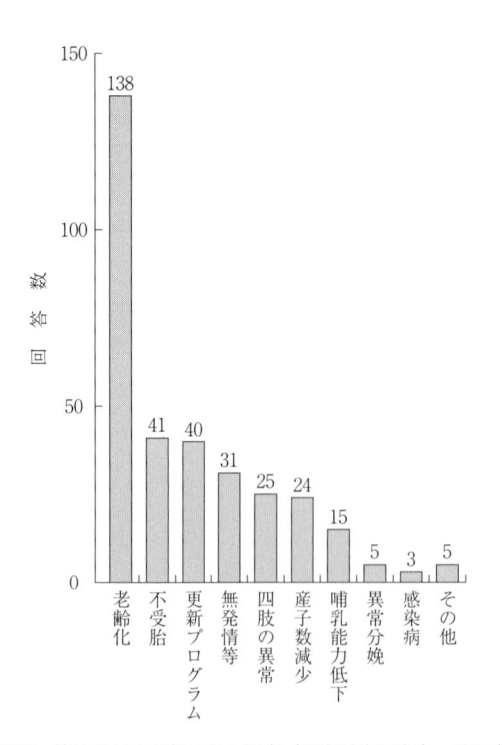

図 9.2 繁殖母豚の更新の主な理由（日本豚病研究会，2002年調査のデータ）

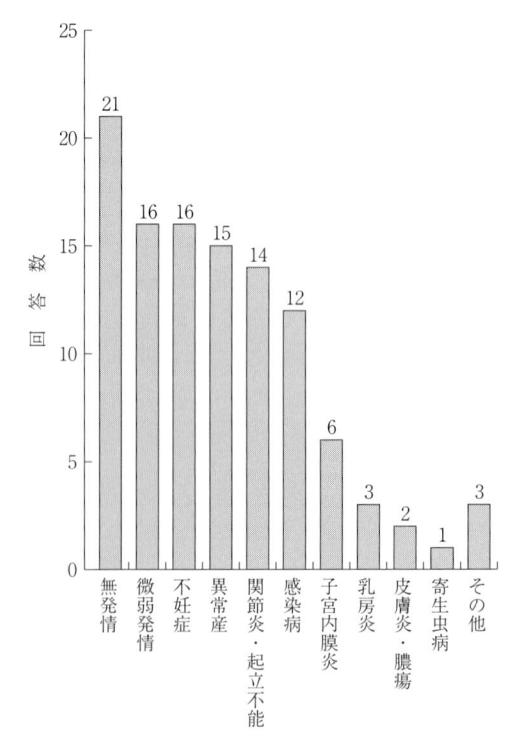

老齢化 138, 不受胎 41, 更新プログラム 40, 無発情等 31, 四肢の異常 25, 産子数減少 24, 哺乳能力低下 15, 異常分娩 5, 感染病 3, その他 5

図 9.3 繁殖母豚に発生しやすい疾病（日本豚病研究会，2002年調査のデータ）

無発情 21, 微弱発情 16, 不妊症 16, 異常産 15, 関節炎・起立不能 14, 感染病 12, 子宮内膜炎 6, 乳房炎 3, 皮膚炎・膿瘍 2, 寄生虫病 1, その他 3

豚のうち，繁殖障害あるいは繁殖能力の低下を廃用の理由とするものが180頭（39.4％）に達したと報告している．一方，農林水産省畜産試験場が，1982，1983年の2年間に9府県の豚の繁殖の実態調査を行った成績では，調査豚489頭のうち，期間中に50.5％が廃用となっている．その廃用理由は，繁殖障害17.4％，産

子数不足 1.6％，分娩事故 3.5％であり，また廃用豚の約半数は離乳後 20 日までの間に分布し，その間の廃用理由別の割合をみると，繁殖障害が 49.8％，運動器障害が 25.7％と，全体の 75.5％を占めていた．廃用となった母豚の産次は，初産 30.7％，2 産 18.1％であり，繁殖供用豚のおよそ半数が 2 産までに廃用となっていた．廃用繁殖障害豚の内訳は，表 9.20 に示すように，離乳後無発情が最も多く 24.1％を占め，ついで低受胎 18.1％，種付け後不妊で無発情が 16.9％，微弱発情 7.2％であり，発情および受胎に関わる障害が全体の 66.3％を占めていた．

前掲の家畜共済統計における病傷事故の病類表（表 9.16 参照）に示すように，種豚においても妊娠・分娩および産後の疾患と泌乳器病，生殖器病が 30％前後と，呼吸器病と同程度に高いことがわかる．表 9.21 は，わが国各地の大規模養豚場における繁殖障害の発生状況を示したものである．また，日本豚病研究会が 2002 年に行った，繁殖母豚の更新理由と発生しやすい疾病についてのアンケート調査結果は，図 9.2，9.3 のとおりである．

これらの状況から，豚においても卵巣疾患が繁殖障害の主役を演じているものと推察される．

（4） 繁殖障害の診断
a． 稟告，問診
動物の繁殖障害において，防除，治療の効果を上げるための条件としては，まず的確な診断を下すことが肝要である．このためには，診断に先立って飼養者または管理者から，個体あるいは群についての飼養管理状態，繁殖経歴，病歴などの稟告をできるだけ詳細に聴取し，記録を調査する．これは繁殖障害の原因，種類，経過などを推定する上で，また治療処置の方法，順序を決めるために役立つものである．主な聴取，調査事項は次のとおりであるが，飼養者は往々にして記憶を誤っていることがあるので，注意しなくてはならない．

〔年齢〕 繁殖が可能な年齢の範囲内にあるか否か．
〔産地〕 成体を外国から輸入あるいは遠隔地から導入した場合，気候風土，環境の変化によって雌雄ともに生理的に変調をきたし，当初には繁殖成績の不良なことがある．
〔繁殖経歴〕 分娩回数，最終分娩年月日（これにより生殖器疾患の種類とその程度，経過が推定される），流産（妊娠何カ月で起こったか，過去にもあったか），難産（産道に損傷を生じているものがある）の有無．

〔発情周期および交配の状況〕 発情周期が正常にみられるか否か，発情の状態（これらにより発情徴候の強弱および発情と発情徴候の持続時間を知り，卵巣機能の良否を推定），最近の発情月日（これにより現在発情周期のいかなる時期にあるかを知る），交配（自然交配と人工授精）実施の有無およびその年月日（交配したものについては，その後に発情のみられたものでも必ず妊娠診断を行って，不妊であることを確かめた上で諸検査を行うことを原則とする）．

b． 外景検査（視診）
雌雄ともに栄養状態を BCS などで評価することにより，飼料給与状態やエネルギーバランスの状態，さらには健康状態の判断の参考になる．

雄では，精巣の大きさや下降の状態を外部から観察でき，かつ陰茎の状態も性的興奮時に観察できるので，繁殖障害の診断に際しての外景検査（視診）の意義は大きい．

雌では，外景的な検査をしても，卵巣や子宮などの生殖器の主要な部分が骨盤腔内に存在しているので，診断に際してあまり価値がないように思われがちであるが，次の点を観察することはかなりの意義がある．雌が外陰部から膿様の分泌物を漏出する場合は，腟や子宮に化膿性炎症があることを示す．また牛では，雌の頭頸部が大きくなり，肩が肥厚して雄相（牡相）を呈し，かつ尾根部が隆起しその両側が陥没し，外陰部が腫脹するなどの所見は，卵胞嚢腫が長期に及ぶ場合にしばしばみられるもので，これらは本病の発見に役立つ．フリーマーチンの場合には，巻腹（馬において腹部の内容が乏しく尾側へ巻き上がったようにみえる腹構え）を示す，去勢雄牛様の外貌を呈するものがしばしばみられる．

c． 生殖器官の臨床検査
雄については，交尾欲と射精能の検査（乗駕試験，射精試験），精巣と精巣上体および精索ならびに陰茎の触診，精巣の大きさと陰嚢温度の測定，精液の肉眼的・顕微鏡的検査，直腸検査（副生殖腺の触診）などを行う．必要に応じて，超音波画像診断装置による検査（精巣，副生殖器断層像の観察）や精巣バイオプシー

を行うことがある.

雌では，腟検査（子宮粘液の肉眼的・顕微鏡的検査を含む），直腸検査（牛，馬，豚）を行うが，このほか超音波画像診断装置による検査（牛，馬，豚，めん羊，山羊，犬，猫），診断的子宮洗浄（牛，馬），頸管粘液の精子受容性や結晶形成の検査，子宮洗浄液の細菌検査や細胞診，子宮内膜バイオプシー，卵管疎通検査などを組み合わせて行う場合もある．こういった各種検査の方法は，9.2節以降で述べる.

以上の検査によって，それぞれ生殖器の所見，異常，疾患の有無およびその程度を知ることができるが，1回の検査で判定の困難な場合は，数日あるいは7～14日の間隔をおいてさらに検査し，生理的な変化（例えば卵巣周期に伴う変化など）をふまえ，前回の検査時の所見と対比して判定する.

検査の実施にあたって注意すべきことは，動物をよく保定し，動物および術者に危険のないように，検査が自由に十分行えるようにする．この際，動物が動けないように緊縛するのではなく，検査や処置をスムーズに行うことができ，術者に危険がないようによく保定する．また，保定ロープは，いつでも簡単に解ける方法で結ぶことが重要である．検査操作は常に穏和に，かつ丁寧に行い，動物にできるだけ苦痛を与えることなく，手順よく短時間に行うことが必要である．検査に長時間を要すると，動物は飽きて動揺し，また努責を発し，腟検査，直腸検査は実施困難となる.

検査に用いる器具，器械および術者の手指の消毒は極めて厳重に行い，検査によって生殖器官を汚染して感染させ，また病状を増悪させることのないように注意する.

d. 総合診断

生殖器の異常，疾患には種々あるが，炎症性の疾患は原発部位に限局することなく隣接器官に波及することが多く，また卵巣の疾患は子宮疾患に併発することが多いため，繁殖障害の診断にあたっては合併症を見落とすことのないよう十分注意しなければならない.

雌が発情を示さない場合には，生殖器の奇形や牛のフリーマーチンによるもの，卵胞発育障害によるもの，黄体遺残や卵胞嚢腫によるもの，鈍性発情によるもの，単に飼養者が発情を見逃しているもの，また未成熟あるいは老齢によるもの，さらに妊娠しているものもあ

るため，これらを明らかに診断区別する必要がある.

診断にあたって，生殖器に著明な異常を発見した場合は，通常それを不妊の主な原因とみなすことができるが，ときには真の原因がほかにあることがある．また症状が比較的軽度のものでも，それらが重複合併していて不妊となることもある.

もし真の原因を見落として，誤った診断のもとに治療処置を行えば，無益であるばかりでなく，かえって有害となることが多い.

不妊の原因を強いて生殖器官の異常または疾患に求めようとして，往々誤診に陥ることがある．例えば，無発情，鈍性発情などは栄養不良や全身性の衰弱と関係している場合が多いので，栄養状態，乳牛では泌乳ステージごとのBCS，飼養管理状況などをチェックする必要がある.

特定の地域または特定の一群の雌において，突然不妊症が多発することがあるが，このような場合，共通した飼料の質的または量的欠陥，雄または人工授精に使用する精液の側の欠陥，および生殖器伝染病（例えば牛カンピロバクター病，馬伝染性子宮炎）を起こす微生物の侵入などによることが多いので，個々の動物の検査のほかに，常々群全体の繁殖成績の良否に注意を払うことも必要である.

(5) 繁殖障害の治療処置

a. 治療方針

繁殖障害の治療処置には，ホルモン剤，抗菌性物質，化学薬品の投与，外科処置など種々の方法がある．治療処置の実施にあたっては，ただ漫然と行うことなく，治療方針を立てて行い，ある段階で予後を予測しなければならない.

① 治療処置は，正確な診断に基づいて立てられた，適切かつ合理的な治療方針に沿って行う.

② 実施した治療処置の効果が明らかにならないうちに，みだりに別の処置を行ったり，同じ処置を反復したり，種々の薬物を乱用したりしない．そのようなことを行うと，病変を過度に刺激して治癒機転の混乱や破綻を招く.

③ 飼養者，管理者は症状，異常の消退のみでなく，その動物の受胎，分娩を希望していることを考え，治療の第1段階は症状，異常の消退，回復であるが，そ

の終局は受胎させることを目標とすべきである.

b. 治療の実施

① 飼養管理に注意し,皮膚,被毛,四肢の手入れ,動物舎の清潔,乾燥を励行し,適度の運動,使役,外繋日光浴を行い,罹患動物の栄養を良好にして,健康の増進を図ることが,治療効果を上げるために極めて重要であると,治療処置前に動物の飼養者,管理者に対して,インフォームドコンセントしておくことが大切である.

② 治療処置は,治療方針に沿って一定の計画のもとで実施する.行った処置の効果の有無を明らかにするために,処置後に症状および病変の推移を観察する.

③ 飼養者は,雌の症状が軽快し発情徴候が発現すれば,まだ完全に治癒しないうちに勝手に種付け,人工授精を行うことがしばしばある.子宮内膜炎などの場合には,交配,精液の注入などの刺激によって快方に向かいつつある炎症が再び急激に増悪し,これまでの治療が無効となることもある.

したがって,疾患の性質,症状によって,治療の継続中は発情が発現してもこれを見送ることとし,交配させないようにあらかじめ飼養者を指導しておくことが大切である.

c. 治癒判定

一般の疾病の治癒,回復は,症状が消退し,器官の機能が回復することであるが,繁殖障害の治療処置の目的は交配によって動物を受胎させることであり,さらに流産せずに正常な子を分娩させることで,これをもって完全治癒と考えるべきであろう.しかし,適切な治療処置を行っても受胎の見込みのないものに対しては,いたずらに治療を重ねることなく,用途変更あるいは淘汰を勧奨すべきである.　　〔加茂前秀夫〕

9.2 雄の繁殖障害

(1) 臨床診断

雄の繁殖障害は,臨床的な現れ方により,①交尾欲の減退～欠如,②交尾不能,射精不能,③精液・精子の異常による生殖不能～生殖能力減退に大別される.これらのうち,①,②は症状がわかりやすく比較的早期に発見し,診断することができるが,③の場合は症状の発現がわかりにくく,実際には授精した雌の受胎成績の低下,精液性状の悪化によって初めて認識されるので,早期発見は難しい.またこの場合,受胎率の低下や精液性状の異常が発見された時点と,その原因が感作した時期との間にかなりの時間的な隔たりがあり,原因をつかみにくいことが多い.

雄の繁殖障害の診断に際して,必要事項は次のとおりである.

a. 稟告

血統,授精成績および飼養管理状況などを聞き取る必要があるが,このうち特に重要なものは,過去における授精成績である.これは年度ごとに分けて月別に集計するのが望ましいが,授精雌頭数(牛では50頭以上であることが望ましい)が少ないときは数カ月分をまとめる.

長期間の授精成績があれば,障害の急性・慢性の判別が可能であり,特定の季節に変化がみられれば,気候,飼料などによる影響がうかがえる.授精成績が供用当初から不良のものでは,精巣発育不全や遺伝的欠陥などが疑われ,後者の場合は血統の調査と相まって明らかとなることが多い.授精成績がしだいに低下したものでは,慢性病,持続性の因子による造精機能障害や新生物による精子通過障害などが,また急激に低下したものでは,急性の精巣の炎症や変性が疑われる.

わが国の乳牛では,1回授精による受胎率が50%以下の雄牛は受胎性が低い(low fertility)とみなされ,肉牛ではこの限界が約60%とされている.

b. 交尾欲,勃起能,射精能の検査

この検査の要点は,雌に対する関心～興奮の程度,陰茎の勃起と乗駕の状態,射精の有無,および陰茎の異常の観察の4つである.

正常な雄は,精液採取に際して擬牝台または台雌に接近させれば,ただちに興奮し,陰茎の勃起,副生殖腺の分泌液の漏出が起こり,1～3回の乗駕で数分のうちに射精に至る.神経質な雄では,心理的な因子が交尾欲,勃起能,射精能を左右することが大きいので,台雌の大きさ,毛色,発情の有無,精液採取場の環境(床の状態,採光,温度,人員数など),採取技術(術者の熟練の程度,着衣,人工膣の内圧および温度など)に注意を要する.容易に乗駕しない場合には,台雌を替えるか,雌の後を追ってひき運動をして興奮させると乗駕することがある.一般に,雌に接近させて10

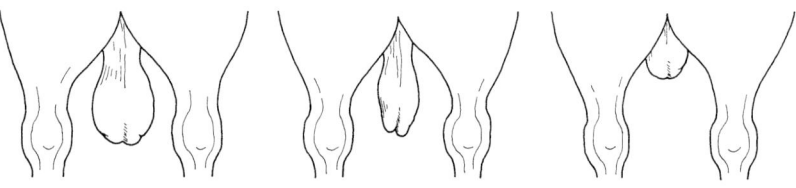

1. 発育，下垂状態ともに良好で左右対称のもの
2. 下垂状態はよいが，発育不良で左右非対称のもの
3. 発育，下垂状態ともに不良のもの

図9.4 牛の精巣の発育，下垂の状態（山内原図）

～15分以上を経過しても関心を示さないものは，交尾欲減退～欠如と判定される．

陰茎の観察としては，包皮から突出した長さ（牛では25～45 cm），充血の状態，屈曲～彎曲，炎症，腫瘍，外傷，癒着などの有無を速やかに調べる．

c. 生殖器の視診および触診

精巣，精巣上体，精索，陰茎および包皮を，外部より視診，触診して，その発育状態，腫脹・硬結・疼痛・温（熱冷）感などの有無を調べる．また，牛，馬，大型の性成熟豚などにおいては，直腸検査によって尿道球腺，前立腺，精嚢腺，精管膨大部などを触診する．

i) 精巣，陰囊 精巣の発育，下垂状態は，動物の後方より少し離れて観察する．一般に，夏季において下垂し，冬季は挙上している．牛では，図9.4に示すように精巣が大きく弾力があり，陰囊の下縁がほぼ左右の飛節を結ぶ線まで下垂していて，かつ左右対称のものは正常である．一方で，精巣が小さいか左右非対称で，下垂状態が不十分で陰囊の頸が太く，U字～V字状を呈するものは，一般に造精機能が不良である．

精巣の容積の大小は造精機能の良否とよく一致するが，Aehnelt et al.（1958）がホルスタイン種雄牛について，精巣容積を排水量によって測定した結果，成牛で1.5～2.6 ℓの範囲にあることを認めた．また山内らが，1964年に同様の方法によって測定したホルスタイン種成牛23頭の精巣容積の平均は2.07 ℓ，黒毛和種22頭の平均は1.36 ℓであった．

精巣の触診では，腫脹，硬結，疼痛（疼痛があれば，その側を顧みたり同側の後肢で蹴るなどの反応を示す），熱・冷感，癒着，奇形などの有無を調べる．

前述のように，精巣の温度は造精機能と密接な関係がある．Bonadonna et al.（1957）は，正常牛で精巣温度が体温（直腸温）より4℃以上低いことを認め，造精機能が正常に維持されるための必要な条件としている．

1964年に山内らが皮温測定器によって種雄牛の陰嚢皮温を測定し，直腸温と比較した結果，夏季には5.27±0.63℃，冬季には6.18±0.80℃の差がそれぞれあり，夏季には陰嚢温度が高くなって直腸温との差が縮まることが明らかになった．

ii) 陰茎，包皮 まず包皮口部の湿疹，亀裂および陰茎との癒着の有無を検査する．ついで包皮の上から陰茎を触診して，奇形，腫瘍，癒着，疼痛の有無を調べる．

iii) 副生殖腺 牛，馬，性成熟に達した豚などでは，直腸検査によって副生殖腺の触診ができる．まず手首まで直腸に挿入すると，坐骨結合の直上に筋肉に包まれた骨盤部尿道が触知され，馬および豚では骨盤腔尾側出口に近い骨盤部尿道の部分の上に，一対の卵円形の尿道球腺が触知される．豚の尿道球腺は大きい．手をさらに頭側に進めると，前立腺伝播部は尿道筋に包まれて判別できないが，その頭側に前立腺体部が環状になって尿道を囲み硬く触れる．触診によってこれらの器官の発育状態，疼痛などを調べるが，前立腺は老齢になると萎縮または肥大し，精嚢腺は年齢とともに硬度を増す．

d. 精液，精子の検査

i) 肉眼的検査および顕微鏡的検査 検査方法は5.4節（p.105）を参照．

検査の結果，精液に血液，尿，膿を混ずるもの，精子数の少ないものあるいは精子を欠くもの，精子生存率が50%以下と低いもの，精子活力が低値のもの，精子奇形率が20～30%以上と高いものは，いずれも受胎率が極めて低い．

精子の奇形は，精子形成の過程において起こる一次的なものと，正常に形成された後に，精巣上体，精管，

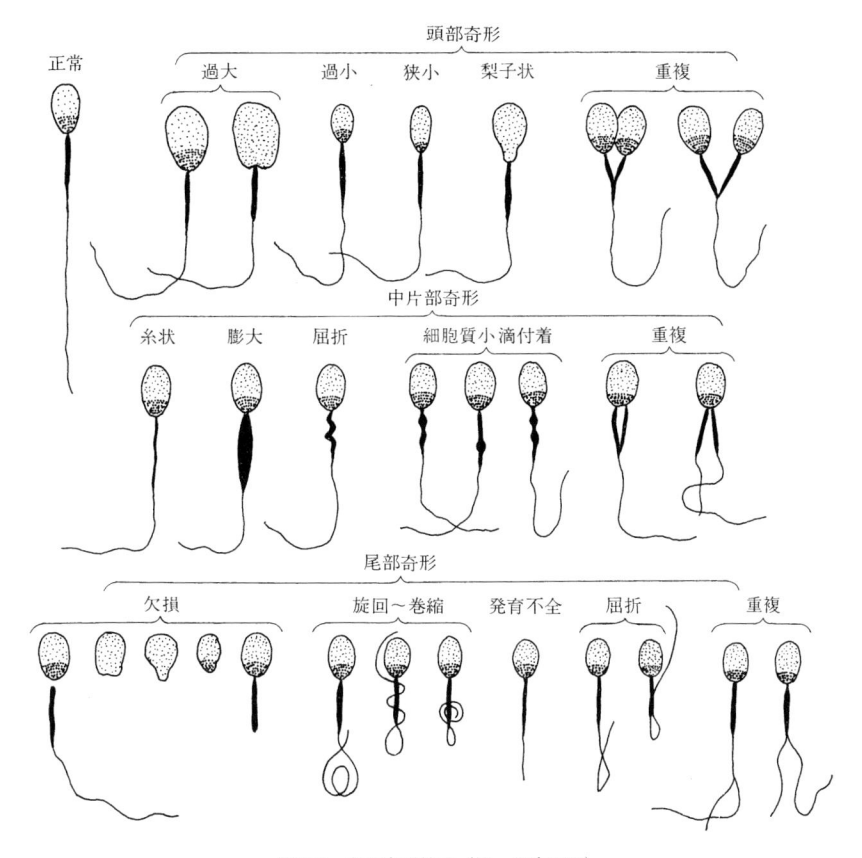

図 9.5 牛の奇形精子（星・山内原図）

尿道を通過する間に起こる二次的なもののほか，精液採取後に加熱，温度衝撃，振盪や尿・水・消毒薬などの混入によって起こる人為的なものがある．

牛の奇形精子は図 9.5 に示すとおりで，頭部の奇形には過大，過小，狭小，梨子状，重複（双頭），その他の奇形がある．また先体の形態異常も認められ，先体の膨化，離脱（剝離），さらに反転，舌状，突出（ノブ形成：図 9.6，9.7）がみられ，精子完成過程における障害によると解されている．なお先体異常の中には，ニグロシン染色された場合にのみ観察できるものがあるが，他の異常は Wells and Awa 染色で容易に観察できる．

頭部，中片部の奇形には，頭部への付着異常（主として非対称），細胞質小滴の付着，中片部のほぐれなどが観察されるが，重度のものでは軸線維束構成成分の線維や微小管の破断を伴う屈折がみられる．また，ミトコンドリア鞘の形成異常を伴っているものもある．

尾部の主部および終末部の奇形には，旋回，屈折（ヘアピン形；hairpin curve / looped tail：図 9.8，9.9），欠損，短小，細胞膜の破壊によるほぐれ，重複（2尾）などがある．

長期間射精をしなかった雄では，崩壊，変性した精子が多くみられる．また射精頻度の多すぎる場合には，頭部，中片部に細胞質小滴を付着する未熟精子が多数出現する．

精液の塗抹標本をギムザ染色して鏡検すると，造精機能に異常がある場合には，奇形精子とは別に，精子発生過程の初期のステージにある未熟な精細胞の混入が認められる．また，変性した精細胞に由来する塵球という微細な顆粒状物，および精巣輸出管の線毛上皮細胞に由来するといわれるメデュサ細胞（Medusa cell）がみられることがある．メデュサ細胞は，図 9.10 に示すように精子の頭部等大の大きさの濃染する細胞で，10〜30本の糸状あるいはハケ状の線毛を有し，正常な雄牛の精液では精子1万個に1個の割合でしかみ

9. 繁殖障害

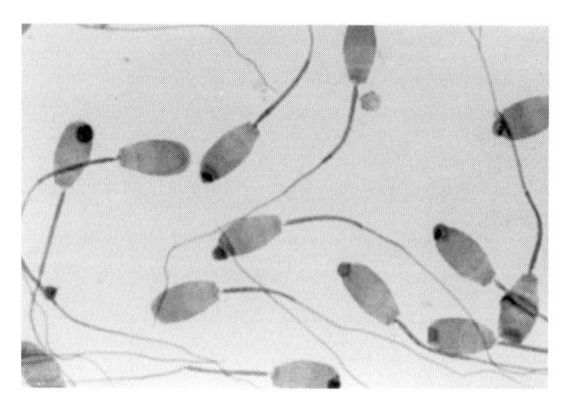

図9.6 豚のノブ精子（精子頭部先端の濃染部，ギムザ染色，×1000）（伊藤・外山，1995）

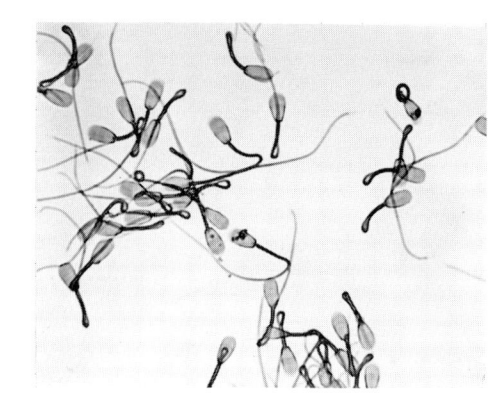

図9.8 ヘアピン形牛精子（ローズベンガル染色，×550）（小笠ら，1967）

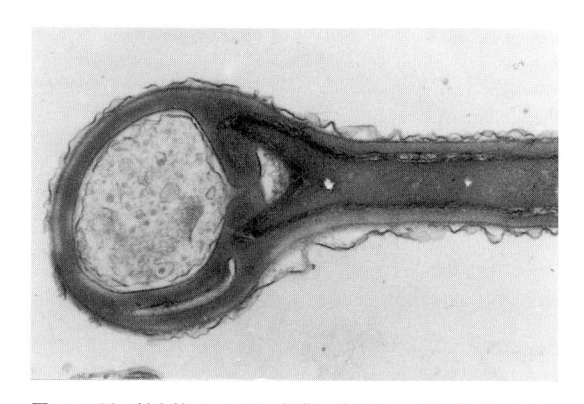

図9.7 豚の射出精子のノブの超薄切片（×24500）（伊藤・外山，1995）

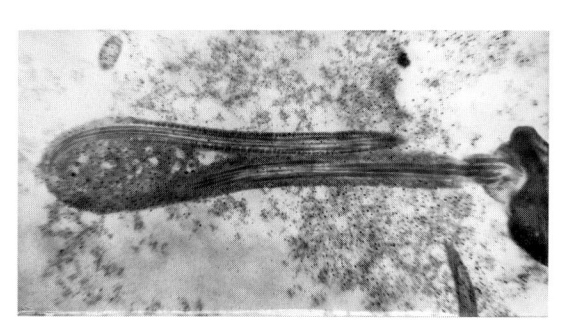

図9.9 ヘアピン形豚精子の電顕像（×12000）（小島，1977）

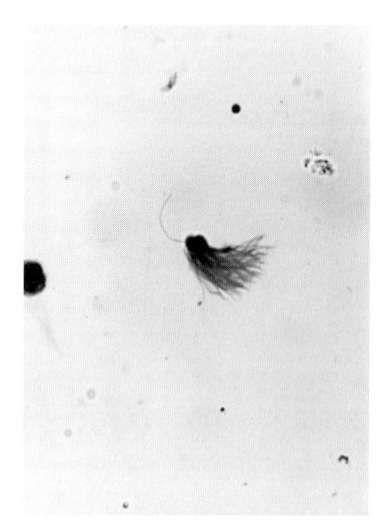

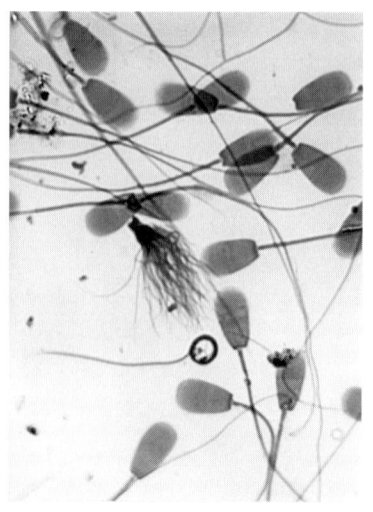

図9.10 精子減少症の牛の精液中に出現したメデュサ細胞（×900）（小笠提供）

られないが，造精機能障害の場合はしばしば認められる．馬では，牛よりもメデュサ細胞の出現率が高い．

ii）**精子機能テスト** sperm function test 精液，精子の検査結果が正常であるにもかかわらず低い受胎率を示す場合に，精子の機能テストを行う．ハムスターテスト（hamster test：精子進入試験（sperm penetration assay）や透明帯除去ハムスター卵子テスト（zona-free hamster ova test）とも呼ばれる），低浸透圧膨張テスト（hypo-osmotic swelling test；HOS），精子貫通試験（mucus penetration test），体外受精試験（*in vitro* fertilization test；IVF）が知られている．

ハムスターテストは，透明帯除去ハムスター卵子への精子進入率によって，被検動物の精子の受精率を査定し，精子の卵子への進入能力を判定するものである．

低浸透圧膨張テストは，精子の膜機能を検査する補助検査として行う．すなわち，150 mOsmとしたフルクトース水溶液とクエン酸ナトリウム水溶液を等量混合した低浸透圧液1 mlに精液0.1 mlを混合し，37℃で30〜60分インキュベートした後，位相差顕微鏡で尾部の膨張した精子を検査し，その割合を調べる．

精子貫通試験は，牛の精子の運動性の良否を判定する試験で，発情期の子宮頸管粘液への精子の進入距離を測定して判定する．

体外受精試験は，精子の受精の能力を判定する試験で，体外における精子の同種成熟卵子への進入能力を検査する．

iii) **その他の検査** 生化学的検査として，フルクトース（1.3（4）c項（p.19）参照），プラズマロジェンとグリセロリン酸コリンの測定（9.2（2）c項（p.231）参照），メチレンブルー還元試験（methylen blue reduction test）がある．初期の研究では，精液中の代謝産物，イオンや簡単な酵素の濃度を測定して受精能力の指標としようとしたが，ほとんどのものにおいて有効な指標にはならなかった．さらに，pH，ATP，あるいはアスパラギン酸アミノトランスフェラーゼ（asparate aminotransuferase；AST，またはグルタミン酸オキサロ酢酸トランスアミナーゼ（glutamic oxaloacetic transaminase；GOT））も調べられ，これらはある程度有効ではあるが，通常の精液検査に優る有効性は認められなかった．このほか，微生物学的検査を必要とする場合もある（5.4（4）項（p.109）参照）．

e. **精巣の組織学的検査**

精巣バイオプシー（testicular biopsy）は，無精子症例において精子通路の閉塞によるかどうかを調べる場合や，無精子症および精子減少症が続いている場合に，診断と予後判定を行うために実施する方法である．精巣組織の一部を生体から採取して，これについて組織学的に検査するもので，従来から人の男性不妊症の診断に用いられていた．外科的に切開して行う切開バイオプシー（open surgical biopsy）と，穿刺針を経皮的に刺入して行う経皮穿刺バイオプシー（percutaneous needle biopsy）がある．近年，欧米では雄牛，雄馬，雄犬の造精機能障害の診断に用いられるようになっている．経皮的穿刺針バイオプシーには，注射針を用いて行う経皮細針吸引法（fine-needle aspiration；FNA）もあり，通常，局所麻酔下で注射針を用いて吸引採取したサンプルを調べる．

バイオプシー採取した組織片を組織検査用のピンセットで保持して，鏡検用スライドグラスに塗抹する，あるいはスライドグラスに接触させながら静かに移動させる．このように作製した組織塗抹標本は，精子の存在の有無を早急に調べる材料となる．組織片を適切に固定することは重要であり，ブアン固定してパラフィン包埋し，組織標本を作製して，ヘマトキシリン染色あるいはペリオディクアッシドシッフ染色との同時染色を施した上で病理検査する．

山内は，人体用の精巣穿刺器に準じて，図9.11，9.12に示すような牛用の穿刺器を考案した．これらによる雄牛の精巣バイオプシー所見を示すと，図9.13のとおりである．また丹羽ら（1955）は，雄豚において慶応式カイバ組織採取針を用いて精巣バイオプシーを行い，その応用価値のあることを認めている．

バイオプシー検査は，実施した局部にかなりの損傷を起こすことがあるので，実施にあたっては十分な注意が必要である．特に，反芻類においては損傷のリスクが大きいため，受精能力を有する雄動物には行わないようにする．

f. **超音波画像検査**

経直腸超音波画像検査により，前立腺やその他の副生殖腺の画像が観察でき，精液に異常がみられる症例の検査法として有効である．また，陰嚢表面からの超音波画像検査は，精巣腫瘤（testicular mass）や精巣上体の嚢胞（epididymal cyst）のような疾病の診断に有効である．

牛，馬，めん羊，犬の精巣の超音波画像検査は，異常がある場合にはその組織画像中に液体が充満した構造等を描出することから，実施すべき評価価値の高い

9. 繁殖障害

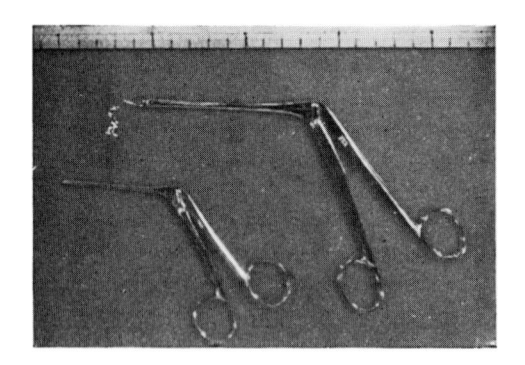

図9.11 精巣穿刺器（筒井原図）
上：牛用（山内式，先端はパンチとなる），下：人用（志田式，先端ははさむだけ）．

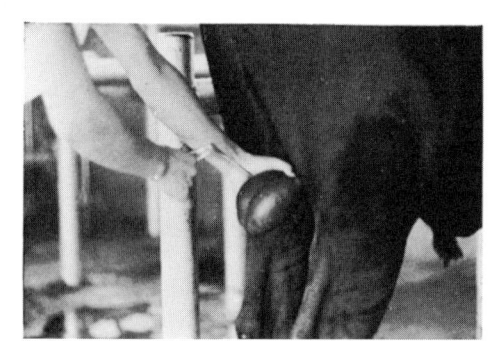

図9.12 雄牛における精巣穿刺の状況（山内提供）

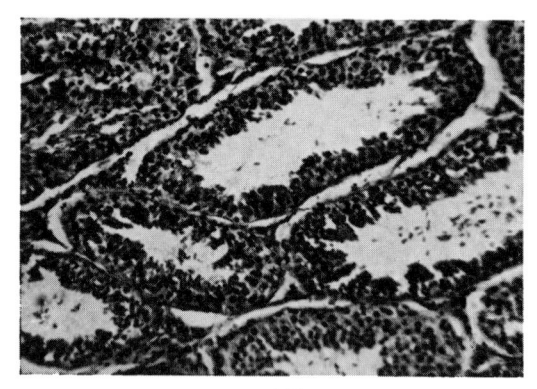

A：正常

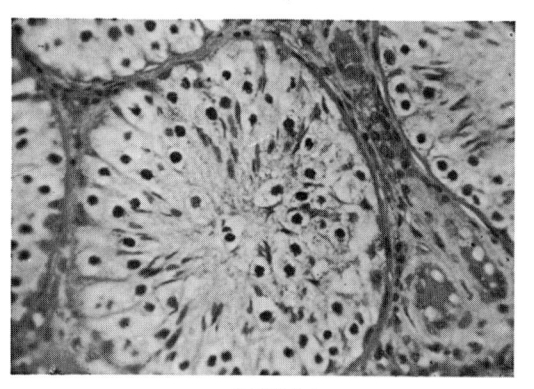

B：精子減少症

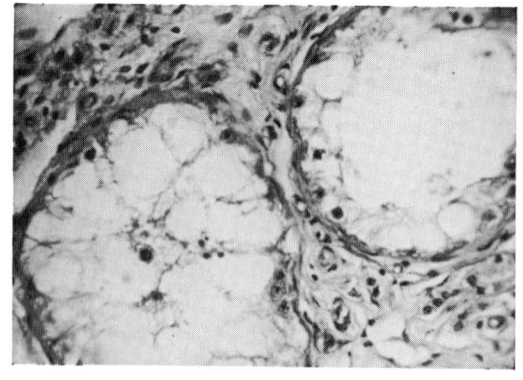

C：無精子症

図9.13 牛の精巣バイオプシー所見（山内提供）

検査である．精巣炎，精巣石灰沈着，精巣腫瘍，陰茎海綿体破裂（折損）や，内鼠径輪に位置する潜在精巣の形態学的診断にも応用できる．

精巣実質の超音波断層像において，正常精巣の場合，実質はやや輝度の高い均一な網目状を呈し，微小な低輝度点が無数に観察される．精巣縦隔は，実質よりやや輝度が高く描出される．一方，結合組織の増生，精細管の変性などを呈する精巣の画像では，明瞭に不均一な強弱を呈する輝度に描出される（宮沢，1986）．なお，検査時にプローブで精巣を強く圧迫すると，脈管のエコー輝度が高くなり，病変と誤診されやすくなるので注意を要する．

g. 内分泌学的検査

繁殖障害の雄についての内分泌状態の検査は，繁殖障害を全身的に評価する上で重要である．種々の全身的な疾患は，精子形成障害に関与する．急性および慢性の疾病，特に体重減少を伴う疾病はGnRH分泌を減少させ，低ゴナドトロピン性生殖腺機能減退（hypogonadotropic hypogonadism）を起こす（Chuang et al., 2004）．

内分泌学的検査としては，血中テストステロン，エストロジェン，FSH，LHなどの測定およびhCGやGnRH投与による負荷試験が行われる．〔加茂前秀夫〕

(2) 産業動物

産業動物の雄の繁殖障害には多くの種類があり，そ

の名称には症状に対して付けられたもの，原因に対して付けられたもの，および病変に対して付けられたものがある．ここでは主なものを挙げて，その原因，症状，治療処置について述べる．

a. 交尾障害

ⅰ) 交尾欲減退～欠如症 reduced to complete lack of libido　交尾欲減退～欠如症は，雄の繁殖障害のうちで最も多く，発情雌に対して全く関心を示さないものから，雌に乗駕するのに長時間を要するものなど，種々の程度のものが含まれる．

〔原因〕　交尾欲は，直接には精巣から分泌されるアンドロジェンに支配されるもので，根本的には雄の栄養状態，管理条件および精神的要因などによって左右される．すなわち，精巣の発育不全，機能減退などによるアンドロジェンの分泌機能の低下，甲状腺の機能不全によるサイロキシンの不足によって，本症が起こることが知られている．

飼料の過剰給与で過肥の状態にすると，一般に交尾欲が減退する．一方，栄養不足でやせた雄，特にビタミンA，蛋白質，P，Ca，Fe，Cu，Mn，Co，I，Znなどの無機物が不足しているものでも，交尾欲の減退が著しい．肺炎，腸炎，結核，ピロプラズマ病，白血病，進行性脂肪壊死，創傷性胃炎，*Trueperella pyogenes*感染症などの疾病の場合は，元気がなくなり，食欲の不振，体重の減少とともに交尾欲は減退または欠如する．

運動不足は本症の原因となるが，これは雄を採光が悪く，湿度の高い，寒暑の激しい動物舎に閉じこめている場合に特に甚だしい．また，滑りやすい床，低い天井，乱暴な扱いをする飼育者も原因となるし，さらに若い雄においては，大きすぎる台雌や，社会的に序列が優位な雄の姿や鳴き声を感知する環境も原因となる．年齢や季節を考慮しないで，交配または精液採取を頻繁に行うことも本症の原因となる．

運動を障害するほとんどすべての損傷は，交尾欲や交尾能力を減退させる．特に，背部と後肢の損傷が原因として重要である．

精神的要因としては，交配や精液採取の際に転倒したり，陰茎を負傷したりした経験が長く記憶に残って本症を招く例がかなりある．

〔予防・治療〕　雄が過肥あるいは栄養不良の場合は，飼料給与を改善すべきであり，他に疾病のある場合はまずそれを治療する．適度の運動と日光浴および良好な動物舎環境は，本症を予防する上で必要である．供用過度によって本症になった雄は，1～2カ月あるいはそれ以上休養させることが必要である．

精巣機能減退による本症に対するホルモン治療として，古く佐藤ら（1941）は，馬についてhCGを250 MU（マウス単位，1 MU ≒ 3 IU）ずつ連日10日間注射して，かなり良い成績を得た．その後，牛，馬，豚では1000～2000 IUのhCGをそれぞれ3～4日間隔で数回注射して，効果があったと報告されている．小笠・須川（1966）は，牛の本症例にめん羊APGを5～10 RU（ラット単位，1 RU ≒ 1 IU），5～10回注射して，かなり高い治療効果を得ている．また，テストステロンを牛，馬では250～500 mg，豚，めん羊では200～250 mg，デポー剤のものは10～14日間隔で，油剤の場合は2～4日間隔で数回注射すると，交尾欲が正常となり良好な受胎成績を得たと報告されている．しかし，アンドロジェンを大量連続注射すると，下垂体前葉からのGTH分泌が抑制されて造精機能が阻害されることがあるので注意を要する．

なお最近，大量のhCG（5000～10000 IU）やGnRH製剤を投与してテストステロン濃度を上昇させ，交尾欲を刺激するホルモン療法については，①テストステロン濃度の上昇は攻撃性も高めること，②hCGはLHではないので精巣水腫を引き起こし，精子形成を損なう可能性があること，③通常，これらのホルモン療法の効果は低く，少数のものが短期間の交尾欲の高揚を示すに過ぎないことも指摘されている（Parkinson, 2009）．

雄牛の甲状腺機能低下によると推定される本症，特に過肥のものに，体重100 kgあたり日量3%のサイロキシン力価を有するヨードカゼインを2.2 g給与すると効果があることが報告されている（Roberts, 1986）．また，サイロキシンも使用される．

ⅱ) 交尾不能症 apareunia / impotentia coeundi / copulative impotency / inability to copulate　雄において，交尾欲は正常であるか，わずかに減退の程度であるにもかかわらず，雌と交尾する能力を欠くものを交尾不能症という．交尾欲があって乗駕しても陰茎の勃起しないもの，勃起はしても陰茎の挿入に至ら

ないものなど，種々の程度のものがみられる．各種動物においては，比較的頻繁にみられる不妊症である．

本症の原因には，勃起不全，陰茎の挿入を妨げる勃起の異常，陰茎の突出を妨げる陰茎および包皮の異常など，種々のものが含まれる．本症は，後述の射精の障害（failure of ejaculation）や生殖不能症（impotentia generandi）とは必ずしも一致するものではなく，三者は区別されるべきである．

〔運動器の障害（diseases of motor organ / locomotive diseases）〕前述のとおり，運動を障害するほとんどの損傷は，交尾能力や交尾欲を障害し，背部と後肢の損傷による影響が最も大きい．股関節の炎症，外傷および脱臼の場合は，疼痛のため交尾不能となる．膝関節の炎症による本症は，牛にしばしばみられる．後肢の飛節（足根関節）や球節（中足趾節）の障害，蹄病も原因となる．豚では，前肢は交尾時に雌の抱き締めに役割を果たすことから，手根骨の疼痛性疾患は交配を障害する．このほか，躯幹の病変は交配に影響する．交尾欲の旺盛な若い雄牛では腰背部の筋膜断裂を起こし，乗駕しようとしても前肢が上がらず，本症を呈する．加齢とともに脊柱の損傷や変性を起こすものが増加し，背部痛を示すようになるが，それらでは乗駕しては降りることを頻繁に繰り返し，交尾して射精しようとはしない．背部痛の主要な原因は，椎間関節周囲への進行性の新生骨形成であり，腰椎の骨増殖症なども本症の原因となる．足取りの異常も，交尾不能の原因である．

〔勃起不全（impotence / impotency / failure of election）および不能症（impotentia erigendi）〕勃起は，陰茎勃起筋（ischio-cavernous muscle）が血液を陰茎海綿体に送り込む作用により達成される．陰茎海綿体の構造は盲端に終わる小室であるため，静脈性排出は陰茎脚において動脈性供給と密接に関係している．陰茎勃起筋の活動は動脈に血液を注ぎ，静脈を塞ぐように作用し，陰茎海綿体内の圧を上昇させ，その結果，陰茎の伸長と強直を伴う勃起を起こす．したがって，陰茎海綿体の血管系に障害が起こった場合には勃起不全が起こる．その障害には主に2つの異常があり，1つは陰茎海綿体への血液の流入が妨げられる状態，もう1つは陰茎海綿体から血液が漏出するため，盲端構造が損なわれる状態である．

本症の原因は，心因性と器質性に分けられる．前者は心理的抑制のために勃起不全となるもので，後者には先天的な陰茎偏位や陰茎彎曲などによる挿入不能と，後天的な陰茎折損，勃起を支配する神経経路の損傷，陰茎の血行障害などに起因する勃起不能がある．

精神的な勃起不能症としては，過去に交尾または精液採取に際して陰茎に損傷を受けたり，雌に蹴られたりした経験からくる警戒や恐怖心によるものがある．この場合は長期間供用を休止させた上で，発情雌に接触させて十分興奮させれば（試情），再び勃起が可能となり回復することが多い．

〔陰茎および包皮の疾患〕陰茎の突出不能（abnormality of the penis preventing protrusion），陰茎の偏位（deviation of the penis），陰茎の損傷および陰茎腫瘍がある．

先天的な突出不能には，陰茎が発育不全で短い場合と，陰茎後引筋の伸長不全によって陰茎の伸展や陰茎S状曲の伸長が阻害される場合がある．前者の場合，程度が軽く陰茎がある程度突出できるものは，人工腟を用いて精液を採取することが可能であるが，重度のものは治療の見込みはない．後者の場合は，外科的に肛門と陰嚢基部の中間の会陰部で陰茎後引筋を切除する方法があるが，必ずしも効果があるとは限らない．また，陰茎の腹側縫線と包皮粘膜の間に小帯が遺残する，陰茎小帯遺残（persistence of the penile frenulum）がある．この場合は，遺残した小帯を分離切除することにより交尾が可能となる．

後天的な陰茎の突出不能には，陰茎海綿体の破裂（rupture of corpus cavernousum penis）がある．交配に際して，陰茎が陰門直下や遺残腟弁に激突したり，また雌が転倒して陰茎が激しく屈曲した場合に起こり，陰茎海綿体が破裂して出血し，その周囲に血腫を生ずる．このような状態は，一般に陰茎の折損（fracture of penis / ruptured penis）と呼ばれる．牛では，通常陰茎S状曲部に起こり，陰嚢の頸部または精索部の急激な腫脹と著明な疼痛が認められる．この血腫は初期に波動性があるが，器質化すれば硬固となる（図9.14）．

治療は早期に凝血を除去した上で，抗菌性物質を投与して二次感染を防止する．この治療を行わないと，陰茎と周囲組織との間に癒着が起こって交尾不能症と

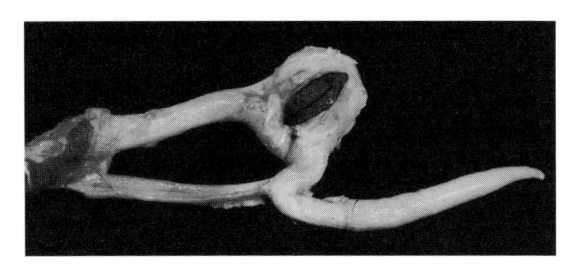

図9.14 牛の陰茎Ｓ状曲背面に形成された血腫（小笠提供）

なる．陰茎脱（prolapse of penis）を伴う場合もあるが，陰茎脱自体は自然に治癒する．

また，包皮粘膜の損傷による亀頭包皮炎（balanoposthitis）がある．これは陰茎亀頭と包皮との間に線維性癒着を生じることによる．治療については後述（p.238）する．

その他，陰茎の裂傷，陰茎麻痺による陰茎脱，勃起の際に陰茎が彎曲する陰茎彎曲症（phallocampsis），陰茎や包皮の腫瘍，包茎（phimosis），亀頭包皮炎などの重症のものも，交尾不能をもたらす．

  ⅲ） **射精の障害** failure of ejaculation　勃起して陰茎の挿入は可能であるが，射精までに長時間を要するもの，射精が起こらない（射精動作が認められない）ものなどがある．射精が起こらないものは，射精反射（ejaculation reflex）が損なわれている場合と，局所的な痛みのために射精したがらない場合に大きく分けられる．

射精反射の障害は通常，陰茎亀頭と脊髄間の神経回路に損傷が起こった場合にみられる．陰茎嵌頓（strangulation of penis）は陰茎の背側知覚神経を損傷し，射精障害を起こす．また老齢の雄牛では，加齢による外骨症（exostosis）により脊髄神経根が圧迫され，射精が障害されることがある（Parkinson, 2009）．

局所痛も射精を障害する．反芻類の局所的な尾側の腹膜炎は，疼痛を射精推進機構に及ぼすため，罹患動物は乗駕をするが射精に至ることは少ない．背中に痛みのある動物は乗駕をすることが少なく，射精することも少ない．雄めん羊における伝染性膿疱性皮膚炎（contagious ecthyma：オルフウイルスの感染で起こる）のような陰茎の疼痛性疾患の場合には，乗駕はするが挿入と射精をしようとしない．

なお，射精は交配時に腰を雌の生殖器に向かって力強く突き出す「射精突き（ejaculatory thrust）」を伴っ てなされることから，その動作の有無で判定する．

  b．生殖不能症 impotentia generandi / incapacity to fertilize / failure of fertilization

雄が正常な交配欲を示し，交尾および射精能力をもっているにもかかわらず，交配した雌を受胎させる能力のないものを生殖不能症という．本症には，精液を構成する成分を産生・分泌する器官の病的変化が必ず関与しており，造精機能障害，精巣上体～精管の閉塞，副生殖腺の分泌液の異常などによって起こる．

牛において一般的に受精能力ありと判断する精液の最低基準は，精子数5億以上/mlで，運動精子の50％以上が前進運動を行い，精子の80％以上が正常な形態を保つものとされている．

本症は，精液の臨床検査および顕微鏡検査所見から次のように分けられる（表9.22）．

  ⅰ） **無精液症（精液欠如症）** aspermia　交尾欲，勃起能に異常がなく，交尾は可能であり，射精の動作（射精突き）はあっても精液の射出されないものをいう．本症の原因は，先天的な両側性精管欠損，精管の閉塞，および精嚢腺，前立腺などの副生殖腺の発育不全などである．後天的には，精嚢腺炎や前立腺炎，さらに前立腺膿瘍などによるものもある．膀胱内に精液が逆流する，逆行性射精（retrograde ejaculation）の場合が多い．先天的な原因の場合，治療法はない．

  ⅱ） **精液減少症（精液過少症）** hypospermia / oligospermia　射精に伴う精液の量が恒常的に著しく少ない（牛で2ml未満）ものを，精液減少症（Hafez, 1974；Parkinson, 2009）という．

本症は，先天的には精管の狭窄および精嚢腺，前立

表9.22 精液の評価基準と用語（Hafez, 1993を改変）

検査項目	評価基準	用語
量	なし	無精液症
	減少	精液減少症
	増加	精液過多症
精子濃度	0	無精子症
	減少	精子減少症
	正常	精子正常
	増加	精子過多症
精子運動性	減少	精子無力症
精子生存性	すべて死滅	精子死滅症
異常精子	高率	奇形精子症

腺の発育不全などにより，後天的には精囊腺炎，前立腺炎，アンドロジェン不足による副生殖腺の機能低下などにより起こる．繁殖に過度に供用した場合に，一時的に精液量が減少するものがある．放牧牛などの自然交配の場合に，精液が著しく少ないものでは，妊娠が成立しにくい．

iii) 無精子症（精子欠如症） azoospermia　交尾欲，勃起能，射精能に何ら異常はなく，射精が行われて精液が射出されるが，精液を鏡検して精子の認められないものをいう．

本症の原因には，精巣の造精機能が停止しているため精子が生産されないもの（原発性の無精子症）と，精子の輸送路（精路），すなわち精巣上体管や精管における先天的または後天的原因による通過障害（閉鎖性無精子症）の2つがある．本症の原因が精路の閉塞によるかどうかは，精巣上体尾部を注射針で穿刺して内容を採取（ニードルバイオプシー）し，精子の存否を判定する方法と，造精機能障害の有無を精巣バイオプシー（9.2（1）e項（p.225）参照）により検査する方法とがある．

精管の欠損は，発生学的に精囊腺の欠損を伴うことがあり，この場合には精液中にフルクトースが欠除している．また，潜在精巣，精巣発育不全（testicular hypoplasia），精巣萎縮（testicular atrophy），精巣炎（orchitis）と，その後遺症としての精巣の線維化（testicular fibrosis）や精巣硬化（orchioscirrhus），ならびに精巣の石灰変性（testicular calcification：図9.15），精巣腫瘍（testicular tumor）などによる造精機能障害の雄の精液中には，剥離上皮細胞，メデュサ細胞，白血球，細胞残屑などが認められる．

iv) 精子減少症 oligozoospermia　射出された精液中の精子数が著しく減少している場合をいう．牛では，精子数が $6 \times 10^8/\mathrm{m}\ell$ 未満（Haq, 1949；Parkinson, 2009）のときは精子減少症の疑いがあり，山内は $5 \times 10^8/\mathrm{m}\ell$ 未満の場合は本症とみなすと記載している．

馬では，1射精量中の全精子数が $20 \times 10^8/\mathrm{m}\ell$ 未満の場合には，交配による受胎率は不良である．豚では，$1 \times 10^8/\mathrm{m}\ell$ 未満の精子数を示す精液は本症への移行を示唆するものであり，継続した観察が必要で，$5 \times 10^7/\mathrm{m}\ell$ 未満のものについては本症と診断する．なお，

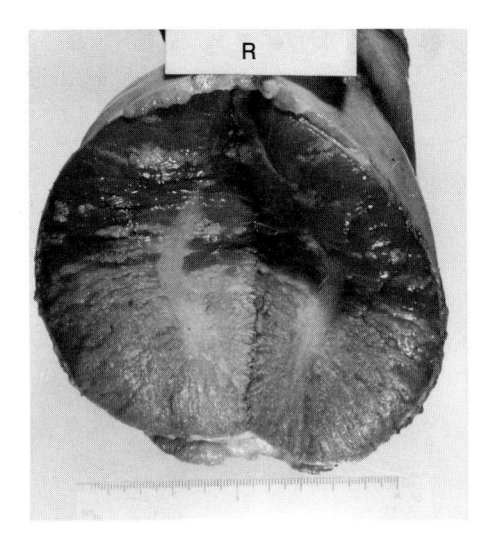

図9.15　石灰沈着のある牛の精巣の断面（小笠提供）白い部分が石灰沈着部位．

Parkinson（2009）は雄豚で $2.5 \times 10^7/\mathrm{m}\ell$ 未満を本症と診断している．

本症のほとんどは精巣の造精機能減退によるが，一部は精巣上体機能障害や精路の通過障害などによる．

なお本症の場合，長期間休養後の採取精液ではかなりの精子濃度の上昇を示すが，精液採取を連続して行うと精子濃度の急速な減少がみられ，奇形精子および未熟精子が増加する．

v) 精子無力症 asthenozoospermia　採取後30～60分以内の精液において，活発な前進運動を示す精子が50％未満の場合は本症と認められる．本症は受胎成績の低下をもたらす．造精機能減退の場合には通常，精子数の減少と精子活力の低下，および精子奇形率の増加が並行してみられる．

vi) 精子死滅症 necrozoospermia　射出直後の精液において，精液量と精子数は正常範囲であるが，精子の活力が全くなく，死滅しているものをいう．実際には，運動性を示す精子がみられても，死滅精子が50％を超えるものは本症とみなす．生存精子と死滅精子の割合は，ニグロシン・エオジン生体染色を用いて，精子の生死鑑別染色法を行うことにより検査できる．生存精子は染色されず，死滅精子は暗いニグロシン背景中にエオジンで赤く染まる．この結果は，前進運動精子の目測率と高い相関を示す．

本症の原因として，精巣炎や精巣萎縮などによる造

精機能障害，副生殖腺や尿道の炎症，外傷やその他の異常による尿の精液への混入がある．

vii） **奇形精子症** teratozoospermia　精子奇形率が20〜30％以上のものは，受胎率が低下する．なお造精機能障害のある場合には，奇形精子に加えて，変性精細胞，多核巨細胞，白血球，赤血球，化膿性分泌物，剥離上皮細胞，メデュサ細胞，細胞残屑，原虫，細菌，カビなどが精液中に認められることがある．

正常な受胎能力を有する精液の精子奇形率は，牛では4〜18％，羊では5〜10％以内とされている．しかし，牛や羊で精子奇形率が30％のものでは，受胎率は20％と不良となり，精子奇形率50％のものでは不妊の原因となる．一般に，豚の精子奇形率は14〜17％以内であるが，精子の頸部に細胞質小滴を有する未熟精子が30％を超えると，受胎率が著しく低下する．馬では，20％以上の精子奇形率は低受胎の指標とみなして良い．

精子形態の一般検査法としては，ローズベンガル染色が最も簡便で，染色性がよく検査を行いやすい．先体の検査には，緩衝ギムザ染色や三重染色（triple-staining）を用い，精液塗抹標本における精子以外の細胞，すなわち変性精細胞，白血球などの検査にはギムザ染色が良い．

viii） **血精液症** hemospermia　精液中に血液の混入しているものをいう．これは，陰茎表皮の擦過傷や裂傷，膀胱結石の流出に伴う尿道粘膜の損傷による出血，陰茎腫瘍および精液瘤の破裂に伴う出血，精嚢腺炎や精丘周辺の尿道炎による出血に起因する．また，陰茎亀頭に外傷による瘻管が形成された場合には，陰茎勃起時にこの部分を通って出血が起こることがある．

精液に血液が混ずると精子の凝集が起こり，精子活力が低下する．また，血液の混じた精液は品質不良となり，人工授精には使用できない．

ix） **膿精液症** pyospermia　精液中に，化膿性分泌物あるいは多形核白血球などを含んだ膿汁が混じたものをいう．

本症では肉眼的にも，精液中に灰白色〜黄色の凝塊，あるいは粘稠濃厚な膿性絮状物がみられる．本症は，精嚢腺炎，前立腺炎，尿道炎などにみられる．また包皮炎においては，精液採取前に包皮腔洗浄を行わないと，白血球が精液中に混入する．

膿精液は，カタラーゼ反応陽性を示す．このような精液を授精に使用すると，子宮頸管炎や子宮内膜炎の原因となり，受胎率を低下させる．

c． 精巣および精巣上体の疾患

精巣病変の大部分は，精巣炎，線維化や石灰化を伴った種々の程度の変性を呈する．精細管の精上皮細胞は種々の要因に対して極めて敏感に反応するため，一般疾病の経過中にも影響を受けることが多いが，その緩慢な影響は漸次消失して漠然とした状態となるため，真の原因を把握することは困難であり，かなりの日時を経過してから造精機能の低下に気づく場合が多い．

精祖細胞やセルトリ細胞を含む精細管の基底層の精上皮細胞が変性すると，造精機能回復の可能性が失われ不妊症となる．精細管の変性の程度によって，精子数の減少，精子細胞の変性や精母細胞の分裂異常による奇形精子の増加，精子運動性の低下が起こる．

精巣上体の疾患は，精巣上体の感染，形成不全（奇形），暑熱およびホルモン失調による機能障害などによると考えられている．

ⅰ） **精巣機能減退** testicular insufficiency / hypoorchidia　精巣のアンドロジェン分泌が不十分で，交尾欲欠如には至らないが交尾欲が減退しているもの，造精機能が減退して，無精子症には至らないが精子減少症のもの，精子無力症のものを総括して，精巣機能減退という．実際にはこれらが合併してみられ，結果として繁殖成績不良となって現れる場合が多い．このようなものは，低受胎雄（low fertility male animal）と呼ばれている．

雄の精巣機能減退に対しては，主にGTHの投与によるホルモン療法が行われている．eCG（PMSG）を用いた治療法として，授精成績不振の雄牛に1500 IUを，毎週1回，3〜6週間連続注射することによって，精液量，精子数および精子活力が増加し，授精成績が向上したという報告がいくつかあるが，精子死滅症，精巣萎縮や老齢の牛にeCGをこの程度投与しても，効果は現れていない．山内ら（1958）も，交尾欲減退および精子減少症の牛に，eCG，hCG各1500 IUずつの混合剤を連続注射したところ，かなりの効果はみられたが，繁殖供用可能な程度にまで回復させることはできなかった．豚の精巣機能減退には，eCG 1500〜

2000 IU と hCG 1000～2000 IU を，隔日に，5～10回注射すると効果があると報告されている．

hCG については，交尾欲減退の牛，馬，豚に 1000～2000 IU を，3 日間隔で数回筋肉内注射すると好結果が得られたが，精子減少症には同じ処置で効果がなかったと報告されている．

小笠・須川（1966）は，牛の精子減少症に，めん羊の APG 5～10 RU を，隔日に 5～10 回，あるいは牛の APG 200～400 Rab.U（家兎単位，1 Rab.U ≒ 3 IU）を，隔日に 10 回筋肉内に注射すると，軽症のものでは回復するが，精巣間質の結合組織の増生〜線維化の進んだものや，広汎な石灰変性のあるものでは効果がないと報告している．

これらの成績から，精巣機能減退に対する GTH 投与の効果はかなり期待されるものの，障害の程度によっては治療効果に限度のあることもわかっている．

なお，hCG や eCG などの異種蛋白ホルモンを牛などに連続投与すると，抗ホルモン（anti hormone）が産生され，また hCG 投与により血中にエストロジェンが増加することから，造精機能がかえって抑制される可能性が認められているので，注意を要する．

ⅱ）**夏季不妊症** summer sterility　夏の高温多湿の季節に，一時的に雄の造精機能が減退し，精液性状の悪化および交配による受胎成績の低下をきたす現象を夏季不妊症といい，牛，めん羊，山羊，豚などにみられる．夏季不妊症の発生は，熱帯よりもむしろ亜熱帯〜温帯地方に多い．これは，熱帯では昼と夜の温度差が大きく，夜間冷えるので発生しないといわれている．わが国では西南暖地（九州，四国，中国）に多く発生をみるが，これは高温の持続に加えて，湿度の高さも大きな要因となるものと考えられる．わが国での発生は 7～9 月に多く，晩秋あるいは初冬までに回復し，毎年これを反復するのが特徴である．

〔原因・診断〕　正木ら（1964）は，夏季不妊症の経歴のある牛の精子のプラズマロジェン含量の季節的変動を調べて，これが 7～9 月に低下することを認め，また精液中にグリセロリン酸コリンの異常な増加が認められたことから，これらの変動をとらえることは夏季不妊症の診断に役立つと提唱している．

小笠ら（1968）は，夏季不妊症牛の生殖器を病理組織学的に検査した結果，大部分の例に慢性の精巣炎，精巣上体炎（epididymitis）および重度な陰嚢皮膚炎を認めており，自然条件下では当初暑熱の影響による造精機能障害であったものが，毎年繰り返す間に炎症所見を呈するようになったものと推察している．

雄豚では，暑熱ストレスが受胎率低下や不妊の原因として最も重要である．環境を 27℃，相対湿度 50% 以上，すなわち暑熱ストレス状態にすると，繁殖率の低下がみられる（Althouse, 2006）．暑熱ストレスは，精子の運動性の低下，奇形精子の増加と精子数の減少を起こす．

〔予防・治療〕　夏季不妊症は，雄を 25℃ 以下の温度環境で飼育できれば発生を防止できるものと考えられる．予防方法としては，動物舎の冷房が最も理想的であるが，現実にはなかなか困難である．そこで，動物舎の構造面や飼育管理上，動物に及ぼす高温の影響をなるべく少なくする工夫がいろいろ考えられている．例えば，動物舎の通風をよくする，屋根の上に水を流す，室内に扇風機やシャワーをつける，陰嚢を流水で冷却する，といった方法がある．暑い日中は動物を動物舎内に置き，夜間涼しくなってから外に繋牧する方法もある．また反芻類では，夏季の生草給与は第一胃内の発酵による熱の産生が大きいので，生草でなく乾草を与え，冷水を飲ませることが良いとされている．なお，吸血昆虫から陰嚢を保護することは，間接的に夏季不妊症を予防することに役立つ．

牛，豚では夏季不妊症の対策として，夏季に本症のものを休養させ，冬〜春季に採取製造した凍結精液を使用し，夏季における受胎成績の低下の防止を図ることもできる．

ⅲ）**日本脳炎** Japanese encephalitis　雄豚では，夏季に日本脳炎（10.1（1）c 項（p.315）参照）の感染による造精機能障害の発生が高率に起こる（羽生ら，1977）．日本脳炎は，アジアの数カ国において豚に繁殖障害を起こす蚊が媒介するウイルス性の感染症である．

〔原因・症状〕　トガウイルス（togavirus）の日本脳炎ウイルス（Japanese encephalitis virus；JEV）と関連している．感染実験を行うと，陰嚢の水腫と充血，精巣炎，精巣上体炎，交尾欲の減退ならびに精液性状の悪化が起こる．感染は，一時的あるいは永続的な不妊をもたらす．ウイルスは雄豚の精液中に排出される

9.2 雄の繁殖障害

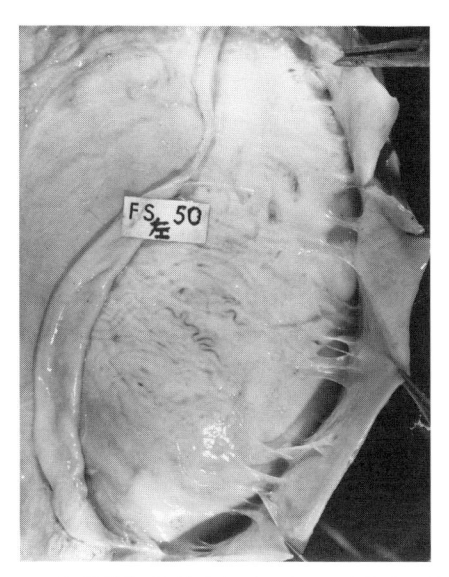

図9.16 豚の精巣表面と鞘膜壁側板の部分的癒着（小笠提供）

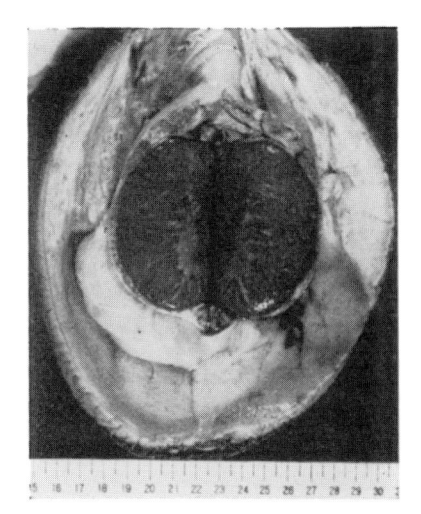

図9.17 牛の陰嚢炎（小笠提供）
陰嚢皮膚の著しい肥厚と、総鞘膜周囲の水腫.

ことから，精液は本症の感染源（感染媒体）となる．

〔診断〕 臨床症状あるいは血清学的検査，または，その両方により行われる．

〔予防・治療〕 ワクチンを適切に接種することにより，本ウイルスの感染による不妊症を防除することができる（羽生ら，1977）．同時に，血清学的検査で陽性の雄豚は淘汰されるべきである．

iv) **精巣炎** orchitis / inflammation of testis

〔原因〕 精巣炎は，牛・豚のブルセラ病，牛の結核，馬の腺疫，パラチフス病，鼻疽，豚の日本脳炎などの伝染病，牛・豚における T. pyogenes 感染症，牛の放線菌の感染によるほか，精巣の打撲，衝撃，交尾時の雌による蹴り，咬傷や精巣周囲組織の炎症の波及によって起こる．精巣炎は，原発性感染あるいは血液を介して精巣に到達した細菌が，あらかじめ存在する外傷性あるいはウイルス性損傷に重複感染することにより発症する．牛では，細胞病原性牛エンテロウイルス（bovine enterovirus；BEV）感染により，精巣に初発損傷が起こる．

〔症状〕 軽微な感染から化膿性あるいは壊疽性壊死まで，程度は様々である．細菌感染による精巣炎の場合は，精巣上体炎を併発することが多い．

急性の精巣炎の場合，精巣は熱感を伴って腫脹して疼痛を示し，歩様渋滞，発熱，食欲不振を呈する．外傷性の精巣炎は通常，周囲組織の炎症を伴い，精巣表面の鞘膜臓側板と精巣を容れる鞘膜壁側板に癒着（図9.16）をきたし，しばしば陰嚢血腫または水腫（図9.17）を生ずる．急性の精巣炎は徐々に慢性に移行し，間質の線維化，精細管の萎縮，白膜の肥厚・硬化，牛では石灰沈着などを招く．したがって，精巣炎が起これば一般に造精機能は低下または停止し，生殖不能症になることもある．萎縮して石灰沈着したものを超音波画像検査すると，石灰沈着部が高輝度の小領域として散在するのが描出される．

〔治療〕 急性では冷湿布を行い，大量の抗菌性物質の注射とサルファ剤の経口投与を5〜10日間続けるとともに，抗炎症作用の強い副腎皮質ホルモン製剤や非ステロイド性抗炎症薬（non-steroidal anti-inflammatory drugs；NSAIDs）を併用する．慢性化して間質の線維化をきたし，硬化したものでは治癒の見込みはない．

v) **精巣変性** testicular degeneration

〔原因〕 精細管上皮は，損傷性感作に対する感受性が非常に高く，感作要因や程度により可逆的あるいは不可逆的な変性を示す．精巣変性は，精巣温度の上昇，毒素，内分泌失調や感染により起こる．雄牛における精巣変性の主要な原因を表9.23に示す．

精巣の温度上昇は，それ自体が多くの原因によりもたらされる事象である．多くの動物は，夏季の高温時およびその後において相対的な不妊症を呈する．陰嚢皮膚あるいは陰嚢構成組織の局所的炎症も精巣温度を

233

9. 繁殖障害

表 9.23　雄牛の精巣変性の原因 (Parkinson and Bruere, 2007 を改変)

温度関連	環境温度
	陰嚢の断熱（脂肪などによる）
	全身性の発熱（長期および高熱の場合のみ）
	局所的炎症（対側の精巣炎を含む）
	陰嚢の凍傷
ストレス	輸送
感染性要因	牛伝染性鼻気管炎
	牛エンテロウイルス
飼料	亜鉛欠乏
	ビタミンA欠乏
年齢関連	加齢による変性
医原性要因	副腎皮質ホルモン投与
	交配に先立つ除角
環境要因	放射線
	重金属

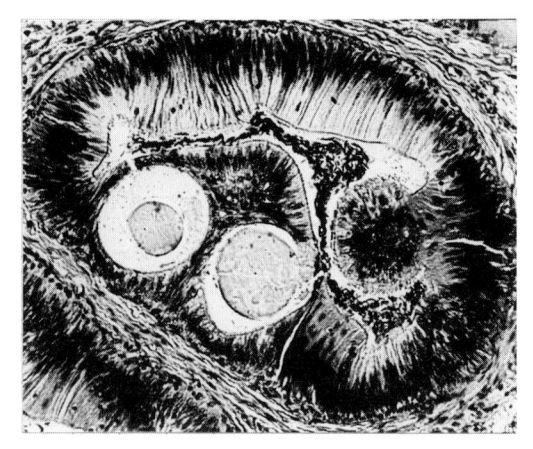

図 9.18　牛の精巣上体管の上皮細胞層内の嚢胞形成（小笠提供）

上昇させ、精子形成を損なう。陰嚢の外傷や膿瘍形成、さらには表在性湿疹病変も精巣変性の原因となる。

多くの毒性物質も本症の原因となる。重金属や放射線被曝は、精巣を障害することがよく知られている。また弱いエストロジェン作用（外因性内分泌撹乱化学物質）を有する物質による環境汚染により、近年人の男性の生殖能力が漸減していることが示されている。しかし雄動物については、繁殖性への影響を示す証拠は未だない。

ストレスと関連した精巣変性は、ストレス下で分泌される副腎皮質ホルモンがLH分泌を抑制することにより起こる。雄牛においては運動の後、その他の動物では慢性的な飼育および管理環境の不良により起こる。また、年齢の高い動物は進行性、不可逆性の変性を示し、初期病変は異常精子の増加、その後に精液減少症と精巣線維症を示す。

多くの感染症も精巣変性を起こす。それらの中で精巣炎を起こす Brucella 属菌、結核菌、T. pyogenes を除く多くの感染症は、精子形成機能に軽度な影響を及ぼす。例えばBEVや牛伝染性鼻気管炎（infectious bovine rhinotracheitis；IBR）は、精巣変性を起こす。ウイルス感染した精巣が細菌感染を伴い、一過性の精巣変性を、化膿性あるいは壊死性精巣炎に増悪させる。

〔症状・予後〕　変性は、ライディッヒ細胞よりも精細胞に起こるため、交尾欲は正常である。精巣および精巣上体尾部は、顕著に萎縮して軟化する。射出精液量は通常と変わらないが、最も著明な変化は精子数の減少と運動性の減弱で、奇形精子が増加する。重度の場合には、精子奇形を伴って著明な精液減少症を示す。

症状の軽重は、回復とはほとんど関係しない。重度に悪化した精液性状が2～3週で回復するものや、一方で比較的軽度な変化であったにもかかわらず、完全には回復しないものがある。なお、精液性状が60日以内に回復することはめったにない。

回復の程度は、精細管の損傷の程度による。精祖細胞やセルトリ細胞が障害を受けず、精細管が細胞残屑で閉塞されていない場合には再生が起こる。逆に、精祖細胞やセルトリ細胞が損傷されている場合には、再生は起こらない。しかし回復が起こっても、精液性状は前の状態には決して戻らない。重症の場合には、精細管の線維化や石灰沈着を伴う。そのような場合には、萎縮、石灰化した不整形の精巣と重度な精液減少症を呈する。

馬では、回復の予後判定をするために精巣バイオプシーを行う場合がある。反芻類では出血や組織侵襲の程度が強いので、厳重な注意を払って行うことが勧められる。

vi）**精巣上体炎**　epididymitis　精巣上体炎は原発性であるか、またはしばしば精巣炎から継発する。牛では精巣上体尾部、豚では精巣上体頭部に多発する。

急性炎では、熱感、浮腫、疼痛を示し、炎症性細胞の浸潤および滲出物により患部が著しく腫大して、精巣上体と精巣との境界が触診上不明瞭となる。しか

表 9.24　牛精嚢腺炎の病巣から分離された微生物

1. *Brucella abortus*	Jepsen and Jorgensen（1938）
2. *Corynebacterium pyogenes*	Williams and Bushnell（1941）
3. *Corynebacterium renale*	Galloway（1964）
4. *Streptococci*	Williams（1921）
5. *Pseudomonas aeruginosa*	Gilman（1923）
6. *Staphylococci*	Gilman（1923）
7. *Actinobacillus actinoides*	Jones et al.（1964）
8. *Esherichia coli*	König（1962）
9. *Mycobacterium tuberculosis*	Schlegel（1924）
10. *Mycoplasma bouigenitalium*	Blom and Erno（1967）
11. Ureaplasma	Friis and Blom（1979）
12. BHV-1（IBR／IPV，epivag）virus	Kendrick et al.（1956）；Mare and van Rensburg（1961）
13. Picorna virus（ECBO，G-UP）	Florent et al.（1961）
14. Chlamydia（PLT）	Storz et al.（1968）

し経過の長いものでは線維化し，著しい硬化が起こる．また鞘膜の壁側板との間には，線維素性の癒着がみられる．なお，触診上異常が認められないものにおいても，炎症病変の認められるものが多い．炎症に伴って，精巣上体管上皮細胞が過形成されたり，上皮細胞層に大小の囊胞が形成されたり（図9.18），あるいは精巣上体管が萎縮，閉鎖したりすることで，精子の流れが停滞（spermiostasis）し，ときには精液瘤（spermatocele）を形成する．著しく拡張した精液瘤は破裂して，精子が間質にあふれ出し，精子肉芽腫（spermatic granuloma／sperm granuloma）に進行する．その結果，正常の精巣上体の数倍に腫大することがある．

d. 副生殖腺の疾患

精囊腺，前立腺，尿道球腺および精管膨大部などの炎症，発育不全があるが，ここでは精囊腺炎および前立腺炎などについて述べる．

ⅰ）**精囊腺炎** seminal vesiculitis　雄の副生殖腺の疾患としては，牛の精囊腺炎がかなり多いことが報告されている．Blom and Christensen（1947）は，屠殺牛2000頭のうち16頭（0.8％）に精囊腺炎を認め，Carroll et al.（1963）は，7359頭の肉牛の臨床検査で181頭（2.5％）にその発生を認めた．国内では小笠ら（1970）が，繁殖障害牛88頭の臨床検査で5頭（5.7％）に本症を認めている．近年の牛についての報告では，0.2％（Blom, 1979），9％（Bagshaw and Ladds, 1974），0.4％（Scicchitano et al., 2006）の発生率が報告されている．本症は馬や豚にも発生する．

〔原因〕　表9.24に示した微生物の感染によること が知られているが，その感染経路は従来から尿道の上行性ルートが主で，稀に血液やリンパ液を介する下行性ルートもあるといわれている．Gibbons（1957）は，精巣炎の例において，起炎菌が同側の精囊腺に下降して感染することを示唆している．

〔症状〕　本症牛は，外見上全く臨床症状を示さないものが多い．しかし，本症の急性期に局所性腹膜炎が尾側腹腔に起こり，炎症部位の伸展を起こすような行動を忌避する症状を現すことがある．代表的な忌避行動は，乗駕行動と射精突きである．その後罹患牛は，一般的に交尾行動に異常を示さないものの，不妊症を示すようになる．稀に膿瘍が形成され，それが破裂して広範な腹膜炎や直腸に通じる瘻管の形成を起こす．片側の精囊腺に発症する場合が，両側の場合よりも多い．

本感染症の主要な症状は精液性状の悪化で，pH上昇（pH ≧ 7.5），フルクトース濃度の低下，好中球の出現を伴う精子運動性の低下がみられる．本症の徴候の1つとして，化膿性分泌物あるいは好中球，剝離上皮細胞などの異常細胞が精液中に存在する，いわゆる膿精液症を呈する（図9.19）．しかし，慢性のものには白血球の混入がほとんど認められないものもある．精液の色調は，灰白色〜黄色あるいは褐色で膿性絮状物を含むか，桃色〜赤色あるいは緑色を呈する例もある．一般に精子数の減少がみられ，これは精囊腺炎症候群としての造精障害によると考えられるが，精巣に炎症を伴わずに，精子形成の遅延によるものもある．本症の場合，奇形精子として尾部の欠損したものが増加する．また，精液のカタラーゼ活性が高値を示すこ

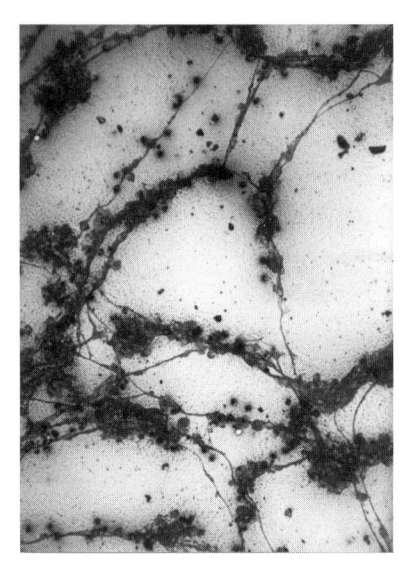

図9.19 精囊腺炎で膿精液症を呈する牛の精液の塗抹標本（×100）（小笠提供）

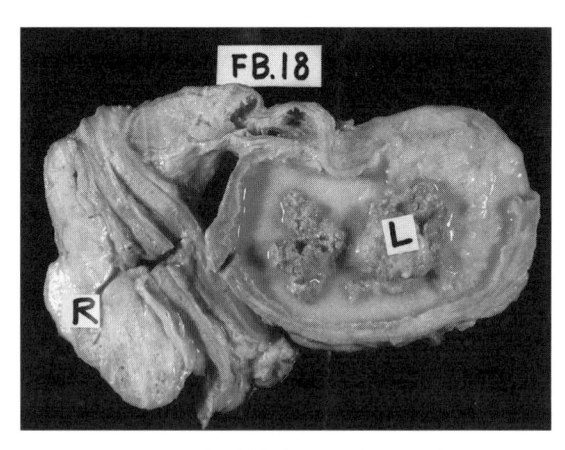

図9.20 牛の精囊腺の断面（小笠提供）
左側は腫瘍を形成しており，膿汁を満たしている．

とも特徴である．

精囊腺炎の病変は，病理組織学的所見によって3つの型に分けられる．Ⅰ型は慢性の間質性炎と線維化が主体で，腺腔は剥離上皮細胞と好中球からなる滲出物を含有する．Ⅱ型では，腺上皮細胞の退行変性と，腺腔に上皮細胞や好中球の変性産物であるホイルゲン陽性のクロマチン融合物が多数みられる．Ⅲ型では，腺腔の排泄管が局所的に閉鎖し，囊胞状に拡張して膿瘍を形成する（図9.20）．

本症牛の精液で授精された雌牛には，受胎率の低下のほか，子宮内膜炎，子宮頸管炎や流産などが誘発されることが知られている．

〔診断〕 精液検査所見と直腸検査により，急性期には精囊腺の腫大，緊張した疼痛性の，慢性期には小葉状の線維化した，場合によっては萎縮した精囊腺を触診して行う．超音波画像検査を行うことにより，精囊腺内に膿が貯留して腫大した画像などが描出される．馬においては，本症の診断は疝痛の鑑別診断の1つとなるが，そのような状況においては，超音波画像検査が直腸検査を補助する，あるいは直腸検査に代わる検査として有効である．

〔治療〕 ごく初期においては，抗生物質やエンロフロキサシンの大量投与が有効なことがある．しかし多くの場合，抗生物質の投与は無効である．そのような場合，繁殖性を回復させる唯一の方法は，片側の罹患した精囊腺の切除である．馬においても抗生物質の投与が試みられるが，常に効果があるとは限らず，薬剤感受性の問題が関与している可能性が指摘されている．内視鏡を用いての抗生物質の直接注射が，より効果的であることが示唆されている．

ⅱ）**前立腺炎** prostatitis 前立腺疾患は犬に多発するもので，ほかの動物では極めて稀である．

〔原因〕 前立腺炎は，牛や豚では臨床症状を示すタイプは稀であるが，それらは *Brucella abortus* や *Br. suis* 感染によって起こる．不顕性感染が一般的であり，精囊腺炎の原因として挙げた細菌やウイルス（表9.24）が感染する．

〔症状・診断〕 前立腺疾患の臨床症状は，それぞれの疾病の病理学的背景は異なるが，かなり類似している．すなわち，排尿障害，排便障害，血尿，尿路出血である．全身症状，局所痛による歩様異常や不妊は少ない．診断は，超音波画像検査あるいはX線検査，バイオプシー検査あるいは細胞診（細針吸引バイオプシーを含む）と尿検査の異常（好中球，細菌，血液の混在）に基づいて行う．

尿道，精囊腺，精巣上体などの炎症から継発するか，あるいは微生物の尿路を介する上行性感染により前立腺に侵入し，カタール性炎あるいは膿瘍形成を伴う化膿性炎を起こす．カタール性炎では腺腔は拡張して，剥離脱落した上皮および白血球を含む滲出物で満たされている．また，萎縮閉鎖した腺腔を囲んで円形細胞の結節状集簇が認められる．化膿性炎では多数の小膿瘍を形成する．牛における発生は稀であるが，豚では

慢性の前立腺炎にしばしば遭遇する.

急性炎症の場合,疼痛があるために背彎姿勢を取り,歩行を嫌う.前立腺はびまん性あるいは局所性の化膿性変化を起こし,炎症が著しい場合,前立腺膿瘍に進行することがある.多くの細菌(大腸菌,プロテウス,ブドウ球菌,レンサ球菌,エンテロコッカス,シュードモナス)やマイコプラズマが分離されている.また,前立腺炎と前立腺肥大はしばしば同時に起こる.

大型の膿瘍が形成された牛の前立腺体部の触診では,円柱状の堅い骨盤部尿道の出口の部分が波動感を呈し,柔軟で加圧によってくびれる.

〔治療〕 前立腺炎の治療には,抗菌スペクトルの広い抗生物質の投与が有効である.

e. 陰嚢および精索の疾患

正常な精子形成が営まれるためには,精巣の温度が体温より低いことが不可欠の条件である.陰嚢および精索は肉様膜,精巣挙筋とともに,精索における蔓状静脈叢の対向流性熱交換や,陰嚢局所の温度調節機構によって精巣を適正な温度に維持し,造精機能を円滑にしている.したがって,精巣の温度調節機能を阻害する要因,すなわち陰嚢の創傷からの感染や吸血昆虫の刺傷などによる陰嚢皮膚炎(scrotal dermatitis),凍傷,精巣周囲炎,精索炎などは,精子形成機構に影響を及ぼすものと考えられる.

i) 陰嚢炎 oscheitis

〔原因〕 陰嚢炎は,主として打撲,蹴りなどによる外傷に起因し,血腫や水腫を伴うことが多い.

〔症状〕 陰嚢水腫(scrotal hydrocele)では,鞘状腔(陰嚢腔)内に水様透明な漿液性または漿液線維素性滲出物を貯留する.貯留液は,豚では1ℓに及ぶものがある.鞘状腔は拡張するが,鞘膜は菲薄である.しかし,水腫が長く持続すると鞘膜は肥厚し,精巣および精巣上体と部分的あるいは完全に癒着する(精巣鞘膜炎,精巣周囲炎;periorchitis:図9.21).このとき,精巣は著しい圧迫萎縮に陥る.超音波画像検査では,陰嚢と精巣の間にエコー輝度の低い,あるいは吹雪状に描出される貯留液がみられる.

陰嚢血腫(scrotal hematocele)では,鞘状腔に血液あるいは血液と漿液とが混じて認められる.また陰嚢炎は,精巣炎に併発している場合が多い.

陰嚢炎が起こると陰嚢の温度が高くなり,これによって精細胞の変性が起こり,造精障害を招くことになる.小笠ら(1968)は,わが国の雄牛には夏季にアブ,刺バエなどの吸血による陰嚢皮膚炎が多く,これが雄牛の夏季不妊症の一因となる可能性を指摘している.また,生後1年を超えた雄豚には,陰嚢皮膚表面にいぼ状隆起を伴う象皮様の肥厚,硬化が多発することを認めている(図9.22).

Faulkner et al.(1967)は,厳冬期に放牧している雄牛6389頭の14.4%が陰嚢の凍傷を起こし,精液性状が不良化したことを報告している.また,オーエスキーウイルスに感染した豚では,滲出性精巣周囲炎および陰嚢水腫を起こして陰嚢が著しく腫大する.精液には感染に伴う発熱の影響を受けて,未熟精子などの

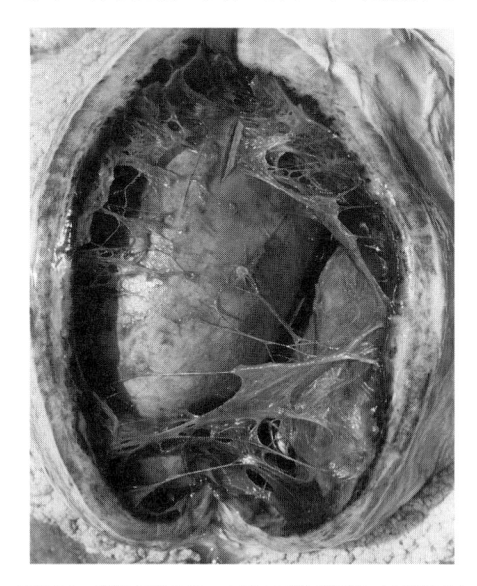

図 9.21 陰嚢血腫を伴った豚の精巣周囲炎(小笠提供)

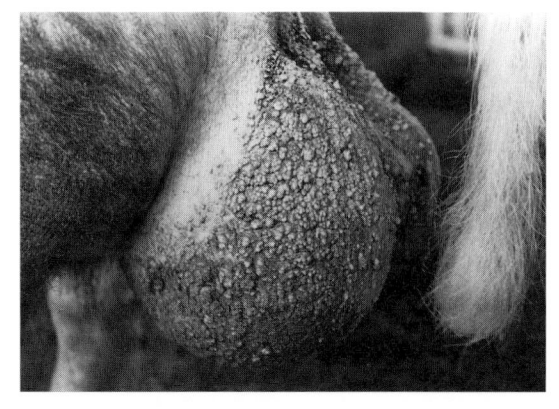

図 9.22 カリフラワー様外観を呈する豚の陰嚢皮膚炎(小笠提供)

出現が認められている（Miry et al., 1987；1989）．

ⅱ）**精索炎** funiculitis / inflammation of spermatic cord 　精索炎は，豚に多くみられるが，牛では少ない．陰嚢皮膚炎や精巣上体炎に継発し，漿液性または漿液線維素性鞘膜炎を呈し，精索に化膿性線維素性被膜が形成される．また，蔓状静脈叢の血管周囲および結合組織における浮腫，炎症性細胞浸潤および血栓形成などの血管病変も起こりうる．

このような精索の炎症は，精巣への血液供給ならびに温度調節機能を損ない，さらに炎症が精巣にも波及することにより，著しい造精機能障害を招く．

f. 亀頭，包皮の疾患

包皮腔には多数の微生物が存在しているので，これらに起因する亀頭包皮炎が発生することがある．Riet Correa et al.（1979）は，潰瘍を伴った包皮炎が，放牧されている若齢雄牛において32.9％，成牛では63.5％に発生することを認めている．また，牛ヘルペスウイルス1型の感染牛では，包皮腔から膿様滲出物が漏出したり，包皮口の浮腫，腫大，充血，陰茎の点状出血，びらん，黄白色～赤色の小顆粒が散在する陰茎炎がみられる．

亀頭包皮炎の治療は，生理食塩液，アクリフラビン溶液，薬用石鹸液，過マンガン酸カリ溶液などによる包皮腔洗浄の後，ヨード剤，サルファ剤，抗菌性物質油剤などの包皮腔内注入，または陰茎への塗布を2～3日間隔で数回続ける．しかし，重症のものは予後不良である．

牛において，交配または精液採取の際に勃起した陰茎の亀頭部に刺創を生じ，急性の炎症が起こることがしばしばある．このような傷は治癒しがたく，海綿体に達する瘻管を形成し，陰茎が勃起した際にここから血液を噴出することがある．また稀な例であるが，精液採取に際して人工腟のゴムバンドがはずれて雄牛の陰茎亀頭部を絞め，血行障害を起こして急性の壊死を生じたことが報じられている（図9.23）．

g. 生殖器の先天性形態異常

ⅰ）**潜在精巣** cryptorchidism　雄の出生後，精巣が陰嚢内に下降しないものを潜在精巣という．潜在精巣の発生は，馬，豚に多く，めん羊，山羊にもみられ，牛では少ない．牛，山羊，めん羊では0.1～0.5％との報告がある．

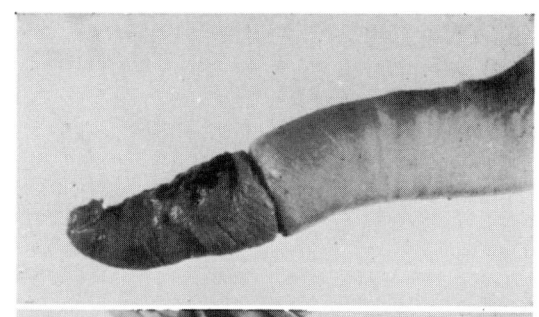

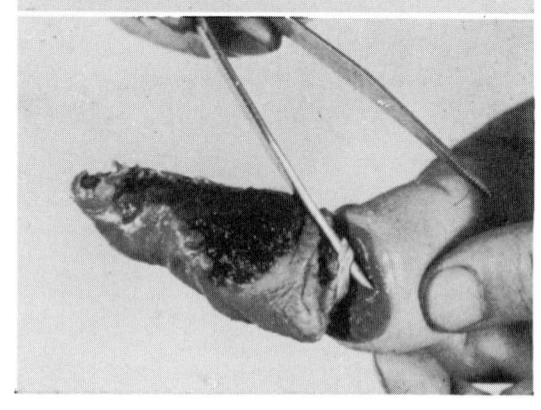

図9.23 牛の陰茎亀頭部の血行障害による壊死（小笠提供）
ピンセットの先端にゴムバンドがみられる．

〔症状〕　両側ともに潜在精巣の場合は，腹腔内の高い温度条件のため精細胞が変性し，造精障害となって生殖不能である．潜在精巣のアンドロジェン産生能は正常精巣に比べ低下しているものの，精液自体は有していることから，交尾欲は正常の雄とほぼ変わらない．一側性潜在精巣（unilateral cryptorchidism）の場合には，生殖能力はやや低下する．なお，この場合に単精巣（monorchidism）という用語は不適当である．

潜在位置は，腹腔内で腎臓の尾側から鼠径管に至る範囲にわたっているが，内鼠径輪に位置するものが多い．稀に陰嚢のない症例においては，会陰部，陰茎側方に偏位しているものもある．一般に本症の精巣は小さく柔軟である．

〔治療〕　牛，めん羊，馬では，潜在精巣は遺伝する可能性が示唆されている．したがって，潜在精巣をもつ雄は繁殖に供用せず，去勢が推奨される．

馬の本症では，潜在精巣は高い腫瘍化率を示すことから，早期摘出が推奨される．

ⅱ）**精巣発育不全** testicular hypoplasia

〔原因〕　精巣の生殖細胞数が不十分なため，精細管の生殖上皮が十分発育しない状態をいう．生殖細胞の

欠損は，卵黄嚢での増殖の部分的あるいは完全な不遂行，生殖隆起への移動の障害，発育中の生殖腺での増殖の障害，あるいは初期の生殖腺における胚性生殖細胞の広範囲の変性によると考えられている（Roberts, 1986）．

〔症状〕 一側性または両側性に精細管の発育が障害され，精子形成機能が低下あるいは廃絶するため，軽症では精子減少症や奇形精子症，重症では無精子症を呈する．

スウェーデン高原種（Swedish highland cattle）の雄牛の精巣発育不全は，遺伝性であることが Eriksson（1950）によって示されている．主として，白色被毛のものに多発することが知られている．左側，両側，右側精巣のそれぞれの発生比率は 25：5：1 であり，左側精巣に高率に発生する．発育不全精巣は正常精巣の 1/3～2/3 の大きさで，弾力性を欠いている．精液採取は容易であり，精液量もほぼ正常であるが，外観は水様透明で，精子数は少数または皆無である．精液の塗抹標本では，多核巨細胞，メデュサ細胞，未熟精子，奇形精子が高率に出現する．また，ウェルシュマウンテンポニー（Welsh mountain pony）に本症が高率に認められ，右精巣に頻発して，遺伝性と考えられている．特発性の本症の発生は，すべての動物にみられるが，稀に明白な系統的素質を示す場合がある．めん羊では，かなり一般的に発生する．

クラインフェルター症候群（Kleinfelter's syndrome：核型 XXY）が特発性の精巣発育不全を起こすことが，牛，めん羊，豚で報告されている．それらの動物では精祖細胞が発育せず，精細管は生殖細胞が欠落する．そのため無精子症を呈するが，ライディッヒ細胞には影響がないため，交尾欲は正常である．

〔診断〕 陰嚢を介する精巣の計測により，動物種や品種による正常範囲の最小値未満の場合に本症と診断する．触診すると，小さく柔軟であるが，整った形をした可動性のある精巣が，片側あるいは両側の陰嚢内に認められる．精液検査では無精子症あるは精子減少症がみられ，高率の奇形精子や精子運動性の低下が随伴する．これらのことから，精巣発育不全の臨床診断は性成熟期まではできない．交尾欲は正常な場合が多いこともあり，以上の臨床状態から飼養者は，交配した雌の受胎率が不良であることに気が付くまで，本症の罹患を認識できない．

〔治療〕 精巣発育不全は遺伝性疾患と認識されることから，発症した動物は繁殖に供用しないようにすべきである．外因性ホルモン投与は効果がなく，肉用動物として用途転用するため去勢が推奨される．

iii）**中腎管（ウォルフ管）の部分的形成不全** segmental aplasia of Wolffian / mesonephric duct 精巣上体と精管に発生する中腎管（ウォルフ管）には，先天的欠損が知られており，精巣上体の部分欠損が多い．牛では，遺伝性であると考えられている．多くは一側性で，精巣上体の体部，尾部あるいは全部が欠損しているものもある．欠損は右側で起こることが多い．精巣上体頭部や尾部の欠損は触診で容易に触知されるが，体部欠損は触知しがたい．ほかの動物でも，特発性の本疾患がみられる．片側の精巣上体が患った場合には精子減少症，両側の場合には無精子症を呈する．欠損部の周辺で，精液瘤や精子肉芽腫の発生することも観察されている．

精管の形成不全は稀である．形成不全による狭窄や狭窄遠位部に拡張が起こった場合には，牛においては直腸検査による触診により診断できる場合がある．片側性の場合には繁殖性は損なわれないが，両側性の場合には不妊症を呈する．

iv）**異性双胎の雄牛の繁殖性** フリーマーチンと双胎であった雄胎子の繁殖性は，通常正常であるとみなされている．しかし Dunn et al.（1979）は，フリーマーチンと双子で生まれた XX/XY キメラの雄牛に，繁殖性の低下するものがあることを報告している．それは，無精子症，精子減少症あるいは奇形精子症によるものであるという．

h. **生殖器の腫瘍**

i）**陰茎の腫瘍** penile tumor

［線維乳頭腫（fibropapilloma）］

〔症状〕 牛の陰茎に形成される，一般的に良性の腫瘍である．若い牛の多くにおいて皮膚，消化管や生殖器を含む粘膜と皮膚の接合部に線維乳頭腫がみられる．陰茎外膜，特にその先端部 5 cm が好発部位である．単発あるいは多発し，無茎あるいは有茎であり，3 歳を超えて存続することは稀である．臨床的影響は腫瘍の大きさにより様々で，出血と潰瘍形成が最も一般的な随伴症状である．潰瘍形成により起こる疼痛によ

り，交尾欲が減退する．

〔治療〕　外科的手法が適用される．外科的摘出にあたっては，鎮静と局所麻酔あるいは全身麻酔が必要であり，注意深い摘出が要求される．出血の制御には焼灼法も有効である．最近は，レーザーを用いた方法（laser method：Morgan, 2006）も報告されている．陰茎線維乳頭腫は転移しないが，外科的摘出後にかなりの割合で再発し，10％が3～4週間で再発するという報告もある．そのような場合には，凍結療法（cryotherapy）を行うとさらなる再発が防止できることが示されている．

［乳頭腫（papilloma）］　陰茎には，乳頭腫がみられることがある．通常無茎（無柄）性で，多くは潰瘍形成を伴い局所的な角化を示す．性的あるいはその他の興奮時に大量出血を起こす．発育・増殖は極めて遅く，数年単位である．

［扁平上皮癌（squamous cell carcinoma）］

〔症状〕　馬では，陰茎亀頭あるいは包皮輪の扁平上皮癌が，最もよくみられる悪性の腫瘍である．本症は，去勢馬，特に老齢のものによくみられ，生殖器が色素を欠き，白いものに発生率が高い．本腫瘍は発育・増殖が比較的遅いが，大きい塊となり，血様包皮排出物や陰茎脱を起こす．転移は遅く，包皮腔内に拡散する．稀に悪性の浸潤を示し，急速に陰茎全体を破壊することがある．

〔治療〕　包皮粘膜に比較的粗野に接着している病巣は，単純あるいは絞括（畳込）切除で摘出できる．より進行したものには，陰茎の切除が根治的な最良の処置である．その際には，包皮内の陰茎断端あるいは包皮皮膚への直接的な尿道瘻設置手術が必要となる．再発率は，腫瘍が尿道に沿って浸潤している例においては比較的高く，20％前後である．

［類肉腫（sarcoid）］　馬，ロバやその他の馬科動物の包皮，陰嚢皮膚や包皮粘膜に，去勢，無去勢ともにしばしばみられる．多くの場合，病変部は外科的に容易に摘出できる．しかし，包皮の内面あるいは外面に多発性に発生した場合には，完全な摘出が必要である．

［黒色腫（melanoma）］　芦毛の馬の陰嚢や包皮に発生する．進行は通常遅く，局所的な組織浸潤を起こす．しかし，転移し活発な増殖を示す場合もある．

ii）　**精巣腫瘍**　testicular tumor　精巣腫瘍は不妊の原因となることがあるが，牛，めん羊，豚では稀である．

牛では，老齢のものに間質細胞腫（interstitial cell tumor / Leydig cell tumor）がときどきみられる．また，精上皮腫（seminoma）もときおりみられ，セルトリ細胞腫（Sertoli cell tumor）は稀にみられるにすぎない．

馬では，精上皮腫がときおり，間質細胞腫やセルトリ細胞腫は稀にみられるにすぎないが，潜在精巣の馬では奇形腫（teratoma）がかなりの頻度でみられる．

豚では，精上皮腫や奇形腫などの記載もある．

潜在精巣の腫瘍は，そのホルモンおよび悪性作用に加えて精索の捻転を起こす素因となる．また，精巣が陰嚢内に正常に位置する場合には，捻転は稀に起こるに過ぎないが，潜在精巣の腫瘍化と捻転の発生とは密接に関係している．これらのことから，潜在精巣の摘出の必要性が裏付けられる．

［間質細胞腫］　腫瘍の一種で，触知するには小さく，また臨床症状はほとんど示さない．多くは剖検時に限界明瞭な黄褐色の結節として認められる．

雄牛においては，間質細胞腫により精巣の形は不整形となり，稀に腫大する．臨床症状はなく，繁殖性の低下や障害はみられない．

［精上皮腫］　精上皮腫は精細管上皮から発生し，増殖して腫大を起こすが，通常，陰嚢内に存在する精巣においては障害を起こさず，無害である．割面は灰白色を呈する．しばしば長期にわたって徐々に増殖した後，理由は不明であるが，発育速度を急激に早めることがある．

本腫瘍は壊死性あるいは出血性を呈するようになることがある．そのような場合には，罹患動物は跛行，疼痛を示し，しゃがみこむ，あるいはうずくまる．稀に局所のリンパ節に転移する．

［セルトリ細胞腫］　セルトリ細胞腫にはエストロジェンを分泌するタイプがあり，その場合雌性化が起こるのが特徴である．雌性化徴候として，雌型乳頭，対称性脱毛，陰茎萎縮，包皮の下垂などが挙げられる．腫瘍化した精巣が鼠径部あるいは腹腔内にある場合には，雌性化はより強く現れる．片側性の場合には，反対側の精巣は通常著明に萎縮する．産生されたエストロジェンは前立腺の扁平化異形成を起こすため，閉鎖

性尿路症を起こすこともある．転移率は低いが，リンパ節や主要臓器に転位することがある．

［奇形腫］　奇形腫は馬に頻度高く起こるが，ほかの動物では非常に稀である．潜在精巣を示す馬において，最も頻繁にみられる．本腫瘍は，充実性あるいは嚢胞性であり，毛髪，骨，歯牙，軟骨などに同定可能な組織が認められる．転移は稀で，良性であるが，非常に大きな腫瘍塊となるため摘出除去することは困難である．

［その他の腫瘍］　上述の腫瘍のほかに，老齢牛および馬では精巣の線維乳頭腫，および黒色腫の発生や精巣表面の脂肪腫の記載がある．さらに，潜在精巣における腺癌の報告が1例ある．

i．内分泌異常

雄馬においては，エストロジェンとFSHの不均衡が不妊と関係している可能性が指摘されている．FSHの上昇とインヒビンおよびエストロジェンの減少がほとんどすべての不妊症と精巣の変性に関わって認められ，そのような症例では受胎に要する交配回数の増加が認められる（Ley and Slusher, 2006）．

生殖機能低下（subfertile）を示す雄馬は，異常な視床下部-下垂体機能，LH作用をもたない異常なLHの産生，あるいは精巣原発性の機能異常に陥っているため，GnRH負荷試験に対する精巣反応性は低い．

〔加茂前秀夫〕

（3）犬および猫

a．包皮，陰茎および陰嚢の疾患

ⅰ）**包皮口の狭窄** preputial stenosis，**包皮小帯の遺残** frenulum of prepuce　包皮の先端の孔が先天的に狭いことがあり，これを包皮口の狭窄という．また，包皮腔内にある亀頭の下部中央の陰茎縫線の表面に，亀頭の先端から亀頭の根元にある亀頭球までヒモ状の靱帯が存在していることがあり，これを包皮小帯の遺残と呼ぶ．包皮小帯の遺残は，胎子期における亀頭の形成時の先天性の異常である．これらの発生は，犬および猫ともに認められる．

〔症状〕　包皮口の狭窄の程度は様々であるが，狭窄が顕著であると亀頭の先端を包皮から出せないため（図9.24），尿が包皮腔内に貯留して，細菌が増殖しやすくなり，亀頭包皮炎を起こす．包皮口から亀頭を完全に露出できないため，勃起，射精は不可能である．また，包皮小帯が残存していると，亀頭の先端がこの靱帯によって後方に引っ張られて下方に屈曲してしまい（図9.25），勃起が不完全となる．

〔治療〕　包皮口の狭窄に対しては，外科的に包皮口の下部の包皮を切開して包皮口を広げる．また，包皮小帯には血管や神経の分布がないため，無麻酔で包皮小帯を切断・除去すれば良い．

ⅱ）**亀頭包皮炎** balanoposthitis　犬の包皮腔内には，ブドウ球菌をはじめ種々の常在菌がいて，包

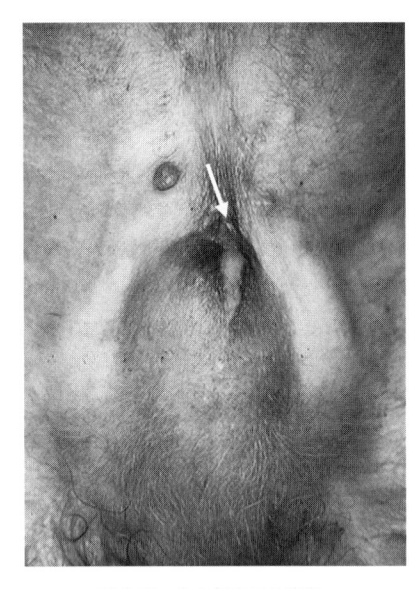

図9.24　犬の包皮口の狭窄
包皮口（矢印）が極めて小さいために，包皮腔内に尿が貯留している．

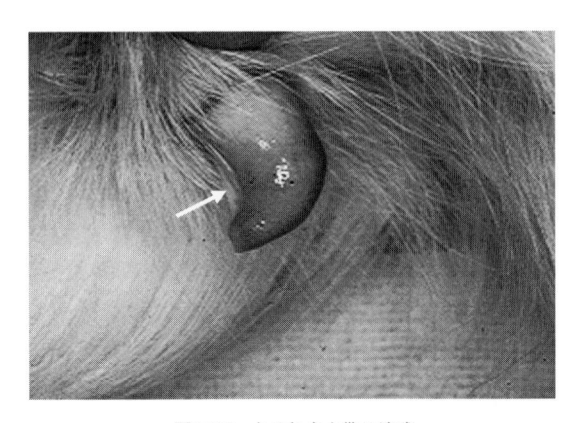

図9.25　犬の包皮小帯の遺残
亀頭の下面で包皮小帯の靱帯（矢印）が亀頭先端を後方に引っ張り，亀頭先端が下方に彎曲している．

皮腔内の亀頭表皮および包皮腔粘膜に細菌性の炎症が起こることがある．これが亀頭包皮炎である．

〔症状〕 亀頭表皮および包皮粘膜は発赤し，亀頭表皮に多数の小さな顆粒を形成することがあり，黄白色クリーム状の膿を包皮腔内に貯留または包皮口から排出する．患部に熱感，不快感，あるいは疼痛があるため，交尾不能症に陥ることがある．

〔治療〕 症状が軽度であれば，治療の必要はない．しかし，包皮腔内に膿が貯留している場合には，滅菌生理食塩液，リバノール液，希ヨード液などで包皮腔内を洗浄し，抗生物質の溶剤などを包皮腔内に注入する．この治療を，3〜7日間隔で数回繰り返す．

iii） **陰茎強直症（持続勃起症）** priapism 陰茎強直症は，犬・猫ともに認められる疾患であり，包皮口から露出した亀頭が，長時間にわたり勃起したまま包皮腔内に戻せない状態をいう（図9.26）．

〔原因〕 陰茎の勃起中枢がある仙髄や勃起に関与する骨盤神経の損傷，あるいは精巣摘出手術時における精巣に分布する骨盤神経枝の切断などが異常な刺激となって，本症を引き起こすと考えられる．

〔症状〕 亀頭が長時間にわたって包皮腔から露出し勃起しているため，表皮は乾燥する．また，亀頭の海綿体内に血液のうっ滞が生じて血液循環が阻害されるために，亀頭が壊死し始め，疼痛が起こる．やがて，亀頭内のうっ滞している血液は，コールタールのように粘性化する．

〔治療〕 全身麻酔を施した後，露出している亀頭表面の数カ所を海綿体にまで届くほどに小さく切開し，海綿体内にうっ滞しているタール状の血液を指で圧しながら，その切開創からしぼり出す．十分に血液を排

除した後，ヘパリン加生理食塩液を海綿体内に注入し，海綿体内を洗浄する．この注入液を指で圧して排除すると，亀頭全体を縮小させることができ，包皮腔内に亀頭を完全に収めることが可能となる．

iv） **包皮および陰茎の腫瘍** preputial tumor and penile tumor 犬の包皮腔粘膜および亀頭表皮に発生する腫瘍として，可移植性性器腫瘍（canine transmissible venereal tumor；CTVT）が挙げられる．

〔原因〕 CTVTの腫瘍細胞が，雄犬と雌犬の交尾によって伝播することにより発症する．したがって，本症は放し飼いの犬や野犬がいる地方で発生を認める．

〔症状〕 CTVTの伝播があってから，発症まで5〜6週間の潜伏期間がある．カリフラワー状または結節状の腫瘍塊を形成し，肉色あるいは赤灰色を呈する．雄犬では亀頭の表皮および包皮腔の粘膜に，雌犬では腟前庭から腟の粘膜に発生する．この腫瘍塊は脆弱で出血しやすい．膿を混じた血様の排出物を認め，ときに悪臭がある．雄犬では，性欲の低下の原因ともなる．

〔診断〕 CTVTを疑う腫瘍塊の一部を切除し，その断面をスライドグラスにスタンプ，染色して細胞診を行う．CTVTの腫瘍細胞の大きさはほぼ均一であり，円形または多角形の細胞である．その細胞核は，大型で円形〜楕円形を示す．また，核内に核小体が明瞭に観察される．

〔治療〕 CTVTは良性腫瘍であり，発生後6カ月前後で免疫作用によって自然治癒することがある．治療法としては，粘膜からの外科的切除，焼烙および化学療法がある．特に，サイクロフォスファマイドやビンクリスチンなどの化学療法が有効である．

v） **陰嚢炎**

〔原因〕 陰嚢皮膚が，外傷，打撲，吸血昆虫による刺傷などを受けることによって本症が起こる．

〔症状〕 陰嚢皮膚の発赤，発熱，浮腫を起こし，疼痛がある．陰嚢全体が腫大することもある．この炎症が悪化すると，陰嚢腔内に滲出液や血液が貯留する．陰嚢皮膚の役割である精巣の冷却機能がなくなるため，精子形成能は低下または消失する．炎症が精巣および精巣上体にまで波及して，精巣炎・精巣上体炎が発生する可能性がある．

〔治療〕 抗生物質などの抗菌製剤および抗炎症剤

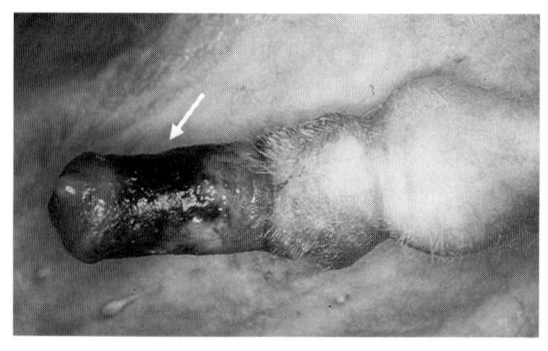

図9.26 犬の陰茎強直症
亀頭の表面が，すでに黒色化して壊死を起こしている（矢印）．

を，長期的に局所および全身に投与する．

b. 前立腺の疾患

雄犬にとって唯一の副生殖腺である前立腺は，よく発達した機能的な臓器であり，人の前立腺と同様に，年齢の増加とともに容積が徐々に増していく特徴がある．犬の前立腺は，機能的で容積の増加を起こすため，様々な病気が発生しやすいといえる．

雄猫は，副生殖腺として前立腺および尿道球腺を有するが，それらの発達は不良で小さな臓器であるため，猫の前立腺疾患の発生は少ない．

ⅰ) 前立腺肥大症 prostatic hypertrophy，**前立腺嚢胞** prostatic cyst　犬の前立腺は，性成熟後も加齢に伴い，少しずつ容積が増加していくが，その容積の増大が異常に顕著であると（図 9.27），様々な症状が現れてくる．このような場合を前立腺肥大症といい，5 歳以上の犬で発生が多い．

肥大した前立腺の実質内に，肉眼で観察できる空胞が1つまたは複数形成されていることがあり，これを前立腺嚢胞という．嚢胞の大きさは様々である．嚢胞内には前立腺分泌液が貯留し，血液が混ざっている場合もある．

〔原因〕　前立腺の発達には精巣から分泌されるアンドロジェンの作用が不可欠であるが，前立腺肥大が起こる原因として，精巣で産生されるエストロジェンが関与する（Kawakami et al., 1993）．すなわち，高齢化とともに精巣からのアンドロジェンの分泌量が減少して，血中アンドロジェンとエストロジェン濃度の比率にアンバランスが生じることにより，腺上皮細胞および間質組織の過剰増殖が生じ，腺房の拡張が起こって，前立腺全体が肥大する．

前立腺の肥大が進行するにつれ，前立腺実質内の多数の腺房どうしが合体・癒合して，嚢胞を形成するようになる．

〔症状〕　犬では，前立腺実質の周囲に分布する腺房が発達しており，前立腺肥大はこの腺房の異常な拡張によって起こるため（図 9.28），前立腺は外側に向かって大きく肥大する．そのため，前立腺の真上を走行する直腸を強く圧迫し（図 9.29），排便障害を招くことがある．さらに，前立腺実質の中央を貫通する尿道も圧迫されるため，排尿困難が起こる．しかし，単純な肥大症では疼痛はない．前立腺嚢胞の形成があると，嚢胞内に貯留した血液を混じた分泌液が尿道にあふれ，外尿道口から排出されて，血尿のような症状を示すことがある．

〔診断〕　X 線または超音波画像検査により前立腺の大きさや形状が観察され，超音波画像で前立腺実質内の嚢胞形成の有無も確認できる（図 9.30）．

〔治療〕　精巣から分泌されるアンドロジェンおよびエストロジェンが，前立腺肥大および嚢胞形成の原因であることから，精巣摘出手術あるいは抗アンドロジェン製剤の経口投与を行う（Kawakami et al., 1993；Tsutsui et al., 2000）．

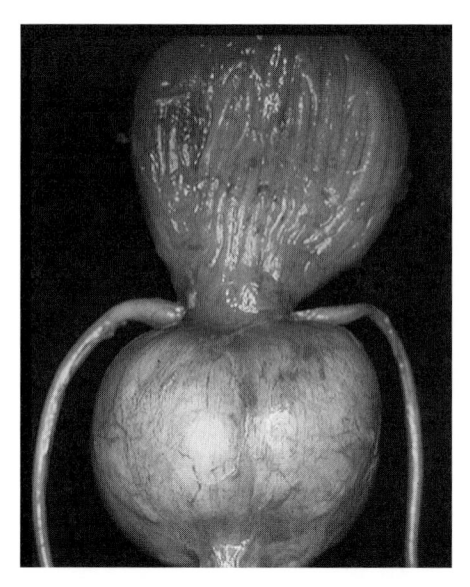

図 9.27　前立腺肥大症の犬の前立腺体

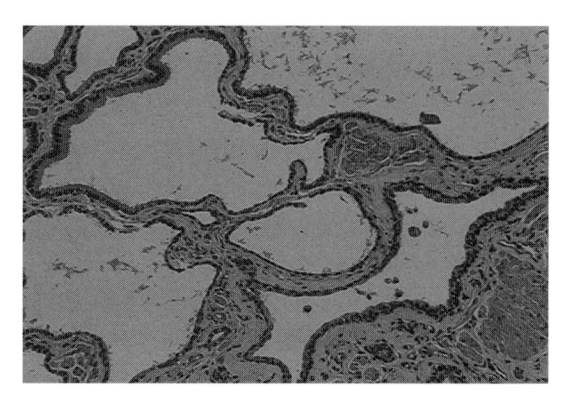

図 9.28　前立腺肥大症の犬の前立腺組織
いずれの腺房腔も，顕著に拡張している．

9. 繁殖障害

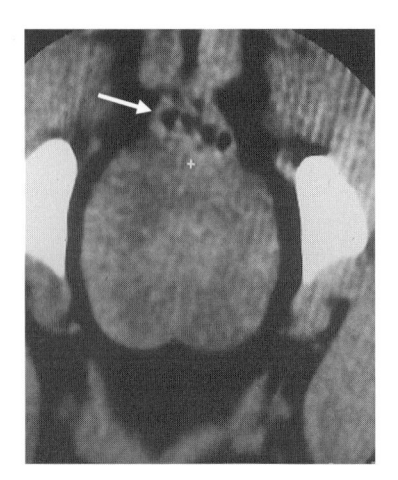

図 9.29 前立腺肥大症の犬の骨盤腔の CT 画像
骨盤腔内に肥大した前立腺が観察され，前立腺の上を走行する直腸を肥大した前立腺が強く圧迫しており，直腸が扁平状に押しつぶされている（矢印）．

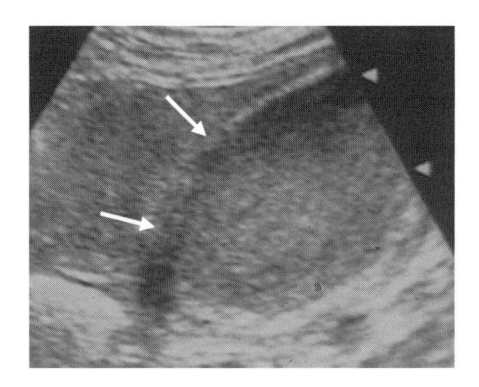

図 9.31 犬の前立腺膿瘍の超音波画像
前立腺の実質内に膿瘍腔（矢印）が観察される．

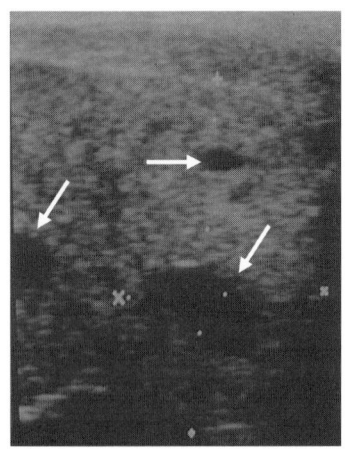

図 9.30 前立腺肥大症の犬の前立腺の超音波画像
前立腺の実質内に複数の囊胞（矢印）の形成が観察される．

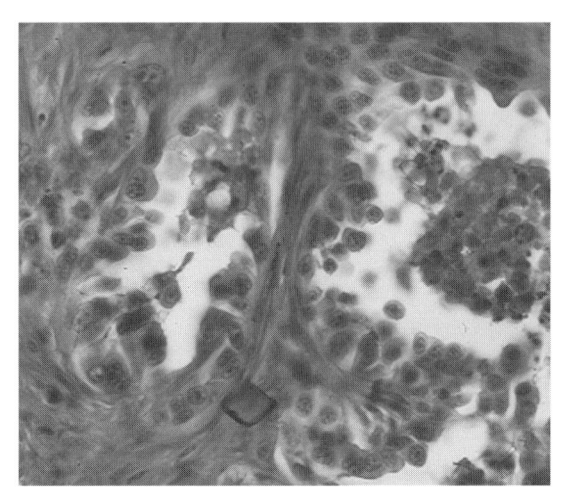

図 9.32 腺癌に冒された犬の前立腺組織
腺房の腺上皮細胞が癌化している．

ⅱ）**前立腺炎** prostatitis，**前立腺膿瘍** prostatic abscess

〔原因〕犬の前立腺炎は，大腸菌を主とした細菌の外尿道口からの感染によって発生するため，膀胱炎を併発していることが多い．前立腺囊胞の形成があって，炎症が化膿性に進行すると，その囊胞内に膿を含んだ液が貯留する．これを前立腺膿瘍という．

〔症状〕前立腺に炎症性の疼痛があるため，元気消失し，背彎姿勢を示したり，歩行を嫌がることがある．排尿動作にも異常を認める．膿を含んだ液の産生が多量となると，その膿液は尿道内に排出される．

〔診断〕小型・中型犬では，指による直腸検査が可能であり，前立腺の大きさ，形状だけではなく，前立腺を指で圧することにより，炎症性の疼痛の有無を知ることができる．また精液採取を行えば，前立腺分泌液中に多数の白血球および細菌を検出することができ，これを種々の細菌検査の材料に利用することができる．膿瘍など，炎症が激しい症例では血液中白血球数が増加する．前立腺実質内に形成された膿瘍腔が大きければ，超音波画像所見も参考になる（図 9.31）．

〔治療〕抗生物質などの抗菌製剤の全身投与を実施する場合，ペニシリン系の水溶性の抗生物質は腺房内に浸透しづらいため，脂溶性の抗生物質を用いるのが良い．大型の膿瘍腔の形成がある症例に対しては，その腔内に貯留している膿汁を穿刺吸引により除去し，抗菌剤溶液を腔内に注入する（Kawakami et al., 2006）．

ⅲ） **前立腺の腫瘍** prostatic tumor 人と異なり，犬では前立腺の腫瘍の発生率は低い．しかし，犬でも前立腺の腫瘍の多くが，転移を起こす悪性の腺癌（prostatic adenocarcinoma）である（図9.32）．また，精巣摘出手術を受けた犬であっても，老齢化に伴い前立腺癌が発生する可能性がある．

〔症状〕 元気・食欲が徐々に消失し，削痩する．前立腺全体が腫大し，前立腺部尿道および直腸を圧迫して，排尿・排便困難などを起こす．腺癌の場合，前立腺周囲にある骨，すなわち骨盤骨，腰椎骨，仙骨および大腿骨などに転移しやすい．膀胱や肺，リンパ節への転移も起こる．骨への転移があると，骨の破壊と激しい疼痛があるため，歩行を嫌がるか歩行困難となる．

〔診断〕 癌に侵された前立腺は腫大・硬化し，左右不対称でいびつな形状を示す（図9.33）ことから，X線検査や超音波画像検査（図9.34）を実施する．このとき，転移の有無も調べる．また，前立腺の直腸検査も有効である．腺癌の確定診断は，穿刺吸引による細胞診により行う．精液採取が可能であれば，前立腺分泌液中の細胞の検査でも，癌細胞を観察することができる．

〔治療〕 前立腺の全摘出手術，抗癌剤の投与，放射線治療などが選択できるが，癌の発見が遅れることが多いため，一般に予後不良である．

c. **精巣および精巣上体の疾患**

ⅰ） **潜在精巣** 胎生期に腹腔内で発生した左右の精巣が，陰嚢内への下降を完了する時期は，犬では遅く，ビーグルでは生後30日を過ぎた頃（Kawakami et al., 1993）で，大型犬種ではさらに遅れ，生後2カ月を過ぎてからの場合もある．猫での陰嚢内への下降完了時期は，生後20日頃である．しかし潜在精巣（9.2(2) g項（p.238）参照）の場合，片側または両側の精巣が，性成熟の時期を過ぎても陰嚢腔内に完全に下降しておらず，精巣が腹腔内または鼠径管から陰嚢までの間の皮下に停留している（図9.35）．潜在精巣の発生率は犬種により異なるが，雑種犬における発生率は1.7％であり（Kawakami et al., 1984），他の動物種に比較すると明らかに高い．猫の潜在精巣の発生率は，犬と同様に1.7％である（Tsutsui et al., 2004）

〔原因〕 本症は遺伝性（常染色体劣性）である．解剖学的な発生要因として，精巣を陰嚢腔内に牽引する精巣導帯の未発達および腹壁に形成される鼠径管の閉鎖など，また内分泌学的な要因としては，精巣からのアンドロジェン分泌不足などが挙げられる．

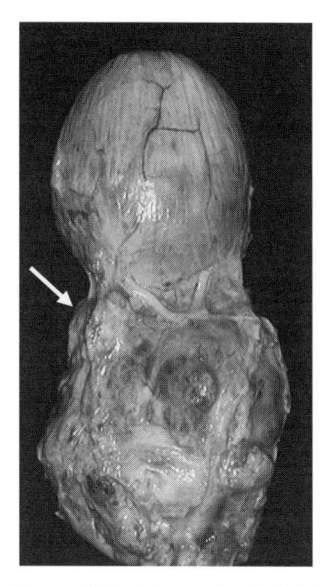

図9.33 腺癌に冒された犬の前立腺体
前立腺癌のために死亡した犬の膀胱と前立腺体．前立腺は，不整にいびつに腫大している（矢印）．

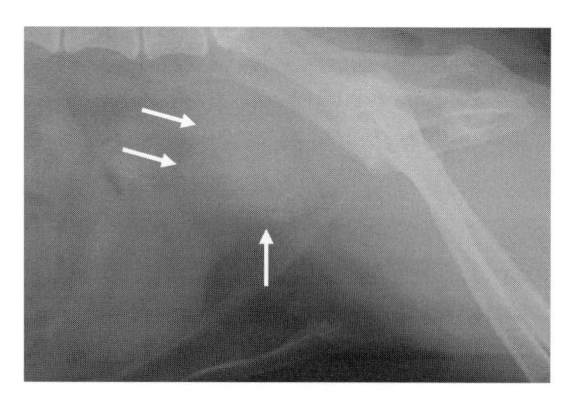

図9.34 腺癌に冒された犬の前立腺のX線画像
不整に腫大した前立腺（矢印）が観察される．

〔症状〕 雑種犬に関する河上らの調査（1984年）によると，潜在精巣が片側または両側に発生した犬の比率は9：1であり，片側性潜在精巣の症例において，右側または左側の発生の比率は2：1，その潜在精巣の停留部位が鼠径部の皮下または腹腔内である比率は2.5：1である．

潜在精巣では，陰嚢内より高い温度環境下にあるため，精子形成能力は全くない（図9.36）．また，潜在

9. 繁殖障害

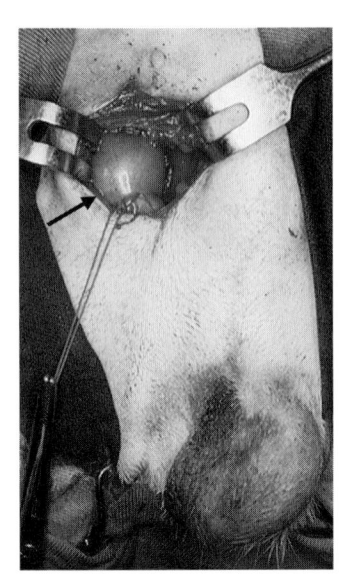

図 9.35 精巣（右側）が腹腔内の潜在精巣（矢印）であった犬
左側の精巣は，陰嚢内に位置していた．

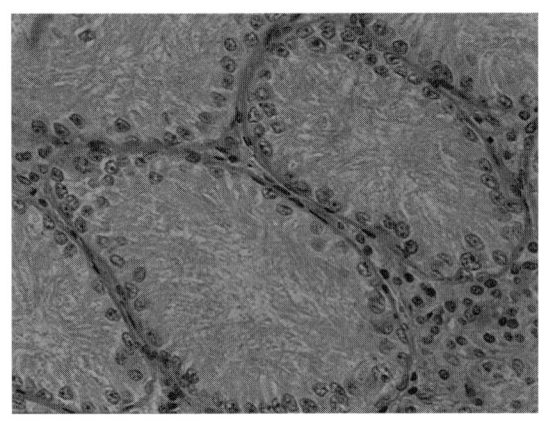

図 9.36 犬の潜在精巣の組織
いずれの精細管内にも，精母細胞，精子細胞および精子が全く
観察されない．

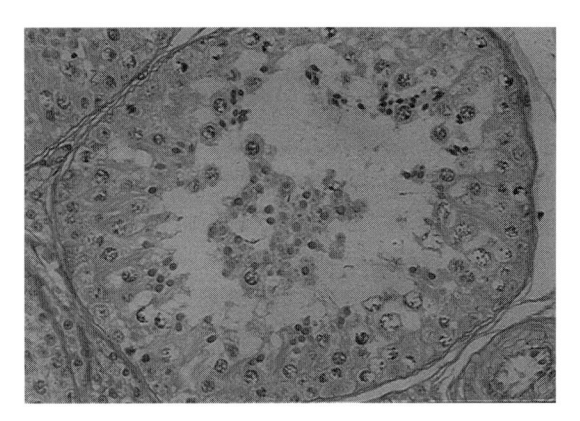

図 9.37 精子減少症と診断された犬の精巣組織
精細管内の精細胞数および精子数が，極めて少ない．

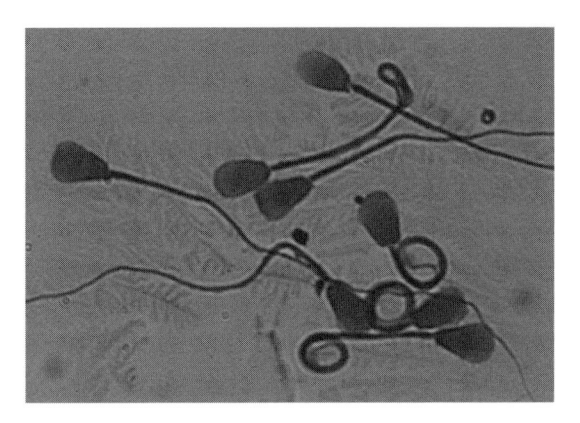

図 9.38 奇形精子症と診断された犬の射精精子
精子尾部の旋回奇形が多数観察される．

精巣からのアンドロジェン分泌量は，陰嚢内にある精巣の分泌量の1/3〜1/2程度と少ない（Kawakami et al., 1987）．河上らの調査（2007年）によると，6歳以上の犬に関して，陰嚢内にある精巣の腫瘍発生率は1%であったが，潜在精巣では12%と高い．潜在精巣では，精巣内の抗酸化酵素の活性値が低いなどの要因があり，腫瘍の発生が多いと考えられる．特に，セルトリ細胞腫の発生が多い．

〔治療〕 潜在精巣は遺伝性疾患であるため，たとえ片側性の潜在精巣であっても，その犬を繁殖に供するべきではない．潜在精巣では精子形成がなく，腫瘍化しやすいことから，左右の精巣の摘出手術が推奨される．

ⅱ）**生殖不能症** 発情雌との交配ができても，精液性状が不良であるために受胎に至らない場合，その雄を生殖不能症と診断する．

〔原因〕 先天的，あるいはストレス，栄養不良などの後天的原因による，GTHおよびアンドロジェンの分泌不足，精巣および精巣上体の損傷または炎症，精巣上体管や精管の閉塞，副生殖腺の機能異常，精巣に分布する血管の狭窄などが要因となりうる．

〔症状〕 交尾欲があり，勃起・射精もできるが，射精精液中の精子数が少ない（精子減少症もしくは乏精子症：図9.37），精子の運動性が低い（精子無力症），奇形精子が多い（奇形精子症：図9.38）など，精液性状が全般的に不良である．

〔診断〕 犬では，用手法による精液採取を行い，その性状検査を実施する．ただし，1回の検査結果だけで判断するべきではなく，数日間隔で繰り返し検査を行って診断する必要がある．

〔治療〕 性ホルモンの分泌不足が本疾患の原因と考えられる本症の犬に対しては，GnRHアナログ（類縁物質）製剤，またはhCG製剤の注射投与によるホルモン療法を行う．GnRHアナログ製剤として，酢酸フェルチレリンを使用する場合には，200〜400μgの1回筋肉内投与を行うか，100〜200μgを1週間間隔で，3〜4回投与する（Kawakami et al., 1991）．酢酸ブセレリンを使用する場合には，体重1 kgあたり1μg用量を1週間間隔で，3〜4回筋肉内投与する（Kawakami et al., 2005）．hCG製剤を使用する場合には，500〜1000単位を1回（Kawakami et al., 1998），または1週間間隔で，2〜3回筋肉内投与する．炎症があれば抗生物質などの抗菌製剤を投与し，ストレスの除去および環境や栄養の改善を図る．

iii）精巣炎，精巣上体炎

〔原因〕 陰嚢内の精巣の損傷・外傷により，または陰嚢皮膚の炎症が精巣に波及することにより，精巣炎が起こる．血行性，リンパ行性に，あるいは精管，精巣上体管を介して種々の細菌やウイルスが精巣に達して，両側の精巣に炎症が発生することもある．特に犬では，*Brucella canis* の感染による精巣炎が重要である．精巣上体炎は，精巣炎に付随して起こることが多い．

〔症状〕 急性炎症では，罹患した精巣および精巣上体が腫大し，局所的に発熱する．疼痛を伴うため，歩行を嫌がる．陰嚢腔内に炎症性の滲出液や血液が貯留して，陰嚢水腫または陰嚢血腫を起こすことがある．精巣の精子形成能は低下または消失して，生殖不能症に陥る．炎症が慢性化すると，精巣・精巣上体ともに萎縮・硬結する．

〔治療〕 急性の精巣炎・精巣上体炎に対しては，細菌検査・薬剤感受性試験を実施し，その原因菌に有効な抗生物質などの抗菌製剤を選択して，3〜4週間ほど長期間投与する．抗炎症薬も投与できると良い．

Br. canis 感染犬に対しては，テトラサイクリンとストレプトマイシン，あるいはゲンタマイシンの併用投与を行う．ただし，根治的な治療は困難である．炎症が慢性化している場合には，精巣および精巣上体の機能回復が望めないため，罹患している精巣・精巣上体の摘出手術を実施する．

iv）精巣腫瘍

精巣腫瘍は，高齢の犬で発生が多く，猫では発生は少ない．犬の精巣腫瘍は，セルトリ細胞腫，精上皮腫および間質細胞腫の3種類に大別される．河上らの調査（2007年）で，犬の潜在精巣における腫瘍の発生率は，陰嚢内にある精巣より10倍以上も高いことがわかった．また，犬の陰嚢内の精巣では，精上皮腫が精巣腫瘍の45％を占めて最も多い．しかし潜在精巣では，セルトリ細胞腫が71％の発生率である．

〔原因〕 潜在精巣は，陰嚢内にある精巣と比較して高い温度環境下にあるため，潜在精巣内の種々の酵素の活性値が低い．特に，腫瘍の発生に関連がある酸化物質の産生を抑制する抗酸化酵素スーパーオキサイド・ディスムターゼの活性が低値であることが認められており（Kawakami et al., 2007），これも高齢犬の潜在精巣で腫瘍の発生が多くなる要因の1つと考えられる．

〔特徴〕 セルトリ細胞腫（図9.39）および精上皮腫（図9.40）では，精巣全体が顕著に腫大・硬化し，前者では不整でいびつな形状となることが多い．間質細胞腫（図9.41）は，精巣の実質内に球形に限局して発

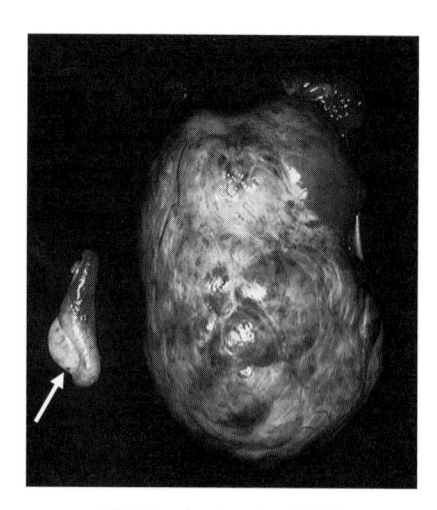

図9.39 犬のセルトリ細胞腫
右側の精巣がセルトリ細胞腫であり，精巣全体が顕著に腫大して不整な形状を呈している．このセルトリ細胞腫から過剰なエストロジェンが分泌されていたために，左側の精巣（矢印）が萎縮していた．

9. 繁殖障害

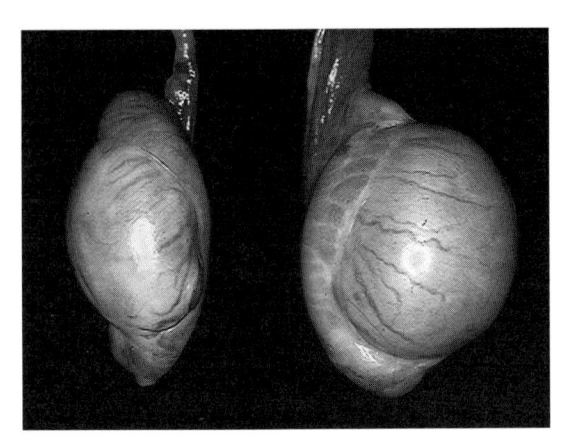

図 9.40　犬の精上皮腫
右側の精巣が精上皮腫であり，精巣全体が腫大しているが，その精巣の形状は正常様である．

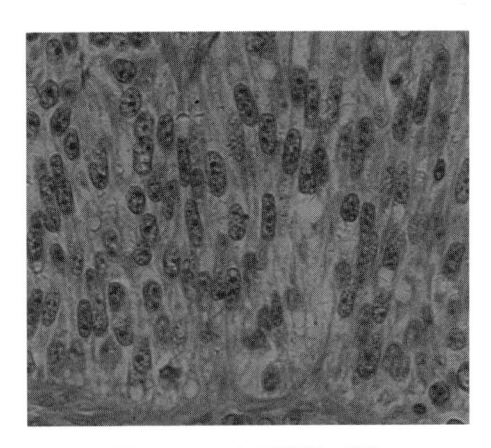

図 9.42　セルトリ細胞腫の組織
精細管内に紡錘形および楕円形の腫瘍細胞核が，無数に観察される．

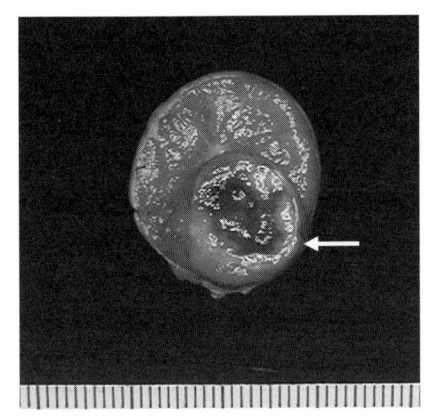

図 9.41　犬の間質細胞腫
精巣の実質内に限局して，腫瘍部位が観察された（矢印）．

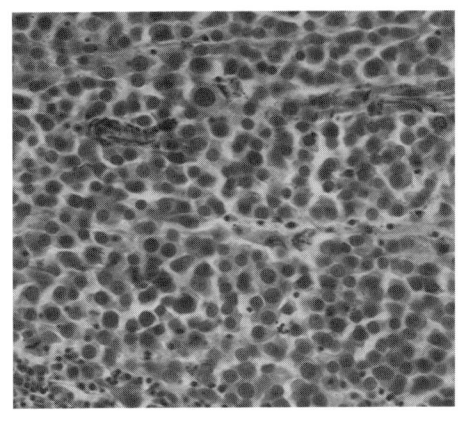

図 9.43　犬の精上皮腫の組織
精細管内に大小不同の円形の腫瘍細胞核が，無数に観察される．

生し，精巣全体が腫瘍化して異常に大きくなることは少ない．

　犬の精巣腫瘍の多くは良性であるが，セルトリ細胞腫では，リンパ節や主要臓器への転移を認める症例がある．またセルトリ細胞腫の中には，エストロジェンを過剰に産生するタイプがあり，血中に大量のエストロジェンが移行する影響により，陰囊内にある反対側の精巣の顕著な萎縮，脱毛，皮膚炎のような症状，皮膚の色素沈着および乳頭の腫大などが起こる．さらに犬では，過剰なエストロジェンにより骨髄の造血機能が顕著に抑制されて，重篤な再生不良性貧血が起こり，死に至る場合がある．

　セルトリ細胞腫の腫瘍細胞は，細長い紡錘形または楕円形であり（図9.42），精上皮腫では大小不同の円

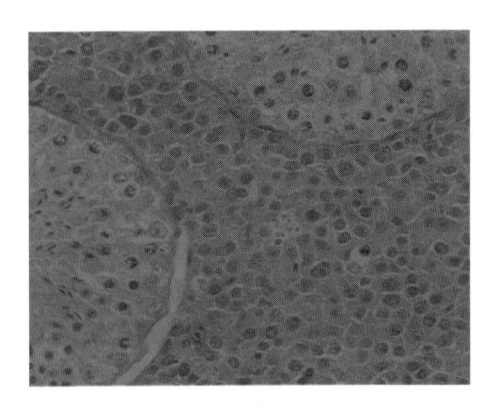

図 9.44　犬の間質細胞腫の組織
精細管内ではなく間質部に，異常に増殖した腫瘍細胞が観察される．

形である（図9.43）．間質細胞腫の細胞は，多角形で，細胞核が細胞質の辺縁によっている（図9.44）．

〔治療〕 腫瘍化した精巣の摘出手術を実施する．腫瘍の転移がある場合には，抗癌剤の投与による治療が試みられている． 〔河上栄一〕

9.3 雌の繁殖障害

(1) 産業動物

a. 臨床診断

雌の繁殖障害を効果的に防除，治療するための条件として，まず的確な診断を下すことが必要である．そのためには，9.1節に前述したように，雌の個体あるいは群についての飼養管理，繁殖経歴などの稟告をできるだけ詳細に聴取し，これを参考として障害の性質と種類をある程度推測した上で，臨床繁殖検査を実施することが望ましい．

雌の臨床繁殖検査法としては，腟検査，直腸検査のほかに，障害の種類に応じて，超音波画像診断装置による検査，診断的子宮洗浄，子宮内膜バイオプシー，卵管疎通検査，頸管粘液の精子受容性および結晶形成の検査などの特殊検査がある．さらに必要に応じて，細菌・ウイルスの検査，細胞・組織学的検査，性ホルモンの測定などの精密検査を行う場合もある．これらに加えて，血液，尿，糞便について，栄養障害，寄生虫，伝染病の検査をあわせて行うこともしばしばある．

また，繁殖障害の症例に関する稟告，検査所見，診断，治療処置および経過を個体別に診療簿（karte）に詳細に記録しておくことは，診断および治療方針の決定，効果的な治療の実施，さらには後日の治療結果の判定および治療成績をまとめる上において極めて重要である．

ⅰ） 腟検査　vaginal examination / vaginoscopy
〔検査用器械〕 腟検査に用いる器械として，腟鏡（vaginoscope / vaginal speculum：牛，馬，豚，めん羊，山羊，犬用がそれぞれある），腟粘液採取匙（牛），腟垢採取器（スタンプスメアー：馬用），頸管粘液採取器（牛）などがあり，これらは逆性石鹸液，アルコールなどで十分消毒した上で使用する．腟鏡は，開張度が大きく光線の反射の良好な左右横開きのものが，縦開きのものよりも良い（図9.45）．

細菌培養などのため無菌的に腟〜子宮頸管の粘液を採取するには，細長い柄（牛用には長さ40〜45cmのものが良い）の付いたタンポンを乾熱滅菌あるいはプラズマ滅菌した上で用いると便利である．

このほか腟検査を容易にするものとして，額帯反射鏡，懐中電灯または腟鏡用電灯が挙げられる．

〔検査方法〕 牛，馬は，枠場内に確実に保定してから，まず外陰部の形状，大きさ，緊縮または充血，腫脹，弛緩の有無と程度，漏出液（血液，粘液，膿）の有無と量および性状などを検査した後，外陰部を微温湯で洗浄し消毒薬で清拭した上で，消毒液に浸して消毒した腟鏡を静かに腟内に挿入する．そのときの腟鏡に対する抵抗感は，腟の発育不良，腟狭窄のものでは大である．正常のものでも発情周期の時期によって，粘液の分泌の多少およびその性状が異なり，腟粘膜との摩擦による抵抗感に差が生ずる．

腟鏡を挿入し，十分開張して光を腟内深く入れ，素早く腟粘膜の色調，湿潤の程度，粘液の有無などを観察する．この場合，長く開放すると外気の影響を受け，腟粘膜の状態が変化するので注意を要する．ついで子宮頸腟部の形状，緊縮あるいは充血，腫脹，弛緩の有無，外子宮口の閉鎖あるいは開口の状態，外口からの漏出液の有無および量と性状，その他の異常の有無について詳細に検査し，終わりに頸管粘液（子宮頸腟部粘液）を採取する．

牛では，腟粘液採取匙またはタンポンで子宮頸腟部粘液を採取し，量の少ないときはスライドグラス上に

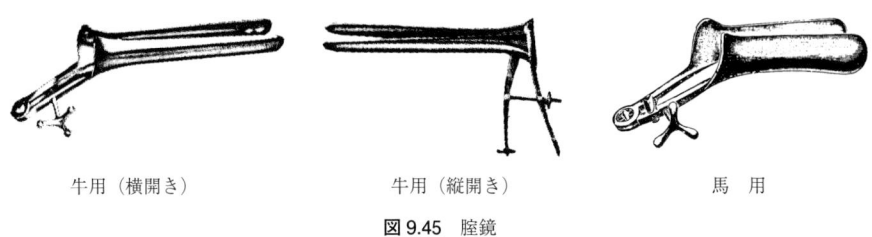

牛用（横開き）　　牛用（縦開き）　　馬用

図9.45 腟鏡

置き，多量の場合はシャーレまたはビーカーに入れて観察して，量，粘稠性，色調，pH，混濁や膿様物の混入の有無を調べる．粘液中の細胞成分，細菌を調べるには粘液の一部をスライドグラスに薄く塗抹し，乾燥後ギムザ染色やディフ・クイック染色（簡易メイ・ギムザ染色）して鏡検する．

馬では，腟垢採取器を外子宮口部にスタンプして，そのスライドグラスに付着した粘液の性状，色調，泡沫や絮状物の混入の有無を調べ，ピンセットで触れて粘稠度を検査する．ついで風乾後，粘液の付着状態，光沢の有無を観察した上で，ギムザ染色等を行い鏡検する（8.5（2）c項（p.187）参照）．

ⅱ）**直腸検査** rectal palpation / rectal examination / palpation per rectum　直腸検査によって，大動物である牛，馬，および中動物でも大型の豚において，卵巣，卵管，子宮などの内部生殖器の異常の有無はもちろん，卵巣における卵胞および黄体の状態と排卵の確認が容易にできる．その他，繁殖障害の治療の面にも応用され，さらに早期妊娠診断のためにも極めて重要な検査法である．本法は，直腸に手腕の挿入が可能な大動物および豚において実施可能で，しかも特別な器械器具を要しない簡便な検査法である．牛，馬および豚の繁殖に関係する獣医師は，生殖器の検査において不可欠の基本的検査技術であるとの認識に立って，本検査法を十分に習熟し，練磨して診断の精度を高める必要がある．

〔準備〕　直腸検査の準備として，以下の点に留意する．

① 動物を枠場によく保定し，動揺および蹴りを避ける．尾が邪魔にならないよう，牛では頭側に保定し，馬では背側高く保定する．

② 術者の肩の高さが動物の肛門よりやや高く位置するようにし，必要に応じて踏み台などを準備する．

③ 検査開始前に直腸内に手腕を挿入して宿糞を排除する．宿糞を十分除き腸管を弛緩させなければ正確な検査は望めない．直腸壁が硬く筒状となって生殖器の触診が不可能な場合には，筒状となった直腸壁にある絞輪状襞壁の背側に手指を掛け，なでる，あるいはマッサージするように手前（尾側）に引くと，ガスが抜けるように直腸壁の緊張が解けることが多い．それでも緊張が解けない場合には，検査を一時中断し，腸管が弛緩するのを待って，あるいは2～3ℓの微温湯で浣腸して，浣腸液を数分間留めておいてから直腸壁を弛緩させ，蠕動を抑制した上で検査を行う．

④ 術者は，直腸に損傷を与えないよう手指の爪を短く切っておく．また，手腕にはポリエチレン製の長手袋を装着し，手袋の表面に潤滑剤を塗布した上で直腸内に挿入する．

⑤ 牛においては，牛白血病の感染拡大を防止するため，ポリエチレン製の長手袋の連用は厳に慎み，1頭あたり1枚使うようにする．

〔検査方法〕　ここでは雌牛における直腸検査について，生殖器の模型図および体外に取り出した生殖器の写真によって，触診の要領を順次説明する（図9.46）．

① 直腸検査の模式図：図①は直腸より左手で子宮を触診しているところを示したもので，これによって生殖器の位置および直腸や膀胱との関係がわかる．牛の子宮は，左右の子宮広間膜によって体腔に吊り下げられ，ふつう前半部は腹腔に，後半部は骨盤腔内にある．牛では左右の子宮角がほぼ平行して走り，両側の卵巣間の距離が近いので，片手をもって両側の子宮角や卵巣を触診することが可能であるが，馬では子宮がY字状を呈し，子宮角は斜め頭側に伸長しているため，片手で左右の子宮角およびその先端に続くそれぞれの卵巣を触診することは困難である．そのため，左卵巣と左子宮角は右手，右卵巣と右子宮角は左手で検査することが必要である．牛においても，馬の場合のように両手を用いて触診すれば，より正確な診断ができる．

直腸検査前の腟検査の際に，空気が腟腔に入って膨満することがあるが，このような状態では卵巣や子宮の触診が難しいので，直腸内に挿入した掌で膨満した腟腔を外陰部方向に圧迫することにより空気を排除する．あるいは，再度腟鏡を挿入し直して腟をわずかに開き，直腸内の手で膨満した腟を手前の外陰部方向に圧迫すると，容易に空気が脱出して検査しやすくなる．また尿が充満している場合は検査がしにくく，特に妊娠診断の場合，膀胱と妊娠子宮の感触が似ているため誤診することもあるので，あらかじめ排尿させておく．尿道カテーテルを用いると確実に行うことができるが，手指で陰核の少し下方の皮膚を上下に軽く摩擦して刺激を与えると，たいてい尿意を催して自ら排尿する．

9.3 雌の繁殖障害

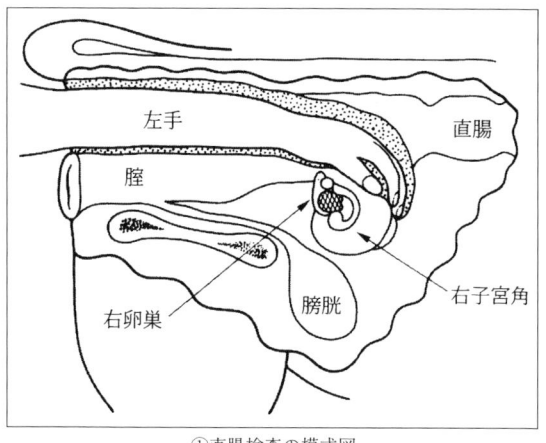

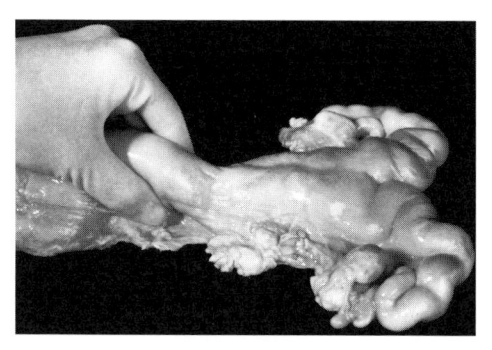

①直腸検査の模式図
（左手、直腸、腟、右卵巣、膀胱、右子宮角）

②子宮頸の触診

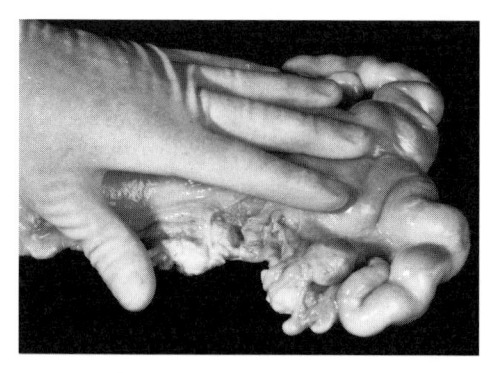

③子宮体および子宮角基部の触診

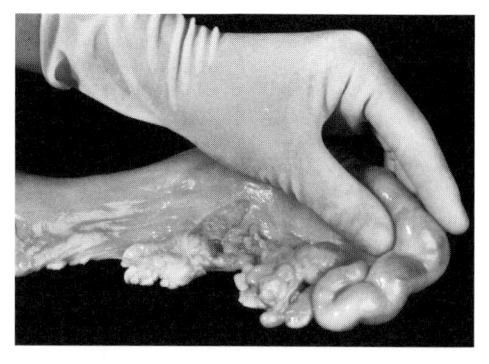

④右子宮角の触診

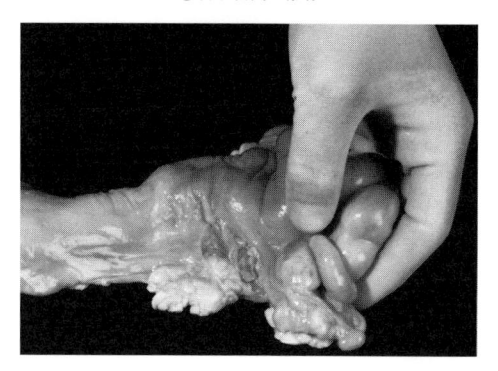

⑤右子宮角先端部の触診

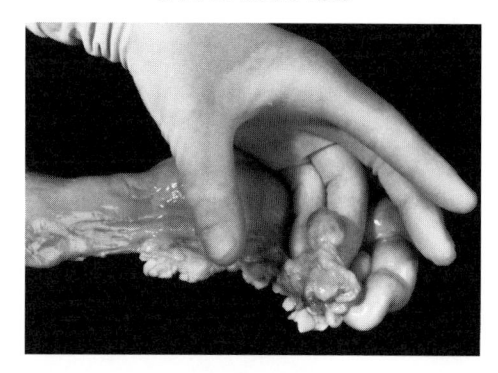

⑥右卵巣の触診

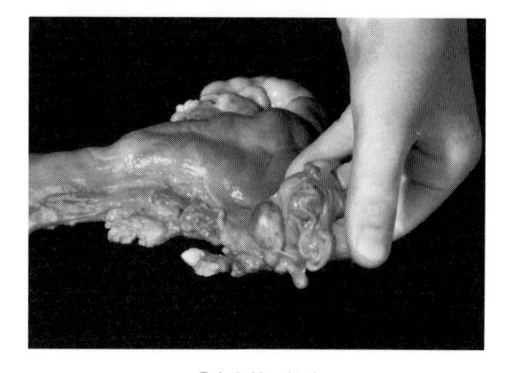

⑦右卵管の触診

図 9.46 雌牛生殖器の直腸検査の要領（金田・加茂前原図）

正常な牛では，子宮（特に子宮頸）を触診すると，その刺激によって子宮筋が興奮して収縮するため，子宮角はソーセージ様の触感となり，子宮角の前半部は蝸牛殻のように（図①参照）巻縮して骨盤腔の方に上がってくる．この子宮筋の興奮収縮は卵胞期には著明であるが，黄体期には弱い．

② 子宮頸の触診：左手を直腸内に挿入し，手首が肛門を通過したところで，図②のように骨盤腔の下方正中線上において硬い円柱状の子宮頸に触れる．子宮頸の大きさは未経産牛と経産牛ではかなり差があり，径3〜4 cm，長さ8〜10 cmの堅い肉柱状物として容易に触知される．牛の子宮は，子宮体が極めて短い（2〜4 cm）ため，手を子宮頸を過ぎて頭側に前進させるとすぐ左右の子宮角が触知される．

牛では，子宮頸は内部生殖器を触診する場合の基点となり，子宮頸から手を頭側に進めて子宮，卵管，卵巣の順に触診するのが常法である．しかし，馬の場合は牛とは逆に，まず卵巣を触診した後，卵管，子宮，子宮頸の順に頭側から尾側へと検査するのが普通である．

③ 子宮の触診：体軸に平行している左右の子宮角の間の凹みに，挿入した手の中指を添えて頭側に進め，左右の両子宮角を掌中におさめるようにして抱え込む．そして，左右子宮角の太さを親指，中指，薬指，必要な場合には親指および小指の指幅を用いて測る．ついで，左右子宮角の壁の厚さ，硬さ，収縮性などを探り，比較しながら手を頭側へと進める．図③では，ちょうど中指が両子宮角の間に入り，角間間膜に指先がかかったところを示す．ここより頭側は両子宮角が左右に完全に分かれている．

④ 子宮角先端部の触診：子宮角の先端部分は子宮広間膜の支配を受けることなく巻縮しているので，左右の子宮角は一側ずつ，図④，⑤のように子宮角の先端に向かって指先でもみほぐすようにして触診していく．子宮角は，先端に近づくにつれてしだいに細くなっている．妊娠の可能性のあるものについては，この際に胎嚢や胎膜を損傷しないように，特に慎重に触診を行わねばならない．

⑤ 卵巣の触診：卵巣は，子宮角の中央部から子宮間膜に沿って手を体側方にずらしながら探ることによって触知することができる．子宮角が腹腔に沈下して卵巣の位置が不明な場合や，卵巣が卵巣間膜や卵管間膜などに取り囲まれて触知困難な場合には，図②のように子宮頸を握って，あるいは図③のように角間間膜の腹側部に中指をかけ，子宮を2〜3回骨盤腔に引き上げるようにすると卵巣が引き上げられ，また取り囲まれた卵巣が出てきて触知しやすくなるので試みると良い．

卵巣の触診の方法は，左手をもって右卵巣を触診する場合には，図⑥に示すように，固有卵巣索を薬指と小指，または中指と薬指の間に挟み，掌中に卵巣をおさめるようにして，親指頭，人差し指頭および中指頭をもって静かに行う．卵巣の触診は，手指頭の微妙な触感によって行うものであるから，過度の力を用いることなく，また腸管の蠕動や努責に逆らわぬように行わなければならない．粗暴にこれを行うと，直腸壁を損傷するだけでなく，卵巣に卵胞の破裂，黄体の離脱などの損傷を与え，治療不能の卵巣炎や癒着を起こすことがあるので十分な注意を要する．

⑥ 卵管の触診：図⑦のように，卵管間膜の下に2〜3指を添え，上から親指を滑らせて，軽く卵管をつまむようにして触診する．この卵管の触診は，かなり熟練を要する．

〔検査事項〕

① 卵巣：卵巣の大きさと形状，硬軟と弾力性の有無，卵胞，黄体，嚢腫卵胞の有無と存在位置およびその数と大きさなどを調べる．

② 卵管：腫大，硬結および液体貯留の有無を調べる．

③ 子宮：左右子宮角の対称性，長さ，太さ，弾力および収縮性，沈下の状態，子宮壁の異常（肥厚，菲薄，脆弱，粗糙）や疼痛および子宮内容物の有無などについて検査する．子宮の弾力，収縮性および子宮壁の厚さは発情周期の時期に応じて微妙に変化するので，常に卵巣の状態を念頭に入れて検査することが必要である．

④ 子宮頸：長さ，太さおよび疼痛，硬結，腫瘤の有無を調べる．

〔豚の直腸検査〕 豚では，直腸検査は従来実施不可能とされていた．しかし，わが国の豚は1960年代以降のランドレース，大ヨークシャーなどの導入，改良によって体格が大型化したため直腸検査が可能とな

り，繁殖障害の診断や妊娠診断に応用されるようになった．ただし，直腸検査が可能なのは，経産豚や体重150kg以上に成長した月齢12カ月以上の豚に限られる．

　直腸検査には通常保定は実施せず，あらかじめ絶食させた上，少量ずつ濃厚飼料を与えながら採食中に検査を行う方法がとられている．しかし，豚が検査を嫌って動揺する場合は，鼻保定，分娩柵を利用したり，豚用保定装置を用いて保定して行う．

　このほか，鎮静処置を行って鎮静している間に直腸検査を実施する方法もある．鎮静処置として，メデトミジン（80μg/kg）-ブトルファノール（0.2mg/kg）の筋肉内注射がある．本処置は，1時間程度持続する筋弛緩を伴う良好な鎮静状態をもたらすことから，軽度な痛みを伴う処置にも応用可能である．メデトミジンの作用は，$α_2$拮抗薬であるアチパメゾールの投与により打ち消すことができる．アチパメゾールの必要量は，投与したメデトミジンの量に依存し，メデトミジン投与量の2～3倍量を筋肉内投与することにより，鎮静状態からの効果的な回復を図ることができる．

　豚の直腸内宿糞は水分に乏しいので，手袋の表面を潤滑剤で粘滑にした上で手を直腸に挿入し，十分排除する．起立時は，右側の卵巣・子宮は左手で，左側のものは右手で触診するのが良い．横臥の場合は，利き手の側に豚を倒し，利き手を挿入する．

① 子宮頸：肛門から20～30cm入った直腸の真下に幅2～3cm，長さ10～20cmの充実した細長い子宮頸が触知される．子宮頸は発情前期～発情期には著しく腫大（幅4～5cm）し，硬くなるが，黄体期には柔軟である．

② 子宮：子宮は著しく長く（120～150cm），骨盤前縁から腹腔へ下降している．

③ 卵巣：卵巣は，肛門から約40cm入ったところ（肘までの深さ）で触れることが多く，指先を臁部腹壁の内側部まで挿入し，子宮間膜の前縁をたどって下方に進めると，寛結節の高さと膝蓋部の間に触知される．卵巣は，卵巣嚢にほぼ完全に包まれている．卵巣の大きさは，親指頭大（4×3×2cm），やや扁平で，機能的な卵巣は桑実状あるいは圧縮したブドウの房状を呈する．

　発情期の卵胞は，直径8～12mmの球形で卵巣の表面に隆起し，境界が明瞭で弾力がある．開花期の黄体は，直径10～15mmの充実した球形を呈し，卵巣表面に突出する．

ⅲ）**子宮洗浄**　uterine irrigation / uterine douche
　子宮洗浄は，牛，馬の子宮疾患の診断および治療の目的でしばしば用いられる重要な診療技術である．

　子宮洗浄の要点は，子宮腔全体を十分に洗浄すること，洗浄により子宮に損傷を与えたり，子宮を汚染させないこと，最後に洗浄液を十分に排出することなどである．このため実施にあたっては，次のことに注意しなければならない．

① 罹患動物を枠場内に確実に保定する．
② 直腸内の宿糞を十分に排除した上，子宮の形状，位置および子宮頸管の太さ，長さを調べ，尿が充満している場合には排尿させる．
③ 外陰部および陰唇を開いて内側部を消毒薬で十分洗浄，清拭し，術者の手指も十分消毒する．
④ 洗浄管，ビニールまたはゴム管，イルリガートルなどの洗浄用器具は，すべて煮沸消毒したものを用いる．
⑤ 洗浄液（生理食塩液）および薬液は，滅菌，濾過して異物を含まないものを用いる．
⑥ 洗浄液の温度は40～42℃とする．
⑦ 治療の場合の洗浄は，排出液が透明となるまで反復して行い，最後の洗浄液は直腸から手で子宮を圧迫したり，持ち上げたりして十分に排出する．
⑧ 治療のための洗浄は1回を原則とし，連日または頻繁に行うことは避ける．
⑨ 交配しているものに対しては，まず妊娠診断を行って，不妊であることを確認してから子宮洗浄を実施する．

〔牛の子宮洗浄〕　牛の子宮頸管は特殊な構造をもっているため，これの弛緩している発情期を除き，通常洗浄管の挿入は容易ではない．このため牛では子宮洗浄に先立って，子宮頸管を拡張することが必要である．

　牛の子宮洗浄には，注入と排出が別路になっているtwo way（二重）の金属製の洗浄管（図9.47）が従来広く用いられているが，このほか洗浄管にはone way（単一）の管で子宮内に挿入される先端の部分がゴム製となっているものもある（図9.48, 9.49）．また，胚回収用のバルーンカテーテル（図7.8参照）も用い

9. 繁殖障害

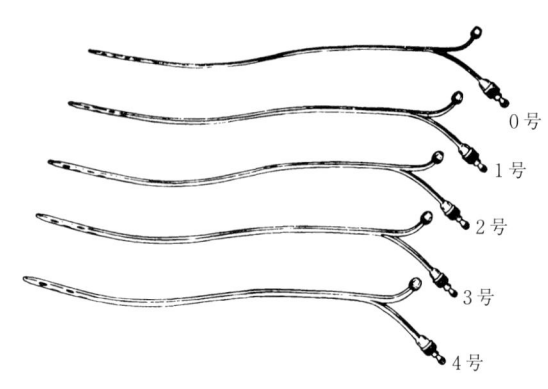

図 9.47　牛用子宮洗浄管

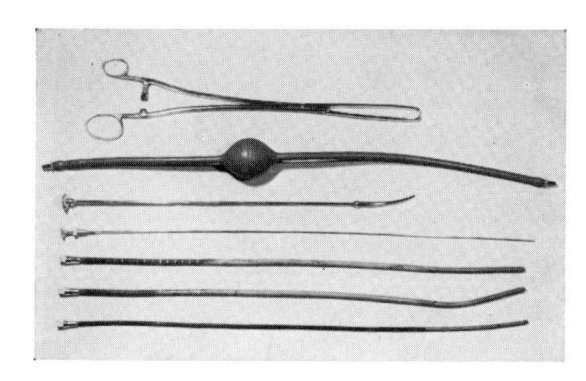

図 9.49　牛の子宮洗浄器具（山田式）

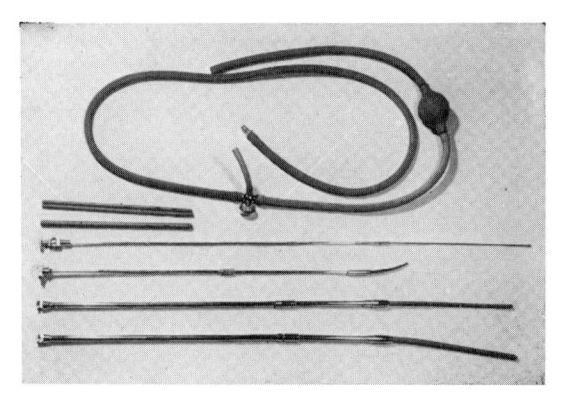

図 9.48　牛の子宮洗浄器具（檜垣式）

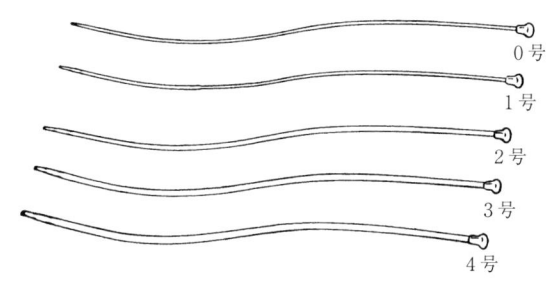

図 9.50　牛用子宮頸管拡張棒

られる．その他，単なる診断的洗浄にはビニールまたはゴム製のカテーテルを子宮内に挿入して，注射器をこれに連結して洗浄液を注入後吸引し，診断のための洗浄液を採取する方法もある．ここでは従来の金属製の洗浄管を用いる方法を述べる．

① 腟鏡で腟を開き，子宮腟部を露出する．

② 子宮頸管拡張棒（cervical dilator / bougie：図9.50）を，細いものから順次太いものに替えて外子宮口に挿入し，腟鏡を軽く閉じながら抜去する．ついで，片手を直腸内に挿入して子宮頸を把持し，子宮頸管に拡張棒を通して拡張する．

③ 子宮頸管の拡張が終われば，拡張の程度に応じた太さの洗浄管を子宮内に一定の深さ（2～3cm）に挿入し，直腸に挿入していない手で洗浄管の柄を腟外へ出たところで保持して，牛の外陰部に押し付けることにより固定する．

④ 洗浄管の先端が子宮内にあることを確認した上で，イルリガートルと洗浄管を連結している管のコッ

クを開いて洗浄液（滅菌生理食塩液，40～42℃）を子宮内に注入する．この場合，洗浄管の排出口にはシリコンチューブなどを付けておき，チューブを閉じて洗浄液の流出を防ぐ．洗浄液の注入量は，子宮の大きさによって一様でないが，診断的洗浄の場合は通常50～100mℓ，治療の場合は1回に100～200mℓである．

⑤ 洗浄液を注入したら，直腸内の手で子宮をマッサージし，洗浄液を子宮角先端の内膜面にまでよく行き渡らせて洗浄する．

⑥ 洗浄が終われば洗浄管の排出口に接続したチューブを開き，直腸から手で子宮を圧迫して洗浄液を排出し，これをビーカーまたは滅菌試験管に回収する．回収液について，混濁度，膿様物や絮状物の混在の有無などを検査し，さらに顕微鏡的検査，細菌学的検査などに供する．

⑦ 治療の場合は，排出液が透明になるまで上記の洗浄を反復し（洗浄液の合計注入量は2～4ℓ），最後の洗浄液は十分に排除した上で薬液の注入を行う．

〔馬の子宮洗浄〕　馬は，子宮頸管が太く，外子宮口も大きいため，子宮洗浄管の挿入は容易で，牛に比べ

図 9.51 馬用子宮洗浄管

て洗浄は簡単である．しかし，子宮腔が大きく，特に分娩後は著しく大きくなっているため，極めて多量の洗浄液を必要とし，かつ子宮が弛緩して収縮力が乏しいため洗浄液の排出が困難なことがある．子宮洗浄の実施要領は次のとおりである．

① 消毒した右手に消毒した直腸検査用ポリエチレン製長手袋などを装着して腟内に挿入し，中指を外子宮口より徐々に子宮頸管に挿入して，これを拡張する．

② ビニール管，またはゴム管でイルリガートルと連結してある洗浄管（図9.51）を左手でもって，腟内の右手掌の下面に当てて送り込み，右手を用いて管の先端が子宮腔に3～5cm突出する程度に挿入し，右手の親指とほかの4指で子宮腔部の上から子宮頸管とともに洗浄管を握る．

③ イルリガートルを高く保持して，洗浄液を子宮内に注入する．通常1.0～1.5ℓを注入すれば子宮角まで膨満する．この際，空気を子宮内に送入しないように注意する．

④ 右手で洗浄管とともに握った子宮頸腔部を前後に振り動かし，洗浄液を子宮腔全面に行き渡らせて洗浄する．

⑤ 洗浄が終われば，イルリガートルを陰門と飛節の中間まで下げ，サイフォン作用によって子宮内の洗浄液をイルリガートル内に還流させる．この際にイルリガートルを低く下げすぎると，吸引力が強くなり，洗浄管先端の開口部に子宮内膜の皺襞が吸着し，開口部を閉鎖して洗浄液の排出が妨げられたり，粘膜が損傷されるので注意を要する．

⑥ 洗浄中に洗浄管を子宮内で移動したり，洗浄後に洗浄管を抜き去るときには，イルリガートルをいったん陰門近くまで挙上してから行うことが大切である．

⑦ 洗浄排出液の精密検査および治療の場合は，牛に準ずる．

iv） 特殊検査および精密検査

〔生殖器の超音波画像検査〕 電子リニアスキャン方式の超音波画像診断装置により経直腸探触子を操作して，卵巣，子宮などのエコーを断層像としてとらえ観察することができる．断層像において，卵巣では卵胞，嚢腫卵胞および黄体の内容液が無輝度（エコーフリー）像として描出され，エコーレベルから卵巣支質と黄体組織との識別が可能であり，それぞれの大きさを正確に測定することができる．また副生殖器では，組織構造や生殖道内の液状物（粘液，膿），腫瘤，変性胎子などの存在が明瞭に観察できる．

なお，本検査を卵巣について実施する際には，あらかじめ直腸検査を行って卵巣の所見を記録し，それに基づいて探触子を操作することが，描出された卵巣の断層像を理解する上で大切である．

〔牛乳中および血液中のプロジェステロン濃度の測定〕 従来このホルモンの測定は，RIAにより行われてきたが，近年EIAにより行うことが可能となり，測定操作が簡単で，短時間に結果が得られる牛乳中および血漿中プロジェステロン簡易測定キットが数種市販されている．

なお，プロジェステロン濃度の測定は，卵巣疾患の直腸検査，超音波検査による臨床診断の補助的手段であり，臨床所見との併用によって正確な診断が可能になることを銘記しておく必要がある．

〔子宮洗浄回収液および外子宮口部漏出物の細胞成分および細菌検査〕 診断的子宮洗浄回収液の遠心沈渣あるいは外子宮口部漏出液について，次の検査を行う．

① 塗抹・染色・鏡検：スライドグラスに薄く塗抹し，風乾後メタノールで3～5分間固定し，ギムザ染色（ギムザ原液1滴に蒸留水2mℓの割合の染色液で，室温で約30分～2時間）あるいはディフ・クイック染色を行って，細胞成分および細菌を鏡検する．子宮洗浄回収液中の細胞成分を検査する場合には，遠心（800～1000回転，5～10分）してその沈渣の塗抹について調べる．

② 培養：好気性一般細菌の検出用として，血液加寒天平板培地またはハートインフュージョン平板培地，真菌類の検出にはサブロー寒天平板培地，また嫌気性菌の検出には市販の嫌気性菌用培地をそれぞれ用いて培養を行う．必要な場合，遠心分離（2000 G ≒ 7000 回転，10～15分）を行って集菌し，沈渣を培養して調べる．発育したコロニーの数を調べ，主要検出

菌をメチレンブルーまたは石炭酸フクシンで染色するかグラム染色して鏡検する．さらに，感受性ディスクによって分離菌の抗菌性物質感受性を調べる．細菌の同定が必要な場合には細菌同定用検査キットを用いて行う．

〔子宮内膜バイオプシー（endometrial biopsy）〕 子宮内膜採取器を，無菌的操作によって子宮内に挿入して内膜の小片を採取し，これを10％ホルマリン液に固定した後，切片標本を作製し，組織学的に検査する．牛用の子宮内膜採取器には，北大式，山内式（図9.52），その他がある．

〔卵管疎通検査（tubal patency test）〕
【⇒9.3（1）g項（p.273）を参照】

〔頸管粘液の精子受容性および結晶形成現象の検査〕 詳細は3.4（2）c項（p.62），4.1（6）b項（p.73）を参照．これら2つの現象の発現は，エストロジェンとプロジェステロンの支配に関係が深いもので，発現が良くないことは両ホルモンの分泌の失調を示しており，実際に不妊例に多くみられる．

山内（1970）によって提示された雌牛の繁殖障害の診断・治療の方法を表9.25に示した．

b．生殖器の先天性形態異常

生殖器の形態異常には先天的なものと後天的なものがあり，先天的な形態異常（congenital anomaly）は遺伝的あるいは染色体の異常，発生過程の分化や発育の異常などによる．

ｉ） 染色体異常 chromosomal abnormality
牛の正常染色体は，29対の端部動原体型（acrocentric）の常染色体（autosome）と，1対の次中部動原体型（submetacentric）の性染色体の合計60個（60, XY；60, XXと記す）から構成されている．X染色体の大きさは，最大の常染色体より大きく，Y染色体は最小の常染色体と似ているが，性染色体は次中部動原体型であることから端部動原体型の常染色体との識別は容易である．核型（karyotype）は，常染色体の最大のものから最小のものへと1対ごとに順に並べて示すのが普通である（図9.53A）．

馬の正常染色体は，常染色体として中部または次中部動原体型の13対，端部動原体型の18対および次中部動原体型のX染色体と端部動原体型のY染色体の合計64個から構成されている（図9.53B）．

図9.52 牛の子宮内膜採取器（山内式）

豚の正常染色体は，常染色体18対と性染色体1対の合計38個，めん羊では常染色体26対と性染色体1対の合計54個，山羊では常染色体29対と性染色体1対の合計60個で構成されている．

染色体異常は数的異常と構造的異常に大別され，染色体異常の生殖子（卵子，精子）による受精や，受精卵の分割時における染色体分離の異常などにより起こる．染色体異常の胚や胎子の大半は，染色体異常の致死的影響により死滅，死亡して，吸収あるいは流産や死産され，不育症を呈する．出生した個体の大半は，不妊症や習慣性流産を示す．この場合の不妊症は通常，生殖細胞形成能を欠く原発性の不妊症である．

〔数的異常〕 倍数性（polyploidy）と異数性（aneuploidy / heteroploidy）とがある．

動物体の一般の細胞に含まれる染色体数は，生殖子（牛30，馬32）の2倍になっていて，これを二倍体（diploid）という．ところが，組織および個体レベルで染色体数が増減し，半数体（haploid），三倍体（triploid），四倍体（tetraploid）などを生じることがある．これは，染色体突然変異の一種で倍数性という．植物にはよくみられるが，動物では少なく，真性半陰陽で二倍体/三倍体のモザイク（60, XX/90, XXY）を示した牛の報告がある．三倍体は，卵子の老化（過熟および遅延受精）による2精子核（2精子受精）および2卵核受精（二次極体の放出不全）に起因することが認められている．

一方，染色体数が動物種に固有の二倍体（2n）にならず，また基本数の整数倍にもならず，通常2n（牛60，馬64）よりも1個〜数個少ないか多いことを異数性という．例えば，2n−1の場合をモノソミー（monosomy），2n＋1の場合をトリソミー（trisomy）という．これらは常染色体，性染色体のいずれにも起

表 9.25 雌牛の繁殖障害の診断・治療の要領（山内，1970 を改変）

		臨床繁殖検査		精密検査	治療処理
	腟検査	直腸検査	特殊検査		
腟疾患	1. 肉柱				肉柱切除
	2. 腟弁遺残	（腟，子宮膨満）			腟弁切除
	3. 腟炎			膿・滲出液──細胞学的検査，細菌・ウイルス学的検査	腟洗浄後抗菌性物質を塗布
	4. 尿腟				授精前に腟洗浄 外科的処置（腟形成手術）
	5. 腟嚢腫				大きなものは切開，内容液排除後消毒薬塗布
	6. 腟脱，腟損傷				外科的処置（腟形成手術）
子宮頸管疾患	1. 重複外子宮口		頸管拡張棒を用いて疎通の有無を検査		排卵予測卵巣側に人工授精
	2. 子宮頸管狭窄	（硬結）			
	3. 子宮頸管炎，膿瘍	（疼痛）		漏出液──細胞学的検査／細菌学的検査	抗菌性物質の塗布 抗菌性物質，サルファ剤の頸管内注入
子宮疾患	外子宮口の状態（充血，腫脹，弛緩，哆開の程度） 外子宮口からの漏出液の性状	1. 子宮発育不全	a. 診断的子宮洗浄 b. 子宮内膜バイオプシー 超音波画像検査	i) 洗浄液遠心沈渣につき イ）細胞学的検査 ロ）細菌学的検査 ii) 原因菌の薬剤感受性検査 iii) 細菌学的検査 iv) 細胞学的検査 v) 組織学的検査	2. 軽症の内膜炎には抗菌性物質，サルファ剤を子宮内注入．重症には子宮洗浄後上記薬液を子宮内注入 4. PGF$_{2a}$またはその類縁物質注射．子宮内容物の排除，子宮洗浄後抗菌性物質の子宮内注入 5. PGF$_{2a}$またはその類縁物質注射．子宮内容物の排除 6. 全身症状を伴わない場合は無処置で経過観察（11.4 節参照） 7. PGF$_{2a}$またはその類縁物質の注射 8. PGF$_{2a}$またはその類縁物質の注射
		2. 子宮内膜炎			
		3. 子宮筋炎(膿瘍) 子宮外膜炎			
		4. 子宮蓄膿症			
		5. 子宮粘液症			
		6. 胎盤停滞			
		7. 胎子ミイラ変性			
		8. 胎子の浸漬			
卵管疾患		1. 卵管炎			子宮内膜炎の治療に準ずる
		2. 卵管水腫	超音波画像検査 卵管疎通検査		治療法：なし 処置：胚移植
		3. 卵管蓄膿症			
		4. 卵管閉塞・癒着			
卵巣疾患	子宮疾患の検査に準ずる	1. 卵胞発育障害（卵巣発育不全，卵巣萎縮，卵巣静止）			eCG, hCG, GnRH, eCG+hCG, 豚 APG ｝の注射
		2. 排卵障害（無排卵，排卵遅延）			hCG, GnRH, 豚 APG ｝の注射

表9.25 （続き）

卵巣疾患		3. 卵胞嚢腫	超音波画像検査	血中または乳汁中のP濃度測定	hCG, GnRH, 豚APGの注射. 腟内留置型黄体ホルモン製剤処置
		4. 黄体嚢腫			hCG, GnRH, 豚APGの注射. 腟内留置型黄体ホルモン製剤処置（PGF$_{2\alpha}$またはその類縁物質の注射）
		5. 黄体形成不全			hCGの注射. 内容液の排除
		6. 黄体遺残			PGF$_{2\alpha}$またはその類縁物質の注射. 子宮内容物の排除
		7. 鈍性発情			黄体期にPGF$_{2\alpha}$またはその類縁物質の注射. ヨード溶液の子宮内注入. 腟内留置型黄体ホルモン製剤処置
		8. 卵巣（周囲）炎, 癒着			治療法：なし 処置：胚移植
リピートブリーダー	子宮疾患の検査に準ずる	卵巣周囲の観察 黄体期における発育卵胞共存の有無	a. 発情期頸管粘液の精子受容性検査 b. 診断的子宮洗浄 c. 卵管疎通検査	i) 子宮内膜炎の精密検査に準ずる ii) 血中性ホルモンの測定（E：Pのバランス）	授精前後の子宮洗浄または抗菌性物質, サルファ剤の子宮内注入. 授精時にhCGまたはGnRHの注射. 腟内留置型黄体ホルモン製剤処置
流産	子宮疾患の検査に準ずる			i) 流産胎子, 胎盤の細菌, ウイルス, 原虫検査, 病理組織学的検査 ii) 母牛血清の抗体の検査 iii) 母牛血中P濃度の測定	伝染性流産が疑われる場合には牛の隔離. ワクチン注射. 習慣性流産には流産警戒期に持続性P注射

E：エストロジェン, P：プロジェステロン.

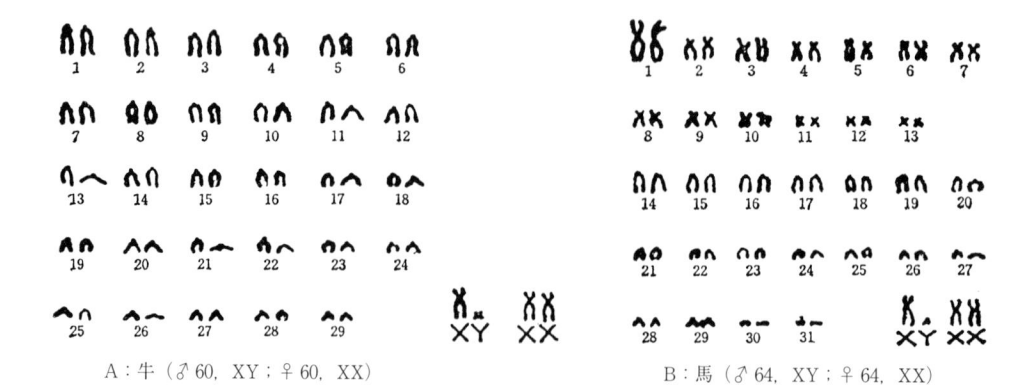

A：牛（♂60, XY；♀60, XX）　　　B：馬（♂64, XY；♀64, XX）

図9.53　正常染色体の核型（石川，1978）

こり，性染色体数に異常があると生殖器の形態異常や不妊症を招く．生殖細胞の減数分裂（成熟分裂）過程で染色体不分離が起こり，染色体数が1個多い高一倍体（n+1）や1個少ない低一倍体（n-1）の生殖子ができ，それらが正常な生殖子と受精すると，トリソミーやモノソミーとなる．また，正常に受精した受精卵の卵割時における染色体不分離によっても起こる．モノソミーには，馬の絶対的不妊症で63, XOを示す

人のターナー症候群と類似した例が報告されている．またトリソミーについては，精巣が未発達の雄牛で61, XXY を示す人のクラインフェルター症候群に類似した例や，虚弱で上顎短縮を示す牛で常染色体性のトリソミーを示す人のダウン症と類似した症例が報告されている．その他，生殖器の形態異常や不妊症を示すモノソミーが馬，豚，トリソミーが牛，馬，豚で報告されている．

〔構造的異常〕 転座，欠失，重複，逆位，モザイク，キメラがある．

① 転座（translocation）：染色体の構造異常の1つで，染色体に切断が起こり，切断部分がほかの染色体に接合すること，および非相同の染色体間で部分的な交換が起こった状態をいい，特に後者を相互転座という．牛の常染色体は端部動原体型で，転座が相異なる2個の染色体の動原体近傍で起こる場合が多く，これを動原体融合（centric fusion）またはロバートソン型転座（Robertsonian translocation）という．スウェーデン赤牛を含むいくつかの品種で，常染色体の最大のもの（No. 1）と最小のもの（No. 29）との間でロバートソン型転座（1/29転座）が起こり，X染色体より大きな次中部動原体型の染色体を形成することが認められている（図9.54）．この異常染色体を有する牛は，表現型は正常で生殖器は先天異常を示さないが，5%前後の繁殖性の低下が認められる．その原因は，異常染色体保有牛由来の不均衡な核型をもつ生殖子の形成とそれによって受精した胚の早期死滅による．

② 欠失（deletion）：染色体の一部が欠損した異常で，その部分の遺伝子は失われている．欠失部分は部分的なモノソミーの状態になっている．外見上は雌であるが，性成熟の時期に達しても発情を示さず，卵巣や子宮などの内部生殖器の発達が未熟なものの中に，

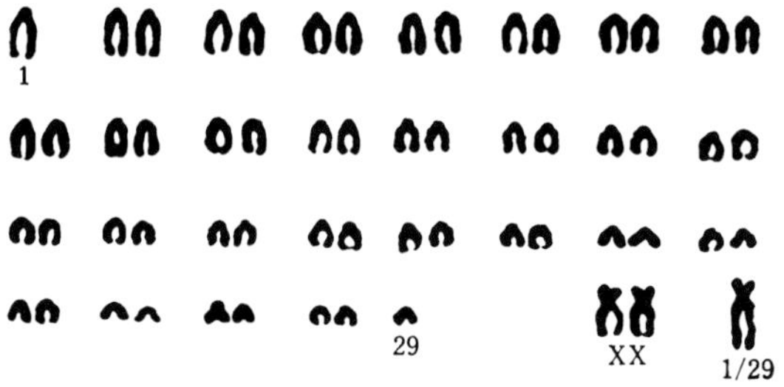

図9.54 雌牛における染色体のロバートソン型転座（Deas ら原図）

雄型の染色体構成（60, XY）を示す生殖巣発育不全症（XY female）が牛や馬で報告されている．これは，Y染色体上の性決定領域（SRY）遺伝子の欠失によるものとされている．

③ 重複（overlapping）：染色体のある部分が重複（2つ異常）した異常で，重複した染色体は他方の相同の染色体よりも長い．重複部分は，部分的なトリソミーの状態である．

④ 逆位（inversion）：染色体の中間部で1～2カ所の切断が起こり，切断部分が180°回転して，同一腕内で接合した異常である．遺伝子の相対的位置が変化しているため形質発現に影響することがある．

⑤ モザイク（mosaic）：同一受精卵あるいは細胞に由来するが，染色体不分離などによって生じた染色体構成の異なる細胞が，1個体で混在する状態をいう．牛では一側性の潜在精巣をもつ雄牛で，60, XY/61, XYY のモザイクを示す例が報告されている．その他，半陰陽，生殖器異常や不受胎の雌牛，馬，豚に認められている．

⑥ キメラ（chimera）：異なる受精卵，細胞あるいは個体に由来する細胞が，1個体内に混在している状態をいう．牛のフリーマーチンが代表例で，これは同腹の雄胎子由来の60, XY 細胞が吻合した胎膜血管を介して雌胎子内に移入するため，性染色体キメラ（60, XX/60, XY）を示すものである．

ii）**間性** intersexuality / hermaphroditism

哺乳類における性は受精時に決定するが，性はその成り立ちから遺伝的性（genetic sex）または染色体の性（chromosomal sex），生殖巣の性（gonadal sex）および表現型の性（phenotypic sex）または体の性（body sex）に分けられる．

遺伝的性は，性染色体や性染色質（sex chromatin），さらに SRY 遺伝子によって区別されるもので，遺伝的に運命づけられた性である．前述のように，哺乳類では性染色体をホモにもつ個体（XX）が雌で，ヘテロにもつ個体（XY）が雄となり，鳥類では逆にヘテロの個体（ZW）が雌で，ホモの個体（ZZ）が雄となる．

生殖巣の性は，遺伝的性に基づいて遺伝子の支配により分化した生殖巣の違い，すなわち卵巣あるいは精巣によって区別されるもので，この性は一次性徴（primary sexual character）といわれる．

9. 繁殖障害

表現型または体の性は，副生殖器，特に外部生殖器の違いによって区別されるものである．副生殖器は，生殖巣のホルモン（gonadal hormone）によって支配され，その性に特有の機能を発揮するもので，この性には体の二次性徴（secondary sexual character）や性行動の違いも含まれる．

正常な個体では遺伝的または染色体の性，生殖巣の性，表現型の性がすべて一致している．これらが一致しないときに種々の型の性の混乱が起こり，これを間性という．間性の動物は，遺伝的あるいは染色体の上では雌の場合が多い．

〔半陰陽（hermaphroditism）〕 1個体に卵巣と精巣の両方の生殖巣をもっているか，両方の組織が混在した卵精巣（ovotestis）をもつものを真性半陰陽（true hermaphroditism）という．馬，山羊，牛および豚において報告されている（図9.55）．多くのものでは遺伝的に雌型（XX）を示すが，中にはキメラやモザイクを示すものがある．

また，雄か雌の一方の生殖巣をもちながら外部生殖器や二次性徴は反対の性を示すものがあり，これを仮性半陰陽（pseudohermaphroditism）という．真性半陰陽よりも発生が多く，表現型すなわち外部生殖器は雌型であるが，精巣をもったものを雄性仮性半陰陽，外部生殖器は雄型であるが，卵巣をもったものを雌性仮性半陰陽という．雄性仮性半陰陽は，特に馬，豚と無角の山羊にしばしばみられる．

馬の間性の例においても染色体キメラが発見されているが，これは精巣組織にXX，XY，XXY，XOの染色体構成がみられたことから，2精子核受精したか，受精卵～胚の融合，あるいは胚の分割不全によるものと推察されている．

〔遺伝的間性〕 馬において，外見上は雌であるが，XY染色体構成を示すXY性転換症候群（XY sex reversal）がみられる．これには，妊孕性を有するほぼ正常な雌，生殖腺には奇形がみられるがミューラー管の発達は正常なもの，ミューラー管の発達異常と陰核肥大を示すもの，血中テストステロン値が高く，雄性化を示すものの4群がみられる．常染色体の限性優性遺伝子あるいはX連鎖劣性遺伝子が推測されている．

豚では，外部生殖器は雌型であるが，陰核が肥大しており，子宮は正常に類似するが，生殖巣は精巣あるいは卵精巣を示す．多くのものは38，XXの核型を示す．常染色体劣性遺伝子によること，ホモ型となった場合に間性が発現し，その影響は雌にのみ及ぶことが推定されている．

山羊では，遺伝的生殖巣異常を伴う間性が多いことが知られている．この間性は，外部生殖器は雌型であるが，生殖腺は精巣～卵精巣を示す．常染色体性単純劣性遺伝子によるもので，無角の遺伝子と相まって遺伝する場合が多く，山羊の飼育者が無角のものを好むため，間性の出現率が高まったと考えられる．

間性における染色体数と生殖器の異常との関係をまとめて表9.26に示した．

iii）フリーマーチン freemartin 牛において，異性双胎または異性多胎の場合，雌胎子の92～93%は正常な性の分化が起こらず，生殖器に分化および発育の異常による形態異常が起こり，不妊となる．このようなものをフリーマーチンという．フリーマーチンにおいては，外部生殖器は正常雌様を呈するが，卵巣に様々な程度の精巣化がみられ（図9.56），性染色体はXX/XYのキメラを示す．同腹の雄胎子も性染色体キメラを示すが，生殖器は正常で繁殖能力に障害はない．牛は双胎の発生率に品種差があるので，当然フリーマーチンの発生率にも品種差があり，ホルスタイン種においては約1～2%である．

馬においては，かなり一定した雄性仮性半陰陽の型があることが知られている．この半陰陽では，表現型は雌であるが，発育不全の陰門の下端に陰茎様の構造物がある（図9.57）．腹腔内の生殖巣は発育不全の精

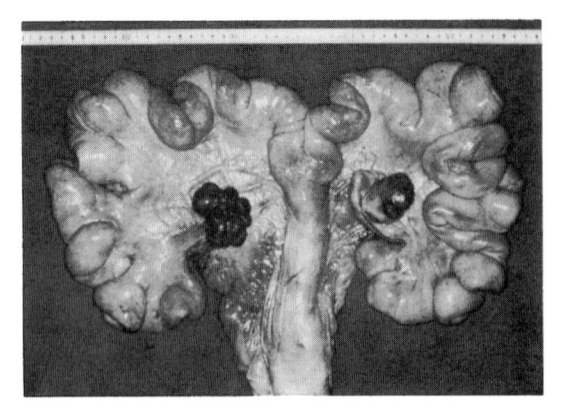

図9.55 豚の真性半陰陽例（筒井原図）
左に卵巣，右に精巣および精巣上体をもつ．

9.3 雌の繁殖障害

表 9.26 間性における染色体数と生殖器の異常（Bishop, 1972；Marcum, 1974；Hare and Singh, 1979；Dunn et al., 1981）

症　　候	種*	核　　　型	性　腺	外部生殖器	性行動
真性半陰陽	山羊	60, XX/60, XY；60, XY	卵精巣	雌	雌
	豚	38, XX；38, XX/38, XY	卵精巣	雌	雌
		38, XY；38, XX/39, XXY	卵精巣	雌	雌
		37, XO/38, XX/38, XY	卵精巣	雌	雌
	馬	64, XX/64, XY；63, XO/64, XX	卵精巣	発育不全陰茎	雄行動欠
	牛	60, XX/60, XY；60, XX/90, XXY	卵巣と卵精巣	陰　茎	雄
仮性半陰陽					
雄	山羊	60, XX；60, XY 60, XX/60, XY	発育不全精巣	雌	雄
	豚	38, XX；38, XX/XY 39, XXY	精　巣	雌	雄
	馬	64, XX；64, XX/64, XY	潜在精巣	肥大陰核と発育不全陰茎	雄
	牛	60, XY；60, XX/XY	潜在精巣	肥大陰核	雄
	牛**	60, XY	腹腔内精巣	雌	無発情
	めん羊**	54, XY	精　巣	雌	無発情
雌	（希少）	2n, XX	卵　巣	雄	?
フリーマーチン	牛	60, XX/XY	卵精巣	肥大陰核	無発情

*：動物種は症候の発生の多い順に配列，**：精巣雌性化症候群．

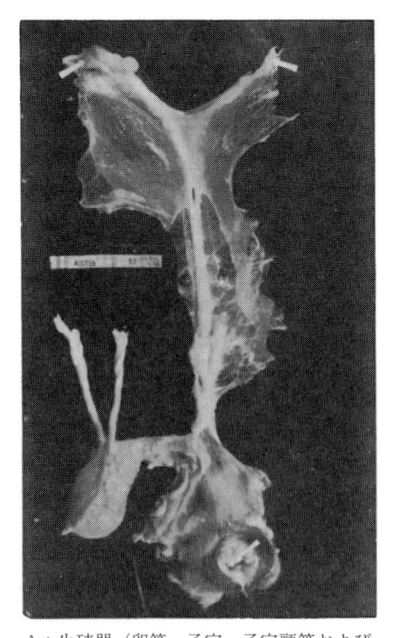

A：生殖器（卵管，子宮，子宮頸管および腟の発育は極めて不良） 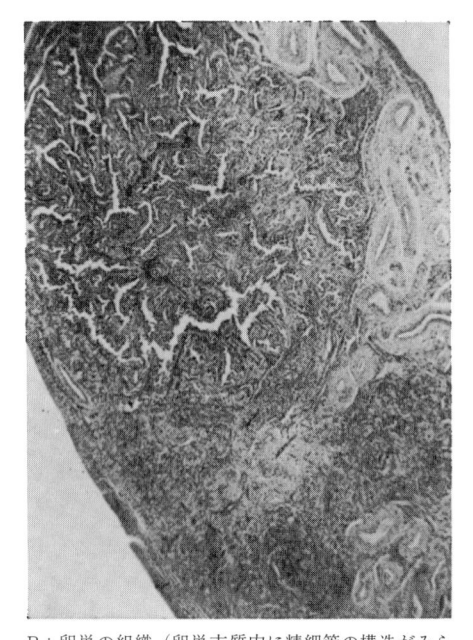　　B：卵巣の組織（卵巣支質内に精細管の構造がみられる）

図 9.56 ジャージー種のフリーマーチンの生殖器および卵巣の組織学的所見（須川原図）

巣で，精祖細胞を含まない機能的でない精細管をもっている．多くの例で，発育不全の子宮の存在が認められている．染色体の構成は，64, XX；64, XX/64, XY；64, XX/65, XXY など種々のものがみられる．この種の間性は双胎妊娠中のキメラに起因し，胎生期後の核分裂における不分離の有無に関係すると考えられている．

また，めん羊，山羊，豚についても XX/XY のキメラの間性が存在し，これらの動物にも，稀にフリーマーチン現象のあることが知られている．

261

図9.57　馬の仮性半陰陽例

〔原因〕　牛のフリーマーチンの成因は，異性胎子間の胎膜血管が吻合して血液交流を起こすことにより，雄胎子由来のY染色体上に位置するSRY遺伝子が未分化の雌胎子の生殖巣に作用して雄性化し，ミューラー管抑制因子（Müllerian inhibitory factor；MIF）を産生してミューラー管の発育を抑制し，同時にアンドロジェンを分泌してウォルフ管の発育を刺激することによる．

異性双胎として生まれた雌牛において性染色体キメラがみられるが，繁殖能力を有するものが，これまでに4例報告されている．これらの例では，血管吻合が雌の生殖原基が卵巣に分化する時期（妊娠39日）よりも後に起こったものと考えられ，性染色体キメラをもつが，生殖器の分化に異常がない正常な雌が生まれたとみなされる．性分化に重要な役割を担うSRY遺伝子の作用とその発現時期の関連を考える上で興味ある症例である．

〔診断〕　フリーマーチンの臨床診断の基準として，腟長が正常牛の1/3以下であることが挙げられる．陰核の肥大や長い房状の陰毛がみられることもある．子牛の腟検査には，直径1～1.5cm，長さ20cmの探子を腟内に挿入してみると，正常な子牛であれば12～18cm挿入できるが，フリーマーチンでは腟が欠如しているため腟前庭の5～8cm程度挿入できるにすぎない．直腸検査では，腟前庭の頭側5～10cmの部位に硬い円筒～円錐状の構造物に触れるが，子宮頸管，子宮および卵巣は触知されない．

上記の臨床診断基準に加え，培養白血球の染色体検査によるXX/XYのキメラや血液型検査によるキメラの検出によりフリーマーチンが診断できる．近年，PCR法（DNAポリメラーゼ増幅法）によってY染色体特異的反復配列を検出することで，ごく少量の血液を用いて短時間のうちに精度の高い診断を行うことができるようになった．

ⅳ）　遺伝的（先天性）卵巣発育不全　congenital ovarian hypoplasia／hereditary ovarian hypoplasia

先天性の卵巣発育不全は，すべての動物種にあることが知られており，牛に最も多いといわれる．Lagerlöf（1934）は，スウェーデン高原種の牛に本症が多発することを発見し，その後，遺伝学的研究により本症が常染色体性単純劣性遺伝子によることが明らかとなり，白色被毛との間に密接な関係のあることもわかった．

本症牛は，染色体の核型は正常な雌（XX）であるが，胎仔期に生殖結節に到達する原始生殖細胞の数が不十分なため卵巣は機能を欠き，卵祖細胞も発生しない．本症例の約85％では左側卵巣に発育不全が起こる．両側性の発育不全の場合は無発情と副生殖器の発育不全をもたらす．一側性の卵巣発育不全の雌牛は受胎能力があることから，遺伝性が子孫に継代される．スウェーデンにおける本症の発生は，本症牛の淘汰によって，1937年以前17.3％あったものが，1952～1964年に生まれた牛では7.3％に減少したといわれる．

ⅴ）　ミューラー管の部分的形成不全　segmental aplasia of Müllerian duct　ミューラー管の部分的形成不全は，牛と豚に限って起こるといわれている．これは胎仔期において，子宮，子宮頸および腟の深部の発育が阻害されることによって起こる．卵管形成不全（aplasia of uterine tubes），卵管間膜嚢腫（paraovarian cysts），ホワイトヘイファー病などがある．

牛について屠場で調べた部分的形成不全の発生率は，0.15～0.2％であったことが報告されている．また牛において，卵管は先天異常が好発する部位であり，片側性先天異常が0.1％，部分的形成不全が0.05％にみられたことが示されている．

豚については，デンマークにおける調査によると，ミューラー管の奇形が未経産豚9250頭のうち3.3％，

経産豚476頭のうち1.9%に認められている．ただし，これらの全頭が受胎不能であったわけではない．こういった奇形には，種々の遺伝子が関係するものと考えられている．

〔ホワイトヘイファー病（white heifer disease）〕
雌牛の先天的な卵管，子宮，子宮頸管，腟の部分的な形成不全をいう．イギリスにおいて，当初は白色被毛のショートホーン種の雌牛の10%前後にみられたことからこの名がついた．しかし，現在ではホルスタイン，ジャージー，ガンジー，アンガス，エアシャー種にもみられることが報告されている．ショートホーン種では，白色被毛遺伝子と関連した性染色体劣性遺伝子によるとされている．ほかの品種では，性染色体あるいは常染色体劣性遺伝子によると考えられている．

本症はSpriggs（1946）によって3型に分類されている．1型は子宮角の大部分，子宮体，腟を欠き，両側子宮角の先端のみが形成される．2型は一側の子宮角を欠如する（一角子宮：図9.58）．3型は腟より頭側の生殖器は完全に形成されるが，腟弁が遺残する（腟弁閉鎖型）．

本症牛では卵巣は正常に形成され，春機発動とともに卵巣周期が営まれ，それに伴って管状生殖器は分泌活動を行う．しかし，形成不全により密閉された子宮が分泌物の貯留により拡張すると，やがて$PGF_{2\alpha}$が産生されなくなり，黄体は退行することなく黄体遺残となり，無発情を呈するようになる．

治療は，腟弁閉鎖型に対しては腟弁の切開を施す．なお，牛において一側の子宮角が欠如しても対側の子宮角が健在であれば，妊娠，分娩が可能であることが認められている．

vi）**ミューラー管の隔壁遺残** persistence of median wall of Müllerian duct　ミューラー管の隔壁遺残による副生殖器の形態異常が，主として牛に起こることが認められている．すなわち，重複外子宮口（二重子宮口），肉柱や腟弁遺残などが含まれる．これらは受胎性に影響を及ぼさないものが多い．

〔重複外子宮口（二重子宮口；double uterine orifice）〕重複外子宮口は馬では稀で，牛では0.2〜2.0%程度にみられるが，受胎に支障がないことが多い．牛の重複外子宮口には，左右の外子宮口がそれぞれ別個の子宮頸管をもって左右の子宮角に連なって完全に左右が分離しているもの（重複子宮）から，外子宮口は2つでも内部で左右が合体し1本の子宮頸管になっているもの，いずれか一方の外子宮口が子宮頸管を通じて子宮に連なっているが，対側は盲管となっているものなどがある（図9.59）．

重複外子宮口のうち，左右が別個にそれぞれの子宮角に連なっているものには，人工授精に際して排卵に至る卵胞が存在する卵巣と同側の外子宮口に精液を注入するべきで，また一方のみが貫通している例では，貫通側の外子宮口を介して注入する必要がある（図9.60）．

〔**肉柱**（flesh pillar）**および腟弁遺残**（persistent hymen）〕肉柱は，ミューラー管隔壁の遺残によるもので牛に多く，子宮腟部の尾側において腟の上下壁に垂直に連なる線維性の索状物で，細いものは糸状，太いものは幅5cmに達することがある．多くは受胎の妨げにはならないが，稀に分娩に際して難産の原因となることもある．

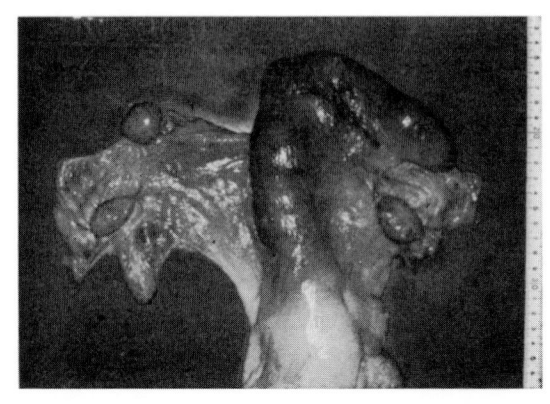

図9.58　経産牛における一側（左）子宮角の欠如（筒井原図）

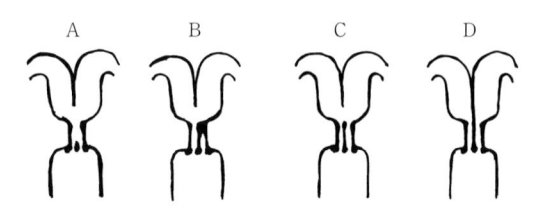

図9.59　牛の重複外子宮口における子宮頸管の走行（模式図）
A：両側の管腔が内部で融合し，1本化する．B：片側の子宮頸管が盲端（盲管）に終わる．C：両子宮頸管が子宮体に通じる．D：両子宮頸管がそれぞれの子宮角に連なり，両子宮角が分離独立している（重複子宮タイプ）．

9. 繁殖障害

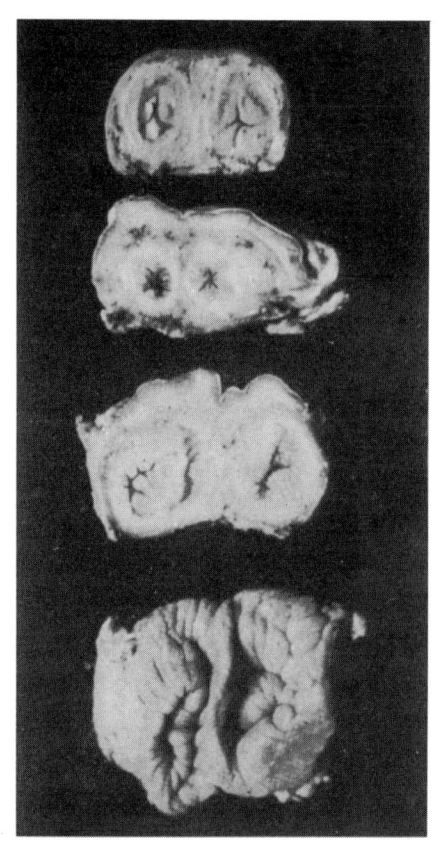

図9.60 牛の重複外子宮口（深田原図）
外子宮口部から前方へ子宮頸管を3カ所切って断面を示す．

　腟弁遺残は，外尿道口部の前方，腟前庭と腟との境界に存在する．腟弁は本来，牛では胎生期に，馬では出生後まもなく消失するものであるが，ときにはこれが輪状の強靱な膜として残存し，交尾を不能とするものがある．中心部に小孔を有する有孔のものと，孔のない無孔のものがある．
　無孔の腟弁遺残を呈する未経産牛では，発情に伴う副生殖器からの分泌液が子宮および腟腔に数ℓ～8ℓ貯留し，春機発動後の月齢の経過したものでは子宮と腟も膨満している．このようなものでは，当初は発情周期が営まれるが，子宮への分泌液の貯留により黄体遺残となり，無発情を呈するようになる．
　肉柱や腟弁遺残は鋏で切除し，創面にヨードチンキを塗布する．なお無孔の腟弁遺残では治癒後に腟が狭窄し，次の分娩時に難産をきたすことがあるので注意を要する．

　vii）**腟の欠如**　aplasia of vagina　　先天的な腟の無形成によって腟が欠如しているものは，前述のフリーマーチン，ホワイトヘイファー病の場合にみられる．

　c．**生殖器の腫瘍**
　雌の生殖器の腫瘍は比較的少なく，必ずしも受胎を阻害するとは限らない．
　牛の線維乳頭腫は外部生殖器の伝播性腫瘍であるが，通常1～6カ月以内に自然に退行，消失する．牛の陰門や腟には，線維腫（fibroma）や平滑筋腫（leiomyoma）がときどきみられるが，腟腔を閉塞することは稀である．これらの腫瘍は普通肉茎があるので容易に切除できる．
　子宮の腫瘍は，どの動物においても発生は多くない．認められる腫瘍のタイプは線維腫と平滑筋腫である．これらの腫瘍は塊状に腫大するので，牛や馬では直腸から触診することができる．本症の生体における確実な診断は困難であり，受胎性を回復させる治療法はない．
　子宮の悪性腫瘍の発生は，すべての動物を通じて稀であるが，成牛型牛白血病（adult type bovine leukemia）においては，子宮にリンパ肉腫が形成される場合がある．また，子宮内膜の癌（carcinoma）が老齢の兎において報告されているほか，米国の牛でもかなり発生したといわれている．
　卵巣腫瘍（ovarian tumor）が，少数ながら牛と馬に発生することが知られている．これが発生した場合，直腸から触診することができる．馬では，卵巣腫瘍は非常に大きく，フットボール大になることがあり，またしばしば異常な性行動を起こすことがある．卵巣に直径10cm以上の腫瘤状構造物が形成された場合には，腫瘍を疑うべきである．卵巣腫瘍としては，顆粒膜細胞腫（granulosa cell tumor）と線維腫が最も多い．顆粒膜細胞腫は，卵胞の形態を有するタイプと黄体の形態を示すタイプがあることが知られており，前者は超音波画像検査において蜂巣状構造が，後者は充実したいくぶん輝度の高い描出像を示す．大きな卵巣腫瘍が発生すると受胎が阻害されるが，一側の病的卵巣を摘出することによって受胎性が回復することがある．
　卵巣腫瘍が発生すると一般に発情周期の発来が阻害され，子宮から異常な分泌物の漏出が認められる．

d. 陰門および腟の疾患

ⅰ）**陰門狭窄** stenosis of vulva　陰門が狭小のものには，先天的なものと後天的なものとがある．牛，馬ではこれによる難産がしばしば起こる．雌が育成期に慢性病や栄養不足のために，発育が阻害された場合にみられることが多い．一方，前者には遺伝的な因子によるものがある．また，分娩時に難産で陰門に裂創を生じ，その瘢痕収縮によって陰門狭窄となる場合がある．

〔治療〕　分娩の際に障害となる場合の処置として，粘滑剤を十分に塗った手を陰門に挿入して徐々に拡張する．この処置によっても拡張ができない場合には，背側陰唇交連の切開を行う．

ⅱ）**腟狭窄** vaginal stenosis　分娩時に生じた腟の損傷，重症の腟炎が治癒した後の瘢痕収縮や癒着によるもの，骨盤腔内の膿瘍や線維腫などの腫瘍，腟の周囲の過剰の脂肪沈着などによるものがある．

〔治療〕　腟狭窄の程度の軽いものは，分娩に際して粘滑剤を十分塗布した手を腟内に挿入し，拡張して胎子を娩出させることができる．重度のものは難産を招き，無理に助産すれば腟破裂をきたすため，帝王切開を行う．

ⅲ）**腟囊腫** vaginal cyst　腟囊腫は，主として牛においてガートナー管または大前庭腺の開口部に発生する．ガートナー管はウォルフ管が退化して，痕跡として子宮頸管部から尿道口の頭側にかけて腟腹側の粘膜結合組織内に遺残する管である．この管腔に分泌物が貯留して形成されるので，ガートナー管囊腫（cyst of Gartner's canal）という．囊腫の大きさは，ガートナー管囊腫では小豆大〜クルミ大，大前庭腺囊腫では小児頭大のものまであり，小さいものは無害であるが，大きいものは交尾の障害となる．囊腫の内容は，無色透明水様のものから灰白色のクリーム状の粘稠物まで様々である．

〔治療・予後〕　外科的に囊腫壁を切開して内容液を排除し，その後ヨード剤等を塗布する．予後は一般に良好である．

ⅳ）**尿腟** urovagina　牛，馬において，子宮間膜，腟壁およびその周囲組織が弛緩して，子宮，腟の深部が沈下した結果，排尿に際して尿が腟内に逆流して貯留し，外子宮口を浸している状態をいう．尿の貯留が長期にわたると，自然交配では射精された精子が貯留した尿の影響を受けて死滅するため，子宮頸腟部炎，子宮頸管炎が起こり，さらに子宮内膜炎を継発し，不妊となる．栄養不良，老齢，分娩後の産道周囲組織の損傷により起こる．

〔治療〕　乳牛では，栄養改善と十分な運動により軽減することが多い．単なる尿腟のみの場合には，交配前に排尿させ，体温程度に温めた生理食塩液等で腟洗浄を行うことにより受胎が可能となる．

子宮頸腟部炎や子宮内膜炎を併発している場合には，受胎が困難な場合が多い．それらに対しては，外科的に腟底に防壁をつくる方法（腟底防壁形成法：Hudson, 1972），腟前庭の腹側に尿道を形成して尿道を延長する方法（尿道延長法：St. Jean, 1988），外尿道口の頭側部の腟壁下に腟腔を一周するように縫合糸を通し，腟腔を巾着状に狭める方法（腟前庭境界部周囲縫合法：González-Martín et al., 2008）などが報告されている．

ⅴ）**気腟** pneumovagina / windsucking　陰門の閉鎖不全のため腟内に外気が出入りする状態をいう．外気が子宮頸管を経て子宮に吸引される場合もある．運動（歩行），排尿および排糞時などに独特の排気あるいは吸気音を発する．

分娩時における陰門部の裂傷や伸展による陰唇閉鎖不全，老齢や削痩に伴う陰門陥没および先天的体型異常による陰門の肛門側への牽引による閉鎖不全などにより起こる．老齢の痩せた牛や馬に起こりやすい．

外気とともに病原微生物や異物が，腟内や子宮内に侵入するため，腟炎のみならず子宮頸管炎や子宮内膜炎を継発し，不妊となる場合が多い．

〔治療・予後〕　生理食塩液などで腟および子宮洗浄を行って，抗生物質を子宮内注入した後，陰門閉鎖手術あるいは恒久的な形成手術として陰門矯正手術を行うことにより受胎が望める．陰唇の重度な損傷，老齢および先天的な要因によるものでは予後不良のことが多い．

ⅵ）**腟炎** vaginitis　腟粘膜に発生した炎症であり，腟に損傷が生じた場合に起こりやすい．原発性として難産による腟破裂等を含む腟の創傷や，腟脱および交尾に伴う微生物の感染によって起こる．継発性として胎盤停滞，子宮内膜炎および子宮頸管炎などに

よる感染がある．また人為的なものとして，人工授精，非衛生的な方法による腟検査，刺激性の強い薬物による腟の治療によって誘発される．

微生物の感染による腟炎は，特殊な病原体による伝染性のものは別として，大部分のものはブドウ球菌，レンサ球菌，大腸菌，T. pyogenes など，動物の腟内，腸内や体表および周辺に常在する細菌によって起こる．

合併症のない単純な腟炎の場合には自然に治癒することも多く，妊娠成立に大きな影響はない．しかし，重症のものでは治療を行って子宮頸管炎や子宮内膜炎への波及を防ぐことが大切である．

〔症状〕 牛，馬における症状として，膿様物が陰門から漏出して外陰部，尾部や殿部の被毛に付着する．腟検査において，腟粘膜の充血，腫脹および膿様物や線維素の付着が認められる．

〔治療・予後〕 牛，馬の治療には，生理食塩液や刺激性の少ない両性または逆性石鹸液などの消毒液の入った温湯による腟洗浄（vaginal irrigation / vaginal douche）を，1～4日間隔で数回反復して行う．ほかに抗菌性物質，ヨード剤の軟膏やサルファ剤の粉末を腟内に塗布する方法があり，これらは豚にも応用される．子宮頸管炎や子宮内膜炎を併発している場合には，それらの治療も同時に行う．単純性腟炎の予後は良好である．

vii） 牛の顆粒性（陰門）腟炎 bovine granular vulvovaginitis / bovine granular infectious vaginitis

牛において，陰唇内側および腟前庭の粘膜面に粟粒大～稗実大の顆粒状結節をつくり，甚だしい場合にはこれが密発，集合して潰瘍となり，膿性の粘液を漏出するようになる．本症は，かつては不妊および流産の原因になるとされていたが，今日では受胎の成否にはほとんど影響がないものとされており，多くは自然に治癒する．

本症には，大腸菌，*Mycoplasma bovigenitalium* や *Ureaplasma diversum* による感染症が関与していることが報告されている．

〔症状〕 本症は，通常交配後2～3日で発症する．初め陰唇の内側，特に陰核の周囲の粘膜に赤色の小さな丘疹や顆粒状結節が発生し，しだいに腟前庭に広がる．この結節は，組織学的にはリンパ濾胞の腫脹したものである．急性期には患部の粘膜は発赤腫脹し，膿様粘液の分泌がある．この時期にはまた患部に疼痛があり，接触あるいは交尾を嫌い，排尿時にも背を曲げて疼痛を示す．急性症状は3～4週間で慢性に移行し，顆粒は黄色となり，粘膜の発赤腫脹は消退する．しかし，発情して交尾すると，再び急性症状を呈することがある．

〔治療〕 急性期には，患部にペニシリン，ストレプトマイシン等の抗菌性物質を含んだ軟膏を2～4日ごとに数回塗布する．

e．子宮頸管の疾患

i） 子宮頸管狭窄 cervical stenosis 性成熟に達した雌動物で，発情期においても子宮頸管が弛緩せず狭窄している状態をいう．牛，馬，めん羊，山羊，豚で本症の場合は，発情期に人工授精用精液注入器の子宮頸管内挿入が容易でない．本症は，分娩時における子宮頸管部の損傷あるいは重度の子宮頸管炎の癒着後による場合を除いて，発生はあまり多くない．牛において，子宮頸管の損傷は人工授精時の精液注入器の粗暴な挿入や子宮頸管拡張によって人為的に起こることが多い．本症は狭窄の程度によって不妊や難産の原因となる．

〔治療〕 牛において，本症のため人工授精が困難な場合には，子宮頸管拡張棒を用いて狭窄部位の拡張を行う．拡張できない場合においても，精液注入器を最も深く挿入しうる部位まで挿入して授精することにより，受胎させることができる．

牛，馬の本症による難産では，消毒した手指あるいは拡張用バルーンを外子宮口から子宮頸管内に挿入して，徐々に拡張し，助産する．重度の瘢痕収縮によるものでは，胎子が娩出される際に肋骨を骨折して死亡することがある．助産が困難な場合には帝王切開を行う．

ii） 子宮頸管閉塞（子宮頸管閉鎖） obstruction of the cervical canal 非常に稀ではあるが，牛，馬において，分娩後の子宮頸管の裂傷が治癒過程で線維化して子宮頸管を閉塞し，不妊症を生じることがある．また，重度の子宮頸管炎を生じる刺激性の強い治療法と薬物の使用などによっても起こる．

本症においては，分泌液あるいは滲出液が子宮内に貯留するため，子宮は拡張する．子宮内の状態により

子宮蓄膿症あるいは子宮粘液症ないし子宮水症となる．また，貯留液が大量になると黄体遺残が起こり，無発情となる．

iii) 子宮頸腟部炎および子宮頸管炎 cervicovaginitis and cervicitis 子宮頸腟部および子宮頸管の炎症をいう．牛，馬に多発する．通常，牛において子宮内膜炎に併発し，流産，難産，胎盤停滞に継発することが多い．また，単純な子宮頸腟部炎は腟炎の波及によって起こる．牛においては，子宮頸管拡張棒，子宮洗浄管や人工授精の精液注入器などの消毒不良や挿入操作が適切でないことによる子宮頸管壁の損傷，特に刺創は人為的な子宮頸管炎を招く．感染性のものは，腟前庭などに常在する細菌等の微生物感染によることが多い．

子宮内膜炎を併発していない軽症の子宮頸管炎は，妊娠中のものにもしばしばみられることから，不妊の原因にはならない．しかし，本症の約半数は子宮内膜炎を併発しており，特に馬では潜在性子宮内膜炎が多く，その発見は困難なことから，診断は子宮頸管炎または子宮頸腟部炎の存在を指標として行う必要がある．

〔症状〕 牛では，子宮頸腟部は図9.61に示すように充血，腫脹し，第3輪状ヒダはうっ血，腫大するため，しばしば外子宮口に反転，露出する．その形状は複雑な形を示し，粘膜は赤色ないし暗紫色を呈する．さらに，外子宮口から膿様分泌液を漏出する．

馬では，軽症のものは看過されやすいが，外子宮口周囲の粘膜は一般に不潔な淡紅色を呈し，湿潤となり，外子宮口より小さな泡沫状分泌物を漏出することが多い．また外子宮口部には異常がなく，子宮頸腟部の下唇の中央またはヒダの間溝だけが暗赤紫色にうっ血する程度のものもある．腟垢採取器により採取した粘液には，しばしば小泡沫を含むほか，黄体期には糊状を呈する正常な部分とカタール性の分泌液の部分が混在してみられる．慢性で重症のものは子宮頸腟部が息肉状（隆起物状）に突出して下垂し，うっ血して暗赤紫色を呈し，外子宮口は哆開して，多量の粘液または膿の漏出が認められる．

〔治療・予後〕 子宮内膜炎を併発するものは，まずこれの治療を先行すべきである．単純な子宮頸腟部炎の場合には，温めた滅菌生理食塩液または刺激性の少ない消毒薬を用いて子宮頸腟部をよく洗浄する．つい

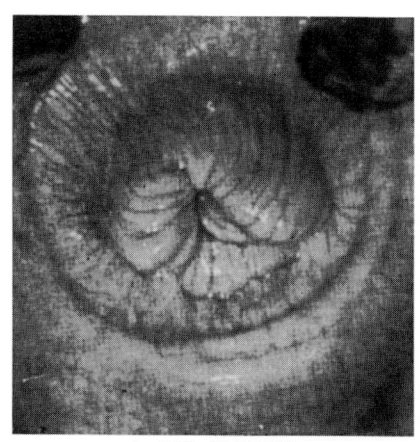

A：正常（発情初期）

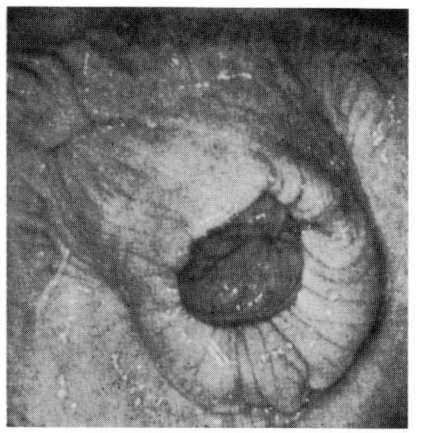

B：子宮頸管炎（第3輪状ヒダの反転露出）

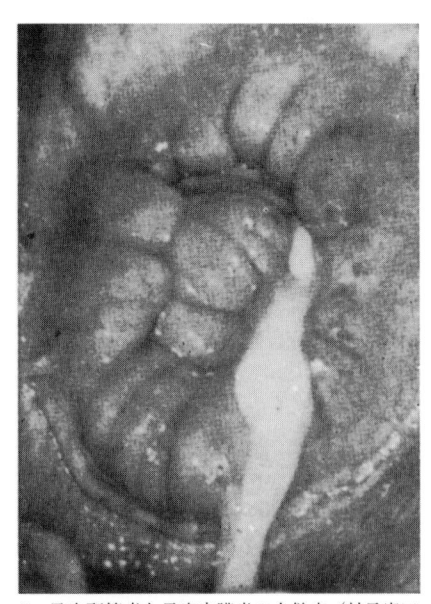

C：子宮頸管炎と子宮内膜炎の合併症（外子宮口から膿の漏出）

図9.61 牛の子宮頸腟部の所見（Aehnelt and Konerman, 1963）

で，ヨード剤や抗菌性物質の子宮頸管内塗布または注入を行う．重症の子宮頸管炎の場合は，2～3発情周期にわたり交配を中止して，この間に治療を数回反復する．本症の予後は牛，馬とも一般に良好である．

f．子宮の疾患

ⅰ）**子宮内膜炎** endometritis　子宮内膜の炎症をいう．各動物種に発生し，子宮の疾患のうちで最も発生が多く，牛，馬，豚では不妊の主要な原因となっている．本症は，精子の運動性を害して子宮内の上行を妨げ，また胚の子宮内膜への着床を阻害し，さらに着床しても早期の死滅や流産を起こす．

〔原因〕　子宮内膜炎は，主として細菌感染によって起こり，レンサ球菌，ブドウ球菌，大腸菌，T. pyogenes，緑膿菌などの常在菌による非伝染性のものが多い．一方，伝染性のものとして，牛ではカンピロバクター菌，ブルセラ菌，トリコモナス原虫，馬ではタイロレーラ菌，パラチフス菌によるものがある．

細菌性子宮内膜炎の感染経路は，ブルセラ菌，馬パラチフス菌を除いて主として経腟感染で，交尾や人工授精に際して精液あるいは授精用器具を介し，また子宮の診断，治療に際して子宮洗浄管などを介して，さらに難産，胎盤停滞，気腟，産褥期などの際に自然あるいは人為的に細菌が子宮内に侵入して起こる．

細菌感染による子宮内膜炎の発生機転について，いわゆる自発性感染が重要視されている．悪条件下の長途の輸送により栄養状態が不良になった牛に，腟，外陰部や体表に常在する非病原菌による子宮内膜炎や子宮頸管炎が多発することがあるが，これなどは自発性感染の好例であろう．

また，子宮の細菌感染の成立あるいは子宮内膜炎の発生が，ホルモン支配と密接な関係のあることが明らかにされている．すなわち，エストロジェンは子宮の細菌感染を防御するように作用し，プロジェステロンはこの防御能を抑制して細菌の発育に適した状態をつくるように作用する．山内（1955，1957）は，牛において，特に黄体初期の子宮が細菌感染によって子宮内膜炎を起こしやすく，いったん発生すると発情周期が反復する間に自然に治癒する可能性のあることを明らかにした．このことは，胚移植において発情後7日前後に実施する胚回収および胚移植時における衛生的操作の必要性，ならびに発情期でない時期には人工授精

を行うべきではないことを示すものである．また，細菌感染による本症の発生に精液中に含まれるヒアルロニダーゼが促進的な因子となる可能性も示されている．

馬の子宮における細菌感染の原因の1つとして，前述の気腟，俗にいう「貝吹け」が挙げられる．この場合，子宮頸管が著しく弛緩しているため腟内の空気が容易に子宮内に侵入し，特に交尾に際しては，子宮腔が陰圧となるため空気が侵入しやすく，これに伴って細菌汚染が起こる．

Fennestad et al.（1955）は，黄色ブドウ球菌による精囊腺炎に罹患した種雄豚によって交配された雌豚に急性子宮内膜炎が多発したことを報告している．また特殊な例として，肝蛭の子宮内異所寄生による子宮内膜炎の発生が牛にあることが知られている．

牛において無菌性の本症がかなり多く存在し，ウイルスあるいは原虫の感染による可能性が推察されているが，その実態については明らかでない．一方，微生物の感染と関係のない本症もある．すなわち，刺激性の強い薬液の子宮内注入や温度の高すぎる洗浄液による子宮洗浄によって，急性の子宮内膜炎が起こることがある．

〔症状〕　子宮内膜炎は，大きく急性子宮内膜炎（acute endometritis）と慢性子宮内膜炎（chronic endometritis）に分けられる．急性症のものには，カタール性子宮内膜炎（catarrhal endometritis），化膿性子宮内膜炎（purulent endometritis）がある．一方，慢性症のものには，潜在性子宮内膜炎（latent endometritis），滲出性子宮内膜炎（secretive endometritis）があり，滲出性のものはさらにカタール性，化膿性子宮内膜炎に分けられる．

急性症はまもなく慢性症に移行するので，実際に多くみられるのは慢性症である．牛，馬では，一般に数回交配させても不受胎という理由で検査して，本症が発見されることが多い．

本症は通常，異常滲出物の漏出を伴うが，これを伴わないものもある．前者を滲出性子宮内膜炎と称し，後者を潜在性子宮内膜炎という．牛の子宮内膜炎は多くは滲出性であるが，馬には潜在性子宮内膜炎が多い．滲出性子宮内膜炎は，さらに臨床所見から2つに区分される．すなわち，外子宮口よりガラス様粘液あるい

は灰白色絮状物を含んだ粘液を漏出するカタール性子宮内膜炎と,膿汁を漏出する化膿性子宮内膜炎である.また,外子宮口より漏出する粘液に膿を混じるときは,カタール性化膿性子宮内膜炎（図9.62）という.

牛の子宮内膜炎の組織学的所見として,図9.63のように内膜上皮細胞の変性,剥離と上皮細胞下の内膜間質における種々の程度の好中球,好酸球,円形細胞の浸潤および子宮腺の変性が認められる.また図9.64のように子宮腺腔に原因菌の侵入がみられ,まれに集簇を形成することもある.

本症は発情周期を反復するうちに自然治癒することも示されているが,子宮蓄膿症に発展する危険性も孕んでいる.

〔診断〕 牛,馬における子宮内膜炎の臨床診断法として,通常,腟検査と診断的子宮洗浄が挙げられる.特殊な場合には,子宮内膜バイオプシーや子宮内膜細胞診を併用することがある.これらの方法は前述の9.3(1) a項（p.249）のとおりである.

本症では腟検査において,馬における軽症の潜在性子宮内膜炎を除いて,子宮頸腟部粘膜は不潔な色を呈し,ときにうっ血斑が認められ,外子宮口は多くの場合弛緩し,滲出性の場合はガラス様または膿様の粘液を漏出する.子宮頸腟部粘液の検査は,発情期を選んで行うことが望ましい.これは発情期には粘液の分泌が盛んになり,潜在性子宮内膜炎においても粘液がある程度混濁し,ときには膿様物や灰白色絮状物を混じ,本症が発見されやすいからである.また牛における発情期の子宮頸腟部粘液のpHは,本症の場合平均7.8と正常牛（平均6.5）より高いので,これを調べることも本症の臨床診断上意義がある.子宮頸管部粘液の染色標本の鏡検において,分娩後50日以上経過した牛で細胞中に占める好中球の割合が5%を超える場合は,潜在性子宮内膜炎とされる（Sheldon et al., 2006）.

診断的子宮洗浄において,本症の場合には洗浄排出液が乳白〜黄白色に混濁するか,多量の絮状物,膿様物または膿塊を混ずる.ただし牛では,黄体期には健康なものにおいても,子宮腺から濃厚な粘液が分泌されているため,洗浄液にかなりの混濁と絮状片の混在がみられる.したがって,診断的子宮洗浄においては,回収した洗浄液の遠心沈殿物について,塗抹,ギムザ染色やディフ・クイック染色などを行って鏡検し,白血球の混在の有無とその出現程度を調べて診断する必要がある.

本症の診断においては,単なる臨床診断を行うに留まらず,治療において原因菌に応じた適切な抗菌あるいは殺菌作用のある薬物を用いて効果的な治療を行うために,細菌学的検査を合わせて行う必要がある.

また本症の診断において,直腸検査による子宮の触診は必ずしも有効ではなく,異常所見が触知できないことが多い.ただし,子宮腔へ分泌液がかなり貯留して子宮が膨満する場合や子宮壁が肥厚あるいは菲薄化する場合には内膜炎の所見が触知され,本症を診断するきっかけや参考になる.

超音波画像検査も,本症の診断に必ずしも有効とは限らない.子宮腔に分泌物が多い場合には,幾分拡張した子宮腔内に低〜高輝度の吹雪様〜微細斑点状の領域が描出される場合がある.本症において,それらの所見は必ずみられるものではなく,直腸検査所見と同様に,本症診断のための検査実施のきっかけや参考になるものである.

〔治療〕 牛,馬の子宮内膜炎の治療には,滅菌生理

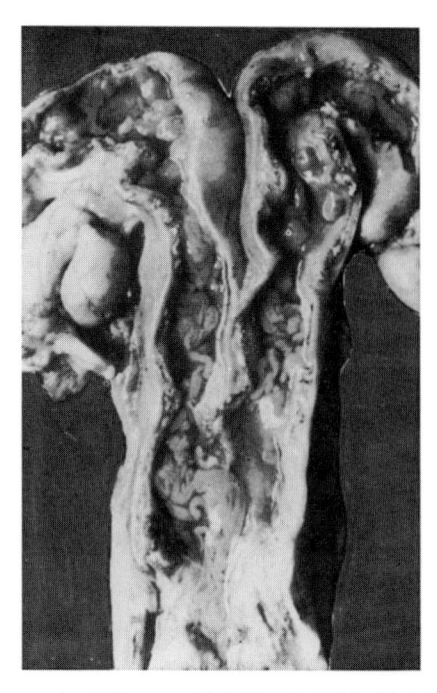

図9.62 牛の急性カタール性化膿性子宮内膜炎（山内原図）
子宮腔に膿を含んだ粘液があり,子宮頸管を通って腟に漏出している.

9. 繁殖障害

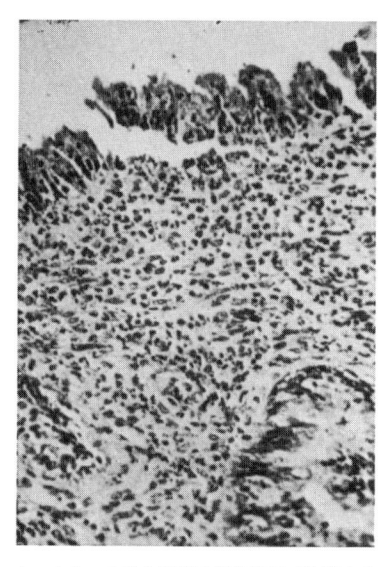

A：カタール性化膿性子宮内膜炎（内膜上皮細胞の変性，好中球，好酸球の浸潤）

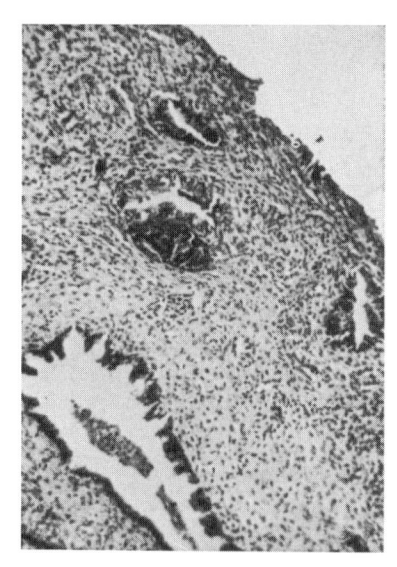

B：Aと同一牛の7日後の所見（内膜上皮細胞の剥離，子宮腺の変性，円形細胞の浸潤）

図9.63　牛の子宮内膜炎の組織学的所見（バイオプシー）（山内原図）

食塩液によって十分に子宮洗浄を行った後に，薬液を注入する方法が行われている．注入する薬物としては，アンピシリン，ベンジルペニシリンプロカインとジヒドロストレプトマイシンの配合剤，およびその他の抗菌性物質の単独または配合剤が用いられている．子宮内に注入する薬液の量は，馬では通常100〜200mℓ，牛では30〜50mℓ程度が良い．豚では生理食塩液による子宮洗浄は，分娩後の一時期以外は実施困難で，通常薬液の子宮内注入だけを行う．抗菌性物質使用の場合は，薬剤の体内残留や乳汁移行を考慮し，使用基準を遵守する必要がある．

なお子宮内注入薬として古くから使用されてきたヨード剤は，現在でも広く用いられて効果が認められており，刺激性の少ないポビドンヨード液が用いられる．ヨード剤の子宮内注入に際しては，排卵後2〜7日の黄体初期に注入すると処置後9日前後に発情が発現し，処置時の発情周期は11〜15日に短縮すること，以上のようなことは注入後子宮内膜に一過性の炎症が起こり，その回復の過程において黄体退行物質が産生されることによること（Nakahara et al., 1971）を理解しておく必要がある．

牛では，蓄膿性のものおよび多量の滲出物の漏出を示す子宮内膜炎でない限り，必ずしも子宮洗浄を行わなくても，適当な抗菌性物質あるいはヨード剤を直接

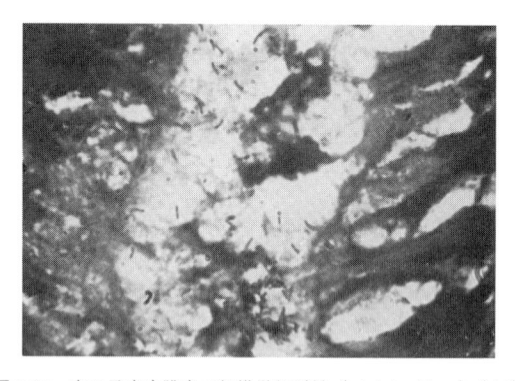

図9.64　牛の子宮内膜炎の組織学的所見（バイオプシー）（山内原図）
子宮腺腔に多数の細菌が侵入している．

子宮内に注入することによって，かなり高い治癒効果が得られる．この目的で，金属製の細くて子宮頸管への挿入の容易な牛用子宮内薬液注入器（図9.65）がつくられている．

また，機能的黄体を有する場合には，PGF_{2a}製剤の投与が有効であることが認められている．その作用機序は，PGF_{2a}が黄体を退行させるため，子宮頸管が哆開して子宮収縮が高進し，3〜5日以内に腟からの膿性分泌物の排出を伴って発情が誘起される．さらに，発情期に分泌される多量のエストロジェンは子宮の感染防護能を高めることにも関与する．

〔予後〕　牛，馬の本症の予後は概して良好であるが，

経過が長いもので子宮壁が極度に菲薄になったもの，逆に肥厚して子宮筋炎や子宮外膜炎を併発したものは不良である．

　ⅱ）　**子宮蓄膿症** pyometra　子宮腔内に膿汁が貯留して排出しないものをいう．本症は化膿性子宮内膜炎のために分泌する膿様液が，機能性黄体が存在するために子宮頸管が閉鎖して腟に排出されず，子宮腔内に貯留して生ずる．牛に多発し，馬やほかの動物では少ない．

　牛においては，妊娠早期に胎子が死亡し，流産することなく子宮内に留まり化膿融解を起こして本症となる場合が最も多く，貯留する膿汁の量は少ないもので50 m ℓ，多いものでは 10〜15 ℓ に及ぶものがある（図9.66）．また，トリコモナス原虫の感染によって本症になることがしばしばある．

　〔症状・診断〕　本症牛では通常，黄体遺残を示して無発情を呈する．腟検査において，膿汁の漏出はなく，腟粘膜は乾燥し，外子宮口は閉鎖して妊娠期のような所見を呈するものが多い．子宮頸腟部がうっ血，腫大して子宮の異常が疑われる徴候を示すことがあるが，膿汁を漏出するものは稀である．ときには直腸から子宮を圧迫すると膿汁が外子宮口から漏出する場合がある．子宮内に多量の膿汁が貯留する場合でも，犬の本症（9.3（2）d 項（p.304）参照）におけるような全身性の症状，血液性状の変化を示すことはない．

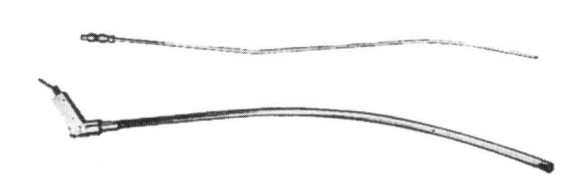

　直腸検査において，常に子宮は左右対称性に膨満して腹腔に沈下し，粘稠性の波動を呈し，多くの場合子宮壁は薄く，全く収縮性はない．妊娠2〜3カ月前後の子宮のように触知されることが多いので，妊娠との鑑別診断に注意しなければならない．また，子宮粘液症や子宮水症（後述）との鑑別診断には，特に注意を要する．鑑別診断の要点は表9.27のとおりである．なおこの場合，1回の検査によって診断しがたい場合は2〜3週を経て再検査を行うべきである．妊娠の場合は交配後の日数の経過に応じて変化がみられるが，本症では大きな変化はみられない．

　超音波画像診断装置による子宮の断層像では，膿性分泌物で子宮腔は拡張し，多くの場合，拡張した内腔はエコーレベルの低い低輝度領域として描出され，灰白色の吹雪様〜斑点状像を呈する（図9.67，表9.28）．その領域に胎子および胎子付属物は認められない．

　〔治療・予後〕　牛における治療としては，PGF$_{2a}$ 製剤を注射して黄体を退行させ，卵胞の発育に伴ってエストロジェンの産生を促して子宮頸管を弛緩，拡張し，子宮の収縮運動を増強して膿汁の排出を図る．治療後において膿様物の排出があり，追加の治療の必要があ

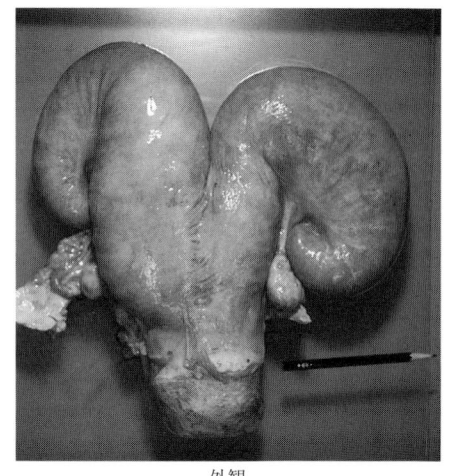

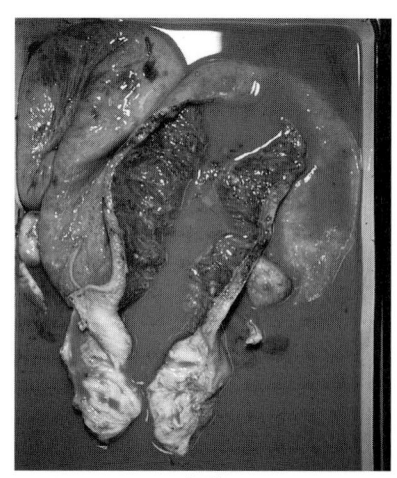

図 9.65　牛の子宮内薬液注入器
金属製注入管で子宮頸管拡張棒を兼ねる．下はプラスチック消毒ケース（中原式）．

図 9.66　牛の子宮蓄膿症の子宮
外観　　　切開

9. 繁殖障害

表 9.27 牛における直腸検査による子宮蓄膿症, 子宮粘液症（子宮水症）, 妊娠の鑑別診断の要点

	子宮蓄膿症	子宮粘液症 （子宮水症）	妊娠
子宮膨満	左右対称	左右対称	妊角膨満（不対称）
子宮収縮	欠く（弛緩）	欠く（弛緩）	かなりあり（〜妊娠3カ月）
子宮の波動感	あり（粘稠）	あり（水様〜粘稠）	あり（水様）
子宮壁	菲薄あるいは肥厚	菲薄	菲薄
子宮動脈	発達せず （左右同等）	発達せず （左右同等）	妊角側発達 （妊娠3カ月後期以降に特異的震動）
胎膜・胎盤	なし	なし	妊娠35日以降に胎膜, 妊娠3カ月以降に胎盤節
胎子	なし	なし	妊娠3カ月以降に触知

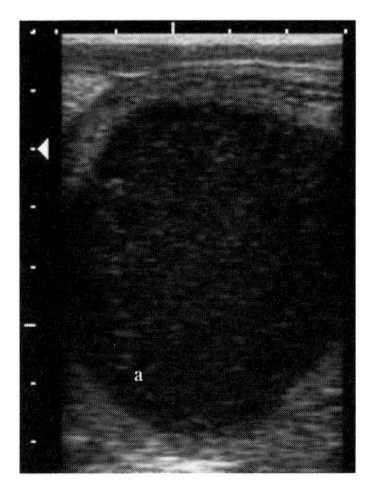

図 9.67 子宮蓄膿症を示したホルスタイン種経産牛の1症例（No.55）の超音波画像所見
子宮腔内は輝度のやや高い滲出液が吹雪様に描出(a)されている.

表 9.28 牛における超音波画像検査による子宮蓄膿症, 子宮粘液症（子宮水症）, 妊娠の鑑別診断の要点

	子宮蓄膿症	子宮粘液症 （子宮水症）	妊娠
子宮内腔	左右同様, 中〜低輝度 （吹雪様）	無〜低輝度	無輝度
胎膜・胎盤	なし	なし	あり
胎子	なし	なし	あり

れば, 子宮洗浄, 抗菌性物質の子宮内注入を行う. 治療により発情周期が正常に発現するようになっても, 交配は正常発情周期を2〜3回経て, 子宮が正常に回復するまで休止すべきである.

予後は, 牛においては早期に治療がなされるほど受胎の可能性が高くなり, 治療後の受胎率は50％前後とされている. 経過の長いものでは, 子宮内膜が破壊され, 線維化して受胎が望めない場合がある.

iii) 子宮炎（子宮筋炎） metritis / myometritis

重度の炎症が子宮内膜, 子宮筋層および子宮外膜の子宮壁全層に波及した状態をいい, 主として牛にみられる. 本症は難産の際の子宮壁の損傷, 胎盤停滞の粗暴な処置, 人工授精の精液注入器または子宮洗浄管などによる子宮壁の損傷や穿刺あるいは穿孔, 重症の子宮内膜炎の波及によって起こる. 馬, 豚では胎盤停滞に継発する.

本症の場合, 子宮内膜, 筋層および子宮外膜が冒され, 結合組織が増殖して子宮壁が全般あるいは部分的に肥厚, 硬化する. また, 子宮壁に限局的な膿瘍（abscess）を形成することもある. 膿瘍は主として穿刺に起因し, *T. pyogenes* が分離される例が多い. このような膿瘍は, 直径2cm程度の小型のものから人頭大に達して子宮が腹腔内に沈下しているものまで大きさは様々であり, ときには瘻管（fistula）をつくって子宮腔に膿を漏出するものがある.

〔診断〕 本症は, 直腸検査および超音波画像検査によって比較的容易に診断される. 直腸検査においては, 肥厚して硬化し, 鋼質様の触感を呈する子宮壁が触知される. 超音波画像検査においては, 肥厚した子宮壁が観察される. 膿瘍が形成されたものでは, 膿瘍内腔は多くの場合, エコーレベルの低い低輝度領域として描出され, 灰白色の吹雪様〜斑点状像を呈する.

〔治療〕 炎症が一部に限局し, 膿瘍の形成がない場合には, 抗生物質を全身投与することにより治癒する可能性がある. しかし, 炎症が広範囲に及ぶ場合や膿瘍の状態に進行したものは回復の見込みは少ない.

iv) 子宮外膜炎 perimetritis

子宮外膜の炎症で, 牛にしばしばみられる. 本症の場合, 子宮とその周囲の器官との間に癒着が起こることが多い.

本症は, 子宮洗浄の際に子宮壁を穿孔した洗浄管からの刺激性薬液の子宮外膜への漏出・散布, 交尾の際の雄牛の陰茎による腟壁の穿孔, 難産の際の子宮や子宮頸管の損傷, 切胎術や停滞した胎盤の粗暴な除去

帝王切開によって起こるものなどがある．また，創傷性胃炎などに起因する腹膜炎の炎症が骨盤腔にまで波及して本症を起こすこともある．さらに，結核性の腹膜炎に継発するものもあるが，日本では少ない．

〔症状〕 本症の病態としては，子宮外膜の表面に糸状に線維性結合組織が増殖する程度のものから，子宮と子宮広間膜，第一胃，大網膜，腸管，膀胱などとの間に強固な癒着を生ずるものまで種々の程度のものがある．

急性の場合は腹膜炎と同じで，食欲不振，歩様は強硬となり，排糞，排尿に際して背部彎曲姿勢を呈して疼痛を示し，呼吸・脈拍数は増加し，牛では反芻は停止し，乳量は激減する．また，直腸検査による子宮の触診において疼痛を示す．

〔治療〕 本症自体に適当な治療法はない．細菌感染による急性期には抗生物質の全身投与を行う．自然に治癒した後に軽度の癒着が残ったものでは，直腸から手で剝離することができる．軽度のものでは受胎の障害とはならないが，重症で癒着が広範囲にわたり，かつその程度の強固なものは治癒しても妊娠する可能性は乏しく，妊娠したとしても流産することがある．

v） **子宮粘液症** mucometra, **子宮水症** hydrometra　牛にしばしばみられる疾患である．子宮腔に様々な量（25 mℓ～4 ℓ）の液が貯留し，子宮壁が薄くなり，子宮内膜に囊胞変性がみられる．貯留液の性状は水様流動性（子宮水症）から粘稠な粘液，さらには変性組織片を含んだ半流動性の粘液塊（子宮粘液症）まで種々のものがある．

本症においては通常，感染はみられない．しかし，子宮の病理組織学的所見として，急性滲出性炎はみられないが，慢性の囊胞性子宮内膜炎または慢性カタール性子宮内膜炎像が認められている．

本症は，ミューラー管の部分的形成不全や，腟弁遺残およびホワイトヘイファー病で無孔の強靱な腟弁が遺残しているものに継発することもある．また，子宮頸管が閉塞している場合や，子宮，子宮頸管または腟が奇形であるものにも起こる．卵胞囊腫に併発することもある．

〔症状〕 本症牛は黄体遺残を併発していることが多く，無発情を呈することが多い．

〔診断〕 無発情で直腸検査によって子宮が膨満していることから，妊娠および子宮蓄膿症と誤診されることがあるので注意を要する（表9.27）．超音波画像診断装置による子宮の断層像では，類円形または不定形の拡張した子宮腔は低エコーレベルに描出され，胎子および胎子付属物は認められない．

子宮蓄膿症との類症鑑別の要点は，表9.28のとおりである．膨満した子宮の超音波画像検査所見において，本症では子宮腔は無～低輝度（無～低エコー）の均質像として描出されるが，子宮蓄膿症では低～かなり高輝度（低～かなり高エコー）の吹雪様～斑点状像として描出されることからおおよそ判別できる．しかし，確定診断は診断的子宮洗浄によって回収した液についての細胞検査および細菌培養検査による．

〔治療〕 卵巣に黄体が存在するものには，$PGF_{2\alpha}$製剤を投与する．卵胞囊腫に併発しているものにはその治療を行い，囊腫の治癒と並行して治ることがある．単純な腟弁遺残による本症の場合は，切除すれば治癒するが，瘢痕収縮による腟狭窄によって分娩時に難産をきたすことがある．子宮頸管閉塞（閉鎖）によるものは，子宮頸管拡張棒などを用いて閉塞部を開通させる．

一般に，本症はいったん治癒しても再発することが多く，回復して受胎するものは少ない．

g． **卵管の疾患**

卵管の疾患は，子宮，腹膜または卵巣の疾患に継発することが多く，卵管粘膜の肥厚，卵管の閉塞，異常分泌物の貯留をきたし，精子と卵子の移送を妨げ，不妊の原因となる．

卵管の疾患の発生は，馬よりも牛に多い．これは，牛では生殖器の構造上，子宮の疾患が卵管に波及しやすいためと考えられる．実際，不妊牛の10～15％に，卵管および卵巣囊に病変のあることが報告されている．また，卵管に病変のあるもののうち25～50％は両側性であり，一側性のものの中では右側の発生例が多いことが認められている．

〔診断〕 牛，馬の卵管疾患のうち重症で卵管に著しい腫大，硬結のあるもの，著明な卵管水腫や卵管蓄膿症の場合，あるいは卵管周囲組織との間に明瞭な癒着を生じているものなどは，直腸検査によって診断が可能である．しかし，軽症のものは診断が困難である．直腸からの卵管の触診の要領は前述のとおりである

（図9.46⑦参照）．

卵管の疎通検査法として，人体においては子宮卵管造影法，描写式卵管通気法，卵管通水法，卵管通色素法などがある．わが国で通気法による牛の卵管疎通検査器械がつくられており，空気の漏出などを防止するため胚回収用のバルーンカテーテルを応用するなどの改良が試みられているが，なお圧力計の数値と疎通性との関係の基礎的研究が必要である．各種動物におけるこの種の検査法はまだ確立途上にある．また，牛では澱粉粒子の浮遊液を卵巣表面に注加し，24～48時間後に外子宮口粘液を採取し，塗抹標本をヨードチンキ法により染色して澱粉粒子の有無を観察する下向性卵管疎通検査による澱粉粒子法がある．

〔治療・予後〕 多くの場合，卵管の閉鎖が両側性の場合は受胎の見込みはないが，一側性の場合は正常側で受胎することもある．なお乳牛で予後不良と判定されても，飼養者が受胎，分娩させて搾乳を希望する場合には，卵巣および子宮が正常であることを確認した上で胚移植を行えば，受胎，分娩を達成する可能性がある．

ⅰ） **卵管炎** salpingitis　卵管炎は，卵管の疾患の主体をなすもので，その発生は馬より牛に多い．

〔原因〕 卵管炎は，子宮内膜炎，子宮蓄膿症などのある場合に，子宮からの細菌感染の上行性波及によって二次的に起こることが多い．したがって，原因菌は子宮内膜炎の場合とほぼ同じである．また，牛の卵管炎の中には結核性のものもあるが，日本では少ない．

〔診断・症状〕 軽症のものでは臨床診断は困難であるが，重症例で急性型のものは卵管壁が腫大し，管腔内に分泌物が貯留し，また慢性型では結合組織が増殖して硬結が生ずるので，直腸から触知することができる．卵管の閉塞の疑いがある場合は，一応卵管疎通検査を試みることが良い．しかし，卵管炎の生前の臨床検査による摘発率は比較的低く，剖検して発見されることが多い．

組織学的所見として，急性型では粘膜の充血，浮腫，白血球の浸潤，表層上皮の剝離，脱落などがみられ，慢性型では固有層の線維性増殖，リンパ球を主体とする円形細胞その他組織球の浸潤がみられる．

〔治療〕 軽症の卵管炎は，子宮内膜炎や子宮蓄膿症の治療を行うことによって治癒して受胎することもあるが，慢性化して卵管が肥厚硬結し，癒着を生じて管腔の閉塞したものは回復の見込みはない．

ⅱ） **卵管水腫** hydrosalpinx　本症は，卵管粘膜の癒着，卵管腔の閉塞が起こり，閉鎖された卵管腔内に分泌液が貯留するものである．癒着や閉塞の原因として卵管炎が挙げられるが，前述のように繁殖障害の診療の過失による人為的なものも少なくない．また牛において，劣性遺伝子による先天的な生殖器の奇形の例にもみられることがある．

卵管分泌液は腹腔内へ流出しているため，卵管閉塞部の子宮側に液が貯留する．卵管内の貯留液は通常透明な水様液で，その量は個体により様々であり，卵管は径1～2 cmあるいはそれ以上に膨満する．貯留液が多量のときは卵管が著しく腫大し，卵管壁は菲薄となり波動を呈するので，触診上，卵胞嚢腫と誤診されることがある（図9.68）．

牛，馬には，卵管采および卵管間膜の漿膜下に大豆大ないし桜桃大の嚢腫（卵管間膜嚢腫；parovarian cyst）が発生することがしばしばあり，卵管水腫と誤診されることがあるが，これは卵管を圧迫しない限り受胎の妨げとはならない．

ⅲ） **卵管蓄膿症（卵管膿腫）** pyosalpinx　本症は，閉鎖された卵管内に膿様分泌物が貯留するものをいう．重度の化膿性子宮内膜炎，子宮蓄膿症に継発するものが多い．通常，卵管采は腹膜または卵巣と癒着するため，卵管腹腔口が閉塞し，卵管は分泌物の貯留のため小指大またはそれ以上に膨大する．

本症には適当な治療法がなく，両側性の場合，受胎

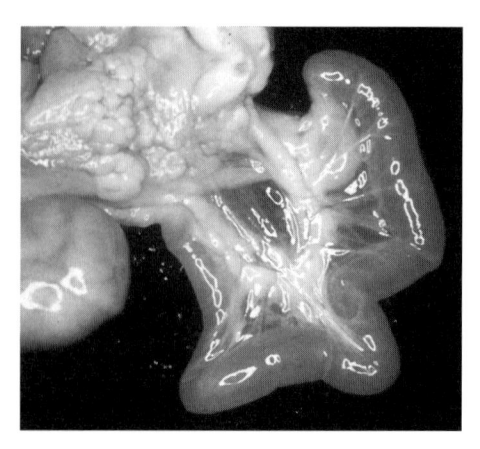

図9.68 牛の卵管水腫（筒井原図）

は望めない．

ⅳ）卵管采，卵管漏斗，卵巣嚢の癒着 adhesion of fimbria, infundibulum and ovarian bursa　牛において，卵管采，卵管漏斗および卵巣嚢と卵巣，あるいは卵管采および卵管漏斗と卵巣の間に，糸状の線維の付着や部分的な癒着がみられる軽度なものから，広範に癒着する重度なものまで，様々な程度の癒着がみられる．

〔原因〕　直腸検査による卵巣や卵管の粗暴な触診，ならびに強い指圧による卵巣嚢腫や嚢腫様黄体の破砕などによる卵巣や卵管の損傷と出血による．また，卵管炎や卵巣周囲炎に継発することがある．

〔診断〕　軽～中度の場合には，直腸検査による触診において卵巣の輪郭が不明瞭となり，卵巣周縁が不規則に膨隆して，卵巣は様々な程度に可動性を失うことにより診断する．重症の場合には，触診のための卵巣の保持が困難であり，触診不能となるため，臨床診断は困難なことが多い．

〔治療〕　適切な処置や治療法はない．両側性の場合には受胎は望めない．

h．卵巣の疾患

雌動物の繁殖障害の中では，卵巣の機能異常および疾患によるものが最も多い．卵巣疾患になると，卵胞の発育，排卵，黄体形成および退行などの一連の卵巣の周期的な活動（卵巣周期）に異常をきたし，正常な発情周期を営めなくなる．多くの場合，異常発情（abnormal estrus）となるため交配ができないか，あるいは排卵が障害されるため交配しても受胎しない．

卵巣の疾患は，稀に発生する卵巣炎と卵巣の腫瘍を除けば，直接には卵巣機能を支配している下垂体前葉のGTHの分泌異常に起因するものである．しかし，その発生状況からみると，卵巣の疾患の多くは，根本的には雌の栄養状態あるいは飼養管理と密接な関係をもつことが認められており，栄養やストレスなどが視床下部のGnRHや下垂体前葉のGTHあるいは子宮の黄体退行因子である$PGF_{2\alpha}$の産生・放出を障害することにより起こると考えられている．

卵巣疾患の診断は，牛，馬および大型の豚では，前述のように直腸壁を介して卵巣を触診する直腸検査や，超音波画像検査により行うことができ，このうち直腸検査は卵巣疾患の診断に欠かすことのできない重要な方法である．しかし，中・小動物では直腸検査ができないため，発情の異常の観察や，体表用や経直腸用プローブを用いての超音波画像検査を，さらには血液中のプロジェステロンやエストロジェンを測定して卵巣の異常や疾患を推測する．

直腸検査や超音波画像検査による卵巣疾患の診断にあたって注意すべき事項として，以下のことが挙げられる．

①　ただ1回の検査のみで診断を下すのが困難なことが多い．このような場合には7～14日の間隔をおいて再検査を行い，左右の卵巣の変化の経過を総合的にみて診断しなくてはならない．

②　卵巣の触診は微妙な触感によって行うものであって，これを粗暴に行うと診断を誤るばかりでなく，卵胞の破砕や卵巣の損傷を起こし，卵巣炎や卵巣と周囲組織との癒着を招くおそれがあるので，慎重に行わねばならない．

なお卵巣疾患は，ほかの生殖器疾患，例えば子宮疾患を併発していることがしばしばあるので，併発症の有無を確かめることを忘れてはならない．

ⅰ）発情の異常 abnormal estrus　発情の異常には，卵巣疾患により卵巣周期が正常に営まれないために発情が発現しない無発情，卵巣周期は営まれるが発情を伴わない鈍性発情，発情持続時間の短い短発情，発情が異常に長く続く持続性発情，排卵が起こらない無排卵性発情（正常様発情）がある．

［無発情（anestrus）］　春機発動すべき時期および分娩後の生理的卵巣休止期を過ぎても，また季節繁殖動物においては繁殖季節を迎えても，卵巣疾患により卵巣周期が正常に営まれず，発情および発情徴候が発現しない状態を無発情という．本症を招く卵巣疾患には，卵胞発育障害，黄体遺残などがある．

〔治療〕　原因となっている卵巣疾患を治療し，卵巣周期の発現を促す．

［鈍性発情（silent heat / subestrus）］　卵胞の発育・成熟，排卵，黄体形成は周期的に起こるが，黄体の退行，卵胞の発育に伴い発情が発現しない状態を鈍性発情という．発情徴候は，弱いものから全くみられないものまで様々である．この場合の排卵を無発情排卵（silent ovulation）という．牛においては，春機発動に伴う排卵，あるいは分娩後の第1～3回の排卵が

無発情排卵であることが多い．無発情排卵の発現率は，春機発動に伴う第1回排卵時が75％，第2回排卵時が43％，第3回排卵時が21％，分娩後第1回排卵時が77.1％，第2回排卵時が54.4％，第3回排卵時が35.8％と，回を重ねるごとに低下することが認められている．牛では，分娩後の初回排卵後に形成される黄体は多くのもので発育が悪く，かつ早く退行するため，最初の発情周期は平均11.2～16.9日と短い．また，この発情周期における血中プロジェステロン濃度は，正常発情周期の場合に比べて低く，かつ早く減少する．しかし，分娩後の第2回，第3回の発情周期における黄体機能は，逐次正常発情周期の場合に近づく．したがって，牛の分娩後の初回ないし第2回の排卵時の無発情排卵は，卵巣機能が完全に回復していないために起こる生理的現象とみなされる．それゆえ，分娩後第2～3回以降の排卵時になお無発情排卵の経過をとる場合を病的な鈍性発情というべきであろう．

鈍性発情は，牛の卵巣疾患の中では最も高い発生率を示し，特に乳量の多い乳牛，子牛に哺乳中の肉牛，肥満気味の乳牛，飼養管理条件の悪い舎飼の牛に多発する．また，関節炎，蹄病，その他の疼痛性疾患に罹患しているものは乗駕せず，乗駕許容を拒み，群飼育されている場合には群から離れる．

鈍性発情の場合，発情が不明のため交配ができず，また交配適期を逸するため繁殖障害の一因となる．しかし，卵巣周期は正常に営まれているため，牛・馬においては膣検査や直腸検査を行って発情徴候の発現状況を調べ，さらに黄体の退行状況や卵胞の発育・成熟状態を加味して交配適期を判定し人工授精を行えば，受胎させることは可能である．

〔原因〕GTHの分泌異常，エストロジェンやプロジェステロンの分泌異常，あるいはそれらの量的不均衡，発情発現に関与する神経のエストロジェンに対する感受性閾値の上昇，心理的要因などの関与が考えられている．

牛において，周排卵期の血中エストロジェン濃度は，鈍性発情のものと正常発情のものとの間にあまり差はないが，黄体期における血中プロジェステロン濃度のピークが，正常発情牛では鈍性発情牛に比べて排卵日に近い時期にみられる．また，黄体の退行に伴う血中プロジェステロン濃度減少の状態は，正常発情牛の方が鈍性発情牛に比べて急激であることが知られている．これらのことと前述の牛の分娩後第1回の無発情排卵に続く黄体期における血中プロジェステロンの動態から，発情の発現は血中エストロジェンによってのみ左右されるものでなく，黄体開花期から退行期にかけての血中プロジェステロンの濃度の高低および減少の緩急の状態が関与する可能性が考えられる．

〔診断〕厳密には直腸検査や超音波画像検査により卵巣周期が営まれていることを確認し，卵胞が発育，成熟して排卵する時期に排卵を確認すると同時に，発情の発現状況を少なくとも1日12時間間隔で朝夕2回，あるいは8時間間隔で3回，1回あたり20～30分間観察を行い，発情発現と排卵の状況を照合して診断する．すなわち，排卵するが，発情が発現すべき時期に発現しないことを確認して診断する．また黄体が存在し，7～14日の間隔で再検査あるいは再々検査を行って，黄体の位置と形状が変わったのを確認することにより排卵があったことを知るとともに，かつその間に発情が認められなかったのを確認することにより，本症と診断できる．

なお，生後および分娩後第1～3回の排卵は無発情排卵が多く，一方で飼養者の発情の観察が不十分で，発情を見逃していることが少なくないため，診断に際しては注意を要する．また，黄体遺残および妊娠との鑑別診断に注意を要する．

〔治療〕牛，馬の鈍性発情には，以前は発情前期にエストロジェンあるいはプロジェステロンの混合剤を投与する治療法が行われていた．現在では，排卵後5日以降の黄体期に$PGF_{2\alpha}$あるいはその類縁物質を投与して黄体を急激に退行させると，発情が明瞭に現れて効果のあることが認められている．すなわち，牛ではジノプロスト12～15 mg，トロメタミンジノプロスト20～33 mg（ジノプロストとして15～25 mg），クロプロステノール500 μgを筋肉内，またはフェンプロスタレン1 mgを皮下に1回注射する．馬では，ジノプロストとして3～6 mgを筋肉内注射する．

また牛では，排卵後2日以降の時期に子宮内にヨード剤（ルゴール液またはポビドンヨード液）20～30 mℓを注入すると，処置後4～5日から黄体が退行を開始して，処置後6～11日に，馬では滅菌生理食塩液1 ℓに抗菌性物質を溶解したものを子宮内に注入

すると，その後2～4日に，それぞれ明瞭な発情が発現して治療効果が得られることが示されている．

そのほか，牛では膣内留置型黄体ホルモン製剤を7日間膣内挿入することにより，抜去後数日のうちに発情が発現することが報告されている．

[短発情（short period estrus）] 卵胞が発育・成熟して排卵する時期に発情は発現するが，発情持続時間が異常に短い状態を短発情という．牛の通常の発情持続時間は 14.0 ± 4.8 時間であるため，発情持続時間が10時間未満の場合は本症と診断できる（表9.29）．発情の見逃しや交配の時期を逸することにより，不妊症を招く．

〔原因・治療〕 GnRH/LHサージの早期発現などが考えられるが，詳細は不明であり，特別な治療法はない．発情，排卵は起こることから，発情観察を頻繁に行って，あるいは発情発見用補助器具を使用して発情を発見し，排卵前の授精適期に交配を行う．

[持続性発情（continued estrus / prolonged estrus）] 発情が異常に長く持続する状態を持続性発情という．この場合，排卵障害を併発することが多い．

成熟した卵胞が長期間にわたって存続する場合や卵胞の発育，成熟，閉鎖退行が次々に起こる場合にみられ，さらに卵胞が囊腫化して囊腫卵胞となる場合にみられることがある．牛にみられ，乳牛に多く，正常な発情持続時間10～27時間（平均18時間）に対して3～5日以上にも及ぶことがある．

〔治療〕 発情が異常に長く持続している場合には，発情期に成熟卵胞の存在を確認した上で，排卵を促進するために，排卵促進剤としてGnRH製剤（酢酸フェルチレリン 100～200μg，ブセレリン 10～20μg）あるいは hCG 1500～3000 IU を投与し，12～18時間後に交配を行う．

[無排卵性発情（正常様発情）（unovulatory estrus / normal-like estrus）] 卵胞は発育・成熟して発情が発現し，発情持続時間も正常範囲であるが，卵胞が排卵することなく閉鎖退行，閉鎖黄体化あるいは囊腫卵胞となる場合の発情を，無排卵性発情あるいは正常様発情という．

〔診断〕 卵胞が発育・成熟する時期に発情観察を行って，発情が正常に発現することを確認すると同時に，直腸検査あるいは超音波画像検査を行い，卵胞が排卵することなく閉鎖退行，閉鎖黄体化あるいは囊腫卵胞となることを確認して診断する．

〔治療〕 無排卵性発情が予測される場合には，成熟卵胞が存在することを確認した上で，持続性発情と同様に，排卵促進剤としてhCGまたはGnRH製剤を投与し，12～18時間後に人工授精する．

ⅱ）**排卵障害** ovulation failure 卵胞は発育・成熟して発情が発現するが，排卵が正常に起こらない状態をいう．排卵遅延と無排卵がある．

〔原因〕 直接の原因は，発情期におけるLHサージの遅延（排卵遅延），LHサージの欠如または不足（無排卵）によると考えられている．なお，牛における本症例では，卵胞が無排卵で囊腫に移行するものがあることから，卵胞囊腫と同様に飼養管理の不適によるストレスが関与していることが考えられている．また，卵巣に広範な癒着がある場合には，排卵が物理的に妨げられ，無排卵となる．

[排卵遅延（delayed ovulation）] 卵胞が発育，成熟して発情は発現するが，発育卵胞が長く存続する，あるいは卵胞の発育，成熟，閉鎖退行が相次いで起こり，最終的に排卵は起こるが，発情開始から排卵まで

表9.29 正常牛の発情，排卵の時間経過と血中LH濃度の動態（百目鬼，1984を改変）

牛 No.	発情開始～終了（時間）	発情開始～排卵（時間）	発情終了～排卵（時間）	発情開始～LH頂値（時間）	LH頂値～排卵（時間）	LH放出*の時間幅（時間）	LH頂値（ng/mℓ）
G-2	17.0	33.0	16.0	7.0	26.0	10.0	4.05
121	12.0	31.0	19.0	6.5	24.5	8.0	28.5
132	12.0	30.0	18.0	6.0	24.0	8.0	12.3
133	12.0	30.0	18.0	5.5	24.5	8.5	38.5
135	17.0	32.0	15.0	5.5	26.5	8.0	81.5
平均 ± 2SD	14.0 ± 4.8	31.2 ± 2.4	17.2 ± 3.0	6.1 ± 1.2	25.1 ± 2.0	8.5 ± 1.6	40.3 ± 45.8
134	22.0	37.0	15.0	13.0	24.0	8.0	9.7

*：LHが 2 ng/mℓ の濃度水準を保持した時間．

に長時間を要する状態をいう．馬に多い障害で，繁殖季節に入った当初の卵巣機能が十分でない頃にしばしばみられる．牛や豚にもときにみられ，発情が3～5日あるいはそれ以上も続くことがある．本症においては交配時期が不適となるため不妊に終わることが多い．

〔診断〕　排卵遅延は，発情開始時期あるいは発情終了時期との時間的関係を見極めて診断する．牛では，排卵は通常，発情開始後31.2±2.4時間に起こるため（表9.29），発情開始後36時間を過ぎて排卵した場合には本症と診断できる．

馬では，排卵は発情終了前24～48時間に起こるため，発情が終了した後に排卵した場合には本症と診断できる．

豚では，排卵は発情開始後32～42時間に起こるため，発情開始後48時間を過ぎて排卵した場合は本症と診断できる．

〔治療〕　牛，馬の排卵障害に対しては，発情期に成熟卵胞の存在を直腸検査あるいは超音波画像検査により確認した上で，水性hCG 1500～3000 IU，またはGnRH類縁物質の酢酸フェルチレリン100～200μgあるいは酢酸ブセレリン10～20μgを1回，筋肉内または皮下に注射し，人工授精する方法が一般的である．その他のGTH治療として，豚のAPG剤10 AUを，静脈内に1回注射することが行われている．山内ら（1979）は，牛の排卵遅延にGnRH類縁物質である酢酸フェルチレリン100～200μgを1回筋肉内注射すると，24～48時間以内に排卵が誘起され，同時に人工授精してよく受胎することを認めている．上記の排卵促進剤投与後における牛の人工授精の時期は，投与後30～36時間に排卵が起こることから9～24時間が適当である．

なお馬においては，GTHの投与が無効である症例に，油性のプロジェステロン200 mgを1日1回，5日間連続して筋肉内に注射して効果のあることが示されている（三宅・佐藤，1992）．

[無排卵（unovulation）]　卵胞が発育して発情を示すが，排卵に至らず閉鎖退行する状態をいう．本症は無排卵性発情と同一の病状であり，排卵に主眼を置いて「無排卵」と称される．馬に多くみられる．牛では，卵胞が発育・成熟して発情徴候が発現するが，排卵に至らず，閉鎖退行して卵巣静止，囊腫化あるいは閉鎖黄体化する．

〔診断〕　無排卵性発情に準ずる．発情終了後7～10日に黄体の形成がみられないことによって排卵が起こらなかったことが確認できる．なお，閉鎖黄体化した卵胞は12～18日間存続した後，退行する．

〔治療〕　排卵遅延に準ずる．

iii）　**卵胞発育障害**　decline of ovarian function / ovarian subfunction　卵胞発育障害は，春機発動すべき時期あるいは分娩後の生理的卵巣休止期を過ぎても卵巣に卵胞の発育が全くないか，卵胞がある程度までは発育するが，排卵することなく閉鎖退行を繰り返し，無発情を続ける状態をいう．卵巣発育不全，卵巣静止および卵巣萎縮を一括して示す．

〔原因〕　本症の直接の原因は，下垂体前葉からのGTH分泌の低下によることが，牛において明らかにされており，その病態は視床下部のGnRHパルス状分泌の低下によることが示されている（図9.69）．その素因として，飼育管理の不適，特に給与飼料の量的・質的不足によるエネルギーや蛋白質およびリンの不足，劣悪な飼養環境や疼痛性疾患等によるストレスのほか，未経産動物では育成期，経産動物では周産期における全身性の疾患などが挙げられる．なお，未経産牛の卵巣発育不全には遺伝的因子による先天的なものがあり，GTHの投与に対して反応しないものがある．

〔診断・症状〕

[卵巣発育不全（ovarian hypoplasia）]　性成熟に達すべき時期（牛では通常生後12カ月，馬では3歳，豚では8カ月）を過ぎても発情を示さない未経産動物において，卵巣が発育不十分で小さく硬く，卵胞も黄体も認められないものをいう．

[卵巣静止（ovarian quiescence）]　性成熟の時期を過ぎた未経産動物，あるいは分娩後の生理的卵巣休止期を過ぎた経産動物において，無発情の症状を呈し，卵巣はほぼ正常な大きさ（牛では小指頭大以上，馬では鶏卵大以上）で弾力もあるが，卵胞の発育がみられないか，あるいは卵胞はある程度発育するが，排卵することなく閉鎖退行を繰り返している状態のものをいう（図9.70）．子宮は収縮および弾力を欠くものが多い．卵胞発育障害のほとんどが卵巣静止である．

未経産動物においては，春機発動する時期は体重等の発育状態により決まることから，春機発動すべき体

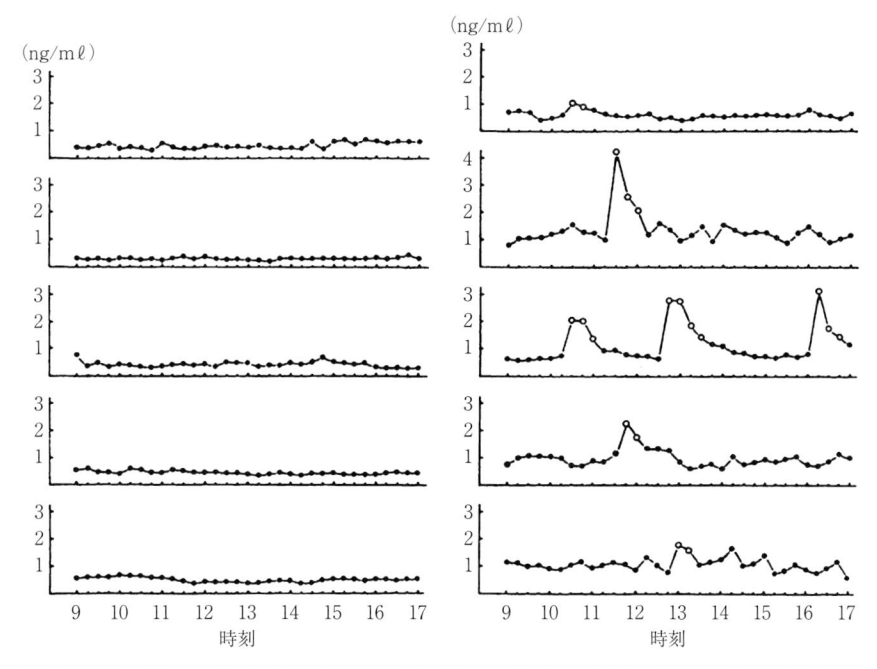

図 9.69 卵巣静止（左，n＝5）および黄体開花期の牛（右，n＝5）における血中 LH 濃度の推移（加茂前，1990）
〇：LH のパルス状分泌を示す．

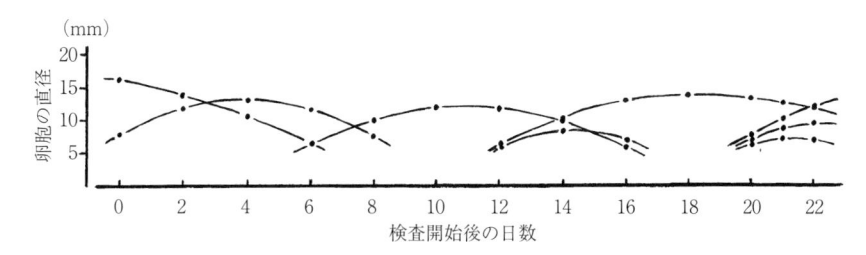

図 9.70 卵巣静止のホルスタイン種未経産牛（No.525）における卵胞の消長（直腸検査による触診所見）（加茂前原図）

重に達しても，卵胞の発育，成熟が認められず，卵巣周期が営まれていない場合は本症と診断する．牛では，春機発動すべき体重は，ホルスタイン種では 300 kg 以上，黒毛和種では 260 kg 以上が標準である．また経産牛について，乳牛では分娩後の卵巣周期の再開は平均 24 日であり，分娩後 40 日以内に 93％ のもので卵巣周期が営まれるようになること，肉牛の黒毛和種では分娩後の卵巣周期の再開は平均 30 ～ 35 日であることから，分娩後 50 日を過ぎて，卵巣周期が営まれていない状態を本症と診断する．経産豚では，分娩後の初回発情は通常，離乳後 4 ～ 10 日に発現し，離乳後 2 週間以内にほとんどのものが卵巣周期を再開することから，離乳後 15 日を過ぎても卵巣周期が認められない状態を本症と診断する．

[卵巣萎縮（ovarian atrophy）] 経産動物において，発情がみられず，卵巣は機能を廃絶して，萎縮，硬結して，著しく小さくかつ硬く，弾力を欠き，卵胞も黄体も触知されない状態をいう．症状は無発情である．子宮は小さく，弾力を欠く．

[治療] 卵胞発育障害の治療法としては，その原因が飼料給与の不適や劣悪な飼養環境によるものではその改善を行い，全身性の疾患や疼痛性の疾患によるものではその治療を行って，栄養ならびに健康状態の回復およびストレス状態の改善を図る．健康状態が良好なものおよび良好となったものについて，GTH，GnRH などのホルモン製剤を投与して，卵胞の排卵を

9. 繁殖障害

誘起して卵巣周期の再開を促し，これに伴って投与後8〜15日に発現する発情期に交配することが合理的である．健康状態の不良なものへのホルモン剤の投与は治療効果がなく，無意味である．これらのホルモン処置は，健康状態が正常に近い例において発情周期（排卵周期）の開始が誘起されるものと推測される．

GTHとしては，わが国ではhCGが古くからこの治療に用いられている．馬の本症に対し，島村らはhCG水溶液を1日1回250 MU（1 MU ≒ 3 IU）ずつ5日間連続皮下注射すれば，有効反応が15日以内に現れ，反応がないときにはさらに500 MUずつ5日間連続注射し，この方法によって治療馬の79.8%に良好な発情が現れ，交配したものの57.8%が受胎したことを，1935年に初めて報告した．

馬の卵胞発育障害の治療には，現在では油性hCG 1500〜3000 IUの1〜2回の筋肉内注射，あるいはeCG 500〜2000 IUの1回筋肉内または皮下注射が行われるほか，豚のAPG剤20〜50 AU（アーマー単位：1 AUは約15ラット排卵単位に相当，1 AU ≒ FSH 1 mg）の1回筋肉内，皮下または静脈内注射が行われている．

牛の卵胞発育障害の治療には，水性または油性のhCG 1500〜3000 IU，あるいはGnRH類縁物質である酢酸フェルチレリン100〜200 µgまたは酢酸ブセレリン10〜20 µgを1回筋肉内に注射する．また，eCG 1000〜1500 IUを1回筋肉内または皮下注射するか，eCG 1000 IUおよび水性hCG 3000 IUを同時に注射する（金田ら，1979）．このほか，豚のAPG剤20〜40 AUを静脈内に1回注射する方法もある．

卵巣に，LH刺激に対して反応性を有する発育過程にある直径10 mm以上の卵胞が存在する場合，その卵胞の排卵，黄体形成を誘起する目的で，hCG，GnRH類縁物質などの排卵促進剤（図9.71）や，卵胞の成熟，排卵を促進する目的でeCGを投与すること（加茂前ら，1985；1986；Kamomae et al., 1988；1990）が治療効果を高める上で有効である．また，腟内留置型黄体ホルモン製剤を12日間挿入留置すると，抜去後に排卵が起こり，卵巣周期が開始することが示されている（表9.30）．

また，卵巣支質内注射器（図9.72）を用い，腟深部の腟壁を貫いて，卵巣支質内に水性hCG 1500〜3000 IUを注射する（intraovarian injection）ことは，

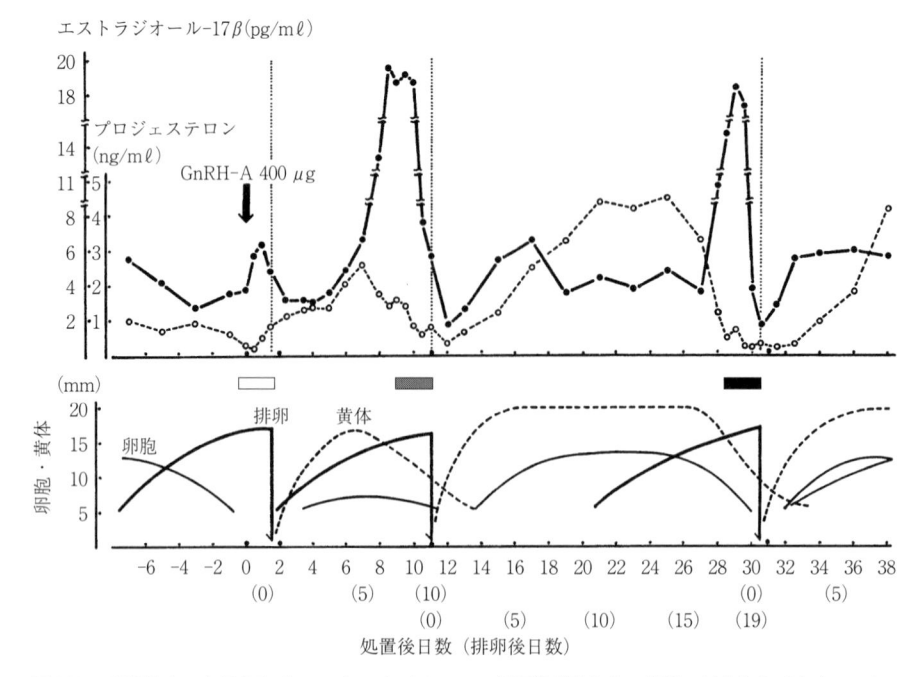

図9.71 卵巣静止の未経産牛（No.527）におけるGnRH類縁物質投与後の卵巣の反応および血中エストラジオール-17β（●）とプロジェステロン（○）の推移（加茂前ら，1985）
GnRH-A：酢酸フェルチレリン，■：発情徴候強，▨：発情徴候弱，□：発情徴候なし．

9.3 雌の繁殖障害

本症の治療に有効である．

牛の卵胞発育障害の治療の目的で，わが国では1950年代の後半から前述のようにeCGが単独あるいはhCGとの併用の形で盛んに用いられ，その効果は広く認められているが，牛は特にeCGに対する感受性が高く，比較的少量でも著明な卵胞発育効果が現れ，用量が多いと卵胞の嚢腫化を招いたり，過剰排卵（superovulation：図9.73）を誘起して多胎妊娠を招くことがあるので注意を要する．

豚の卵胞発育障害の治療には，eCG 500～1000 IUを単独，または安息香酸エストラジオール 0.4 mgを同時に併用投与するか，あるいはeCG 500～1000 IUとhCG 500 IUを同時に投与する．さらにeCG 1000 IUを投与し，72～96時間後にhCG 500 IUまたは酢酸フェルチレリン200μgを追加投与しても有効であることが認められている（小笠，1979；小笠ら，1984）．

iv）卵巣嚢腫 ovarian cyst 卵胞が排卵することなく異常に大きくなり，10日以上存続する状態をいう．本症は卵胞嚢腫（follicular cyst）と黄体嚢腫（luteal cyst）に分けられる．牛，豚における主要な卵巣疾患で，めん羊，山羊にも発生するが，馬ではほとんどない．卵巣嚢腫の直接の原因は，LHサージの欠如あるいは不足による．

卵胞嚢腫は，卵胞がエストロジェンを活発に分泌しながら発育・成熟するが，排卵することなく異常に大きくなって嚢腫卵胞（cystic follicle）となり，10日以上存続した後，閉鎖退行する状態をいう．嚢腫卵胞の大きさ，個数および変性の程度はまちまちである．また，一側の卵巣に限局しているものも両側性のものもある．組織学的には，大きさを増大して最大となるまでの時期には卵胞壁や卵子の変性はみられないが，最大に達した後，大きさを減じて閉鎖退行を開始した時期には卵子の死滅と顆粒層細胞，内卵胞膜細胞の変性および消失がみられる．症状として，卵胞が発育・成熟して排卵することなく嚢腫卵胞となり，その後も大きさを増大している時期には旺盛にエストロジェンを分泌するため，発情徴候を持続的に示すものもある．

黄体嚢腫は，嚢腫卵胞の壁に黄体組織が形成され，中心部に腔があって内容液を貯留した状態をいう．通常，卵胞が排卵することなく異常に大きくなり，その壁が島状あるいは層状に黄体化した状態をいう．黄体嚢腫は単独に発生することもあるが，卵胞嚢腫に併発あるいは継発することが多い．症状としては，黄体組織からプロジェステロンが分泌されている期間は無発情の状態が続き，発情徴候はみられないが，黄体化嚢腫卵胞（luteinized cystic follicle）が退行し，卵胞が発育・成熟して嚢腫卵胞となる時期には発情徴候が発現する．

［牛の卵胞嚢腫］ 牛の卵胞嚢腫の発生は多い．乳牛ではホルスタイン種での発生が他の品種よりも多

表9.30 牛における腟内留置型黄体ホルモン製剤の卵巣静止，卵胞嚢腫などの卵巣疾患に対する治療効果（Kim et al., 2004）

卵巣疾患	頭数	著効[1] （頭数（％））	有効[2] （頭数（％））	無効[3] （頭数（％））
卵巣静止	13	9（69.2）	2（15.4）	2（15.4）
卵胞嚢腫	15	7（46.7）	5（33.3）	3（20.0）
黄体嚢腫，嚢腫様黄体	7	2（28.6）	4（57.1）	1（14.3）

[1]：抜去後7日以内に発情徴候が発現し，抜去後7～14日の間に黄体形成が認められ，血中プロジェステロン濃度が1 ng/ml以上であった例．
[2]：抜去後7日以内に発情徴候は認められなかったが，抜去後12～16日の間に黄体形成が認められ，血中プロジェステロン濃度が1 ng/ml以上であった例．
[3]：試験期間中に発情徴候および黄体形成がみられなかった例．

図9.72 卵巣支質内注射器（檜垣式）

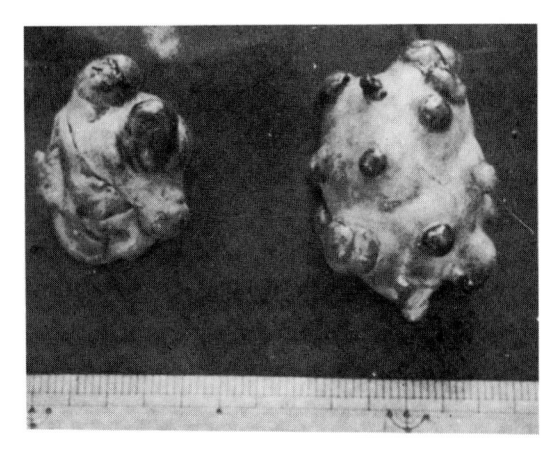

図9.73 29個の排卵が誘起された肉牛の卵巣（山内ら原図）
発情前期にPMSG（eCG）・hCG各2000 IUを皮下注射，4日後にhCG 2000 IUを静脈内注射し，人工授精して7日目に解剖，受精卵10個を採取．

く，肉牛では発生は稀である．

〔原因〕 本症の発生には，高泌乳牛における遺伝的選抜と代謝負荷，飼料給与面における負のエネルギーバランス，飼養管理の不適によるストレス，エストロジェン様物質を多く含む飼料の多給および卵胞嚢腫発生体質の遺伝的要因が関与していることが知られている．

直接の原因は，下垂体前葉からの GTH の分泌異常，すなわち LH 分泌の低下にあることが以前よりほぼ明らかにされていた（山内ら，1954）が，同時に，本症発生の時期に血中の FSH 濃度は高値を示さず，LH 濃度が高い傾向を示すことが指摘されていた．今日では，繁殖に関与する神経内分泌機構が障害され，特に卵胞の成熟時における LH サージ発生機構に異常をきたしていることが認められている．排卵性 LH サージが欠如あるいは不足していることが多くの研究で示されており，卵胞嚢腫が入れ替わる時期に LH サージが欠如していること（加茂前ら，1995；Yoshioka et al., 1996），また，自然治癒した後再発した卵胞嚢腫の 1 例において，卵胞の嚢腫化過程において LH サージが起こらないことが報告されている（Yoshioka et al., 1998）．すなわち，エストロジェンの正のフィードバックに対する視床下部のサージジェネレーター（サージ発生機構）の感受性の欠失による GnRH 放出の欠如であることが示されている．LH パルス頻度は，発情前期と同様に多いが，特に異常はない．FSH 分泌にも異常は認められない．

〔症状〕 嚢腫卵胞はやがて閉鎖退行（変性退行）し，それに伴って新たな卵胞が発育，嚢腫化して嚢腫卵胞となること（入れ替わり；turnover）を繰り返す（図 9.74）．入れ替わりの周期は 12 〜 33 日と幅があるが，多くは 18 〜 24 日であることが報告されている（Yoshioka et al., 1996；Kengaku et al., 2007）．

血中エストロジェン濃度は，卵胞が発育，嚢腫化して最大となる時期に発情前期〜発情期と同程度あるいはそれ以上の高い値を示して推移し，嚢腫の閉鎖退行に伴って低下する．すなわち，嚢腫卵胞の入れ替わりに伴って波状の消長を示す．したがって，外陰部の充血や腫脹，ほかの牛への乗駕などの発情徴候は血中エストロジェンが高い濃度を示す時期に一致して持続的

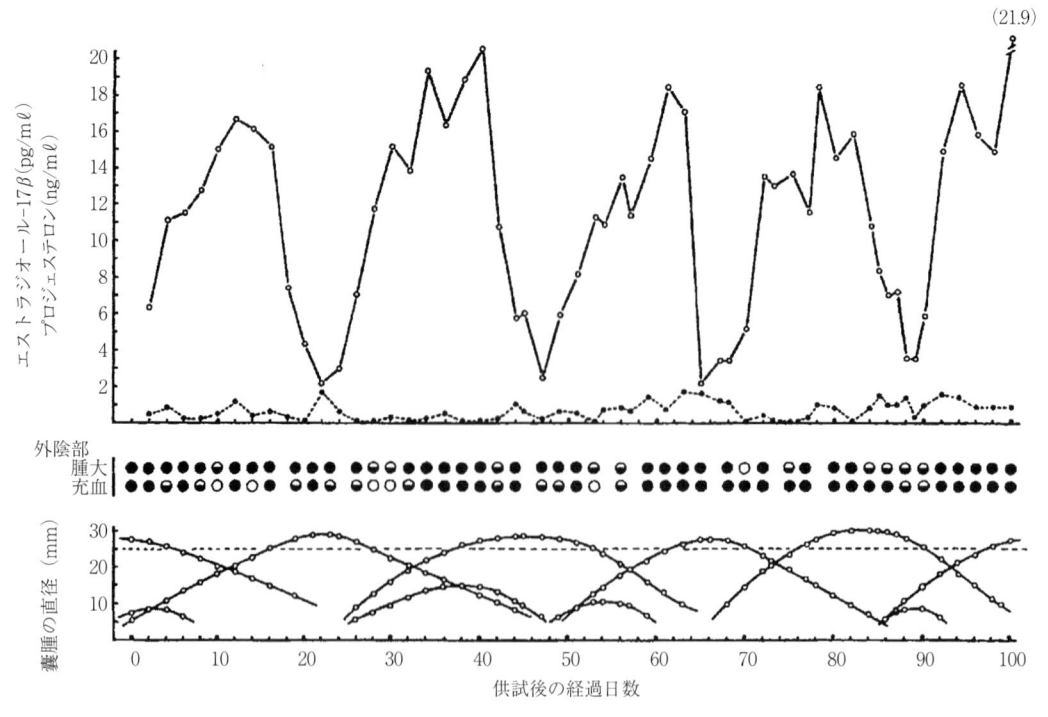

図 9.74 卵巣嚢腫の黒毛和牛における嚢腫卵胞，外陰部状態と血中性ステロイドホルモン濃度の推移（加茂前原図）
エストラジオール -17β（○）およびプロジェステロン（●）．外陰部については，●：陽性，◐：弱陽性，○：陰性．

に発現し，減少に伴って一時的に消退する．また，卵胞が発育・成熟して囊腫卵胞となる時期に乗駕許容(スタンディング発情)を示すことがあり，稀に持続性発情を呈する場合もある．さらに，囊腫卵胞の入れ替わりの時期に，発育している卵胞が自然排卵し，自然治癒する場合もある．

　従来，卵胞囊腫の牛には色情が高進して思牡狂(nymphomania)になるものと，反対に無発情(anaphrodisia)になるもの，さらにこれらの中間型や移行型のものがあるとされている．

　思牡狂型の牛は，常時あるいは頻繁に発情徴候を示し，ほかの牛や飼養者にまで乗駕し，さらに乗駕や交尾を許容し，眼光は輝き，性質は狂暴となる．経過が長いものでは，広仙結節靱帯の弛緩により尾根部両側および肛門部は陥没して尾根部は太く隆起し，外陰部は腫大する．本症は，古くより俗に「かも」あるいは「尾だか」と呼ばれている(図9.75)．未経産牛が卵胞囊腫を発症して思牡狂型を呈した場合の症状として，乳腺の肥大や泌乳が起こることがある．

　思牡狂型の牛には，囊腫卵胞壁の顆粒層が正常卵胞よりも肥厚充血し，内卵胞膜にも充血があり，内容液中に多量のエストロジェンを含有する囊腫卵胞が少なくとも1個は存在する．一方，無発情型のものではいずれの囊腫卵胞においても顆粒層は欠損し，内卵胞膜は菲薄になるか黄体化しており，内容液にはエストロジェンはほとんど検出されないこと，血中エストロジェン濃度は卵胞囊腫牛において常時高い値を保つものではなく，囊腫卵胞の萎縮退行や新たな囊腫卵胞の発生に伴ってかなり増減することを山内・乾(1954)および小笠・山内(1957)は認めている(図9.76)．これらのことから，症状は囊腫卵胞の発育，成長や変性の性質および程度に応じて，エストロジェンを多量に分泌するか否かによって思牡狂または無発情の二様の症状が現れるもので，これらの中間型や移行型もありうるものと解されてきた．

　古くは，思牡狂型と無発情型との比率はおよそ3：1と，前者が多いことが認められていたが，30年ほど前には逆に約1：5と後者が多くなり，近年では典型的な思牡狂型はほとんどみられなくなったといわれている．しかし，ほとんどの卵胞囊腫の牛において，常時あるいは頻繁に発情徴候を示し，一時的に乗駕許容を示す状態がみられる．

　[診断]　直腸検査または超音波画像検査によって卵巣に囊腫卵胞の存在することを確認する．この場合，牛の卵巣囊腫では排卵が起こらないため，黄体は存在しない．

　乳牛の正常卵胞は，排卵直前の最大のもので直径が1.2〜2.4 cmであるので，直径2.5 cm以上のものは囊腫卵胞とみて良い．また，正常の成熟卵胞は原則として1発情に1個認められるが，卵胞囊腫の場合は2個以上存在することがしばしばある(図9.77)．囊腫卵胞の大きさや触感から正常卵胞との判別が難しい場合は，7〜14日を経て再検査および再々検査を行い，黄体形成が認められず排卵が否定され，囊腫卵胞がさらに大きくなっているか，変化なく存続している，あるいは閉鎖退行して新たな囊腫卵胞が発育していれば

A：思牡狂となって暴れている卵胞囊腫牛

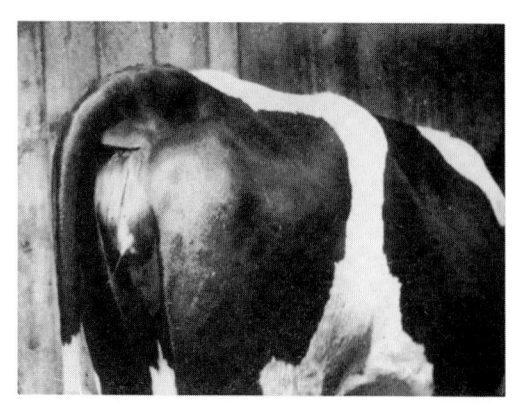

B：卵胞囊腫牛に多くみられる「尾だか」(尾根部の両側が陥没している)

図9.75　卵胞囊腫牛の症状(深田原図)

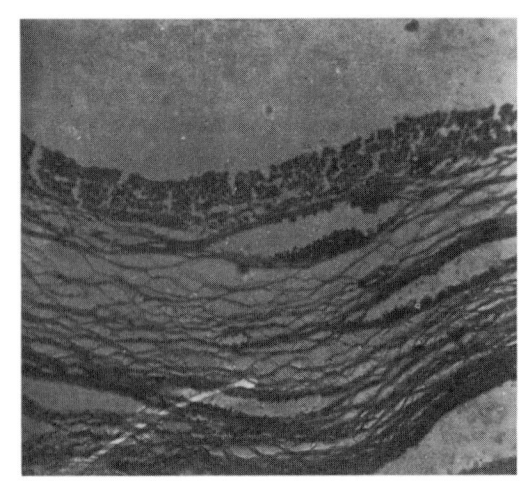

A：思牡狂型におけるエストロジェン陽性の囊腫（顆粒層，内卵胞膜ともに充血，肥厚）

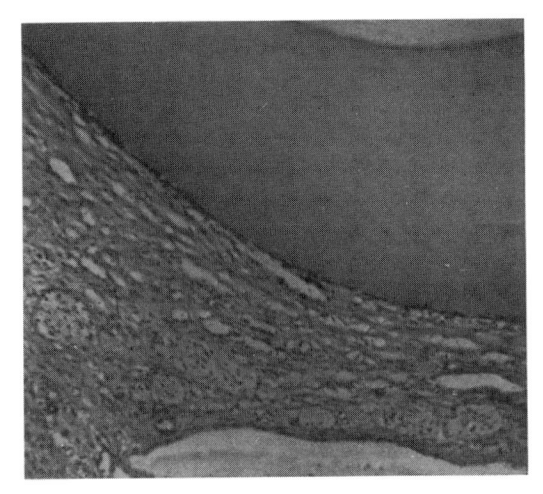

B：無発情型におけるエストロジェン陰性の囊腫（顆粒層欠損）

図9.76 牛の卵胞囊腫の組織学的所見（山内・乾，1954）

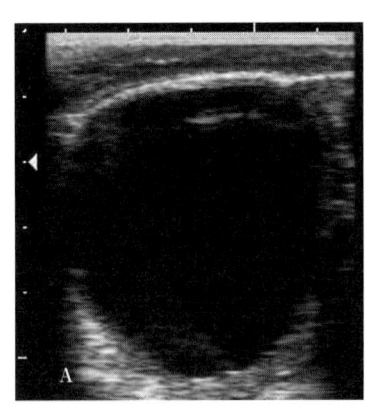

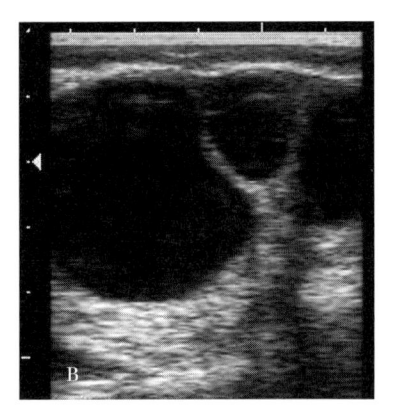

図9.77 卵巣囊腫のホルスタイン種経産牛（No.17）における卵巣の超音波画像
A：左卵巣，B：右卵巣．

卵胞囊腫と診断する．

　子宮は，卵胞が発育する過程にあるものでは腫大して収縮性があるが，囊腫化したものでは弛緩している．

　なお，乳牛において分娩後40日以内に卵胞が直径2.5 cm以上の大きさに発育した後，しばらく存続して閉鎖退行し，新たに発育した卵胞が排卵して自然に治癒することがある．このような状態においては，7〜14日後に再検査を行い，必要に応じて治療することが望ましい．

　本症に類似した卵巣の所見を呈するものとして，黄体囊腫，囊腫様黄体および囊腫様黄体退行後に残る構造物が共存する状態があるため，診断に際して注意を要する．判別がつかない場合は，卵巣の超音波画像検査を行って，黄体組織層が存在しないこと，また，乳汁あるいは血液中のプロジェステロン濃度を測定して，全乳では5 ng/mℓ，血漿および脱脂乳では1 ng/mℓ以下であることにより，本症と診断する．

　卵巣に直径10 cm以上の囊腫様の構造物が認められる場合には，顆粒膜細胞腫などの腫瘍の可能性がある．

〔治療〕　本症は，治療を行わずに自然に治癒することも稀にあるが，それでは不妊期間を長引かせ，かつ病性を悪化させることが多い．したがって，本症の原因が飼養管理，特に飼料給与の不適によるものでは，その改善を図るよう飼養者に指示した上で，早期に治療を行うことが望ましい．

　本症の治療には，hCGが広く用いられてきた．hCG

の用量は油性剤 5000～10000 IU の 1 回筋肉内注射，あるいは水性 10000 IU の 1 回筋肉内または皮下注射で効果がある．山内（1955）は，高単位の hCG 注射による囊腫卵胞の反応として，囊腫卵胞が閉鎖黄体化するか，またはいったん破裂してその後に黄体を形成し（図 9.78），ついでこれらの黄体の退行とともに正常な卵胞の発育，排卵が起こることを認めた．この囊腫卵胞の黄体化は hCG 注射後 2～7 日の間に起こり，これと並行して思牡狂のものは 2～5 日以内に症状が消失した．

hCG による本症の治癒機序としては，大量の hCG の投与によって LH が補われ，囊腫卵胞と共存する直径 2 cm 以下の卵胞 1 個～数個が投与後 2 日以内に破裂して，その後に黄体が形成され，形成された黄体から分泌されるプロジェステロンが視床下部の性中枢に作用して GnRH の分泌を適正化するとともに，エストロジェンの正のフィードバックに対する反応性を回復させることにより，黄体の退行に伴い卵胞が発育して投与後 20 日前後に発情が発現し，排卵が起こり治癒すると考えられている．

また，変性の程度の軽い囊腫卵胞は黄体化し，この黄体がやがて退行する．一方，内卵胞膜まで退行変性している囊腫卵胞は，黄体化しえないため，そのまま徐々に退行し，囊腫卵胞が消失して治癒すると解される．

なお卵胞囊腫の治療に際し，直腸から囊腫卵胞を破砕した後に hCG 注射を推奨するものもあるが，破砕の治療効果はなく，破砕により卵巣皮質に結合組織が増生したり，卵巣と周囲組織との間に癒着が起こることがあるので実施するべきではない．

高単位の hCG 投与による卵胞囊腫牛の治療によって，治療牛の体内に抗ホルモンが産生される可能性がある．抗ホルモンとは，異種蛋白ホルモンの投与により血中に産生される一種の免疫抗体で，これが産生されると，その個体に同じホルモンを注射しても不活化されて，効果が現れない．すなわち，牛に実験的に大量の hCG を注射すると，血清中に抗 hCG が比較的容易に産生され，かつかなり長期間存続する．卵胞囊腫治療のため hCG を 2～3 回注射しても治癒しない牛には，抗 hCG の産生されているものがかなりみられるが，こういった牛に対しても，腟壁を貫いて囊腫卵胞内容液を穿刺吸引した後，囊腫卵胞腔内に直接 hCG 溶液を注射すれば，従来の皮下または筋肉内注射の場合に比べて，はるかに少量（1500～3000 IU）を用いても治療効果が期待できる（中原ら，1961）．抗 hCG の生産が疑われる本症牛に対しては，この囊腫卵胞内直接 hCG 注入（図 9.79）を行うか，あるいは hCG 以外の GTH の投与を行うことが良い．

牛の卵胞囊腫の GTH 治療として，hCG のほか，豚の APG 剤 20～40 AU を静脈内に，あるいは 40～60 AU を皮下または筋肉内に 1 回注射することが行われている．

また卵胞囊腫牛に GnRH 類縁物質を投与すると，血中 LH レベルが急上昇する（図 9.80）．その結果，囊腫卵胞あるいは共存する発育中の卵胞の破裂，黄体形成が起こり，ついで卵巣機能が正常に復することが認められており（図 9.81），その治癒機序は hCG によるものと同様であると推定される．田中ら（1979）は，GnRH 類縁物質である酢酸フェルチレリン 300 μg と 200 μg を，90 分間隔で 2 回筋肉内注射する牛の卵胞

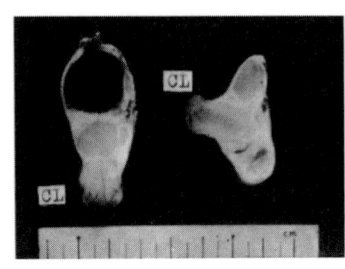

A：注射後 7 日の卵巣（囊腫の破裂後形成された突起のある黄体 2 個が認められる）

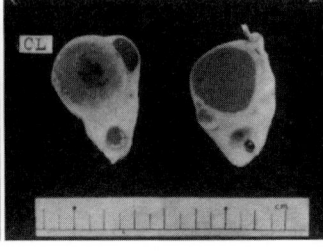

B：注射後 12 日の卵巣（囊腫の閉鎖黄体化したもの 1 個が認められる）

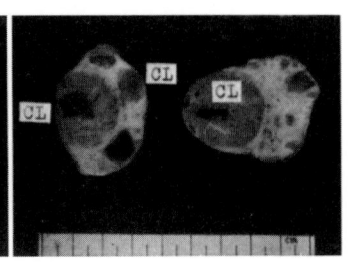

C：注射後 11 日の卵巣（囊腫の閉鎖黄体化したもの 3 個が認められる）

図 9.78 hCG 注射後，卵胞囊腫の治癒途上で解剖した牛の卵巣所見（山内，1955）

9. 繁殖障害

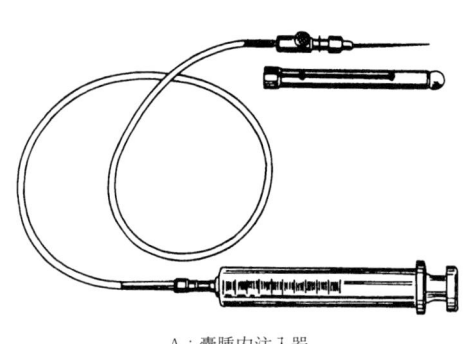

A：囊腫内注入器　　　　　　　　　B：囊腫内注入の方法

図 9.79 GTH の囊腫卵胞内注入による治療法（中原原図）

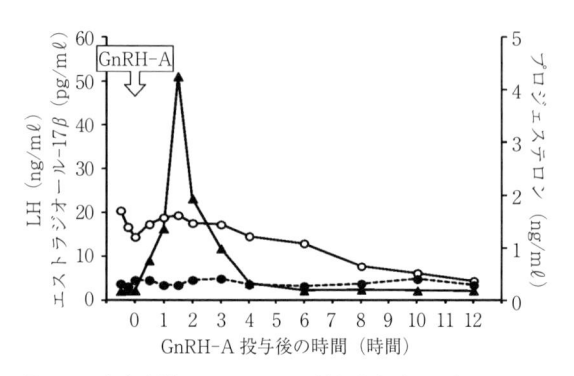

図 9.80 卵胞囊腫のホルスタイン種経産牛（No.17）におけるGnRH 製剤投与後 12 時間の血中 LH（▲），エストラジオール-17β（○）およびプロジェステロン（●）濃度の推移（加茂前原図）

GnRH-A：酢酸フェルチレリン 100μg/2mℓ 筋肉内注射．

囊腫の治療を試みた結果，23 頭中 16 頭（69.6％）が治癒し，処置後 31.0±6.4 日に発情が現れ，人工授精した 13 頭中 10 頭が受胎したことを報告している．現在では，牛の本症の治療に，本剤 100～200μg または酢酸ブセレリン 10～20μg の 1 回筋肉内注射による治療が有効とされている．

その他，腟内留置型黄体ホルモン製剤を 12～18 日間処置して人為的に黄体期を作出することにより，治療効果があることが示されている（表 9.30）．

［牛の黄体囊腫］　卵胞は発育するが，排卵することなく直径 2.5cm 以上の大きさに達した囊腫卵胞の壁の一部または全面に黄体組織が形成され（黄体化），内部に腔を有して内容液を貯留する状態をいう．直腸検査ならびに超音波画像検査により壁の黄体化を臨床的に診断することは困難で，剖検して初めて黄体囊腫と判明することが多い．本症の病態については不明な点が多い．本症が発生すると黄体化囊腫卵胞が長く存続し，正常な卵胞の発育が抑制されるため，無発情の状態が続くと考えられている．

〔原因〕　本症は，卵胞囊腫を併発していることが多いことから，原因は卵胞囊腫に準ずると考えられている．

〔診断〕　前述のように，直腸検査および超音波画像検査において，形成された黄体組織層を確認することは困難なことが多い．したがって，本症の診断においては，直腸検査および超音波画像検査を行って卵巣囊腫のようであると診断した上で，血液または乳汁中のプロジェステロン濃度を測定する．機能的な黄体組織が存在することを示す牛において，血漿および脱脂乳では 1ng/mℓ 以上，全乳では 5ng/mℓ 以上を示した場合には黄体囊腫と診断する．

なお，本症は囊腫様黄体と混同されやすいが，囊腫様黄体は排卵後に形成される黄体であることから，排卵が起こり，黄体が形成され，多くの黄体は排卵部位から黄体組織が膨隆・突出して形成される黄体突起（冠状突起）を有し，かつ正常な発情周期を営むことにより鑑別することができる．しかし，囊腫様黄体の直径が 3～4cm またはそれ以上の大きなものでは，直腸検査によって黄体の突起が触知されない場合があるので注意を要する．

〔治療〕　本症の治療には，腟内留置型黄体ホルモン製剤の 12 日間処置が有効であることが示されている（表 9.30）．また従来から，卵胞囊腫と同様の hCG や GnRH 製剤の投与が有効であることが知られている．

海外では，$PGF_{2\alpha}$ あるいはその類縁物質が本症の治

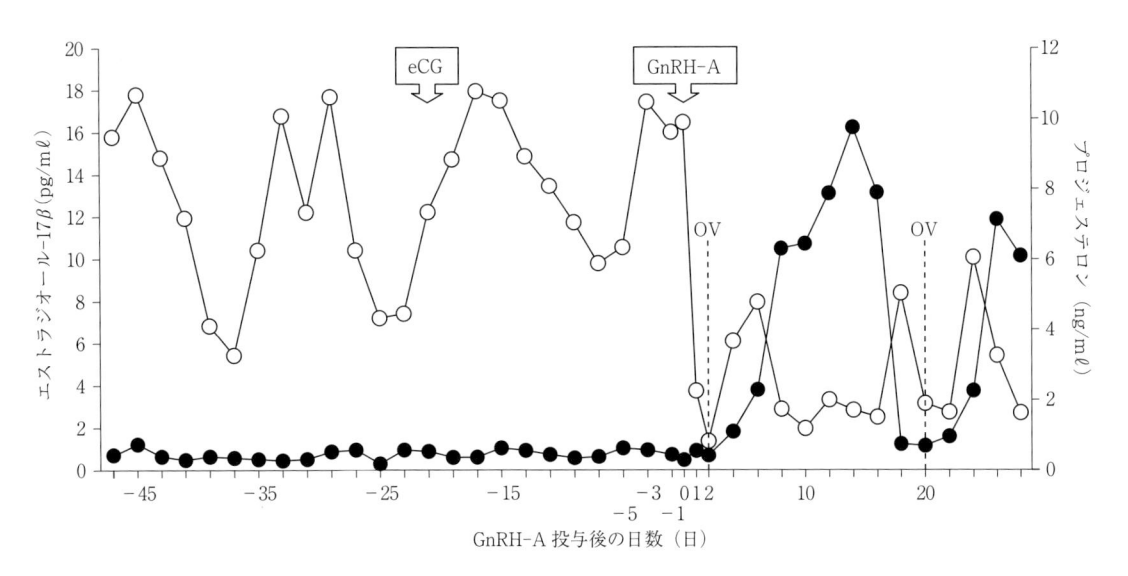

図 9.81 卵胞嚢腫のホルスタイン種経産牛（No.17）における GnRH 製剤投与前後 75 日間のエストラジオール-17β（○）および
プロジェステロン（●）濃度の推移（加茂前原図）
GnRH-A：酢酸フェルチレリン 100 μg/2 mℓ筋肉内注射, eCG：eCG 1000 IU/5 mℓ筋肉内注射, OV：排卵.

療には合理的であるとされている．すなわち，ジノプロスト 12～15 mg，トロメタミンジノプロスト 20～33 mg（ジノプロストとして 15～25 mg），クロプロステノール 500 μg を筋肉内，またはフェンプロスタレン 1 mg を皮下に 1 回注射すると，処置後 3～5 日に 60%あるいはほとんどのものが発情を示し，それらの 60～90%が受胎したことが示されている．しかし，黄体嚢腫の病態が不明であり，嚢腫様黄体との臨床鑑別診断が困難である状況において，本症の PGF$_{2α}$ 製剤による治療効果についてはさらなる詳細な検討が必要である．

なお，治癒の判定に際しては，黄体嚢腫の黄体組織層が退行消失した後に黄体の内腔液がそのまま残存して，卵胞嚢腫に移行したような所見を呈することがあるので注意を要する． 〔加茂前秀夫〕

[豚の卵巣嚢腫] 豚の卵巣に，直径 15～20 mm 以上の嚢腫卵胞が少数または多数存在するものをいう．直腸検査による触診所見や剖検時の外景所見から，形態的には多胞性小型卵巣嚢腫，多胞性大型卵巣嚢腫，および単（寡）胞性卵巣嚢腫の 3 型に大別される．単（寡）胞性卵巣嚢腫は黄体不在型と黄体共存型の 2 型に区分でき，また臨床的には，黄体共存型単（寡）胞性卵巣嚢腫は正常な発情回帰や，受胎および妊娠の継続が確認される場合が多く，機能的には正常な場合が多いと判断される（図 9.82）．

多胞性小型卵巣嚢腫では，嚢腫卵胞の大きさは 15 mm 前後で，これが多数存在し卵巣はブドウの房状を呈する．この型の嚢腫卵胞内壁は正常な顆粒層細胞によって覆われ，黄体化は認められず，発情周期は不規則となり，発情徴候は強いものも認められる．

豚の卵巣嚢腫の大部分は，多胞性大型卵巣嚢腫と呼ばれるタイプであり，直径が 20 mm 以上の嚢腫卵胞が左右の卵巣にそれぞれ 5～6 個存在し，嚢腫卵胞内壁には黄体組織がみられ，嚢腫内容液や血液中のプロジェステロン濃度は著しく高いものが多い．稀に不規則な発情を示すものもあるが，大部分は無発情を呈し，不妊の原因となる．なお，発生後の経過が長いものでは嚢腫内壁が全面的に黄体化しているものが多い．

正常卵胞の 2～3 倍の大きさの嚢腫が 1～3 個認められ，そのほかは正常範囲内の大きさの卵胞が存在する症例を，黄体不在型単（寡）胞性卵巣嚢腫と呼び，卵胞ではなく正常な黄体が存在する場合を黄体共存型単（寡）胞性卵巣嚢腫と称する．前者の場合は，正常大卵胞も嚢腫化する傾向にあり，最終的には多胞性卵巣嚢腫に移行するため，不妊症の一因となっていることが臨床上知られている．後者においては，発情周期を示すものでは，嚢胞は次の発情期までに黄体化，退行する場合が多いこと，交配した場合には受胎し分娩

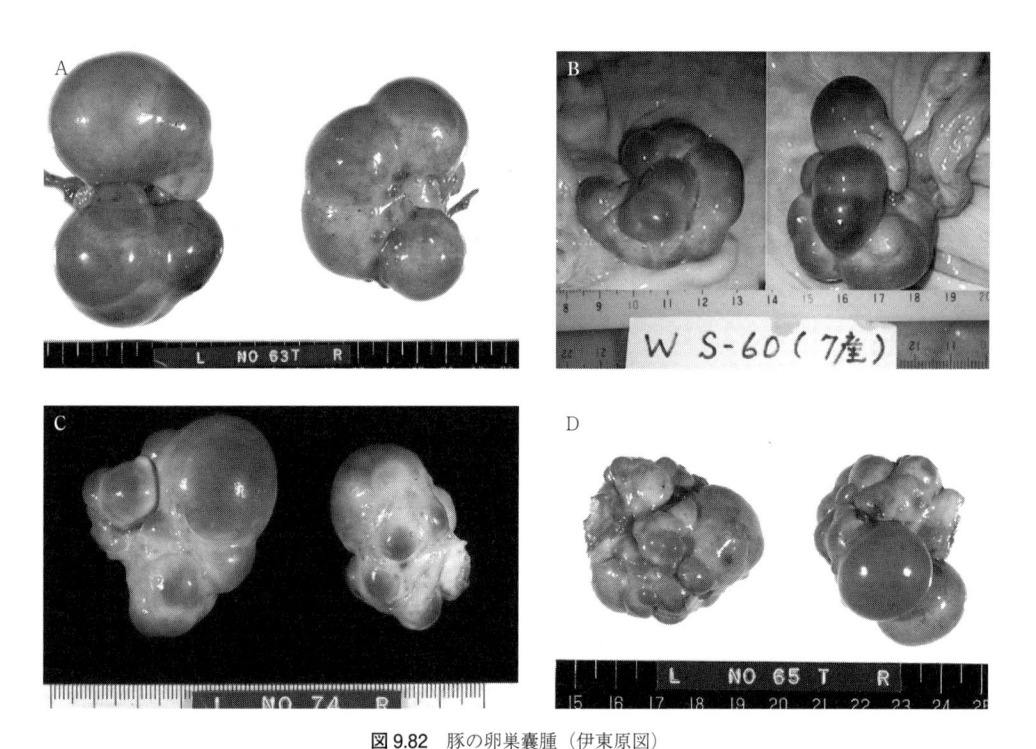

図9.82 豚の卵巣嚢腫（伊東原図）
A:多胞性大型卵巣嚢腫, B:多胞性小型卵巣嚢腫, C:寡胞性卵巣嚢腫（黄体不在型）, D:寡胞性卵巣嚢腫（黄体共存型）.

に至る場合も多いことが知られており，発情周期または妊娠期の基本的な繁殖機能には大きな悪影響はないことも臨床経験上知られている．

また嚢腫卵胞の割面所見から，嚢胞内における黄体組織の有無により，嚢腫卵胞壁が菲薄で，肉眼上黄体組織が認められないもの（Ⅰ型），斑点状に黄体組織の存在するもの（Ⅱ型），黄体組織が嚢腫内壁全面を被覆するもの（Ⅲ型）に分けられることが指摘されている．なお，Ⅰ型の嚢胞内には顕微鏡下で菲薄な黄体組織を認められること，血中エストロジェン値はⅡ型がⅠ，Ⅲ型より高く，プロジェステロン値はⅢ型が高くⅠ型で低いこと，嚢腫内容液中の性ホルモンは，血中と同様の傾向である．さらに，発情徴候を示した卵巣嚢腫豚の血中エストロジェンとプロジェステロン値は，発情周期における発情期の値に近い．なお，無発情豚のエストロジェン値は発情期の値より著しく低く，プロジェステロン値は黄体初期または黄体退行期と同等のレベルである．

〔原因〕 豚の卵巣嚢腫の発生要因としては，極端な早期離乳，拘束管理，暑熱ストレス，外科的侵襲，不適切なホルモン剤投与などが指摘され，発情回帰の遅延，鈍性発情，排卵障害などを伴って発生する．このような種々のストレスを受けた豚においては，下垂体からのACTHの増加により副腎からコルチコステロイドやプロジェステロンの分泌が高進する．これが視床下部にフィードバックして，GnRHの放出を抑制する．一方，増加したコルチゾールは卵胞壁細胞のLH受容体量を減少させ，さらにエストラジオール-17βの分泌が抑制される．このエストラジオール-17βの分泌低下のために，視床下部-下垂体系への正のフィードバック作用が減弱し，その結果，LHサージが惹起されず，排卵が阻止され，卵胞が嚢腫化すると考えられる．

卵胞期にストレスを受けた豚では，血中エストラジオール-17βの濃度の上昇が，正常な発情期のものと比べてやや緩やかであるが，ほぼ同等のレベルまで増加する．しかし，発情徴候は微弱で推移することが認められている（伊東，1995）．この場合には，エストラジオール-17β濃度の上昇に対する視床下部-下垂体軸の感受性が鈍いことが一要因とも考えられ，また，ストレスにより放出されるCRHがLHRHの放出を抑制することや，β-エンドルフィンの生産を促進し，

それがLHRHの放出を抑制することも知られている．さらに，発情同期化に合成プロジェステロンを応用した場合や，卵胞発育障害豚に対するGTH治療処置後に本症が発生する場合もある．

〔診断〕 本症豚は，通常長期間無発情を呈するが，稀に不規則または持続性発情を示すことがある．臨床所見，直腸検査，さらには超音波画像検査で卵巣に囊腫卵胞が触知，確認されることで確定診断となる．

〔治療・予後〕 ホルモン治療として，酢酸フェルチレリン200 μgまたは酢酸ブセレリン4.2 μgを1～3回，7～10日間隔で筋肉内に注射する方法が有効である．なお，LHRH-Aを投与することで囊胞がさらに巨大化する例も認められるが，間隔をあけた反復投与により治癒に向かうケースが多い．

上記の処置後，通常7～10日で大部分の囊腫卵胞が黄体化し，その後10～15日で黄体が退行した後，新しい卵胞が発育して発情が発現する．治療後4週間経過しても発情の認められない場合は再診断を必要とし，大部分の囊腫卵胞が黄体化せずに存続している場合には再治療を行う．

前者の治療を2回，あるいは後者の治療を行っても反応が認められないもの，または再発するものは，予後不良である．なお，治療後卵巣静止に移行したものについては，それに対する治療処置を施す．

〔伊東正吾〕

v） 黄体形成不全 luteal hypoplasia 排卵後の黄体形成において，黄体組織の発育が十分でない状態を黄体形成不全という．牛に多発し，山羊や豚にもみられる．本症ではプロジェステロンの分泌が不十分なため，血中プロジェステロン濃度は正常なものに比べて低く，不妊となる．この形成不全黄体は，その形状によって発育不全黄体と囊腫様黄体に区別される．

[発育不全黄体（hypoplastic corpus luteum）] 牛では，病的な静止卵巣が自然に治癒あるいはGTHやGnRH製剤の治療を受けた後に，また春機発動時あるいは分娩後の卵巣周期の再開時の初回排卵後に形成された黄体は発育が不十分で小さく，かつ寿命も短いものが多く，短い卵巣周期（発情周期）を示すことが知られている（図9.71）．このように発育が悪く，ホルモン分泌機能が不十分な黄体を発育不全黄体と呼んでいる．この場合の発情周期は短いことが多い．

〔原因〕 黄体の形成が良くないことから，LHやFSH分泌の不足，排卵した卵胞および形成された黄体におけるLHレセプターの不足が考えられている．また，子宮における黄体退行因子であるPGF$_{2\alpha}$の早期産生も考えられている．

〔診断〕 通常の黄体よりも発育が悪く小さいことにより診断する．この場合，黄体の最大長径が1.8 cm未満であることを目安として診断することが提示されている．血中のプロジェステロン濃度は通常よりも低い．多くの場合，短い発情周期を示す．

〔治療〕 卵巣囊腫の治療としてGnRH製剤を投与し，誘起排卵後に10日前後の短い発情周期を伴って発育不全黄体が7回連続して形成された経産牛の1症例において，発情時にhCG 1500 IUを投与したところ，正常な黄体が形成され，発情周期も正常になったことが認められている（図9.83）．この治療成績から，発情期や周排卵期におけるhCG 1500～3000 IUの投与が良いとされている．

[囊腫様黄体（cystic corpus luteum）] 牛の黄体には，正常なものでも形成初期の数日間は，中心部に内容液を含んだ小腔がしばしばみられるが，黄体が発育すれば黄体組織で充填されて消失する．しかし，排卵後7～14日の開花期黄体においても，この中心腔が著しく大きく，周囲の黄体組織の層が薄く，内容液を貯留するものがある．このような状態の黄体を囊腫様黄体という．囊腫様黄体は，無排卵性の黄体囊腫とは区別され，内腔がなく充実した，あるいは内腔の小さい正常な黄体と同様に，妊娠していない場合には自然に退行し，発情周期の長さはいくぶん延長する場合もあるが，ほとんど差がない．

囊腫様黄体と受胎の成否の関連については明らかでないが，後述のリピートブリーダーの中には囊腫様黄体の形成されているものがかなりあるとされている．また，囊腫様黄体の組織中のプロジェステロン含有量が正常な開花期黄体の組織中より明らかに低いことや，血液中のプロジェステロン濃度も低いものがある（図9.84）ことから，囊腫様黄体の形成は不妊の原因となっている場合があることが推察される．ただし，囊腫様黄体が形成された場合でも妊娠するものがあることから，不妊症の原因にはならない場合もある．

〔原因〕 黄体の形成が良くないことから，下垂体

9. 繁殖障害

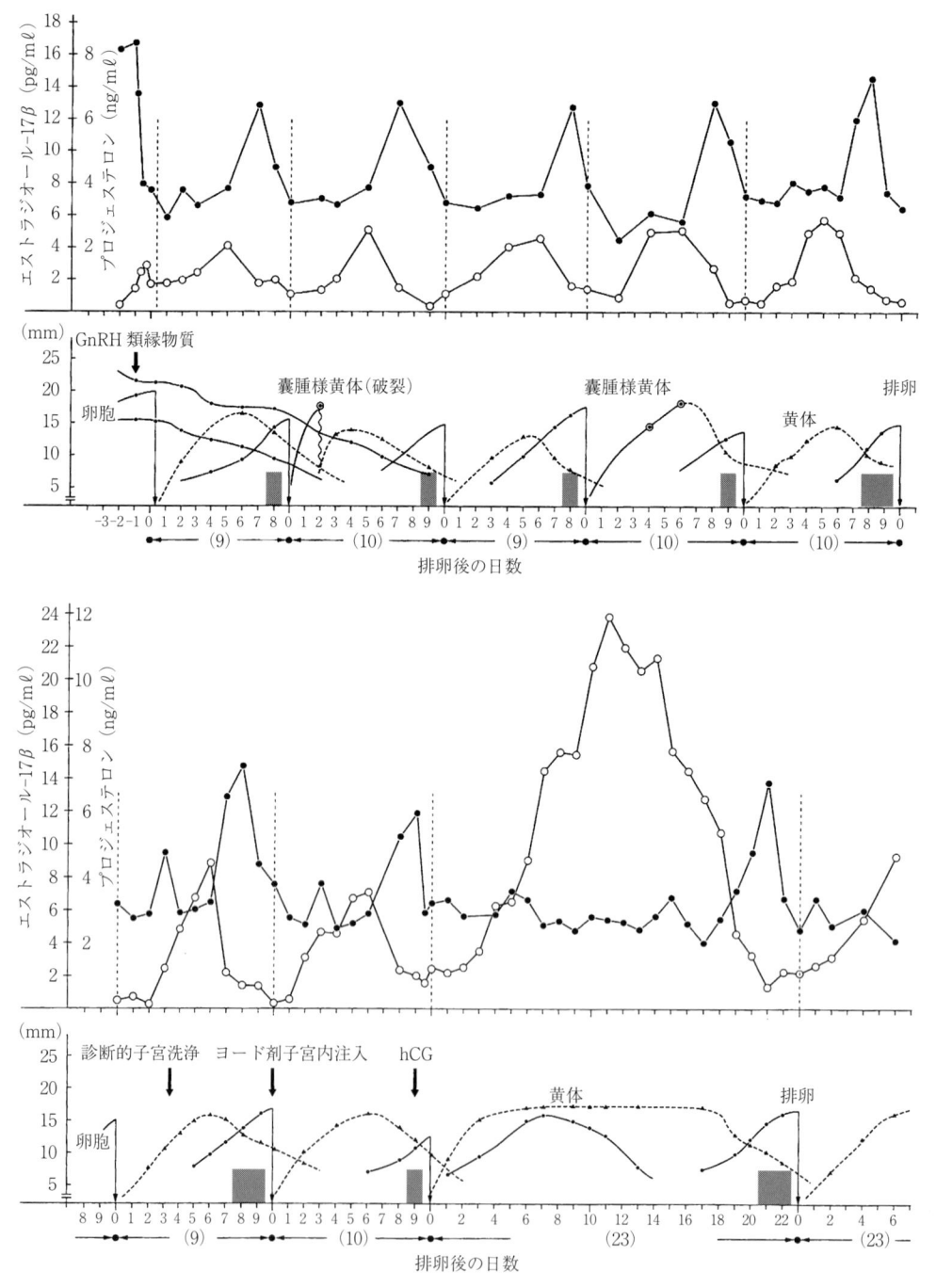

図 9.83 卵胞嚢腫の GnRH 類縁物質治療後に短発情周期を反復した黒毛和種経産牛に対する 2, 3 の処置と卵巣の変化および血中エストラジオール-17β (●), プロジェステロン (○) の動態 (百目鬼原図)
■：発情, GnRH 類縁物質：酢酸フェルチレリン 300μg 筋肉内注射, 診断的子宮洗浄：生理食塩液 500 mℓ, ヨード剤子宮内注入：2%ポビドンヨード液 100mℓ, hCG：1500 IU 筋肉内注射.

前葉の GTH 分泌能の異常が考えられる. また排卵は炎症反応であるという考え方（Espey, 1994）もあり, 排卵時における炎症性変化の異常の可能性もある. さらに, 尿腔や軽度の子宮内膜炎の症例にもみられることから, 黄体初期における子宮内膜の一過性の炎症やその修復過程で産生される黄体退行因子が発生原因の

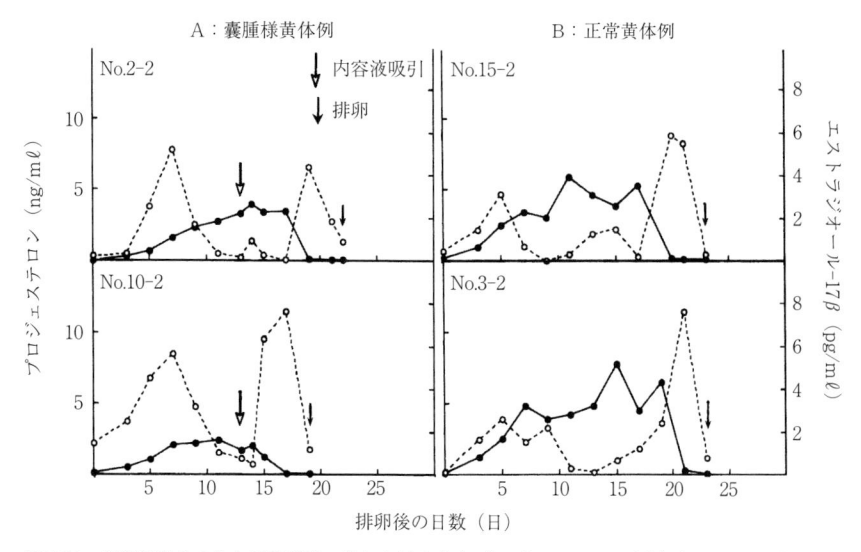

図 9.84 嚢腫様黄体の牛と正常黄体の牛における血中プロジェステロン（●）とエストラジオール-17β（○）濃度の推移（加茂前原図）
A：排卵後3日の超音波画像検査で直径7mm以上の内腔を有する黄体，B：同検査で内腔の直径が7mm未満の黄体．

可能性として考えられる．

〔診断〕 直腸検査により，排卵後2～5日の黄体初期には嚢腫様黄体は直径2～3cmまたはそれ以上となり，発育途上の卵胞あるいは嚢腫卵胞に類似した張りのある緊張感を呈する．排卵後7～14日の黄体開花期には直径3～4cmまたはそれ以上と正常黄体よりも大きくなり，張りのある緊張感が継続して触知される．超音波画像検査では，内腔が無～低輝度で黒く描出されるため（図9.85），容易に診断される．牛においては，排卵後7日以降に内腔の直径が7～10mm以上の場合を本症と診断する．黄体の内腔周囲の黄体組織層は，確認できないものや極めて非薄なものがある．それらについては，卵巣嚢腫，特に黄体嚢腫との類症鑑別に注意を要する．

多くの嚢腫様黄体は，正常黄体と同様に排卵部位から黄体組織が反転，隆起して形成される冠状突起が明瞭である．しかし，この冠状突起が直腸検査だけでなく超音波画像検査においても確認できないものもある（図9.86）．

嚢腫様黄体は，注意深く触診を行った場合でも排卵後3～7日の黄体初期には破裂しやすく，破裂した場合や内容液を吸引除去した場合には，多くのものにおいてその2～3日後には黄体組織の充満した発育良好な充実性の黄体となる．しかし卵巣嚢腫の場合には，嚢腫卵胞から卵胞液を吸引排除しても黄体形成や黄体化は起こらない．この違いは，本症と卵巣嚢腫との鑑別診断を行う上で重要な所見となる．

〔治療〕 人工授精を行っていない場合には，発情周期はほぼ正常に営まれるため，特に治療の必要はない．しかし，人工授精後に嚢腫様黄体が形成された乳牛において，人工授精後6～11日に内容液を卵巣注射器により吸引排除したところ，充実した黄体となり，多くのもので妊娠が成立したことから，人工授精後5～10日の内容液の排除が推奨されている（金田・松田，1970；金田ら，1980）．

vi) 黄体機能不全 luteal dysfunction / luteal insufficiency　黄体の発育，形状に異常はみられないが，プロジェステロン分泌機能が十分でない状態をいう．黄体の機能が十分でない状態は，不妊の原因になると考えられている（Parkinson, 2009；9.3（1）i, j 項（p.294, 297）も参照）．

vii) 黄体遺残（永久黄体） retention of corpus luteum / persistent corpus luteum　妊娠していないにもかかわらず黄体が永く存続し，その機能を発揮する状態を黄体遺残という（図9.87）．牛に多発し，馬にも発生することが知られている．本症においては，プロジェステロンが旺盛に分泌されている間は卵胞の成熟が抑制され，無発情となる．豚では，無発情がと

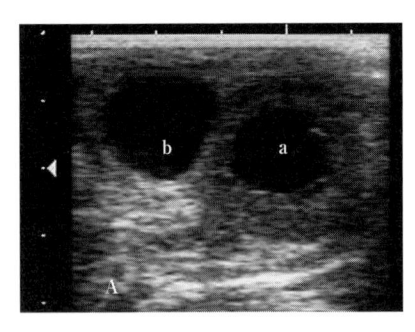

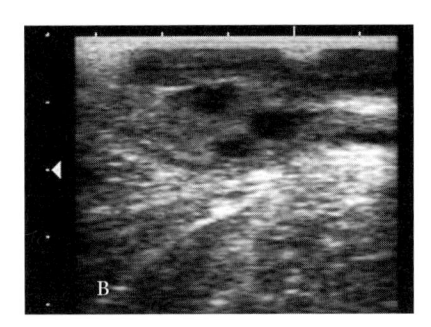

図 9.85 囊腫様黄体が形成されたホルスタイン種経産牛（No.7）における排卵後9日の卵巣超音波画像（加茂前原図）
A：左卵巣，囊腫様黄体（a）と共存する主席卵胞（b），B：右卵巣，小卵胞がみられる．

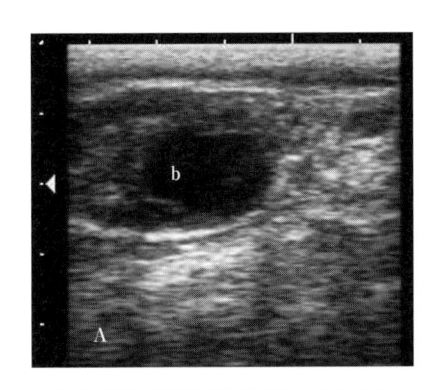

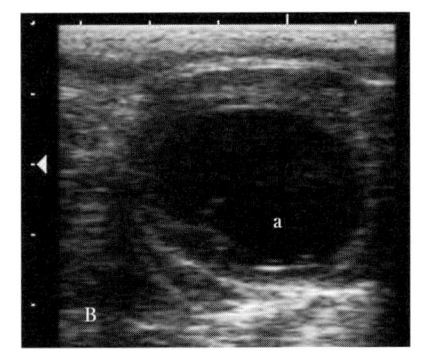

図 9.86 囊腫様黄体が形成されたホルスタイン種経産牛（No.2）における排卵後8日の卵巣超音波画像（加茂前原図）
A：左卵巣，共存する主席卵胞（b），B：右卵巣，内腔の大きな囊腫様黄体（a）．

きおり黄体遺残に伴ってみられることが示されている（Arthur et al., 1989）．

〔原因〕 黄体遺残の発生原因として，2つの可能性が考えられている．1つは，子宮内に異物が存在する，あるいは子宮内膜に慢性炎症などの異常があり，子宮由来の黄体退行因子の産生が阻害される場合である．牛では，ミイラ変性などの変性胎子，膿または粘液の貯留などの場合にしばしば黄体遺残がみられる．馬においては，子宮洗浄の際に誤って短い被毛が1本子宮内に入った結果，黄体遺残の生じたことが報告されている（佐藤・星，1936）．もう1つは，下垂体前葉からのGTH分泌の亢進による場合である．これは，LHが黄体形成および黄体機能を刺激することと，子宮の異常を伴わない黄体遺残がときにみられることによる．

〔診断〕 牛においては，無発情という稟告を得て，直腸検査や超音波画像検査により機能的な黄体が存在することを確認して診断するが，子宮に蓄膿症や粘液症などの明らかな異常を認める場合を除いて，ただ1回の検査では黄体遺残と断定できない．前述の鈍性発情との鑑別のため，7～10日の間隔をおいて再検査あるいは再々検査を行って，位置と形状が同一で機能的な黄体が存続することを確かめた上で診断する．また，本症を診断する際には，妊娠早期との鑑別および子宮蓄膿症や子宮粘液症を併発している例との鑑別にも注意しなければならない．なお，直腸検査により子宮内に液状物の存在することが疑われる場合には，超音波画像検査を行って子宮内貯留物の描出画像からその性状を判定する．必要に応じて子宮内の貯留物を採取して，その性状を調べる．

馬では，黄体が卵巣の内部に存在していて触知するのが難しいことから，直腸検査によって本症を診断することは困難であるが，無発情を呈し，卵巣はかなり大きいが卵胞の発育がみられないこと，腟検査において妊娠陽性所見が認められるにもかかわらず，子宮の触診で妊娠が否定されることなどによって本症をある

9.3 雌の繁殖障害

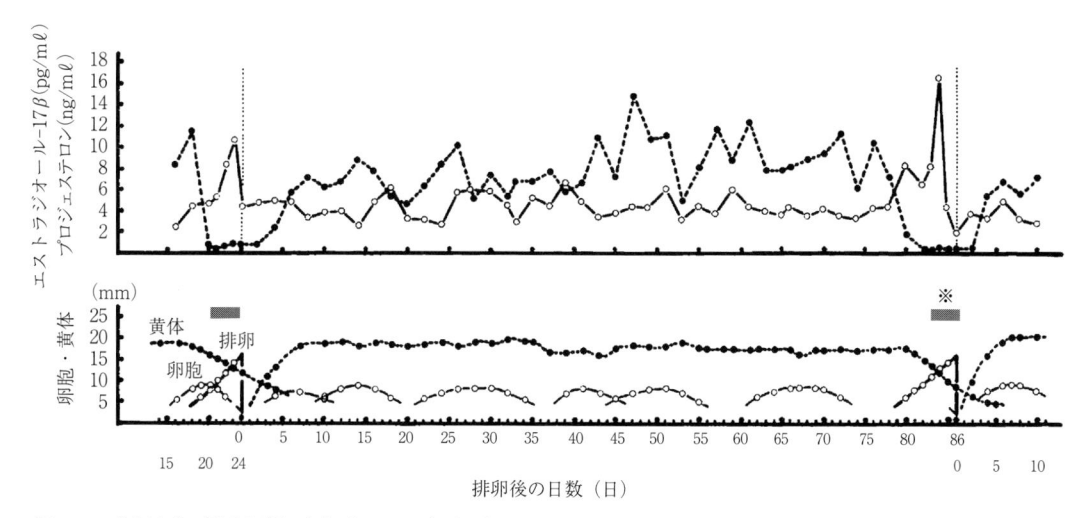

図 9.87 黄体遺残の黒毛和種経産牛（No.144：無交配）における卵巣の変化および血液中プロジェステロン（●）とエストラジオール-17β（○）濃度の推移（加茂前原図）
■■■：外部発情徴候，※：乗駕許容確認．

程度察知することができる．超音波画像検査では，卵巣に存在する黄体が明瞭に描出されることから，機能的な黄体が正常な発情周期における黄体開花期の長さ以上にわたって存続し，子宮検査において胎嚢や胎子付属物などの妊娠所見が認められないことを確認することにより，本症と診断することができる．

なお本症は，各種動物において，妊娠していないことを確認した上で，血液中，乳汁中のプロジェステロン濃度を 3～4 日の間隔をおいて 25 日間以上継続して測定し，黄体退行期における 1 ng/ml 以下への低下がみられず，機能的な黄体が発情周期の黄体開花期以上の期間にわたって異常に長く存続することを確認することによっても診断できる．

〔治療〕

① 牛：牛における黄体遺残に対しては，古くは直腸より行う黄体除去（removal of corpus luteum）が適用されていた．黄体を卵巣から除去してプロジェステロンの分泌を中絶させると，除去後 2～7 日の間に発情が現れ，人工授精するとよく受胎することが報告されている．方法は，手指を直腸内に挿入し，卵巣支質と黄体の境界部を探り，この部位を親指頭と人差し指頭および中指によって加圧することにより，黄体を卵巣より剔出する．しかし，黄体を除去すれば卵巣に出血の起こることは当然で，稀に致命的出血となることもある．山内（1957）は開花期黄体を除去した後に解剖した 6 頭の牛のうち，4 頭に 1000 ml 以上，多いものでは 2500～3000 ml の出血を認めている．出血が起こると卵巣周囲に癒着を生じ，治療不能で永久的な不妊症を招く可能性があることから，この除去法は厳に慎むべきである．現在は黄体退行作用の PGF$_{2\alpha}$ が製剤化され，多くの PGF$_{2\alpha}$ 製剤が適用できるようになっていることから，黄体除去は全く行われなくなった．

本症の治療には，PGF$_{2\alpha}$ あるいはその類縁物質が応用されている．すなわち，ジノプロスト 12～15 mg かトロメタミンジノプロスト 20～33 mg（ジノプロストとして 15～25 mg），またはクロプロステノール 500 μg を筋肉内，あるいはフェンプロスタレン 1 mg を皮下に 1 回注射することが行われている．

② 馬：Burghardt（1954），Roberts（1956），および Day（1957）らは，無発情馬の子宮内に生理食塩液を注入すると発情が誘起されることを報告している．これは，子宮処置によって子宮で黄体退行因子（おそらく PGF$_{2\alpha}$）が産生され，卵巣の黄体（必ずしも黄体遺残とは限らない）を退行させることによるものと解される．この処置は，1970 年代に入ってから多くの追試がなされ，無発情馬の治療に有効なことが立証された．ついで，無発情馬にジノプロスト 2～5 mg を皮下または筋肉内に注射すると，70～90％に発情が誘起され，その発情期における交配による受胎率

293

は40〜60％であることが，Condonや三宅らの調査，およびMitchell et al.（1976）によって認められている．馬にPGF$_{2a}$のジノプロストを投与すると，一過性の発汗や腸蠕動の高進などの副作用がみられるが，少量で強力な黄体退行作用を発揮するPGF$_{2a}$類縁物質を用いると副作用がほとんどみられないことが知られている．

③ 豚：河田（1977）は，eCG注射が無効で，長期間無発情を続ける豚にジノプロスト5mg以上を筋肉内に注射するか，あるいはその後3〜4日にeCG 1000IUを筋肉内注射することにより発情が誘起され，良好な受胎成績が得られると報告している．

最近では，ジノプロスト6mg，トロメタミンジノプロスト8mgまたはクロプロステノール175μg，フェンプロスタレン0.5mgを筋肉内に1回注射し，その後3〜4日までに発情が認められない場合には，eCG 1000IUを単独または安息香酸エストラジオール0.4mgを併用して筋肉内に1回注射することが行われている．また，黄体開花期である排卵後8日からPGF$_{2a}$ 15mgを朝夕1日2回，3日間連続筋肉内注射すると黄体が早期に退行し，処置開始後6〜7日に80％以上に発情が誘起されたことが示されており（岩村ら，2001），本症に応用できる．

viii) **卵巣炎** ovaritis / oophoritis　卵巣炎は，卵巣支質の炎症で，牛，馬にしばしば発生し，周囲組織と癒着をきたすことが多い．本症の初期には卵胞の発育があり発情も現れるが，多くの場合，卵巣表面に生じた癒着のため卵胞は排卵できず閉鎖退行，閉鎖黄体化あるいは囊腫変性をきたす．慢性化すれば，卵巣支質に結合組織が増生して機能が廃絶するため無発情となる．

〔原因〕　直腸検査における粗暴な卵巣の触診，囊腫卵胞の破砕，黄体除去などによる原発性のものと，卵管炎，子宮内膜炎などが卵巣に波及する継発性のものとがある．また，牛では金属異物による創傷性あるいは結核性の腹膜炎，馬では骨盤腔炎が卵巣に波及することも少なくない．

〔診断〕　直腸検査によるが，病変の著明な場合を除き困難なことが多い．炎症の初期には，卵巣が腫大して疼痛を示すので診断は比較的容易である．慢性化したものでは，卵巣は周囲組織と癒着しているために触診しがたく，輪郭が不明瞭となり，可動性を失い，萎縮して弾力を欠く．

〔治療・予後〕　原発性で炎症の程度および卵巣周囲組織との癒着が軽度なものは，自然に治癒することがある．両側性で重度な場合は予後不良である．一側性で正常な卵巣側に発育卵胞が存在し発情が発現している場合には，人工授精により受胎する可能性がある．

なお，乳牛で予後不良と判定されても，飼養者が受胎，分娩させて搾乳を希望する場合には，正常な発情周期を営むことを確認した上で胚移植を行うことにより，受胎の可能性がある．

i. **胚および胎子の死滅**

胚および胎子の発育に影響する因子は多い．胚あるいは胎子が有害な因子の影響を受けた場合，被る障害の程度は発育ステージにより異なる．着床前には胚は催奇形物質に対して強い抵抗性を有し，透明帯が多くのウイルスに対して効果的な遮蔽物となる．しかし，細胞の急速な成長と分化が起こる胚の時期には，催奇形物質に対して最も感受性を有する．胚および胎子の死滅は，異常産子の出生とともに，生物学的かつ経済的な損失となる．

産業動物における受精率は非常に高い．通常の環境においては，排卵された卵子のおよそ90％が受精する．しかし，無事に妊娠満了を迎えて産子として出生できないものも多い．胚および胎子の死滅の発生率は，正常な雌において20〜50％であり，多くのものは妊娠の非常に早い時期に起こることが知られている（Long, 2009）．胚が胎子母体認識（fetal maternal recognition：表9.31）前に死滅して黄体の寿命が延長しない場合を早期胚死滅（early embryonic death；EED）といい，母体の妊娠認識以降に黄体の寿命の延長を伴って死滅した場合を後期胚死滅（late embryonic death；LED）という．

表9.31　母体の妊娠認識時期（Findlay, 1981を改変）

動物種	母体が妊娠を認識する時期（妊娠日数）	明瞭な接着がみられる時期（妊娠日数）
豚	12	18
めん羊	12〜13	16
牛	16〜17	18〜22
馬	14〜16	36〜38
山羊	17	

9.3 雌の繁殖障害

牛における胚の死滅は，人工授精後3日の卵管から回収される卵子の受精率と授精後30〜34日の胎子の生存率の差異から推定される．牛における胚死滅の状況を調べた主な成績を表9.32に示した．胚死滅は，桑実胚が脱出胚盤胞となる授精後7〜8日から11〜13日にかけての時期に多く起こる．Boyd et al.（1969）によれば，胚の死滅は，授精後8〜16日の間に起こる場合は，黄体が正常発情周期におけると同様に退行するので発情周期の長さは不変であるが，16〜25日の間に起こる場合は，黄体の退行が遅延するため発情周期が延長（発情の回帰が遅延）するとされている．未経産の乳牛では，胚死滅は交配後19日前後に収束する．この胚の死滅率は，受精能の低い雄牛の精液を用いて授精した場合に，さらに高まることが認められている．

また，妊娠時期別にみた胚死滅および胎子死亡の発生頻度は，30〜60日が最も高く15%，60〜90日が6%，90〜120日が3%である．

雌馬においては，ほとんどの胚死滅は交配後10〜14日の間に，めん羊ではほとんどのものが交配後15〜18日の間に起こる．豚においては，正常妊娠の場合にも胚の約40%が死滅しており，胚死滅の発生しやすい時期が2つある．1つは胚盤胞が拡張する時期にあたる交配後9日，もう1つは着床前後の時期にあたる交配後13日であることが示されている．

〔原因〕胚死滅の原因としては，胚の遺伝的要因，母体側の環境要因がある．

胚の遺伝的要因としては，単一遺伝子の欠損，多遺伝子性異常，および染色体異常がある．そのうち，2〜3の単一遺伝子変異は致死性であり，受精卵，胚，胎子の死滅を招く．遺伝子が優性である場合には，1つの複製が死をもたらすのに十分であるが，ほかの劣性遺伝子においては，ホモ接合体状態においてのみ致死的である．また，すべての遺伝的欠損が致死的であるわけではない．異常な胎子の中には妊娠満了まで生存するものもあるため，生物学的および経済学的に生産性が望めない．したがって，異常遺伝子を保有する動物は繁殖計画から除外されるべきである．

環境要因としては，気候，栄養，ストレス，胎子母体認識に関わる因子の不全，子宮の状態，ホルモン，感染微生物，催奇形物質が挙げられる．

体温が上昇すると，受胎率が低下することが多くの研究から明らかになっており（図9.88），とりわけ妊娠初期における暑熱ストレスの影響は大きい（Parkinson, 2009）．多くの研究において，暑熱ストレス下で受精率は正常であるが，受精卵および胚の死滅が受精から母体の妊娠認識までの間に起こるとされている．すなわち，ほとんどすべての死滅が初期の卵割時に起こり，低率ではあるが交配後8〜16日の間にも胚の死滅が起こる．この早期胚死滅は，母体の中心部にお

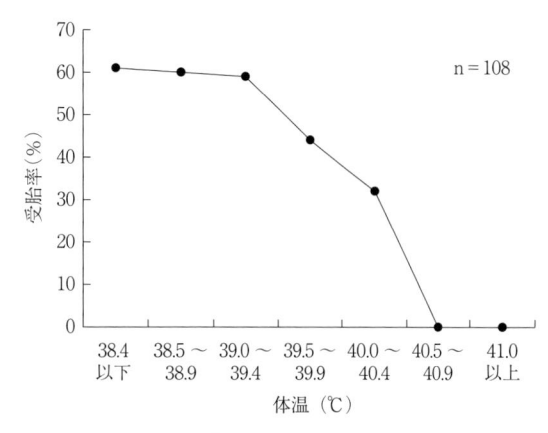

図 9.88 ホルスタイン種乳牛180頭における授精後7日間の最高体温（直腸温）と受胎率（千葉県農業共済組合連合会・紫葉会提供）

表 9.32 牛における胚死滅の状況（Ayalon, 1978を改変）

報告者	試験牛 産歴	頭数	不受精率（%）	授精後35〜45日までの胚死滅率（%）
Kidder et al.（1954）	未経産牛	32	0	24.2
Bearden et al.（1956）	未経産牛（初回授精時）	58	3.4	10.5
Diskin et al.（1980）	未経産牛	119	14.0	31.0
Ayalon（1969）	経産牛	114	17.0	14.0
Boyd et al.（1969）	経産牛	112	15.0	15.0

9. 繁殖障害

ける体温の上昇による．暑熱ストレスは卵細胞に損傷を与え，桑実胚および胚盤胞期における蛋白質の合成阻害，さらには子宮内膜の機能を損なうことにより，影響を及ぼしていることが示唆されている（Hansen, 2007）．

また牛および馬では，受精直後の飼料の欠乏が胚死滅の原因となる．豚およびめん羊では，繁殖に先立って高栄養（カロリー）で飼育すると，排卵率は増加するが着床までに胚死滅が多発する．その他，母体のエストロジェンおよびプロジェステロンの分泌異常が要因として挙げられており，胚の卵管下降や子宮内膜の着床性増殖が障害され，胚死滅が起こると考えられている．同様に，生殖器，特に子宮における軽度な細菌感染の存在が重視されている．

〔診断〕 臨床的に胚死滅を診断することは，困難な場合が多い．一般に，胚が発情周期の半ばを過ぎて，母体が妊娠を認識する時期を過ぎてから死滅した場合には黄体の退行が遅れ，発情周期が延長する．そのため，交配後に発情周期の延長がみられるものでは，胚の早期死滅が推測される．しかし，母体の妊娠認識前に早期胚死滅が起こった場合には発情周期の延長がみられないことから，交配後の発情周期の延長に基づく本症の診断は胚死滅全体の一部を推測しているにすぎない．さらに，豚のような多胎動物においては，妊娠を中断することなく胚死滅が起こる．

近年，超音波画像診断装置が開発され，妊娠の早期診断および胚の死滅の検査が非侵襲的にできるようになった．乳牛について，交配後28日以降に超音波画像検査を行い，胎子および胎水の存在により妊娠診断を行い，さらに，胎子心拍動や胎動の欠如，胎子融解や胎膜剥離および羊水混濁の所見から胎子死亡を診断したところ，妊娠と診断した4599頭中，妊娠を満了することなく流産したものが12.2％（561頭），妊娠70日以内に胎子が死亡したものが4.0％（184頭）みられたことが示されている（石井，2009）．また，これら妊娠70日以内に胎子が死滅したものにおける胎子死亡時期は，妊娠28〜42日が45.1％（83頭），43〜56日が32.6％（60頭），57〜70日が22.3％（41頭）であり，胚あるいは初期胎子の死亡率が高いことがわかる．

〔治療・予防〕 暑熱の影響は，牛を日陰に置いたり，散水したり，散水と送風装置を同時に利用することにより防ぐことができる．

未経産の乳牛において，PGF$_{2a}$製剤を投与後37〜96時間に発情が発現したものに人工授精を行い，授精後6〜24時間に直腸検査により排卵を確認したものを試

図9.89 hCG投与後の牛の血中プロジェステロン濃度（加茂前，2011）
A：授精時hCG投与，B：排卵後3日hCG投与，C：無処置．
プロットは平均値と95％信頼限界，＊：有意差あり（$P < 0.05$），
＊＊：有意差あり（$P < 0.01$）．

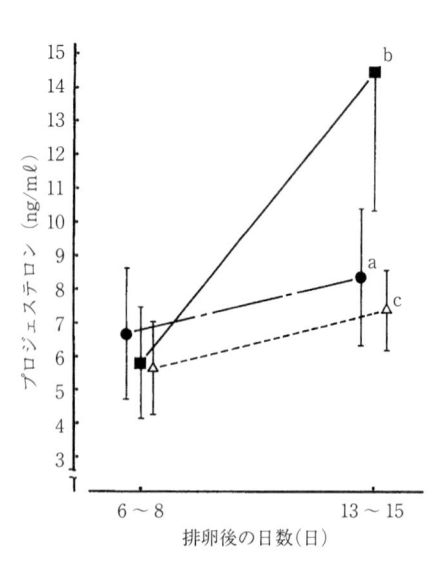

図9.90 hCG投与後の牛の血中プロジェステロン濃度（加茂前，2011）
●：I群（授精時hCG投与，n＝18），■：II群（排卵後6〜8日hCG投与，n＝19），△：III群（無処置対照，n＝17）．
プロットは平均±SD，abおよびbc間に有意差あり（$P < 0.01$）．

験対象とし，人工授精時，排卵後3日，同6～8日にhCG 1500 IUを筋肉内1回注射することにより，無処置対照に比べて血中プロジェステロン濃度（図9.89, 9.90）ならびに受胎率が，授精時および排卵後6～8日投与では（表9.33, 9.34）有意に高くなる（加茂前, 2011）．

さらに西貝ら（2001）は，牛の凍結胚移植において，胚移植前日および当日の血中プロジェステロン濃度が高いほど受胎率が高くなる傾向がみられ，胚移植前日の濃度が 2.5 ng/mℓ 以上のものの受胎率は 2.5 ng/mℓ 未満のものに比べて有意に高い（60.7% vs. 38.6%）こと，排卵後5日にhCG 1500 IUを投与すると黄体が形成され，血中プロジェステロン濃度が有意に高くなること，発情後6日にhCGを投与することにより受胎率が生理食塩液投与の対照に比べて有意に高くなる（67.5% vs. 45.0%）ことを報告している．

このように，授精時および黄体期の初期にhCGを投与することは，黄体の形成および機能を刺激してプロジェステロン分泌を促進し，胚の死滅を低下させ，受胎率を向上させるものと考えられる．

また，超音波画像検査による人工授精後70日以内の妊娠診断時に，胚～胎子の死亡が診断できたもの130頭について，PGF$_{2a}$製剤の投与を行ったところ，投与後3日前後の授精により96頭中19頭（19.8%），同24日前後の授精により27頭（28.1%）が受胎し，無処置に比べて早期に受胎する傾向がみられたことから，PGF$_{2a}$製剤投与の有用性が示唆されている（石井, 2009）．

j. リピートブリーダー症候群 repeat breeder syndrome

発情周期がほぼ正常に営まれ，臨床検査において卵巣および副生殖器に特に異常が認められないにもかかわらず，繁殖機能の正常な雄あるいは精液によって反復して交配または人工授精しても受胎しない雌をリピートブリーダー（repeat breeder）といい，このような状態をリピートブリーディング（repeat breeding）あるいは低受胎雌（low fertility female）という．

この「リピートブリーダー」は，もともと多回交配しても妊娠しない雌牛を示す用語である．リピートブリーダー牛は，最大の臨床的かつ管理的な調査を行っても，明瞭な病理学的疾病が認められない．連続的に交配を繰り返し，3回の発情期以上にわたって交配しても不受胎となるが，原因は不明である．豚，めん羊，馬にも，リピートブリーディング状態があることが知られている．豚の場合は，受胎率の低下ばかりでなく産子数の減少をもたらす．

i）発生状況 リピートブリーディングには特異的な病理学的および病原学的診断基準がないため，正確な発生状況は明らかではないが，不妊牛を簡単にリピートブリーダーとする傾向があり，極めて多発しているようにみえる．しかし，臨床検査を十分に行えば，その中には周排卵期の異常，黄体の欠陥（黄体形成不全や黄体機能不全），潜在性子宮内膜炎などが発見され，リピートブリーダーから除外されるべきものがかなり多いと推察される．

わが国における牛に関する全国調査（1974～1975年度全国家畜保健衛生所統一課題）によると，初回授精による受胎率は乳牛で 45.5%，肉牛で 45.8% であり，第3回までの授精による合計受胎率はそれぞれ 83.4%，85.4% となっている（中原, 1980）．したがって，不妊症の牛を含めると，4回以上の授精を受けるものが乳牛，肉牛ともに 20% を超えるものと推測される．牛において，授精回数が増えるごとに受胎率は低下するが，受胎率の総計は逐次増加する．このことは，リピートブリーダーあるいは低受胎牛の多くのも

表9.33 hCGを授精時および排卵後3日に投与した場合の牛の受胎成績（加茂前, 2011）

試験群	hCG投与時期	受胎率（受胎頭数/授精頭数（%））
A	授精時	26/30 (86.7)
B	排卵後3日	23/30 (76.7)
C	無処置	20/30 (66.7)

hCGは，1500 IUを筋肉内1回注射．
A～Cは図9.89と対応．

表9.34 hCGを授精時および排卵後6～8日に投与した場合の牛の受胎成績（加茂前, 2011）

試験群	hCG投与時期	受胎率（受胎頭数/授精頭数（%））
Ⅰ	授精時	17/19 (89.5)*
Ⅱ	排卵後6～8日	19/20 (95.0)*
Ⅲ	無処置	11/18 (61.0)**

hCGは，1500 IUを筋肉内1回注射．
Ⅰ～Ⅲは図9.90と対応．
*と**間に有意差あり（P<0.05）．

表9.35 リピートブリーダー牛における不受精および胚死滅の状況（Ayalon, 1978を改変）

報告者	試験牛 産歴	頭数	不受精率（%）	授精後35日までの胚死滅率（%）
Tanabe et al. (1953)	未経産牛	200	40.8	28.7
Tanabe et al. (1949)	経産牛	104	39.7	39.2
Hawk et al. (1955)	経産牛	100	検査せず	72.0
Ayalon et al. (1969)	経産牛	129	29.0	36.0

のでは，不受胎の原因は絶対的なものではなく，一時的なものであることを意味している．

豚に関しては，Einarsson and Settergren（1974）が180頭の廃用経産豚の廃用理由を調べ，4.4%がリピートブリーディング，10%が産子数の減少によるものであったと報告している．

ii）牛のリピートブリーディング

〔原因〕牛のリピートブリーディングの原因について，Casida（1961）は受精障害（fertilization failure）と胚の早期死滅の2つを挙げている．またZemjanis（1963）はさらに詳しく，①生殖器の先天的・遺伝的形態異常，②卵子，精子あるいは受精卵や胚の先天的・遺伝的あるいは後天的欠陥，③感染あるいは外傷による生殖道の炎症，④内分泌異常，⑤飼養管理の不適を挙げている．

初回授精後3日の牛の卵管から回収される卵子の受精率は，精液を提供する雄牛の繁殖機能の良否によってかなり異なるが，正常な処女牛では平均85.5%とかなり高いことが認められている（Kidder et al., 1954；Bearden et al., 1956）．これに比べて，リピートブリーダー牛における受精率は65.5%（Olds, 1969）あるいは55.8%（Graden et al., 1968）と低い．Graden et al.（1968）は，リピートブリーダー牛における受精障害の原因として，排卵障害8.7%，卵管閉塞6.7%，卵子の異常3.3%，卵巣の癒着2.0%，子宮内膜炎3.3%を挙げ，このほか17.3%の例において卵子が回収不能であり，また24.7%の例では受精障害の原因を明らかにすることはできなかったと述べている．

Olds and Seath（1954）は，胚の早期死滅は正常な処女牛においても15%程度起こるのに比べ，リピートブリーダーでは28.5%と高率に起こることを報告している．加えてAyalon（1969；1978）は，リピートブリーダー牛の受胎率は正常牛に比べていくぶん低い

表9.36 通常牛とリピートブリーダー牛における胚死滅数（通常牛はSreenan and Diskin（1986）；リピートブリーダー牛はAyalon（1978））

日数	胚を保有する牛の割合（%） 通常	リピートブリーダー
2～3	85	71
11～13	74	50
14～16	73	50
17～19	60	43
35～42	67	35

程度であるが，受精後の胚の生存率が異なることを明らかにした（表9.32，9.35）．すなわち，リピートブリーダーは妊娠6日前後，さらに妊娠17～19日前後に胚死滅が起こる（表9.36）．これらの胚死滅の時期は，胚が透明帯から脱出する時期と母体が妊娠を認識できない時期にあたる．また，正常牛由来の胚はリピートブリーダー牛の子宮では生育しないが，リピートブリーダー牛由来の胚は正常な牛の子宮において正常な発育を示す．さらに，OPUにより集めて体外受精した卵子の受精率と卵割率は，リピートブリーダー牛と正常牛で差がない．これらのことから，リピートブリーダーの問題は胚の欠陥によるよりも主として子宮環境であると考えられている．

最近では，子宮環境を損なう主要な原因として，周排卵期の異常，慢性的な子宮内膜の損傷，黄体の欠陥が挙げられている（Parkinson, 2009）．

① 周排卵期の異常（periovulatory abnormalities）：周排卵期において，内分泌異常による排卵遅延や卵胞期の延長が起こる．これは，卵胞期においてプロジェステロン濃度が基底レベルよりも高い値を示すと，卵胞は発育・成熟するが，LHサージが遅延する状態が起こり，黄体退行から排卵までの時間が長くなって，卵胞と卵子（卵細胞）が老化するためだと考えられている．さらに，排卵前後に起こる現象が障害

される結果，排卵後のプロジェステロン濃度の上昇が遅延すると考えられている．

② 子宮内膜の損傷（damage to the endometrium）：疫学的調査では，リピートブリーダー症候群は慢性子宮内膜炎と関連するとされており，リピートブリーダー牛60例中46例の子宮頸管粘液から細菌が分離されている（Ramakrishna, 1996）．また子宮内膜バイオプシーの結果から，軽微な慢性子宮内膜炎がリピートブリーディングの最も多い原因であることが指摘されている（De Bois and Manspeaker, 1986）．

③ 黄体の欠陥（luteal deficiency）：プロジェステロンは妊娠の維持に必要不可欠であり，牛においては妊娠150～200日までは主として黄体から分泌される．したがって，黄体が完全に形成されなかったり，機能が十分でない場合には，プロジェステロン分泌は不十分となり，妊娠しないか，あるいは妊娠が中断する．胚の早期死滅の別の原因としてエストロジェンの過剰およびプロジェステロンの不足が挙げられている．

プロジェステロン濃度と妊娠率との関連については多くの研究がなされ，血中あるいは乳汁中のプロジェステロン濃度は，妊娠例と不妊娠例において人工授精後6～14日の間に差がみられるようになることが多くの研究において示されており（図9.91），この差が胚の発育に重要であると考えられている．さらに，人工授精後5日の乳汁中プロジェステロン濃度が3 ng/mℓ未満のものでは妊娠しないことが示唆されている（Starbuck et al., 1999）．

しかし，黄体の欠陥を診断するために，乳汁や血液を1回だけ採取してその1点のプロジェステロン濃度を測定することはほとんど意味がない．

〔治療〕　牛における胚の早期死滅の原因の1つとして，生殖器，特に子宮における軽度の細菌感染がこれまで重視されていた．この種の細菌感染によるリピートブリーダーには，授精の前に子宮洗浄を行って，抗菌性物質，ヨード剤などの溶液を子宮内に注入すると受胎率が向上して有効である．Robertsがリピートブリーダーに対して行った子宮洗浄あるいは子宮内薬剤注入による治療成績を一括すると表9.37のとおりで，希ルゴール液による発情期の子宮洗浄群の成績が良いことが注目される．

山内らが試みた，主として肉牛のリピートブリーダーに対する種々の治療処置の成績は表9.38に示すとおりで，個々の治療処置のうち，特に受胎効果の高

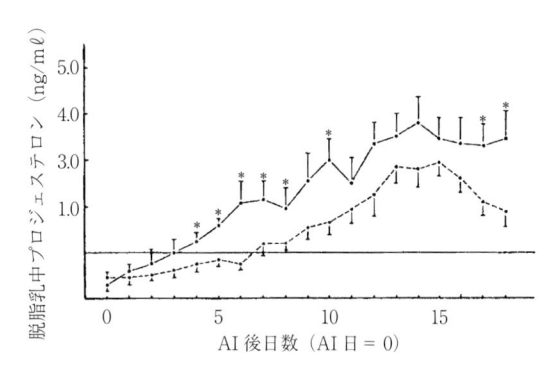

図 9.91 リピートブリーダー牛における妊娠例および非妊娠例の脱脂乳中プロジェステロン濃度の推移（Kimura et al., 1987）
プロットは平均±SE，実線は妊娠例（n＝5），破線は非妊娠例（n＝16）．＊：非妊娠例との間に有意差あり（P＜0.05）．

表9.37 薬液の子宮内注入あるいは子宮洗浄によるリピートブリーダー牛の治療成績（Robertsによる原表を改変）

治　療　処　置	頭　数	過去の授精回数平均	治療後1回授精による受胎 頭数	%	治療後2回授精までの受胎 頭数	%
グルコース加リンゲル液500 mℓによる子宮洗浄（授精前数時間）	101	3.7	39	38.6	56	55.4
1～3%ルゴール液250～500 mℓによる子宮洗浄（発情期）	133	3.8	68	51.1	85	63.9
0.05%タイロスリシン水溶液40 mℓを子宮内注入（発情期または黄体期）	45	3.6	17	37.8	23	51.1
ペニシリン50万U，ストレプトマイシン500～1000 mgを20～40 mℓの水または油に溶かし子宮内注入（発情期または授精後1～2日）	160	3.7	74	46.3	96	60.0
計	439	3.7	198	45.1	260	59.2

9. 繁殖障害

表9.38 リピートブリーダー牛の治療試験成績（家畜衛生試験場・中国支場，1956〜1965のデータ）

治療処置方法		単一処置例	複合処置例 I	H	G	F	E	D	C	B	A
授精時の処置	A ヒアルロニダーゼ子宮頸管内注入	6/13	2/2	1/1						3/3
	B 子宮内授精	5/7	4/5				0/1	1/2	5/8	
授精前後の子宮処置	C 授精前の洗浄，薬剤注入	13/29	0/1	7/10	1/2	2/3		11/18		
	D 授精後（1〜2日）の洗浄，薬剤注入	7/15		1/2		1/3				
	E 授精前の黄体期にゲルセプター注入		0/1		2/4					
	F 授精前の黄体期にヨード剤注入	5/12								
授精前後のホルモン注射	G 授精後にプロジェステロン	2/19	0/1	3/6						
	H 授精時にhCG	0/1	9/14							
	I 授精時にオキシトシン	0/1	4/6							

それぞれの枠内は，受胎頭数/治療頭数を示す．
単一処置例の計：38/97（39.2%），複合処置例の計：19/31（61.3%），合計で57/128（44.5%）．対照群（無処置）：11/28（39.3%）．

いものを指摘することはできなかったが，単一の処置を行うよりも2つの処置を複合して行う方が受胎成績が良好であった．

また，渡辺・高嶺（1956）は，リピートブリーダーの中には発情期の頸管粘液の精子受容性が不良のものが多いことを指摘し，これに対して授精前にヒアルロニダーゼを子宮頸管内に注入すると受容性が好転し，よく受胎することを認めている．

授精時にGnRH製剤を投与する方法は，有効であることが多い．授精時にGnRH製剤を投与して調べた40例の実験報告についてメタ解析を行った結果，妊娠率が処置した牛全体において12.5%改善し，リピートブリーダーでは22.5%上昇することが示されている（Lean et al., 2003）．この場合，GnRH初回処置時よりも第2回処置時以降において効果が高いことも示されている．

牛における主要な黄体刺激ホルモンはLHである．排卵後において，hCGやGnRH製剤の投与によりLH活性が増強されれば，黄体の発育や機能が刺激される．不妊牛においても長年hCGが応用されてきたが，リピートブリーダー牛において妊娠率を改善する優位な効果はみられていない．

プロジェステロンの不足およびエストロジェンの過剰による胚の死滅が考えられるリピートブリーダーに対しては，子宮内膜の着床性増殖を促進する意味から，授精後にプロジェステロンを投与（授精の翌日から50〜100 mgを2〜3日間隔で数回，筋肉内注射）するとよく受胎し，効果があることが報告されている．

黄体退行が予期される時期にプロジェステロン濃度を高めるため，これまでプロジェステロン埋没処置が行われてきた．しかし，プロジェステロン処置の妊娠率への影響を調べた初期の成績をメタ解析したところ，効果がみられないことが示されている（Sreenan and Diskin, 1986）．近年，腟内留置型黄体ホルモン製剤を黄体期の比較的早期から6〜14日間処置することにより，血中プロジェステロン濃度が上昇し，妊娠率が高くなることが報告され（Macmillan et al., 1991；Villarroel et al., 2004），注目されている．リピートブリーダー牛においては，循環しているプロジェステロン濃度を増加させて妊娠率を改善する試みがなさ

れている．

　現在牛のリピートブリーダーに対しては，その原因を推測して次のような診断的治療が行われている．

　①　子宮の細菌感染を推測して，人工授精前または人工授精後1～2日の間に子宮洗浄および薬液（抗菌性物質，ヨード剤）の子宮内注入を行う．

　②　排卵障害を予防し，その後の黄体形成を促進するために，人工授精時にhCG 1500～3000 IU，あるいはGnRH類縁物質である酢酸フェルチレリン100～200μgまたは酢酸ブセレリン10～20μgを筋肉内に1回注射する．

　③　黄体機能の低下による胚の着床障害を予防するため，腟内留置型黄体ホルモン製剤を人工授精後5～6日から6～14日間処置する．

　iii）**豚のリピートブリーディング**　豚のリピートブリーディングの発生率は，繁殖障害豚の18～40％を占めるとされ，その対策が極めて重要視されている．しかし，豚では卵管疾患や子宮疾患などは生前診断が困難であり，直腸検査のできない豚もあり，その実態は不明である．なお前述のように，豚の場合は受胎率の低下ばかりでなく，産子数の減少をもたらす．

　〔原因〕　横木ら（1987）は，3回以上交配しても受胎しないリピートブリーダー豚を剖検し，生殖器の病変と子宮内における胚の状態を観察した．その結果，供試豚79頭中43頭（54.5％）に肉眼的な生殖器の異常が認められ，内訳は卵巣疾患が18頭（22.8％）で最も多く，ついで卵管疾患が13頭（16.5％），子宮疾患と先天性奇形がそれぞれ6頭（7.6％）の順であった．経産豚と未経産豚の比較では，未経産豚では先天性の奇形が多く，経産豚では卵巣疾患が多かった．生殖器に肉眼的に異常のみられないリピートブリーダー豚21頭については，黄体数と胚の状態を観察した結果，21頭中13頭（61.9％）に胚の死滅や異常が認められた．このうち，胚が全くみられなかったものが6頭（28.6％），胚の半数以上が変性していたものが3頭（14.3％），胚の数が4個以下と極端に少なかったものが3頭（14.3％），胚の半数以上が発育遅延を示していたものが1頭（4.8％）であったことを報告している．

　以上の結果から，プロジェステロン分泌の低下やエストロジェン拮抗物質の増加，あるいはプロジェステロンやエストロジェンに対する子宮内膜の感受性の低下などが原因として推測されている．

　〔治療〕　豚のリピートブリーディングへの対策としては，妊娠初期における飼養管理の適正化，精液性状の吟味および適期授精の実施，感染および下痢などの防止，交配前後における抗菌性物質の子宮内注入（稲庭，1970など），排卵の促進，単胞性卵巣嚢腫に対する処置や黄体機能の賦活（GnRHの投与）などが挙げられている．また，プロジェステロン25.0 mgとエストロン12.5μgを交配後14～23日にわたり連日投与すると，産子数の減少が防止できること（Wildt et al., 1976）が示されている．

〔加茂前秀夫〕

（2）犬および猫

a．臨床診断

　雌犬・雌猫の繁殖障害（生殖器疾患）の診断のための検査方法としては，視診および触診のほかに，腟検査，腟スメア検査，X線検査，超音波検査，性ホルモン測定および内視鏡検査などが行われる．さらに必要に応じて，血液検査，尿検査，細菌検査，生検および組織学的検査などが行われる．また，繁殖障害のいくつかは発情周期に関連して起こるため，発情の開始時期を記録することが大切である．

　i）**腟検査**　腟検査として，外陰部（陰唇）の大きさや形状，充血，腫脹の有無，緊縮または弛緩の状態，異常な排出物（血液，粘液，膿）の有無などの確認を行う．ただし，犬では発情徴候として，エストロジェンの作用によって外陰部の腫大および発情出血がみられるため，発情との区別が必要である．発情では，腟上皮細胞が有核から角化に進行するため，腟スメア検査によって角化上皮細胞の出現を確認することが有効な手段となる．

　腟検査に用いる器械として，犬用の腟鏡（図9.92）があるが，犬の腟内腔は長い（ビーグル犬でも約15～18 cmある）ため，全体を検査することはできない．腟内腔全体を検査するためには，内視鏡が必要である．猫は，腟の入り口が狭くなっている（偽頸管）ため，内視鏡を用いても腟内腔を観察することはできない．

　ii）**超音波画像検査**　超音波画像検査は，卵胞嚢腫や卵巣腫瘍のような卵巣の形態異常が認められるときには有効な診断方法となる．また，犬では発情期

9. 繁殖障害

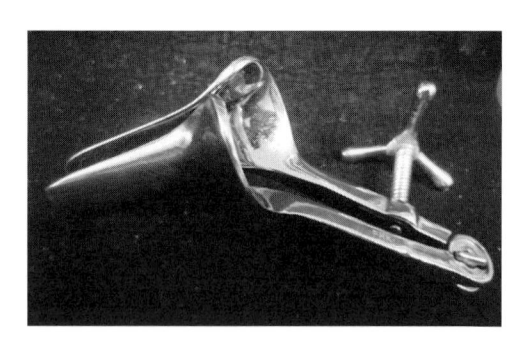

図9.92 犬用の腟鏡

に卵巣嚢内に血漿様の液体が貯留して，卵巣とのコントラストができるため，超音波画像検査による卵巣の観察が可能になり，卵胞の発育を経時的に観察することによって，排卵を観察することが可能となる（Hase et al., 2000）．ただし，排卵を確認するためには，1日数回の検査が必要であるため臨床的ではない．

また超音波画像検査は，子宮蓄膿症または子宮水症などのように子宮内腔に液体が貯留した疾患の診断にも有効である．

iii) 血液中のホルモン濃度の測定　ホルモン分泌異常が疑われる疾患においては，血液中のホルモン検査（プロジェステロン，エストロジェン）が行われる．例えば，血中エストロジェン（エストラジオール-17β）値の測定は，卵胞嚢腫や顆粒膜細胞腫において発情徴候が長く持続している場合に高く上昇することがあるため，測定する意味がある．血中プロジェステロン値の測定は，黄体機能不全が原因と考えられる流産が起こった場合の診断に有効である．また，子宮蓄膿症の犬および猫において治療方針を立てる上で，血中プロジェステロン値の測定が重要となる．

iv) 内視鏡検査　endoscope examination　外陰部から異常な分泌物の排出がみられ，腟内の異常が示唆される場合は，内視鏡検査が必要である．一般的には，直径8mm以下の小動物用内視鏡が用いられる（図9.93）．内視鏡検査によって，腟粘膜の色調，湿潤の程度，粘液の有無，子宮頸腟部の形状，充血，腫脹の有無，外子宮口からの排出物の有無，その量と性状，その他の異常の有無についての観察を行うことが可能となる．

v) 微生物学的検査　子宮蓄膿症など細菌感染が原因と考えられる疾患では，膿様液の細菌検査お

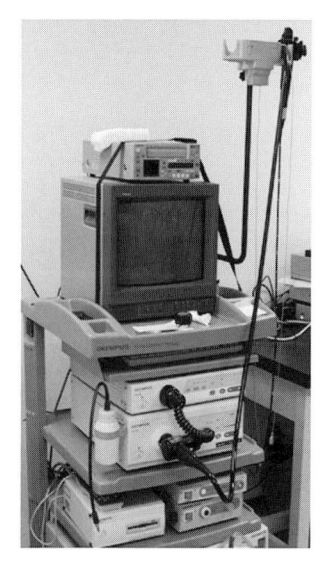

図9.93 小動物用内視鏡

よび薬剤の感受性試験が必要となる．特に，犬において妊娠後半に流産が起こった場合，犬ブルセラ症（*Brucella melitensis biovar canis*）感染による流産の可能性が考えられるため，これを診断するための微生物学的検査が必要となる．

b. 生殖器の先天性および遺伝性形態異常

雌犬および雌猫において，遺伝性あるいは先天性の染色体の異常，発生過程の分化，発育の異常などによる生殖器の形態異常がみられることがある．

i) 半陰陽　半陰陽とは，遺伝性な性と生殖器の性が一致しない状態をいい，真性半陰陽と仮性半陰陽に区別される．犬では，仮性半陰陽は真性半陰陽よりも発生が多く，特に雄性仮性半陰陽の割合が多いことが知られている．外部生殖器が雌型であるのに精巣組織をもっている半陰陽の場合，性成熟近くなるとテストステロンが分泌されるため陰核の肥大（図9.94A）がみられる．肥大した陰核には，陰核骨（os clitoris）が存在するため，X線検査は有効な検査となる（図9.94B）．半陰陽はどの犬種にもみられるが，コッカー・スパニエルが好発犬種として知られている．猫の半陰陽の発生は稀である．

ii) 子宮角の欠如　aplasia of uterine horn　犬および猫では，片側の子宮角（および卵管）を欠如するか，細く扁平な索状物として存在するものが稀に認められる．これは，ミューラー管の部分的形成不全で

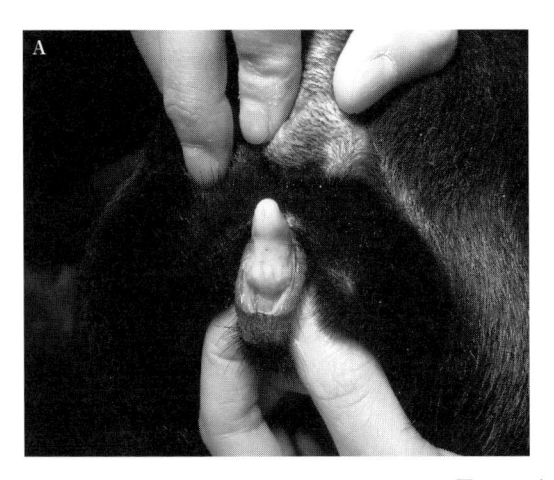

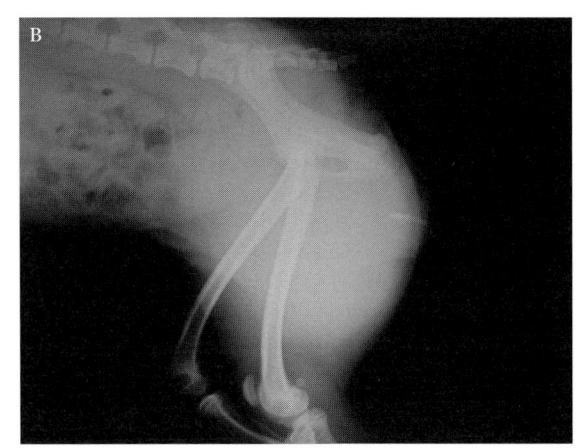

図 9.94 犬の雄性仮性半陰陽
A：陰核の肥大，B：X 線検査による陰核内の陰核骨の確認.

あり，不妊手術時に発見される．片側の子宮角は欠如していても，卵巣は両側に存在する．これらの個体が繁殖に用いられた場合，一側の子宮角が欠如していても対側の子宮角が正常であれば，妊娠および分娩は可能であるが，産子数は少なくなる．

 iii) **肉柱，腟弁遺残** 肉柱および腟弁遺残は，ミューラー管の隔壁遺残によるものであり，障害の程度によっては交配の妨げになる．犬および猫では，これらの疾患の発生は稀であるが，その多くは交配時または内視鏡検査によって発見される．治療法として，一般的には遺残物の切除が行われる．

 c. **卵巣の疾患**

 犬，猫において卵巣疾患が発生すると，正常な発情周期が営まれず繁殖障害が起こる．異常な発情徴候としては，発情が微弱であるか無発情を呈する鈍性発情，発情が異常に長く持続する持続性発情，発情期間が短くなる短発情などが挙げられる．この中で特に臨床的に問題となるのは，エストロジェンが長期に分泌されることによる持続性発情を呈する疾患である．

 i) **卵巣嚢腫** 卵巣嚢腫は，卵胞嚢腫と黄体嚢腫に分類されるが，犬や猫で多くみられるのは卵胞嚢腫である．

 卵胞嚢腫は，卵胞が発育し排卵しないまま卵胞が存続する卵巣疾患である．卵胞嚢腫の多くは，卵胞から分泌されるエストロジェンの作用により発情が持続することで発見されるが，発情を伴わないものでは気がつかないこともある．犬の卵胞嚢腫の場合は多

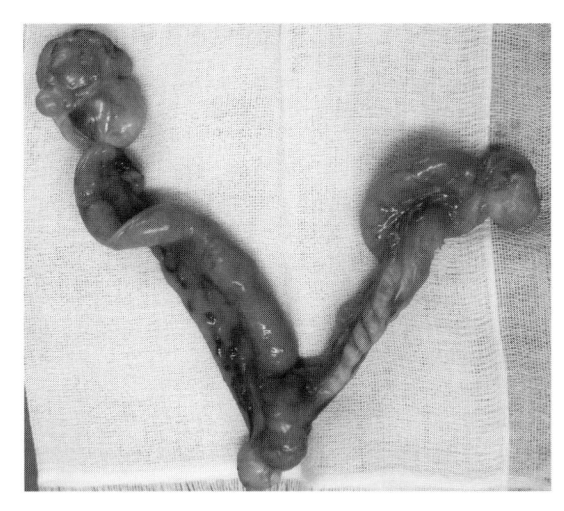

図 9.95 摘出された犬の卵胞嚢腫

胞性で，卵巣が著しく腫大して発生する（図 9.95）．1つの嚢腫卵胞の大きさは犬種によって様々であるが，ビーグル犬で約 1 cm 以上に発育する．黄体嚢腫は，卵胞嚢腫の卵胞壁が黄体化を起こしたものであるが，卵胞嚢腫との区別は困難であり，実際の発生率は不明である．卵胞嚢腫と診断されたものの中にはプロジェステロンの軽度な分泌がみられるものもあるため，これが黄体嚢腫である可能性も考えられるが，詳細は不明である．プロジェステロンが分泌される卵巣嚢腫では，子宮蓄膿症を伴うこともある．猫における卵巣嚢腫は，卵胞壁が薄く，ほとんどが卵胞嚢腫である（図 9.96）．

 〔原因〕 下垂体前葉からの GTH の分泌異常，すな

9. 繁殖障害

わちFSHの分泌過剰あるいはLH分泌機能の低下であると考えられるが，犬や猫の卵胞嚢腫における正確な原因は明らかにされていない．

〔診断〕 持続性発情を示す臨床症状から推察し，超音波画像検査によって大きくなった卵胞を確認する．黄体嚢腫との鑑別のために，血中プロジェステロン値の測定が行われる．ただし，血中プロジェステロン値は嚢腫卵胞以外に排卵し黄体となったものがあれば高値を示すため，確実な方法ではない．また，持続性発情を示す他の疾患との鑑別も必要である．卵胞嚢腫では，卵胞の変性が起こりエストロジェンの分泌が低下するため，経過とともに発情徴候が弱くなっていくが，これも鑑別診断のための有効な手段となる．

〔治療〕 卵胞嚢腫のホルモン治療としては，hCG製剤の注射またはGnRH製剤の注射投与を行う．この処置後，発情徴候が消失すれば治療は成功である．排卵の有無は，血中プロジェステロン値の上昇から推測する．しかし卵胞嚢腫の場合，卵胞の変性により卵巣の形態が異常になっている場合が多いこと，ホルモン投与による治療の成功率は必ずしも高くないこと，発情ごとに再発する可能性が高いことなどから，治療後に繁殖が成功する可能性は低いため，本疾患が発見された時点で外科的な卵巣摘出を行うことが望ましい．

ⅱ) **黄体機能不全** 犬および猫では，黄体機能不全が原因で流産を起こすものがあり，妊娠ごとに流産を繰り返す例が多い（習慣性流産）．このような犬および猫において妊娠を維持するためには，プロジェステロン製剤の投与が必要である．

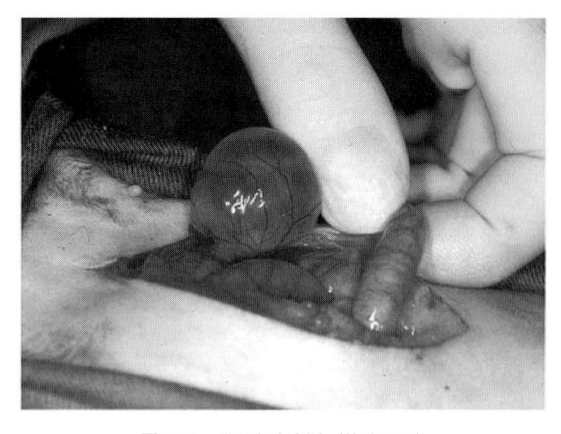

図9.96 猫の卵胞嚢腫（筒井原図）

ⅲ) **卵巣腫瘍** ovarian tumor 犬における原発性卵巣腫瘍の発生率は低く，雌犬に発生する腫瘍の1%前後である．卵巣腫瘍は，通常は高齢犬に発症するが，顆粒膜細胞腫と奇形腫は若齢犬にも発症することがある．猫の卵巣腫瘍の発生は犬よりも少なく，顆粒膜細胞腫が稀に認められる．

卵巣腫瘍は，上皮性（細胞）腫，生殖細胞腫，性索間質（細胞）腫の3種類に分類される．上皮性細胞腫には，腺腫（adenoma）や腺癌（adenocarcinoma），嚢胞腺腫，未分化癌がある．腺腫と腺癌は，雌犬の卵巣腫瘍のうち40〜50%を占める．性索間質細胞腫の中で最も一般的なものは顆粒膜細胞腫であり，卵巣腫瘍の約50%を占める．ほかに，卵胞膜細胞腫（thecoma）と黄体腫がある．生殖細胞腫には，未分化胚細胞腫（dysgerminoma）と奇形腫があり，雌犬の卵巣腫瘍の10%前後を占める．

顆粒膜細胞腫の中には，エストロジェンやプロジェステロンあるいはその両者を分泌するものがあり，エストロジェンが分泌されると発情徴候を示し，長期間，高濃度のエストロジェンが分泌されると骨髄抑制が起こり，非再生性貧血，血小板減少症および白血球減少症が起こる．また，プロジェステロンを分泌するものでは，子宮蓄膿症を併発することがある（図9.97）．

〔診断〕 触診，腹部のX線撮影または超音波画像検査によって行われる．

〔治療〕 腫瘍卵巣を外科的に切除する．

d. **子宮の疾患**

ⅰ) **子宮内膜炎** 子宮内膜炎は，細菌感染によって子宮内膜に炎症が起こる疾患である．一般的に，子宮蓄膿症の初期には子宮内膜炎が起こる．子宮内膜炎は子宮蓄膿症と異なり，発情周期に関係なく発症するため，性ホルモン，特にプロジェステロンの関与はないと考えられている．症状としては，外陰部からの排膿が一般的であるが，臨床徴候が現れない潜在的な子宮内膜炎は，犬，猫の雌の不妊症の原因の1つとして考えられている．

ⅱ) **子宮蓄膿症** 子宮蓄膿症は，子宮内膜の嚢胞性増殖（嚢胞性過形成；cystic hyperplasia：図9.98）を伴い，細菌感染による子宮内膜炎から子宮腔内へ膿が貯留する疾患である．膿が貯留した子宮角は，著しく腫大する（図9.99）．子宮蓄膿症は，膿が外陰部か

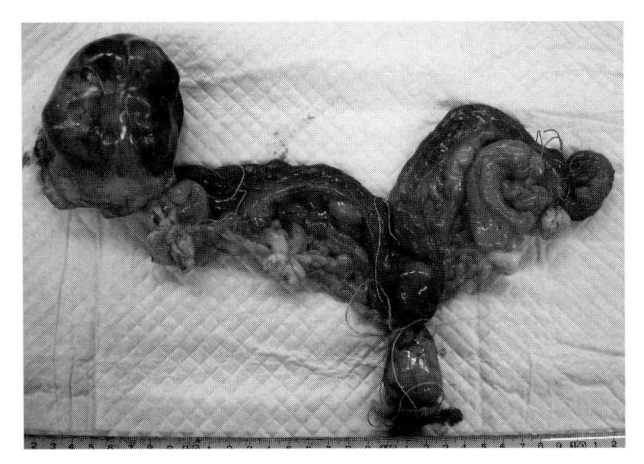

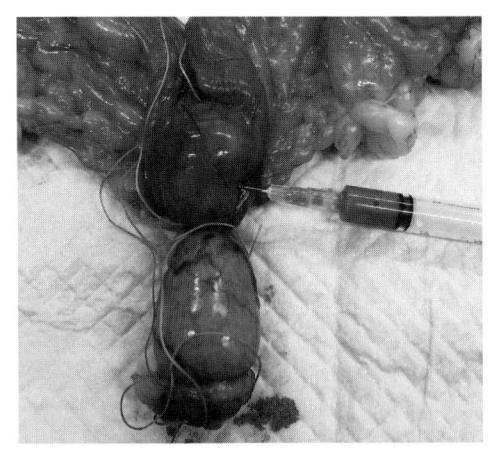

図 9.97 子宮蓄膿症を併発した犬の顆粒膜細胞腫

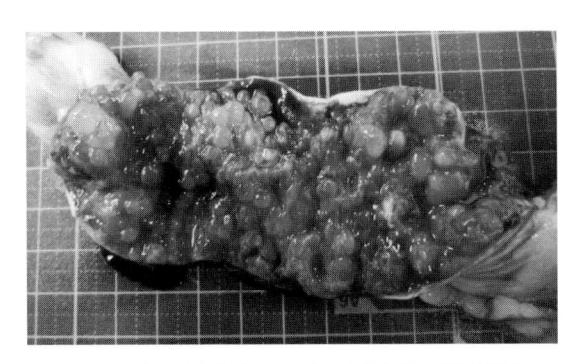

図 9.98 犬の子宮蓄膿症における子宮内膜の囊胞性増殖

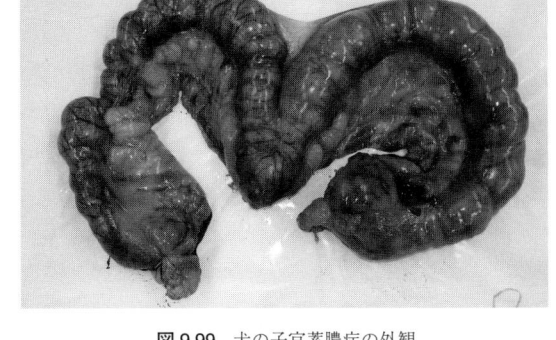

図 9.99 犬の子宮蓄膿症の外観

ら排出される開放性子宮蓄膿症と，子宮頸管が緊縮しているため排膿がみられない閉鎖性子宮蓄膿症に区分されるが，犬の場合，その多くは開放性子宮蓄膿症である．犬の子宮蓄膿症は，細菌が産生する内毒素（エンドトキシン）によって重篤な症状を示し，早期に治療しないと死に至る疾患である．特に閉鎖性子宮蓄膿症では，敗血症，腎不全または播種性血管内凝固（disseminated intravascular coagulation；DIC）などが起こり，症状が重篤となる傾向にある．

［犬の子宮蓄膿症］　犬の子宮蓄膿症は，一般には未経産の高齢犬で多発する．犬種特異性はなく，どの犬種にも発症する．

発情後 1 〜 2 カ月の黄体退行期に発症することが多いため，その発症機序にプロジェステロンが深く関与している．発情抑制などを目的として，合成黄体ホルモン製剤を長期間投与された場合の副作用として発症することがある．また，誤交配時の着床阻止のためにエストロジェン製剤を投与した場合においても，約 30 ％の例で，副作用として投与後の黄体期に子宮蓄膿症を発症することが報告されている（Bowen et al., 1985）．

〔原因〕　原因菌としては，膿中から検出される細菌のほとんどが大腸菌（*Escherichia coli*）である．そのため，肛門・外陰部周辺および腟内の細菌が子宮頸管を経由して，子宮へ侵入して感染することが最も有力な感染ルートとして考えられている．

〔症状〕　本疾患の進行状況，細菌の種類などによって異なる．一般には，食欲不振〜廃絶，元気消失，発熱，多飲，多尿，嘔吐（飲水直後に起こりやすい），外陰部の腫大，腹部膨満，下垂および外陰部からの排膿などの症状が認められる．

血液検査所見では，白血球数の顕著な増加（20000 〜 50000/μl）および好中球の核の左方移動（幼若型 35 〜 50 ％）がみられる．また血液生化学所見では，

血液尿素窒素（BUN），クレアチニン（Cre），アルカリフォスファターゼ（ALP）の上昇が認められる．尿所見として，比重の低下（1.002〜1.015）と尿量の増加が挙げられる．

〔診断〕 稟告および臨床症状から判断し，超音波画像検査（図9.100）およびX線検査（図9.101）で膿が貯留し腫大した子宮角を確認する．特に超音波画像検査では，プロジェステロンの影響を受け肥厚増殖した子宮内膜を確認することが可能である．

〔治療〕 外科的な卵巣子宮摘出術が一般的で，最も推奨される方法として行われている．一方，高齢および重篤な症状のため全身麻酔による手術が困難な場合，比較的若齢での発症で繁殖を希望している場合，または飼い主が手術を希望しない場合などには，内科的な治療法が適用されることがある．しかし内科的治療は，治癒までに時間がかかること，一過性ではあるが薬物による副反応（副作用）が出ること，卵胞嚢腫または卵巣腫瘍などの卵巣疾患または子宮腫瘍などの子宮疾患がある場合は効果がみられないことなどの問題点がある．また，治癒した動物は次回の黄体期に本疾患を高率（約10〜30%）に再発する可能性が高いことが問題となる．

内科的治療として，子宮蓄膿症の発症にはプロジェステロンが関与しているため，黄体退行作用をもつPGF_{2a}が主に使用されている．PGF_{2a}を子宮蓄膿症の犬に投与すると，黄体の退行とともに子宮内環境が変化して細菌の増殖が抑制され，血中プロジェステロンの低下とともに子宮頸管の緊縮が解除され開口し，排膿が促進されるため，治癒過程をとる．また，PGF_{2a}は子宮平滑筋の収縮作用ももつため，開放性子宮蓄膿症では，投与後に子宮内に貯留している膿の排出が促進されることもある．しかしPGF_{2a}投与後には，一過性ではあるが，嘔吐，呼吸促迫，流涎，下痢，血圧上昇，心悸亢進および体温低下などの副作用がみられる．

海外においては，副作用のない抗プロジェステロン拮抗薬であるアグレプリストン（本来は堕胎薬として市販されている）が子宮蓄膿症の内科的治療に有効であり，用いられている．すなわち，アグレプリストンを子宮蓄膿症犬に投与すると，子宮内環境が黄体期から脱し，細菌の増殖を抑制して，プロジェステロンの支配を受けていた子宮頸管を弛緩させることで排膿を促し，治癒過程をとる．

また，ドパミンアゴニストである抗プロラクチン製剤（カベルゴリン）も子宮蓄膿症の内科的治療薬として注目されている．下垂体から分泌されるプロラクチンは，犬の主要な黄体刺激因子であることが知られているため，カベルゴリンを投与すると，黄体維持ができなくなり，急速に黄体が退行して子宮蓄膿症を治療することができる．

内科的治療を行う上で，広域の抗生物質の投与は必須である．できれば，膿の細菌培養や感受性試験を行い，適切な抗生物質を選択する必要がある．

[猫の子宮蓄膿症] 猫の子宮蓄膿症も，犬と同様の機序で発症する．猫は交尾排卵動物であるが，最近では自然排卵する猫がいることが報告されている（Lawler, 1993）ため，交尾が行われなくても本症の

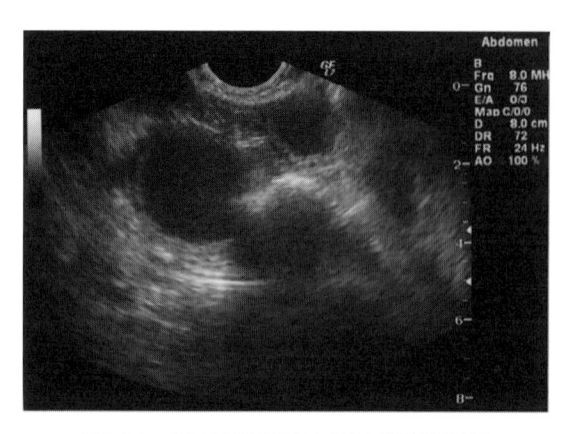

図9.100 犬の子宮蓄膿症における超音波画像所見

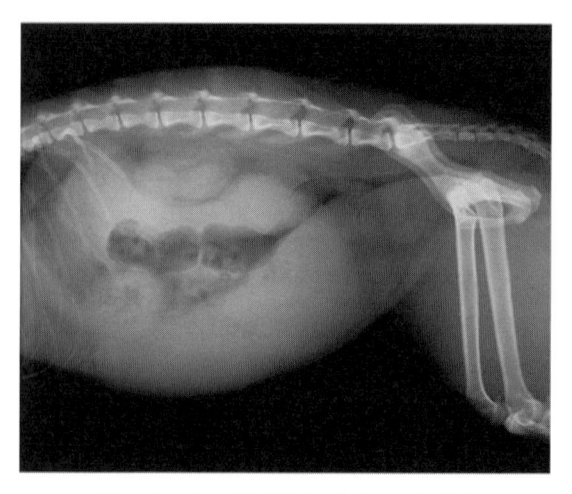

図9.101 犬の子宮蓄膿症におけるX線所見

発症がみられることがある．また，猫の子宮蓄膿症は犬と異なり，若齢期で発症するものが多いのが特徴である．さらに犬と同様に，外因性の黄体ホルモン様物質の投与は子宮蓄膿症の発症を誘起することがある．

猫の子宮蓄膿症の多くは，開放性子宮蓄膿症である．臨床症状としては食欲不振がみられるが，犬の子宮蓄膿症でみられるような嘔吐や多飲，多尿は顕著ではない．診断方法および治療方法は犬と同様であり，ホルモン剤を用いた内科的治療においても，犬と同様の方法が応用可能である．

iii) **子宮水症，子宮粘液症**　犬および猫では，子宮角内に水様流動性のものが貯留した子宮水症および粘稠な粘液が貯留した子宮粘液症が発症することがある．これら両疾患は重篤な臨床症状がみられないため，子宮蓄膿症と鑑別し，超音波画像検査によって無エコー（液状物）または低エコーレベル（粘液）の子宮腔を確認することで確定診断を行う．

子宮水症は，高齢の未経産犬での発症が多く，原因不明であり，性ホルモンおよび感染と関係なく発症するが，黄体期に発症することもある．黄体期以外に発症したものでは，子宮壁は菲薄になる（図9.102）．外陰部からの排出物はみられず，液体の貯留が多い場合には腹部膨満がみられる．内容液に，大腸菌をはじめとする細菌がわずかに存在することがあるが，問題とはならない．子宮水症の治療として内科的治療を行うことはできず，外科的な子宮摘出が行われる．

子宮粘液症は，発情抑制のための合成黄体ホルモンのインプラント剤を長期に投与したときにみられることがある．治療法としては，インプラント剤を摘出することで治癒する．

iv) **子宮腫瘍**　uterine tumor　犬に発生する子宮腫瘍は稀（犬の腫瘍全体で0.4％の発症率）であるが，その多くは平滑筋腫で，ときに腺腫，脂肪腫，線維腫，腺癌（図9.103）および平滑筋肉腫が認められる．平滑筋腫は，図9.104のように子宮体部から頸部に発生することもある．腫瘍が大きく発達するか，腫瘍から出血などが起こり，外陰部からの排出物が認められない限り，確実な診断を行うことは困難である．猫の子宮腫瘍の発生は少ない．

e. **卵管の疾患**

犬および猫では，卵管炎，卵管狭窄および卵管水腫

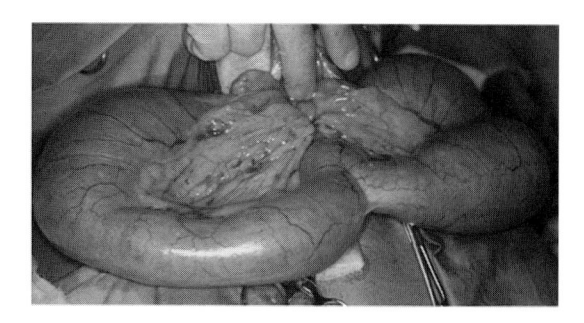

図9.102　犬の子宮水症（筒井原図）

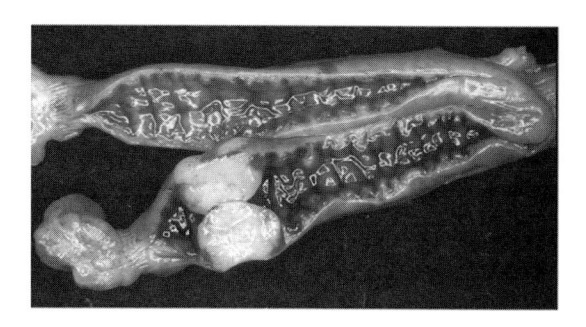

図9.103　犬における子宮腺癌（筒井原図）

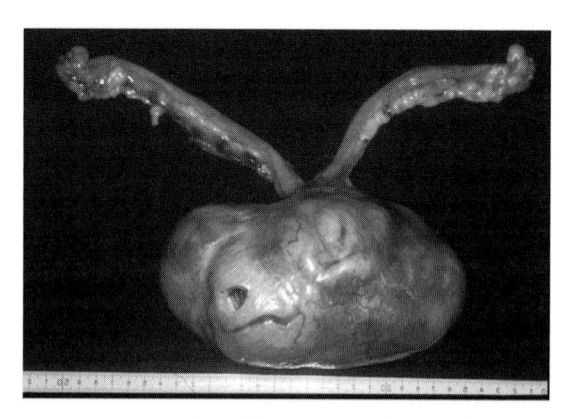

図9.104　犬の子宮体部から頸部に発生した平滑筋腫

などの卵管の疾患の発生は稀であるが，不妊の原因となると考えられている．しかし，犬，猫における卵管の疾患は，その解剖学的な構造からも，不妊手術のとき以外で発見することは困難である．

f. **腟・外陰部の疾患**

i) **腟炎**　腟炎は腟にみられる炎症で，犬では比較的多くみられる疾患であるが，猫では稀である．原因として，細菌，ウイルス，腫瘍，腟の先天的異常（狭窄，腟弁遺残および発育不全など），外傷および異物などが挙げられるが，最も多いのは細菌性腟炎であ

る.

　膣内には大腸菌，連鎖球菌およびブドウ球菌をはじめとする正常細菌叢が存在するため，細菌性膣炎において原因菌を特定することは難しい．ウイルス性膣炎では，犬ヘルペスウイルスによるものが知られており，これは交配により伝播することが多い．

　また犬において，生後4カ月頃〜性成熟前にかけて，外陰部（膣）から膿様物が排出されることがあり，これを若年性膣炎（性成熟前膣炎）と呼んでいる．本症は，膣からの排膿以外の臨床症状（例えば，元気・食欲減退，発熱など）は認められず，初回発情がきた後は治癒するのが特徴である．

　細菌性膣炎の治療では，抗生物質の全身的投与，または局所の洗浄が有効である．洗浄は太いカテーテルを用い，少し温めた洗浄液を膣内に入れて行う．洗浄液としては，クロルヘキシジン，ポビドンヨードまたは抗生物質を添加した生理食塩液が推奨される．ヘルペスウイルス感染による膣炎では，適切な治療法がない．膣内に腫瘍など異物を確認した場合は，外科的な摘出が必要である．

　ⅱ）膣腫瘍 vaginal tumor　犬の陰門や膣には，線維腫や平滑筋腫（図9.105），稀に平滑筋肉腫（leiomyosarcoma）や可移植性性器腫瘍が発生することがある．

　膣腫瘍の中で最も多いのは平滑筋腫で，多くは有茎状に形成され，稀に膣腔を閉塞する場合もある．腫瘍が発生すると，会陰部が腫脹する．特に，発情期に膣の肥厚により外陰部の外に突出するため，気づくことが多い．犬における良性の膣腫瘍は，若齢で不妊手術を行った個体ではみられないこと，また膣腫瘍摘出時

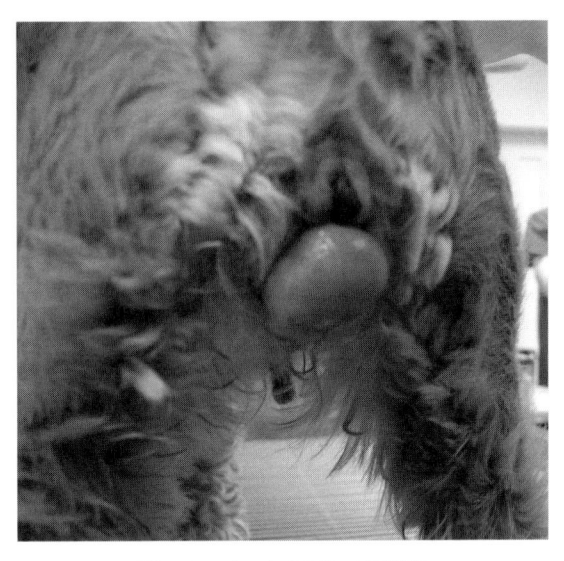

図9.105 犬における膣の平滑筋腫

に同時に不妊手術を行った個体では再発がみられないことから，発症には性ホルモンが関与していると考えられるが，詳細は明らかにされていない．猫では，膣腫瘍の発生は稀である．膣腫瘍の治療法は，腫瘍塊の外科的な摘出である．

　可移植性性器腫瘍は，現在ではほとんど発生はみられないが，一般的には交配による直接的な接触により伝播するのが特徴である．膣からの血様の排出物が症状としてみられる．診断は，問診，視診および触診のほかに腫瘍表面のスタンプ標本による独立円形細胞の特徴的な所見を検出することで行われる．治療は，抗癌剤による化学療法が有効であるが，腫瘍の中には治療しなくても自己治癒するものがあり，回復した犬では免疫性をもつ．

〔堀　達也〕

10.

妊娠期における異常

10.1 流　　産
abortion

　流産とは，胎子が母体外において生存，生活できる能力を備える段階に達する以前に，生きて，あるいは死んで娩出される場合をいう．胎子の死は必ずしも流産の前提条件とはならない．一般に流産胎子とは，器官形成が完了し，肉眼的に確認できる大きさに達しているものを指す．妊娠早期において，器官形成完了前の受胎産物（胚）が死滅する早期胚死滅とは区別される．

　一方，正常の妊娠期間が満了する前に生存，生活する能力を備えた胎子が娩出された場合を早産（premature birth）といい，このような新生子は適切な保護や処置を施すことによって発育が可能である．胎子が母体外での生存，生活能力を獲得する最短の妊娠期間は，正常妊娠期間のほぼ90％を経過した頃であり，牛で8カ月（250〜260日），馬で10カ月（290〜300日），めん羊，山羊で4.5カ月，犬で8週といわれている．この時期に達してから死んだ胎子が娩出される場合，あるいは，分娩の直前または分娩の経過中に胎子が死んだ場合も含めて死産（stillbirth）という．さらに，生きて娩出された胎子が分娩後すぐに何らかの原因で死亡した場合は，生後直死と呼ぶ．

　流産は，細菌，原虫，ウイルスなどによる感染性のものと，非感染性のものの2つに大別される．基本的には，母体に激しいストレスを起こす要因はすべて流産の原因となりうる．牛群において2〜5％を超える流産がみられる場合には重大であると考えるべきであり，原因を突き止め適切に対処する必要がある．流産の原因の診断精度を高めるためには，交配日，罹患動物または群における過去の繁殖歴や健康状態，特に過去数カ月間の目立った疾病，群に新たに導入された動物の有無等，詳細な経歴を確認することが重要である．

（1）感染性流産　infectious abortion

　繁殖性に影響する感染症の発生は古くから認められたが，これらのうちのいくつかの感染症は，健康な雄牛から採取した精液による人工授精の普及や感染牛の摘発が功を奏し，先進国においてはほぼ清浄化されている．わが国ではそれらに替わり2000年以降，ウイルス性下痢・粘膜病（bovine viral diarrhoea-mucosal disease）やネオスポラ症（neosporosis）などの発生が多数報告されるようになり，対策の必要性が増加している．感染性流産には全身的症状は認められないものの生殖器系に対する親和性が強く，流産が特異的に発生するものと，母体に全身的障害が起こり，胎盤や胎子への感染も加わって発生する非特異的なものがある．なお，流産胎子や母体から微生物が分離されても，それが流産の直接的な原因かどうかの判定は慎重に行う必要がある．表10.1に，感染性流産の原因となる伝染病・感染症をまとめた．

a. 牛の感染性流産

　ⅰ）ブルセラ病　brucellosis　　本病は*Brucella abortus*によって起こる感染病で，雌では流産が症状の主体であり，胎盤停滞や受胎障害による不妊もみられる．雄では精巣炎，精巣上体炎を起こす．古くは牛の流産の最大の原因であったが，ワクチン接種・淘汰が行われ，日本を含む先進国では稀な疾病となっている．*Br. abortus*の感染経路は様々であるが，多くの場合汚染した飼料や飲水から経口的に感染する．搾乳時において，感染牛の乳汁が他の牛の乳頭に付着し，乳頭を介して感染することもある．牛群における多発は，ほとんどの例で保菌牛を外部から導入したことによって起こる．

　〔症状〕　牛が感染すると，2カ月未満の潜伏期を経て菌血症が起こり，数カ月続く．子宮への菌の侵襲は妊娠4〜6カ月になると始まり，多くの例で妊娠期の後半，妊娠6〜8カ月に流産が起こる．前駆症状や発

10. 妊娠期における異常

表10.1 感染性流産の原因となる伝染病・感染症

動物種	病　名	流産の時期	特　徴	対応・処置
牛	ブルセラ病*	妊娠6～8カ月	高率に胎盤停滞，胎盤に化膿性炎，乳房に黄色の小結節多発	陽性牛の淘汰
	カンピロバクター病**	妊娠5～7カ月	感染は生殖器に限定，特に臨床症状を示さず流産	子宮内膜炎に準じた処置，感染雄牛の淘汰
	レプトスピラ病**	妊娠7カ月以降	発熱，血色素尿症，黄疸の発現，人獣共通感染症	抗生物質投与，飼料衛生管理の徹底
	サルモネラ病**	臨床症状に付随した流産	発熱と重度の下痢	汚染環境の消毒，保菌牛の摘発
	リステリア症	妊娠7～9カ月	流産時または流産前後に発熱する場合あり	抗生物質投与，給与飼料の見直し
	トリコモナス病**	妊娠2～4カ月	不定期の発情回帰，膿様分泌物の排出，子宮蓄膿症の発生	子宮洗浄，自然交配の廃止，感染雄牛の淘汰
	ネオスポラ症**	妊娠3～8カ月	異常産以外の臨床症状は認められない，高率で先天感染子牛の娩出	陽性牛の淘汰，イヌ科動物との接触を避ける
	アカバネ病**	季節性，10月頃に発生のピーク	前駆症状なく流産，冬から翌春にかけて先天異常子牛の娩出	ワクチン接種
	アイノウイルス感染症**	季節性，妊娠後期	前駆症状なく流産，冬から翌春にかけて先天異常子牛の娩出	ワクチン接種
	ウイルス性下痢・粘膜病**	妊娠のすべての時期	胎子の融解やミイラ化，胎子に奇形	持続感染牛の摘発淘汰
	牛伝染性鼻気管炎**	妊娠6～9カ月	膿胞性，結節性，顆粒性陰門腟炎，子宮内膜炎，流産牛の約半数に胎盤停滞	非妊娠牛に対するワクチン接種
馬	馬パラチフス**	妊娠6～9カ月	絨毛膜に多数の非特異的な浮腫や出血，限局性壊死巣	感染馬の隔離，汚染環境の消毒・清浄化
	馬鼻肺炎**	妊娠8～11カ月	前駆症状なく流産，胎盤，胎膜に充出血や壊死斑	ワクチン接種
豚	ブルセラ病*	妊娠3～12週	正産した場合も産子の中にミイラ変性，死産子豚，虚弱子豚	陽性豚の淘汰
	日本脳炎	妊娠3カ月まで	分娩予定日頃に異常子娩出例が多い	ワクチン接種
	オーエスキー病**	妊娠すべての時期	感染母豚の半数が流産，ミイラ変性，死産，虚弱子豚の娩出	防疫対策要領に基づくワクチン接種
	豚繁殖・呼吸器障害症候群**	妊娠後期	流産の前に食欲低下と発熱例あり	感染豚の淘汰
	豚パルボウイルス感染症	妊娠すべての時期	流産は稀，胎子死，ミイラ変性による死産	ワクチン接種
めん羊，山羊	ブルセラ病*	妊娠後半	牛の症状に類似	陽性めん羊，山羊の淘汰
	流行性羊流産**	妊娠最終月	胎盤に肥厚，浮腫，壊死	ワクチン接種
犬	ブルセラ病	妊娠45日以降	流産後の数週にわたり陰門より分泌液排出	陽性犬の隔離，淘汰

*：法定伝染病，**：届出伝染病．

熱などはみられない．流産後には高率で胎盤停滞がみられる．肉眼的病変は胎盤において著明で，子宮小丘は混濁し，顆粒状となり，壊死性化膿性炎がみられる．胎膜は水腫を呈し，滲出物が付着する．また，乳房には割面に黄色の小結節が多発する．

雄牛では精巣，精巣上体で菌が増殖し，精液中に排出される．

〔診断〕　本病の診断は，流産胎子の第四胃，盲腸の内容，胎盤および乳汁からの菌の検出，血清についての凝集反応と補体結合反応などによって行う．

〔防疫〕　わが国では牛の本病に対する防疫方針が確立しており，諸外国で行われている予防接種を採用せず，長年にわたって検査による摘発と陽性牛の淘汰が実施されている．そのため国内における発生は散発的で稀である．

ⅱ）**カンピロバクター病** campylobacteriosis　*Campylobacter fetus* の感染によって，雌牛に一時的な不妊症や流産を起こす感染症である．感染は，

自然交配または本菌混入精液の人工授精によって伝播することによる．保菌雄牛による1回の自然交配での感染率は，免疫をもたない雌牛において50％前後であることが知られている．現在わが国では，保菌雄牛の淘汰や抗生物質が添加された精液の普及により，発生は散発的となっている．

〔症状〕 牛の本病は雌雄ともに感染は生殖器に限定され，不受胎あるいは流産以外の症状は示さず，その他の臨床症状も示さないため，感染に気づかないことも多い．しかし，感染雄牛との交配あるいはその精液で人工授精された牛群全体をみると，まず受胎率の低下に気づき，ついで流産が多発し，子牛の生産率の低下によって本病の侵入が発見されるのが普通である．

本病による流産は妊娠中期の5〜7カ月に多発する．流産は不受胎を繰り返した牛では少なく，感染群の中で比較的容易に受胎した牛にみられることが多い．

〔診断〕 本病の診断は，流産胎子の第四胃，小腸，盲腸の内容，母体生殖器の分泌物，雄牛では精液あるいは包皮垢を材料とした菌分離および蛍光抗体法による本菌の検出によって行う．また不受胎牛に対して，腟粘液を検査対象とする腟粘液凝集反応も行われる．

〔治療〕 雌牛は，子宮内膜炎の治療に準じた処置を行うことにより治癒する．流産牛に対しては，同様に子宮洗浄を行うと良い．感染雄牛に対しては包皮腔からの除菌が困難であるため，廃用淘汰する．

〔予防〕 検査を確実に実施して感染種雄牛を摘発し，供用しないようにする．

ⅲ） **レプトスピラ病** leptospirosis 本病は，スピロヘータ目の菌属である *Leptospira* の感染によって起こる感染症である．本病に牛が感染すれば本菌を腎臓に保有し，発熱，血色素尿症，黄疸，レプトスピラ尿症を起こし，妊娠牛では流産がしばしばみられる．子牛では斃死するものがある．本病牛の尿は感染源として牛から牛への伝播ばかりでなく，馬，犬，豚，山羊，猫などほかの動物への伝播にとっても重要である．また本症は人獣共通感染症であり，人が感染すると重篤な症状を引き起こすため，公衆衛生上の観点からも注意が必要である．レプトスピラの感染は，本菌に汚染された尿や水が直接皮膚，粘膜，結膜に触れて接触感染が起こる場合や，汚染された土壌，水，飼料を介して経口的に感染する場合が多い．

〔症状〕 本病牛では，発熱，沈うつ，食欲減退，黄疸がみられ，黄疸が消失すると貧血が7〜10日持続する．また血色素尿症を発現するのが特徴で，尿中に本菌が多数排泄されるので，防疫上特に留意する必要がある．流産は感染後2〜5週間に起こり，妊娠後半の7カ月以降に起こることが多い．組織学的変化として，肝臓の壊死，腎臓や尿細管の変性壊死が認められる．

〔診断〕 流産の例では流産胎子を材料とし，培養による菌分離を行う．血清を用いた抗体検査では，顕微鏡下凝集試験（MAT）が一般的である．

〔予防・治療〕 飼養衛生管理を徹底し，特に保菌率の高いネズミの侵入防止に努める．病牛の治療には，ペニシリン，ストレプトマイシン，テトラサイクリンの投与が有効である．

ⅳ） **サルモネラ症** salmonellosis 本病による流産は，主に *Salmonella dublin* の感染によって起こる．飼料などを介して，あるいは保菌牛の導入により農場に侵入したサルモネラは，発症，あるいは未発症のまま容易に保菌化し，垂直・水平感染により農場内に感染を広げる．母牛における発熱の継続や胎子胎盤への感染により，流産が誘発されると想定されている．

〔症状〕 本病牛では発熱と重度の下痢を示し，これに関連して流産が起こる．また，特に臨床症状を示さず妊娠の後半に流産する例も多い．

〔診断〕 O抗原（LPS）を利用したELISAによる診断が可能であるが，標準化されたプロトコルはない．

〔予防・治療〕 予防のためには定期的な検査により保菌牛を摘発し，隔離，汚染環境の徹底した消毒を行う．外部からの保菌動物の導入を阻止し，飼育環境・器具の消毒などを徹底する．アンピリシンやエンロフロキサシン等の抗生物質投与が有効である．

ⅴ） **リステリア症** listeriosis *Listeria monocytogenes* は中枢神経系に炎症を引き起こす病原体であるが，牛，めん羊，山羊において流産を引き起こす．めん羊から牛への感染も認められているが，流産を引き起こす場合の本菌の主な感染経路は，土壌から本菌が混在したグラスサイレージを牛が摂取することによるものと考えられている．母牛に取り込まれた本菌は胎盤に移行して胎盤炎を引き起こし，胎子死と流産を招く．

〔症状〕 流産の発生は一般に散発的で，妊娠期の後半，妊娠7～9カ月にかけて起こる．流産が起きる際，顕著な臨床症状は認められないが，流産時または流産前後において母牛に発熱がみられることがある．

〔診断〕 本病の診断は，流産胎子の胃や肝臓，胎盤や母体の腟の分泌物からの本菌の検出によって行われる．

〔予防・治療〕 本症により流産が確認された牛群では，発症を予防するためにペニシリンやオキシテトラサイクリンの投与が有効である．サイレージを給与している場合には飼料を介した感染を疑い，妊娠牛に対する給与を制限することを考慮する．

vi) トリコモナス病 trichomonosis 本病は *Trichomonas fetus* の感染による牛の生殖器伝染病で，感染雌牛は腟炎，子宮頸管炎，子宮内膜炎あるいは子宮蓄膿症を起こして不妊症になるか，または受胎しても妊娠早期（2～4カ月）に流産する．感染雄牛との自然交配や汚染精液の人工授精により感染する．わが国では徹底的な防疫対策が講じられ，さらに人工授精の普及と相まって1963年以降の発生は確認されていない．しかし，海外では多くの国での発生が認められており，自然交配が行われている地域では不妊症および流産の発生原因として考慮する必要がある．

〔症状〕 雌牛が感染すると，3日目頃から膿様物を混じた腟粘液の増量がみられ，陰唇は腫大する．腟粘液は白～淡黄色膿様粘液であるが，しだいに白色絮状物を混じた水様滲出液に変わり量を増す．やがて慢性期に移行すると，腟粘液はしだいに粘稠となる．感染牛が受胎した場合，大部分のものは妊娠4カ月以内の早期に流産する．このような早期の流産のため，胎子を確認できないこともあり，不定期の発情の回帰や突然の膿様分泌物の排出によって流産を推測する例が多い．本病牛では子宮蓄膿症がしばしば認められる．この子宮蓄膿症の発生は，感染牛が受胎した後，ある程度まで発育した胎子が死亡して融解し，膿様液となって子宮内に貯留，充満することにより誘発されると推察される．感染雄牛は初期に陰茎および包皮粘膜に軽度の炎症を起こすこともあるが，多くは無症状のまま経過し，造精機能も障害されない．

〔診断〕 本病の診断は，腟粘液や滲出液，包皮腔内洗浄液などを鏡検し，鞭毛と波動膜の運動によって遊泳する *T. fetus* を確認する．また，流産胎子の第四胃の内容物を培養して *T. fetus* を分離することによって行われる．

〔予防〕 感染牛の国内持ち込みを防止するとともに，本病は感染種雄牛による自然交配または汚染精液による人工授精によって伝播するため，自然交配を廃止して衛生的な人工授精を実施することが基本的な予防対策である．検査を確実に実施して，感染種雄牛は廃用淘汰すべきである．

〔治療〕 感染雌牛の治療は，生理食塩液で十分子宮洗浄を行った後，抗原虫剤（ルゴール・グリセリン液，メトロニダゾール製剤など）を子宮内および腟に注入する．この処置を3～4日間隔で数回反復する．

vii) ネオスポラ症 neosporosis *Neospora caninum* の感染による牛の流産を特徴とする疾病である．犬を終宿主ならびに中間宿主とし，牛，めん羊，山羊が中間宿主となる．わが国では1991年に初めて報告され，多くの地域で発生が確認されているが，地域性や季節性はない．経口感染および経胎盤感染により伝播し，牛がオーシストを摂取するとネオスポラに感染し，タキゾイトが多臓器で増殖する．妊娠牛が感染した場合は胎盤でもタキゾイトが増殖し，高い頻度で胎子に垂直感染が起こり，流産が発生する．

〔症状〕 妊娠3～8カ月に流産が発生し，母牛には異常産以外に臨床症状は認められない．胎子の死亡・吸収，ミイラ変性胎子（mummified fetus）の排出および死産が発生することもある．流産胎子で皮下の膠様浸潤，胸水および腹水などが観察され，組織学的検査では非化膿性脳炎，心筋炎，および骨格筋炎が観察される．抗体陽性牛からは高い確率で先天感染子牛が娩出されるが，その大多数は不顕性感染のまま成長する．先天的に感染した子牛の一部は，生後2カ月までに，神経症状，成長不良，起立困難などの症状を呈する．

〔診断〕 PCR法による本原虫特異的核酸の検出や，間接蛍光抗体法，ELISA，イムノブロットおよび凝集法による抗体検査が可能である．

〔予防〕 牛や牛の飼料，飲用水とイヌ科動物との接触を避け，飼料のオーシストによる汚染の防除を行う．また，ネオスポラ抗体陽性牛の淘汰および抗体陰性牛の導入を行い，清浄化を図る．

〔治療〕 有効な治療法はなく，感染牛において組織

viii） アカバネ病 Akabane disease　アカバネ病は，Bunya virus に属するアカバネウイルスの感染により，牛，めん羊，山羊に流・早・死産および胎子の関節彎曲症（arthrogryposis），または大脳欠損症・水頭症（hydranencephalus）を引き起こす感染病である．感染はウイルス血症を起こした牛を吸血した昆虫，主にヌカカを介して行われ，接触感染あるいは飛沫感染は起こらない．ワクチンが開発される以前は，5〜10年周期で大発生を繰り返していたと考えられている．

〔症状〕　九州以北では，夏から秋にかけてウイルスの伝播が起こり，冬期には終息する．そのため流産の発生には季節性がみられ，8月頃から流産が増加し，10月頃にピークとなる．胎子感染による死産や先天異常をもった子牛の分娩は，伝播が起こった年の冬から翌年の春にかけてみられる．妊娠牛がアカバネウイルスに感染し胎子が死亡した場合，一般に前駆症状を示すことなく突然流産を起こすが，ときにはそのまま在胎していわゆる黒子となる．本病の流行当初にみられる流産胎子には，非化膿性脳脊髄炎の所見がみられる．アカバネウイルスの胎子感染があっても流産しない場合，胎子には関節彎曲や大脳欠損などの病変が起こるので，特に四肢の彎曲の著しいものでは難産になるものがしばしばある．また，新生子牛は虚弱で自力で哺乳ができず，大脳欠損症・水頭症のものは盲目，運動失調などの症状を呈する．アカバネ病を経験した個体は免疫を獲得するので，その後の受胎や分娩は正常である．

〔診断〕　本病の診断は，異常産の発生状況，異常子牛の病理所見，流産胎子や胎盤からのウイルスの分離，初乳を飲んでいない新生子牛の血清についてのアカバネウイルスに対する抗体の検出などによる．

〔予防・治療〕　生ワクチン，もしくは不活化ワクチンを媒介昆虫の活動が活発になる夏前に接種する．殺虫剤や忌避剤等を用いた媒介昆虫対策は，予防効果が完全とはいえない．体型異常の子牛は治療効果がなく，母牛は難産の場合を除けば治療の必要はない．

ix） アイノウイルス感染症 Aino virus infection　アカバネ病と同じ Bunyaviridae 科のアイノウイルスにより発症する．本ウイルスは，日本のヌカカや健康な牛からも分離されている．日本では，アカバネウイルスの分布域とほぼ同様の分布を示す．

〔症状〕　発生には季節性があり，アカバネウイルスと同様の流行を引き起こす．流産は比較的妊娠後期に起こり，早産，死産および子牛の体型異常が発生する．先天異常子牛では四肢の関節彎曲や脊柱彎曲などがみられ，起立不能や自力哺乳不能などの症状を示す．感染した牛はウイルス血症を起こすが，ほとんどが無症状である．

〔診断〕　病理学的変化は中枢神経系と骨格筋において顕著であり，水無脳症あるいは大脳における空洞形成が認められる．小脳の形成不全が高い頻度で観察され，アカバネ病との違いとして考慮される．流産胎子あるいは血液などからのウイルス分離や，先天異常子牛の初乳未摂取血清から中和抗体を検出する．

〔予防〕　アカバネウイルスと同様に，不活化ワクチンをウイルスの流行期までに接種する．

x） ウイルス性下痢・粘膜病 bovine viral diarrhoea-mucosal disease　本病は，牛ウイルス性下痢ウイルス（BVDV）の感染によって起こる感染症である．世界各地で発生し，感染した牛から排出されるあらゆる分泌物の中に本ウイルスが含まれる．本ウイルスが発見された当初は，単に下痢を引き起こすウイルスと認識されていたが，不妊症や流産の原因となる感染症であることが明らかにされた．免疫寛容状態にある持続感染牛が感染源となり，牛群全体に感染を拡大させる．本症に重度感染した牛群において，妊娠2〜9カ月の牛の20%以上に流産を引き起こす原因になったことが報告されている．また，持続感染牛は無症状のまま経過することが多く摘発が困難なため，感染拡大の要因となっている．

〔症状〕　流産は妊娠期のすべての期間で発生する．感染牛では，妊娠早期に胚の死滅が起こり不妊症となる．妊娠3〜6カ月の期間において本ウイルスの胎盤感染が起きると，胎子死による胎子の融解，吸収やミイラ化，流産が生じ，胎子に小脳形成不全が起こったり，中枢神経，眼，皮膚，骨格などに様々なタイプの先天性奇形が発生することがある．

〔診断〕　血液や下痢便などを材料として，ウイルス分離あるいは ELISA や PCR 法による病原体の証明

を行う．初乳未摂取の先天異常子牛では，抗体陽性を認めることが診断の一助となる．

〔予防〕　多量のウイルスを排泄する持続感染牛を摘発し淘汰することが重要となる．非感染牛群では持続感染牛の導入を防ぐ．また感受性牛群に対する本ウイルスの蔓延を防ぐ手段として，ワクチン接種が有効ともなる．

xi）牛伝染性鼻気管炎 infectious bovine rhinotracheitis　本病は，牛ヘルペスウイルス1型（BHV-1）の感染によって起こる牛の急性熱性感染病である．本病の主な症状は高熱を伴う鼻気管炎であるが，生殖器に感染した病原ウイルスは，雌牛において膿胞性，結節性あるいは顆粒性陰門腟炎および子宮内膜炎を起こし，雄では亀頭包皮炎を引き起こす．感染は主に接触による．

〔症状〕　妊娠4～7カ月の牛が感染すると，感染後2週間～3カ月，すなわち主として妊娠6～9カ月に流産を起こす．この流産は上部気道炎，角結膜炎，陰門腟炎に併発する場合が多いが，このような症状を示すことなく突然流産することもある．流産牛の約半数に胎盤停滞がみられる．流産胎子には赤褐色を呈する皮下織の浮腫および体腔内に暗赤色の液体を伴い，広範囲に出血および点状出血が観察される．組織学的には肝，脾，腎，胸腺などに壊死病変がみられ，自家融解の軽度の胎子では壊死部の細胞内に核内封入体がみられる．雄牛においては亀頭包皮炎が発症し，また多くの場合，精嚢腺の変性壊死を起こす．感染雄牛は長期にわたって精液中にウイルスを排出するため，重要な感染源となる．

〔診断〕　病変部材料からのウイルスの分離や，患部細胞の蛍光抗体法，血清の抗体中和試験などによって行われる．

〔予防〕　種々の弱毒生および不活化ワクチンが実用化されている．しかし，妊娠牛はワクチン接種により流産する場合があるので，実施は見送るべきである．

b．馬の感染性流産

i）馬パラチフス equine paratyphoid　本病は，グラム陰性の短桿菌 *Salmonella enterica* subsp. の血清型 abortus equi の感染により妊娠馬に流産を起こし，子馬に感染した場合は関節炎あるいは腱鞘炎などを起こす感染病である．現在では発生が減少したが，常在化しているため散発的に流行する．本病は流産した母馬の排泄物で汚染された寝わら，水などを介して経口感染によって伝播する．潜伏期間は10～28日である．

〔症状〕　流産の多くは妊娠6～9カ月に生じるが，4カ月程度の早期あるいは11カ月程度の遅い時期にも起こることがある．雌馬は流産直前に発熱および食欲，活力の低下などの全身症状を示すことがあるが，見落とされる場合も多く，前駆症状を確認できないまま突然流産が起こり，初めて本病が発見されることが多い．流産時に胎膜，特に絨毛膜に著変がみられるとともに，表在性の大小不同の限局性の壊死巣が多数認められ，非特異的な浮腫および出血を示す．流産胎子は敗血症の変化が著明であり，諸臓器の充出血，体表の混濁，不潔感がみられる．

〔診断〕　本病の診断は，流産胎子の消化管内容物，胎盤，流産母馬では悪露を材料として菌を分離するか，流産母馬の血清についての凝集反応によって行う．

〔予防〕　本病の予防にかつては種々のワクチンが用いられたが，それらの効果は不十分で，現在は感染馬の隔離，汚染農場の清浄化，保菌馬の摘発が主な対策となっている．

ii）馬鼻肺炎 equine rhinopneumonitis　本病は馬ヘルペスウイルス1型に属する馬鼻肺炎ウイルスによる馬の疾病で，本来は子馬に一過性の発熱，鼻汁の漏出を主徴とする軽度の鼻肺炎を起こす感染症である．しかし妊娠馬が妊娠中期に感染すると，流死産あるいは子馬の生後直死を起こす．本病は，日本を含め世界各国の馬の間に広く伝播していることが知られている．ウイルスは持続感染し，輸送や妊娠などのストレスで母馬の免疫力が低下するとウイルスが活性化する．

〔症状〕　本病による流産は，妊娠5カ月以降に本ウイルスに対する抗体のない馬や抗体価の低い馬が感染を受けた場合に起こるが，通常妊娠8～11カ月，特に9，10カ月を中心に多発する．感染から流産発生までの経過は通常14～28日とされている．胎子は，大部分で死亡して娩出されるが，妊娠末期に感染した場合生きて娩出されることもある．しかしこの場合でも，出生後48時間以内に死亡する．流産は前駆症状を示すことなく突然起こり，流産後も特に異常は認められ

ない．流産の場合，胎盤，胎膜に充出血や壊死斑がみられ，胎子では顎下，下腹部，四肢の皮下に浮腫と充出血，血様の胸水・腹水の増量，肺の水腫と点状出血，肝の充血腫大と包膜下の粟粒大壊死斑が多数認められる．

〔診断〕 流産胎子の組織学的所見として，肺胞上皮細胞，肝細胞，細網細胞などに多数の好酸性の核内封入体がみられるのが特徴である．本病の診断は鼻汁スワブおよび血液，また流産胎子の主要な臓器を材料としてウイルス分離によるか，血清についての補体結合試験，ELISA，中和試験による．

〔予防〕 本病の予防には不活化ワクチンが開発されている．

c. 豚の感染性流産

ⅰ） **ブルセラ病** 豚のブルセラ病は主として *Brucella suis* によって起こるが，*Br. abortus* または *Br. melitensis* によって起こることもある．*Br. suis* の感染は，汚染された飼料などを介し口や結膜を通して，また交尾を介して起こる交尾感染が最も重視されている．感染雄豚は長期にわたって本菌を精液中に排出するので，重大な感染源になる．先進国では清浄化が進んでいる．

〔症状〕 豚群に本病が侵入した場合の最初の徴候は流産の発生である．流産は通常妊娠3～12週の間に発生し，その発生頻度は牛の場合よりやや低い．感染雄豚の交配による感染では妊娠約3週に流産が起こり，感染が妊娠30～40日以降の雌豚に起こる場合は妊娠7～12週に流産が起こる．感染が妊娠末期に起こった場合は正産することもあり，産子の中にミイラ変性胎子や死産子豚，あるいは虚弱子豚を含むことがある．感染雌豚は，流産，分娩後に生殖器からの分泌液および乳汁中に本菌を排出する．

〔診断〕 豚の場合,血清反応は検出系により異なり，感度または特異性が不十分である．流産胎子，胎盤，流産後の生殖器分泌物，乳汁，精液などからの菌の分離を行う．

〔予防〕 豚のブルセラ病に有効なワクチンはなく，菌の分離による群のモニタリングと菌分離陽性群の淘汰を実施する．

ⅱ） **日本脳炎** Japanese encephalitis 日本脳炎ウイルスは人と馬では脳炎を起こすが，豚の感染では妊娠豚に流死産を起こすのが特徴である．病原ウイルスはコガタアカイエカによって媒介され，妊娠豚の場合，ウイルスは血流によって胎盤に到達して胎盤感染を起こし，ついで胎子感染を起こして胎子は死亡する．初産豚における死産の発生率は，8～11月の時期に高い．雄豚の場合は，発熱，食欲低下，交尾欲減退，無精子症などが発生する．感染後2～3週において精液中にウイルスが排出されるため，この時期の交配または人工授精においても雌豚への感染が起こることが報告されている．

〔症状〕 妊娠中の豚が感染しても，すぐには異常所見を示さない場合が多い．妊娠90日以前に死亡胎子を排出する流産の経過をとる場合もあるが，分娩予定日頃に異常子を娩出する例が圧倒的に多い．この場合，様々な状態の子豚が娩出される．すなわち，正常に生まれて発育するもの，妊娠末期に死亡したと思われる発育した胎子（白子），皮膚や内臓が黒褐色を呈するいわゆる黒子，ミイラ変性した小さな胎子，脳水腫のもの，皮下に出血や膠様浸潤のみられる胎子などが娩出される（図10.1）．また胎子が感染しても胎内で死亡せず，生後間もなくに死亡する例もしばしばみられる．このような子豚は生後，ふるえ，痙攣，旋回，麻痺などの神経症状を示す．免疫のない雄豚が日本脳炎に感染すると，造精機能障害が起こる．

〔診断〕 異常子豚などからのウイルス分離，あるい

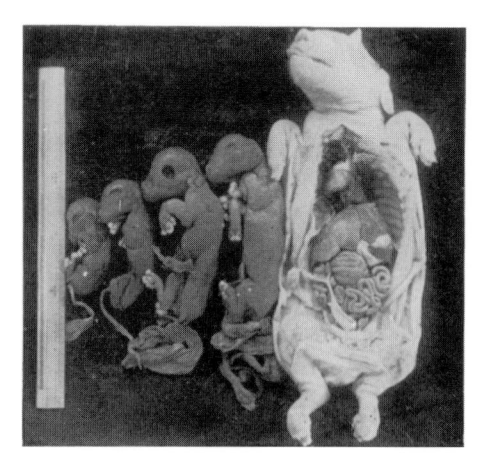

図10.1 豚の死産胎子（須川提供）
同腹の死産胎子であるが，その大きさと変化の程度が異なる．右端のものは大きさは正常で皮膚は白色（白子）であるが，他の4頭はいわゆる黒子で，左側のものほど早期に死亡したことを示す．

はウイルス特異的抗体を異常胎子の体液中から赤血球凝集抑制試験で検出する方法や，母豚における血清学的診断法が有効である．

〔予防〕 不活化ワクチンあるいは生ワクチンを流行前の4～6月に接種する．特に春から夏にかけて交配される初産豚には，この予防接種が必要である．外国から輸入される種雄豚についても，入国時にワクチン接種を実施する必要がある．

　　iii） **オーエスキー病** Aujeszky's disease　豚ヘルペスウイルスⅠ型によって起こる急性感染病で，母豚が感染すると流産する．新生豚ではウイルス感染により高率に発病し，神経症状を呈して死亡することが多い．ウイルスの伝播は，発症豚との直接接触や人や器具などを介して間接的に，経口あるいは経気道的に起こる．

〔症状〕 妊娠豚への感染は，流産，胎子のミイラ変性，死産および虚弱子分娩をもたらす．妊娠初期の母豚が感染すると約半数が流産し，妊期の進んだものでは黒子となる．雄では感染後10～14日までに精液の異常が発現し，1～2週間継続するため，感染後1カ月における交配は感染を拡大させる可能性がある．

〔診断〕 扁桃の凍結切片を検査材料とした蛍光抗体法によるウイルス抗原の検出やウイルス分離を行う．抗体検査には中和試験やELISAなどが用いられる．

〔予防〕 ワクチンが使用されるが，ワクチン使用を含め本病防疫に関して，わが国ではオーエスキー病防疫対策要領に基づき，市町村単位で清浄地域，準清浄地域，清浄化推進地域の3地域に区分し防疫が進められている．使用可能なワクチンが定められ，識別マーカー（糖蛋白質欠損）をもち，かつ抗体識別キットが利用・有効であるものとされている．

　　iv） **豚繁殖・呼吸障害症候群** porcine reproductive and respiratory syndrome；PRRS　本症は，妊娠豚の流死産や虚弱子分娩などの繁殖障害と，離乳豚の呼吸障害の異なる疾病からなる症候群疾病である．呼吸器障害は一般に他の病原体との複合感染病の様相を呈するが，繁殖障害はPRRSウイルス単独感染で発症する．ウイルス伝播様式は，主に鼻汁，唾液，尿，糞便，精液に排泄されたウイルスが，接触や交配による水平感染と胎盤を介した垂直感染により起こる．近隣農場間程度の範囲において，風による伝播もあることが知られている．

〔症状〕 異常産と呼吸器症状が主である．初発農場では，流行当初は妊娠早期の流産も多発するが，通常胎子は妊娠後期に経胎盤感染を起こしやすく，主に妊娠後期に流産や死産がみられ，黒子，白子が認められる．免疫をもたない母豚では，食欲低下と発熱の後に流産する．組織学的所見では，流産および死産胎子に特徴的な病変は認められない．種雄豚の感染では，交尾欲の減退と精液の異常が観察されることがある．

〔診断〕 血清および肺，脾臓，リンパ節あるいは虚弱子臓器などの組織を用いてウイルス分離を行う．間接蛍光抗体法，ELISAなどにより検出される抗体は感染早期に出現するので，診断に有用である．

〔予防〕 生ワクチンも利用できるが，確実に防止する方法は確立されていない．定期的な抗体検査による感染豚の淘汰が有効である．

　　v） **豚パルボウイルス感染症** porcine parvovirus infection　豚パルボウイルスの感染によって起こる豚の異常産を特徴とする疾病である．本ウイルスに妊娠豚が感染すれば，胚の吸収，胎子の死滅やミイラ化などを起こす．ウイルスは多くの臓器で増殖し，鼻汁や糞便中に排出される．感染は経口，経鼻，あるいは精液を介しての場合もある．

〔症状〕 妊娠豚が感染した場合，ウイルス血症となるが，母豚自身は臨床症状を示さない．ウイルスは胎盤・胎子に感染し，胎子が死亡する．死亡胎子は分娩予定日前後に娩出されることが多く，流産は稀である．胚の段階で吸収されたものは発情が回帰したり，妊期の進んだものでは胎子死やミイラ変性が起こり，死産をもたらす．長期在胎（prolonged gestation）もときにみられる．雄豚は明瞭な臨床症状を示さないが，精巣に軽度の造精障害や，精巣上体，精腺，精索に軽度の炎症が起こることが認められている．

〔診断〕 異常産による胎子の脳や組織を材料としてウイルス分離を行う．死亡胎子組織の蛍光抗体法による診断，母豚血清の中和抗体の証明などもある．

〔予防〕 生ワクチンおよび不活化ワクチンが有効である．異常産は妊娠中にウイルス感染が起こった場合に発生するので，交配前に抗体陰性の豚がワクチン接種の対象となる．

d. めん羊，山羊の感染性流産

ⅰ）ブルセラ病　めん羊，山羊のブルセラ病は主に *Brucella melitensis* によって起こる．経口，経気道，経皮，経粘膜，生殖器感染により伝播する．山羊では本菌に対する感受性に品種間での差はみられないが，めん羊では品種間での感受性に差がある．本菌による山羊の流産の発生率は40～60%である．

〔症状〕　牛のブルセラ病の症状と類似しており，流産は妊娠最後の3カ月に起こる．皮膚または粘膜を通して感染が起こると，本菌はリンパ節で増殖し，ついで菌血症が起こり，妊娠あるいは泌乳中の雌の場合は菌が子宮や乳腺に侵入して著しく増殖し，その結果流産や軽度の乳房炎が起こる．流産後の腟分泌物および乳汁中に本菌が多数排出される．雄では精巣炎，精巣上体炎，精嚢炎がみられる．

〔診断〕　本病の診断は，流産胎子，胎盤，腟分泌物，乳汁，精液，精巣上体，主要臓器からの菌分離，血清凝集反応，補体結合反応試験などによって行われる．

〔予防〕　わが国をはじめとする清浄国ではワクチンは使用せず，摘発と淘汰による対策を講じる．ワクチンを使用した予防策をとる国もある．

ⅱ）流行性羊流産　*Chlamydophila abortus* によりめん羊の妊娠末期に流産を引き起こす．また本菌は，山羊においても流産を引き起こすことが報告されている．感染は，流産しためん羊から排出された本菌に汚染された飼料および飲水を，ほかの雌めん羊が摂取することによって起こることが最も多いと考えられている．

〔症状〕　妊娠100日から満期までの流産が特徴であるが，妊娠最終月の流産が最も多く，死産や虚弱子の分娩も珍しくない．母体における臨床症状は顕著ではなく，発熱が認められる程度である．流産時の胎膜はブルセラ病のものと類似し，主要病変は胎盤炎であり，胎盤の絨毛膜に浮腫と壊死が認められる．

〔診断〕　胎盤および流産胎子の塗抹標本を，ギムザ染色，蛍光染色してクラミジアを検出する．また抗体検査として補体結合反応が用いられるが，完全に特異性でないことや，抗体の上昇が認められない感染例があることを考慮する必要がある．

〔予防〕　海外ではワクチンが用いられている．

e. 犬の感染性流産

〔ブルセラ病〕　犬のブルセラ病は *Brucella canis* によって起こり，雌では胎盤炎と流産，雄では精巣上体炎や精巣萎縮に関連した不妊症を起こす．本菌は家庭犬からも分離されており，人への感染源としても注意が必要である．本病の伝播は感染犬の排泄物との接触によるほか，交尾による生殖器伝播もある．口腔または生殖器を通して感染した後，長い菌血症と全身的な播種性の感染が起こる．

〔症状〕　感染犬では発熱はなく，その他の臨床症状もみられない．妊娠していない雌犬では，子宮における本菌の多量の増殖はないが，妊娠犬では子宮が主な感染部位となる．増殖した菌は胎盤を介して胎子に侵入し，妊娠期間の最後の2週間の間に前駆症状を示さず流産する．流産後は1～数週間にわたり子宮からの分泌物が陰門より漏出するが，この分泌物中に本菌が多量に排泄され，ほかの犬に対する主な感染源となる．流産した犬の多くは再び交配させると不妊に終わるか，流産を繰り返す．雄犬の感染の場合は，精巣上体炎による局所の腫大，精巣の萎縮，これらに付随して陰嚢の浮腫と皮膚炎がみられ，近接のリンパ節および前立腺の腫脹がある．

〔診断〕　母犬の血液，リンパ節，脾臓，生殖器，腟排出物あるいは流産胎子の胎水，器官，胎盤などからの菌の分離，血清についての試験管凝集反応，ゲル内沈降反応によって行われる．

〔予防〕　ワクチンは実用化されていない．テトラサイクリンの長期投与が有効とされているが，その効果は十分ではない．ブルセラ病は畜産における影響が大きいことから，*Br. canis* による犬のブルセラ病に法的な規制はないが，できるだけ陽性犬を隔離，淘汰して清浄化を図ることが望ましい．

(2) 非感染性流産　non-infectious abortion

a. 発生状況

非感染性流産の発生は通常散発的であるが，原因によっては突発的に集団発生する場合もある．流産の発生状況を正確に把握することは困難であるが，散発的に発生する流産は馬に最も多く，牛はこれにつぎ，食肉類および豚などの多胎動物には少ない．これは多胎動物では胎子が死亡しても吸収され，また停留するた

めである.馬に多発するのはその感受性の鋭敏なこと,胎盤の構造上母体側胎盤と胎子側胎盤との接触がほかの動物に比べて緩いことなどによるものと考えられ,また内分泌異常にも関連すると考えられている.牛においては高泌乳や飼養管理の失宜と関連しているものも多い.発生率は乳牛では約2.5〜5%,肉牛では2〜3%前後と推測される.馬の流産の発生率は従来から平均約10%とされている.馬の流産は妊娠5〜6カ月に最も多く発生することが認められている.

b.原因

非感染性流産はその原因からみて,母体の側の異常によるもの,胎子の異常によるもの,外的感作によるもの,内分泌異常によるものなどがあり,これらを誘発する因子として,飼養管理の失宜や全身的な疾病などが関与している.なお,これらの各要因は相互に関連し合うことが考えられる.

このような種々の原因によって,胎盤のうっ血,出血,壊死,浮腫などの異常が生じ,その結果胎子の死をきたすものが大部分であって,胎盤に何らかの病的変化がなくて胎子が死亡することは極めて稀である.すなわち胎子の死亡は,胎子に対する栄養の供給およびガス交換を行う胎盤の機能がまず障害され,その結果胎子に種々の病的変化をきたすことがその主因をなすものとされている.

ⅰ)母体側の異常によるもの

① 飼養管理の失宜により母体の飢餓や低栄養状態が生じた場合,胎子発育のための栄養が充足されず流産することがある.このほか,ビタミンAやヨード欠乏による栄養障害,化学薬品や有毒植物の摂取による影響により流産が誘発される.

② 重篤な全身性疾患,急性ないし慢性疾患などの場合には,いずれも胎子の栄養ならびにガス交換が障害され,また循環器系などの疾病の場合には,胎子の血行障害を発して流産する.

③ 生殖器の異常・疾患のうち,子宮内膜炎,子宮発育不全,子宮の伸張を妨害する疾患(子宮の瘢痕形成,子宮と腹膜の癒着,子宮腫瘍,子宮頸管裂傷など)の場合には,妊期が進み胎子の発育がある一定程度に進行すると子宮の伸張が妨げられ,その結果流産を招く.

ⅱ)胎子の異常によるもの
遺伝的要因や染色体異常による胎子の奇形,単胎動物における多胎妊娠,臍帯の異常,胎膜水腫(dropsy of fetal membranes)などは胎子の正常な発育を妨げ,妊娠中途において胎子の死を招く.胎子が死亡すれば通常流産する.

ⅲ)外的感作によるもの
外的感作によるものは,非感染性流産の原因の中で最も多いと考えられている.物理的圧迫(転倒,腹部の打撲,蹴り,闘争など)は胎盤に障害を引き起こし,過度の運動は血中CO_2の増加により子宮の収縮を誘発して胎子のガス交換を障害し,驚愕・興奮は反射的に子宮の収縮を起こして流産を招く.

ⅳ)内分泌異常によるもの
受胎はよくするが,感染や特別な外的感作がないのに毎回ほぼ同じ妊期に流産するものを習慣性流産(habitual abortion)といい,胎盤の形成状態と関連したプロジェステロン分泌の異常によることが認められている.この種の流産は馬に多く,主として妊娠5〜6カ月に起こる.この時期は妊娠を維持するためのプロジェステロン分泌が卵巣から胎盤に切り替わる時期に相当し,切り替えが円滑を欠く場合にプロジェステロンが一時的に不足して流産が起こりやすくなることが認められている.馬の習慣性流産の予防には,黄体機能を刺激する目的で流産警戒期に先立ちhCGを連続注射すると,黄体機能を延長させて効果のあることが認められている.このほかの習慣性流産の予防法として,流産警戒期の2〜3週間前からプロジェステロン50〜200 mgを2〜3日間隔で数回筋肉内注射するか,そのデポ剤300〜600 mgを5〜10日間隔で3〜4回筋肉内注射する.またこのほか,副腎皮質刺激ホルモン(ACTH)や副腎皮質ホルモン,エストロジェンの過剰分泌が起こることにより,流産が誘発されることが指摘されている.

10.2 母体における異常

(1) 腟 脱 vaginal prolapse

腟脱とは,腟壁,特にその上壁が陰門を通して脱出下垂するものをいう.全腟壁が脱出することも稀ではない.腟脱はあらゆる種類の動物にみられるが,牛とめん羊に最も多い.牛では,特にヘレフォード種と大型の乳用種,すなわちホルスタイン種,ブラウンスイス種などに多いといわれる.犬では,発情時に腟過形

成によって陰門から腟壁が脱出することが多く，ボクサーやブルドッグなどの犬種によくみられる．

腟脱は一般に妊娠末期に発生する．すなわち，牛では分娩前2～3カ月，めん羊その他の動物では分娩前2～3週間の頃に起こる．ただし，犬では主として発情前期から発情期にみられ，発情のたびに繰り返す．

〔原因〕 本病の原因は単一ではないと考えられている．まず，妊娠末期に胎盤で産生される大量のエストロジェンが，骨盤の靱帯，骨盤周囲組織および陰門括約筋を弛緩させることが挙げられる．本病は初産のものよりも経産のものに多いことから，初産時における産道の損傷や弛緩が次回の妊娠期に腟脱を招くことも考えられる．また本病は放牧牛に少なく，舎飼の乳牛，特に前高後低の床に繋留したものに多発し，めん羊では青草を多給する双胎妊娠のものに多発することが知られている．牛や犬では特定の種に多発することから，本病の発生に遺伝的要因が関係していることが疑われる．

豚および稀に牛において，かびの生えたトウモロコシや大麦を多給すると，陰門の浮腫，骨盤の靱帯の弛緩，努責を起こし，腟脱および直腸脱を招くことがあり，特に若い豚と牛がなりやすい．この状態は，かびの生えた飼料中にエストロジェン様物質が多量に含まれていることによるものと考えられている．エストロジェン様物質を多量に含む飼料を採食するめん羊では子宮内膜の嚢胞変性による不妊症が起こり，この場合高率に腟脱が発生することが知られている．牛には妊娠末期以外にも本病になることがあるが，これも過剰のエストロジェンの影響と考えられている．

〔症状〕 軽症のものでは，横臥時に鮮紅色の瘤状の拳大ないし人頭大の腟壁が陰唇間に露出し，起立すれば消失する．これを習慣性腟脱（habitual vaginal prolapse）という．重症では，全腟壁が子宮頸腟部とともに人頭大の瘤となって陰門外に脱出垂下し，その基部は腫瘤状をした子宮頸腟部よりなり，ここに粘液で閉塞された外子宮口がみられる（図10.2）．この腟壁は起立しても復帰することなく，強い努責を発してますます脱出する．そのために血行の障害，糞尿による汚染，刺激ならびに乾燥などによって腫大して炎症を発し，さらに強い刺激となって悪循環に陥る．合わせて膀胱が牽引されたり，あるいは脱出している腟壁

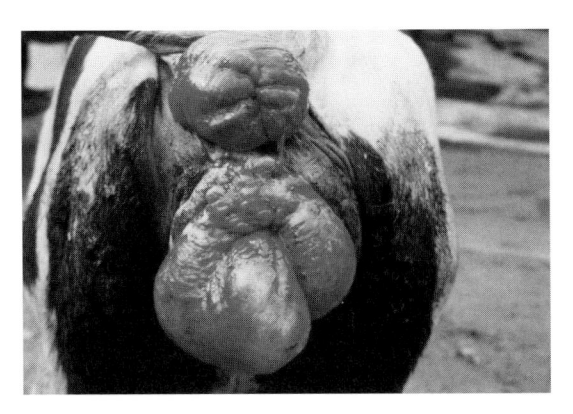

図10.2 牛の腟脱（菅提供）
直腸脱を併発している．

の内側に膀胱が反転して入り込み，失位の結果尿閉を生ずるようになる．

〔予後〕 軽症のものは分娩後自然に治癒し，予後は良好であるが，次回の妊娠期に再発しやすい．重度の腟脱で，胎子の死亡，腐敗性の子宮炎，脱出器官の壊死，敗血症，毒血症，強度の努責などを起こす場合は予後不良である．

〔治療〕 軽症のものは分娩後自然に治癒するので，なるべく症状の進行と腟粘膜の損傷を避ける手段を講じて分娩を待つのが良い．しかし腟壁が陰門外に脱出し，継発症を発生するおそれのある場合には，速やかに整復を要する．すなわち，外陰部およびその周辺を十分に水または刺激性の少ない消毒液で洗浄し，膀胱が充満している場合には排尿して整復準備を整える．次に動物を前低後高の位置に立たせて，手で腟を完納し，腟壁に皺襞を残さないように十分に整復する．牛において努責が強く整復が困難な例では，脱出，反転した腟内に膀胱が尿を充満させて迷入していることがある．その際脱出した腟を持ち上げ尿道の屈曲を伸ばして排尿を容易にさせたり，尿道カテーテルを挿入して排尿させた後に整復を試みる．整復後再発を防止するため前低後高に起立させ（5～15 cm 後躯を高くする），陰門に圧迫包帯または腟圧定器を装着して脱出を予防する．しかし，この方法は分娩期の近い場合は効果が期待できるが，やがて起臥時に移動や脱落してしまう場合も多い．

陰門を物理的に閉鎖して再発を防ぐ方法として，Bühner法が牛やめん羊で応用される．牛の場合（図10.3），陰門周囲を剃毛，消毒した後，陰唇上交連

の背側および陰唇下交連の腹側を縦に小切開（2～3 cm）し，先端に穴のあいた特殊な長針（Bühner 針）を下の創口から上の創口に向かって陰唇外側皮下を貫通させる．次に先端の穴に紐を通して針を引き抜き皮下に紐を通し，上端に残った紐を同様に対側の皮下を通過させる．そして，陰唇下交連下の創口から出た左右の紐を引いて陰門に指 4 本が入る程度に縛る．Bühner 針の代わりに腟脱針を用い，陰唇周囲の皮下に紐をくぐらせ同様に陰門を閉鎖する方法もある．いずれの方法も陰門の開口が物理的に抑制されることで再発が防止される．分娩時にはこの紐を解き，分娩後は再び紐を通して結ぶようにする．

また Frank 法では牛の場合，陰門周囲を剃毛，消毒し，綿テープのような丈夫な紐を肛門下から陰唇下交連の高さまで両側にそれぞれ 4～5 カ所，直径 4 cm 程度の輪を皮膚を十分に貫通して設ける．そして，別の紐を用いてその輪に靴紐を結ぶ要領で縛る．

犬において軽度の腟脱の場合治療は必要とせず，腟の過形成は休止期に自然に退縮する．重度の場合，腟脱部を保護する必要がある．腟壁を洗浄した後に環納し，Bühner 法のように陰門部の周囲の皮下に太めの絹糸を通して腟壁が脱出しない程度に陰門を狭める．その後，発情期の終了を待って絹糸を抜糸する．

(2) 子宮捻転　uterine torsion

子宮捻転とは，一般に妊娠子宮がその長軸に沿って左方あるいは右方に捻転するものをいい，すべての動物種に起こることが知られており，難産の原因となる．子宮捻転の発生率は動物種により異なり，子宮を懸垂している広間膜の形態学的特徴による子宮の安定性が関与していると考えられている．多胎動物においては，一側の子宮角の一部が腸捻転と同じように横軸に対して捻転することもある．子宮捻転は，牛，特に舎飼の乳牛に多発し，めん羊，山羊，馬，犬，猫にも発生し，豚では稀である．Roberts（1971）によれば，米国・コーネル大学の野外診療で 1943～1953 年の 10 年間に治療した乳牛の難産 1555 例のうち，7.3% が子宮捻転によるものであったという．一般に子宮捻転は，初産の動物より経産のものに多くみられる．

〔原因〕　牛では，妊娠末期に妊角の小彎は子宮広間膜に支持されることなく腹腔内に遊離しており，わずかに第一胃などの腹腔臓器，腹壁によって支えられているだけである．一方，不妊角は小さいので，左右の子宮角はアンバランスな状態にある．これに加えて牛は伏臥するときまず前肢から曲げ，起立するときは後肢から立ち上がる習性があるので，伏臥や起立のたびに妊娠子宮は腹腔に懸垂され，これに胎子の動きが加わり捻転を起こしやすい状態になることが原因として考えられている．このほか胎水の不足や母体の急激な運動なども子宮捻転の原因となるが，これらは主として犬や猫の場合に該当する．

〔症状・診断〕　子宮捻転の徴候は発生の時期およびその程度によって異なるが，多くは分娩経過における開口期の後半から産出期の早期に起こる．

① 妊娠末期における捻転：妊娠 6～8 カ月における牛の子宮捻転は稀にしか起こらない．この時期における牛の子宮捻転は，主として内子宮口の前方，すなわち子宮体に発生するので，腟や外陰部における変化はなく，腟検査でも著明な変化は認めがたいため，挙動が不安となり，食欲が減退し，鼓脹症様の症状が出

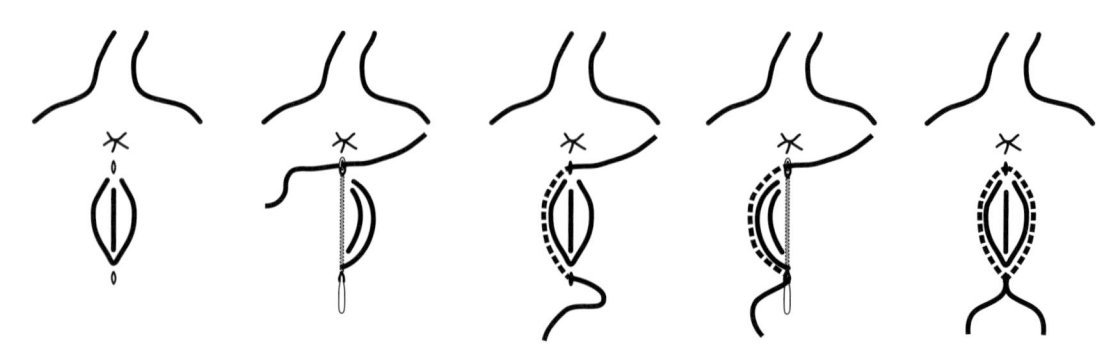

図 10.3　陰門閉鎖法（Bühner 法）

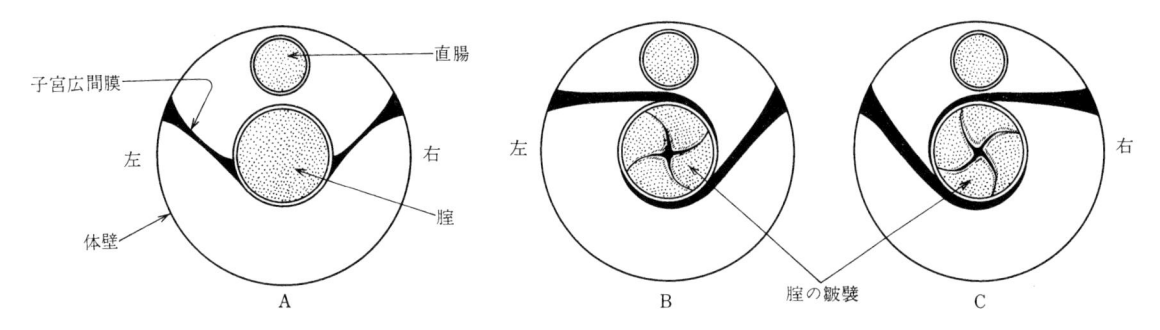

図 10.4 牛における子宮捻転模式図（Roberts, 1971 を改変）
A：正常位の子宮広間膜と腟の関係（対照），B：右方 180°捻転，C：左方 180°捻転．

現した場合には本症を疑う．確定診断は，直腸検査によって波動性が少なく緊張する子宮と捻転方向を示す皺襞とを触知することにより行うが，確定診断される時点では手遅れのことも多い．馬では顕著な疝痛症状を呈することが多い．したがって，牛，馬において妊娠末期に鼓脹症または疝痛様の症状を示した場合には，本症を疑って直腸検査および腟検査を行う．皺襞の形成は左方捻転においては右後上方より左前下方に向かい，右方捻転においてはこれと逆である．また右方捻転の場合は右の子宮広間膜は下方へ強く牽引されて捻転した子宮〜腟の下側にあり，左の子宮広間膜は捻転した産道の上を横切っている．両側の子宮動脈はともに強く緊張している．子宮広間膜および子宮動脈の緊張の強さによって捻転の程度が推測できる（図10.4，10.5）．

② 分娩直前または分娩経過中における捻転：この時期に発生する子宮捻転は腟の前方，すなわち子宮頸において起こる．その理由は，この時期には胎子は子宮体部に移動するので，子宮体部の捻転は起こりにくいが，子宮頸部は弛緩して柔軟になっていて，捻転を起こしやすいためである．徴候は，陣痛が長時間または数日に及び，陰唇は腫大するが捻転のために歪み，かつ皺襞を形成している．努責を続けるものの陰門から何も出てこない，などが挙げられる．破水したものの長時間経過しても胎子が出現しないなどの場合も，本症が疑われる．腟検査を行えば前方は狭窄するが，捻転が軽度の場合（90〜180°）には手を挿入して外子宮口に達することができる．重度（180〜360°）の場合には強度に捻れた腟壁に遮られ前方は全く閉塞されて，手を進めがたく，腟から子宮頸管および胎子を

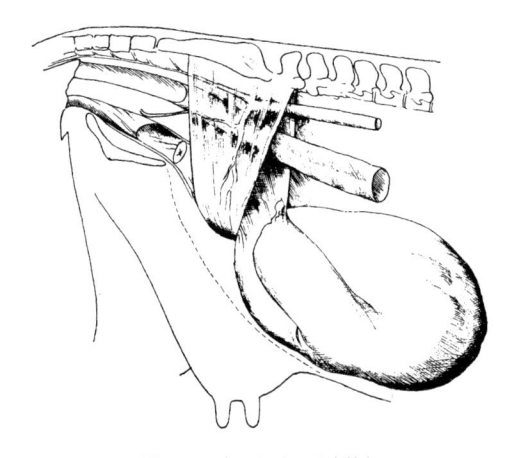

図 10.5 牛における子宮捻転
子宮体における右方捻転で，右の子宮広間膜は緊張し，腟壁の皺襞は下方から左前上方に向かっている．

触診することはできない．腟壁には後方より前方に走る多数のらせん状皺襞が形成されている．捻転の方向の判断は，腟の上壁を触診すれば，捻転の方向に走行して明瞭に出現している皺襞によって知ることができる．また 180°以上の捻転では，捻転の方向と反対側の陰唇が循環障害により腫大することも参考となる．牛では，左方捻転の発生が右方捻転に比べ多いことが知られている．

〔予後〕 牛の子宮捻転は，早期に発見され軽症であり全身症状を伴わず，かつ胎子が生存する場合に適切な整復を行えば予後は良好であり，その後の繁殖にも影響を及ぼさないことが多い．しかし発見が遅れたものでは胎子が死亡し，また血行障害のため子宮が壊死しており，捻転が整復できても予後不良となる．捻転が重度の場合は，時日を経過するに従い予後は不良となる．重度の捻転において胎子は血行障害のために死

10. 妊娠期における異常

を招くが，その際胎子がまだ小さくて子宮口が閉鎖している場合には，ミイラ変性を起こして子宮内容液が吸収されるとともに，自然に回復することがある．馬の子宮捻転は一般に予後不良であるが，捻転整復後に回復したものは繁殖性も良好であることが指摘されている．

〔治療〕　妊期が進んでおらず捻転が軽度であれば，自然に回復することも少なくない．また分娩経過中の捻転においても軽度の場合には，胎胞が破裂して胎水が流出すれば子宮の負担が軽減されるため，自力で回復することがある．

大動物の子宮捻転による難産の処置には3つの方法がある．一般に，胎子の肢蹄や頭部が触知できるものは起立位で整復可能である．子宮体部の捻転のもの，子宮頸管が十分に開口しないで捻転しているもの，胎子に十分触れることのできないもの，衰弱して起立できないもの，起立位で整復困難なものは母体回転法により整復が行われる．以上の方法で整復できないと判断された場合は，開腹術，帝王切開術が適用される．

① 産道から胎子と子宮を回転させる方法：牛の子宮捻転による難産の救助に用いられる最も一般的な方法で，馬にも応用される．

本法は母体を起立させて行う方法である．母体を前低後高の位置に立たせ，術者はその後方に位置して消毒，粘滑液を塗布した手腕を腟内に挿入し，皺襞の方向に沿って進める．そして，子宮内において胎子の鼻または口などを握り，捻転と逆方向に子宮を捻り戻し，術者が子宮や胎子を前方に押し込むことにより整復する方法である（図10.6）．もしこの方法で胎子をつかみ固定しにくい場合には，直腸より胎子の一部を把握する．ここで助手の1人を捻転した方向の側の母牛の腹下にかがませ，その背部を乳房の前方の腹部に当て外側上方に挙上し，ほかの1人の助手は反対側に立ち両手を握って拳を膁部（けんぶ）に当て下方に圧迫することにより，術者の子宮回転に協力させる方法もある．ただし本法は，左側捻転の場合には膨大な第一胃に妨げられ整復に困難を伴う．整復に際してあらかじめ胎水を排出すれば，子宮は容積および重量を減じて成功することが多いことが報告されている．この方法は一度失敗しても断念することなく，胎子を骨盤腔内に導入することに努め，その後にさらに同様の方法による整復を試みるべきである．

② 母体回転法：牛，馬の子宮捻転の整復に最も古くから行われている方法で，3人以上の助手を必要とする．

本法は母体を横臥させ，捻転している方向あるいは逆の方向にすばやく回転させ修復する方法である．広場にわらなどを厚く敷き，乳房が緊張していればあらかじめ搾乳した後，前低後高となるように横臥させ，前肢および後肢を各別に結束し，さらに前後肢間に余裕の長さを有する丈夫な棒を通して結束する．ついで左側捻転の場合には，初め左側を上にして横臥させ，前後に配置した助手をして棒を持ち上げるとともに，もう1人の助手が棒を右側に強く引っぱり，母牛を激しく左側臥に右回転させる．もし成功しない場合には，母牛をゆっくり右側臥に戻して，再び前法によって捻転が解除されるまで回転を繰り返す．逆に捻転の方向に回転させる方法もある．左側捻転の場合では，胎子

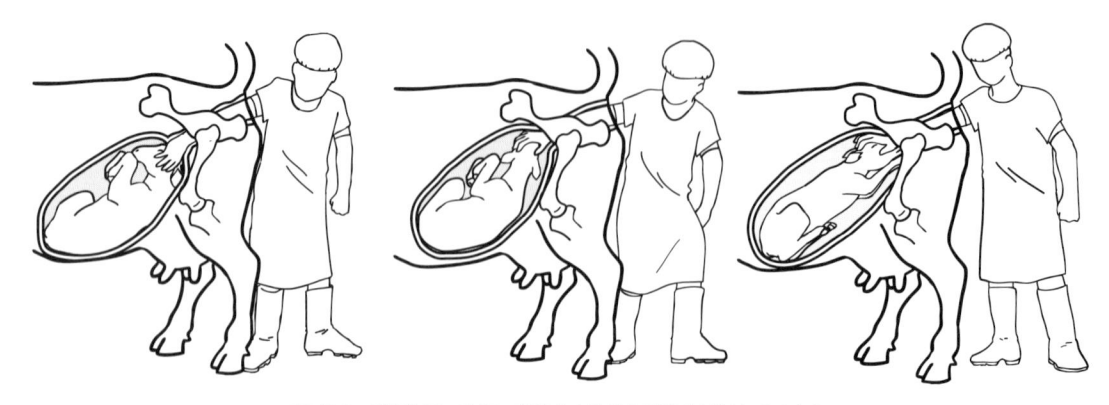

図10.6 子宮捻転の整復：産道から胎子と子宮を回転させる方法

を術者が産道より固定した状態で，母牛を左側臥から右側臥に後方から見て左側に回転させる方法である．この母牛を回転させるにあたって，母牛の四肢および乳房に損傷を与えないように留意する．

もし吊器を利用しうる場合には，後肢をしばってこれを吊器に装着し，母牛を吊り起こしながら行えば高率に捻転が整復できることが報告されている（図10.7）．左方捻転の場合は母牛の左側を，右方捻転の場合は右側を上にして横臥させ，両後肢を平打ち縄で結束し，トラクターなどの重機を用いて母牛の肩が地面を離れる直前まで静かに後肢を吊り上げる．産道より胎子を把握できる場合は胎子の肢をつかんで保持したまま，横臥の位置まで静かに降ろすことにより整復する（石井ら，2000）．整復が成功しない場合は同じ操作を繰り返す．

③ 開腹手術：①，②の方法で整復できない場合には，開腹手術によって捻転の整復を試み，整復できないときは帝王切開を行うべきである．

（3）子宮ヘルニア uterine hernia

子宮ヘルニアとは，妊娠子宮の一部または全部が臍ヘルニア，鼠径ヘルニア，会陰ヘルニア，横隔膜ヘルニアおよび腹壁ヘルニアの破裂口を通して脱出するものをいう．恥骨筋腱（prepubic tendon）の断裂の場合は，妊娠子宮は皮膚と皮筋により形成された嚢の中に陥入して難産を招いたり，胎子または母体あるいは両者の死を招くことがある（図10.8）．

臍ヘルニアはすべての動物で遺伝性であるといわれているが，牛の臍ヘルニアは小さなものが多い．鼠径ヘルニアは犬で普通にみられる．横隔膜ヘルニアは犬では通常外傷に継発し，妊娠子宮が胸腔内に位置していることが稀にある．胎子の一部を含む会陰ヘルニアが山羊で報告されている．小さな腹壁ヘルニアは外傷性のものが多く，すべての動物種に発生する．広範な腹壁ヘルニアは，牛，めん羊，山羊では妊娠末期にときどき起こるが，馬では稀である．主として外傷によって起こり，反芻類では普通右側に発生する．これらの場合，腹壁は強く収縮できないので，胎子を産道に推進させることができず難産を招く．

妊娠中の恥骨筋腱の断裂は，馬，特に肥った重種に最も多くみられ，牛，めん羊では稀である．この発生は，下腹部における妊娠子宮の重量の増加と浮腫および重みによる腹筋の退行変性に起因すると考えられている．恥骨筋腱断裂の場合には治療はあまり効果がない．予防措置としては大きな馬房に多量の敷料を入れて繋養し，容積の大きな粗飼料を避けて濃厚飼料を給与し，場合によっては緩下剤を与える．妊娠末期にはオキシトシン50～100 IUを注射するか，手で子宮頸管を拡張して陣痛を誘発させる方法もある．また馬を仰臥姿勢にさせると，骨盤入口に胎子を引きよせやすく胎子の抽出が容易になる．本症では正常に分娩できないことも想定され，妊娠日数や分娩の徴候を注意深く観察する必要がある．

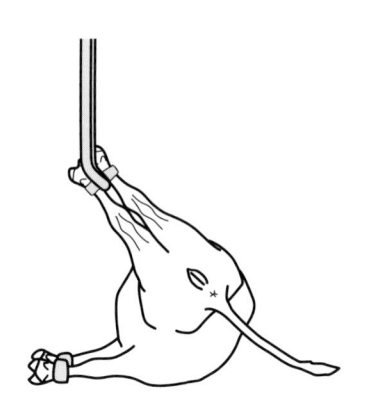

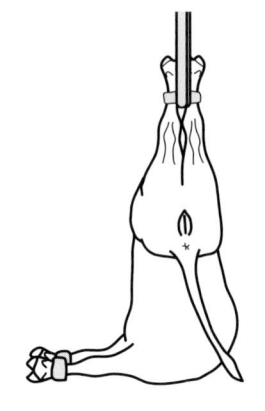

図10.7 子宮捻転（左方捻転）の整復
母体を吊り起こし，横臥の位置まで静かに戻す．

A：馬の子宮ヘルニア（Harms 原図）　　　　B：牛の子宮ヘルニア（Bruin, Tapken 原図）

図 10.8　子宮ヘルニアの外見

（4）子宮外妊娠　extrauterine pregnancy / ectopic gestation

　子宮腔以外の部位で胎子が発育する状態を子宮外妊娠と呼び，真性（原発性）子宮外妊娠（true extrauterine pregnancy）と仮性（続発性）子宮外妊娠（false / secondary extrauterine pregnancy）がある．各種動物において，前者の発生の報告は極めて少ない．前者は受精卵・胚が，卵巣，卵管，腹腔など子宮内膜以外の器官または組織に着床して発育する場合であるが，胎子は十分に発育できず妊娠早期に死亡してミイラ化する．後者の仮性子宮外妊娠は，妊娠が正常に成立し，胎子がある段階まで発育してから子宮腔より腹腔または膣に脱出する場合をいい，すべての種類の動物に起こることが知られている．ただし，馬では極めて稀である．

　この状態は，通常妊娠期間の 2/3 を経過した頃に起こる．ほとんどすべての例で，子宮外妊娠と診断されるときまでに胎子は死亡している．腹腔へ胎子が脱出する子宮破裂の原因は不明であるが，この状態は子宮捻転，気腫胎（emphysematous fetus），慢性子宮外膜炎，難産の後遺症およびオキシトシンの投与（特に犬）などの場合に起こる．無菌的胎子が腹腔内に脱出した場合は外部徴候はほとんど認められず，胎子は無菌的な異物として腹腔内に遺残する．気腫を起こしているか重度の感染を起こしている胎子が腹腔へ脱出した場合には，致命的な腹膜炎やショックを起こす．

10.3　胎子における異常

（1）胎子の死

　胎子が死亡すると一般に流産する．すなわち，胎子の死後数日中に子宮外に排出される．しかし妊娠初期の場合は，胎子および胎膜は排出されることなく子宮内で融解，吸収されることが多い．また陣痛微弱，子宮頸管の開口不十分，胎子の失位，胎子の感染などの場合に，死亡胎子が子宮内に残留して子宮蓄膿症を併発することがある．その場合，死亡胎子は種々の条件によって異なった経過をとることが知られている．

　a.　**胎子ミイラ変性**　mummification of fetus

　胎子の発育過程において，骨化が始まって以降に胎子が死亡すると，受胎産物は子宮内で完全には融解，吸収されない．死亡した胎子が子宮内において体液を失って萎縮硬化し，チョコレート色を呈するものをミイラ変性といい，このような胎子をミイラ変性胎子という（図 10.9）．ほとんどの動物でみられるが，豚と牛に多く，馬では稀である．臍帯，胎膜も萎縮して繊細菲薄となり，胎盤も萎縮し，胎水は吸収される．胎子の死後の経過が長くなるほど胎子はより脱水され，より硬化する．この場合，子宮は通常無菌である．多胎動物の場合，いくつかの胎子がミイラ化しても他の正常な胎子の妊娠継続は妨げられない．牛の双胎においても，1 頭がミイラ化してももう一方は正常に出生する例もある．ミイラ変性胎子の体表に石灰が沈着し

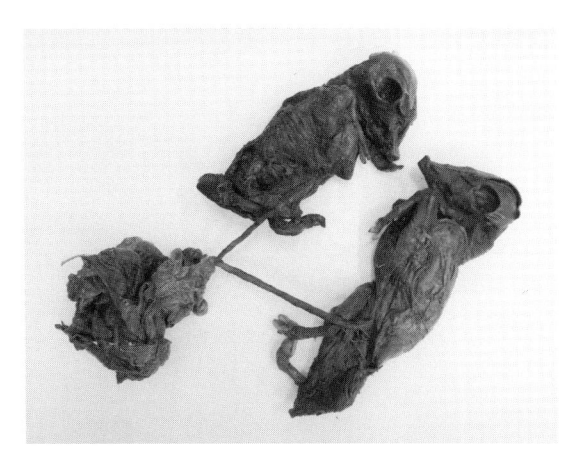

図 10.9　牛双子のミイラ胎子（山本提供）

て石のように硬化したものを石子（lithopedion）と称し，胎膜の表面に石灰の沈着したものを石胞（lithokeliphos）という．近年はミイラ変性胎子が比較的早期に発見，治療されるため，石子や石胞の発生は少ない．

〔症状〕　牛の胎子ミイラ変性の場合，卵巣には黄体が遺残し，発情を示さない．腟検査では妊娠所見を呈するが，直腸検査では妊期に相当する子宮の膨満はなく，胎水が少ないか，ないため子宮の波動性を欠く．子宮壁は菲薄粗剛で収縮性を欠き，胎盤は触知されず，子宮内に弾力性のない硬固な物体を触知する．また子宮動脈の拍動は弱く，妊娠期に特有の震動がない．

〔治療〕　牛では人工流産の要領で $PGF_{2\alpha}$ 製剤を投与することにより，通常2～3日で自然排出される．また，子宮頸を通して子宮内に大量の生理食塩液を注入する方法もある．数回の処置によっても摘出不能の場合は，帝王切開手術により摘出する．犬や猫の小動物では開腹して摘出する．

b. 胎子浸漬　maceration of fetus

死んだ胎子が子宮内にあり排出されなかった場合の死後変化として，腐敗菌の作用によらず軟組織が融解して濃厚粘稠のクリーム様液と骨格が残留するものがある．これを胎子浸漬という．牛，めん羊，犬にときどき発生し，馬では稀である．発生初期には子宮頸管は閉鎖しているが，時日を経過すれば弛緩して細菌が侵入して胎子の腐敗が起こる．

〔症状〕　浸漬胎子（macerated fetus）が子宮内にある動物は発情を示さないことが多い．牛では外子宮口は多少哆開して，汚れた悪臭のある液を漏出し，この液の中にしばしば胎子の被毛，蹄，骨片などが含まれることがある．直腸検査では，子宮の妊角は沈下するが胎盤は触知されず，胎子の骨格がコツコツと触知される．卵巣には妊娠黄体が遺残している場合が多い．

犬では外陰部からの暗緑色の分泌物の漏出，敗血症の症状，触診あるいはレントゲン検査および超音波画像診断による浸漬胎子の確認によって診断される．

〔治療〕　ミイラ変性胎子の場合と同じであるが，骨片を摘出した後に必要に応じて抗生物質の投与を行う．

〔予後〕　牛では早期に浸漬胎子が排出されたものはその後の受胎は可能であるが，子宮の弛緩，変性，肥厚などの著しいものは予後不良である．

犬の場合，子宮の変性の著しいものでは子宮摘出が行われる．

c. 気腫胎　emphysematous fetus

胎子の死後，腐敗菌の汚染により胎子の皮下および内臓にガスが蓄積し，そのため膨化して産道を通過しがたくなったものを気腫胎という．すべての動物種に起こるといわれている．

〔症状〕　母体は腐敗毒素により中毒症状を呈する．牛では，腟検査において外子宮口から悪臭のある不潔な赤褐色や帯赤灰白色の漏出物がみられる．直腸検査では子宮は膨満し，胎子を触診すると捻髪音を感じる．

〔治療〕　牛では子宮頸管を十分哆開させ，多量の粘滑剤を子宮内に注入する．術者は手を子宮内に挿入し，胎位を整えた上で胎子を摘出する．この場合，母体および術者への細菌感染に十分注意し，産道を入念に消毒，洗浄することが必要である．以上の処置で摘出が困難な場合は，切胎術あるいは帝王切開術を行う．胎子の摘出が終われば，子宮内容物を排出した上で抗生物質などの子宮内注入と全身投与を行い，必要に応じて対症療法を行う．

〔予後〕　早期に胎子の摘出が行われたものはその後の受胎に支障はないが，子宮の損傷を生じたものは繁殖性について予後不良である．

d. 水腫胎　fetal anasarca

水腫胎とは胎子の皮下組織に重度の水腫を生ずる先天異常で，牛や犬のブルドッグ種に最も普通にみられ，めん羊にも発生する．これらは単胎子または双胎子の一方に起こる．水腫胎は胸水症（hydrothorax）

や腹水症（ascites）を伴うものや，後述の羊膜水腫（hydramnios），尿膜水腫（hydrallantois），あるいはこれら両者の合併したもの，および胎盤の水腫を合併する場合もある。全身が著しく腫大して，肥育豚様になるものもある。これらの水腫胎は，ほとんどのものが死んで娩出される。エアシャー種の牛の水腫胎では，常染色体性劣性遺伝子によるものがあると報告されている。ブルドッグ種の水腫胎は，帝王切開時に発見されることが多い。

〔症状〕　水腫胎は，直腸検査によって胎子の腫大と体表の波動を触知することによって診断されるが，尿膜水腫などを伴う場合を除いて，母体における腹部の膨大はみられない。

〔治療〕　水腫胎は産科刀を用いて体内の液体を排出し，胎子の容積を減少させた上で摘出する，もしくは切胎術，帝王切開術を実施する。

（2）胎膜水腫　dropsy of fetal membranes

胎膜腔内に多量の胎水が貯留するものを胎膜水腫といい，羊膜水腫，尿膜水腫が主なもので，尿膜絨毛膜水腫もある。羊膜水腫より尿膜水腫の方が発生頻度が高い。単独に発生することもあるが，合併して起こることが多い。これらの場合，胎子は正常なこともあるが多くは水腫胎となる。

a. 羊膜水腫　hydramnios

羊膜水腫の場合，羊膜腔が漸次拡大・膨満するのが特徴で，遺伝的あるいは先天的異常胎子に伴ってみられる。羊膜水腫は牛において最も普通にみられ，馬，めん羊，豚および犬などでは稀である。

〔症状〕　正常妊娠牛の羊水量は妊娠末期の2～3カ月において約4～8 ℓ であるが，異常胎子では羊水の嚥下が妨げられるため量が徐々に増加し，20～120 ℓ にも達する。したがって本病の場合，妊娠末期に腹部の膨満が起こり，しだいに著明になる。胎子は例外なしに異常であり死亡する。多くの場合，難産となる。

〔治療〕　軽症例では観察しながら分娩を待ち，重症の場合は人工流産の処置を施す。胎膜を穿刺して胎水を排除しても，再び増量するので有効ではない。

b. 尿膜水腫　hydrallantois

尿膜水腫は，牛の胎子や母体に障害を与える水腫性疾患の85～90％を占めるものである。この場合，子宮の疾患を伴っているのが普通で，一側の子宮小丘のほとんどが機能を失い，残りの胎盤も著しく腫大し浮腫および壊死性変化がみられる。本病の原因は，体液の分泌や吸収を行っている血管の透過性を含めた尿膜絨毛膜の機能の異常にあるものと考えられている。

〔症状〕　本病の症状は病性の進行程度および妊期によって異なる。尿膜水の量が40～80 ℓ の軽症の場合は，分娩時まで本病に気がつかないことがある。分娩時には子宮が無力なため難産となる。胎子は分娩時死亡しているか出生直後に死亡する。一般に尿膜水腫に継発して，胎盤停滞および敗血性子宮炎が起こる。重症の尿膜水腫は妊娠中期以後に5～20日の経過で急速に発症し，子宮の拡張と著明な腹部の膨満が特徴である。尿膜水の量は80～200 ℓ にも達し，胎膜は全般に浮腫性となり，腹腔に腹水の貯留も著明にみられる。このため飼い主は双胎または三胎を疑う。母牛における体温は正常であるが，食欲不振，脈拍細数（90～140/分），呼吸促迫，反芻停止や便秘などを示す。直腸検査により異常に膨満緊張した子宮に触れるが，胎子の触知は困難である。病性が進むにつれて腹部はますます膨満し，母牛は衰弱して最終的には起立不能になる。

〔治療〕　羊膜水腫と同様に人工流産による妊娠の速やかな中絶を行う。重症例では帝王切開手術を必要とすることもある。この際，体液喪失に伴うショックを防止するため，胎水を緩徐に排除し，手術の前後に大量の輸液を行う。予後は母体の子宮修復が遅れ，子宮炎を発症することが多い。

（3）長期在胎　prolonged gestation

妊娠期間が正規の範囲を著しく超え，分娩の遅れる場合を分娩遅延または晩期産といい，胎子の側からは長期在胎という。在胎日数としては，牛では300日，馬では350日を超える場合があてはまる。

長期在胎の原因は，母体の側にある場合と胎子の側にある場合とがある。母体側の原因としては，血中のプロジェステロンの過剰，エストロジェンの不足，子宮筋のオキシトシンに対する感受性の低下，オキシトシンの不足，プロスタグランディンの不足など，ホルモンに関する要因とこれらを招く遺伝的要因も考えられる。また，胎子側の原因の1つとして下垂体前葉-

副腎皮質系の機能異常が挙げられる．ほかに遺伝的要因としてホルスタイン種での劣性致死因子が知られており，この場合は胎子が過大となり，多くは妊娠末期に死ぬか，生まれてもすぐに死亡する．

（4）胎子の奇形・先天異常　teratosis and congenital anomaly of fetus

各種動物における奇形の原因は，遺伝的要因によるものと環境要因のものとに大別される．環境要因による奇形はその種類が極めて多く，程度も千差万別で，原因として感染，有毒植物の摂取，栄養素の欠乏あるいは過剰，物理的因子，放射線，薬物または化学物質，内分泌異常，卵子の加齢（老化）など多くの要因が挙げられている．また，クローン子牛などの生殖工学技術により産出された産子にも，形態的，機能的な異常が発生することが報告されている．

胎子過大や重度の体型異常は難産の原因となる．胎子の失位による難産とは異なり，一般に整復は困難であり，過度な牽引を控える必要がある．摘出が困難な場合は，切胎術あるいは帝王切開術を行う．難産の原因となる体型異常を伴う胎子の奇形を以下に挙げる（図10.10〜10.14）．

a. 単胎における奇形

ⅰ）**水頭症**　hydrocephalus　胎子の水頭症とは，脳脊髄液が多量に脳室に蓄積した状態をいい，その程度は軽度から重度まで様々であり，頭部の膨隆が認められる．稀に脳と硬膜の間に蓄積する場合もある．すべての動物に発生し，小型犬に多くみられる．分娩に際して，多くは頭を側方または下方に屈折し，産道の通過は困難である．頭部を深く切開して内容液を圧

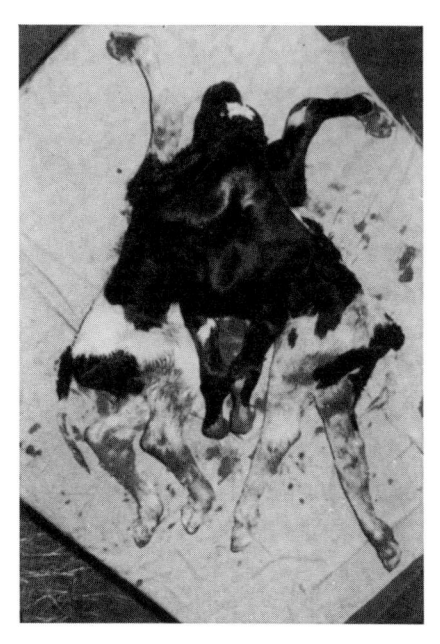

図10.11　牛胎子の頭蓋癒合（山内提供）

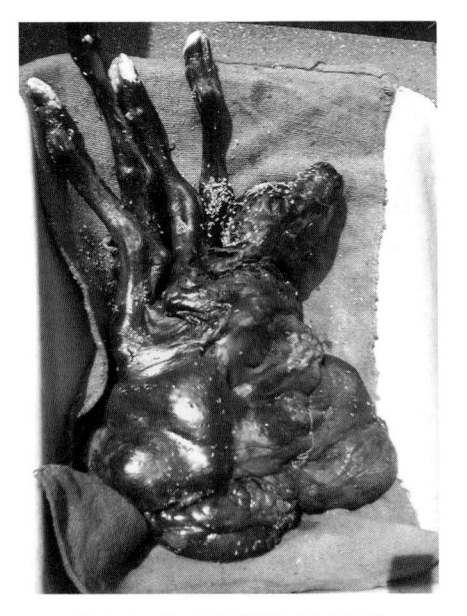

図10.10　牛の反転性裂体（山本提供）

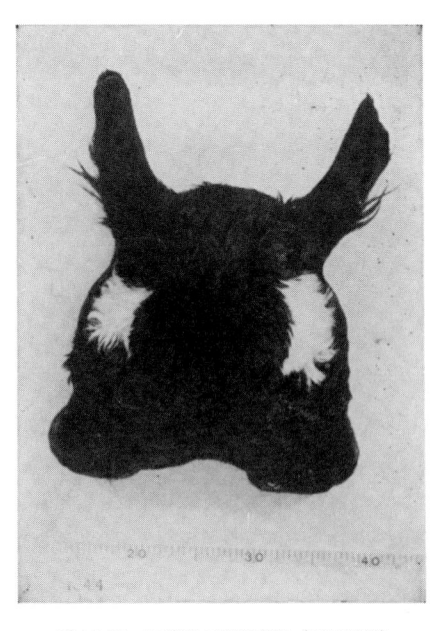

図10.12　牛胎子の顔面重複（石川提供）

10. 妊娠期における異常

迫排出し，頭部の容積を減じることは摘出を容易にする．

ⅱ） **関節彎曲症** arthrogryposis 出生後も永久的な関節の拘縮を示し，1つあるいは複数の関節が様々な程度に屈曲あるいは伸長したまま固定されていたり，ある一定以上の伸長が不可能な例がある．

ⅲ） **気腫胎** 【⇒10.3（1）c 項（p.325）を参照】

ⅳ） **水腫胎** 【⇒10.3（1）d 項（p.325）を参照】

ⅴ） **反転性裂体** schistosomus reflexus 反転性裂体は，胎子の腹壁が正中線において癒合を妨げられ，腹壁が反転するもので，激しい腹壁破裂や，ときには胸壁破裂，脊柱の側彎または背彎，四肢の関節彎曲を伴う．腹部臓器や胸部臓器が体外に脱出しており，

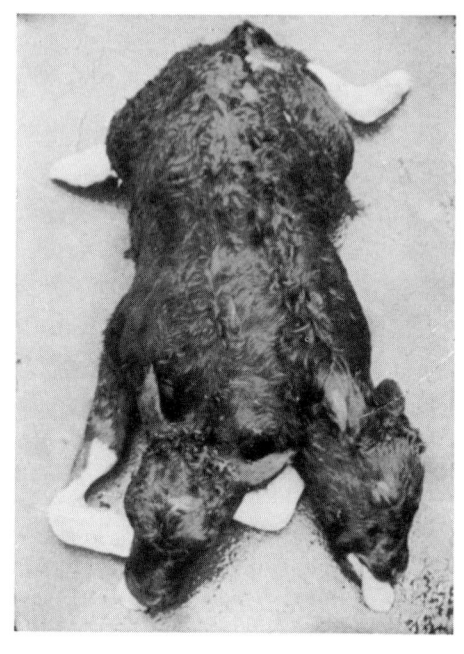

図 10.13 牛胎子の頭部重複（石川提供）

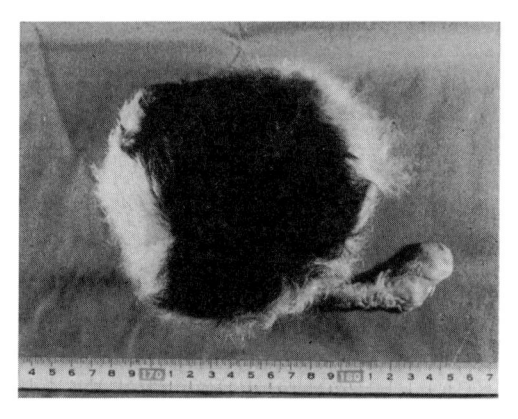

図 10.14 牛の無形無心体（河田提供）
ホルスタイン種，重量 510g．

表 10.2 二重体の分類別特徴

奇形症例		特 徴
非対称性分離二重体	半無心体	不完全な個体であるが一部の器官が識別できて，痕跡的な心臓が存在
	無頭無心体	極めて不完全な個体で頭部を欠き，心臓が存在しない
	無形無心体	体型が認められず器官の識別が不可能．球形または卵形を示し，200 g〜5 kg 程度の浮腫性の物体．皮膚と被毛に包まれ，内部は軟部組織，軟骨，骨を含む
対称性連絡二重体	頭蓋結合体	頭部で結合した双胎で，各胎子体部は同側または反対側を向く
	頭胸結合体	頭部および胸部において結合した双胎
	胸結合体	胸部において結合した双胎で，内部臓器は重複し，両胎子は対面している
	胸腹殿結合体	胸部，腹部，殿部において結合した双胎
	殿結合体	仙骨部で結合し，両胎子は背中合わせの状態
	坐骨結合体	骨盤後部において結合し，殿部を合わせ両胎子の体躯は直線的に伸び，頭部は反対側を向く
	頭部二重体	前頭，鼻，口の部分的に重複する二顔体や二頭体を含む重複
	二頭二殿体	頭部が2つ，前肢が2本，後肢が4本
	二殿体	体の尾側部位で結合し，後肢が3〜4本
非対称性連絡二重体	寄生的二殿体	正常な個体の殿部に矮小で変形した後躯が付着
	背肢体	脊柱の背側に正常より小さい寄生肢が付着
	殿肢体	骨盤部に小さく変形した寄生肢が付着
	過剰肢	正常な肢に定数以上の肢が付着
	寄生肢	上記以外で異所性に寄生肢が付着

牛に発生し，稀にめん羊，山羊および豚にみられる．処置としては，体外に遊離する内臓をまず摘出し，ついで全形のまま摘出を図る．体躯は多くは柔軟なので摘出は困難ではない．もし摘出が困難な場合には，切胎術を行う．

b. 双胎における奇形

二卵性双胎に発生する場合や一卵性双胎において両胎原基の分離が完全でないために起こる奇形を，二重体（重複奇形；conjoined twins / diplopagus）という．この種の奇形の発生は各種動物の中では牛に最も発生が多く，めん羊，豚，犬，猫では少なく，馬や山羊ではごく稀である．二重体は異常の種類により非対称性分離二重体，対称性連絡二重体，非対称性連絡二重体に主に区分される．非対称性連絡二重体の例として無形無心体がある．重さは200 g～5 kg程度の水腫様構造物であり，球形または卵形を示し，体を構成する器官の識別は困難である．二重体の分類別の特徴を表10.2に示す．

〔田中知己〕

11.
分娩時における異常

　分娩は陣痛の開始に始まり，胎子の娩出，胎盤の排出をもって終わる．本章では，各種動物の分娩開始から終了にかけて起こる異常について述べる．

11.1　陣痛の異常

(1)　陣痛微弱　weak pains

　陣痛微弱とは陣痛が弱く，かつ腹圧を伴わないものをいい，多くは産出期（第2期）に起こる．原発的には子宮ヘルニア，栄養不良，全身衰弱，胎膜水腫などに基因するが，多くは胎子の失位，胎子の過大または子宮捻転などにより，陣痛が長期にわたるにもかかわらず胎子が娩出されず，子宮衰弱の結果として二次的に現れる．犬や猫に最も多い難産（dystocia）の原因であり，高齢なものに頻発する．原発性陣痛微弱に対しては，オキシトシンの注射（牛，馬は50～150 IU，豚は20～50 IU，犬，猫は5～30 IU）による陣痛促進法を試みる．継発性のものに対しては，分娩障害をもたらす原因の除去に努める．

(2)　強陣痛　too strong pains

　強陣痛とは，失位などにより胎子が娩出されない状態において，陣痛の発作時が長くかつ強烈に持続し，休息期の短いものをいう．この状態は子宮内における失位の整復作業を妨げ，子宮破裂，子宮脱および腟脱などを継発しやすい．牛には尾椎硬膜外麻酔や，子宮弛緩薬を投与する．

11.2　難　　産
　　　　dystocia

　分娩の経過において開口期（第1期），または特に産出期（第2期）が著しく遅延し，人による助産なくしては自力分娩が困難あるいは不可能な状態を難産と

いう．難産は，獣医師が対処しなければならない最も重要な産科疾患の1つである．
　牛における難産の発生率は約3.3％で，ホルスタイン種やブラウンスイス種などの大型品種に多いといわれている．わが国の牛の繁殖状況実態調査によれば，難産の発生率は，乳牛では経産牛が2.2％，未産牛が3.5％，全体で2.4％であるのに対し，肉牛ではそれぞれ2.0％，3.0％，2.1％で，乳牛の方が肉牛より若干高く，また未産牛では経産牛より高い傾向にある．馬における難産の発生率は，ある管理状況の良好な大牧場において11％であったという報告があるが（Williams, 1943），あらゆる条件下で考えると，もっと高くなると推定される．犬の難産はボストンテリア，スコッチテリア，ペキニーズ，シーリハムテリア，ブルドッグ，フレンチブルドッグおよびその他の小型で広頭の品種に多発し，猟犬および雑種では少なく，また猫では犬よりも少ないといわれている．
　難産の救助にあたっては，まず稟告を聞くことが必要である．聴取すべき事項としては，分娩回数，前回分娩時の経過，現在の妊娠の状況，分娩開始後の経過時間，胎水流出の有無および現在の難産に対しすでに行った救助措置などである．
　分娩開始後すでに長時間を経過した場合には，全身の状態について慎重に検診する．内診などを必要とする場合には，手指および器械類は厳重に消毒し，かつ滅菌した油を塗るべきである．しかし，胎子の肢その他を把握して引き出す場合，油のため滑って力が入らないこともあるので，状況判断が必要となる．牛や馬の内診では，手指をすぼめて楔状にして徐々に産道を進め，その損傷の有無，子宮頸管の開張の程度，胎胞の状態，胎位および胎向などを検査する．子宮内を検査するにあたって，未だ破水していない場合には，胎膜と子宮壁との間に手を進めて胎膜の上から，またすでに破水している場合には直接胎子を触知する．

(1) 難産の型と処置

難産には胎子側の原因と母体側の原因があり，一般に前者の方が多い．胎子側の原因は胎子の失位，胎子の過大，奇形などに大別される．また，母体側の原因は子宮の失位，産道の異常，陣痛の異常に大別される．

a. 胎子の失位

胎子の失位とは，分娩時に胎子が子宮内または産道において正常位と異なった状態にあるものをいう．正常頭位では，上胎向で両前肢が産道に進入し，ついで頭，肩および胸部の順で進入してくる．正常尾位では，上胎向で両後肢が産道に進入し，ついで殿部が進入してくる．

胎子の失位には異常胎位（abnormal presentation），異常胎向（abnormal position），異常胎勢（abnormal posture）がある．これらのうち胎勢の失位はほかの失位に比較してはるかに多く，また胎勢失位の中では頭および前肢の失位が最も多く，後肢の失位は少ない．これは，大動物では頭位で分娩するものが多いので，

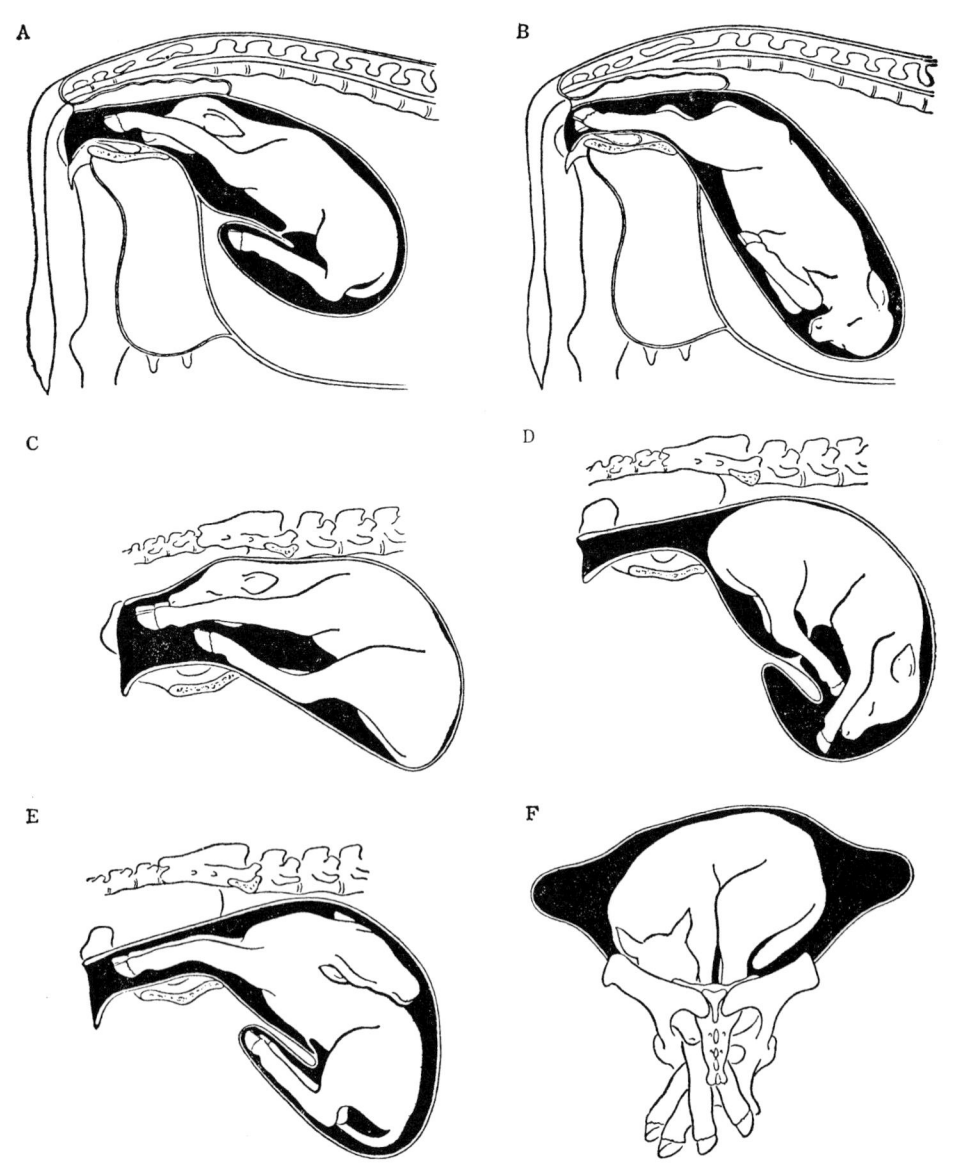

図 11.1 牛・馬の分娩における胎子の正常位と主な失位の模式図（Roberts, 1971）
A：正常頭位，B：正常尾位，C：縦腹位（犬座姿勢），D：尾位で両後肢の股関節屈折（殿位），E：側頭位，F：横腹位．

長い頸や前肢が失位を起こしやすいためである．牛や馬に起こる胎子の失位の代表例を模式的に示すと，図11.1のとおりである．

〔原因〕　胎子の失位の直接の原因は，陣痛および産道の異常，胎子の死および過大などによるもののほか，助産者による早期破水および胎子摘出の失宜などによることも少なくない．

〔症状〕　強い陣痛があるにもかかわらず分娩が著しく遅延することが共通しているが，各個体における徴候はまちまちである．

〔診断〕　腟内に手を入れて胎子の触診を横臥または起立位置において行うが，なるべく起立位で行うことが望ましい．

〔治療〕　処置が速やかなほど整復は容易であるが，遅延するにしたがって母体は衰弱して娩出力を失い，胎水が流出して産道は乾燥し，かつ産道が腫脹することにより狭小となり整復は困難となる．

失位の整復に着手する前に，診断を慎重に行って救助方法を決定し，これに対する準備を整え，いったん救助操作に着手したら全力を尽くして目的を遂行すべきである．中途でくじけて思い惑い，しばしば方針を変更することは，時間の空費となり不良の結果を招くことになる．

あらかじめ，多量の温湯，粘滑剤，消毒薬，器械器具などを準備しておく．

整復の要点は以下のとおりである．

①　骨盤腔内は狭くて操作が困難なので，失位部が骨盤腔にある場合には，これを腹腔内に推退させる必要がある．このためには母体を起立させ，かつ前低後高の位置をとらせる．

②　胎子を産道から腹腔に推退する場合には，先進部およびすでに整復した部分には綱を付けて，さらなる失位を予防することが必要である．

③　整復しようとする部位が上位になるように母体を位置させることにより，整復しやすくなる．

④　破水が早すぎて胎水の大部分を失った場合には，粘滑液を子宮内に注入し整復する．

⑤　胎子の推退は子宮の損傷を避けるためにまず手で行い，不可能の場合にかぎって産科挺（obstetrical repeller）を用いる．

⑥　胎子が深く腹腔に位置して把握が困難な場合には，母体を仰臥させることにより把握および骨盤腔への導入が容易となる．

⑦　胎子の推退は必ず陣痛の休息期に行い，牽引摘出（forced traction）は陣痛発現時に行うべきである．

⑧　胎子の整復にあたっては，牛ではできるかぎり，また馬では必ず尾位とする．それは，頭位で摘出しようとすれば後肢を骨盤腔に推退することを必要とするが，後肢は長いために推退が困難であるばかりでなく，子宮および骨盤壁を損傷するおそれが多いからである．

⑨　陣痛や努責が強く失位の整復に支障をきたす場合には，尾椎硬膜外麻酔を施すか，子宮弛緩薬を投与する．

ⅰ）**異常胎位**　abnormal presentation　正常な胎位は頭位または尾位であるが，胎子の縦軸が母体の縦軸と平行せずに交差するものを異常胎位という．異常胎位の発生は胎勢や胎向の異常に比べて少ないが，すべての動物に発生する．

異常胎位は縦位および横位に分けられる．縦位とは胎子の縦軸が子宮内において縦に位置するものをいい，横位とは胎子の縦軸が横に位置するものをいう．それぞれに腹位と背位があり，胎位の異常は，常に胎向や胎勢の異常を伴う．

①　横腹位：胎子が腹側を骨盤入口に向けて横に位置するもので，四肢は多くは産道に向かい，ときには頭部が産道に入ることもある．馬に多く，その他の動物には少ない（図11.2, 11.3）．四肢が産道に向かうので，双胎と誤診しないように注意を要する．後肢が前肢よりも長く産道に進入している場合には，後肢に産科ロープ（産科綱；obstetrical noose）を装着し，前肢をつかんで胎子の前半身を推退して尾位として摘出する．頭および前肢のみが産道に進入している場合には，頭位での摘出を試みる．

②　横背位：胎子が背部を骨盤入口に向けて横に位置するもので，頭および肢は子宮の一角内に存在することもあり，また両角に分かれることもある．この失位では陣痛が当初から強く，胎胞を形成し，子宮口を開き，ついで破水するにもかかわらず，胎子は産道に出現しない（図11.4）．頭位または尾位に整復し，さらに90°回転して上胎向として摘出する．頭または肢を産道に誘導するには，産科ロープまたは産科鉤

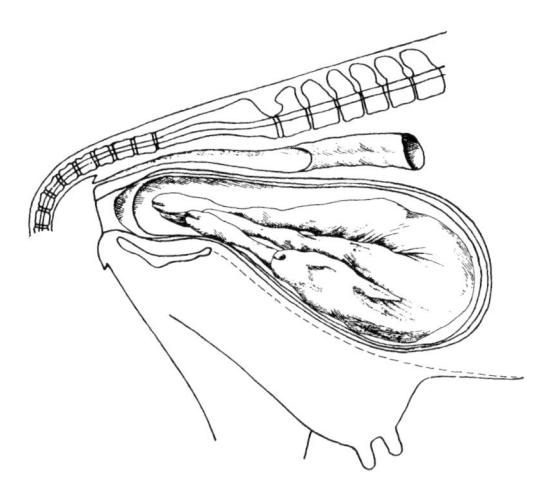

図 11.2 牛の横腹位（Stoss 原図）
胎胞は尿膜および羊膜よりなり，破水しておらず，胎子の腰部は骨盤近くに位置するので，後肢は前肢よりも伸びて産道に進入する．

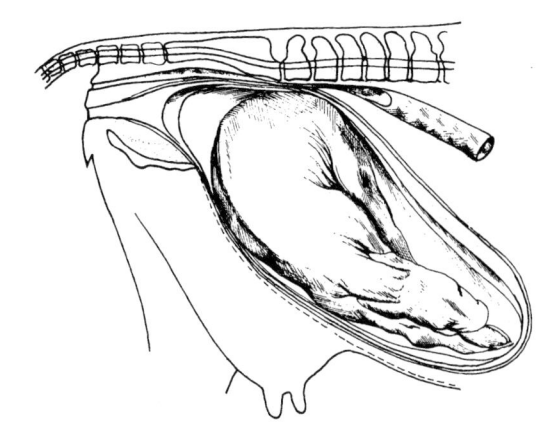

図 11.4 牛の横背位（Stoss 原図）
胎胞は破水しておらず，胎子の腰部は胸部よりも高く，かつ骨盤入口近くに位置する．

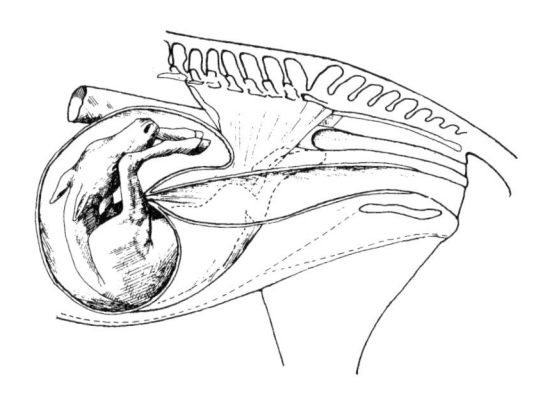

図 11.3 馬の横腹位（胎子は両角にまたがって存在する）（Stoss 原図）
胎子の横腹位に併発した子宮下垂によって，さらに子宮前屈を継発する．そのため，胎子が通過すべき子宮内腔はほとんど閉鎖され，後肢を入れる右子宮角の先端は，骨盤入口の前方に横たわる．

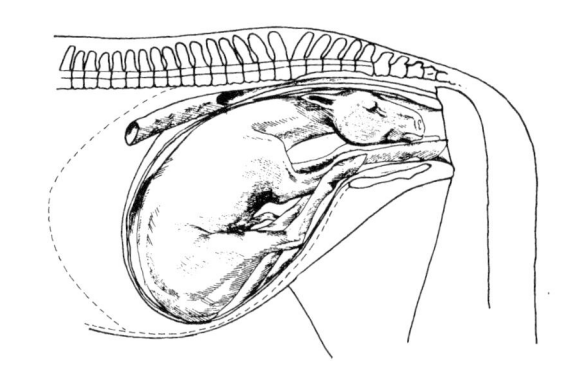

図 11.5 馬の縦腹位（Stoss 原図）
頭および四肢は産道に進入する．

(obstetrical hook) を用いるのが良い．また，頭位とすることは尾位とすることよりも困難は少ない．

③ 縦腹位：頭および前肢は正常位で産道に入るが，胎子は背を彎曲し，後肢は股関節部で屈折して肢端が骨盤入口または産道内に伸張する．牛よりも馬に多い（図 11.5）．四肢が産道に進入するために双胎と誤診される．胎子の前躯がすでに深く産道に進入している場合には，後肢をできるかぎり深く子宮内に推退し，前肢に産科ロープを装着して牽引摘出する．胎子がまだ産道に進入していない場合には，頭および前肢を子宮内に推退して尾位の下胎向として処置する．四肢がともに産道に進入している場合には，まず後肢を牽引し，次に前躯を強く推退して尾位として摘出する．

④ 縦背位：胎子が背部を骨盤入口の前方に向け，頭および殿部は母体の背腹に直角に近く位置する（図 11.6）．この失位は頭位下胎向から転化したもので，馬，牛および山羊に認められるが，稀である．頭および四肢は母体の前方に向けて強く屈折し，隆起した背を産道に向けるので，陣痛が持続しても胎子は産道に進入しない．頭位または尾位に整復し，頭位ではさらに胎子を 180° 回転して上胎向として摘出する．頭または殿部を産道に導入するには，産科鉤を頸部または腰部にかけ同時に手または推退器によって胎子の他端を推退する．通常，胎子の上体を前方に押し戻して殿部を産道に牽引し，尾位として整復する方が容易である．

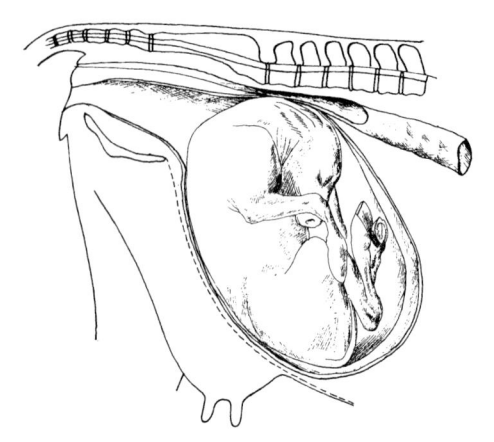

図 11.6　牛の縦背位（Stoss 原図）
胎子の頭は俯状位をとり，その頸および背を骨盤入口に向ける．

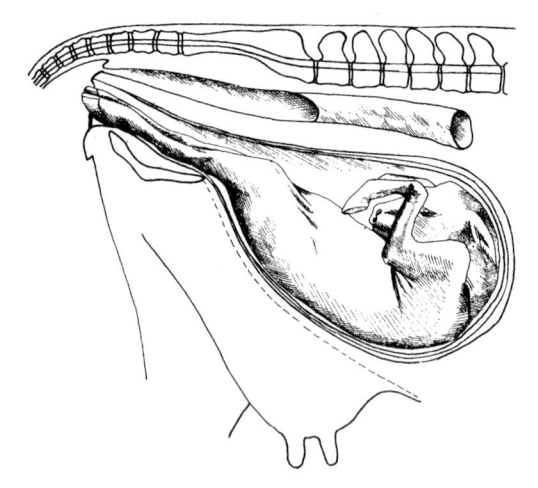

図 11.7　牛の尾位における下胎向（Stoss 原図）
後肢の蹄は，陰門間にその底面を下にして現れる．

ⅱ）**異常胎向** abnormal position　各種動物は上胎向で分娩するのが正常で，側胎向または下胎向で産道に向かう場合は異常胎向である．胎子の転向は，胎子に作用する子宮の絞約的駆出力，腹圧および胎子の自動運動によるため，これを妨げる陣痛微弱，早期破水，早期に胎子を摘出しようとする牽引，下垂腹，過小胎子および胎子の死亡などの場合に発生する．異常胎向には下胎向と側胎向の2種がある．

① 下胎向：胎子が仰臥してその背を母体の腹壁に向けて産道に向かうものをいい，頭が産道に向かうときは頭位下胎向，これと反対のときは尾位下胎向という（図 11.7）．頭位下胎向の場合には胎子を半回転して上胎向として摘出する．胎子が小さくて胎水がなお多量に子宮内に存在する場合には，手によって胎子の体側を圧して容易に整復することができる．この方法で成功しない場合には，母体を起立させて前低後高に位置させ，子宮内に多量の粘滑液を注入し，胎子を推退した後に回転する．前肢と頭が陰門外に摘出できた場合には両前肢を産科ロープで結び，その間に棒を入れて胎子を回転する．尾位における整復も，頭位とほぼ同様である（図 11.8 ～ 11.10）．

② 側胎向：胎子が側臥してその背部が母体の腹の側壁に向かうもので，頭位側胎向と尾位側胎向に区別される．馬より牛に多発する．整復は下胎向に準ずるが，一般に容易である．胎子が子宮内にある場合には，母体の背部に近い上方に位する肢を下方の肢よりも強く牽引して整復する（図 11.11）．

ⅲ）**異常胎勢** abnormal posture　異常胎勢は，頭の失位，前肢の失位および後肢の失位に大別される．

〔頭の失位〕頭の失位は最も頻発するもので，特に頸部の長い牛および馬に発生しやすい．不適切な助産として，頭がまだ骨盤腔に進入する前に助産者が前肢を牽引することにより，人工的に発生することも少なくない．

① 側頭位：頭が側転して鼻端が体躯に向かうものをいう．側転した頭は通常胸壁部に位置するものであるが，馬では胸壁の後部または臁部(けんぶ)に達することがある．両前肢は正しく産道に向かうが，頭が側転した側の肢は，他側のものより深く位置し，なお手を深く進めて検査すれば，牛においては頭部に，馬においては耳にそれぞれ触れることができる（図 11.12）．牛では整復が可能であるが，馬では頭が長いために整復が困難であり，陣痛が強烈なために，胎盤の早期剝離をきたした場合には胎子は死亡する．整復する方法は，手を頸の下縁に沿って進めて下顎をつかみ，頭を回転しつつ骨盤腔に引き入れる．この方法で成功しないときは，両眼窩をつかんで挙上しつつ顎を回転して子宮側壁に向かわせ，頭を子宮の反対側に圧迫して回転に必要な空隙をつくり，頭を回転させながら後方に引き寄せ産道に向かわせる（図 11.13）．もし手によって整復しにくい場合には，産科鉤を眼窩にかけ（死胎には鋭鉤（sharp hook）を，生胎には鈍鉤（blunt hook）を使用），推退器を胸骨柄部に押し当て，体部を推退し

11.2 難　産

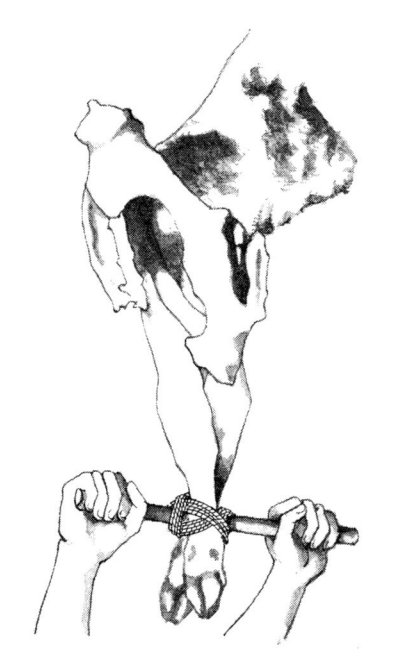

図 11.8　不正胎向の整復法（Benesch 原図）

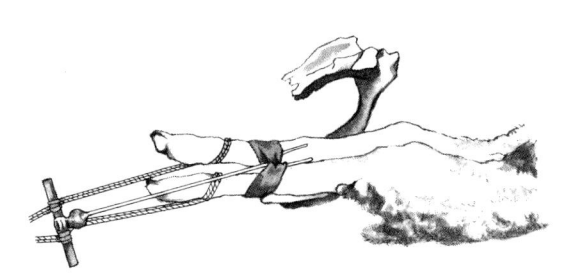

図 11.9　尾位下胎向の整復法（Benesch 原図）
ケメラーの胎子捻転器による．

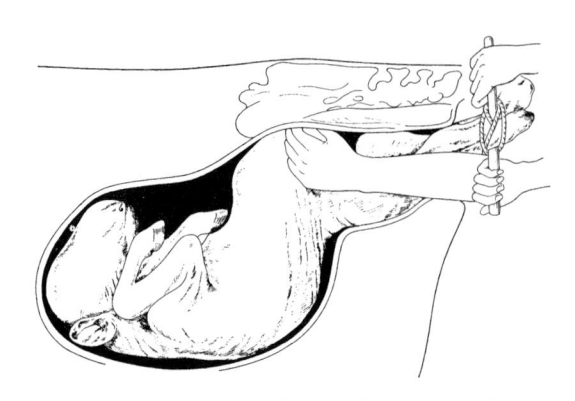

図 11.10　牛の尾位下胎向の整復（Lindhorst 原図）
後肢を結束してその間に棒を挿入し，助手に右方へ回転させる間，術者は左手を胎子の腰部に当てて回転を助ける．

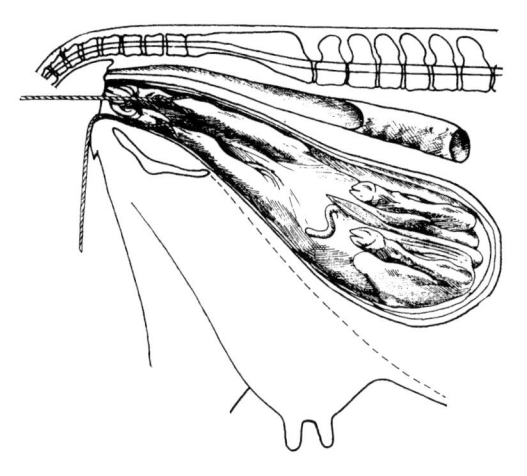

図 11.11　牛の頭位における側胎向（Stoss 原図）
上側に位置する前肢を強く牽引して上胎向に変える．

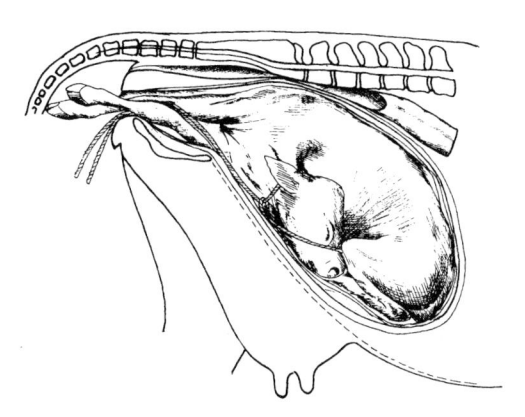

図 11.12　牛の側頭位（Stoss 原図）
頭部には整復のためロープをからませる．

つつ頭を回転して産道に向かわせる（図 11.14）．

　② 胸頭位：産道に伸長した両前肢の間に頭頸を屈曲して下方に向けるものである（図 11.15）．失位が軽度で顔面が恥骨前縁に触知できる程度のものは，手によって鼻または下顎をつかみ，胎子を少し推退しつつ頭を挙上して産道に導入する．失位が強度で頸の上縁のみが骨盤入口に現れて手が頭に達しにくい場合には，母体を仰臥位とし，頸部に産科ロープをめぐらすかまたは眼窩に産科鉤をかけ，推退器により胎子を前下方に圧迫すると同時に，産科ロープまたは産科鉤を牽引して頭を産道に導入する．

　③ 背頭位：頭が仰転して鼻端が背に向かい，産道には彎曲した頸部の下縁が現れるものをいう．発生は

335

11. 分娩時における異常

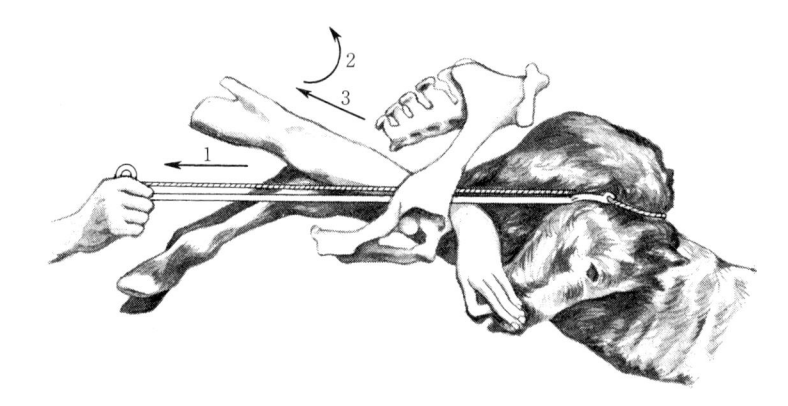

図 11.13 馬の側頭位の整復法（Benesch 原図）
1, 2, 3 の矢印は，手の力の方向と順位を示す（キューン産科挺応用）．

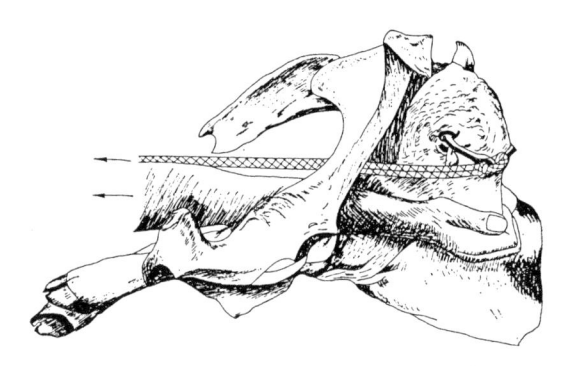

図 11.14 牛の側頭位の整復法（Benesch 原図）

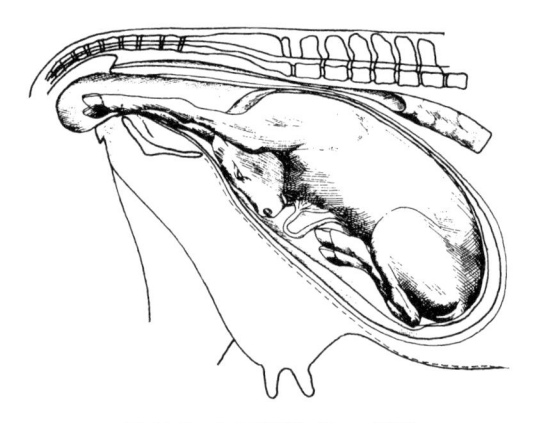

図 11.15 牛の胸頭位（Stoss 原図）
胎胞は，尿膜がすでに破水して羊膜のみになっている．子頭は両前肢間において俯伏して，前額は恥骨前縁に抵触する．

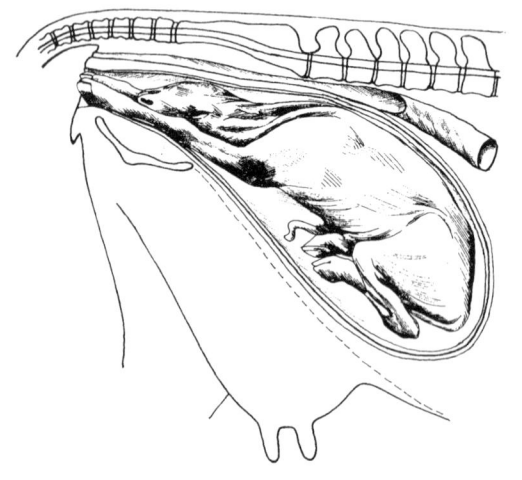

図 11.16 牛の子頭捻転（Stoss 原図）
頭および前肢は伸長して産道に進入するが，頸は 180° 捻転し，胎膜は破水する．

稀である．失位が軽度の場合は，手または胎子推退器をもって胎子を前下方に推退し，手によって頭を産道に引き入れて整復する．失位が重度の場合には，推退器で胎子を推退し，下顎または頸に産科ロープをめぐらすか，または眼窩に産科鉤をかけ，産科ロープまたは産科鉤を牽引して頭を産道に導入する．

④ 子頭捻転：頭が頸の長軸に沿って回転するもので，自然に発生することは少なく，むしろ胎子失位の整復中に発生することが多い（図 11.16）．母体を前低後高に，かつ失位部が上方になる位置に横臥させ，胎子を推退しつつ整復する．

〔前肢の失位〕 子宮内にある胎子は四肢をすべての関節において少し屈折しているが，開口期には頭位では前肢を伸長して産道に進入する．しかし，伸長すべき前肢がある関節において屈折している場合は前肢の失位となる．肢の失位は死亡胎子に頻発する．整復は牛においては比較的容易であるが，馬は肢が長いのでしばしば困難を伴う．

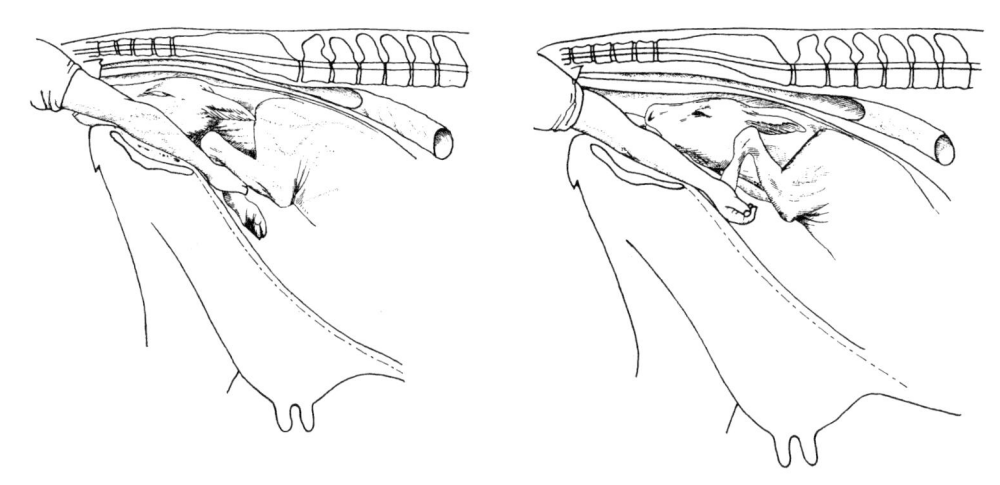

図 11.17 牛の左側進向性腕関節屈折（Stoss 原図）
手を挿入して後退させた胎子の中手骨を握り，さらにこれを推退して整復する．

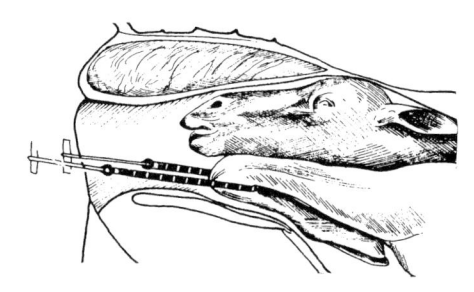

A：進入性腕関節屈折において，腕関節を鏈鋸によって切断する．

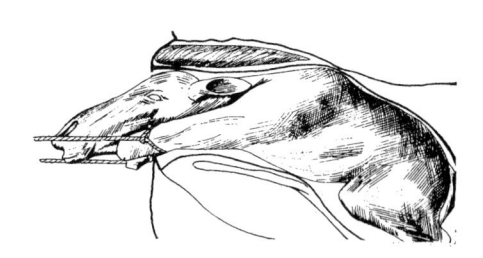

B：両腕関節を切断した後に，両前腕部下端にロープをつけて摘出する．

図 11.18 馬の進入性腕関節屈折（Lindhorst 原図）

① 球節屈折：球節が屈折して産道に進入するもので，馬に多発する．球節が屈折しているために産道に進入できない場合には，繋部を握り上前方に挙上し，さらに手掌を蹄の下面に当てて産道を損傷しないように注意しつつ，強く球節を産道に伸長して整復する．すでに産道に進入している場合には，胎子をいったん推退し，ついで前法により整復を図る．

② 腕関節屈折：腕関節が屈折しているために産道に進入できないか，屈折したまま産道に進入するもので，前者を進行性腕関節屈折，後者を進入性腕関節屈折という．進行性腕関節屈折では胎子を推退し，中手骨の管部を握り，これを前上方に挙上しつつ手を下方に送り，球節を握る．ついで，球節を屈折させていったん球節屈折とし，球節屈折の整復法にしたがって整復する．子宮に余裕のある場合には，胎子を推退しつつ肢を牽引して整復する（図 11.17）．進入性腕関節屈折では，母体を前低後高の位置に立たせて，胎子をいったん腹腔に推退して整復する．整復できず胎子の全摘出が不可能な場合には，失位した肢を腕関節において線鋸（wire saw）などによって切断して摘出する（図 11.18）．

③ 肩肘屈折：胎子は頭および両前肢を伸長して産道に進入するが，肩甲関節および肘関節は直角に近く屈折して上腕骨はほとんど垂直に立ち，上部は仙骨に，下部は恥骨前縁に支えられて産出できないものである（図 11.19）．屈折肢の繋部に産科ロープを装着し，肩関節を強く推退しながら牽引する．

④ 肩甲屈折：前肢が肩関節において後方に屈折して伸張するものをいう．胎子がまだ子宮内にあって推退可能の場合には，失位肢の上腕の下部または腕関節を握り，胎子を推退しながら失位肢を上方に牽引していったん腕関節屈折として整復を行う（図 11.20，

11. 分娩時における異常

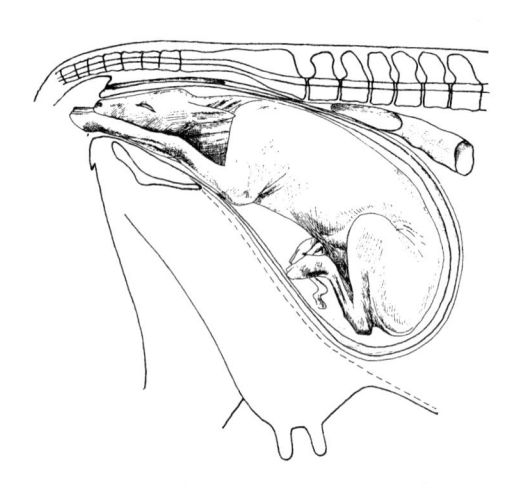

図 11.19 牛の両側肩肘屈折（Stoss 原図）

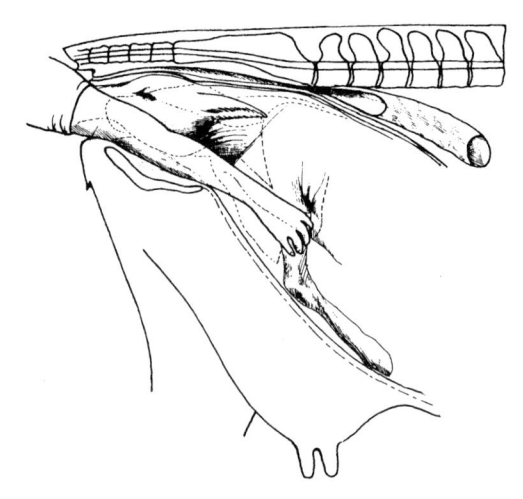

図 11.20 牛の左側肩甲屈折（Stoss 原図）
点線は，挿入した手によって肢を牽引して整復する位置を示す．

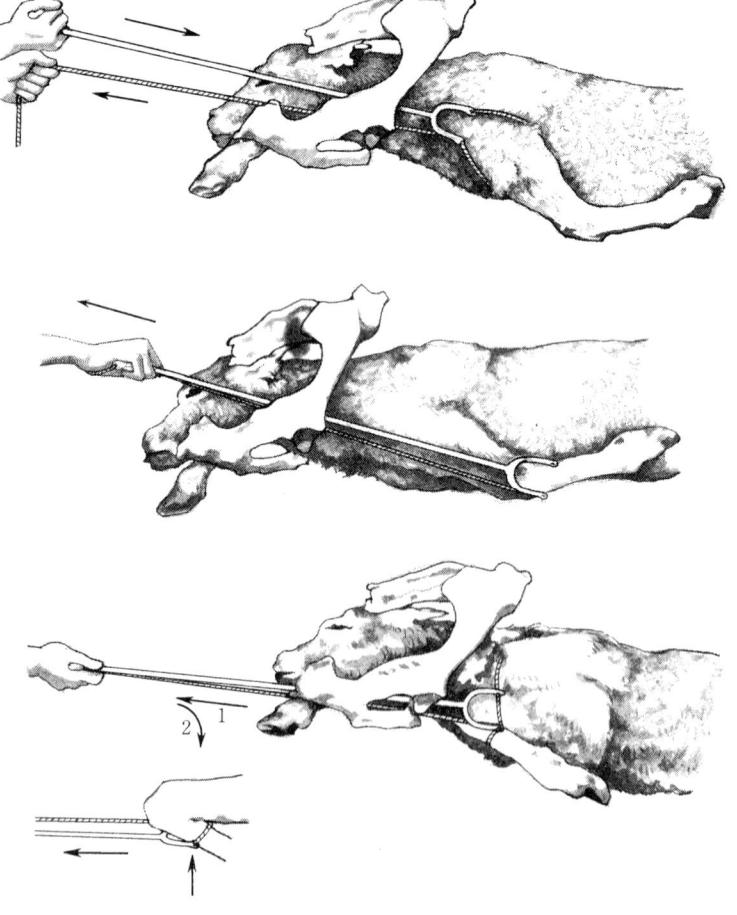

図 11.21 肩甲屈折の整復法（Benesch 原図）
矢印および 1, 2 は，手の力の方向および順番を示す．

11.21).すでに産道に進入している場合には,胎子をいったん推退し,ついで前法により整復を図る.

⑤ 頂上交叉位:前肢が骨盤に進入した胎子の頭上に失位し,球節はほとんどが頭上にまたがるものである.失位した肢はすべての関節において少し屈折するが,肩甲および肘関節は特に強く屈折する(図11.22).失位した肢を頭上より引き下ろし,産道に伸長させて整復する.胎子を推退した後に試みると,整復はより容易となる.

〔後肢の失位〕尾位においては両後肢をすべての関節を伸長して産道に向かうが,後肢の関節を屈折して産道に向かう場合は後肢の失位となる.その原因はおおむね前肢失位と同じである.尾位で産道に進入すると臍帯を圧迫して胎子の死を招きやすく,また胎子の腰部の容積が大きいため産道を閉塞して整復操作が困難となるため,予後は前肢の失位に比べ不良な場合が多い.

① 後趾屈折:後肢の趾部が恥骨の前縁に抵触するか,またはその下方に進入するものをいう.失位肢の蹄を握って挙上し,胎子を推退してその肢を伸長する.

② 飛節屈折:飛節が屈折するもので,屈折した飛節がすでに骨盤腔に進入していれば進入性飛節屈折,恥骨前縁の前方にある場合には進行性飛節屈折という.後肢が飛節で屈折すると,大腿骨,脛骨および中足骨は相重なって胎子腰部の周囲は著しく増大する.胎子が小さい場合には飛節または脛骨の上部に産科ロープを装着し,失位のまま牽引摘出することも可能であるが,産道を著しく損傷する危険があるのでなるべく避けるべきである.整復は,まず胎子を推退し(図11.23),次に飛節の下部を握って胎子を上前方に押し上げながら,手をしだいに下方に進めて蹄に達すれば,次に蹄を握って球節を屈して挙上し,肢を産道に向けて伸長する.

③ 股関節屈折:股関節が屈折し,失位肢が腹側に伸長するものである.これは一肢の失位よりも両肢同時に失位するものが多く,かつ側胎向または下胎向を伴うことが少なくない.整復は,飛節または脛骨をつかむか産科ロープを装着し,胎子を推退しながらこれを引くことにより飛節屈折とし,前法によって整復する(図11.24).以上の方法によって整復が不可能な場合には,股部または殿部に産科ロープをめぐらして牽引し,失位のまま摘出を試みる(図11.25).胎子が小さく一肢のみの失位の場合には摘出が可能である.

b. 胎子の過大,奇形および双胎

ⅰ) 胎子過大 (fetal giantism) による難産

胎子過大とは,胎子が過大であるため,産道の通過が困難であるかまたは不可能のものをいう.また骨盤の大きさが正常の場合のこの状態を真性胎子過大といい,胎子の大きさは正常であるが,骨盤の小さい場合には比較的胎子過大という.真性胎子過大は牛で最も多くみられ,300～310日以上の長期在胎の結果として発生する.牛では体重60 kg以上のものを一般に過大胎子という.牛における真性胎子過大は単一劣性遺伝子によるものであるといわれており,分娩予定日を過ぎ

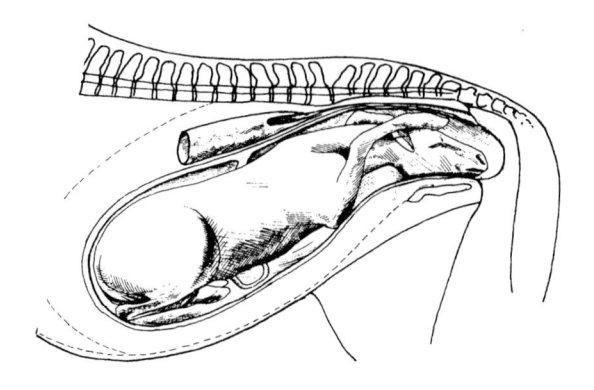

図11.22 馬の両側頂上交叉位(Stoss 原図)
羊膜は破水しておらず,右前肢の蹄は頭上において上に向いている.強い陣痛によって,腟および直腸壁を穿孔するおそれがある.

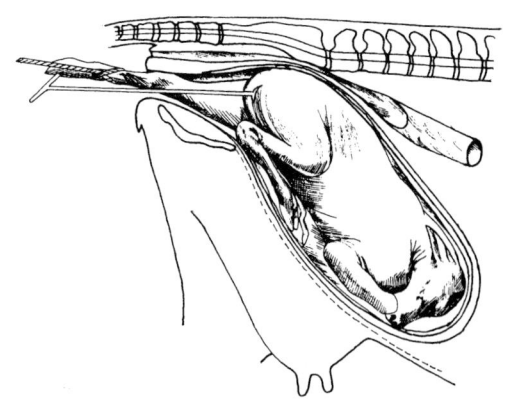

図11.23 牛の右側進入性飛節屈折(Stoss 原図)
正位肢にはロープをかけ,産科挺を坐骨結節に当てて胎子を推退する.

ても産道は弛緩せず，帝王切開（cesarean section）を実施しても子牛は出産直後死亡する．これらの子牛には，下垂体の異常または形成不全と副腎の形成不全が認められる．また，IVF-ET 産子の妊娠期間は AI による場合よりも 10 日位長くなる傾向があるため，胎子過大に注意する必要がある．犬では初産犬で胎子数が 1～2 頭と少ない場合や，小型の雌犬に大型の雄犬を交配した場合などに真性胎子過大がみられる．

ⅱ）**胎子の奇形による難産**　【⇒ 10.3（4）項（p.327）を参照】

ⅲ）**双胎による難産**　単胎動物における双胎妊娠は難産の原因となることがあり，牛において多くみられる．馬では双胎妊娠の多くは流産になるので，双胎による難産は稀である．牛において双胎の分娩の場合，1 子が頭位，1 子が尾位となることが多く，双角妊娠では 2 胎子が同時に産道に進入するため難産を招きやすい（図 11.26）．また一子宮角双胎妊娠では，長く拡張した無力性の子宮角が横隔膜のところで 180°屈折するので難産になりやすい．産道を検査すれば，1 個または 2 個の頭と 4 本の前肢または 2 本の前肢と 2 本の後肢を触れるなど一様でないが，注意して検査すれば双胎を診断することは困難ではない．それぞれの胎子ごとに肢に産科ロープをかけ，産道の深部に存在する方の胎子を推退し，手前の胎子より牽引摘出する．胎子は胎勢の不正を伴うことが多いが，小さいため整復，摘出は困難ではない．

c．子宮の失位

【⇒ 10.2（2）項（p.320），（3）項（p.323）参照】

d．産道の異常

産道の異常による難産は，産道を構成する骨盤，子宮頸管，腟および陰門の狭窄，閉鎖によって起こる．分娩時には，産道は破水による羊水や尿膜水によって湿潤となり，かつ粘滑な状態をつくって胎子の娩出を有利にしている．しかし，早期破水や難産救助操作などによって胎水の大部分を失うと，産道が乾燥し，粗糙となって産出は困難となる．この状態で強いて娩出を試みれば産道を傷つけ，子宮破裂や子宮脱などを誘発する．それゆえ助産に際しては常に粘滑液を注入し，産道を湿潤粘滑にすることに留意すべきである．

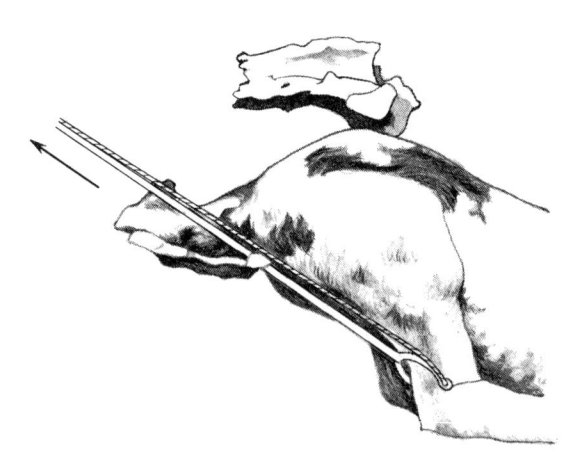

図 11.24　股関節屈折の整復（Benesch 原図）

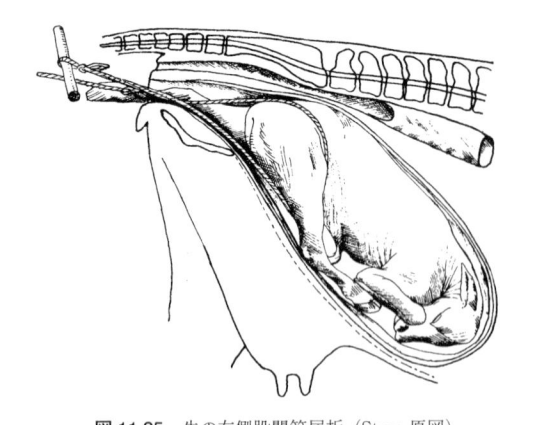

図 11.25　牛の右側股関節屈折（Stoss 原図）
ロープは，左側肢では球節に結び，右側の股部では膝襞部にからませる．失位のまま摘出する．

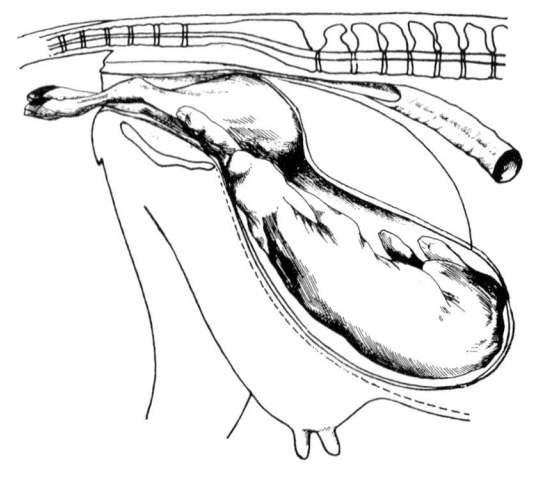

図 11.26　牛の双胎（Stoss 原図）
胎子は各子宮角にあり，左側の胎子（先進胎子）は尾位で産道を通過しつつある．右側の胎子は頭位であり，伸長した前肢の一部はすでに産道に進入している．

ⅰ）**骨盤狭窄** pelvic stenosis　骨盤狭窄による難産はすべての種類の動物にみられる．

一般に雌の繁殖供用開始時期が早すぎると，分娩時には未だ骨盤の発育が不十分で難産になりやすい．特に牛と豚の初産時には，たとえ交配が適当な時期に行われた場合でも，妊娠動物の発育が遅れれば，骨盤の大きさと胎子の大きさの不均衡のため難産が起こりやすい．ある種の犬，特に広頭の犬種において骨盤狭窄による難産が起こりやすいことが認められている．

処置としては，産道を十分に弛緩，拡張した後，徐々に胎子の摘出を試みる．摘出は頭位においては，両前肢を各2人で交互に牽引し，後半身が骨盤腔に入ったときは頭および両前肢を一様に牽引して摘出する．もし胎子が前半身のみ摘出されて，後半身を摘出できない場合には，胎子を90°回転して腰部の横径を母体の骨盤入口の高径に一致させて牽引する．尾位においては，各後肢を交互に他側の後肢よりも高く，上方に牽引して飛節を陰門外まで摘出できれば，両後肢を同時に一様の力によって牽引摘出し，あるいは子体を90°回転して腰部の横径を骨盤入口の高径に一致させて牽引する．

ⅱ）**子宮頸管の狭窄または閉鎖** cervical stenosis or obstruction　子宮頸管の閉鎖とは子宮頸管が癒着または瘢痕性硬結などによって閉鎖するものをいい，狭窄とは子宮頸管の開口が不十分のものをいう．特に牛に多い．前回の分娩時における裂傷による癒着，瘢痕組織の形成，慢性子宮頸管炎または奇形などが原因として挙げられる．この状態は，分娩が開始して分娩の諸徴候が現れても胎胞の形成がみられないため，腟内に手を入れ手指が子宮頸管に挿入できないことによって診断される．手指により子宮頸管を開張し，胎胞を形成させる．これによって開張不可能の場合には，45℃前後の温湯を多量に外子宮口に灌注すれば，12時間以内に哆開することが多い．

ⅲ）**腟および陰門の狭窄** vaginal and vulvar stenosis

① 腟狭窄：腟の狭窄または閉鎖による難産はあらゆる動物種にみられる．その原因としては，線維腫，平滑筋腫などの腫瘍によるものがある．また，骨盤腔内の膿瘍，腟の周囲の過剰の脂肪沈着や会陰ヘルニアなども，腟を圧迫して難産を招くことがある．肉牛に多発する脂肪壊死も腟狭窄を起こし，難産を招くことが知られている．種々の原因による発育不良の未経産牛や，若すぎる時期に交配された未経産牛では，腟の発育不全による難産もみられる．

腫瘍の存在が障害となっているものでは，これを手で骨盤入口の方へ推退しておいて娩出を図る．軽度の腟狭窄では，手で腟を徐々に拡張し，粘滑液を多量に注入して胎子をゆっくり牽引する．重度の腟狭窄および閉鎖の場合は，腟上壁の切開または帝王切開手術を行う．

② 陰門狭窄：陰門の狭窄による難産は，牛または馬の初産時にときどきみられる．特に発育の遅れた未経産牛で，生殖器の発育不良の個体に起こる．また未経産牛で，陰門がよく弛緩する前に流産や早産が起こった場合にもしばしばみられる．

陰門狭窄による難産においては，時間をかけ手によって陰門を拡張し，胎子をゆっくり牽引摘出する．粘滑液は十分使用すべきである．効果のない場合は，脊髄硬膜外麻酔または局所麻酔を施し，陰門会陰側切開手術（episiotomy）を行う．

③ 肉柱：腟内に残存する肉柱が胎子の娩出を妨げることがある．この場合は肉柱を切断することにより，胎子は正常に娩出される．

(2) 産科用器械器具 obstetrical instruments

難産の処置に用いられる器械器具は，胎子を牽引する目的のもの，胎子を推退または捻転させる目的のもの，および胎子を切断する目的のものの3つに大別される．

a. 胎子の牽引のための器械器具 instruments for traction of fetus

ⅰ）**産科ロープ** obstetrical noose，産科チェー

図 11.27　産科ロープ

図11.28　中型産科鉤　　　　　　図11.29　産科鉤　　　　　　図11.30　長産科鉤
A：ハルムス（Harms）眼鉤　B：ショットラー（Schöttler）複鉤 

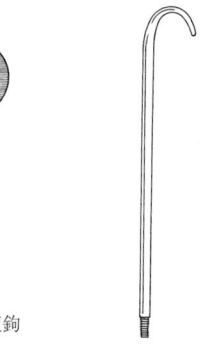

ン obstetrical chain　　産科ロープは，長さ2～3m,直径1cmを超えない良質の麻綱の一端に耳を有するものであり，この耳にロープの他端を通し，滑走係蹄として使用する．胎子の頭，四肢あるいは胸部にめぐらして牽引摘出するのに用いる．また手術中に頭，四肢などの失位を防ぐため，これらにロープを装着して保持するなどの目的に使用する（図11.27）．

欧米では，同様の目的のために，両端に環のある鉄製の産科チェーンとハンドル（chain handle）が用いられる．

　ii）産科鉤 obstetrical hook　　産科鉤は，手や産科ロープにより胎子の把握，固定，牽引が困難な場合などに用いる．産科鉤には，長鉤，短鉤，双鉤，複鉤，三爪鉤その他種々のものがある（図11.28～11.31）．鉤には鈍鉤と鋭鉤があり，原則的に前者は生存胎子に，後者は死亡胎子に用いられる．

　iii）胎子牽引器 fetal extractor　　主に欧米で用いられている胎子牽引器は，長い金属棒の一端に巻上器または長いジャッキが付いており，他端には棒に対してT字型に牛の殿部を押さえる広い金属板が接着されている．産科ロープまたはチェーンを胎子と巻上器またはジャッキに固定した上で牽引すると，胎子が徐々に抽出される．最近わが国では，ハンドルの上下操作によって左右の綱が交互に牽引される便利な様式の胎子牽引器が用いられている（図11.32）．

　iv）産科鉗子 obstetrical forceps　　産科鉗子は，大動物では胎子の皮膚，耳，頸などをはさんで牽引，推退するのに用いる．中小動物では腟内に手を挿入して胎子を捕らえて牽引することは困難であるから，産科鉗子を用いて胎子の頭，または体躯をはさんで摘出

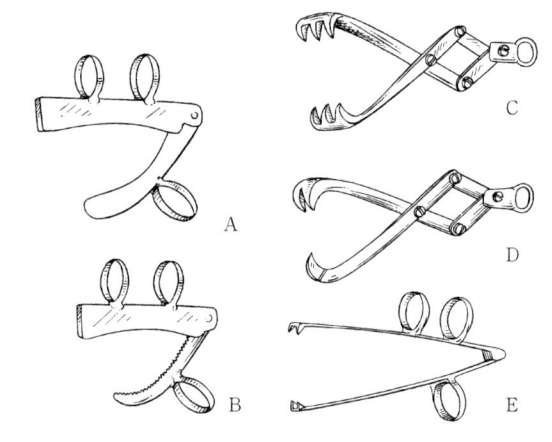

図11.31　山田式産科器械
A：産科指刀，B：指挫切鋏，C：産科三爪鉤，D：産科双鉤，E：指鉗子．

または推退するのに便利である（図11.33）．

　b．胎子を推退または捻転させるための器械器具 instruments for repulsion or rotation of fetus

　i）産科挺 obstetrical repeller　　産科挺は，胎位，胎勢の不正，異常を整復するため，胎子をいったん子宮内に推退させる場合に用いる（図11.34, 11.35）．

　ii）胎子捻転器 fetal rotator　　異常胎向の胎子の整復回転に使用する（図11.36）．

　c．胎子を切断・削減するための器械器具 instruments for section of fetus

　i）産科刀 obstetrical knife　　切胎術（fetotomy／embryotomy）において，関節の分離，筋肉や腱の切断，腹壁の切開による内臓の摘出などに用いる．それには指刀（finger knife，図11.37），隠刃刀（concealed

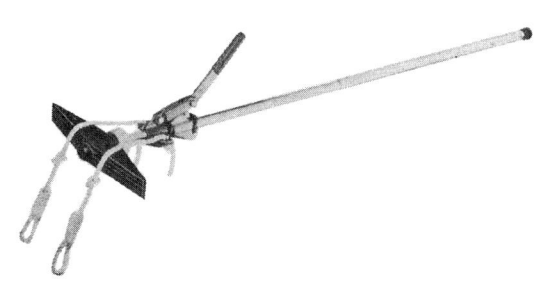

11.2 難　　産

図 11.32　牛の胎子牽引器

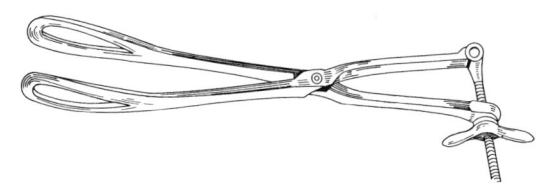

図 11.33　ブルアン（Bruin）犬用産科鉗子

図 11.34　ギュンテル（Günther）産科挺

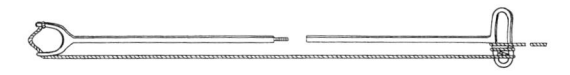

図 11.35　キューン（Kühn）産科挺

図 11.36　ケメラー（Caemmerer）胎子捻転器

A：ゲルラッハ（Gerlach）指刀

B：ホルヴィック（Hollvick）指刀

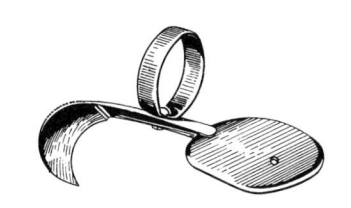

C：黒沢式指刀

図 11.37　指刀

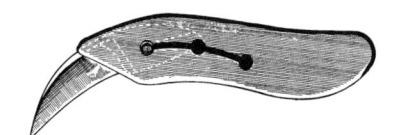

図 11.38　隠刃刀

図 11.39　メイヤー（Meyer）鉤状刀

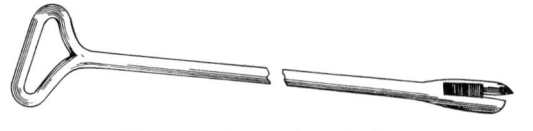

図 11.40　ブルアン（Bruin）皮刀

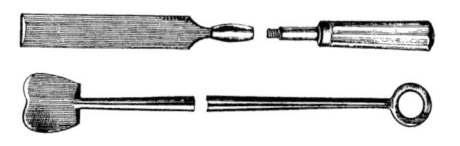

図 11.41　産科ヘラ

knife, 図 11.38), 鉤状刀 (hook bladed knife, 図 11.39) などがあり，各々その用途にしたがって，大きさ，形状など種々のものがつくられている．

ⅱ) **皮刀** skin knife, **産科ヘラ** obstetrical spatula　皮刀は胎子の皮膚を切断するのに用い，ブルアン（Bruin）皮刀は長柄の先端に長短2唇を有し，この唇の間に刀を固定したものである（図 11.40）．これを使用するには，先端の刃部を手掌で覆って子宮内に挿入し，長唇をあらかじめ設けた皮膚の創口に挿入し，短唇を皮膚の上に出して切断しようとする方向に押しながら皮膚を切断する．産科ヘラは胎子の皮膚を皮下織より剝離するのに用いられ，長短種々のものがある（図 11.41）．

343

11. 分娩時における異常

連環

A：鏈鋸　　　B：鏈刀　　　C：線鋸

図 11.42　産科鋸

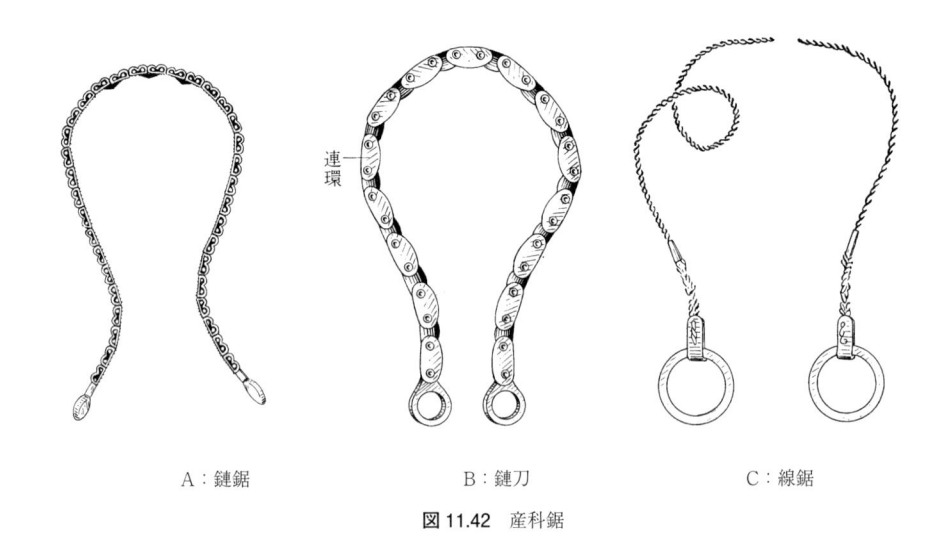

iii）**切胎器** fetotome / embryotome　切胎器には，鏈鋸（chain saw），鏈刀（chain sector）および線鋸の3種があるが，主に線鋸が使用されている（図11.42）．線鋸は切断しようとする部位にまわし，両端を交互に牽引する．チゲーゼン切胎器は線鋸による産道の損傷を避けるために，線鋸を2本の連接した金属程に納めてある（図11.43）．そのほかに，胎子の頭骨，脊柱または骨盤骨を皮下でくり抜き，胎子の容積を削減するために用いるバクファクト（図11.44），胎子の頭や肩などを破砕するための山田式胎子破砕器などがある（図11.45）．

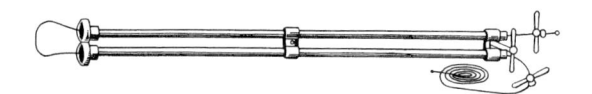

図 11.43　チゲーゼン（Thygesen）切胎器

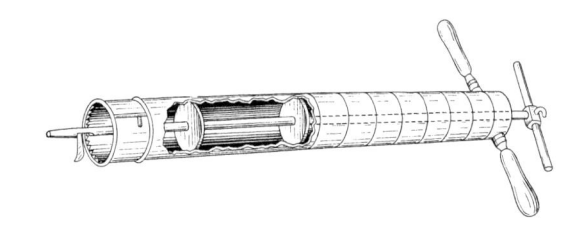

図 11.44　ショットラー（Schöttler）バクファクト

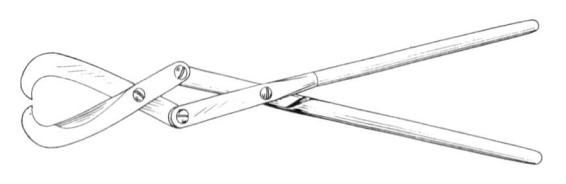

図 11.45　山田式胎子破砕器

(3) 産科処置および産科手術 obstetrical operation

a. 胎子の牽引摘出 forced traction

胎子の失位整復後，陣痛が微弱であったり産道が狭窄しているような場合には，胎子の前肢または後肢の球節上部に産科ロープまたは産科チェーンを装着し，胎子を牽引し摘出する．このとき産科ロープや産科チェーンは，脱蹄を避けるために必ず副蹄の上に装着するべきである．牽引は過度な力で行わず，陣痛や努責に合わせて行う．犬や猫では，胎子が骨盤腔に達している場合には指あるいは産科用鉗子を用いて胎子を摘出する．

b. 切胎術 fetotomy / embryotomy

切胎術とは，胎子を全形のまま摘出できず，かつ胎子が死亡している場合に胎子を母体内で切断し小部分に分けて摘出する手術をいう．これには肢などの一部を切断する部分切胎術と，体全体を細切して摘出する全切胎術がある．しかし，全切胎術は手術が困難で多大な労力を要し，産道や術者の手指を傷つける危険が多く，母体の予後も良くないことが多いため，近年では，簡単な部分切胎で胎子の摘出が可能な場合を除いては，帝王切開の方が好まれて実施される．

胎子の生死の鑑別は次のとおりである．生存胎子は

頭および四肢を動かし，眼瞼に触れればこれを動かし，口内に指を入れるとこれを吸い，胸部においては拍動を感知し，また尾位であれば肛門に触れると肛門括約筋の収縮を起こし，内股部においては大腿動脈の拍動が触知できる．また，前後肢において，内蹄と外蹄を広げるか，蹄の間を強く圧迫し疼痛を加えると，肢を動かす．しかし，死亡胎子ではこのようなことはない．

ⅰ) **断頭術** decapitation　頭の失位，子頭過大などのために胎子を摘出しにくい場合に，頭を切断する手術である（図11.46）．

ⅱ) **断脚術** amputation of the limb　腕関節屈折，飛節屈折，股関節屈折などの肢の失位または胎子過大などによって胎子を摘出しがたい場合に，肢を切断して胎子の横径を削減する手術である（図11.47）．

ⅲ) **内臓摘出術** evisceration　体躯の過大な胎子，水腫胎または気腫胎において，その容積を縮小するために内臓を摘出する手術である．

ⅳ) **胎子切半術** bisection of fetus　縦位または横位により整復が困難な場合や，奇形などによりそのままでは摘出が不可能な場合に，胎子を前後に切半して摘出する手術である．本手術は通常まず内臓摘出を行い，その効果のない場合に実施するものである．

c. 帝王切開 cesarean section

難産のため胎子の産道からの摘出が不可能，あるいは極めて困難であると判断した場合に，母体の腹壁から子宮を切開して胎子を摘出する手術である．速やかに帝王切開に切り替えることにより胎子の生存率を上げ，母体の消耗を軽減することができる．また，汚染された胎水が腹腔内に漏出した場合には母体の予後が最も悪くなるため，子宮内が重度に汚染される前に経腟分娩が可能かどうかを判断するべきである．

牛における切開部位は，各症例における条件により選択する．主なものは，起立位での左膁部切開，左横臥位での右膁部切開，仰臥位での傍正中切開などがある．常法により腹壁を切開した後，胎子の足をつかみ創口または創外に引き出し，子宮の大彎に沿って胎子を摘出できる程度に切開する．この際，子宮切開の長さが短いと胎子の摘出時に子宮が裂けるため，十分な長さの切開を行うことが重要である．また，胎水が腹腔に漏出しないように注意する．次に胎膜を切開して胎子を摘出し，胎盤を剝離して除去するが，剝離が困

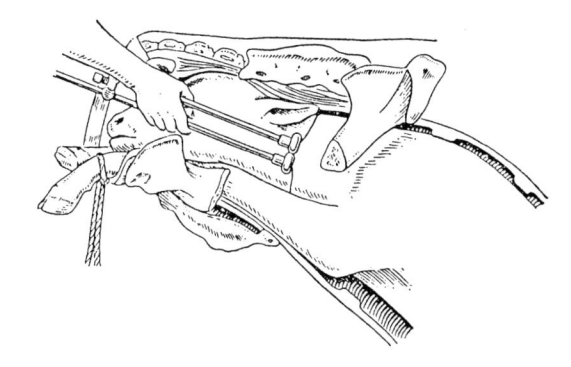

図11.46 牛胎子の断頭術（Arthur, 1964）
チゲーゼン切胎器による頭部の切断．

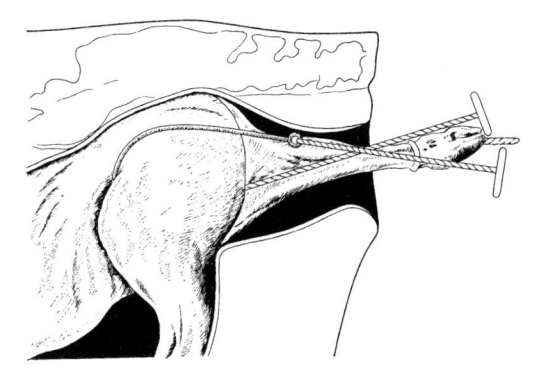

図11.47 後肢の皮上切断（Lindhorst原図）
股関節屈折において，鍵刀で切断するところ．

難なものはそのままにしておく．子宮弛緩薬を用いることにより，子宮の創外への引き出しや，子宮の縫合が容易となる．子宮壁の縫合は吸収性縫合糸を用い，ランベールの一層縫合やクッシング縫合などを用い，漿膜面を確実に癒着させる．閉腹後に抗生物質の全身投与を行う．

多胎動物の帝王切開では，1個の胎子を摘出した後，その創口から隣接胎子を圧出する．

11.3 産道の損傷
injuries of the birth canal

産道の損傷には子宮破裂や子宮頸管，腟および会陰の裂傷が含まれ，胎子失位の整復，牽引摘出または切胎術中に術者の手や産科器具により生じる．胎子の蹄尖部や切断した胎子の突出した骨端も原因となる．会陰の裂傷は初産の牛で，特に胎子が大きい場合に多発

し，重度な場合は腟前庭と直腸が連なった総排泄口を形成する場合もある．また，犬における鉗子による胎子の抽出の際にも生じる．

〔症状〕 牛における子宮破裂の症状は，食欲廃絶，反芻の停止，不安，頻脈，呼吸促迫，四肢の冷感などである．体温は正常かそれ以下のことが多いが，ときに上昇することがある．感染を受けた胎子や子宮内容が腹腔に脱出した場合は，重度の敗血症の症状が急速に現れる．軽度から中等度の子宮頸管や腟の裂傷は全身症状を伴わないが，感染が伴えば体温が上昇する．

犬における子宮破裂の徴候は，食欲廃絶，元気不振，初期体温上昇，末期下降，頻脈，呼吸促迫，肢端冷感，便秘，悪臭下痢などがみられ，重度の出血がある場合は可視粘膜が蒼白となる．

〔治療〕 子宮破裂の場合は胎子を開腹手術によって摘出し，子宮を縫合する．軽度から中等度の子宮頸管や腟の裂傷の場合は，必ずしも縫合の必要はないが，多量の出血がみられる場合には止血を試みる．会陰の裂傷が重度で腟前庭と直腸が連なった場合には，ただちに損傷部分を整形して縫合する必要がある．

犬の子宮破裂に対しては，開腹し子宮摘出術を早期に行い，加温生理食塩液と抗菌性物質によって腹腔内を洗浄し，ショックと感染防止の処置を行う．

〔予後〕 子宮破裂の場合は，多量の出血や腹膜炎のために予後不良となることがある．軽度から中等度の子宮頸管や腟の裂傷の場合は，感染症の併発がない限り予後良好である．

11.4 胎盤停滞
retained placenta

胎盤停滞は，胎子娩出後一定時間以内に胎膜・胎子胎盤が排出されないものをいい，乳牛に多発する．牛の正常分娩では，胎盤は胎子の娩出後3〜8時間で排出されるのが普通であるが，12時間以上経過しても排出されないものを胎盤停滞という．乳牛における発生は通常7〜15％である．

胎子娩出後に胎盤が排出されるまでの時間は，馬では30分以内，豚は30分〜2時間，反芻類は3〜8時間である．犬では，胎子娩出の直後に排出されることが多い．このように動物種によって胎盤の排出時間に差があるのは，主として胎盤の構造によるものである．馬および豚は母子胎盤の結合が緩やかなため最も剥離しやすく，犬では母子胎盤の結合は複雑であるが脱落膜とともに容易に剥離し，反芻類は胎盤の結合状態と子宮頸管の構造から最も剥離しにくく，排出されにくい．

〔原因〕 胎盤停滞の原因は明確にはされていないが，後産期陣痛が弱いことや，子宮内膜および胎盤などに炎症その他の異常があって母胎盤と胎子胎盤の剥離が困難なことなどが考えられる．牛においては，早産，双子分娩，長期在胎，分娩誘起でその発生は高くなる．また，遺伝的な要因，乾乳期の過肥，ケトーシス，セレンとビタミンEの不足，妊娠末期における黄体ホルモンの不足も原因となると考えられている．

〔症状〕 牛では胎膜，胎盤の大部分が子宮内にあって一部が子宮頸管〜腟内にみられるものから，一部が陰門から脱出下垂しているものなど，その程度は種々である．時間の経過とともに胎盤は軟化分解し，陰門から滲出液様の悪露を漏出し，悪露はしだいに悪臭を帯びてくる．通常全身症状を現すことはないが，子宮炎を継続した場合には，食欲の減退，泌乳量の減少，体温の上昇をきたす．

馬では胎盤の停滞が一昼夜以上継続すると，子宮感染症を起こし不受胎の原因となるばかりか，蹄葉炎を発症したり死亡したりすることもある．

診断は胎盤の一部が腟または陰門外に存在する場合には容易であるが，胎盤の大部分が子宮内に遺残し，子宮口が閉鎖する場合には困難となる．そのため，胎子娩出後に胎盤が排出されたことを確認することが重要である．

犬の胎盤停滞は，小型犬で分娩が長引いた場合や難産の場合にみられる．犬の胎盤が12〜24時間以内に排出されないと急性子宮炎が起こり，これを早期に除去するか子宮切除術を行わないと胎盤付着部の子宮壁に壊死が起こって死亡する．犬では，胎子娩出後12時間以上経過して，暗緑色の排出物が陰部にみられるときは胎盤停滞と診断される．

〔治療〕 牛においては無処置のまま放置すると，1〜2週間以内に自然排出される．その間に，陰門から下垂している胎盤を軽く牽引することにより，排出を1〜2日早めることができる．かつては母子両胎盤を

手指により剥離する用手剥離法が行われた．しかし，胎盤全体を剥離することが困難，子宮小丘に損傷を与える，子宮内への手指の挿入により子宮内汚染を引き起こすなどの理由により，弊害が多く，現在ではあまり行われなくなっている．オキシトシン，エストロジェン，Ca，PGF$_{2α}$などの薬剤投与による排出も試みられているが，その効果については一致した結果が得られていない．

馬においては，胎子娩出後3～5時間経過しても胎盤を排出しない場合は，オキシトシン20～150 IUを皮下または筋肉内に注射するか，40～50 IUを数時間かけて徐々に静脈内点滴により投与する方法が賞用されている．

犬においては，分娩の経過中または胎子娩出後24時間以内のときは指によって胎膜を引き出すか，ガーゼを巻き付けた鉗子を産道内に挿入して回転し，胎膜を巻き上げるようにして除去できることがある．小型犬では腹壁の上から子宮を触診できるので，子宮角をマッサージして胎膜を子宮頸の方に向けて圧送して除去に成功することがある．小型犬の胎子娩出後，特に難産後にオキシトシン5～20 IUの注射が胎盤停滞を予防することがある．

〔予後〕 予後は良好であるが，産褥熱，子宮炎，悪露停滞症などを併発した場合は，それらの治療に日数を要し回復が遅れ，その後の受胎までに要する日数が長くなる．

〔金子一幸〕

12.
分娩終了後の異常

　本章では，各種動物の分娩終了後に生殖器に起こる病的状態および代謝障害について述べる．ただし，ケトーシス，乳房炎および初生子の諸疾患については，他の専門書によることとし，本書では触れない．

12.1 子　宮　脱
uterine prolapse

　子宮脱とは，分娩後子宮の一部または全部が反転して，子宮頸管から腟内または陰門外に脱出するものをいう．乳牛とめん羊に最も多くみられ，ときに豚，稀に犬，猫，馬にみられる．大部分のものは分娩直後に発生し，分娩後数時間経過して発生するものもある．
　〔原因〕　子宮脱の直接の原因は，子宮広間膜の弛緩，子宮の無力および激しい努責によるが，牛では妊角先端部における子宮重積，前高後低の床への繋留，子宮が乾いた胎子に密着している状態の難産における胎子の牽引摘出なども誘因となる．
　〔症状〕　子宮脱の症状は明瞭で，暗赤色の囊状の子宮が腟内または陰門外に脱出し，反芻類ではその表面に多数の並列する子宮小丘が認められる（図12.1）．脱出子宮には血液，糞，わらなどが付着し，血行障害によって高度のうっ血，浮腫を生じる．牛，めん羊では妊角が脱出し完全に反転するので頸管は通常陰門部に存在し，不妊角は脱出した妊角の腹腔面の内部に保持され，強い角間間膜のため反転することはない．豚における子宮脱の90％は両子宮角性で，子宮体の嵌頓から始まる．どの動物種においても，子宮脱は努責，不安，疼痛，食欲不振，脈拍・呼吸数の増加などを示す．脱出後の経過時間が長いものや多量の出血を伴うものでは，起立不能を起こす．
　〔治療〕　出血およびショック症状を呈する場合は，輸液やその他の対症療法を行う．牛においては子宮を湿った布で包み，整復するまで乾燥させずに清潔に保

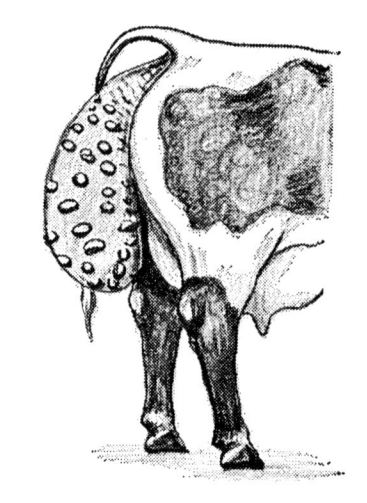

図12.1　牛の子宮脱（Frank and Albrecht 原図）

つよう飼い主に指示する．処置を的確に行える清潔な場所を選定し，前低後高の姿勢をとらせる．膀胱が充満する場合には排尿する．努責が著しい場合は尾椎麻酔を行った後，整復を実施する．
　整復法は，まず微温の生理食塩液で脱出子宮を洗浄し，胎膜や胎盤が付着するときは手で剝離するが，剝離困難なものは無理に剝離しないでそのままとする．ついで脱出子宮を陰門よりやや高めに保持する．この操作により，圧迫のためうっ血していた静脈血行が促進され，浮腫状に腫大していた脱出子宮はその容積を縮小するので，それを待って整復する．全脱出の場合，頸管は下垂している子宮の上端に近く位置しているので，整復は基部から押し込みながら還納を試みる．同時に，脱出子宮の先端部を掌で前方へ押し，基部での還納を容易にすることが大切である．この間に，ときどき微温の滅菌生理食塩液をかけ，清潔と保温ならびに乾燥防止に努める．還納が終了したら，手をできるだけ深く子宮内に進めて子宮角先端部に重積がないことを確認する．再発防止のためには，前低後高の床に繋留し，場合によっては陰門縫合を行う．

別法として，厚手の幅広い包帯で脱出した子宮角の先端から頸管の方向に連続して巻き，脱出子宮を頸管部から徐々に整復する．包帯は陰門から約15cm挿入したところで逐次解除していく．

脱出子宮の整復が不可能な場合，または脱出子宮に重度の裂傷，壊死が起こった場合，感染子宮の整復が死を招く危険のある場合は，脱出子宮の切断・子宮切除術を行う．

〔予後〕 脱出後の経過時間が長くなく，脱出子宮の損傷が軽度で完全に整復できたものの予後は良い．しかし，子宮の血管の断裂による出血を伴うもの，衰弱がはなはだしく起立困難なもの，敗血症を継発したものは予後不良である．また，子宮の損傷が著しいものでは，子宮炎や子宮内膜炎を継発し，その後の繁殖成績は不良となる．

12.2 悪露停滞症
lochiometra

褐色から赤色の悪露は分娩後に速やかに子宮から排出され，牛では約2週間，馬，めん羊・山羊では1週間，犬では6～10日で排出はやむ．しかし悪露が排出されずに子宮内に貯留することがあり，これを悪露停滞症という．

〔原因〕 難産の後や胎盤停滞などにより，子宮の収縮が不十分な場合に生じる．また牛では，低Ca血症による子宮無力症も原因となる．運動不足，栄養失調，老齢，子宮頸管の異常，単胎動物における多胎妊娠などは誘因となりうる．

〔症状〕 悪露は細菌の栄養源となるため，大量の細菌が発育する．そのため，産褥性創傷感染（puerperal wound infection）と同様の症状を呈する．すなわち発熱や食欲低下が続き，牛では泌乳量の増加がみられない．

〔治療〕 産褥性子宮炎（puerperal metritis）に準じて，抗生物質の全身および子宮内投与を行う．悪露が多量に子宮内に貯留している場合は，カテーテルにより排除を試みる．また，オキシトシンやPGF$_{2a}$の投与は悪露の排出に効果がみられることがある．

〔予後〕 多くの場合は全身症状が消失した後も慢性子宮炎に移行し，褐色から赤色であった悪露は黄白色から白色の膿様粘液に変化する．このような場合は後の繁殖性を低下させる．

12.3 産褥麻痺（乳熱）
parturient paresis / milk fever

産褥麻痺とは，乳牛において分娩と泌乳の開始に伴って発症する代謝性疾患であり，低Ca血症が特徴である．

〔原因〕 血中Ca濃度は3～7mg/dℓ（正常牛：10mg/dℓ）に低下するが，その原因は以下のように考えられている．分娩に際して血中および体組織中のCaが急激に乳腺に移行するが，骨からの動員は分娩後1週間から開始するために対応できない．妊娠子宮による消化管の圧迫，妊娠末期の血中エストロジェンの上昇，分娩時のストレスなどにより，消化管からのCaの吸収量が減少する．Ca代謝に関与している活性型ビタミンD$_3$〔1,25(OH)$_2$D$_3$〕に対する腸管粘膜に存在するレセプターが減少するために，消化管からのCa吸収量が減少する．

〔症状〕 本症は分娩後12～72時間に起こるものが多いが，分娩前や分娩中に発症することもある．初期においては食欲不振，四肢筋肉の振戦，後躯蹌踉，興奮などを呈し，やがて意識障害や起立不能となり，昏睡に陥る．四肢を伸長し横臥し，伏臥時には頭部を臁部に向ける特徴的な姿勢を呈する．消化管の運動は微弱となり．心拍動は弱く，呼吸は緩徐となる．体温は平温または平温以下となり，四肢の冷感がみられる．

〔治療〕 25％グルコン酸Ca 400～800mℓを静脈内に投与するのが一般的である．Ca剤の心筋への影響を考慮し，半量を静脈内，残りの半量を皮下に投与するのも良い．

〔予後〕 ほかの合併症がなければ予後は良好であるが，筋肉や関節の損傷が生じた場合にはダウナー牛症候群となる．

12.4 ダウナー牛症候群（産後起立不能症）
downer cow syndrome

乳牛において，分娩前後に起立不能となり，Ca剤の投与にも反応せず，かつ特定の疾患名を決定するこ

とができない症例の総称である．

〔原因〕 本症候群については未解決な部分が多い．しかしその大部分は，乳熱，分娩時に受けた産道付近の神経，筋肉および靱帯などの挫傷，転倒などによる関節や筋肉の外科的疾患などが第1次的要因と考えられる．起立不能の状態が持続することにより，四肢，特に後肢の圧挫による筋肉および神経の虚血性変性が，起立困難をいっそう助長する結果となる．

〔症状〕 食欲はやや減退，体温は正常，呼吸，脈拍も著明な変化はみられない．当初は正常時の伏臥姿勢を呈し，起立を試みる．しかし時間の経過とともに起立の意思を失い，四肢を曲げたまま，あるいは伸展し横臥するようになる．やがて周囲に対する注意も散漫となり，症状の進んだものでは，食欲減退，皮温不整・低下などの所見を呈する．

〔治療〕 第1次要因が低Ca血症である場合が多いため，これらに対しては乳熱の治療に準じて25％グルコン酸Ca 400〜800 mℓを静脈内に投与する．この処置で症状が改善されないときは，同様の処置を半日ないし1日の間隔で2，3回繰り返す．経過が長引くような場合は，褥創の予防，圧挫による四肢の血行障害の防止，意識障害に起因する不随意的動作による不慮の傷害の予防に努め，十分な敷わらを敷いた広い場所へ患牛を移動させる．15％リン酸ナトリウムの200 mℓ注射や1〜2ℓの水に溶解した塩化カリウム30〜40 gの経口投与も有効である．

〔予後〕 約半数は適切な看護療法により4，5日の経過で起立する．この時期を過ぎても起立せず，食欲のないものは予後不良である．

12.5　産後急癇（産褥性強直症）

parturient eclampsia / puerperal tetany

分娩後に間歇性の痙攣を伴う急性疾患であり，犬に比較的多く発生し，猫での発生は少ない．低Ca血症が特徴である．

〔原因〕 乳汁中へのCaの流出およびCaの摂取不足により，血中のCa濃度が低下することによる．血中のCa濃度は，正常のものが9〜12 mg/dℓであるのに比べ，5〜7 mg/dℓに低下する．

〔症状〕 犬では多くは授乳期に起こるが，ときには分娩1〜2日前または分娩中に発症する．徴候は不安憂色を呈し，呼吸促迫，脈拍は細速となり，横臥して四肢を側方に伸長し，咬牙して殿部または全身の筋肉が痙攣する．意識には障害はないが，後には失神することがある．発作は数時間ないし1〜2日間持続し，放置すれば予後不良となることが多い．

〔治療〕 10％ボログルコン酸Ca（犬で10〜20 mℓ，猫で2〜5 mℓ）を静脈内に点滴投与し，室内を暗くし刺激を避けて安静にする．症状に改善がみられた場合には，炭酸Ca末またはグルコン酸Ca末とビタミンD剤（犬で1〜3 g，猫で0.2〜0.4 g）を1〜2週間経口投与する．子犬や子猫は母親から離し，少なくとも24時間は人工哺乳とする．

12.6　産褥性創傷感染

puerperal wound infection

各種動物では，分娩の経過中，または助産などに際し外界の種々の細菌が産道または子宮に侵入する機会が多く，胎盤停滞や産道の損傷などにより，これらの細菌が組織中に侵入して産褥性創傷感染を起こすことが少なくない．産褥性創傷感染には，局所感染として産褥性子宮炎，腟炎，陰門炎があり，全身感染として産褥熱がある．

(1)　産褥性子宮炎，腟炎，陰門炎　puerperal metritis, vaginitis and vulvitis

産褥性子宮炎は，あらゆる動物種において分娩後1〜数日に起こる．気腫胎，子宮捻転，胎膜水腫，胎子過大，双胎などによる難産における子宮壁の損傷部位からの細菌感染によることが多く，また牛では特に胎盤停滞の粗暴な処置に継発することが多い．

〔症状〕 子宮から悪臭のある赤褐色の水性の漏出物が排出される．この種の子宮炎は多くの場合，子宮内膜にとどまらず，子宮筋層に達して子宮筋炎，さらに漿膜に達して子宮外膜炎を起こし，また子宮広間膜や骨盤結合組織に波及して子宮周囲炎を起こすことも稀ではない．この場合は重度の癒着が生じ，以後の繁殖の可能性はなくなる．

〔治療〕 牛や馬では，滅菌生理食塩液による子宮洗浄後，オキシテトラサイクリン2〜6 gの子宮内投与

と，ペニシリン300万～600万Uとストレプトマイシン5gの1日2回の筋肉内注射を行う．

産褥性腟炎や陰門炎は，特に腟や陰門の発育が悪く難産となった初産牛において産後にしばしば起こる．腟および陰門に生じた創傷から細菌が侵入して起こるもので，壊死性の変化を示すものが多い．後遺症として腟および陰門の狭窄を招く．

(2) 産褥熱 puerperal fever

産褥性創傷感染によって起こる熱性の疾患の総称で，2つの型がある．1つは細菌がリンパ管を経て血行に入り，ここで増殖して体内に蔓延するもので，これを産褥性敗血症（puerperal septicemia）という．もう1つは細菌が子宮またはその周囲組織の静脈に入って血栓を形成し，これが化膿軟化して血行に入り諸臓器に転移して化膿巣を発するもので，産褥性膿毒症（puerperal pyemia）という．

産褥性敗血症は犬に多発し，牛がこれにつぎ，馬，豚にも起こる．多くは分娩後3日以内に発生し，牛では胎盤停滞に継発し，犬では脱落膜の剥離面より感染することが多い．徴候としては脈拍数の増加，呼吸促迫，戦慄，倦怠，体温急昇などに始まり，反芻・食欲および泌乳の廃絶，結膜の充血，皮膚の赤褐色斑点がみられる．後には下痢が起こり，全身が衰弱し，体の下部に浮腫を生ずるなど敗血症の全身症状を呈する．

産褥性膿毒症における転移膿瘍の多発部位は，関節および腱鞘であるが，心臓，肺，皮下および乳房などに発生することがある．治療は産褥性子宮炎の治療に準ずる．

(3) 豚乳房炎-子宮炎-無乳症症候群 mastitis-metritis-agalactia (MMA) syndrome of sows

本症候群は分娩母豚において，元気消沈し泌乳量が低減するため，子豚が栄養不足で死亡するもので，母豚に乳房炎や子宮炎が随伴するためMMA症候群と呼称されている．しかし，これらの母豚において，乳房炎や子宮炎が随伴していないものも多い．

〔原因〕 原因の特定は未だなされていないが，感染性因子が主要因と考えられている．しかし，栄養，管理，内分泌，遺伝的要因およびストレスなども関与している可能性もある．すなわち，母豚を検査して発見される諸所見は原因ではなく，全身的な統合性がストレスによって乱された結果とも考えられる．

〔症状〕 分娩後1～3日の間に発生するが，臨床的症状としては，元気なく食欲欠如，体温上昇，呼吸・心拍数の増加，異常便排出，授乳を嫌う，伏臥を好むなどである．子豚は空腹のため動きまわり，また母豚による圧死もみられる．母子豚の臨床所見により診断は容易である．

〔治療〕 子豚は早いうちに里親につける．母豚にはオキシトシン，広域性の抗菌性物質，PGF_{2a}などを投与する．場合により副腎皮質ホルモンの投与を行う．重要なことは予防的配慮であり，急激な飼料の変更，飼養環境の急変，舎内の温度や湿度などに注意し，分娩室環境に馴らすための早めの移動，適切な飼養管理などストレスの緩和に努める．また関連微生物因子排除のため，分娩室などの連続的な使用を避ける．遺伝的要因が疑われる系統の豚は排除する．　〔金子一幸〕

文　　献

【1章】

入谷　明（1964）：山羊精液中の卵黄凝固酵素に関する研究．京都大学学位論文．
加藤征史郎編著（1994）：家畜繁殖（新農学シリーズ），朝倉書店．
西川義正監修（1972）：哺乳動物の精子，pp.216-217，学窓社．
小笠　晃ら（1968）：夏季不妊症を呈した雄牛の生殖器についての病理解剖学的観察．農林省家畜衛生試験場研究報告，(56)：37-47．
大沼秀男（1963）：家畜精子の acrosomic system に関する研究Ⅲ．畜産試験場研究報告，(2)：209-224．
豊田　裕（1984）：家畜繁殖学全書（望月公子編），pp.226-247，朝倉書店．
横山　昭（1976）：ホルモンによる乳汁の分泌調節．代謝，**13**：555-564．
吉田重雄（1962）：鶏の精液性状ならびに鶏精子の代謝に関する研究．京都大学学位論文．
Arey, L. B. (1954)：Developmental Anatomy, W. B. Saunders Co.
Barone, R. and Pavaux, C. (1962)：Les vaisseaux sanguins du tractus génital chez les femelles domestiques. *Bull. Soc. Sc. Vet. Lyon*, **64**：33-51.
Bartlet, D. J. (1962)：Studies of Dog Semen, II. Biochemical Characteristics. *J. Reprod. Fertil.*, **3**：190-205.
Bielański, W. (1962)：Rozród zwierząt gospodarskich, Państwowe Wydaw, Rolnicze i Leśne.
Blandau, R. J. (1961)：Sex and Internal Secretions (Young, W. C. and Allen, E. eds.), pp.797-882, Williams & Wilkins.
Blom, E. and Christensen, N. O. (1947)：Studies on pathological conditions in the testis, epididymis and accessory sex glands in the bull. 1. Normal anatomy, technique of the clinical examination and a survey of the findings in 2000 Danish slaughter bulls. *Skand. Vet. Tidskr.*, **37**：1-49.
Burns, R. K. (1961)：Sex and Internal Secretions (Young, W. C. and Allen, E. eds.), pp.76-158, Williams & Wilkins.
Evans, H. E. and Christensen, G. C. (eds.) (1979)：Miller's Anatomy of the Dog, 2nd edition, W. B. Saunders Co.
Frye, B. E. (1967)：Hormonal Control in Vertebrates, Macmillan Co.
Gier, H. T. and Marion, G. B. (1970)：The Testis, vol.1 (Johnson, A. J. et al. eds.), pp.2-43, New York Academic Press.
Hafez, E. S. E. (1960)：Analysis of ejaculatory reflexes and sex drive in the bull. *Cornell Vet.*, **50**：384-411.
Hafez, E. S. E. (1962)：Effect of progestational stage of the endometrium on implantation, fetal survival and fetal size in the rabbit, *Oryctolagus cuniculus. J. Exp. Zool.*, **151**：217-226.
Hafez, E. S. E. (ed.) (1974)：Reproduction in Farm Animals, 3rd edition, Macmillan Co.
Hafez, E. S. E. (ed.) (1980)：Reproduction in Farm Animals, 4th edition, Lea & Febiger.
Hochereau, M. T. (1967)：Synthèse de l'ADN au cours des multiplications et du renouvellement des spermatogonies chez le taureau. *Arch. Anat. Microsc. Morphol. Exp.*, **56** (Suppl.)：85-96.
Kawakami, E. et al. (1987)：Spermatogenesis and peripheral and spermatic venous plasma androgen levels in the unilateral cryptorchid dogs. *Jpn. J. Vet. Sci.*, **49**：349-356.
Kawakami, E. et al. (1993)：Changes in plasma androgen levels and testicular histology with sescent of the testis in the dog. *J. Vet. Med. Sci.*, **55**：931-935.
Mann, T. (1969)：Reproduction in Domestic Animals, 2nd edition (Cole, H. H. and Cupps, P. T. eds.), pp.277-312, Academic Press.
Mossman, H. W. and Duke, K. L. (1973)：Comparative Morphology of the Mammalian Ovary, University of Wisconsin Press.
Patten, B. M. (1948)：Embryology of the Pig, McGraw Hill Book Co.
Roberts, S. J. (1971)：Veterinary Obstetrics and Genital Diseases, 2nd edition, Edwards Brothers, Inc.
Turner, C. D. (1948)：General Endocrinology, W. B. Saunders Co.
Vigier, B. et al. (1983)：Use of monoclonal antibody techniques to study the ontogeny of bovine anti-Müllerian hormone. *J. Reprod. Fertil.*, **69**：207-214.
Waites, G. M. H. and Moule, G. R. (1961)：Relation of vascular heat exchange to temperature regulation in the testis of the ram. *J. Reprod. Fertil.*, **2**：213-224.
White, I. G. (1958)：Biochemical aspects of mammalian semen. *Anim. Breed. Abstr.*, **26**：109-123.
Wu, S. H. (1966)：Microstructure of mammalian spermatozoa. *Oregon State Univ. Agr. Exp. Sta. Spec. Rep.*, (214)：7-17.

【2章】

森　裕司・武内ゆかり（1995）：獣医繁殖学（森　純一ら編），pp.21-47，文永堂出版．
大蔵　聡ら（2011）：キスペプチン／メタスチン―繁殖を制御する新規神経ペプチド．日本産業動物獣医学会誌，**64**：39-44．
鈴木善祐（1970）：生殖系内分泌機構に対する中枢性の制禦について．栄養生理研究会報，**14**：103-117．
横山　昭（1976）：ホルモンによる乳汁の分泌調節．代謝，**13**：555-564．
Halász, B. (1969)：Frontiers in Neuroendocrinology (Ganong, W. F. and Martini, L. eds.), pp.307-342, Oxford University Press.
Hinuma, S. et al. (1998)：A prolactin-releasing peptide in the brain. *Nature*, **393**：272-276.
Ohtaki, T. et al. (2001)：Metastasis suppressor gene KiSSh1 encodes peptide ligand of a G-protein-coupled receptor. *Nature*, **411**：613-617.

文　　献

【3章】

桧垣繁光・菅　徹行（1959）：牛の子宮運動に関する研究．I．正常牛の性周期における子宮運動について．農業技術技研究所報告．G，畜産，（17）：9-14.
伊藤祐之ら（1948）：豚の人工授精に関する研究．I．精液採取法及び射精状態について．畜産試験場報告，（55）：1-15.
森　純一（1997）：総説 家畜繁殖研究の最近の進展——ホルモン分野を中心として．獣医界，（140）：1-49.
内藤元男監修（1978）：畜産大事典（新版），pp.1298-1299，養賢堂．
山内昭二（1978）：加齢と性機能——一般的考察と特に牛の場合における検討．日本畜産学会報，49：387-399.
吉岡善三郎ら（1951）：短日処理による非繁殖期の山羊の人工発情．農業技術研究所報告．G，畜産，（1）：105-111.
Anderson, L. L. et al. (1969)：Comparative aspects of uterine-luteal relationships. *Recent Prog. Horm. Res.*, **25**：57-104.
Asdell, A. S. (1964)：Patterns of Mammalian Reproduction, 2nd edition, Cornell University Press.
Burkhardt, J. (1947)：Transition from anestrus in the mare and the effects of artificial lighting. *J. Agric. Sci.*, **37**：64-68.
Everett, J. W. (1961)：Sex and Internal Secretions (Young, W. C. and Allen, E. eds.), pp.497-555, Williams & Wilkins.
Hafez, E. S. E. (ed.) (1974)：Reproduction in Farm Animals, 3rd edition, Macmillan Co.
Hafez, E. S. E. (ed.) (1987)：Reproduction in Farm Animals, 5th edition, Lea & Febiger.
Hansel, W. and Asdell, S. A. (1951)：The effects of estrogen and progesterone on the arterial system of the uterus of the cow. *J. Dairy Sci.*, **34**：37-44.
Hartwig, W. (1959)：Ciba Foundation Colloquia on Ageing, Vol.5 The Lifespan of Animals (Wolstenholme, G. E. W. and O'Connor, M. eds.), pp.57-71, Little, Brown & Co.
Tanabe, T. Y. and Salisbury. G. W. (1946)：The influence of age on breeding efficiency of dairy cattle in artificial insemination. *J. Dairy Sci.*, **29**：337-344.
Yeates, N. T. M. (1949)：The breeding season of the sheep with particular reference to its modification by artificial means using light. *J. Agric. Sci.*, **39**：1-43.

【4章】

伊東正吾（2001）：実践的母豚の繁殖生理学 周産期から離乳期における臨床繁殖．養豚界，36（臨増）：87-95.
伊東正吾（2002）：繁殖成績を向上させるための種雌豚の管理（上）基本的点検内容．養豚の友，（403）：34-37.
伊東正吾（2005）：種雌豚の深部腟内電気抵抗値を指標とした繁殖機能の判定技術．日本豚病研究報，（47）：18-22.
桝田精一ら（1950）：牛の発情に関する研究．畜産試験場報告，（56）：55-96.
三宅　勝（1970）：酪農シリーズ1 乳牛の種付・分娩，明文書房．
森　純一ら（1979）：牛の性周期中における子宮頸管粘液のpHならびに電気伝導度の変化——生体内測定による検討．家畜繁殖学雑誌，25：6-11.
森本　宏ら（1961）：仔豚の人工乳に関する研究．農業技術研究所報告．G，畜産，（20）：61-99.
西山朱音ら（2011）：雌豚における黄体退行誘起のためのPGF$_{2\alpha}$連続投与と臨床内分泌学的所見．第151回日本獣医学会学術集会講演要旨集：251.
佐藤繁雄・星　修三（1939）：馬ノ生殖ニ關スル研究．V．種付ニ關スル研究．日本獸醫學雜誌，1：489-514.
高橋政義（1986）：簡易な牛の早期妊娠診断法．畜産の研究，40：517-521.
高嶺　浩・吉田文男（1961）：牛の発情期頸管粘液における精子受容性及び結晶形成現象と粘液組成の関係について．家畜繁殖学雑誌，6：143-146.
筒井敏彦・清水敏光（1973）：犬の繁殖生理に関する研究．I．発情持続．家畜繁殖研究會誌，18：132-136.
米内美晴ら（1993）：黒毛和種雌牛の春機発動時期並びに春機発動前卵巣動態に影響する栄養生理的な諸要因．東北農業試験場研究報告，（86）：101-118.
Addiego, L. A. et al. (1987)：Determination of the source of immunoreactive relaxin in the cat. *Biol. Reprod.*, **37**：1165-1169.
Badi, A. M. et al. (1981)：An analysis of reproductive performance in thoroughbred mares. *Ir. Vet. J.*, **35**：1-12.
Booth, W. D. (1984)：Sexual dimorphism involving steroidal pheromones and their binding protein in the submaxillary salivary gland of the Göttingen miniature pig. *J. Endocrinol.*, **100**：195-202.
Carnevale, E. M. et al. (1988)：Ultrasonographic characteristics of the preovulatory follicle preceding and during ovulation in mares. *J. Equine Vet. Sci.*, **8**：428-431.
Casida, L. E. et al. (1968)：Studies on the Postpartum Cow (Research Bulletin vol.270), pp.1-57, Research Division, College of Agricultural and Life Sciences, University of Wisconsin.
Concannon, P. et al. (1980)：Reflex LH release in estrous cats following single and multiple copulations. *Biol. Reprod.*, **23**：111-117.
Cunningham, E. P. et al. (1980)：High levels of infertility in horses. *Farm Food Res.*, **11**：41-43.
Daels, P. F. et al. (1991)：Reproduction in Domestic Animals, 4th edition (Cupps, P. T. ed.), pp.413-444, Academic Press.
Dransfield, M. B. G. et al. (1998)：Timing of insemination for dairy cows identified in estrus by a radiotelemetric estrus detection system. *J. Dairy Sci.*, **81**：1874-1882.
Dukes, H. H. (1955)：The Physiology of Domestic Animals, 7th edition, Baillière, Tindall & Cox.
Dunn, T. G. et al. (1969)：Reproductive performance of 2-year old Hereford and Angus heifers as influenced by pre- and post-calving energy intake. *J. Anim. Sci.*, **29**：719-726.
Evans, M. J. and Irvine, C. H. G. (1975)：Serum concentrations of FSH, LH and progesterone during the oestrous cycle and early pregnancy in the mare. *J. Reprod. Fertil.*, **23** (Suppl.)：193-200.
Ginther, O. J. (1979)：Reproductive Biology of the Mare：Basic and Applied Aspects, EquiServices.
Ginther, O. J. (1993)：Major and minor follicular waves during the equine estrous cycle. *J. Equine Vet. Sci.*, **13**：18-25.

文　　献

Ginther, O. J. and Bergfelt, D. R. (1992)：Associations between FSH concentrations and major and minor follicular waves in pregnant mares. *Theriogenology*, **38**：807-821.
Glossop, C. E. (1991)：Pig artificial insemination re-assessed. *In Practice*, **13**：191-195.
Hori, T. et al. (2005)：Fertility of bitches in which estrus was prevented with implantations of chlormadinone acetate for four years. *J. Vet. Med. Sci.*, **67**：151-156.
Hori, T. et al. (2012)：Ovulation day after onset of vulval bleeding in a beagle colony. *Reprod. Dom. Anim.*, **47** (Suppl.)：47-51.
Hughes, J. P. et al. (1972)：Estrous cycle and ovulation in the mare. *J. Am. Vet. Med. Assoc.*, **161**：1367-1374.
Lopez, H. et al. (2004)：Relationship between level of milk production and estrous behavior of lactating dairy cows. *Anim. Reprod. Sci.*, **81**：209-223.
Lopez, H. et al. (2005)：Relationship between level of milk production and multiple ovulations in lactating dairy cows. *J. Dairy Sci.*, **88**：2783-2793.
Nebel, R. L. et al. (2000)：Automated electronic systems for the detection of oestrus and timing of AI in cattle. *Anim. Reprod. Sci.*, **60-61**：713-723.
Nishikawa, Y. (1959) Studies on Reproduction in Horses：Singularity and Artificial Control in Reproductive Phenomena, Japan Racing Association.
Noakes, D. E. et al. (eds.) (2009)：Veterinary Reproduction and Obstetrics, 9th edition, Saunders.
Noguchi, M. et al. (2010)：Peripheral concentrations of inhibin A, ovarian steroids, and gonadotropins associated with follicular development throughout the estrous cycle of the sow. *Reproduction*, **139**：153-161.
Osborne, V. E. (1966)：An analysis of the pattern of ovulation as it occurs in the annual reproductive cycle of the mare in Australia. *Aust. Vet. J.*, **42**：149-154.
Palmer, W. M. et al. (1965)：Histological changes in the reproductive tract of the sow during lactation and early postweaning. *J. Anim. Sci.*, **24**：1117-1125.
Pearce, G. P. and Paterson, A. M. (1992)：Physical contact with the boar is required for maximum stimulation of puberty in the gilt because it allows transfer of boar pheromones and not because it induces cortisol release. *Anim. Reprod. Sci.*, **27**：209-224.
Polge, C. (1969)：Advances in reproductive physiology in pigs. *J. Aust. Inst. Agric. Sci.*, **35**：147-153.
Salisbury, G. W. et al. (1978)：Physiology of Reproduction and Artificial Insemination of Cattle, 2nd edition, W. H. Freeman & Co.
Sorensen, A. M. et al. (1959)：Causes and Prevention of Reproductive Failures in Dairy Cattle：I. The Influence of Underfeeding and Overfeeding on Growth and Development of Holstein Heifers (Bulletin vol.936), Cornell University Agricultural Experiment Station.
Squires, E. L. et al. (1988)：Use of ultrasonography in reproductive management of mares. *Theriogenology*, **29**：55-70.
Thibault, C. (1973)：Sperm transport and storage in vertebrates. *J. Reprod. Fertil.*, **18** (Suppl.)：39-53.
Trimberger, G. W. (1948)：Breeding Efficiency in Dairy Cattle from Artificial Insemination at Various Intervals before and after Ovulation (Research Bulletin vol.153), University of Nebraska, College of Agriculture, Agricultural Experiment Station.
Trimberger, G. W. and Davis, H. P. (1943)：Conception Rate in Dairy Cattle by Artificial Insemination at Various Stages of Estrus (Research Bulletin vol.129), University of Nebraska, College of Agriculture, Agricultural Experiment Station.
Tsutsui, T. and Stewart, D. R. (1991)：Determination of the source of relaxin immunoreactivity during pregnancy in the dog. *J. Vet. Med. Sci.*, **53**：1025-1029.
Tsutsui, T. et al. (1989)：Evidence for transuterine migration of embryos in the domestic cat. *Jpn. J. Vet. Sci.*, **51**：613-617.
Tsutsui, T. et al. (2007)：Plasma progesterone and prolactin concentrations in overtly pseudopregnant bitches：a clinical study. *Theriogenology*, **67**：1032-1038.
White F. J. et al. (2002)：Seasonal effects on estrous behavior and time of ovulation in nonlactating beef cows. *J. Anim. Sci.*, **80**：3053-3059.
Wiltbank, M. et al. (2006)：Changes in reproductive physiology of lactating dairy cows due to elevated steroid metabolism. *Theriogenology*, **65**：17-29.

【5章】
西川義正・和出　靖（1951）：馬の人工授精に関する研究．第Ⅴ報　精液の一般性状及びこれに関係する要因．農業技術研究所報告．G，畜産，(1)：13-28.
丹羽太左衛門監修（1989）：豚凍結精液利用技術マニュアル，日本家畜人工授精師協会．
吉岡善三郎（1959）：家畜繁殖講座 第2（人工授精論）（加藤　浩・星　修三編），pp.131-164，朝倉書店．
Almquist, J. O. and Cunningham, D. C. (1967)：Reproductive capacity of beef bulls. I. Postpuberal changes in semen production at different ejaculation frequencies. *J. Anim. Sci.*, **26**：174-181.
Hunter, R. H. F. (1982)：Control of Pig Reproduction (Cole, D. J. A. and Foxcroft, G. R. eds.), pp.585-601, Butterworth.
Lardy, H. A. and Phillips, P. H. (1939)：Preservation of spermatozoa. *J. Anim. Sci.*, **1939**：219-221.
Okazaki, T. et al. (2009)：Improved conception rates in sows inseminated with cryopreserved boar spermatozoa prepared with a more optimal combination of osmolality and glycerol in the freezing extender. *Anim. Sci. J.*, **80**：121-129.
Polge, C. and Rowson, L. E. A. (1952)：Results with bull semen stored at –79℃. *Vet. Rec.*, **64**：851-854.
Salisbury, G. W. et al. (1941)：Preservation of bovine spermatozoa in yolk-citrate diluent and field results from its use. *J. Dairy Sci.*, **24**：905-910.

【7章】

花田　章（1985）：ヤギにおける体外受精．家畜繁殖学雑誌，31：21-26．
花田　章ら（1986）：体外成熟卵の体外受精により得られた牛胚の非外科的移植による受胎出産例．第78回日本畜産学会大会講演要旨，14．
金川弘司編著（1988）：牛の受精卵（胚）移植（第2版），近代出版．
村上浩紀・菅原卓也（1994）：バイオテクノロジー教科書シリーズ 細胞工学概論，コロナ社．
農林水産省（2012）：家畜生産，新技術関連情報，牛受精卵核移植実施状況（H23年度）．http://www.maff.go.jp/j/chikusan/sinko/lin/l_katiku/（2014年3月14日確認）
菅原七郎（1992）：発生工学概説，川島書店．
杉江　佶編著（1989）：家畜胚の移植，養賢堂．
杉江　佶ら（1965）：牛の受精卵移植に関する研究，特に非手術的方法による受精卵移植成功例について．家畜繁殖学雑誌，10：124-127．
杉江　佶ら（1972）：牛の受精卵移植に関する研究，特に non-surgical techniques による卵子移植．畜産試験場研究報告，(25)：35-40．
鈴木達行（1990）：最新バイオテクノロジー全書8 家畜の繁殖と育種（最新バイオテクノロジー全書会編），pp.64-112，農業図書．
Baguisi, A. et al. (1999)：Production of goats by somatic cell nuclear transfer. *Nat. Biotechnol.*, **17**：456-461.
Baker, T. G. (1982)：Reproduction in Mammals, Part 1. Germ Cells and Fertilization (Austin, C. R. and Short, R. V. eds.), pp.17-45, Cambridge University Press.
Bilton, R. J. and Moore, N. W. (1976)：*In vitro* culture, storage and transfer of goat embryos. *Aust. J. Biol. Sci.*, **29**：125-129.
Boland, M. P. et al. (1975)：Twin pregnancy in cattle established by non-surgical egg transfer. *Br. Vet. J.*, **131**：738-740.
Bondioli, K. R. et al. (1990)：Production of identical offspring by nuclear transfer. *Theriogenology*, **33**：165-174.
Brackett, B. G. et al. (1982)：Normal development following in vitro fertilization in the cow. *Biol. Reprod.*, **27**：147-158.
Campbell, K. H. et al. (1996)：Sheep cloned by nuclear transfer from a cultured cell line. *Nature*, **380**：64-66.
Catt, S. L. et al. (1996)：Birth of a male lamb derived from an *in vitro* matured oocytes fertilized by intracytoplasmic injection of a single presumptive male sperm. *Vet. Rec.*, **139**：494-495.
Chang, M. C. (1968)：Reciprocal insemination and egg transfer between ferrets and mink. *J. Exp. Zool.*, **168**：49-60.
Cheng, W. T.-K. (1985)：In Vitro Fertilization of Farm Animal Oocytes, Ph.D. Thesis, University of Cambridge.
Cibelli, J. B. et al. (1998)：Cloned transgenic calves produced from nonquiescent fetal fibroblasts. *Science*, **280**：1256-1258.
Cochran, R. et al.：Live foals produced from sperm-injected oocytes derived from pregnant mares. *J. Equine Vet. Sci.*, **18**：736-740.
Fekete, E. and Little, C. C. (1942)：Observations on the mammary tumor incidence of mice born from transferred ova. *Cancer Res.*, **2**：525-530.
Galli, C. et al. (2003)：Pregnancy：A cloned horse born to its dam twin. *Nature*, **424**：635.
Goto, K. et al. (1990)：Fertilisation of bovine oocytes by the injection of immobillised, killed spermatozoa. *Vet. Rec.*, **127**：517-520.
Gurdon, J. B. (1962)：Adult frogs derived from the nuclei of single somatic cells. *Dev. Biol.*, **4**：256-273.
Hasler, J. F. et al. (1987)：Effect of donor-embryo-recipient interactions on pregnancy rate in a large-scale bovine embryo transfer program. *Theriogenology*, **27**：139-168.
Hayashi, S. et al. (1989)：Birth of piglets from frozen embryos. *Vet. Rec.*, **125**：43-44.
Heape, W. (1890)：Preliminary note on the transplantation and growth of mammalian ova within a uterine foster-mother. *Proc. R. Soc. London*, **48**：457-458.
Kimura, Y. and Yanagimachi, R. (1995)：Intracytoplasmic sperm injection in the mouse. *Biol. Reprod.*, **52**：709-720.
Kinney, G. M. et al. (1979)：Surgical collection and transfer of canine embryos. *Biol. Reprod.*, **20** (Suppl.)：96.
Kolbe, T. and Holtz, W. (2000)：Birth of a piglet derived from an oocyte fertilized by intracytoplasmic sperm injection (ICSI). *Anim. Reprod. Sci.*, **64**：97-101.
Kraemer, D. C. et al. (1976)：Baboon infant produced by embryo transfer. *Science*, **18**：1246-1247.
Kvansnickii, A. V. (1951)：Interbreed ova transplantation. *Sovetsk. Zootech.*, **1**：36-42.
Lee, B. C. et al. (2005)：Dogs cloned from adult somatic cells. *Nature*, **436**：641.
Lindner, G. M. and Wright, R. W., Jr. (1983)：Bovine embryo morphology and evaluation. *Theriogenology*, **20**：407-416.
Newcomb, R. (1979)：Surgical and non-surgical transfer of bovine embryos. *Vet. Rec.*, **105**：432-434.
Nicholas, J. S. (1933)：Development of transplanted rat eggs. *Exp. Biol. Med.*, **30**：1111-1113.
Oguri, N. and Tsutsumi, Y. (1974)：Non-surgical egg transfer in mares. *J. Reprod. Fertil.*, **41**：313-320.
Palermo, G. et al. (1992)：Pregnancies after intracytoplasmic injection of single spermatozoon into an oocyte. *Lancet*, **340**：17-18.
Polejaeva, I. A. et al. (2000)：Cloned pigs produced by nuclear transfer from adult somatic cells. *Nature*, **407**：86-90.
Polge, C. and Day, B. N. (1968)：Pregnancy following non-surgical egg transfer in pigs. *Vet. Rec.*, **82**, 712.
Reichenbach, H. D. et al. (1993)：Piglets born after transcervical transfer of embryos into recipient gilts. *Vet. Rec.*, **133**：36-39.
Rosenberger, G. et al. (1981)：Clinical Examination of Cattle, Parey.
Rowson, L. E. et al. (1972)：Egg transfer in the cow：synchronization requirements. *J. Reprod. Fertil.*, **28**：427-431.
Schriver, M. D. and Kraemer, D. C. (1978)：Embryo transfer in the domestic feline. *Am. Assoc. Lab. Anim. Sci. Publ.*, **4**：12.
Shin, T. et al. (2002)：Cell biology：A cat cloned by nuclear transplantation. *Nature*, **415**：859.
Sreenan, J. M. (1975)：Successful non-surgical transfer of fertilised cow eggs. *Vet. Rec.*, **96**：490-491.
Takahashi, K. and Yamanaka, S. (2006)：Induction of pluripotent stem cells from mouse embryonic and adult fibroblast cultures by defined factors. *Cell*, **126**：663-676.

文　献

Wakayama, T. et al. (1998)：Full-term development of mice from enucleated oocytes injected with cumulus cell nuclei. *Nature*, **394**：369-374.
Warwick, B. L. and Berry, R. O. (1949)：Inter-generic and intra-specific embryo transfers in sheep and goats. *J. Hered.*, **40**：297-303.
Warwick, B. L. et al. (1934)：Results of mating rams to Angora female goats. *Proc. Am. Soc. Anim. Prod.*, **34**：225.
Whittingham, D. G. (1971)：Survival of mouse embryos after freezing and thawing. *Nature*, **233**：125-126.
Whittingham, D. G. et al. (1972)：Survival of mouse embryos frozen to −196° and −259°C. *Science*, **178**：411-414.
Willadsen, S. M. (1979)：A method for culture of micromanipulated sheep embryos and its use to produce monozygotic twins. *Nature*, **277**：298-300.
Willadsen, S. M. (1986)：Nuclear transplantation in sheep embryos. *Nature*, **320**：63-65.
Willadsen, S. M. et al. (1976)：Deep freezing of sheep embryos. *J. Reprod. Fertil.*, **46**：151-154.
Willett, E. L. et al. (1951)：Successful transplantation of a fertilized bovine ovum. *Science*, **113**：247.
Wilmut, I. and Rowson, L. E. (1973)：Experiments on the low-temperature preservation of cow embryos. *Vet. Rec.*, **92**：686-690.
Wilmut, I. et al. (1997)：Viable offspring derived from fetal and adult mammalian cells. *Nature*, **385**：810-813.
Wright, R. W., Jr. (1981)：Non-surgical embryo transfer in cattle；embryo-recipient interactions. *Theriogenology*, **15**：43-56.
Yamamoto, Y. et al. (1982)：Experiments in the freezing and storage of equine embryos. *J. Reprod. Fertil.*, **32**（Suppl.）：399-403.

【8章】

伊東正吾（2005）：種雌豚の深部腟内電気抵抗値を指標とした繁殖機能の判定技術．日本豚病研究会報，（47）：18-22.
黒澤亮助（1929）：馬の早期姙娠鑑定に就て（三）．應用獸醫學雑誌，**2**：759-766.
佐藤繁雄・星　修三（1936）：馬の生殖に關する研究（第七報）．第4編 早期妊娠診斷の一新法．中央獸醫學雑誌，**49**：281-331.
Allen, W. R. et al. (2002)：The influence of maternal size on placental, fetal and postnatal growth in the horse. II. Endocrinology of pregnancy. *J. Endocrinol.*, **172**：237-246.
Barrett, G. R. et al. (1948)：Order number of insemination and conception rate. *J. Dairy Sci.*, **31**：683.
Bedford, C. A. et al. (1972)：The role of oestrogens and progesterone in the onset of parturition in various species. *J. Reprod. Fertil.*, **16**（Suppl.）：1-23.
Casida, G. R. et al. (1946)：The use of pregnancy diagnosis with artificial breeding. *J. Dairy Sci.*, **29**：553.
De Coster, R. et al. (1980)：Immunological diagnosis of pregnancy in the mare by agglutination of latex particles. *Theriogenology*, **13**：433-436.
Edgar, D. G. and Asdell, S. A. (1960)：The valve-like action of the utero-tubal junction of the ewe. *J. Endocrinol.*, **21**：315-320.
Gilmore, L. O. (1952)：Dairy Cattle Breeding, J. B. Lippincott Co.
Hafez, E. S. E. (ed.) (1980)：Reproduction in Farm Animals, 4th edition, Lea & Febiger.
Hafez, E. S. E. and Hafez, B. (eds.) (2000)：Reproduction in Farm Animals, 7th edition, Wiley.
Harvey, E. B. (1959) Reproduction in Domestic Animals (Cole, H. H. and Cupps, P. T. eds.), pp.461-466, Academic Press.
Heap, R. B. et al. (1973)：Handbook of Physiology, Section 7, Volume II, Endocrinology, Female Reproductive System, Part 2. (Greep, R. O. and Astwood, E. B. eds.), pp. 217-260, American Physiological Society.
Johansson, I. and Hansson, A. (1943)：The sex ratio and multiple births in sheep. *Ann. Agric. Coll. Sweden*, **11**：145-171.
Liggins, G. C. et al. (1977)：The Fetus and Birth, Ciba Foundation Symposium 47 (new series) (Knight, J. and O'Connor, M. eds.), pp.5-25, Elsevier.
Maedows, C. E. and Lush, J. L. (1957)：Twinning in dairy cattle and its relation to production. *J. Dairy Sci.*, **40**：1430-1436.
McRorie, R. A. and Williams, W. L. (1974)：Biochemistry of mammalian fertilization. *Ann. Rev. Biochem.*, **43**：777-802.
Mullins, J. and Saacke, R. G. (1989)：Study of the functional anatomy of the bovine cervical mucosa with special reference to mucus secretion and sperm transport. *Anat. Rec.*, **225**：106-117.
Noakes, D. E. et al. (eds.) (2009)：Veterinary Reproduction and Obstetrics, 9th edition, Saunders.
Parrish, D. B. et al. (1950)：Properties of the colostrum of the dairy cow. V. Yield, specific gravity and concentrations of total solids and its various components of colostrum and early milk. *J. Dairy Sci.*, **33**：457-465.
Roberts, S. J. (1971)：Veterinary Obstetrics and Genital Diseases, 2nd edition, Edwards Brothers, Inc.

【9章】

百目鬼郁男（1984）：家畜繁殖学全書（望月公子編），pp.122-145．朝倉書店．
羽生　章ら（1977）：日本脳炎ウイルスによる雄豚の造精機能障害および精液中へのウイルスの排出．ウイルス，**27**：21-26.
稲庭政則（1970）：豚の低受胎に対する子宮内薬物注入の効果について．獣医畜産新報，（520）：573-575.
石井一功（2009）：超音波画像診断装置による乳牛の胎子死亡の診断と対応処置後の受胎成績．家畜診療，**56**：325-329.
石川　恒（1978）：家畜繁殖学―最近の歩み（山内　亮編），pp.435-450，文永堂．
伊東正吾（1995）：豚の卵巣嚢腫に関する臨床内分泌学的研究．日本獣医畜産大学学位論文．
伊藤米人・外山芳郎（1995）：ノブ精子が高率に占める豚精液の性状と受精能．日本養豚学会誌，**32**：175-180.
岩村祥吉ら（2001）：豚の発情周期の制御における課題．*J. Reprod. Dev.*, **47**（Suppl.）：j19-j26.
加茂前秀夫（1990）：牛の卵巣静止に関する研究．家畜繁殖学雑誌，**36**（5）：11p-22p.
加茂前秀夫（2011）：牛における黄体形成および黄体機能の刺激・増強による受胎促進．家畜診療，**58**：19-25.
加茂前秀夫ら（1985）：卵巣静止の未経産牛における LH-RH 類縁化合物投与後の卵巣の反応ならびに血中プロジェステロンとエストラジオール-17β の消長．家畜繁殖学雑誌，**31**：48-56.
加茂前秀夫ら（1986）：卵巣静止の未経産牛における hCG 投与後の卵巣の反応ならびに血中プロジェステロンとエストラジオール-17β

文　　　献

の消長．家畜繁殖学雑誌，**32**：13-23．
加茂前秀夫ら（1995）：牛の卵巣囊腫の病態に関する臨床・内分泌学，生化学および病理組織学的追究．東北家畜臨床研究会誌，**18**：55-64．
金田義宏・松田一男（1970）：乳牛における囊腫様黄体に対する2, 3の処置について．家畜繁殖研究会誌，**15**：134-139．
金田義宏ら（1979）：放牧牛における静止卵巣の gonadotropin 及び LH-RH 類縁化合物に対する反応．家畜繁殖学雑誌，**25**：89-94．
金田義宏ら（1980）：乳牛の囊腫様黄体に対する2, 3の処置が黄体形成及び受胎に及ぼす影響．家畜繁殖学雑誌，**26**：37-42．
河田啓一郎（1977）：豚の繁殖障害ならびに発情同期化に対する Prostaglandin F_{2a} の応用．家畜繁殖学雑誌，**25**（5）：1i-1viii．
小島義夫（1977）：豚精子の形態に関する研究―ヘアーピン形異常精子．日本獸醫學雑誌，**39**：265-272．
正木淳二ら（1964）：家畜精子のプラズマロジエン含量について．日本畜産学会報，**35**（特別）：67-74．
三宅　勝・佐藤邦忠編著（1992）：農用馬増産の手引き．
宮沢清志（1986）：超音波断層像による牛の精巣疾患の診断．家畜繁殖学会雑誌，**32**：44-48．
中原達夫（1980）：牛の繁殖衛生．畜産の研究，**34**：136-144．
中原達夫ら（1961）：牛における抗胎盤性性腺刺戟ホルモン（Anti-HCG）に関する研究．第Ⅲ報 HCG の囊腫内注入による卵巣囊腫治療試験．家畜繁殖研究会誌，**7**：123-129．
西貝正彦ら（2001）：牛凍結胚移植における受胎率の向上．*J. Reprod. Dev.*, **47**（Suppl.）：27-37．
丹羽太左衛門ら（1955）：不妊雄畜の一診断法としての睾丸 Biopsy について．家畜繁殖研究會誌，**1**：15-16．
小笠　晃（1971）：牛の造精機能障害とホルモン．農林省家畜衛生試験場研究報告，（62）：158-173．
小笠　晃（1979）：無発情豚に対するホルモン治療．家畜繁殖学雑誌，**25**（5）：42-46．
小笠　晃・須川章夫（1966）：性機能障害雄牛の治療試験．Ⅱ．羊下垂体前葉性性腺刺激ホルモン（Vetrophin）による治療．家畜繁殖研究会誌，**11**：103-107．
小笠　晃・山内　亮（1957）：牛の正常性周期における血中遊離性ホルモンの消長について．第1報 血中遊離 Estrogen の測定．家畜繁殖研究會誌，**2**：121-123．
小笠　晃ら（1962）：Estrogen 投与牛の精路各部における精子の形態：特にループトテール精子，尾部欠損精子の発現に関する一考察．日本獸醫學雑誌，**24**（Suppl.）：504．
小笠　晃ら（1967）：頻回射精により looped tail 精子の減少，精子活力の増進を示した雄牛の1症例．農林省家畜衛生試験場研究報告，（54）：24-33．
小笠　晃ら（1968）：夏季不妊症を呈した雄牛の生殖器についての病理組織学的観察．農林省家畜衛生試験場研究報告，（56）：37-47．
小笠　晃ら（1970）：牛精巣炎の臨床および病理学的観察．農林省家畜衛生試験場研究報告，（61）：80-87．
小笠　晃ら（1983）：繁殖障害種雄豚の実態調査と臨床病理学的観察．農林水産省家畜衛生試験場研究報告，(85)：1-7．
小笠　晃ら（1984）：豚の卵胞発育障害の治療試験．農林水産省家畜衛生試験場研究報告，(86)：31-35．
大浪修一ら（1993）：ひ臓マクロファージによるライディッヒ細胞のテストステロン分泌抑制作用．第84回家畜繁殖学会講演要旨：75．
佐藤繁雄・星　修三（1936）：馬の生殖に關する研究（第七報）．第4編 早期妊娠診斷の一新法．中央獸醫學雑誌，**49**：281-331．
佐藤繁雄ら（1941）：馬の不妊症及其の對策に關する研究．日本競馬會．
須川章夫ら（1962）：造精機能障害を認めた種雄牛の副腎髄質交感神経母細胞腫（Sympathicogonioma）の1例．農林省家畜衛生試験場研究報告，(44)：36-42．
田中幹郎ら（1979）：合成 LH-RH による牛の卵胞囊腫の治療に関する研究．1．卵胞囊腫の治療効果．家畜繁殖学雑誌，**25**：51-54．
渡辺　彰・高嶺　浩（1956）：不妊牛におけるヒアルロニダーゼの応用および子宮頸管粘液の pH について．日本獸医師会雑誌，**7**：327-329．
山内　亮（1955）：牛の卵巣囊腫に關する研究．Ⅳ．ホルモン治療に於ける治癒機轉について．日本獸醫學雑誌，**17**：47-55．
山内　亮（1957）：家畜繁殖学：最近のあゆみ（家畜繁殖研究会編），pp.289-305，農林省家畜衛生試験場中国支場．
山内　亮（1970）：新家畜繁殖講座3 実際編（加藤　浩ら編），pp.42-43，朝倉書店．
山内　亮・乾　純夫（1954）：牛の卵巣囊腫に關する研究．Ⅱ．症状と卵巣囊腫の内分泌學的組織學的關聯について．日本獸醫學雑誌，**16**：27-36．
山内　亮ら（1954）：牛の卵巣囊腫に關する研究．Ⅲ．原因に關する内分泌學的研究．日本獸醫學雑誌，**16**：65-76．
山内　亮ら（1958）：雄牛の性機能障害に関する研究．Ⅰ．ホルモン治療試験．日本獸醫學雑誌，**20**：336-337．
山内　亮ら（1979）：合成 LH-RH による牛の排卵誘起に関する研究．1．分娩後の排卵誘起及び排卵障害の治療．家畜繁殖学雑誌，**25**：12-16．
横木勇逸ら（1987）：低受胎豚における生殖器の異常及び胚の死滅．農林水産省家畜衛生試験場研究報告，(91)：15-23．
Aehnelt, E. and Konermann, H. (1963): Untersuchungen und Untersuehungsergebnisse bei Fortpflanzungsstörungen in Binderherden. *Dtsch. Tierärztl. Wochenschr.*, **70**：426-433.
Aehnelt, E. et al. (1958): Untersuchungen im rahmen der bullenprüfstation, 'Nordwestdeutschland'. *Dtsch. Tierärztl. Wochenschr.*, **65**：627.
Althouse, G. C. (2006): Current Therapy in Large Animal Theriogenology, 2nd edition (Youngquist, R. S. and Threlfall, W. eds.), pp.731-738, Saunders.
Arthur, G. H. et al. (1989): Veterinary Reproduction and Obstetrics, 6th edition, Baillière Tindall.
Asdell, S. A. (1955): Cattle Fertility and Sterility, Little, Brown & Co.
Ayalon, N. (1969): Comparative Studies of Repeat-breeders and Normal Cows and Heifers, Final Report of Research, Kimron Veterinary Institute.
Ayalon, N. (1978): A review of embryonic mortality in cattle. *J. Reprod. Fertil.*, **54**：483-493.
Bagshaw, P. A. and Ladds, P. W. (1974): A study of the accessory sex glands of bulls in Abattoirs in Northern Australia. *Aust. Vet. J.*,

文　　献

50：489-495.
Bearden, H. J. et al. (1956)：Fertilization and embryonic mortality rates of bulls with histories of either low or high fertility in artificial breeding. *J. Dairy Sci.*, **39**：312-318.
Bishop, M. W. H. (1972)：Genetically determined abnormalities of the reproductive system. *J. Reprod. Fertil.*, **15** (Suppl.)：51-78.
Blom, E. (1979)：Studies on seminal vesiculitis in the bull. *Nord. Vet. Med.*, **31**：193-205.
Blom, E. and Christensen, N. O. (1947)：Studies on pathological conditions in the testis, epididymis and accessory sex glands in the bull. 1. Normal anatomy, technique of the clinical examination and a survey of the findings in 2000 Danish slaughter bulls. *Skand. Vet. Tidskr.*, **37**：1-49.
Blom, E. and Erno, H. (1967)：Mycoplasmosis：Infections of the genital organs of bulls. *Acta Vet. Scand.*, **8**：186-188.
Bonadonna, T. et al. (1957)：Some observations on the rectal, scrotal, sub-scrotal and endo-testicular temperatures in the bull. *Zbl. Vet. Med.*, **4**：697-710.
Bowen, R. A. et al. (1985)：Efficacy and toxicity of estrogens commonly used to terminate canine pregnancy. *J. Am. Vet. Med. Assoc.*, **186**：783-788.
Boyd, H. et al. (1969)：Fertilization and embryonic survival in dairy cattle. *Br. Vet. J.*, **125**：87-97.
Bratton, R. W. et al. (1961)：Causes and Prevention of Reproductive Failures in Dairy Cattle：III. Influence of Underfeeding and Overfeeding from Birth through 80 Weeks of Age on Growth, Sexual Development, Semen Production, and Fertility of Holstein Bulls (Bulletin vol.964), Cornell Univesity Agricultural Experiment Station.
Burghardt, J. (1954)：Treatment of anestrus in the mare by uterine irrigation. *Vet. Rec.*, **66**：375.
Carroll, E. J. et al. (1963)：Persistent penile frenulum in bulls. *J. Am. Vet. Med. Assoc.*, **144**：747-749.
Casida, L. E. (1961)：Present status of the repeat-breeder cow problem. *J. Dairy Sci.*, **44**：2323-2329.
Chuang, W. W. et al. (2004)：Yen and Jaffe's Reproductive Endocrinology, 5th edition (Strauss, J. F. and Barbieri, R. L. eds.), pp.669-690, Saunders.
Day, F. T. (1957)：The veterinary clinician's approach to breeding problems in mares. *Vet. Rec.*, **69**：1258-1267.
De Bois, C. H. W. and Manspeaker, J. E. (1986)：Current Therapy in Theriogenology：Diagnosis Treatment and Prevention of Reproductive Diseases in Small and Large Animals, 2nd edition (Morrow, D. A. ed.), pp.424-426, Saunders.
Dunn, H. O. et al. (1979)：Cytogenetic and reproductive studies of bulls born co-twin with freemartins. *J. Reprod. Fertil.*, **57**：21-30.
Dunn, H. O. et al. (1981)：Two equine true hermaphrodites with 64,XX/64,XY and 63,XO/64,XY chimerism. *Cornell Vet.*, **71**：123-135.
Dunn, T. G. et al. (1969)：Reproductive performance of 2-year old Hereford and Angus heifers as influenced by pre- and post-calving energy intake. *J. Anim. Sci.*, **29**：719-726.
Einarsson, S. and Settergren, I. (1974)：Fruktsamhet och utslagsorsaker i ett antal mellensvenska suggbesätninger. *Nord. Vet. Med.*, **26**：576-584.
Eriksson, K. (1950)：Heritability of reproduction disturbances in bulls of Swedish red and white cattle (SRB). *Nord. Vet. Med.*, **2**：943-966.
Espey, L. L. (1994)：Current status of the hypothesis that mammalian ovulation is comparable to an inflammatory reaction. *Biol. Reprod.*, **50**：233-238.
Faulkner, L. C. et al. (1967)：Scrotal frostbite in bulls. *J. Am. Vet. Med. Assoc.*, **151**：602-605.
Fennestad, K. L. et al. (1955)：*Staphylococcus aureus* as a cause of reproductive failure and so-called actinomycosis in swine. *Nord. Vet. Med.*, **7**：929-947.
Findlay, J. K. (1981)：Blastocyst-endometrial interactions in early pregnancy in the sheep. *J. Reprod. Fertil.*, **30** (Suppl.)：171-182.
Florent, A. et al. (1961)：Localisation génitale chez le taureau d'un virus inconnu (nom suggéré：virus G-UP.) responsable d'une fièvre ulcéreuse chez la bête bovine et trouvé associé à une broncho-pneumonie aiguë du veau. *Arch. Ges. Virusforsch.*, **11**：607-620.
Galloway, D. B. (1964)：A Study of Bulls with the Clinical Signs of Seminal Vesiculitis (Acta veterinaria Scandinavica：Supplementum), Royal Veterinary College.
Gibbons, W. J. (1957)：Genital diseases of bulls. II. Diseases of the testes, epididymides and accessory organs. *North Am. Vet.*, **38**：330-352.
Gilman, H. L. (1923)：A study of some factors influencing fertility and sterility in the bull. *Ann. Rep. N. Y. State Vet. Coll., 1921-1922*, (32)：68-126.
Gomes, W. R. and Johnson, A. D. (1967)：Testicular steroid synthesis after heat treatment. *J. Anim. Sci.*, **26**：944.
González-Martín, J. V. et al. (2008)：New surgical technique to correct urovagina improves the fertility of dairy cows. *Theriogenology*, **69**：360-365.
Graden, A. P. et al. (1968)：Causes of fertilisation failure in repeat breeding cattle. *J. Dairy Sci.*, **51**：778-781.
Hafez, E. S. E. (ed.) (1974)：Reproduction in Farm Animals, 3rd edition, Macmillan Co.
Hafez, E. S. E. (ed.) (1980)：Reproduction in Farm Animals, 4th edition, Lea & Febiger.
Hafez, E. S. E. (ed.) (1993)：Reproduction in Farm Animals, 6th edition, Lea & Febiger.
Hansen, P. J. (2007)：To be or not to be—determinants of embryonic survival following heat shock. *Theriogenology*, **68** (Suppl. 1)：S40-S48.
Haq, I. (1949)：Causes of sterility in bulls in southern England. *Br. Vet. J.*, **105**：71-88, 114-126, 143-150, 200-206.
Hare, W. C. D. and Singh, E. L. (1979)：Cytogenetics in Animal Reproduction, Commonwealth Agricultural Bureaux.
Hase, M. et al. (2000)：Plasma LH and progesterone levels before and after ovulation and observation of ovarian follicles by ultraso-

nographic diagnosis system in dogs. *J. Vet. Med. Sci.*, **62**：243-248.
Hudson, R. S. (1972)：Repair of perineal lacerations in the cow. *Bovine Pract.*, **7**：34-36.
Jepsen, A. and Jorgensen, J. (1938)：Untersuchungen über Brucella infektion in den Geschlechtsorganen bei Stieren. *Medl. Dyrl.*, **21**：49-60, 79-88.
Jones, T. H. et al. (1964)：Seminal vesiculitis in bulls associated with infection by *Actinobacillus actinoides*. *Vet. Rec.*, **76**：24-28.
Kamomae, H. et al. (1988)：The effect of PMSG on ovarian function in ovarian quiescent heifers. *Jpn. J. Vet. Sci.*, **50**：1222-1231.
Kamomae, H. et al. (1990)：Activation of quiescent ovaries by administration of PMSG after LH-RH analogue treatment in heifers. *Theriogenology*, **34**：975-988.
Kawakami, E. et al. (1984)：Cryptorchidism of in the dog：Occurrence of cryptorchidism and semen quality in the cryptorchid dog. *Jpn. J. Vet. Sci.*, **46**：303-308.
Kawakami, E. et al. (1987)：Spermatogenesis and peripheral and spermatic venous plasma androgen levels in the unilateral cryptorchid dogs. *Jpn. J. Vet. Sci.*, **49**：349-356.
Kawakami, E. et al. (1991)：Effects of LHRH-analogue treatment of spermatogenic dysfunction in the dog. *Int. J. Androl.*, **14**：441-452.
Kawakami, E. et al. (1993)：Effects of oral administration of chlormadinone acetate on canine prostatic hypertrophy. *J. Vet. Med. Sci.*, **55**：631-635.
Kawakami, E. et al. (1998)：Changes in plasma LH and testosterone levels and semen quality after a single injection of hCG in two dogs with spermatogenic dysfunction. *J. Vet. Med. Sci.*, **60**：765-767.
Kawakami, E. et al. (2005)：Changes in plasma testosterone levels and semen quality after 3 injections of a GnRH analogue in 3 dogs with spermatogenic dysfunction. *J. Vet. Med. Sci.*, **67**：1249-1252.
Kawakami, E. et al. (2006)：Treatment of prostatic abscess by aspiration of the purulent matter and injection of tea tree oil into the cavities in dogs. *J. Vet. Med. Sci.*, **68**：1215-1217.
Kawakami, E. et al. (2007)：Testicular superoxide dismutase activity, heat shock protein 70 concentration and blood plasma inhibin-α concentration of dogs with a Sertoli cell tumor in a unilateral cryptorchid testis. *J. Vet. Med. Sci.*, **69**：1259-1262.
Kendrick, J. W. et al. (1956)：Preliminary report of studies on a catarrhal vaginitis of cattle. *J. Am. Vet. Med. Assoc.*, **128**：357-361.
Kengaku, K. et al. (2007)：Changes in the peripheral concentrations of inhibin, follicle-stimulating hormone, luteinizing hormone, progesterone and estradiol-17 beta during turnover of cystic follicles in dairy cows with spontaneous follicular cysts. *J. Reprod. Dev.*, **53**：987-993.
Kidder, H. E. et al. (1954)：Fertilization and embryonic death rates in cows bred to bulls of different levels of fertility. *J. Dairy Sci.*, **37**：691-697.
Kim, S. et al. (2004)：The therapeutic effects of a progesterone-releasing intravaginal device (PRID) with attached estradiol capsule on ovarian quiescence and cysytic ovarian disease in postpartum dairy cows. *J. Reprod. Dev.*, **50**：341-384.
Kimura, M. et al. (1987)：Luteal phase deficiency as a possible cause of repeat breeding in dairy cows. *Br. Vet. J.*, **143**：560-566.
Knoblauch, H. (1971)：World-wide causes of insemination bull losses. *Monatsh. Veterinarmed.*, **26**：532-539.
König, H. (1962)：Zur Pathologie der Geschlechtsorgane beim Stier. *Arch. Exp. Vet. Med.*, **16**：501-584.
Lagerlöf, N. (1934)：Morphologische Untersuchungen über Veränderungen im Spermabild und in den Hoden bei Bullen mit verminderter oder aufgehobener Fertilität (Acta Pathologicae Microbiologicae Scandinavica, Suppl. 19).
Laing, J. A. (ed.) (1979)：Fertility and Infertility in Domestic Animals, 3rd edition, Baillière Tindall.
Lawler, D. F. et al. (1993)：Ovulation without cervical stimulation in domestic cats. *J. Reprod. Fertil.*, **47** (Suppl.)：57-61.
Lean, I. J. et al. (2003)：Comparison of effects of GnRH and prostaglandin in combination, and prostaglandin on conception rates and time to conception in dairy cows. *Aust. Vet. J.*, **81**：488-493.
Ley, W. B. and Slusher, S. H. (2006)：Current Therapy in Large Animal Theriogenology, 2nd edition (Youngquist, R. S. and Threlfall, W. eds.), pp.15-23, Saunders.
Macmillan, K. L. et al. (1986)：Effect of an agonist of gonadotrophin releasing hormone in cattle, III. Pregnancy rates after a post-insemination injection during metoestrous or dioestrous. *Anim. Reprod. Sci.*, **11**：1-10.
Marcum, J. B. (1974)：The freemartin syndrome. *Anim. Breed. Abstr.*, **42**：227-242.
Mare, J. and van Rensburg, S. F. (1961)：The isolation of viruses associated with infertility in cattle：A preliminary report. *S. Afr. Vet. Med. Assoc.*, **32**：201-210.
Miry, C. et al. (1987)：Effect of intratesticular inoculation with Aujeszky's disease virus on genital organs of boars. *Vet. Microbiol.*, **14**：355-363.
Miry, C. et al. (1989)：Vaccination and Control of Aujeszky's Disease (van Oirschot, J. T. ed.), pp.163-173, Kluwer Academic.
Mitchell, R. et al. (1976)：Prostaglandin F2α treatment of cyclic dysfunction in mares. *Can. Vet. J.*, **17**：301-307.
Morgan, G. (2006)：Current Therapy in Large Animal Theriogenology, 2nd edition (Youngquist, R. S. and Threlfall, W. eds.), pp.243-252, Saunders.
Nakahara, T. et al. (1971)：Effects of intrauterine injection of iodine solution on the estrous cycle length of the cow. *Nat. Inst. Anim. Hlth. Quart.*, **11**：211-216.
Olds, D. (1969)：An objective consideration of dairy herd fertility. *J. Am. Vet. Med. Assoc.*, **154**：253-260.
Olds, D. and Seath, D. M. (1954)：Factors Affecting Reproductive Efficiency of Dairy Cattle (Bulletin vol.605), Kentucky Agricultural Experiment Station.
Parkinson, T. J. (2009)：Arthur's Veterinary Reproduction and Obstetrics, 9th edition (Noakes, D. E. et al. eds.), pp.393-516, 681-808, Saunders.

文　　献

Parkinson, T. J. and Bruere, A. N. (2007): Evaluation of Bulls for Breeding Soundness, VetLearn Foundation.
Ramakrishna, K. V. (1996): Microbial and biochemical profile in repeat breeder cows. *Indian J. Anim. Reprod.*, **17**: 30-32.
Riet Correa, F. et al. (1979): Ulcerative posthitis in bulls in Uruguay. *Cornell Vet.*, **69**: 33-44.
Roberts, S. J. (1956): Veterinary Obstetrics and Genital Diseases, Edwards Brothers, Inc.
Roberts, S. J. (1971): Veterinary Obstetrics and Genital Diseases, 2nd edition, Edwards Brothers, Inc.
Roberts, S. J. (1986): Veterinary Obstetrics and Genital Diseases (Theriogenology), 3rd edition, Woodstock.
Scicchitano, S. et al. (2006): Causas de rechazo en toros de razas para carne. *Vet. Arg.*, **23**: 574-585.
Sheldon, I. M. et al. (2006): Defining postpartum uterine disease in cattle. *Theriogenology*, **65**: 1516-1530.
Spriggs, D. N. (1946): White heifer disease. *Vet. Rec.*, **58**: 409-415.
Sreenan, J. M. and Diskin, M. G. (eds.) (1986): Embryonic Mortality in Farm Animals, Martinus Nijhoff Publishers.
Starbuck, G. R. et al. (1999): The importance of progesterone during early pregnancy in the dairy cow. *Cattle Pract.*, **7**: 397-399.
St. Jean, G. et al. (1988): Urethral extension for correction of urovagina in cattle: a review of 14 cases. *Vet. Surg.*, **17**: 258-262.
Storz, J. et al. (1968): Isolation of a psittacosis agent (*Chlamydia*) from semen and epididymis of bulls with seminal vesiculitis syndrome. *Am. J. Vet. Res.*, **29**: 549-555.
Swanson, E. W. and Herman, H. A. (1944): Seasonal variation in semen quality of some Missouri dairy bulls. *J. Dairy Sci.*, **27**: 303-310.
Tsutsui, T. et al. (2000): Regression of prostatic hypertrophy by osaterone acetate in dogs. *J. Vet. Med. Sci.*, **62**: 1115-1119.
Tsutsui, T. et al. (2004): Development of spermatogenic function in the sex maturation process in male cats. *J. Vet. Med. Sci.*, **66**: 1125-1127.
Villarroel, A. et al. (2004): Effect of post-insemination supplementation with PRID on pregnancy in repeat-breeder Holstein cows. *Theriogenology*, **61**: 1513-1520.
Wettemann, R. P. and Desjardins, C. (1979): Testicular function in boars exposed to elevated ambient temperature. *Biol. Reprod.*, **20**: 235-241.
Wildt, D. E. et al. (1976): Effect of administration of progesterone and oestrogen on litter size in pigs. *J. Reprod. Fertil.*, **48**: 209-211.
Williams, W. L. (1921): The Diseases of the Genital Organs of Domestic Animals, Ithaca.
Williams, W. L. and Bushnell, J. K. (1941): Abscess of the left seminal vesicle in a bull with a fistulus opening into the rectum, associated with dilatation of the left ureter and other significant lesions. *Cornell Vet.*, **31**: 63-70.
Wiltbank, J. N. et al. (1957): The effect of various combinations of energy and protein on the occurrence of estrus, length of the estrous period and time of ovulation in beef heifers. *J. Anim. Sci.*, **16**: 1100.
Witschi, E. (1940): The quantitative determination of follicle stimulating and luteinizing hormones in mammalian pituitaries and a discussion of the gonadotropic quotient, F/L. *Endocrinology*, **27**: 437-446.
Yoshioka, K. et al. (1996): Ultrasonic observations on the turnover of ovarian follicular cysts and associated changes of plasma LH, FSH, progesterone and oestradiol-17β in cows. *Res. Vet. Sci.*, **61**: 240-244.
Yoshioka, K. et al. (1998): Changes of ovarian structures, plasma LH, FSH, progesterone and estradiol-17β in a cow with ovarian cysts showing spontaneous recovery and relapse. *J. Vet. Med. Sci.*, **60**: 257-260.
Youngquist, R. S. and Threlfall, W. (eds.) (2006): Current Therapy in Large Animal Theriogenology, 2nd edition, Saunders.
Zemjanis, R. (1963): The problem of repeat breeding in cattle. *New England Vet. Meeting*.

【10章】
石井三都夫ら（2000）：乳牛の子宮捻転整復における後肢吊り上げ法．日本獣医師会誌，**53**：297-301．
Roberts, S. J. (1971): Veterinary Obstetrics and Genital Diseases, 2nd edition, Edwards Brothers, Inc.

【11章】
Arthur, G. H. (1964): Wright's Veterinary Obstetrics, 3rd edition, Baillière, Tindall & Cox.
Roberts, S. J. (1971): Veterinary Obstetrics and Genital Diseases, 2nd edition, Edwards Brothers, Inc.
Williams, W. L. (1943): Veterinary Obstetrics, 4th edition, Ethel Williams Plimpton.

（本文中で挙げられている文献のうち，詳細の判明したものを掲載した．）

索　　引

日 本 語 索 引

ア　行

アイノウイルス感染症　313
iPS 細胞　154
アカバネ病　313
アクチビン　47
アグレプリストン　125, 306
アクロシン　12, 21
後産期　200
後産期陣痛　200
後産停滞　201
アラキドン酸　49
アランチウス管　203
アンドロジェン　3, 42, 43
アンドロジェン結合蛋白質　42, 43
アンドロスタン　43
アンドロステンジオン　43

ES 細胞　150, 153
異期複妊娠　180
異常精子　105, 109
異常胎位　331
異常胎向　331, 334
異常胎勢　331, 334
異常発情　275
異数性　256
一次極体　34
一次性索　1
一次精母細胞　9
一次卵母細胞　33, 91
一卵性双胎　180
犬
　　——の偽妊娠　92
　　——の交配適期　90
　　——の子宮蓄膿症　305
　　——の性成熟　87
　　——の胚移植　136
　　——の排卵　90
　　——の発情周期　87
　　——の分娩誘起　124
犬型周期　57
イノシトール　22
囲卵腔内精子注入法　145
囲卵腔　132
陰核　32
陰茎　2, 8
　　——の腫瘍　239, 242
　　——のつきだし　68
陰茎 S 状曲　9
陰茎海綿体　8, 68
陰茎強直症　242
陰茎後引筋　9
陰茎骨　8
陰茎挿入　66, 67

陰茎マッサージ法　104
陰茎彎曲症　229
陰唇　32
隠刃刀　342
インターフェロンτ　174
陰嚢　2, 5, 6
陰嚢炎　237, 242
陰嚢血腫　237, 247
陰嚢水腫　237, 247
陰嚢中隔　6
陰嚢皮膚炎　237
インヒビン　47
陰門　31, 32
陰門狭窄　265, 341
陰門縫合　348

ウイルス性下痢・粘膜病　309, 313
ウォルフ管　2
　　——の部分的形成不全　239
兎型周期　57
牛
　　——の黄体嚢腫　286
　　——の顆粒性（陰門）腟炎　266
　　——の交配適期　76
　　——の性成熟　70
　　——の体外受精　142
　　——の胚移植　130
　　——の発情持続時間　71
　　——の発情周期　70
　　——の発情徴候　70
　　——の発情同期化　122
　　——の分娩後の発情回帰　75
　　——の分娩誘起　123
　　——の卵巣周期　71
　　——の卵胞嚢腫　281
　　——のリピートブリーディング　298
牛型周期　56
牛伝染性鼻気管炎　314
馬
　　——の交配適期　80
　　——の性成熟　77
　　——の胚移植　135
　　——の発情持続日数　77
　　——の発情周期　77
　　——の発情徴候　77
　　——の発情同期化　122
　　——の繁殖季節　77
　　——の分娩後の発情回帰　81
　　——の分娩誘起　123, 124
　　——の卵巣周期　79
馬絨毛性性腺刺激ホルモン　48, 130, 134
馬伝染性子宮炎　99
馬パラチフス　99, 314

馬鼻肺炎　314
裏発情　178
雲霧様物　106
永久黄体　291
鋭鉤　334, 342
栄養外胚葉　150
栄養膜細胞層　132
会陰　32
AM-PM 法　77
液状精液の保存　111
液体窒素蒸気簡易急速凍結器　113
エクイリン　45, 177
エクイレニン　45, 177
エクソサイトーシス　41
SRY 遺伝子　2, 160
エストラジオール-17β　44
エストラン　43
エストロジェン　39, 43, 44
エストロン　44
エストロンサルフェート　189
エピジェネティクス　152
LH サージ　39, 42
エルゴチオネイン　22

黄体　24
黄体遺残　291
黄体開花期　61
黄体期　56
黄体機能不全　291, 304
黄体形成不全　289
黄体形成ホルモン　39, 41, 47, 48
黄体細胞　25, 61
黄体刺激ホルモン　42
黄体除去　293
黄体退行　50
黄体退行因子　60, 290
黄体嚢腫　281, 303
黄体ホルモン　46
尾打ち　68, 103
押捺腟垢法　187
横背位　332
横腹位　332
オーエスキー病　99, 316
オキシトシン　40, 45, 46, 124
雄効果　82
尾だか　283
帯状胎盤　169
悪露　202
悪露停滞症　349
温度衝撃　14

カ　行

開花期黄体　61, 72

361

索　　　引

開口期　199
開口期陣痛　199
外子宮口　31
概日リズム　38, 50
可移植性性器腫瘍　242, 308
外胚葉　162
貝吹け　268
外部生殖器　2
外卵胞膜　24, 33
カウパー腺　8
夏季不妊症　22, 99, 207, 232
核移植　148, 150
角化　45
角化上皮細胞　89
核型　256
拡張胚盤胞　132
仮死状態　14
過剰排卵　281
過剰排卵誘起　130, 134
下垂体後葉　38
下垂体刺激域　39
下垂体前葉　38
下垂体門脈　38
仮性（続発性）子宮外妊娠　324
仮性半陰陽　260, 302
下胎向　334
過大子症候群　152
カタール性子宮内膜炎　268
割球　132, 148
化膿性子宮内膜炎　268
ガラス化保存法　137, 138, 139
顆粒性腟炎　99
顆粒層　24
顆粒層細胞　25, 33
顆粒膜細胞腫　264, 304
寛骨　196
間質細胞　1, 4, 43
間質細胞刺激ホルモン　41
間質細胞腫　240, 247
冠状突起　25
間性　207, 259
関節彎曲症　328
完全生殖周期　56
感染性流産　309
完全発情周期　56
カンピロバクター病　99, 310
間膜側　164

奇形腫　240, 304
奇形精子症　231, 246
気腫胎　324, 325
キスペプチン　39, 45
季節外繁殖　120
季節周期　55
季節繁殖動物　54, 88, 93
気腟　265
基底膜　9
亀頭　8
亀頭球　8, 68
亀頭包皮炎　229, 238, 241, 314
偽妊娠　57

擬牝台　101
キメラ　153, 259
求愛　66
球海綿体筋　68
弓状核　38, 39
球節屈折　337
宮阜　30
宮阜性胎盤　30, 169
競合結合測定法　51
凝固腺　7
強陣痛　330
胸水症　325
胸頭位　335
局所ホルモン　49
曲精細管　4
筋上皮細胞　32

クエン酸　7, 21, 43
グラーフ卵胞　24, 33
グリセリン平衡時間　113
グリセロリン酸コリン　18, 22
グルココルチコイド　123
黒子　316
クローニング　148

頸管鉗子法　117
頸管粘液　73
　──の結晶形成現象　73
　──の精子受容性　74
蛍光免疫測定法　52
経腟採卵法　141
血液栄養素　170
月経　56
月経周期　56
血精液症　231
牽引摘出　332, 344
肩甲屈折　337
原始生殖細胞　1, 9
原始卵胞　2, 24, 33
減数分裂　9
肩肘屈折　337
原腸　165
顕微授精　145

後期胚死滅　294
後趾屈折　339
甲状腺刺激ホルモン　41
鉤状刀　343
酵素免疫測定法　52
後代検定済種雄牛　99
交配適期　64, 69
交尾排卵　57, 60
交尾排卵動物　57, 93
交尾不能症　227
交尾欲　204
交尾欲減退～欠如症　227
抗ホルモン　232, 285
膠様物　7, 18
股関節屈折　339
子食い　202
五胎　179

骨盤　196
骨盤入口　196
骨盤狭窄　341
骨盤腔　196
骨盤軸　197
骨盤靱帯　196
骨盤出口　196
骨部産道　196
子なめ　202
固有鞘膜　3
固有卵巣索　23
コリンプラズマロジェン　12, 21
コルチコリベリン　40

サ　行

細隙結合　141
臍静脈　170
臍帯　170
臍帯鞘　170
臍動脈　170
催乳ホルモン　42
細胞外氷晶形成の誘起　137
細胞質小滴　11
索状突起　1, 9
坐骨　196
坐骨海綿体筋　68
サルモネラ症　311
産科鉗子　342
産科綱　332
産科鉤　342
産科手術　344
産科処置　344
産科チェーン　341
産科挺　332, 341
産科刀　342
産科ヘラ　343
産科用器械器具　341
産科ロープ　332, 341
産後急癇　350
産後起立不能症　349
散在性胎盤　169
産出期　200
産出期陣痛　200
産褥　202
産褥性陰門炎　350
産褥性強直症　350
産褥性子宮炎　350
産褥性創傷感染　350
産褥性腟炎　350
産褥熱　351
産褥麻痺　349
三胎　179
産道　196
　──の損傷　345
ジェスタージェン　41, 43, 46, 121
ジエチルスチルベストロール　45
子宮　1, 2, 28
　──の修復　202
子宮炎　272
子宮円索　29

索　引

子宮外妊娠　324
子宮外膜　29
子宮外膜炎　272
子宮角　14, 28
　──の欠如　302
子宮間膜　28
子宮筋炎　272
子宮筋層　29
子宮頸　23, 28, 31
子宮頸管　31
子宮頸管炎　267
子宮頸管拡張棒　254
子宮頸管狭窄　267, 341
子宮頸管閉塞　267
子宮頸腟部　31
子宮頸腟部炎　267
子宮広間膜　23, 28
子宮腫瘍　307
子宮小丘　30
子宮水症　273, 302, 307
子宮腺　30
子宮洗浄　253
子宮体　28
子宮脱　349
子宮蓄膿症　271, 302, 304
子宮動脈　30
子宮内移行　163
子宮内膜　29
子宮内膜炎　268, 304
子宮内膜刺激法　122
子宮内膜杯　48, 165
子宮内膜バイオプシー　256
子宮乳　46, 163
子宮粘液症　273, 307
子宮捻転　320
子宮ヘルニア　323
子宮卵管接合部　27, 162
自己分泌　36
視索上核　38, 40
死産　309
試情　64
試情雄　64
視床下部　36, 38
視床下部-下垂体-生殖腺軸　36, 53
雌性生殖器　23
雌性前核　158
雌性発生　159
自然排卵　56
自然排卵動物　88
持続性発情　78, 277, 303
持続勃起症　242
四胎　179
次中部動原体型　256
室傍核　38, 40
指刀　342
子頭捻転　336
自発性感染　268
脂肪酸シクロオキシゲナーゼ　49
思牡狂　283
ジメチルスルホオキシサイド　112
射精　64, 68

　──の障害　228, 229
射精口　6
射乳　41
雌雄産み分け　146
習慣性腟脱　319
収縮桑実胚　132
雌雄前核融合　158
周年繁殖動物　56
縦背位　333
縦腹位　333
重複外子宮口　263
重複奇形　329
重複子宮　28
絨毛　166
絨毛性成長促進乳腺刺激ホルモン　49
絨毛叢　166
絨毛族　166
絨毛膜　166
絨毛膜性の細胞　165
受精　155
受精能獲得　62, 129
受精能獲得抑制因子　157
受胎阻止　120, 125
出血体　61, 72
春機発動　53
乗駕　64, 66
松果体　50
錠剤化精液　114
錠剤化凍結法　114
常染色体　256
小前庭腺　32
初期胚の発生停止　142
初期胚盤胞　132
植氷　137
植物エストロゲン　45
初乳　202
白子　316
真黄体　25, 62
人工授精　96
人工多能性幹細胞　154
人工腟　97
人工腟法　101
人工流産　120, 125
滲出性子宮内膜炎　268
新生子　202
真性（原発性）子宮外妊娠　324
真性半陰陽　260, 302
浸漬胎子　325
真胎盤　167
陣痛　195, 198
陣痛微弱　330
深部腟内電気抵抗　83
深部腟内電気抵抗値測定法　192

髄質索　1
水腫胎　325
水頭症　327
スイムアップ法　143
スタンプスメアー法　78, 187
ステラン　42
ステロイドホルモン　120

精液　1, 9
　──の化学的組成　19
　──の希釈　99, 110
　──の検査　105, 222
　──の採取　96, 100
　──の採取頻度　105
　──の性状と成分　18
　──の凍結保存　112
　──の保存　97, 111
精液過少症　229
精液希釈液　110
精液欠如症　229
精液減少症　229
精液注入器具　116
精液保存液　110
精液瘤　235
精液量　18, 105
精管　2, 6
精管膨大部　6
精管マッサージ法　100, 103
精丘　6
性行動　64
精細管　1, 4, 9
精細管上皮　4
　──の波　11
精細管上皮サイクル　10
精細胞　4
性索　1
精索　6
精索炎　238
精子　1, 9
　──の運動性　13
　──の解糖　15
　──の活力　106
　──の形態　108
　──の検査　105, 222
　──の構造　11
　──の呼吸　15
　──の雌雄分離　147
　──の受精能獲得　141
　──の受精能保有時間　14, 157
　──の生存性　13
　──の生存率　106
　──の生理　13
　──の代謝　15
　──の透明帯通過　158
精子介在遺伝子導入　146
精子完成過程　9
精子機能テスト　224
精子形成　3, 9, 42, 43
　──の波　11
精子形成過程　9
精子形成サイクル　10
精子欠如症　230
精子減少症　229, 246
精子細胞　9
精子死滅症　230
精子受容性　74
精子数　18, 107
精子生存指数　107
精子頭膨大　158

363

索　　引

精子肉芽腫　235
精子濃度　105
精子発生過程　9
精子ベクター法　146
精子無力症　230, 246
精漿　7, 18, 21
精上皮腫　240, 247
正常様発情　277
生殖型　58
生殖活動期　54
生殖器　1
　　――の腫瘍　264
生殖機能衰退期　54
生殖結節　2
生殖細胞　9
生殖子　1
生殖周期　54
生殖上皮　1
生殖腺　1, 23
生殖腺ホルモン　42
生殖巣　1, 23
生殖巣老化　55
生殖道　13, 23
生殖不能症　228, 229, 246, 247
生殖隆起　1
性ステロイドホルモン　36, 42
性成熟　53
性腺刺激ホルモン　36, 41, 47, 48, 120
性腺刺激ホルモン放出ホルモン　37, 39, 47
性染色質　259
性染色体　69, 160, 259
精巣　1, 3
　　――の位置と構造　3
　　――の温度調節　5
　　――の石灰変性　230
　　――の線維化　230
精巣萎縮　230
精巣炎　230, 233, 242, 247
精巣下降　3
精巣機能減退　231
精巣挙筋　5
精巣硬化　230
精巣索　1
精巣周囲炎　237
精巣縦隔　4
精巣腫瘍　230, 240, 247
精巣上体　2, 5
精巣上体炎　232, 234, 242, 247
精巣鞘膜炎　237
精巣静脈　5
精巣小葉　4
精巣導帯　3, 245
精巣動脈　5
精巣バイオプシー　225
精巣発育不全　230, 238
精巣変性　233
精巣網　4
精巣輸出管　5
精祖細胞　9
成長ホルモン　41

性的興奮　66
性的無反応　66
精嚢腺　2, 7, 18
精嚢腺炎　235
性判別　146
生物学的測定法　51
生理の偽妊娠　88
石子　325
赤体　62, 73
石胞　325
切胎器　344
切胎術　342, 344
絶対的不妊症　204
セルソーター　147
セルトリ細胞　1, 4, 9, 42, 47
セルトリ細胞腫　240, 246, 247
線維腫　264, 308
腺癌　245, 304
線鋸　337, 344
仙骨　196
潜在性子宮内膜炎　268
潜在精巣　3, 230, 238, 245
腺腫　304
染色体異常　256
染色体不分離　160
先体　12
先体反応　139, 157
前庭ヒダ　2
全能性　150
前腹側脳室周囲核　39
前葉性性腺刺激ホルモン　41
前立腺　7, 18
　　――の腫瘍　245
前立腺炎　236, 244
前立腺体部　7
前立腺伝播部　7
前立腺嚢胞　243
前立腺膿瘍　244
前立腺肥大症　243
双角子宮　28
早期妊娠因子　174
早期胚死滅　294
早産　309
桑実胚　35, 132
総鞘膜　6
走性　13
総精子数　105
双胎　179, 340
相対的不妊症　204
側位　164
側胎向　334
側頭位　334
足胞　200
組織栄養素　170
ソルビトール　21

タ　行

胎位　173
体外受精　139
体外生産技術　140

体外成熟　140
体外培養　140
対間膜側　164
胎向　173
対向流機構　50
体細胞核移植　152
胎子　172
　　――の奇形・先天異常　327
　　――の失位　331
胎子過大　339
胎子牽引器　342
胎子浸漬　325
胎子切半術　345
胎子捻転器　342
胎子ミイラ変性　324
胎水　167
胎勢　173
大前庭腺　32
耐凍剤　137
胎嚢　185
胎盤　167
　　――の摂食　201
胎盤小葉　166
胎盤性ラクトジェン　49
胎盤節　166
胎盤停滞　201, 346
胎盤微小葉　166
胎餅　166
胎便　172
胎胞　199
胎膜　165
胎膜触診法　182
胎膜水腫　326
ダウナー牛症候群　349
多精拒否　158
多精子受精　159
多精子侵入　158
多胎妊娠　179
多胎盤　30, 169
脱出胚盤胞　132, 161
脱落膜腫　164
脱落膜胎盤　167
脱落膜類　164
多発情動物　56
多卵核受精　160
単一子宮　28
単為発生　159
断脚術　345
短日繁殖動物　55
断頭術　345
短発情　277, 303
単発情動物　57, 88
端部動原体型　256

遅延着床　56
遅延勃起　92
チゲーゼン切胎器　344
恥骨　196
恥骨筋腱　323
腟　2, 31
　　――の欠如　264

364

索　引

腟炎　265, 307
腟円蓋　32
腟鏡　249
腟狭窄　265, 341
腟検査　249, 301
腟垢　63, 89
腟腫瘍　308
腟栓　7
腟前庭　1, 32
腟脱　318
腟動脈子宮枝　30
腟内留置型器具　121
腟嚢腫　265
腟弁　32
腟弁遺残　263, 303
着床　163
着床性増殖　46
中子宮動脈　30
中腎管　2
中心着床　164
中腎傍管　2, 28
中胚葉　162
超音波画像検査　225, 255, 301
超音波画像診断法　185, 191
超音波ドップラー法　191
長期在胎　316, 326, 339
腸骨　196
長日繁殖動物　55
頂上交叉位　339
直精細管　4
直腸検査　61, 250
直腸検査法　182
直腸腟法　117
チンボール　64

蔓状静脈叢　5

定位　164
帝王切開　340, 345
低温ショック　14
定時人工授精　123
低受胎雌　297
デキサメタゾン　123
テストステロン　43
電気刺激法　104
電気射精法　100, 104
転座　259

凍害防止剤　112, 137
同期複妊娠　92, 180
凍結保護物質　137
頭尾長　173
頭帽　11, 12
透明帯　33, 34
透明帯反応　159
透明帯部分切除法　145
努責　199
突進運動　67
ドナー　127
ドパミン　40, 42
トリコモナス病　99, 312

鈍鉤　334, 342
鈍性発情　56, 70, 78, 275, 303

ナ 行

内細胞塊　132, 150
内子宮口　31
内臓摘出術　346
内胚葉　162
内分泌異常　241
内分泌腺　36
内卵胞膜　24, 33
内卵胞膜細胞　44
難産　330
軟部産道　196, 198
肉柱　263, 303, 341
肉様膜　5, 6
二次極体　34
二次性索　2
二次精母細胞　9
二重子宮口　263
二重体　329
二次卵胞　33
二次卵母細胞　34
日周期　58
日本脳炎　232, 315
乳管　32
乳管洞乳腺部　33
乳腺　32
乳腺細胞　33
乳腺刺激ホルモン　42
乳腺小葉　33
乳腺胞　32
乳腺葉　33
乳頭管　33
乳頭口　33
乳熱　349
尿生殖洞　2, 32
尿腟　265
尿道　6, 8
尿道海綿体　8, 68
尿道球腺　8, 18
尿膜　165
尿膜管　170
尿膜水　167
尿膜水腫　326
二卵性双胎　180
妊娠黄体　25, 62
妊娠期間　180
妊娠診断　181
妊娠認識　174
妊馬血清性性腺刺激ホルモン　48

ネオスポラ症　309, 312
猫
　　──の偽妊娠　95
　　──の子宮蓄膿症　306
　　──の性成熟　92
　　──の胚移植　136
　　──の発情周期　92
　　──の発情徴候　93

　　──の繁殖季節　93
猫型周期　57
嚢腫様黄体　289
嚢腫卵胞　281
膿精液症　231
嚢胞性過形成　304
嚢胞性増殖　304
ノンリターン　181

ハ 行

胚　161
　　──の生殖道内移動　162
　　──の凍結保存　136
　　──の発生　161
　　──の分離・切断　149
背圧試験　83
胚移植　127
胚細胞核移植　150
胚上皮　1, 9, 24
倍数性　256
媒精　143
胚性幹細胞　150, 153
背側陰唇交連　32
背頭位　335
胚盤　149, 164
胚盤胞　35, 132
排卵　12, 25
排卵窩　24, 79
排卵溝　61
排卵障害　277
排卵遅延　277
排卵直前の膨張　61
排卵同期化　120, 121
排卵斑　61, 72
白体　62, 73
バクファクト　344
白膜　1, 3, 24
パーコール密度勾配遠心法　143
破水　200
発育不全黄体　289
発情　54
発情黄体　62
発情期　88
発情休止期　88
発情検知器　64
発情周期　56
発情周期黄体　25
発情周期同調　121
発情出血　88
発情前期　88
発情同期化　46, 120, 121
発情ホルモン　44
発情抑制剤　125
半陰陽　260, 302
盤状胎盤　169
繁殖季節　54
繁殖機能　69
繁殖供用適齢期　54
繁殖障害　204
　　──の原因　204
　　──の診断　219

索　引

──の治療処置　220
　　　──の発生状況　212
半胎盤　167

ヒアルロニダーゼ　12, 21
非感染性流産　317
尾骨　196
PGF$_{2\alpha}$代謝物　85
皮質索　2
皮質粒　35, 158
微小滴培養法　143
飛節屈折　339
非脱落膜類　164
泌乳　202
皮刀　343
人型周期　57
人絨毛性性腺刺激ホルモン　48, 134
避妊　120, 124
非繁殖季節　55
表在性着床　164
表層顆粒　35
標的器官　36

不育症　204
フィードバック機構　37
フェロモン　83, 88, 120
フォリスタチン　47
不完全生殖周期　56
不完全発情周期　56
副黄体　49, 176
腹腔内移行　163
副腎皮質刺激ホルモン　41
副腎皮質ホルモン　123
副腎皮質ホルモン放出ホルモン　40
腹水症　326
複数排卵　72
副生殖器　1, 3, 23
副生殖腺　1, 7
腹側陰唇交連　32
腹内側核　38, 39
腹膜鞘状突起　3, 6
豚
　　　──の交配適期　86
　　　──の春機発動　83
　　　──の性成熟　83
　　　──の体外受精　144
　　　──の胚移植　134
　　　──の排卵　84
　　　──の発情持続時間　83
　　　──の発情周期　83
　　　──の発情徴候　83
　　　──の発情同期化　123
　　　──の分娩後の発情回帰　87
　　　──の分娩誘起　124
　　　──の卵巣嚢腫　287
　　　──のリピートブリーディング　301
豚乳房炎-子宮炎-無乳症症候群　351
豚パルボウイルス感染症　316
豚繁殖・呼吸障害症候群　99, 316
不動反応　64, 83
不妊交尾　57

不妊症　204
不妊生殖周期　56
フラクチャー傷害　138
フラッシング　56, 82
フリーマーチン　153, 180, 207, 239, 260
フルクトース　7, 21, 43
ブルセラ病　99, 309, 315, 317
プレグナン　43
プレグナンジオール　46
フレーメン　66
フローサイトメーター　147
プロジェスタージェン　46
プロジェスチン　46
プロジェステロン　46
プロジェステロンレセプター拮抗薬　125
プロスタグランディン　22, 41, 49, 122, 124, 130
プロスタン酸　49
プロラクチン　39, 41, 42, 49
プロラクチン放出因子　40
プロラクチン放出抑制因子　40
分娩　195
分娩遅延　180
分娩誘起　123
分裂子宮　28

平滑筋腫　264, 307, 308
平滑筋肉腫　308
閉鎖卵胞　25, 34
ヘキセストロール　45
壁内着床　164
娩出力　198
偏心着床　164

包茎　229
放射免疫測定法　39, 52
放線冠　33
膨大部峡部接合部　156
胞胚腔　132, 161
包皮　2, 8
　　　──の腫瘍　242
包皮憩室　8, 104
包皮垢　8
包皮口の狭窄　241
包皮小帯の遺残　241
傍分泌　36
ホスファターゼ　43
ボタロー管　203
勃起　66
勃起不能症　228
ホルモンの測定法　51
ホワイトヘイファー病　263

マ　行

ミイラ変性胎子　312
未分化胚細胞腫　304
ミューラー管　2, 28, 32
　　　──の隔壁遺残　263, 303
　　　──の部分的形成不全　262, 302
ミューラー管抑制物質　2, 3

無形無心体　329
無精液症　229
無精子症　230
無脱落膜胎盤　167
無排卵　278
無排卵性発情　277
無発情　275, 283
無発情期　75, 89
無発情排卵　275
メタスチン　39
メチレンブルー還元能　109
メデュサ細胞　223
メラトニン　50, 120
免疫学的測定法　48, 51
めん羊，山羊
　　　──の交配適期　82
　　　──の性成熟　81
　　　──の胚移植　136
　　　──の排卵　82
　　　──の発情持続時間　82
　　　──の発情周期　81
　　　──の発情徴候　82
　　　──の繁殖季節　82
モザイク　153, 259
問診　219

ヤ　行

山田式胎子破砕器　344
有核腔上皮細胞　89
雄性生殖器　3
雄性前核　158
雄性発生　159
雄性ホルモン　43
用手法　104
羊水　167
羊膜　165
羊膜水腫　326
横取法　102

ラ　行

ライディッヒ細胞　1, 4
ライトニング　77
ライフサイクル　54
ラット型周期　57
卵円孔　171
卵黄クエン酸ソーダ液　110
卵黄クエン酸ソーダ糖液　110
卵黄遮断　159
卵黄周囲腔　34
卵黄嚢　165, 170
卵黄嚢胎盤　170
卵黄膜　34
卵核胞　35
卵割　161
卵管　2, 26
卵管炎　274
卵管間膜　26

366

索　引

卵管峡部　26
卵管采　26
卵管水腫　274
卵管疎通検査　256, 274
卵管蓄膿症　274
卵管腫瘍　274
卵管腹腔口　26
卵管膨大部　26
卵管漏斗　14, 26
卵丘　33, 91
卵丘細胞・卵子複合体　141
卵細胞質内精子注入法　145
卵子　1, 33
　　──の受精能保有時間　156
卵子形成　33
卵娘細胞　34
卵精巣　260
卵巣　2, 23
卵巣萎縮　279
卵巣炎　294
卵巣間膜　23
卵巣周期　56
卵巣腫瘍　264, 301, 304
卵巣髄質　23

卵巣静止　278
卵巣提索　23
卵巣動脈　30
卵巣嚢　26
卵巣嚢腫　281, 303
卵巣発育不全　262, 278
卵巣皮質　23
卵巣門　23
卵祖細胞　2, 33
卵胞　2, 24
　　──の閉鎖　34, 61
卵胞液　13, 24, 33
卵胞期　56
卵胞刺激ホルモン　39, 41, 47, 49, 130
卵胞上皮　24
卵胞上皮細胞　33, 44, 47
卵胞嚢腫　281, 301, 303
卵胞波　71, 79
卵胞発育障害　278
卵胞ホルモン　44
卵胞膜　24
卵胞膜細胞腫　304

リステリア症　311

リピートブリーダー　297
リピートブリーディング　297
リポトロピン　41
流行性羊流産　317
流産　309
硫酸エストロン　45
両分子宮　28
リラキシン　46
稟告　219, 221
輪状ヒダ　31

ルテイン　61

レシピエント　127
レプトスピラ病　99, 311
鏈鋸　344
鏈刀　344

六胎　179
ロゼット抑制試験　175

ワ 行

ワルトン臍帯膠質　170
腕関節屈折　337

外 国 語 索 引

abnormal estrus　275
abnormal position　331, 334
abnormal posture　331, 334
abnormal presentation　331
abnormal sperm　105, 109
abortion　309
absolute sterility　204
accessory corpora lutea　49
accessory genital　1
accessory reproductive gland　7
accessory reproductive organ　1
acrocentric　256
acrosin　12
acrosome　12
acrosome cap　11
acrosome reaction　139
activin　47
adeciduata　164
adeciduate placenta　167
adenocarcinoma　304
adenoma　304
afterbirth labor pains　200
afterbirth period　200
aglepristone　125
Aino virus infection　313
Akabane disease　313
allantoic fluid　167
allantois　165
alveolar epithelial cell of mammary
　　gland　32
alveolus of mammary gland　32
amnion　165
amniotic fluid　167
ampulla　6
ampulla of oviduct　26

ampullar-isthmic junction（AIJ）　156
amputation of the limb　345
anabiosis　14
anaphrodisia　283
androgen　42, 43
androgen binding protein（ABP）　42
androgenesis　159
androstane　43
androstenedione　43
anestrus　89, 275
aneuploidy　256
annual breeder　55
anterior pituitary gonadotropin（APG）
　　41
anteroventral periventricular nucleus
　　39
anti hormone　232
anti-mesometrial　164
apareunia　227
aplasia of uterine horn　302
aplasia of vagina　264
arachidonic acid　49
Arantius' duct　203
arcuate nucleus　38
arthrogryposis　328
artificial insemination（AI）　96
artificial vagina　97
ascites　326
aspermia　229
asthenozoospermia　230
atresia　34
atretic follicle　25
attitude　173
Aujeszky's disease　316
autocrine　36

autosome　256
avascular area　61
azoospermia　230

back pressure test　83
balanoposthitis　229, 241
bicornuate uterus　28
bioassay　51
bipartite uterus　28
birth canal　196
bisection of fetus　346
blastocoelia　132
blastocyst　35, 132
blastomere　132
blastula cavity　132
blunt hook　334
body of prostate gland　7
bony birth canal　196
Botallo's duct　203
bougie　254
bovine granular infectious vaginitis
　　266
bovine granular vulvovaginitis　266
bovine viral diarrhoea-mucosal disease
　　309, 313
breeding age　54
breeding disorder　204
breeding season　54, 77
broad ligament of uterus　23
brucellosis　309
bulbourethral gland　8
bulbus glandis　8

campylobacteriosis　310
canine transmissible venereal tumor

索　引

（CTVT）　242
cannibalism　202
capacitation　62
caruncle　30
catarrhal endometritis　268
cell-block　142
cell sorter　147
central implantation　164
cervical canal　31
cervical dilator　254
cervical dry smear（CDS）　62
cervical stenosis　266, 341
cervicitis　267
cervicovaginitis　267
cervix uteri　23
cesarean section　340, 345
chain saw　344
chain sector　344
chimera　153, 259
chin ball　64
cholinplasmalogen　12, 21
chorion　166
chorionic somatomammotropin　49
chromosomal abnormality　256
circadian rhythm　38
citric acid　7, 21
cleavage　161
climacterium　54
clitoris　32
cloning　148
cloudiness　106
coagulating gland　7
coccyx　196
coital-lock　68, 92
cold shock　14
colliculus seminalis　6
colostrum　202
compacted morula　132
competitive binding assay　51
complete estrous cycle　56
complete reproductive cycle　56
computer aided sperm analysis（CASA）　109
concealed knife　342
conjoined twins　329
continued estrus　57, 277
contorted seminiferous tubule　4
contraception　120
controlled intravaginal drug releasing device（CIDR）　121
copulative impotency　227
copulatory ovulator　57
cornification　45
cornu uteri　14
corona radiata　34
coronary process　25
corpus albicans　62
corpus cavernosa penis　8
corpus cavernosa urethrae　8
corpus hemorrhagicum　61
corpus luteum　24

corpus luteum graviditatis　25
corpus luteum of estrous cycle　25
corpus luteum periodicum　62
corpus luteum verum　25
corpus rubrum　62
corpus uteri　28
cortex ovarii　23
cortical granule　35
corticoliberin　40
corticotropin releasing hormone（CRH）　40
cotyledon　166
cotyledonary placenta　169
counter current mechanism　50
courtship　66
Cowper's gland　8
crown-rump length　173
cryopreservation of semen　112
cryoprotectant　112
cryptorchidism　3, 238
crystallization phenomenon　63
cumulus-oocyte complex（COC）　141
cumulus oophorus　33
cyclic corpus luteum　25
cystic corpus luteum　289
cystic follicle　281
cystic hyperplasia　304
cytoplasmic droplet　11

daily cycle in reproduction　58
decapacitation factor（DF）　157
decapitation　345
deciduata　164
deciduate placenta　167, 169
deciduoma　164
decline of ovarian function　278
deferent duct　2, 6
delayed birth　180
delayed erection　92
delayed implantation　56
delayed ovulation　277
diestrus　88
diethylstilbestrol　45
diffuse placenta　169
dilution of semen　99, 110
diplopagus　329
disseminate part of prostate gland　7
dizygotic twins　180
DMSO　112
donor　127
dopamine　40
double uterine orifice　263
downer cow syndrome　349
dropsy of fetal membranes　326
ductus deferens　2, 6
dummy　101
duplex uterus　28
duration of estrus　71
dysgerminoma　304
dystocia　330

early blastocyst　132
early embryonic death（EED）　294
early pregnancy factor（EPF）　174
eccentric implantation　164
echography　185
ectoderm　162
ectopic gestation　324
efferent duct　5
ejaculation　64, 68
ejaculatory orifice　6
electroejaculation　100, 104
embryo　161
embryogenesis　161
embryonic disc　149
embryonic stem cell　150
embryotome　344
embryotomy　342, 344
embryo transfer（ET）　127
emphysematous fetus　324, 325
endocrine gland　36
endoderm　162
endometrial biopsy　256
endometritis　268
endometrium　29
enzymeimmunoassay（EIA）　52
epididymis　2, 5
epididymitis　232, 234
equilenin　45
equilin　45
equine chorionic gonadotropin（eCG）　48
equine paratyphoid　314
equine rhinopneumonitis　314
erection　66
ergothioneine　22
estradiol-17β　44
estrane　43
estrogen　39, 44
estrone　44
estrone sulfate　45
estrous cycle　56
estrous cycle synchronization　46, 121
estrous signs　70
estrus　54, 88
evisceration　345
exocytosis　41
expanded blastocyst　132
expulsion labor pains　200
expulsion period　200
expulsive power　198
external uterine orifice　31
extra-seasonal breeding　120
extrauterine pregnancy　324

failure of ejaculation　228, 229
failure of fertilization　229
Fallopian tube　2, 26
false extrauterine pregnancy　324
feedback mechanism　37
female pronucleus　158
female reproductive organ　23

索　引

fertilization　155
fetal anasarca　325
fetal extractor　342
fetal fluid　167
fetal giantism　339
fetal membrane　165
fetal membrane slip　182
fetal rotator　342
fetal sac　199
fetotome　344
fetotomy　342, 344
fetus　172
fibroma　264
fimbriae tubae　26
finger knife　342
first polar body　34
first polar cell　34
first stage　199
flagging　68
flehmen　66
flesh pillar　263
flowcytometer　147
fluoroimmunoassay (FIA)　52
flushing　56
follicle stimulating hormone (FSH)　39
follicular cyst　281
follicular epithelial cell　33
follicular epithelium　24
follicular fluid　13
follicular liquid　13
follicular phase　56
follicular wave　71
follistatin　47
foot sac　200
forced traction　332, 344
fornix vaginae　32
fraternal twins　180
freemartin　153, 260
frenulum of prepuce　241
frequency of semen collection　105
fructose　7, 21
functional corpus luteum　61
functional luteal stage　61
funiculitis　238

gap junction　141
genital organ　1
genital ridge　1
genital tract　13
genital tubercle　2
germ cell　1, 4
germ disk　164
germinal epithelium　1
germinal vesicle　35
gestagen　41, 46
gestational sac　185
gestation period　180
girdle cell　165
gland cistern　33
glans penis　8
glycerylphosphoryl choline (GPC)　18,
　　22
gonad　1
gonadal senescence　55
gonadotrophin (GTH)　36, 120
gonadotropin (GTH)　36
gonadotropin releasing hormone
　　(GnRH)　39
Graafian follicle　24
granulosa cell　25
granulosa cell tumor　264
granulosa layer　24
grooming　202
growth hormone (GH)　41
gubernaculum testis　3
gynogenesis　159

habitual vaginal prolapse　319
hatched blastocyst　132
heat mount detector　64
hemospermia　231
hemotrophe　170
hermaphroditism　207, 259
heteroploidy　256
hexestrol　45
hilus of ovary　23
histotrophe　170
hook bladed knife　343
human chorionic gonadotropin (hCG)
　　48
hyaluronidase　12
hydrallantois　326
hydramnios　326
hydrocephalus　327
hydrometra　273
hydrosalpinx　274
hydrothorax　326
hymen　32
hyperactivation　13, 157
hypoorchidia　231
hypophyseal portal vessels　38
hypophysiotropic area　39
hypoplastic corpus luteum　289
hypospermia　229
hypothalamic-pituitary-gonadal axis　36
hypothalamo-hypophyseal-gonadal axis
　　36
hypothalamus　36

ice seeding　137
identical twins　180
immobility response　64
immunoassay　48
implantation　163
impotentia coeundi　227
impotentia erigendi　228
impotentia generandi　228, 229
inability to copulate　227
incapacity to fertilize　229
incomplete estrous cycle　56
incomplete reproductive cycle　56
induced abortion　120
induced pluripotent stem cell　154
infectious abortion　309
infectious bovine rhinotracheitis　314
infertile copulation　57
infertile reproductive cycle　56
infertility　204
inflammation of spermatic cord　238
inflammation of testis　233
infundibulum of oviduct　14
inhibin　47
injuries of the birth canal　345
inner cell mass (ICM)　132
inositol　22
interferon τ (IFNτ)　174
internal uterine orifice　31
intersexuality　207, 259
interstitial cell stimulating hormone
　　(ICSH)　41
interstitial cell tumor　240
interstitial implantation　164
intracytoplasmic sperm injection (ICSI)
　　145
intra-uterine migration　163
intromission　66, 67
in vitro culture (IVC)　140
in vitro fertilization (IVF)　139
in vitro maturation (IVM)　140
in vitro production (IVP)　140
involution of uterus　202
isthmus of oviduct　26

jabbing　68
Japanese encephalitis　232, 315

karyotype　256
kisspeptin　39

labium　32
labor pains　195, 198
lactation　202
lactocyte　32
lactogen　42
large offspring syndrome (LOS)　152
late embryonic death (LED)　294
latent endometritis　268
lateral　164
leiomyoma　264
leiomyosarcoma　308
leptospirosis　311
Leydig cell　1
Leydig cell tumor　240
LH surge　39
libido　204
life cycle in reproduction　54
lightening　77
lipotropin (LPH)　41
listeriosis　311
lithokeliphos　325
lithopedion　325
lobule of testis　4
local hormone　49

索　　引

lochia 202
lochiometra 349
long day breeder 55
lordosis 93
low fertility female 297
luteal cell 25
luteal cyst 281
luteal dysfunction 291
luteal hypoplasia 289
luteal insufficiercy 291
luteal phase 56
lutein 61
luteinizing hormone (LH) 39
luteolysis 50
luteolytic factor 60
luteotropic hormone (LTH) 42

macerated fetus 325
maceration of fetus 325
major vestibular gland 32
male effect 82
male pronucleus 158
male reproductive organ 3
mammary gland 32
mammary lobe 33
mammary lobule 33
mammotropin 42
massage of ampulla 100, 103
mastitis-metritis-agalactia (MMA) syndrome of sows 351
maternal recognition of pregnancy 174
meconium 172
medulla ovarii 23
Medusa cell 223
meiosis 9
melatonin 50, 120
menstrual cycle 56
menstruation 56
mesoderm 162
mesometrial 164
mesometrium 28
mesosalpinx 26
mesovarium 23
metastin 39
metritis 272
microcotyledon 166
microdroplet culture 143
microinsemination 145
milk duct 32
milk ejection 32, 41
milk fever 349
minor vestibular gland 32
monoestrous animal 57
monozygotic twins 180
morula 35, 132
mosaic 153, 259
mounting 64, 66
mucometra 273
Müllerian duct 2
Müllerian inhibiting substance 2
multiple ovulation 72

multiple placenta 169
multiple pregnancy 179
mummification of fetus 324
mummified fetus 312
musculus bulbocavernosus 68
musculus ischiocavernosus 68
myoepithelial cells 32
myometritis 272
myometrium 29

necrozoospermia 230
neonate 203
neosporosis 309, 312
newborn 203
non-breeding season 55
non-disjunction 160
non-infectious abortion 317
non-return 181
non-seasonal breeder 55
normal-like estrus 277
nuclear transfer 148
nymphomania 283

obstetrical chain 342
obstetrical forceps 342
obstetrical hook 342
obstetrical instruments 341
obstetrical knife 342
obstetrical noose 332, 341
obstetrical operation 344
obstetrical repeller 332, 342
obstetrical spatula 343
obstruction of the cervical canal 266
oestrone sulphate 189
oligospermia 229
oligozoospermia 230
oogenesis 33
oogonium 2
oophoritis 294
opening labor pains 199
opening period 199
optimum time for insemination 64, 69
optimum time for mating 64, 69
orchioscirrhus 230
orchitis 230, 233
orientation 164
oscheitis 237
os coxae 196
os illium 196
os ischii 196
os penis 8
os pubis 196
os sacrum 196
out-seasonal breeding 120
oval foramen 171
ovarian artery 30
ovarian atrophy 279
ovarian bursa 26
ovarian cycle 56
ovarian cyst 281
ovarian follicle 2

ovarian hypoplasia 262, 278
ovarian quiescence 278
ovarian subfunction 278
ovarian tumor 264, 304
ovaritis 294
ovary 2, 23
oviduct 2, 26
ovotestis 260
Ovsynch 123
ovulation 12
ovulation failure 277
ovulation fossa 24
ovulation groove 24
ovum 1, 33
ovum pick-up (OPU) 141
oxytocin (OT) 40

palpation per rectum 250
pampiniform plexus 5
paracrine 36
paraventricular nucleus 38
parthenogenesis 159
partial zona dissection (PZD) 145
parturient eclampsia 350
parturient paresis 349
parturition 195
pellet freezing 114
pellet semen 114
pelvic axis 197
pelvic cavity 196
pelvic inlet 196
pelvic ligaments 196
pelvic outlet 196
pelvic stenosis 341
pelvis 196
penile tumor 239, 242
penis 2, 8
perimetritis 272
perimetrium 29
perineum 32
periorchitis 237
perivitelline space 34
persistence of median wall of Müllerian duct 263
persistent corpus luteum 291
persistent hymen 263
PGFM 85
phallocampsis 229
phantom 101
pheromone 120
phimosis 229
physiological pseudopregnancy 88
phytoestrogens 45
pineal gland 50
placenta 167
placental lactogen (PL) 49
placentome 166
placentophagy 201
plicae circularis 31
pneumovagina 265
polyestrous animal 57

370

索引

polygyny　160
polyploidy　256
polyspermy　158, 159
porcine parvovirus infection　316
porcine reproductive and respiratory syndrome（PRRS）　316
portio vaginalis cervicis　31
position　173
postcoital ovulation　57, 60
postcoital ovulation animal　57
postpartum anestrus period　75
postpartum estrus　75
posture　173
pregnancy diagnosis　181
pregnane　43
pregnanediol　46
pregnant corpus luteum　25
pregnant mare serum gonadotropin（PMSG）　48
premature birth　309
preovulatory swelling　61
prepubic tendon　323
prepuce　2, 8
preputial pouch　8
preputial stenosis　241
preputial tumor　242
presentation　173
preservation of semen　97, 111
prevention of conception　120
priapism　242
primary oocyte　33
primary sex cord　1
primary spermatocyte　9
primitive gut　165
primordial follicle　2
primordial germ cell　1
proestrus　88
progestagen　46
progestational proliferation　46
progesterone　46
progesterone releasing intravaginal device（PRID）　121
progestin　46
prolactin inhibiting factor（PIF）　40
prolactin（PRL）　39, 42
prolactin releasing factor（PRF）　40
prolonged estrus　57, 277
prolonged gestation　316, 326
proper ligament of ovary　23
prostaglandin（PG）　41, 49
prostanoic acid　49
prostata　7
prostate gland　7
prostatic abscess　244
prostatic adenocarcinoma　245
prostatic cyst　244
prostatic hypertrophy　243
prostatic tumor　245
prostatitis　236, 244
protrusion　66
proven sire　99

pseudohermaphroditism　260
pseudopregnancy　57, 92
puberty　53
puerperal fever　351
puerperal metritis　350
puerperal tetany　350
puerperal vaginitis　350
puerperal vulvitis　350
puerperal wound infection　350
puerperium　202
purulent endometritis　268
pyometra　271
pyosalpinx　274
pyospermia　231

quadruplets　179
quintuplets　179

radioimmunoassay（RIA）　39
recipient　127
rectal examination　250
rectal palpation　61, 182, 250
reduced to complete lack of libido　227
refractoriness　66
relative sterility　204
relaxin　46
removal of corpus luteum　293
repeat breeder　297
repeat breeding　297
reproduction　69
reproductive cycle　54
reproductive difficulty　204
reproductive gland　1
reproductive organ　1
reproductive pattern　58
reproductive phase　54
retained placenta　201, 346
retarded birth　180
retention of corpus luteum　291
rete testis　4
retractor penis muscle　9
rolling　93
rosette inhibition test　175
round ligament of uterus　29
rupture of bag　200
rutting　55

salmonellosis　311
salpingitis　274
salpinx　2, 26
scrotal dermatitis　237
scrotal hematocele　237
scrotal hydrocele　237
scrotal septum　6
scrotum　2, 6
seasonal breeder　54
seasonal cycle in reproduction　55
secondary extrauterine pregnancy　324
secondary follicle　33
secondary oocyte　34
secondary sex cord　2

secondary spermatocyte　9
second polar body　34
second polar cell　34
second stage　200
secretive endometritis　268
segmental aplasia of Müllerian duct　262
segmental aplasia of Wolffian duct　239
semen　1, 9
semen collection　96, 100
semen dilutor　110
semen evaluation　105
semen extender　110
semen injector　116
seminal plasma　7
seminal vesicle　2, 7
seminal vesiculitis　235
seminiferous epithelial cycle　10
seminiferous epithelial wave　11
seminiferous epithelium　4
seminiferous tubule　1
seminoma　240
semiplacenta　167
Sertoli cell　1
Sertoli cell tumor　240
sex cell　1
sex chromatin　259
sex chromosome　160
sex cord　1
sex-determining region on Y chromosome　2
sex gland　1
sexing　146
sex steroid hormone　36
sextuplets　179
sexual arousal　66
sexual behavior　64
sexual display　66
sexual maturation　53
sexual maturity　53, 70
sharp hook　334
sheath of umbilical cord　170
short day breeder　55
short period estrus　277
sigmoid flexure of penis　9
silent heat　56, 275
silent ovulation　56, 275
skin knife　343
smegma preputii　8
soft birth canal　196, 198
somatotropin（STH）　41
sorbitol　21
sperm　1
spermatic cord　6
spermatic granuloma　235
spermatid　9
spermatocele　235
spermatocytogenesis　9
spermatogenesis　3, 9
spermatogenic cycle　10
spermatogenic wave　11

371

索　引

spermatogonium　9
spermatozoon　1, 9
sperm concentration　105, 107
sperm function test　224
sperm granuloma　235
sperm head decondensation　158
spermiogenesis　9
sperm-mediated gene transfer　146
sperm morphology　108
sperm motility　106
sperm receptivity　74
sperm viability　106
spontaneous ovulation　56
spontaneous ovulation animal　88
stamp smear method　78, 187
standing estrus　64, 70
standing heat　70
standing response　64
stenosis of vulva　265
sterane　42
sterile copulation　57
sterility　204
steroid hormone　120
stigma　61
stillbirth　309
storage of liquid semen　111
storage of semen　97, 111
straight seminiferous tubule　4
subestrus　275
submetacentric　256
subzonal sperm injection (SUZI)　145
summer sterility　22, 232
superfecundation　92
superfetation　180
superficial implantation　164
superovulation　281
supraoptic nucleus　38
suspensory ligament of ovary　23
synchronization of estrus　120, 121
synchronization of ovulation　120, 121
syngamy　158

target organ　36
taxis　13
teaser　64
teasing　64
teat canal　33
teat orifice　33
temperature shock　14
teratoma　240
teratosis and congenital anomaly of fetus　327
teratozoospermia　231
termination of pregnancy　120

testicular atrophy　230
testicular biopsy　225
testicular calcification　230
testicular degeneration　233
testicular fibrosis　230
testicular hypoplasia　230, 238
testicular insufficiency　231
testicular tumor　230, 240
testis　1, 3
theca externa　24
theca folliculi　24
theca interna　24
thecoma　304
third stage　200
thrusting　67
thyroid stimulating hormone (TSH)　41
timed AI (TAI)　123
too strong pains　330
totipotency　150
translocation　259
transperitoneal migration　163
trichomonosis　312
triplets　179
trophectoderm　150
trophoblast cell layer　132
true extrauterine pregnancy　324
true hermaphroditism　260
true placenta　167
tubal patency test　256
tunica albuginea　1
tunica dartos　5
tunica vaginalis　3
tunica vaginalis communis　6
twins　179
two-cell, two-gonadotropin theory　45

ultrasonic Doppler method　191
ultrasonic echo method　192
ultrasonic pregnancy diagnosis　191
umbilical artery　170
umbilical cord　170
umbilical vein　170
unovulation　278
unovulatory estrus　277
urachus　170
urethra　6, 8
urogenital sinus　2
urovagina　265
uterine artery　30
uterine body　28
uterine cervix　23
uterine douche　253
uterine gland　30

uterine hernia　323
uterine horn　14
uterine irrigation　253
uterine milk　46
uterine prolapse　348
uterine ramus of vaginal artery　30
uterine torsion　320
uterine tube　2, 26
uterine tumor　307
uterotubal junction (UTJ)　27
uterus　1, 28
uterus simplex　28

vagina　2, 31
vaginal cyst　265
vaginal electric resistance (VER)　192
vaginal examination　249
vaginal plug　7
vaginal process　3
vaginal prolapse　318
vaginal smear　63, 89
vaginal speculum　249
vaginal stenosis　265, 341
vaginal tumor　308
vaginitis　265
vaginoscope　249
vaginoscopy　249
ventromedial nucleus　38
vesicular gland　2, 7
vestibular fold　2
vestibule of vagina　1, 32
viability index of sperm　107
villus　166
vitelline block　159
vitelline membrane　34
vitrification　137
volume of semen　105
vulva　31, 32
vulvar stenosis　341

weak pains　330
Wharton's jelly　170
white heifer disease　263
windsucking　265
wire saw　337
Wolffian duct　2

yolk sac　165
yolk sac placenta　170

zona pellucida　33
zona reaction　159
zonary placenta　169

監修者略歴

<u>お がさ</u> <u>あきら</u>
小 笠 晃
1929年 北海道に生まれる
1953年 日本獣医畜産大学
       獣医学科卒業
現　在 前日本獣医生命科学大学
       教授
       獣医学博士

<u>かね だ</u> <u>よし ひろ</u>
金 田 義 宏
1936年 旧満州に生まれる
1959年 岩手大学農学部
       獣医学科卒業
現　在 前東京農工大学教授
       農学博士

<u>どう め き</u> <u>いく お</u>
百目鬼郁男
1935年 茨城県に生まれる
1959年 麻布獣医科大学
       獣医学部卒業
現　在 前東京農業大学教授
       獣医学博士

動物臨床繁殖学　　　　　　　　　定価はカバーに表示

2014年4月10日　初版第1刷

監修者　小　笠　　　晃
　　　　金　田　義　宏
　　　　百　目　鬼　郁　男
発行者　朝　倉　邦　造
発行所　株式会社 朝倉書店
　　　　東京都新宿区新小川町6-29
　　　　郵便番号　162-8707
　　　　電　話　03(3260)0141
　　　　FAX　03(3260)0180
　　　　http://www.asakura.co.jp

〈検印省略〉

シナノ印刷・渡辺製本

ⓒ 2014〈無断複写・転載を禁ず〉

ISBN 978-4-254-46032-2　C 3061　　　Printed in Japan

JCOPY　〈(社)出版者著作権管理機構 委託出版物〉

本書の無断複写は著作権法上での例外を除き禁じられています．複写される場合は，そのつど事前に，(社)出版者著作権管理機構（電話 03-3513-6969, FAX 03-3513-6979, e-mail: info@jcopy.or.jp）の許諾を得てください．

東大 久和 茂編 **獣医学教育モデル・コア・カリキュラム準拠 実験動物学** 46031-5 C3061　B5判 200頁 本体4800円	実験動物学のスタンダード・テキスト。獣医学教育のコア・カリキュラムにも対応。〔内容〕動物実験の倫理と関連法規／実験のデザイン／基本手技／遺伝・育種／繁殖／飼育管理／各動物の特性／微生物と感染病／モデル動物／発生工学／他
前北大 斉藤昌之・麻布大 鈴木嘉彦・酪農大 横田 博編 **獣医生化学** 46025-4 C3061　B5判 248頁 本体8000円	獣医師国家試験の内容をふまえた，生化学の新たな標準的教科書。本文2色刷り，豊富な図表を駆使して，「読んでみたくなる」工夫を随所にこらした。〔内容〕生体構成分子の構造と特徴／代謝系／生体情報の分子基盤／比較生化学と疾病
前北大 菅野富夫・農工大 田谷一善編 **動物生理学** 46024-7 C3061　B5判 488頁 本体15000円	国内の第一線の研究者による，はじめての本格的な動物生理学のテキスト。〔内容〕細胞の構造と機能／比較生理学／腎臓と体液／神経細胞と筋細胞／血液循環と心臓血管系／呼吸／消化・吸収と代謝／内分泌・乳分泌と生殖機能／神経系の機能
日獣大 今井壮一・岩手大 板垣 匡・鹿児島大 藤﨑幸藏編 **最新家畜寄生虫病学** 46027-8 C3061　B5判 336頁 本体12000円	寄生虫学ならびに寄生虫病学の最もスタンダードな教科書として多年好評を博してきた前著の全面改訂版。豊富な図版と最新の情報を盛り込んだ獣医学生のための必携教科書・参考書。〔内容〕総論／原虫類／蠕虫類／節足動物／分類表／他
東大 明石博臣・麻布大 木内明夫・岩手大 原澤 亮・農工大 本多英一編 **動物微生物学** 46028-5 C3061　B5判 328頁 本体8800円	獣医・畜産系の微生物学テキストの決定版。基礎的な事項から最新の知見まで，平易かつ丁寧に解説。〔内容〕総論（細菌／リケッチア／クラミジア／マイコプラズマ／真菌／ウイルス／感染と免疫／化学療法／環境衛生／他），各論（科・属）
佐藤衆介・近藤誠司・田中智夫・楠瀬 良・森 裕司・伊谷原一編 **動物行動図説** ─家畜・伴侶動物・展示動物─ 45026-2 C3061　B5判 216頁 本体4500円	家畜・伴侶動物を含む様々な動物の行動類別を600枚以上の写真と解説文でまとめた行動目録。専門的視点から行動単位を収集した類のないユニークな成書。畜産学・獣医学・応用動物学の好指針。〔内容〕ウシ／ウマ／ブタ／イヌ／ニワトリ他
東北大 佐藤英明編著 **新動物生殖学** 45027-9 C3061　A5判 216頁 本体3400円	再生医療分野からも注目を集めている動物生殖学を，第一人者が編集。新章を加え，資格試験に対応。〔内容〕高等動物の生殖器官と構造／ホルモン／免疫／初期胚発生／妊娠と分娩／家畜人工授精・家畜受精卵移植の資格取得／他
佐藤英明・河野友宏・内藤邦彦・小倉淳郎編著 **哺乳動物の発生工学** 45029-3 C3061　A5判 212頁 本体3400円	近年発展の著しい，家畜・実験動物の発生工学を学ぶテキスト。〔内容〕発生工学の基礎／エピジェネティクス／IVGMFC／全胚培養／凍結保存／単為発生／産み分け／顕微授精／トランスジェニック動物／ES, iPS細胞／ノックアウト動物ほか
前東大 鈴木善祐・前名大 横山 昭他著 **新家畜繁殖学** 45008-8 C3061　A5判 248頁 本体4800円	繁殖学全般をわかりやすく解説した好テキスト。最新の研究成果等を含めて全面改稿。〔内容〕序論／生殖周期／性決定と性分化／性細胞と生殖器／生殖系の内分泌支配／生殖各期の生理／家禽の繁殖／家畜繁殖の人為支配／生殖行動／繁殖障害
前神戸大 加藤征史郎編著 新農学シリーズ **家畜繁殖** 40506-4 C3361　A5判 192頁 本体4600円	大学農学部，農業短大の学生，農業高校の生徒にも十分に理解できるよう平易に解説。〔内容〕生殖器の解剖と生理／繁殖のホルモン／繁殖周期／精液と精子／卵子／受精と着床／妊娠と分娩／泌乳／繁殖障害／家畜繁殖の技術／家禽の繁殖
小宮山鐵朗・鈴木慎二郎・菱沼 毅・森地敏樹編 **畜産総合事典**（普及版） 45024-8 C3561　A5判 788頁 本体19000円	遺伝子工学の応用をはじめ進展の著しい畜産技術や畜産物加工技術などを含め，わが国の畜産の最先端がわかるように解説。研究者・技術はもとより周辺領域の人たちにとっても役立つ事典。〔内容〕総論：畜産の現状と将来／家畜の品種／育種／繁殖／生理・生態／管理／栄養／飼料／畜産物の利用と加工／草地と飼料作物／ふん尿処理と利用／衛生／経営／法規。各論：乳牛／肉牛／豚／めん羊・山羊／馬／鶏／その他（毛皮獣，ミツバチ，犬，実験動物，鹿，特用家畜）／飼料作物／草地

上記価格（税別）は2014年3月現在